中国石油和化学工业优秀教材一等奖

普通高等教育"十一五"国家级规划教材

材 料 概 论

第三版

周达飞 陆 冲 宋 鹂 编

化学工业出版社

·北京·

本书为普通高等教育"十一五"国家级规划教材。本书分为9章，分别是：材料与材料科学、材料的组成、结构与性能、材料的制备方法、材料成型、10种产品生产过程概述、材料应用、材料与环境、材料生态设计与材料再生、材料选用。

本书可作为材料科学与工程等工科专业材料物理课程的教材，也可作为相近专业研究生和本科生的教材和参考书以及材料科学工作者和材料工程技术人员的参考书。

图书在版编目（CIP）数据

材料概论/周达飞，陆冲，宋鹏编.—3 版.—北京：化学工业出版社，2015.3 （2024.7重印）
（普通高等教育"十一五"国家级规划教材）
ISBN 978-7-122-22844-4

Ⅰ.①材⋯ Ⅱ.①周⋯②陆⋯③宋⋯ Ⅲ.①材料科学-高等学校-教材 Ⅳ.①TB3

中国版本图书馆 CIP 数据核字（2015）第 015537 号

责任编辑：杨 菁　　　　　　　　　　　　文字编辑：王 琪
责任校对：王素芹　　　　　　　　　　　　装帧设计：孙远博

出版发行：化学工业出版社（北京市东城区青年湖南街 13 号　邮政编码 100011）
印　　装：河北延风印务有限公司
787mm×1092mm　1/16　印张 26¼　字数 656 千字　2024 年 7 月北京第 3 版第 9 次印刷

购书咨询：010-64518888　　售后服务：010-64518899
网　　址：http://www.cip.com.cn
凡购买本书，如有缺损质量问题，本社销售中心负责调换。

定　　价：55.00 元

第三版前言

自 2000 年《材料概论》第一版面世以来，至今已经 15 年。15 年来，我们迎来一批又一批对未来充满憧憬的学子，送走一届又一届意气风发的开拓者，《材料概论》始终陪伴着他们。

《材料概论》作为启蒙教材，就是要为他们开启一扇门，让他们去窥探一下神秘的、精彩纷呈的材料殿堂，初步了解学习对象，提高学习兴趣和学习动力。

作为材料专业的公共基础课之一，本书强调从材料的四大要素：制备（合成与加工）、结构与性能、性质和应用，去认识和理解材料科学与工程中的问题，使学生在进入大学之始，初步建立"大材料"的概念，学习从四大要素出发，认识三大材料（金属材料、无机非金属材料、有机高分子材料）的共通之处和各自特色。同时，材料是具体品种组成的，本书也通过具体材料（个性）介绍，以利于学生举一反三，了解材料在制备、结构与性能研究、开发和应用上的相互借鉴、相互替代、相互补充，为材料的研究与开发、选择和使用打下坚实的基础。

本书强调材料科学与工程是一个整体，材料的研究涉及多种学科。随着科技发展和全球经济一体化，现代科学与技术结合越来越紧密，基础研究与应用研究越来越难以分开；培养材料科学与工程综合型人才，是人类社会进步和科学技术发展的要求。让学生建立在材料研究、开发、应用和产业化过程中系统组织和全面协同，使材料科学与材料工程有机结合，才能转化为生产力的观念。

本书强调了工程实践，在介绍材料科学的基本原理和知识的同时，也介绍了典型产品的生产过程，配合工程类专业学生的认识实习，让学生到三大材料生产的大企业去体会一番，初步了解工业生产的组织与控制。

本书强调材料的环境问题。环境问题已经引起全人类的关注，材料在发展经济和美化生活上功不可没，同时，材料毕竟是资源消耗、能源消耗的大户，也对环境造成了严重影响；而且，材料也会受环境影响而发生劣化。建设节能型社会，节省资源，节约能源消耗，循环利用，材料大有可为。

本书强调了新材料的开发。能源、信息和材料是 21 世纪社会发展的三大支柱，而材料又是能源和信息的基础。随着经济技术的发展，对材料提出了许多新需求，人们期待材料科学与工程取得更多新成就、新进展。

然而，材料博大精深，我们的知识水平和认知能力有限，编写中的不足和疏漏在所难免，祈望得到同行和读者的指正，并希望继续得到各方面的支持。

全书由周达飞、陆冲、宋鹂编写。其中，第 1 章由周达飞编写，第 2 章、第 3 章、第 5 章 5.1～5.5 节及第 6 章 6.1～6.4 节由宋鹂编写，第 4 章、第 5 章 5.6～5.10 节、第 6 章 6.5～6.8 节及第 7 章、第 8 章、第 9 章由陆冲编写。

编　者

2014 年 11 月

第一版前言

人类生活在材料世界中。无论是经济活动、科学技术、国防建设，还是人们的衣食住行都离不开材料。材料是人类赖以生存并得以发展的基础和柱石。材料的多样性，决定了其分类的多样性，大处分有金属材料、无机非金属材料、有机高分子材料；小处分又有黑色金属、有色金属、玻璃、陶瓷、水泥、耐火材料、塑料、橡胶、纤维、涂料、胶黏剂……，从应用领域和功能性分则有包装材料、建筑材料、农用材料、电子电器材料、汽车材料、宇航材料、能源材料、生物医用材料、环境工程材料……，以往的专业设置都是建立在这种分类基础上的。

材料的研究和开发正从宏观走向微观；从定性、半定量走向定量；从传统材料转向复合材料、功能材料、智能材料和低维材料。材料生产的节能、省时、低耗、无公害越来越受到人们的关注，环境友好材料（亦称绿色材料，或环保型材料、健康型材料）正向人类走来。

高等学校人才培养有了新的要求。教育应从以往的知识型、职业型、专业型、业务型人才培养模式转向学习型、创业型、复合型、人格型的人才培养模式。培养具有创新能力和创业精神的人才显得尤为重要。创新，是民族的灵魂；创造力是跻身世界强国的根本动力。加强基础、拓宽专业面是材料类专业改革的方向，坚决而又稳妥地加速向材料专业的过渡是当务之急，为此我们提出了构建材料类公共基础课程平台的改革设想，得到了华东理工大学领导和教务部门的支持，并列入学校教改试点。这一设想，也成为教育部面向 21 世纪高等工程教育教学内容和课程体系改革计划中由四川大学牵头，北京化工大学、华东理工大学、东北大学、武汉工业大学主持，东华大学、吉林工业大学参加的《材料类专业人才培养方案及教学内容体系改革的研究》项目组的共识，决定编写三本材料类专业教材，《材料概论》正是其中之一，并确定该教材由华东理工大学主编，北京化工大学参编，教育部批准列入面向21 世纪课程教材。

本书编写中，力求从材料的四大要素——制备（合成与加工）、结构与性能、性质和应用性能出发，阐释三大材料（金属材料、无机非金属材料、有机高分子材料），力求使学生从材料的四大要素出发，去认识和理解材料科学与工程中的问题，使学生建立大材料的概念，为材料的研究与开发、选择和使用打下坚实的基础。为此，在"材料的组成、结构与性能"、"原材料选用"、"制造工艺过程与方法"、"材料成型"章节中，都力求表现它们的共性。然而，材料是具体品种组成的，也为配合认识实习，安排了"十种产品生产过程概述"一章，并设置了"材料应用"和"材料比较与选择"，以利学生在学习具体材料（个性）的基础上，做到举一反三，更深刻地了解各种材料的共同之处，了解材料开发和应用上的相互借鉴、相互替代、相互补充。环境问题已经引起了全人类的关注，材料在改造自然、美化环境上建立丰功伟业的同时，也对环境造成了严重影响，且也会受环境影响发生劣化，为此设立了"材料与环境"一章，并在其他章节有所述及。

本书由周达飞、宋鹏、陆冲（华东理工大学），励杭泉（北京化工大学）编写，各章节的编写者第 1 章为周达飞，第 2、3 章及第 5 章 1～5 节、第 6 章 1、3～5、8 节为宋鹂，第 4 章、第 5 章 6～10 节、第 6 章 2、6、7、9、10 节为陆冲，第 7、8 章为励杭泉，全书由周达飞主编，宋鹂、陆冲为副主编，东华大学沈新元教授主审。

　　本书的编写，是一种尝试。囿于我们的专业范围和知识水平，错误在所难免，祈望读者指正，以利修订。同时，对教育部领导，对支持编写的华东理工大学、北京化工大学以及四川大学、东北大学、武汉工业大学、东华大学、吉林工业大学的领导、同仁表示深切的谢意。

编者
2000 年 5 月

第二版前言

本书出版以后，受到各方面的欢迎和喜爱。在人类漫长的岁月中，材料总是给人神秘、给人惊奇；从事材料的研究、开发、生产和应用又总是充满诱惑、充满挑战。为了引领刚进大学校门的学子早日步入材料科学与工程的殿堂，一些学校在低年级设置了材料概论课，也有一些学校对认识实习进行了改革，不仅时间上提前到一、二年级，而且面向整个材料行业，使学生早接触材料、早了解材料、早熟悉材料，这是其一；随着国民经济、科学技术和国防建设发展的需要，以前面向行业，培养满足本行业工作所需要的材料类人才的培养模式已经无法适应社会需求。培养具有材料科学与工程公共基础知识、材料科学与材料工程相结合的材料类人才，是高等学校材料类专业服务社会、服务国家的己任所在这是其二。

2006 年本书又获准列入普通高等教育"十一五"国家级规划教材。于是，我们作了精心修订，在保持原有格局的基础上，根据建设资源节约型社会和可持续发展战略对材料的要求，增加了"环境友好材料与循环利用"一章，以供学生了解材料生产和使用过程中造成的对资源、能源和环境的损害及其对策。

本书各章节的编写者为第 1 章（周达飞）、第 2、3 及第 5 章 1~5 节、第 6 章 1，3~5，8 节（宋鹂），第 4 章、第 5 章 6~10 节、第 6 章 2，6，7，9，10 节、第 9 章（陆冲），第 7、8 章（励杭泉），全书由周达飞统稿。

编者
2008.12

目　　录

第1章

材料与材料科学

1.1 材料的地位、作用与发展

材料是人类文明的里程碑，是人类赖以生存和得以发展的重要物质基础。正是材料的使用、发现和发明，才使人类在与自然界的斗争中，走出混沌蒙昧的时代，发展到科学技术高度发达的今天。因此，在材料学家看来，人类的文明史就是材料的发展史，并往往以不同特征的材料划分人类不同的历史时期，诸如石器时代、青铜器时代、铁器时代、高分子材料和硅材料时代等。

石器时代又分为旧石器时代和新石器时代，这是一个极其漫长的历史时期，大致可以追溯到 250 万年前。从树上下到地面、开始直立行走的人类祖先，为了生存——抵御猛兽袭击和猎取食物，逐渐学会使用天然的材料——木棒、石块等。然而，这种纯天然的材料，使用起来并不得心应手，也不够犀利。于是，先民们开始人工打制石器——石矢、石刀、石铲、石凿、石斧、石球等。打制石器用的材料大多数是石英石，少部分是燧石（俗称火石）。燧石是一种发火材料，猛烈敲击能发出火星，引燃枯草、树叶、树皮、树枝等可燃物质。燧石的使用，是人类文明的一个重要里程碑。在此之前，人类不会自己生火，无法驾驭火。每当黑暗来临，先民们只能在野兽的嗥叫声中度过漫漫长夜，恐惧地等待着太阳的升起。学会了人工取火，结束了人类茹毛饮血的生活。熟食是人类的一大进步。火是人类社会和人类生活进步的原动力，可以毫不夸张地说，正是取火技术的进步和火的自如操控给人类带来了今天的文明，并将继续推动人类迈向更加辉煌灿烂的明天。

旧石器是利用一块较硬的石头砍砸另一块较软的石头打击而成，所以称为砍砸器，其形状既不规则，又不固定，加工十分粗糙。但不管怎么说，这是人类制造的第一种原始材料。这段时期，约一直延续到 1 万年前。1998 年，在我国安徽繁昌县人字洞发现了众多的石制品和骨制品，据初步测定，估计距今 200 万～240 万年，是目前在欧亚大陆发现最早的文化遗存；1954 年，在山西襄汾县发掘的 26400 年前的丁村遗址，发现了一大批人工打制的 200～1500g 的石球；1954～1957 年在西安市半坡村，对公元前 4800～前 4300 年的新石器时代遗址考古时，又发现了 240 件石球和 227 件陶制弹丸，都是证明。人工打制的石球，光滑、缺棱少角，飞行时阻力小、速度快、命中率高，用其狩猎，打得又快又准。

新石器时代开始于 1 万年前。其标志是：打制的石器更加精美，陶器和玉器工艺品的出现，用石头和砖瓦作建筑材料。如湖北屈家岭文化遗址出土的距今约 5000 年的精细石铲、圭形石凿，还有钻了孔的石斧等，在钻孔中装上木柄，使用更方便。

随着火的利用，将黏土捏成各种形状，放在火中可烧成各种土器。先民们在枝条编织的容器上，涂抹泥土，用火烧制成最原始的陶器。陶是人类第一个人工制成的合成材料。陶的

1

出现,为保存、储藏粮食提供了可能,标志着人类从游猎生活进入农牧生活。江西万年县出土的距今 1 万多年前的残陶碎片,提供了直接的证据。西安城外骊山脚下,被誉为"世界第八大奇迹"、在地下历经 2000 余年、重现"秦王扫六合"的兵马俑所展示的庞大军阵,是我国古代陶文化的奇葩。在制陶的同时,先民们发现,为使陶器更精美,可在陶器上挂釉,并意外地发现了玻璃。公元前 7000 多年在埃及古代遗址中出土的青色玻璃球,标志着人类已学会玻璃的制造。玻璃,迄今仍极大地丰富着人类的生活。

在新石器时代,先民们用石头作建筑材料,用土制作砖瓦。早在 1 万年前,人类已学会使用稻草作增强材料,掺入黏土中,用太阳晒干制砖(可以认为这是最早出现的复合材料),以后又学会了火烧制砖。利用石头和砖瓦,先民们创造了辉煌的历史,如被誉为"古代世界七大奇迹"的埃及金字塔、巴比伦空中花园、古希腊奥林匹亚的宙斯神庙、埃及亚历山大城的灯塔、小亚细亚埃弗兹城的月亮女神庙和摩索拉斯陵墓、地中海罗得岛上的太阳神巨像以及中国的万里长城。尽管它们中的绝大部分已湮没在浩瀚的历史长河中,但金字塔、狮身人面像和万里长城几千年来傲视人间,吸引了无数考古学家和一批又一批游览者,令人折服。

水泥是无机材料中使用量最大,对人类生活影响最显著的建筑材料和工程材料,在水的作用下,它可与砂、石等材料形成坚硬的石状体(混凝土),是人工的石头("砼")。早在 2000 多年前,古希腊和古罗马人就将石灰和火山灰的混合物作建筑材料,这是最早应用的水泥。今日,它已发展成庞大的家族,是建房、修桥、筑路等领域的顶梁柱,有石材不可替代的优越性。

中国是玉器的故乡。玉器出现于新石器的中晚期,以浙江良渚文化、内蒙古红山文化等为代表,既作精美的装饰物,也是权利的象征。玉璋、玉璧、玉圭、玉环、玉珏、玉琮、玉刀、玉戈、玉雕人像、玉雕动物,千姿百态,栩栩如生。距今 3000 多年河南安阳殷墟妇好墓出土的玉器就达 700 多件;1968 年河北满城山中山王刘胜墓出土的"金镂玉衣"更是举世闻名,玉衣是用 2498 块玉、1.1kg 金丝穿起来的,全长 1.88m。

必须指出,有些考古学家认为,在石器时代之前,应有一个木器时代,因为来到地面的猿人,首先能得到并能使用的显然是棍、棒之类木质工具,只可惜有机质难以保存下来,无法得到明证;而在新石器时代和青铜器时代之间,我国还存在一个玉器时代。

在人类历史上,有过一个辉煌灿烂的青铜器时代。考古表明,青铜文明的源头在古代中国、美索不达米亚平原和埃及等。早在公元前 8000 年,先民们已发现并利用天然铜块制作铜兵器和铜工具。到公元前 5000 年,已逐渐学会用铜矿石炼铜。考古发现,我国湖北大冶铜绿山古铜矿遗址早在 3600 年前的殷商时期就开始开采铜矿石,从矿区四周 40 万吨炼铜废渣推算,我国古代先民们在此取走了 10 万吨铜。因此,铜是人类获得的第二种人造材料。铜(Cu)的英文名称是由当时炼铜较出名的塞浦路斯(拉丁语 cuprus)演变而来的。随着时间的推移,先民们发现,在铜中加入部分锡,可使原来较软的铜制品变得更坚韧、更耐磨。青铜——铜锡合金,这是最原始的合金,也是人类历史上发明的第一个合金。我国商代青铜器已经盛行,并将青铜器的冶炼和铸造技术推向了世界的顶峰。我国先民们的贡献可以说是全方位的,他们已掌握了冶炼六种不同铜、锡比例的青铜技术,其配比之精确与现代研究基本一致。并且知道含锡量 1/6 的青铜韧性较好,可制作钟鼎;而含锡量 2/5 的青铜较硬,可制作刀斧(用今日的话讲,先民们已掌握了组成与性能的关系)。

不仅如此,他们还为我们留下了一批精妙绝伦、震撼世界的杰作,如高 133cm、质量 832.84kg 商代文丁时期的遗物——后母戊鼎(原称司母戊方鼎),在当时,采用陶范法铸造如此质量的后母戊鼎至少需要 1000kg 以上的原料、二三百名工匠的密切配合，足显商朝中期青铜铸造业规模的宏大；秦始皇陵墓陪葬坑新近出土的 212kg 的秦王鼎；湖北江陵望山一号楚墓出土的越王勾践用剑，徐州狮子山楚王陵出土的铜戟，西安秦始皇陵墓陪葬坑出土的铜剑（此剑发现时已被压在其上面的质量 200kg 的陶俑压弯，当抬走陶俑后，剑身竟不可思议地反弹平直了）和由 8 马、2 车、2 俑组成的质量达 1061kg 的铜马车，这些剑、戟铸造精美，虽深埋地下 2000 余年，但仍寒光闪闪、锋利如初，十几层厚的纸被其轻轻一划，竟一裂为二；四川广汉三星堆出土的世界上年代最久远、树枝最高、最大、形象神奇多彩、高约4m 的青铜神树，高 2.6m 的青铜立人、青铜人头像和青铜面具等，更令世人惊叹；湖北随州市曾侯乙墓出土的 64 件、2500kg 的古代乐器——铜编钟，其音域之宽广堪与现代乐器媲美。1999 年 7 月 1 日香港回归的庆典上，用其演奏的《交响乐 1997》，更是轰动海内外。

远古时代，先民们已经使用陨铁制作武器或其他器物。河北藁城出土的商代中晚期铜钺刀口就是陨铁加热锻打而成的。陨铁来自天外，数量有限，只有当发明了从铁矿石中冶炼铁时，铁器时代来临了。小亚细亚的赫梯人约在公元前 1400 年开始了人工炼铁。我国在甘肃灵台的一座春秋早期墓葬中出土了一把铜柄铁剑，再加上干将、莫邪铸剑的传说，和湖北大冶铜绿山古铜矿遗址一处战国时期矿井内发现的宽 40cm、长 60cm、质量 32kg 的铁斧以及铁锤、铁砧、铁锄等，可以认为我国也是较早掌握炼铁术的国家之一，且很长一段时间里都处于世界冶金技术的前列。建于宋代嘉祐六年（1061 年）的湖北当阳玉泉寺山门外的砖身铁塔，高 17.9m，由质量为 38300kg 的 44 块铸件组成，其拼装得天衣无缝、浑然一体，铸造技术之高超令人叫绝。尽管当阳铁塔不如高 300m、质量 9000t 的法国巴黎埃菲尔铁塔闻名，但毕竟比其早了 800 多年。

在中国，以青铜器铸造为主的青铜器时代，持续约 2000 年，创造了灿烂的商周青铜文化；在生铁冶铸的基础上的铁器时代，形成了有特色的中国古代钢铁文化，也有 2000 多年。西方也大致如此。

炼铁技术和制造技术的发展，开创了人类文明的新时代。以蒸汽机发明为起点，近 200年来，人类经历了四次技术革命。新的技术革命一次比一次迅猛，对人类的影响也一次比一次深远，进入 20 世纪，人类科学技术发明和创造之和超过了以往 2000 年的总和。

蒸汽机的发明，是人类文明史上又一重要里程碑。第一台蒸汽机出现于英国达德利城堡，时间为 1712 年，由铁匠纽可门和集铅管匠、釉匠和锡匠于一身的卡利制造，用于煤矿排除积水。然而，其效率极低，只利用了热量的 1％。1777 年苏格兰格拉斯哥大学机匠瓦特对蒸汽机做了重大改进，热量利用效率大大改善。从此，蒸汽机的普及走上了坦途。

第一次技术革命发端于 18 世纪后期，以蒸汽机的发明及广泛应用为主要标志，实现了高炉、转炉、平炉制造优质钢材的工业化。由此引发的纺织工业、冶金工业、机械工业、造船工业等的工业大革命，是这次技术革命的产物，使人类从手工工艺时期跃进到机器工业时代，开创了工业社会的文明。

第二次技术革命开始于 19 世纪末，以电的发明和广泛应用为标志，由于远距离送电材料以及通信、照明用的各种材料的工业化，实现了电气化。其结果是石油开采、钢铁冶炼、化工、飞机制造工业、电气工业、电报电话等迅猛发展，组成了现代产业群，使人类跨进了一个新的时代，实现了向现代社会的转变，促进了国际关系的最终形成。

第三次技术革命始于 20 世纪中期，以原子能应用为主要标志。1942 年 12 月，意大利物理学家费米在美国建立了第一个核反应堆，实现了控制核裂变，使核能利用有了可能，实现了合成材料、半导体材料等大规模工业化、民用化，把工业文明推到顶点，开启了通向信息社会文明的大门。

20世纪70年代开始，人类进入了一个新的阶段——第四次技术革命，它是以计算机，特别是微电子技术、生物工程技术和空间技术为主要标志，新型材料、新能源、生物工程、航天工业、海洋开发等新兴技术是主攻方向。1946年世界第一台电子计算机诞生，用18000个电子管，总质量30t，占地180m²，运算速度为每秒5000次，比人工运算快1000倍至数千倍。今天，用大规模集成电路制成的台式个人计算机每秒可运算4.5亿次。目前世界上最快的计算机是运算速度为每秒1000万亿次的超级电脑。人类实现了DNA的人工合成和克隆技术，登上了月球、火星，实现了遨游太空。这是人类历史上规模最大和最深刻的一次革命，它对国际关系已经并将继续产生极其深远的影响。

在相当一段时间里，金属有过辉煌的地位，直到20世纪50年代，以钢铁为代表的金属材料仍居统治地位。随着无机非金属材料（尤其是特种陶瓷和硅材料）、高分子材料及先进复合材料的出现和发展，钢铁老大的地位受到了挑战。高分子材料在今天发挥的作用越来越大，从1909年第一个人工合成的酚醛塑料算起，至今约100年。然而，20世纪90年代初塑料产量已逾1亿吨，按体积计，已超过钢铁产量。因此，有人曾经将这段时期称为高分子材料时代。从年增长率看，塑料也远远大于钢铁，例如，20世纪40～80年代40年间，平均年增长率，塑料为13.6%，钢为5.7%，木材为1.6%，水泥为6.4%，塑料的年增长率分别为钢、木材和水泥的2.4倍、8.5倍和2.1倍。因此，出现了以塑钢比替代以往用钢产量衡量一个国家综合实力的统计方法。例如，美国的塑钢比在40%左右，中国的塑钢比在15%左右。值得一提的是，得益于晶体硅制造技术的进步，计算机极大普及，因特网走进千家万户，人类社会发生了深刻的变化。因此，这段时期亦有人称为硅材料时代。新型功能陶瓷的形成产业，满足了电力电子技术和航天技术的发展和需要。在20世纪，高分子材料、硅材料功不可没，然而，钢铁材料，特别是各类特种钢和合金材料仍然占据着重要地位，并且各类新材料不断问世，可以预期，今后相当长的时期内金属材料、无机非金属材料、有机高分子材料及其它们的复合材料将争奇斗艳、异彩纷呈。所以，人们更倾向于将当前的时代称为新材料时代。

合成高分子材料的问世，建立了以金属材料、无机非金属材料和合成高分子材料为主体的、完整的材料体系，形成了材料科学。

纵观材料的发展史，我们不难发现以下两点。

（1）随着人类文明的不断进步，材料革命的周期日益缩短。旧石器时代以十万年，乃至百万年计；新石器时代以万年计；铜器时代和铁器时代各只有一二千年；而现代化和钢铁时代可能只是一个短暂的历史时期。当然，在今后一段时期内金属材料仍将占有十分重要的位置。

（2）中国古代有一个辉煌灿烂的材料文明史，为人类社会发展做出了不可磨灭的贡献。近代则落在了西方国家后面。随着改革开放，中国材料工业有了突飞猛进的发展，钢铁、有色冶金、水泥、玻璃、陶瓷、塑料、合成橡胶、合成纤维的产量已居世界第一或处于世界前列。但在新材料的研发上还存在不小差距。而以超级计算机、探月工程、海洋深潜技术等为代表的重大科技成果的实现，表明在新材料的研发上也正迎头赶上。

汽车工业是一个国家的支柱产业。1885年，世界上第一辆汽车驶上街头。1908年，美国人福特发明了T型汽车，随后又实现了汽车生产工艺的重大突破——汽车部件标准化和生产装配流水化作业。汽车制造业已成为一个大型的、综合性的加工产业，汽车工业带动并促进了相关工业（如冶金、石油化工、机械、电子电气、轻工、纺织等）和相关社会服务行业（如交通运输、石油、保险、维修、商业等）的发展，其经济效益和社会效益十分巨大。就材料而言，汽车工业涉及 11 大类材料，包括钢板、特种钢、结构用塑料和复合材料、非结构用塑料和复合材料、橡胶、涂料、有色金属合金、铸件、陶瓷和玻璃、工具和模具、金属基复合材料，仅美国每年消耗的材料就在 6000 万吨左右，真可谓"牵一发动全身"。从汽车本身而言，能源替代、节能、安全、轻质、高速、舒适、美观是其追求的目标。汽车塑料件在 20 世纪 60 年代已开始实用化，首先采用的是以安全为目的的内饰件（以通用塑料为主）；70 年代后期发展到以安全、节能为目的的外装件（以工程塑料和复合材料为主）；80 年代以后向以节能、安全为目的的功能件发展（以工程塑料合金，尤其是高性能塑料和复合材料为主）。塑料件在轿车上的用量已接近 120kg。涉及的塑料主要有酚醛塑料、聚氨酯、聚氯乙烯、聚乙烯、聚丙烯、ABS、聚酰胺及高性能塑料等。

随着安全、节能要求的提高，汽车使用的原材料构成比例发生了变化：黑色金属（尤其是生铁和普通钢材）的比例在下降；而有色金属（尤其是铝合金、镁合金等轻金属）和非金属材料（尤其是塑料）的比例在增加，在塑料中 PP 和高性能塑料的比例增加，而 PVC 和 ABS 塑料的比例在下降；复合材料的使用量增长较快。国际石油价格居高不下，汽车工业节能（节省资源消耗、节省能源消耗）高效、替代燃料的呼声日益高涨，可以预期，一场新的汽车技术革命即将出现。

美国已开始生产并销售特斯拉电动汽车，其核心技术为锂电池。该公司将锂电池性能提高了 50%，充电速度提高了 5 倍。充电 30min，可连续行驶 480km，最高时速 209km/h，开启了世界无油汽车时代的大门。一种性能更高、充电一次可让汽车连续行驶 1000km 的电池正在开发。据统计，目前交通领域消耗全世界 50% 以上的石油。随着特斯拉电动汽车这场革命性变革的到来，石油和天然气消耗将极大减少，不仅工业和经济领域将发生极大变化，环境也会大幅度改善，近年谈虎色变的雾霾可能不再困扰人们（汽车排放的尾气是原因之一），而且世界社会、政治格局也会有改变，人类为争夺能源引起的战争、冲突和外交角逐很可能大为减少。

由上述我们不难看出，材料在人类发展中有不可替代的作用和地位。人们往往用材料的发展和应用水平，来衡量一个国家国力的强弱、科学技术的进步程度和人们生活水准的高低。材料，过去是、今天是，将来也必然是一切科学技术，尤其是高新技术发展的先导和柱石。

随着科学技术的发展，对材料的需求也不断发生变化，新的材料不断出现，新的构成发生极大的变化。表 1-1 为美国八个重要工业部门对材料的要求。

表 1-1　美国八个重要工业部门对材料的要求

所需特性	工业部门							
	航空航天	汽车	生物材料	化工	电子	能源	金属	通信
质轻高强	√	√	√					
耐高温	√			√		√	√	
耐腐蚀	√	√	√	√		√	√	
迅速开关					√	√		√

续表

所需特性	工业部门							
	航空航天	汽车	生物材料	化工	电子	能源	金属	通信
高效加工	√	√	√	√	√	√	√	√
近无余量成型	√	√	√	√	√	√	√	√
材料回收		√		√			√	
预测使用寿命	√	√	√	√	√	√	√	√
预测物理性能	√	√	√	√	√	√	√	√
材料数据库	√	√	√	√	√	√	√	√

注：√表示有此项。

随着高新技术的发展，均一材质的材料往往已无法满足要求，复合材料应运而生。在欧美等国家，轿车上复合材料已超过 50kg，法拉利等高级跑车、全塑汽车等的车身是以复合材料制作的。在航空航天工业中，减轻自重可以使火箭、卫星、导弹等飞得更高、更远。例如，人造卫星质量每减少 1kg，就可使运载火箭减轻 500kg。喷气发动机每减轻 1kg，飞机可减轻 4kg，升限可提高 10m；而其工作温度每提高 100℃，推动力就可提高 15%。使用碳-碳复合材料的火箭与全金属材料的火箭相比，其射程可远至 950km。因此，有人认为 21 世纪复合材料势不可挡。

美国商业部曾对 2000 年时 12 项新兴技术做了预测，如表 1-2 所示。由表可知，先进材料的产值居首位，占 43%。据他们估算，全世界的先进材料为 4000 亿美元，占新兴技术 10000 亿美元的 40%。由此可见，材料对科学技术进步的重要性。

表 1-2　美国商业部对 2000 年时 12 项新兴技术的预测

项目	产值/亿美元	所占比例/%	分类
先进材料①	1500	42.1	新兴材料
超导材料	50	1.4	
先进半导体器件	750	21.1	新兴电子与信息技术
数字图像技术	40	1.1	
高密度数据存储器	150	4.2	
高功能计算机	500	14.0	
光电子	40	1.1	
人工智能	50	1.4	
柔性集成加工	200	5.6	新兴生产系统
传感技术	50	1.4	
生物技术	150	4.2	新兴生命科学技术
医疗与诊断装置	80	2.3	
合计	3560	100	

① 先进材料包括特种陶瓷、陶瓷基和金属基复合材料、金属间化合物与轻合金、先进塑料、表面改性材料、金刚石薄膜、膜材料及生物材料等。

1.2　材料的定义和分类

什么叫材料？

可以用多种不同的表述方式来定义材料。例如，材料是用来制造器件的物质；材料是经过工业加工的采掘工业、农业的劳动对象等。但不管怎么说，所谓材料必须具备如下几个要点。

① 一定的组成和配比　制品的使用性能主要取决于组成的化学物质（主要成分）及各成分（主要成分与次要成分）之间的配比，其中制品的力学性能、热性能、电性能、耐腐蚀性能、耐候性能等为组成该制品的主要成分所支配，而次要成分则用来改善其加工性能、使用性能或赋予某种特殊性能。次要成分包括熔制或合成时的助剂和加工时用的助剂。

② 成型加工性　作为制品应具有一定的形状和结构特征，形状和结构特征是通过成型加工获得的。因此，作为材料必须具备在一定温度和一定压力下可对其进行成型加工，并塑制成某种形状的能力。成型加工过程会影响混合程度、颗粒大小和分布、结晶能力、结晶形态、结晶的性能和取向程度等，从而影响了制品最终性能。所以，可以通过成型加工赋予制品一定的形状，也可以赋予制品所需的性能。成型加工包括熔融状态下的一次加工和冷却后车、钳、刨、削等的二次加工。通常亦将一次加工称为成型，二次加工称为加工。不具备成型加工性，就不能成为有用的材料。

③ 形状保持性　任何制品都是以一定的形状出现，并在该形状下使用。因此，应有在使用条件下，保持既定形状并可供实际使用的能力。即性价比要高。

④ 经济性　制得的制品应质优价廉，富有竞争性，必须在经济上乐于为社会和人们接受。

⑤ 回收和再生性　这是作为绿色产品、符合人类持续发展战略和建设资源节约型社会所必需的，并应满足已经确定的社会规范、法律等。作为一种绿色产品，其原料生产过程、生产过程、施工过程、使用过程和废弃物的处理过程五个环节，都应对维护健康、保护环境负责。然而，要完全满足五个环节的绿色产品，事实上是不存在的，更确切的说法应为环保型产品或健康型产品。随着资源的枯竭、环境的破坏，对材料制品的回收并再利用是必需的。这是材料的开发者，在研究中必须首先加以注意并考虑的。严重污染环境、不能回收再生的制品，一开始就不应生产。

所以，材料可以这样来表述：材料是由一种化学物质为主要成分并添加一定的助剂作为次要成分所组成的，可以在一定温度和一定压力下使之熔融，并在模具中塑制成一定形状（在某些特定的场合，也包括通过溶液、乳液、溶胶-凝胶等形成的成型），冷却后在室温下能保持既定形状，并可在一定条件下使用的制品，其生产过程必须实现最高的生产率、最低的原材料成本和能耗，最少地产生废弃物和环境污染物，并且其废弃物可以回收、再利用。

材料的分类方法很多，通常是按组成、结构特点进行分类，可分为金属材料、无机非金属材料、有机高分子材料（常称高分子材料）和复合材料，每一类又可分为若干大类，如图1-1所示。

其实，这种分类方法是相当粗糙的，例如钢铁是钢和铁等黑色金属的总称，它们的区别主要在于含碳量（图1-1），而钢又可分为碳素钢、合金钢、特种钢等。组成不同，性能差异很大，生铁质硬而脆，杂质含量较大；钢的力学性能和工艺性能优于生铁，且杂质含量较低，金属元素的加入，改变了钢的组成和结构，使其获得不同的特性；工业纯铁则软而韧。

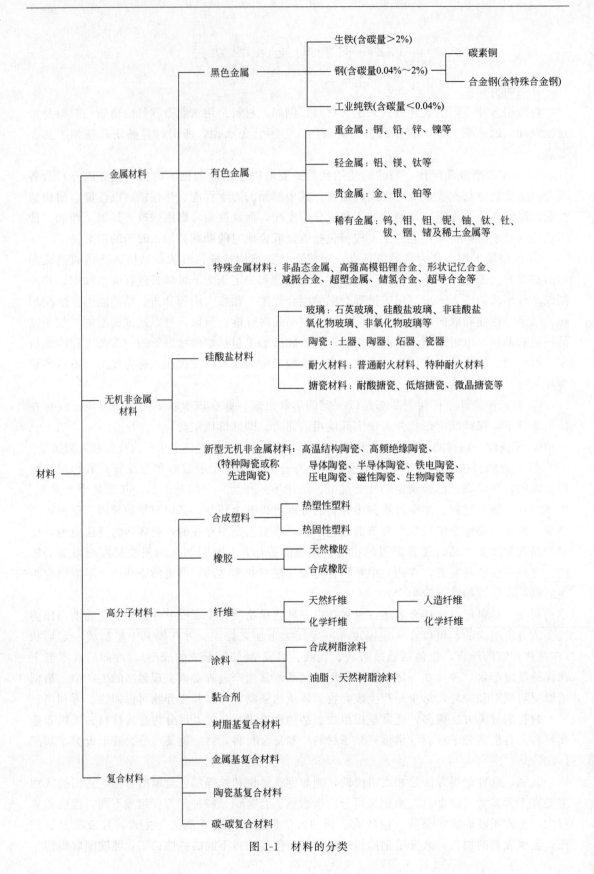

图 1-1　材料的分类

通常，也将材料分为传统材料和新型材料。其实，两者并无严格区别，它们是互相依存、互相促进、互相转化、互相替代的关系。传统材料的特征为：需求量大、生产规模大，但环境污染严重；而新型材料是建立在新思路、新概念、新工艺、新检测技术的基础上，以材料的优异性能、高品质、高稳定性参与竞争，属于高新技术的一部分。其特征是：投资强度较高，更新换代快，风险性大，知识和技术密集程度高，一旦成功，回报率也较高，且不以规模取胜。

如以使用性能分类，则主要利用材料的力学性能的称为结构材料，而主要利用材料的物理和化学性能的则称为功能材料。

也可以用途进行分类，如航空航天材料、信息材料、电子材料、能源材料、生物材料、建筑材料、包装材料、电工电气材料、机械材料、农用材料、日用品及办公用品材料等。

1.3 材料的要素

据统计，人类已经发现的材料达 800 万余种，每年还以 25 万种的速度增长着，具有实际工业价值的也有 8 万余种。材料的种类繁多，性能千差万别，应用领域又十分广泛。表 1-3 为各种材料的主要物性。由表可知，在通常情况下，几种材料的比较如下。

表 1-3 各种材料的主要物性

性能	金属		塑料		无机材料	
	钢铁	铝	聚丙烯	玻璃纤维增强尼龙-6	陶瓷	玻璃
熔点/℃	1535	660	175	215	2050	—
密度/(g/cm^3)	7.8	2.7	0.9	1.4	4.0	2.6
拉伸强度/MPa	460	80~280	35	150	120	90
比拉伸强度(拉伸强度/密度)	59	30~104	39	107	30	35
拉伸模量/GPa	210	70	1.3	10	390	70
热变形温度/℃	—	—	60	120	—	—
膨胀系数/K^{-1}	1.3×10^{-5}	2.4×10^{-5}	$(8\sim10)\times10^{-5}$	$(2\sim3)\times10^{-5}$	0.85×10^{-5}	0.9×10^{-5}
传热系数/[W/(m^2·K)]	0.40	2.0	0.0011	0.0024	0.017	0.0083
韧性[1]	√	√	○	√	×	×
体积电阻率/Ω·cm	10^{-5}	3×10^{-6}	$>10^{16}$	5×10^{11}	7×10^4	10^{12}
燃烧性	不燃	不燃	燃烧	难燃	不燃	不燃

[1] "√"表示优；"○"表示良；"×"表示差。

① 密度 钢铁＞陶瓷＞铝＞玻璃纤维增强复合材料＞塑料（由大到小）。

② 耐热性 陶瓷＞钢铁＞铝＞玻璃纤维增强复合材料＞塑料（由高到低）。

③ 拉伸强度 钢铁＞玻璃纤维增强复合材料＞铝≈陶瓷＞玻璃＞塑料（由大到小）。

④ 比拉伸强度 玻璃纤维增强复合材料＞铝＞钢铁＞塑料＞玻璃＞陶瓷（由高到低）。

⑤ 韧性 钢铁≈铝≈玻璃纤维增强复合材料＞塑料＞陶瓷≈玻璃（由强到弱）。

⑥ 导热性 铝＞钢铁＞陶瓷＞玻璃＞玻璃纤维增强复合材料＞塑料（由高到低）。

⑦ 线膨胀率 塑料＞铝≈玻璃纤维增强复合材料＞钢铁＞玻璃≈陶瓷（由大到小）。

⑧ 导电性　铝＞钢铁＞陶瓷＞玻璃纤维增强复合材料＞玻璃＞塑料（由大到小）。

因此，粗看起来，似乎各种材料各具特性，相互间差异很大，并无多少共同之处。

在相当长一段时间内，材料科学与工程的研究主要集中在结构与性能的关系上，关注的是在使用过程中固有的性能（即宏观性能），如物理性能、力学性能、热性能、光学性能、电性能、透气性能、耐化学药品性能、耐候性能、长期使用性能、燃烧性能等。然而，随着科学技术的发展和对材料科学与工程关键问题认识的日益深化，材料研究已深入分子、原子、电子的微观尺度研究化学结构与分子结构，如核外电子层排列方式、原子间的结合力、化学组成与结构、立体规整性、支链、侧基、交联程度、晶体结构、链形态等。人们发现，每当一种材料被创造、发现和生产出来时，该材料所表现出来的性质和现象是人们关心的中心问题，而材料的性质和现象取决于成分和各种层次上的结构，材料的结构又是合成和加工的结果，最终得到的材料制品必须能够并且以经济和社会可以接受的方式完成某一指定的任务。因而，无论哪种材料都包括了四个要素，即：性质和现象赋予了材料的价值和应用性；使用性能是材料在使用条件下应用性能的度量；结构与成分包括了决定材料性质和使用性能的原子类型和排列方式；合成和加工实现了特定原子排列。

图 1-2 所示为材料四个要素之间的关系。四个要素反映了材料科学与工程研究中的共性问题，其中合成和加工、受加工影响的使用性能是两个普遍的关键要素，正是在这四个要素上，各种材料相互借鉴、相互补充、相互渗透。抓住了这四个要素，就抓住了材料科学与工程研究的本质。而各种材料，是其特征所在，反映了该种材料与众不同的个性。如果我们这样去认识，则许多长期困扰材料科技工作者的问题都将迎刃而解。我们可以依据这四个基本要素评估材料研究中的机遇，以新的或更有效的方式研制和生产材料，判断这四个要素的相对重要性，而不必拘泥于材料类别、功用或从基础研究到工程化过程中所处的地位；同时，也使材料科技工作者可以识别和跟踪材料科学与工程研究的主要发展趋势。

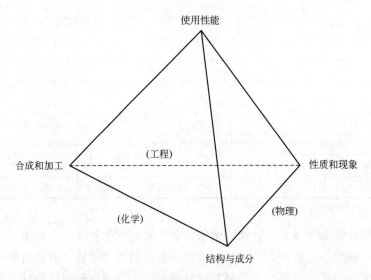

图 1-2　材料的四个要素

（1）性质和现象　性质是材料功能特性和效用（如电、磁、光、热、力学等性质）的定量度量和描述。任何一种材料都有其特征的性能和应用。例如，金属材料具有刚性和硬度，可以用作各种结构件；它也具有延性，可以加工成导电或受力用线材；一些特种合金，如不锈钢、形状记忆合金、超导合金等，可以用作耐腐蚀材料、智能材料和超导材料等。陶瓷有很高的熔点、高的强度和化学惰性，可用作高温发动机和金属切削刀具等；而具有压电、介电、电导、半导体、磁学、机械等特性的特种陶瓷，在相应的领域发挥作用；但陶瓷的脆性则限制了它的应用。开发具有高延伸率的韧性陶瓷成了材料科技工作者追求的目标。利用金刚石的耀度和透明性，可制成光灿夺目的宝石和高性能光学涂层；而利用其硬度和导热性，可用作切削工具和传导材料。高分子材料以其各种独特的性能使其在各种不同的产品上发挥作用，如汽车等各类交通工具的内饰件、外装件、功能件等，建筑材料、电子电气材料、航空航天材料等；反之，高分子材料组分的迁移特征，加速了其性能的退化，也对环境（尤其是室内环境）造成损害；而其耐热性（少数使用温度在 300℃ 以下，多数不超过 150～200℃）、耐候性较差，又限制了其在需要耐热和耐候领域的应用。

材料的性质也表示了其对外界刺激（如电场、磁场、温度场、力场等）的整体响应，材料的导电性、导热性、光学性能、磁化率、超导转变温度、力学性能等都是材料在相应应力场作用下的响应。

任何状态（固态、液态）、任何尺度（宏观或微观尺度）的材料，其性能都是经合成或加工后材料结构和成分所产生的结果。弄清性质和结构的关系，可以合成出性质更好的（至少是具有某种预定性质的）材料，并按所需综合性质设计材料。而且最终将影响到材料的使用性能（应用）。

（2）使用性能　使用性能通常是指材料在最终使用状态时的行为，是材料固有性质与产品设计、工程能力和人类需要相融合在一起的一个要素，必须以使用性能为基础进行设计才能得到最佳的方案。因此，往往将材料的合成和加工、材料的性质看作是元器件或设备设计过程中必不可少的一个组成部分。材料的性质是在元器件或设备实现预期的使用性能而得到利用的。换句话说，使用性能取决于材料的基本性能。使用性能包括可靠性、有效寿命、器件或车辆的速度、机器或常用运载工具的能量利用率、安全性和寿命周期费用等。因此，建立使用性能与材料基本性能相关联的模型，了解失效模式，发展合理的仿真试验程序，开展可靠性、耐用性、预测寿命的研究，以最低代价延长使用期，对先进材料的研制、设计和工艺是至关重要的。这些问题，不仅对大型结构和机器用的材料，而且对电子器件、磁性器件和光学器件中的结构元件和其他元件所用的材料，都是十分必要的。

必须指出，在使用性能的研究过程中，也应特别注意加工工艺技术对其影响。钢是基础的材料，其性能可精确地预测和再现，经过加工可以显示出比其他任何材料更宽的综合力学性能。钢对加工技术，包括成分、机械变形、热处理变化的敏感性和响应范围是极好的，可以利用加工工艺技术的不同获得所需的使用性能。

（3）结构与成分　每个特定的材料都含有一个从原子和电子尺度到宏观尺度的结构体系，对于大多数材料来说，所有这些结构尺度上的化学成分和分布是立体变化的，这是制造该种特定材料所采用的合成和加工的结果。而结构上几乎无限的变化同样会引起与此相应的一系列复杂的材料性质。因此，在各种尺度上对结构与成分的深入了解是材料科学与工程的一个主要方面。

纳米颗粒是粒径为 1～100nm 的超细颗粒，随着粒径变小，比表面积显著增大，处于表面的原子数大大增加，表面能变得很高，活性增大，表现出与宏观尺度时不同的特殊的光、热、电、磁和力学性质等，具有一系列还不为人们完全了解的新的性质和使用性能。当前，材料的性质和使用性能越来越多地取决于材料的纳米结构，介于宏观尺度和微观尺度之间纳米尺度的研究已成为材料科学与工程新的重点，它是了解材料磁性、电子和光学性质的枢纽。因此，合成和加工的研究越来越多地集中到纳米范围，改变了以单纯宏观现象为基础的工艺过程控制，成为新材料开发的基础。

（4）合成和加工　合成和加工是指建立原子、分子和分子聚集体的新排列，在从原子尺度到宏观尺度的所有尺度上对结构进行控制以及高效而有竞争力地制造材料和零件的演变过程。合成常常是指原子和分子组合在一起制造新材料所采用的物理和化学方法。合成是在固体中发现新的化学现象和物理现象的主要源泉，合成还是新技术开发和现有技术改进中的关键性要素。合成的作用包括合成新材料、用新技术合成已知的材料或将已知材料合成为新的形式、将已知材料按特殊用途的要求来合成三个方面。而加工（这里所指的加工实际上是成型加工），除了上述为生产出有用材料对原子和分子进行控制外，还包括在较大尺度上的改变，有时也包括材料制造等工程方面的问题。对企业来说，材料的合成和加工是获得高质量和低成本产品的关键，把各种材料加工成整体材料、元器件、结构或系统的方法都将关系到工作的成败，材料加工能力对于把新材料转变成有用制品或改进现有材料制品都是十分重要的。材料加工涉及许多学科，是科学、工程以及经验的综合，是制造技术的一部分，也是整个技术发展的关键一步，它利用了研究与设计的成果，同时也有赖于经验总结和广泛的试验工作。一个国家保持强有力的材料加工技术研究能力，对各个工业部门实现高质量、高效率是至关重要的。

合成和加工之间的区别已变得越来越模糊，这是因为选择各种合成反应时往往必须考虑由此得到的产品是否适合于进一步加工。高分子材料制造中的反应注射成型就是典型的一例，它是将单体快速混合、充模、聚合反应和成型融于一体，在瞬间完成。

合成和加工包括了一系列各不相同的技术和工艺，如钢板的轧制、机械加工或切削成型、合金的形变热处理、涡轮叶片的抗腐蚀涂层、陶瓷粉末的压制和烧结、精细陶瓷粉末的溶胶-凝胶生产、硅的离子注入、砷化镓晶体的生长、聚合物改性混凝土的浇注、聚合物的化学反应制备、复合材料的铺层等。其中有些工艺已经广泛应用，有的工艺是新的，有待进一步发展。

新型导电聚合物、陶瓷超导体的新成分、无位错单晶和人工构造材料等的出现，表明合成和加工的基础研究对新材料开发的重要性；而通过对有关材料加工过程中动力学现象的研究，可变革和改进加工工艺。

仪器设备和分析与建模对于材料四个要素的研究起着关键的作用。

合成和加工是在各种设备和机械中实现的，结构与成分研究更取决于探测工具——仪器设备的进展。在50年前，采用的主要工具是光学显微镜、X射线衍射仪、红外光谱仪和紫外光谱仪等，现在已发展了大量新仪器和新技术，如电子显微镜可以近原子尺度的分辨力显示原子的排列和化学成分，也可以稍低的放大倍数测定较大范围内的化学成分分布图；隧道扫描电子显微镜可以测定材料表面和近表面原子的排列和电子结构；固体核磁共振仪能测定复杂聚合物体系中的化学结构；多种光谱仪可测定表面的化学特性；由反应堆产生的高强度中子束和由同步辐射源产生的光子束使一系列化学和结构表征技术成为可能。表1-4所示为光学显微镜（OM）、扫描电子显微镜（SEM）和透射电子显微镜（TEM）的特征及适用范围的比较。显然，OM法可对样品直接观察，但仅适用于较大尺寸的形状结构分析；SEM法和TEM法可以观察到 $0.01\mu m$，甚至更小的颗粒，但电子穿透深度有限（几十纳米到100nm），对一般物体不能直接进行观察，样品的制备是测定成败的关键。在高分子合金研究中，SEM 法只能观察样品的表面形态，不能测定分散相的内部结构；TEM 法可了解分散相颗粒的大小、形态及其在空间的配置情况、分散相颗粒的内部结构。

表 1-4　显微技术的比较

参数	OM 法	SEM 法	TEM 法
放大倍数	$1\sim500$	$10\sim10^5$	$10^2\sim5\times10^6$
分辨率[①]/nm	$500\sim1000$	$5\sim10$	$0.1\sim0.2$
维数	$2\sim3$	3	2
景深[②]/μm	约 1	$10\sim100$	约 1
观察尺寸范围[③]/μm	$10^3\sim10^5$	$1\sim10^4$	$0.1\sim100$
适用的试样	固体、液体	固体	固体

① 指能分清邻近两个小质点的最短距离。
② 指垂直于电场方向可分辨的深度。
③ 指观察范围的对角线尺寸。

然而，对材料科学与工程来说，借助仪器设备进行结构观察和成分表征，并不是问题的全部，还有赖于解释观察结果的分析和建模技术的发展。这是因为：计算机的运算速度、容量和可接近性日益提高，使以前被认为不可能解决的问题，能迅速、可靠地得到解决，以及随之而来的计算费用大幅度下降；由于能够非常仔细和定量的仪器以及处理所获得大量数据的运算能力的出现，材料研究和生产变得更加复杂；工业部门加速推广新设计和新工艺，进一步改进生产工艺和提高产品质量的需求日益高涨。基于理论上对材料性质的认识和精确的数字仿真技术能力的提高，材料科学已发展成一门真正定量的科学，如描述电子结构和晶体结构稳定性的定量计算，描述多相材料平衡与非平衡的热力学，解释晶体金属和聚合物中显微结构形成的流体动力学和不稳定性分析等。

按考察材料性质时所取的尺度为特征，材料研究中的分析和建模大致分为三个不同的研究领域：用以处理微观尺度的最基本模型，材料的原子结构起明显作用，主要用于凝聚态物理和量子化学；用以处理显微尺度（微米级或更大尺度）上的连续模型，在比较唯象层次上进行断裂力学和合金微观组织形态分析、建模时，一般不需要跟踪个别原子的位置，只要处理局部区域的平均质量，如密度、湿度、应变和磁化强度等，且假定从原子尺度观察这些量时其变化极其缓慢；在宏观尺度上材料总体性质作为制造过程和使用过程的定量模型，将数字仿真与信息储存、检索、分析相结合，达到特定材料性质的最优化和从原材料转变为有用制品的整个加工过程的最优先。

必须指出，仪器设备、分析和建模不仅用于材料结构与成分研究上，对于其他几个要素，尤其是材料合成和加工上都是极其重要的。性能优良的机器和设备是改善合成和加工工业技术的关键，用于过程控制的实时工艺过程模型，把非破坏性传感器与工艺过程建模和人工智能诸要素结合起来，发展材料智能加工，对提高加工效率极有价值。

1.4　材料科学与工程的发展趋势

材料与人类文明一路同行，材料的制造和使用几乎和人类社会的形成一样古老。就这方面而言，材料极为古老，然而，材料科学与工程科学却十分年轻。

1957 年 10 月 4 日，前苏联成功发射第一颗人造地球卫星，一向自认为在太空这一尖端领域领先的美国落在前苏联后面，美国朝野震惊。以美国总统科学技术顾问为首的许多政府部门和民间机构经广泛、深入调研后，一致认为材料研究的落后是造成太空技术落后的重要原因之一。对此，20世纪60年代初美国国会通过立法，在美国的一些大学和研究机构中建立了十几个材料研究中心，政府与科学界通力合作，加强材料研究，大批与材料相关的化学家、物理学家、冶金学家和工程师投入了广泛研究，推动了材料科学与工程作为一门相对独立的新兴学科登上科学舞台。

20世纪60年代初美国西北大学 M. E. Fine 教授等提出材料科学与工程（MSE）的概念，许多大学设置了材料科学与工程专业（系）和学位。

1986年美国国家研究会组建的材料科学与工程委员会经过广泛的调查研究，提出了《90年代材料科学与工程——在材料时代保持竞争力》的报告，就材料科学与工程的最新进展和动向提出了统一看法。对材料研究中的五大问题——合成、加工、使用性能、仪器设备、分析建模做了详细阐述。

2011年6月24日，美国总统奥巴马推出了一项超过5亿美元的"先进制造业伙伴关系"（Advanced Manufacturing Partnership，AMP）计划，期望通过政府、高校及企业的合作强化美国制造业。其中一个重要组成部分是"材料基因组计划"（Materials Genome Initiative，MGI）。"材料基因组工程"类似于"人类基因组工程"，通过高通量的第一性原理计算，结合已知的可靠实验数据，用理论模拟尝试尽可能多的真实的或未知的材料，建立其化学组成、晶体和各种物性的数据库，并利用信息学、统计学方法，通过数据挖掘探寻材料结构和性能之间的关系式，为材料设计师提供更多的信息。因此，"材料基因组工程"拓展了材料筛选范围，通过集中筛选目标、减少筛选尝试次数、预知材料各项性能、缩短性质优化和测试周期、预先规划回收处理方案，加速了材料研究的创新。实现通过搜集新材料的数据、代码、计算工具等，构建专门的数据库，共享资源，将原来长达10~20年的材料开发和应用周期减至2~3年的目标。

包括中国在内的许多国家都制定了相应的材料科学与工程发展规划。

社会发展对材料研究的需要是材料科学与工程学科形成和发展的动力。尽管材料科学与工程学科的发展历史不长，但50年来，材料科学与工程学科已经充分显示了其在现代科学技术发展、人类社会进步中所处的重要地位。

以往，材料的研究分散在不同学科中各自进行。受这些学科本身的限制，以及从事研究的科学家和工程师本身的理论基础、经验和方法的局限，研究常常只侧重于材料某一方面的问题，缺少对材料进行多学科、多方面的综合性研究，以致对材料从制备到应用中的许多复杂问题，如材料制备时的一致性和重现性、材料使用中的可靠性等非常重要的问题认识不深，重视不够，致使这些问题长时间得不到解决，严重阻滞了新材料的投产和应用。

事实雄辩地告诉我们：材料科学与工程是一个不可分割的有机整体。材料科学与工程必须相结合才能转化为生产力，为人类社会的进步做出应有的贡献。

通常，"科学"是研究"为什么"，而"工程"则解决"怎样做"。材料科学的基础理论研究可为材料工程指明方向，指导人们更好地选择材料、使用材料、发挥现有材料的潜力、发展新材料，达到少走弯路、提高质量、增加效益、减少环境污染；然而，材料研究的目的在于应用材料，必须通过合理的工艺流程制备出具有实用价值的材料，实现批量生产，服务于经济建设和科学技术的发展。同时，材料工程也为材料科学提供了丰富的研究课题和物质基础。而这一切，都源于材料科学与工程的相互渗透与交叉综合。

因此,材料科学与工程是研究材料的结构与成分、合成和加工、性质和现象、使用性能及其相互关系的科学和技术。必须把握宏观与微观,在原子、分子的层次上实现结构与成分的设计与合成和加工的有机综合,精确控制合成和加工过程,使原子、分子按设计和控制进行特定的排列和组合,控制组织结构、控制形状以达到所需的使用性能。

1980 年前后,日本机械技术研究所的岛村昭治提出将材料的发展历史划分为五代,他的观点如下。

第一代材料:石器时代的木片、石器、骨器等天然材料。

第二代材料:陶、青铜和铁等从矿物中提炼出来的材料。

第三代材料:高分子材料,可由 1909 年 Bakeland 第一个人工合成的塑料——酚醛塑料算起;高分子材料的原料主要从石油、煤等矿物资源中来。

第四代材料:复合材料。第一到第三代材料都是各向同性的,而复合材料以各向异性为特征。

第五代材料:材料的特征随环境和时间而变化的复合材料。即它能检测到材料受环境变化引起的破坏作用,随即做出相应的对策。所谓材料的特性是指对应力集中、电、磁、热和光等作用的响应。这类材料又可分为两类,即对应于外界刺激引起的破坏,向补强的方向变化(补强型),和废弃后迅速分解还原为初始材料,向易于再生的方向变化(降解型)。这是一类智能型材料,开始于 20 世纪 40 年代,代表了未来材料开发的动向。图 1-3 所示为第五代材料研究开发过程,图 1-4 所示为第五代材料特性随环境的变化。

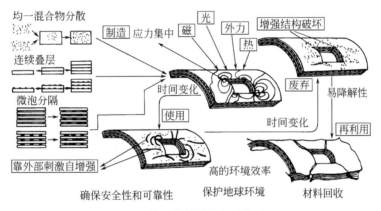

图 1-3 第五代材料研究开发过程

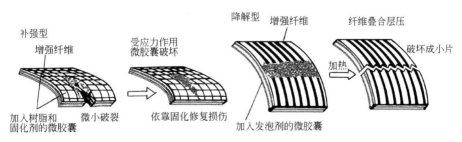

图 1-4 第五代材料特性随环境的变化

21 世纪,以微型计算机、多媒体和网络技术为代表的通信产业,以基因工程、克隆技术为代表的生物技术,以核能、风能、太阳能、潮汐能等为代表的新能源技术,以探索太空为代表的宇航技术，以及为人类持续发展所需的环境工程等，都对材料开发提出了更新的要求，复合化、功能化、智能化、低维化将成为材料开发的目标。我们必须：从材料四大要素出发，深入原子、电子尺度，研究材料结构和性质的关系，实现定量化；逐个原子按使用性能对材料进行组装和裁剪，得到一系列具有理想性质的或新的，甚至出乎预料现象的新颖材料或功能材料。

从设计、材料和工艺一体化出发，开发材料的先进制造技术，实现材料的高性能化和复合化，达到材料生产的低资源和低能源消耗、低成本、高质量、高效率。

钢铁、有色金属、玻璃、陶瓷、高分子材料等原材料多数来自采掘工业，为矿物资源，形成于亿万年之前，是不可再生的资源。因此，在材料生产中必须节省资源、节约能源、回收再生。

第2章

材料的组成、结构与性能

金属材料、无机非金属材料和高分子材料，不论其形状和大小如何，其宏观性能都是由其化学组成和组织结构决定的。只有从不同的微观层次上正确地了解材料的组成和组织结构特征与性能之间的关系，才能有目的、有选择地制备和选用材料。简而言之，材料科学的主要目的就是从电子、离子、原子、分子的层次上阐明各种材料的组成、制备工艺、分子或原子结构与性能之间的相互关系。

2.1 材料的组成

2.1.1 材料组元的结合形式

2.1.1.1 组元、相和组织

（1）组元 组成材料最基本、独立的物质称为材料的组元（或称组分）。组元可以是单质，也可以是稳定的化合物。金属材料的组元多为单质（如普通碳钢的组元是 Fe 与 C），陶瓷材料的组元多为化合物（如 Y_2O_3-ZrO_2 陶瓷的组元是 Y_2O_3 和 ZrO_2）。

（2）相 是指材料中具有同一化学成分并且结构相同的均匀部分。相与相之间有明显的界面，可以用机械的方法把它们分离开。在相界面上，从宏观的角度来看，性质的改变是突变的。若材料是由成分、结构均相同的同种晶粒构成的，尽管各晶粒之间有界面隔开，但它们仍属于同一种相。若材料是由成分、结构都不同的几种晶粒构成的，则它们属于几种不同的相。一个相必须在物理性质和化学性质上都是完全均匀的，但不一定只含有一种物质。例如，纯金属和玻璃是单相材料；钢在室温下由铁素体（含碳的α-Fe）和渗碳体（化合物，分子式为 Fe_3C）组成，普通陶瓷则由晶相、玻璃相（非晶相）和气相组成。

（3）材料的组织 是指材料内部的微观形貌，实际上是指由各种相和各个晶粒所形成的图案。组织与相是两个有着密切联系的不同概念。只含一种相的组织称为单一组织或单相组织，由多种相构成的组织称为复合组织或多相组织，组织是材料性能的决定性因素。

在不同条件下，各相的晶粒大小、形态及分布均会有所不同，材料内部会呈现不同的显微组织，从而具有不同的性能。例如，铸铁是含碳量大于 2.11% 的铁碳合金，根据碳的存在形式不同，可分为两大类。

① 白口铸铁 碳全部以 Fe_3C（渗碳体）形式存在，组织中含有大量 Fe_3C 和莱氏体共晶，既硬又脆，不宜用作结构材料，一般都作为炼钢原料。

② 灰口铸铁 碳除少量溶于基体外，全部或大部分以石墨形式存在，主要用来铸造各种机械零件，其力学性能取决于石墨的形状、大小、数量和分布以及基体组织。

如图 2-1 所示，按照石墨形态的不同，又可分为普通灰口铸铁（片状，简称灰铸铁）、可锻铸铁（团絮状，又称韧性铸铁或马铁）、蠕墨铸铁（蠕虫状）和球墨铸铁（球状，简称

17

球铁），其中以球墨铸铁的力学性能最好（特别是塑性和韧性），灰铸铁强度较低，但具有耐磨、减振性能，可锻铸铁相对于灰铸铁强度和韧性有明显的提高，蠕墨铸铁则介于灰铸铁和球墨铸铁之间，强度和冲击韧性较高，铸造性能良好，耐磨。

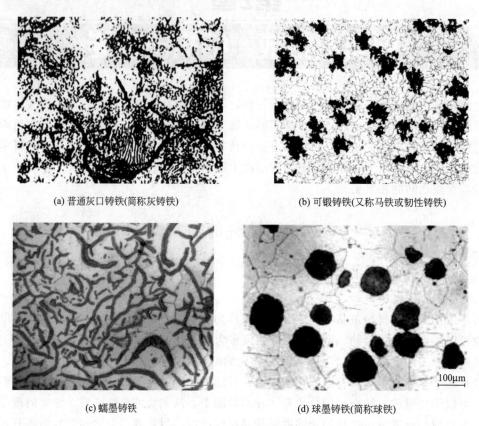

(a) 普通灰口铸铁(简称灰铸铁) (b) 可锻铸铁(又称马铁或韧性铸铁)

(c) 蠕墨铸铁 (d) 球墨铸铁(简称球铁)

图 2-1　灰口铸铁的显微组织

在相同条件下，材料性能随其组织的不同而变化。例如，通过适当的热处理工艺可以在不改变钢的化学组成情况下，改变其表面或内部组织，在一定程度上可以控制和改善钢的力学性能，如淬火热处理能显著提高钢的强度和硬度。泡沫塑料是在组织内引入了气孔相，从而具有质轻、隔热、吸声、减振、耐腐蚀等特性，且介电性能优于基体树脂，广泛用作绝热、隔声、包装及制车船壳体等材料。

材料组织可以分为两种。

① 微观组织（结构）　也称显微组织，是由原子的种类及其排列状态决定的。

② 宏观组织　是指用肉眼或者放大倍数在 100 倍以下（通常小于 30 倍）的放大镜可以直接观察到的粗大组织。

两者进一步的细分和实例见表 2-1。

2.1.1.2　固溶体

两种以上的原子或分子溶合在一起时的状态统称为溶体。固溶体是指溶质组元溶入溶剂组元的晶格中所形成的单相固体，其结构保持溶剂组元的晶格类型。例如，C 原子溶入 α-Fe 中，形成以 α-Fe 为基的固溶体，其晶格不变仍为体心立方结构。按照溶质原子在溶剂晶格中的位置不同，固溶体可分成两种类型。

表 2-1　材料组织的分类

结构、组织			主要构成	实例
微观组织 （结构）	晶体结构	聚集组织	金属、无机物、有机物	金属、陶瓷、微晶玻璃、结晶高分子等
	非晶态结构	聚集组织	无机物、有机物	玻璃、玻璃态塑料、橡胶等
宏观组织 （结构）	单一组织	致密组织	金属、无机物、有机物	型钢、棒钢、钢板、石材、塑料板、塑料棒等
		纤维（细丝）组织	金属、无机物、有机物（链状高分子）	金属纤维、玻璃纤维、石棉纤维、羊毛、棉花、丝绸、尼龙、维尼纶等单纤维
	复合组织	聚集组织 纤维聚集组织	无机、有机纤维的聚集体（＋空气）	毛毡、垫料、织布等
		多孔组织	无机物、有机物＋空气	泡沫混凝土、加气混凝土、泡沫塑料、木材等
		复合聚集组织	无机物、有机物复合聚集体（多是同结合料黏结成一个整体）	灰砂浆、混凝土、纤维增强混凝土、木纤维水泥板、石棉水泥板、玻璃钢、涂料、金属陶瓷
		叠合组织	两种以上材料的叠合	胶合板、石膏板、蜂窝板等

（1）置换型固溶体（或称取代型固溶体）　溶剂 A 晶格中的原子被溶质 B 原子取代所形成的固溶体。为此，B 原子的大小要同 A 原子的大小大致相同。由于溶剂晶格的空隙有限，所以间隙固溶体能溶解的溶质原子数量是有限的，是有限固溶体。

（2）填隙型固溶体（也称间隙型固溶体）　在溶剂 A 的晶格间隙内有溶质 B 原子填入所形成的固溶体。为此，填入的 B 原子必须是充分小的，如碳和氮等是典型的溶质原子，它们与铁形成的填隙型固溶体是钢的重要合金相。对于同一种晶相，可以同时存在上述两种类型的固溶体。如普碳钢中，Mn 原子在 α-Fe 中是置换固溶，而 C 原子则是填隙固溶。溶质在溶剂中的溶解度主要取决于两者的原子半径，元素周期表中位置近，则溶解度大，甚至可形成无限固溶体；反之，则溶解度小。有限固溶体的溶解度与温度有密切关系，一般温度越高，溶解度越大。

合金与陶瓷中有不少属于固溶体。与纯金属相比较，合金固溶体的物理、化学性能均发生了不同程度的变化。首先，一个重要的现象是溶质原子的溶入，使固溶体的强度和硬度升高，而塑性、韧性有所下降，称为固溶强化，固溶强化是提高金属力学性能的重要途径之一。其次，不少固溶元素可以明显地改变基体的物理和化学性能。如 Si 原子溶入 α-Fe 中可以提高其磁导率、增大电阻率，故含 2%～4%Si 的硅钢片是一种应用广泛的软磁材料。一般来说，对于一些要求高磁导率、高塑性和高抗腐蚀性的合金，其金相组织多数由一种固溶体组成。而要求强韧兼备的结构材料，则往往采用以固溶体为基，而细小质点的第二相呈弥散分布的材料。

2.1.1.3　聚集体

一般金属材料和无机非金属材料，不论是由单一的元素、固溶体或者结晶相构成，或者是结晶相与玻璃相的共存状态，都是由无数的原子或晶粒等聚集而成的，对处于这类状态的材料称为聚集体。其中，有的是晶粒间呈连续变化牢固地结合在一起（如金属或固溶体等），有的是晶粒间的结合较微弱（如铸铁、花岗岩等）。后者受外力作用时，在晶粒的界面会发生破坏。

石棉和云母之类是分别具有链状和层状结构的晶体，由于纤维之间或者层与层之间的结合力较弱，可以将其分散成细纤维和薄片。具有链状结构的高分子材料，通过链的卷入、某些交联作用以及部分析晶等过程可以使键能有一定程度的增加。

2.1.1.4 复合体

复合体（复合材料）是指由两种或两种以上的不同材料通过一定的方式复合而构成的新型材料，各相之间存在着明显的界面，它们不但保持着各自的固有特性，而且可最大限度地发挥各种材料相的特性，并赋予单一材料所不具备的优良特殊性能。

复合材料的结构通常是一个相为连续相，称为基体材料；而另一个相是不连续的，以独立的形态分布在整个连续相中，称为分散相。与连续相相比，这种分散相的性能优越，会使材料的性能显著增强，故常称为增强材料。增强材料的种类有颗粒增强、晶须和纤维增强、层板复合等。如先进复合材料是以碳纤维、芳纶、陶瓷纤维、晶须等高性能增强材料与耐高温树脂、金属、陶瓷和碳（石墨）等构成的复合材料，用于各种高技术领域中量少而性能要求高的场合。

较粗大的骨料用结合材料结合的称为复合组合体，如混凝土是砂子、碎石和水泥浆结合而成的，纤维板是将植物纤维用树脂结合制成的。

一般将成型好的材料按一定方向叠合成层状胶合在一起做成的材料叫做叠层材料。例如，胶合板是单片板用胶合剂黏合成使纤维方向互相垂直相交的板材，以改善木材各向异性的缺点；蜂窝结构材料是用蜂窝状的物质作为夹心材料、用强度大的平板作为表面材料制成的轻质、抗弯、刚性大的材料。

2.1.2 材料的化学组成

2.1.2.1 金属材料的化学组成

金属材料是由金属元素或以金属元素为主组成的并具有金属特性的工程材料，包括纯金属和合金两类。其特点是具有其他材料无法取代的强度、塑性、韧性，大多数金属都具有金属光泽，密度和硬度较大，熔点和沸点较高，具有良好的延展性和导电性、导热性以及可加工性等。铁、铜、铝及其合金是人类使用最多的金属材料。为获得所需要的性能，须控制材料的组成与组织结构。

（1）纯金属（单质） 存在于自然界的 116 种元素中，有 94 种是金属元素。工业上习惯分为黑色金属（铁、铬、锰三种）和有色金属（其余的所有金属）两大类。有色金属又分为重金属、轻金属、贵金属和稀有金属四类。大多数过渡金属是以纯金属状态使用，一般是从天然金属矿物中冶炼出来，然后再用电冶、电解等方法提纯得到杂质含量很少的纯金属。

纯金属在工业生产中虽然具有一定的用途，但是，由于其强度、硬度一般都较低，而且冶炼困难，价格较高，在使用上受到很大的限制。目前广泛使用的主要是合金材料。

（2）金属合金 是指一种金属元素与其他金属元素或非金属元素通过熔炼或其他方法结合而成的具有金属特性的材料。如青铜是铜和锡的合金，黄铜是铜和锌的合金，为了形成合金所加入的元素称为合金元素。与组成合金的纯金属相比，合金具有更好的力学性能，还可以调整组成元素之间的比例，以获得一系列性能各异的合金，从而满足工业生产对不同性能的合金的要求。组元可以是金属元素、非金属元素、稳定化合物。根据组元数目的多少，合金可分为二元合金、三元合金、多元合金。

钢是应用最广的合金，化学成分可以有很大变化，含碳量在 $0.0218\%\sim2.11\%$ 之间的铁碳合金称为碳钢，可进一步分成低碳钢（$\leqslant0.25\%$）、中碳钢（$0.25\%\sim0.60\%$）和高碳钢（＞0.6%），为了保证其韧性和塑性，含碳量一般不超过 1.7%。在碳钢基础上特意加入一种或几种合金元素，使其使用性能和工艺性能得以提高的铁基合金称为合金钢，常用的合金元素有硅、锰、铬、镍、钨、钼、钒、钛、铌、锆、铝、铜、钴、氮、硼、稀土元素等。按照含合金元素总量可分成低合金钢（＜5%）、中合金钢（5%～10%）、高合金钢（＞10%）。通过添加不同的元素并采取适当的工艺，可获得高强度、高韧性、耐磨、耐腐蚀、耐低温、耐高温、无磁性等特殊性能。一些主要金属合金的化学组成见表 2-2。合金的组织主要是：固溶体、金属化合物和混合物（可以是纯金属、固溶体或金属化合物各自的混合）以及它们的聚集体。非晶态合金具有许多优异性能，如强韧性、抗侵蚀性、磁导率高、超导性等。

表 2-2　主要金属合金的化学组成

种类	母相金属	加入的主要元素/%
钢	Fe	结构钢(C 0.1～0.6)；高速钢(W 13～20,Cr 3～6,C 0.6～0.7)；高强钢(C＜0.2,Mn ＜1.25,S＜0.05)
不锈钢、耐腐蚀钢	Fe	不锈钢：铬系(Cr≥12)；铬镍系(Cr 17～19,Ni 8～16,Mo＜2.0,Cu＜2.0),18-8 不锈钢(Cr 18,Ni 8)；耐腐蚀钢(Cr＜12,C＜0.30)
耐热钢	Fe	Fe-Cr 系合金(Cr 4～10)；Fe-Cr-Ni 系合金(Cr 18～20,Ni 8～70,Mn 0.5～2,S 0.5～3,C＜0.2)；Fe-Cr-Al 系合金(Cr 5～30,Al 0.6～5,Mn 0.5,Si 0.5～1.0,C 0.1～0.12,Co 1.5～3.0)
铝合金	Al	Al-Cu 合金(Cu 4～8)；Al-Si 合金(Si 4.5～13)；硬铝(Cu 4,Mn 0.5,Mg 0.5,Si 0.3)；超硬铝：Al-Zn-Mg-Cu 系合金；耐热铝：Al-Cu-Li 系合金；防锈铝：Al-Mg 系合金；铸铝(Zn 0.5,Cu 3)
铜合金	Cu	黄铜：顿巴黄铜(Zn 8～20),7-3 黄铜(Zn 25～35),6-4 黄铜(Zn 35～45),黄铜(Zn 45～55)；白铜(Ni 25)；青铜(Sn 4～12,Zn＋Pb 0～10)
低熔点合金		铅-锡合金(Sn 39～40)；黄铜焊料(Zn 40)；锡-铅合金(Sn 60～70,Pb 40～30)；银-铜-磷合金(Ag 15,Cu 80,P 5)；磷-铜合金(P 4～8)
钛合金	Ti	高强度 β 钛合金(Ti-8Mo-8V-2Fe-3Al)；高塑性钛合金(Ti-6Al-4V)
非晶态合金		Fe78Si10B12；Pd40Ni40P20；Fe80P13C7；Ti50Be40Zr10；Co70Fe5Si15B10

2.1.2.2　无机非金属材料的化学组成

无机非金属材料包括陶瓷、玻璃、水泥等材料，从化学的角度来看，都是由金属元素和非金属元素组成的化合物以及非金属元素相互组合而成配料经一定工艺过程制得的。如金属元素和非金属元素的氧化物（SiO_2、Al_2O_3、CaO、MgO、K_2O、Na_2O、TiO_2、ZrO_2 等）、碳化物（SiC、B_4C、TiC 等）、氮化物（Si_3N_4、BN、AlN 等）等。化学组分几乎涉及元素周期表上所有元素，随着原料处理和制备工艺的日新月异，使新产品层出不穷，应用领域非常广泛。表 2-3 列出了一些具有代表性的无机非金属材料的组成及分类。

表 2-3　无机非金属材料的组成及分类

种类	材料	用途
绝缘材料	Al_2O_3，MgO，AlN，MgO-Al_2O_3-SiO_2 玻璃	集成电路基片、封装陶瓷、高频绝缘陶瓷
介电材料	TiO_2，$La_2Ti_2O_7$，$Ba_2Ti_9O_{20}$	陶瓷电容器、微波陶瓷
铁电材料	$BaTiO_3$，$SrTiO_3$	陶瓷电容器
压电材料	$PbTiO_3$，$PbTiO_3$-$PbZrO_3$，$(PbBa)NaNb_5O_{15}$	超声换能器、滤波器、压电点火器、谐振器

种类	材料	用途
半导体陶瓷	$LaCrO_3$,ZrO_2-Y_2O_3,SiC	温度传感器、温度补偿器等
	$PTC(Ba$-Sr-$Pb)TiO_3$	温度补偿器和自控加热元件
	$CTR(V_2O_5)$	热传感元件、防火灾传感器等
	ZnO 压敏电阻	避雷器、浪涌电流吸收器、噪声消除器
	SiC 发热体	电炉、小型电热器等
	快离子导体 β-Al_2O_3,ZrO_2,AgI-AgO-MoO_3 玻璃	钠硫电池固体电解质、氧传感器陶瓷
铁氧体	$CoFe_2O_4$,$BaO \cdot xFe_2O_3$,Ni-Zn,Mn-Zn,Cu-Zn-Mg,Li,Mn,Ni,Mg,Zn 与铁形成的尖晶石型铁氧体	铁氧体磁石、记录磁头、计算机磁芯、电波吸收体
透光材料	Na_2O-CaO-SiO_2 玻璃	窗玻璃
	Na_2O-Al_2O_3-B_2O_3-SiO_2 玻璃	透紫外光学元件
	透明 MgO,As-Ge-Te 玻璃	透红外光学元件
	SiO_2,ZrF_4-BaF_2-LaF_3 玻璃纤维	光学纤维
	透明 BeO,Y_2O_3,K_2O-BaO-Sb_2O_3-SiO_2-Nd_2O_3 玻璃	激光元件
	透明 $PLZT(Pb$-La-Zr-Ti-$O)$	光存储元件、视频显示、光开关等
	CdO-B_2O_3-SiO_2 玻璃	光致色器件
湿敏陶瓷	$MgCr_2O_4$-TiO_2,TiO_2-V_2O_5,ZnO-Cr_2O_3,Fe_2O_3,$NiFe_2O_4$	工业湿度检测、烹饪控制元件等
气敏陶瓷	SnO_2,α-Fe_2O_3,ZrO_2,TiO_2,CoO-MgO,ZnO 等	汽车传感器、气体泄漏报警、气体探测
载体	$2MgO \cdot 2Al_2O_3 \cdot 5SiO_2$,$Al_2O_3$,$SiO_2$-$Al_2O_3$,$Na_2O$-$B_2O_3$-$SiO_2$ 多孔玻璃	汽车尾气催化载体、化学工业用催化载体、酵素固定载体、水处理等
生物材料	Al_2O_3,$Ca_{10}(PO_4)_6(OH)_2$,Na_2O-CaO-P_2O_5-SiO_2 系玻璃,$Ca_3(PO_4)_2$	人造牙齿、人造骨、人造关节
结构材料	Al_2O_3,MgO,ZrO_2,SiC,TiC,WC,AlN,Si_3N_4,BN,TiN,TiB_2,$MoSi_2$,Y-Al-Si-O-N 玻璃	耐高温结构材料、研磨材料、切削材料、超硬材料、飞机零件、火箭零件、网球拍、钓鱼竿等
搪瓷、釉料	Na_2O-CaO-Al_2O_3-B_2O_3-SiO_2-MO_x,M 为过渡金属	陶瓷、金属等装饰、保护用涂层
硅酸盐水泥	CaO-Al_2O_3-Fe_2O_3-SiO_2	建筑用

2.1.2.3 高分子材料的化学组成

高分子材料是由分子量较高的高分子化合物（亦称聚合物、高聚物）构成的材料。高分子化合物与小分子化合物不同，其最突出的特点是，不仅分子量非常高（通常在 10^4 以上），而且分子量分布具有分散性，所谓某一高分子的分子量其实是指它的平均分子量，而小分子的分子量是固定的，一般小于 500，另一个特点是主链中不含离子键和金属键。

聚合物是由一种或几种简单的小分子聚合而成的，如由氯乙烯聚合得到聚氯乙烯，其化学反应式可写成 $nCH_2=CHCl \longrightarrow \text{─}\!\!\left[CH_2\text{─}CHCl\right]\!\!\text{─}_n$，可见聚氯乙烯是由 n 个氯乙烯小分子打开双键连接而成的由相同结构单元多次重复组成的大分子链。这种可以聚合成高分子的小分子称为单体。组成高分子的相同结构单元称为重复单元（又称大分子链的一个链节），其中重复单元的数目 n 叫做链节数（在大多数场合下又称聚合度，记为 DP）。聚氯乙烯的单体是氯乙烯，链节是─CH_2─$CHCl$─，聚合度为 300～2500，相对分子质量为 2 万～16 万。

　　单体是能与同种分子或其他分子通过聚合反应生成聚合物的小分子的统称，是构成高分子的最基本组成单元。单体通常是以碳和氢为主组成的简单化合物，也可与氧、氮、硫、磷、氯、氟、硅等结合构成，尽管元素种类为数不多，但由它们组合起来可以形成组成、结构不同的数量庞大的各种化合物，其数量与日俱增，一般是不饱和的、环状的或含有两个或多个官能团的小分子化合物，常见的有以下几种。

　　① 含有碳-碳双键的烯类单体，包括单烯类、共轭二烯烃，甚至炔烃，如乙烯、丙烯、氯乙烯、四氟乙烯、乙酸乙烯、丙烯腈、苯乙烯、丁二烯、氯丁二烯等。

　　② 羰基化合物，如甲醛、乙醛，甚至酮类。

　　③ 杂环化合物，包括碳氧环、碳氮环，如环氧乙烷、环氧丙烷等。

　　④ 多官能团化合物，如多元酸、多元醇、多元胺、酚类、脲、醛类、多异氰酸酯、有机硅氧烷等。

　　高分子材料根据来源的不同，可分为天然高分子材料（木材、皮革、油脂、天然橡胶等）与合成高分子材料（各种塑料、合成橡胶、合成纤维等），按照应用功能又可分为通用高分子材料（如塑料、合成纤维和合成橡胶）、特殊高分子材料（如耐热、高强度的聚碳酸酯、聚砜等）、功能高分子材料（指具有光、电、磁等物理功能的高分子材料）、仿生高分子材料（如高分子引发剂、模拟酶）等。常见的高分子化合物列于表 2-4 中。

表 2-4　常见的高分子化合物

高分子化合物	重复单元	缩写符号
聚乙烯	—CH₂—CH₂—	PE
聚丙烯	—CH₂—CH— / CH₃	PP
聚苯乙烯	—CH₂—CH— / C₆H₅	PS
聚氯乙烯	—CH₂—CH— / Cl	PVC
聚氟乙烯	—CH₂—CH— / F	PVF
聚四氟乙烯	—CF₂—CF₂—	PTFE
聚丙烯酸	—CH₂—CH— / COOH	PAA
聚丙烯酸甲酯	—CH₂—CH— / COOCH₃	PMA
聚甲基丙烯酸甲酯（有机玻璃）	—CH₂—C— / CH₃,COOCH₃	PMMA
聚丙烯腈	—CH₂—CH— / CN	PAN
聚乙酸乙烯酯	—CH₂—CH— / OCOCH₃	PVAC

23

高分子化合物	重复单元	缩写符号
聚乙烯醇	$-CH_2-CH-$ 丨 OH	PVA
聚 1-丁烯	CH_3 丨 CH_2 丨 $-CH_2-CH-$	PB
聚异戊二烯	$-CH_2-C=CH-CH_2-$ 丨 CH_3	PIP
聚氯丁二烯	$-CH_2-C=CH-CH_2-$ 丨 Cl	PCB
聚甲醛	$-O-CH_2-$	POM
聚环氧乙烷	$-OCH_2-CH_2-$	PEOX
聚对苯二甲酸乙二醇酯	$-O-CH_2CH_2O-\overset{O}{\overset{\parallel}{C}}-\!\!\bigcirc\!\!-\overset{O}{\overset{\parallel}{C}}-$	PET
环氧树脂	$-O-\!\!\bigcirc\!\!-\overset{CH_3}{\underset{CH_3}{C}}-\!\!\bigcirc\!\!-O-CH_2\underset{OH}{CH}CH_2-$	EPE
聚碳酸酯	$-O-\!\!\bigcirc\!\!-\overset{CH_3}{\underset{CH_3}{C}}-\!\!\bigcirc\!\!-O-\overset{O}{\underset{\parallel}{C}}-$	PC
聚砜	$-O-\!\!\bigcirc\!\!-\overset{CH_3}{\underset{CH_3}{C}}-\!\!\bigcirc\!\!-O-\!\!\bigcirc\!\!-\overset{O}{\underset{O}{S}}-\!\!\bigcirc\!\!-$	PSU
聚酰胺 66(尼龙-66)	$-NH(CH_2)_6NH-CO(CH_2)_4CO-$	PA66
聚氨酯	$-O(CH_2)_2OCNH(CH_2)_6NHC-$ 丨丨 丨丨 O O	PU
顺式聚丁二烯橡胶	$-CH_2-CH=CH-CH_2-$	BR

2.2 材料的结构

材料的结构是指材料的组成原子或分子之间相互吸引和排斥作用达到平衡时的空间排布，从宏观到微观可分成不同的层次，即宏观组织结构、显微组织结构及微观结构。

宏观组织结构是用肉眼或放大镜能观察到的晶粒、相的集合状态。显微组织结构或称亚微观结构是借助光学显微镜、电子显微镜可观察到的晶粒、相的集合状态或材料内部的微区结构，其尺寸为 $10^{-7} \sim 10^{-4}$ m（最小的结构尺度大于晶胞尺寸）。如陶瓷材料的显微结构是在各类显微镜下分辨其中所含有晶相的种类、数量、形态，晶粒的大小、分布及取向、晶界结构、晶体缺陷、晶格畸变，玻璃相的含量、分布、应力分布，气孔及微裂纹的大小、多少、形状分布等。对陶瓷材料而言，晶相、玻璃相和气相三者在陶瓷组织中的相互关系决定着陶瓷材料的性能。比显微组织结构更细的一层结构即微观结构（研究的结构尺度小于晶胞尺寸），包括原子及分子的结构以及原子和分子的排列结构。因为一般分子的尺寸很小，故把分子结构排列列为微观结构。但对于高分子化合物，大分子本身的尺寸可达到亚微观的范围。

材料性能依赖于材料本身的结构，了解材料结构是了解材料性能的基础，而材料内部结构与材料化学组成及外部条件是密切相关的。在材料组成单元中，各个原子通过化学键结合在一起组成固体材料。各类材料，当键合方式不同，如为离子键、共价键、金属键或氢键时，便具有不同的结构和特性。因此，金属材料、无机非金属材料和高分子材料在性能方面的差异本质上是由不同的元素、以不同的键合方式造成的。

2.2.1　材料中的化学键合

几乎所有的元素都能以一定的结合方式构成物质。同种或不同种类的原子通过化学键（离子键、共价键、金属键等）结合在一起构成物质的分子。

(1) 金属键　金属原子形成金属晶体时，每个原子都提供少数价电子作为自由电子，共用于整个晶体，这些自由电子与排列成晶格的金属离子之间的静电吸引力构成金属键，把各个离子化的金属原子吸引在一起。特点是具有键合作用的价电子并不专属于某个金属原子而为整个金属晶休所共有，所以金属键在本质上和共价键有类似的地方，但是其外层电子比共价键更公有化，最明显的区别就是金属键缺乏方向性和饱和性，因而是非极性键。金属的高电导率和高热导率都是其中自由电子运动的结果。此外，自由电子能够吸收所有波长的能量，从而也解释了金属对光的非透明性；而这一吸收能量的辐射，又同样解释了金属表面的高反射性。

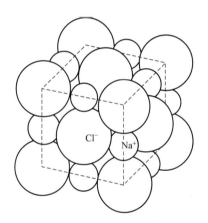

图 2-2　NaCl 晶体中的离子排列
［虚线勾画出晶体结构的基本重复单元，
即单位晶胞。每个阳离子（Na⁺）
与 6 个阴离子（Cl⁻）配位］

(2) 离子键　是由阳离子与阴离子相互之间的静电引力（库仑力）所形成的一种键合，是化学键中最简单的类型。这个引力同邻接的所有其他原子都相互发生作用构成一个整体。离子键常发生在正电性元素（元素周期表左侧的金属）和负电性元素（元素周期表右侧的非金属）之间。NaCl 和 MgO 是典型的离子键化合物。图 2-2 所示为 NaCl 晶体中 Na⁺ 和 Cl⁻ 的三维排列。在 NaCl 晶体中并不存在独立的 NaCl 分子，每个 Na 原子将一个价电子转移给每个 Cl 原子而分别形成阳离子和阴离子，相互之间的静电引力将 Na⁺ 和 Cl⁻ 结合在一起形成晶体。一般来说，由于形成离子键的静电力来源于离子的过剩电荷，晶体中离子的电子云密度分布应是对称的，通常不应产生变形。因此离子键具有饱和性和无定向性的特点，也是离子化合物配位数高、堆积致密的一个重要的原因。

在离子键化合物中，阴离子总要比阳离子体积大，因此在考虑离子堆积时，要首先考虑阴离子的堆积（一般按立方堆积、立方密堆积和六方密堆积等方式进行），而阳离子则占据阴离子堆积所形成的立方体、正八面体和正四面体间隙的中心。

离子键化合物构成整个固体无机化合物的很大一部分。其中较重要的有：AB 型离子化合物（A 为阳离子，B 为阴离子），如碱金属的卤化物以及碱土金属的氧化物、硫化物、硒化物、碲化物等；AB₂ 型化合物主要是氟化物和氧化物，代表性结构有萤石（CaF₂）型、金红石（TiO_2）型和碘化镉（CdI_2）型；AB_3 型化合物主要有 BiF_3 型、ScF_3 型和 UCl_3 型；A_2B_3 型化合物中金属氧化物大多为离子化合物，代表性结构是刚玉（$\alpha\text{-}Al_2O_3$）型。

在多元化合物中，也有相当一部分属于离子键化合物，当然同时也含有共价键，甚至范德华键和氢键，比较复杂。在 ABO_3 型化合物中，主要结构形式有 $FeTiO_3$ 型和 $CaTiO_3$ 型两种，其中 $FeTiO_3$ 型的结构可归为 $\alpha\text{-}Al_2O_3$ 型结构，都是离子结构。在 ABO_4 型化合物中，无论是 $CaSO_4$ 和 $BaSO_4$ 型结构，还是 $CePO_4$、$ZrSiO_4$、$AlPO_4$、BPO_4 型结构，甚至 $CaWO_4$、$FeWO_4$ 型结构，配合负离子与金属之间都是典型的离子结构。在 A_2BO_4 型化合物中，尖晶石（Al_2MgO_4）型最有代表性。在这里，由于 A 原子与 B 原子的大小不相上下，甚至 A—O 与 B—O 的结合也都是离子键。

虽然离子间的作用力主要来源于过剩电荷，但在一定条件下也会通过电场相互作用产生极化，离子极化经常造成键力加强、键长缩短和配位反常。严重的极化还能使离子键向共价键过渡。

（3）共价键　是由两个原子共有最外壳层电子的键合。由于每个原子所能提供的未成对电子数是一定的，即能形成的共价键总数也是一定的，所以键强度随着参与键合的电子数增多而增强。其中最简单的是单价共价键，出现在 H_2 分子中。另一些同种元素组成的分子，如 N_2、O_2、F_2 也形成共价键，其中 F_2 是共价单键，O_2 和 N_2 则分别具有双键和三键。

不同的原子之间也可以形成共价键，如 HF、H_2O、CH_4 每个原子都贡献出一个电子以形成电子对。另外一类共价键称为配位共价键，其特点是形成的共享电子对全由一个原子提供。

所有非金属原子，除了惰性气体外，一般都倾向于形成共价键。例如硅晶体中（图2-3），每个 Si 原子是以自旋相反的电子对，分别与四个最邻近的 Si 原子键合。Si 原子的三维排列是由具有方向性的共价键网络所决定的。共价键形成时，由于能量上的原因，总是选择在合适的方向上成键，这就是共价键具有方向性的原因。此外，由于共价键来源于电子共享，原子所能形成共价键的数目必然要受到其电子结构的限制，所以共价键具有饱和性。鉴于上述本质，使得典型的共价键晶体总是具有很高的熔点和硬度、良好的光学特性和不良的导电性。如金刚石具有相同的结构，是典型的共价键晶体，素有自然界中最硬物质之称。

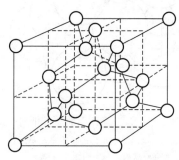

图 2-3　硅晶体单位晶
胞中的原子排列

（每个 Si 原子与邻近 Si 原子形成
四个共价键，如粗线所示）

除了单质外，共价键也大量存在于化合物中。在 AB 型化合物中，主要代表是 ZnS 型结构，在这类化合物中，每个原子均生成四个共价键，从而形成共价键网络。在 AB_2 型化合物中，FeS_2 型结构属于共价键。在多元化合物中，配合负离子内部的结合力虽说有离子键和共价键两种成分，但以共价键为主。如下的配合负离子，其内部结合几乎均为共价键。如平面形，CO_3^{2-}、NO_3^{-}；三角锥形，PO_3^{2-}、SO_3^{3-}、ClO_3^{-}；四面体形，PO_4^{3-}、SO_4^{2-}、ClO_4^{-}、MnO_4^{-}、SiO_4^{4-}；正方形，$PtCl_4^{2-}$、$PdCl_4^{2-}$；八面体形，AlF_6^{3-}、SiF_6^{2-}、$TiCl_6^{2-}$、$ZrCl_6^{2-}$ 等。

（4）氢键　是氢原子在分子中与一个 A 原子键合时，还能形成与另一个 B 原子的附加键，是一类结合力比较弱的键，但它比范德华键要强。氢键发生于某些含有氢与高电负性原子（如 O、N、F 等）共价键合的极性分子之间。氢键的产生主要是由于氢与电负性高的 A

原子形成共价键时，共有电子对（电荷中心）向 A 原子强烈偏离，这样氢原子几乎变成一个半径很小的带正电荷的核，因此这个氢原子还可以和另一个分子中高电负性的 B 原子相互吸引形成附加键。氢键存在于 H_2O、HF、NH_3 和许多高分子化合物（包括蛋白质）中。实际情形就是氢原子在两个电负性高的原子之间形成一个桥，如图 2-4 所示的冰那样。分子有确定的几何形状，因此氢键是有方向性的。氢键在高分子材料中特别重要，它是使尼龙之类的聚合物具有较大的分子间力的主要因素。

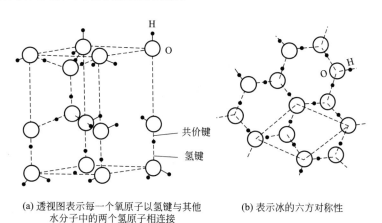

(a) 透视图表示每一个氧原子以氢键与其他　　(b) 表示冰的六方对称性
　　水分子中的两个氢原子相连接

图 2-4　冰晶体模型

（氢键用- - - -表示，共价键用——表示）

（5）范德华键　原子可以看成是一个很小的偶极子。虽然对于平均时间来说，原子中电子的空间分布，对原子核是对称的。但某一瞬间，整个原子正负电荷中心可能不重合，从而形成小的偶极子。这些小的偶极子之间的相互作用所造成的引力，就是范德华力。

范德华键是永远存在于分子间或分子内非键结合的力，是一种相互吸引的力。不过，这类键一般很弱，只有不存在其他键时，它才显示出来。例如，在具有稳定结构的原子之间，以及许多有机分子之间，都存在范德华键。范德华键在聚合物的分子之间作用比较明显，它是长链高分子化合物内聚力的根源。

概括起来，化学键合的产生是由于几乎任何原子都倾向于获得更加稳定的电子排布。各种化学键合都是直接来源于电子。每个原子参加键合的电子越多，键合能就越高。表 2-5 列出了键型与材料物性的关系。

表 2-5　键型与材料物性的关系

键型	金属键	离子键	共价键	范德华键	氢键
结构特点	无饱和性和方向性,配位数很高,高密度	有饱和性,无方向性或方向性不明显,键能较大,结构稳定,高配位,中等密度	具有饱和性和方向性,低配位,低密度	类似金属	具有饱和性
力学性能	各不相同,强度有高低,有塑性	强度高,劈裂性良好,坚固、硬度高	强度高,坚固,硬度高	疏松,质软	
电学性能	导电体(自由电子)	一般是绝缘体,熔体为导体	绝缘体,熔体为非导体	绝缘体	
热学性能	熔点有高低,导热性良好,液态的温度范围宽	熔点高,热膨胀系数小,熔体中有离子存在	熔点高,热膨胀系数小,熔体中有的含有分子	熔点低,高膨胀性	

键型	金属键	离子键	共价键	范德华键	氢键
光学性能	不透明,有金属光泽	与各构成离子的性质相同,对红外线的吸收强,多是无色或浅色透明的	低折射率,同气体的吸收光谱很不同	透明	
其他	延展性良好		除链状高分子类材料外,大多数材料的延性和展性都较差		
物质	铁	岩盐(NaCl)	有机质固体	固态惰性气体	水、冰

（6）多种键型化合物　一般在多元化合物中,它们总是具有几种键型。众所周知,绝大多数的有机化合物,其分子的原子之间由共价键连接,而分子之间靠范德华键联系。在有机酸的金属盐结构中还引入了离子键。若原来分子中含有氢键,则是一个同时具备四种键型的复杂结构。

在结构不太复杂的氢氧化物中,也能同时存在共价键、离子键和氢键三种键型。在酸和酸性盐中,除了离子键和共价键外,还含有大量的氢键。

硅酸盐是另一类包含有多种键型的复杂化合物,存在大量的离子键和共价键,在某些情况下也会有氢键和范德华键。特别是某些天然的链状硅酸盐和层状硅酸盐结构,情况更为复杂。

2.2.2　晶体结构基础

2.2.2.1　晶体结构的基本特征

晶体以其内部质点（原子、离子或分子）在空间作三维周期性的规则排列为最基本的结构特征。从结构上看,晶体的排列状态是由构成原子或分子的几何形状和键型所决定。构成原子的吸引力与排斥力在达到均衡时相互保持稳定构成晶格。一般来说,晶体的外形有变化,晶格也不会改变。生长良好的晶体外形常呈现某种对称性,晶体外形的宏观对称性是其内部晶体结构微观对称性的表现,它与晶体具有一定的熔点及各向异性等特性有着深刻的内在联系。晶体结构是决定材料的物理、化学和力学性能的基本因素之一。

(a) 立方晶系

(b) 正方晶系

(c) 六方晶系

图 2-5　结晶系示例

任何一种晶体总可找到一套与三维周期性对应的基向量及与之相应的晶胞,因此可以将晶体结构看作是由内含相同的具有平行六面体形状的晶胞按前、后、左、右、上、下方向彼此相邻"并置"而组成的一个集合。按晶格的边长、晶轴相交的角度等可将晶体分类为七大晶系（图 2-5）。

（1）立方晶系　三根轴互相正交,轴长相等的晶系（$a=b=c$, $\alpha=\beta=\gamma=90°$）。

（2）正方晶系　互相正交的三根轴之中有两根轴长相等,一根轴不等的晶系（$a=b\neq c$, $\alpha=\beta=\gamma=90°$）。

（3）三方晶系　两根轴正交,另一根轴向一个方向斜交,三根轴的长度相等的晶系（$a=b=c$, $\alpha\neq90°$, $\beta=\gamma=90°$）。

（4）斜方晶系　互相正交的三根轴的长度均不相同（$a\neq b\neq c$, $\alpha=\beta=\gamma=90°$）。

（5）单斜晶系　两根轴正交，另一根轴向一个方向斜交，三根轴的长度均不相同的晶系（$a \neq b \neq c$，$\alpha \neq 90°$，$\beta = \gamma = 90°$）。

（6）三斜晶系　三根轴互相斜交，长度又各不相同的晶系（$a \neq b \neq c$，$\alpha \neq \beta \neq \gamma \neq 90°$）。

（7）六方晶系　长度相同的两根轴，在同一面内互相以 $60°$ 相交，长度不同的另一根轴同其正交的晶系（$a = b \neq c$，$\alpha = \beta = 90°$，$\gamma = 120°$）。

晶体又可分为单晶体和多晶体。单晶体整个晶格是连续的，而多晶体可看成是由许多取向不同的小单晶体（又称晶粒）组成的聚集体，每个晶粒的大小和形状不同，而且取向凌乱，故没有明显的外形，也不表现各向异性。

实际上，晶体中又包含着种种缺陷，造成了结构的不完整性。

2.2.2.2　结构的不完整性

对晶体结构描述时认为，整个晶体都具有规则排列。而实际上，绝大多数晶体都存在一定程度的与理想原子排列的轻度偏离，这些结构上的不完整性会对晶体的性能造成重大影响，依据其几何形状的不同可分为点缺陷、线缺陷和面缺陷。

（1）杂质原子与固溶体　一般所认为的纯固体材料在一定程度上都溶有某些杂质原子。在许多情况下，固溶体是有意制备的，目的在于改变材料的某些性能，这实际上反映了杂质的控制使用。如图 2-6 所示，不管是杂质还是有意添加的固溶原子，在晶体中的位置都可分为置换型和间隙型两种（如同前已述及的固溶体），它们都是相当重要的点缺陷，会使晶体基体发生局部的结构扰乱。

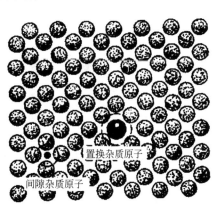

置换杂质原子

间隙杂质原子

图 2-6　简单晶体中存在置换杂质原子和间隙杂质原子示意图

固溶体对于制备金属合金和特种陶瓷起了很大的作用。如在过渡金属中，所添加的 H、N、C、B 等原子都很容易处在金属晶格的间隙位置上，即使含量非常低，对其金属材料的力学性能和电学性能也有显著的影响。所添加原子的大小、晶格结构的空隙大小与间隙固溶体的形成密切相关。在许多硅酸盐固溶体中，Be^{2+}、Li^+、Na^+ 等小半径正离子容易进入晶格间隙中。晶格结构的空隙越大，越有利于形成固溶体。像面心结构的 MgO，只有四面体空隙可以利用；反之，在 TiO_2 晶格中还有八面体空隙可以利用。

对于置换型固溶体，如 MgO 晶体内常含有 FeO 或 NiO，即 Fe^{2+} 取代了晶体中 Mg^{2+}，无序地分布在晶格中 Mg^{2+} 的位置上，甚至其组成可以写成 $Mg_{1-x}Fe_xO$，其中 $x = 0 \sim 1$。其他如 Cr_2O_3 和 Al_2O_3、ThO_2 和 UO_2 及钠长石和斜长石，都能形成置换型固溶体。这类固溶体特点是，取代量是无限的，称为完全互溶固溶体。另外，如 CaO 和 MgO、MgO 和 Al_2O_3，它们的正离子相互间取代量是有一定限度的，称为部分互溶固溶体。

（2）点缺陷　是指理想晶体中的一些原子被外界原子所代替，或者在晶格间隙中掺入原子，或者留有原子空位，破坏了有规则的周期性排列，引起质点间势场的畸变，所造成晶体结构的不完整仅仅局限在原子位置。一般分为三类：结构位置缺陷，如空位和间隙原子；组成缺陷，即上述的杂质原子；电荷缺陷。

空位是晶体中没有被占据的原子位置，而间隙原子是晶体本身的原子占据了间隙位置。间隙原子通常比空位少得多，因为在金属中它所引起的结构畸变太大。空位的一个非常重要的特点是，它们能够与相邻原子交换位置而运动，使得原子在高温时可以在固态中进行迁移，即进行扩散。温度越高，平均热能越大，原子振动的振幅也增大。由于热运动，晶体中总有一些原子要离开它的平衡位置，造成缺陷。一种是一些能量足够大的原子离开平衡位置后，挤到格子的间隙中，形成间隙原子，而在原来位置上形成空位，称为弗伦克尔缺陷。另一种是固体表面层的原子，获得较大能量，但是它的能量还不足以使它蒸发出去，只是移到表面外新的位置上去，而留下原来位置则形成空位。这样，晶格深处的原子就依次填入，结果表面上的空位逐渐转移到内部去。这种形式的缺陷称为肖特基缺陷。图 2-7 所示为金属和共价固体中这两种最常见的而与杂质原子无关的结构点缺陷。一般而言，正负离子半径相差不大时，肖特基缺陷是主要的。两种离子半径相差较大时，弗伦克尔缺陷是主要的。典型的例子，前者如 NaCl，后者如 AgBr。这两种缺陷都对离子晶体的导电性有贡献。

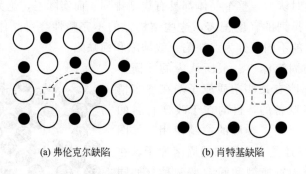

(a) 弗伦克尔缺陷 (b) 肖特基缺陷

图 2-7 结构点缺陷

（3）线缺陷 实际晶体在结晶时受到杂质、温度变化或振动产生的应力作用，或由于晶体受到打击、切削、研磨等机械应力的作用，使晶体内部质点排列变形，原子行列间相互滑移，而不再符合理想晶格的有序的排列，形成线状的缺陷，习惯上也称位错。造成质点滑移面和未滑移面的交界线称为位错线。图 2-8(a) 表示在剪应力作用下，使晶体的一个原子面相对其相邻原子面移动一个原子间距，图 2-8(b) 为在宏观尺度中，所引起的永久形变表现为晶体的一部分相对另一部分发生位移。这种位错也称刃位错，它的特性是滑移方向和位错线垂直。

另一种位错是由于剪应力的作用使晶面相互滑移，晶体中滑移部分的相交位错线是和滑移方向平行的。因为位错线周围的一组原子面形成了一个连续的螺旋形坡面，故称为螺旋位错。

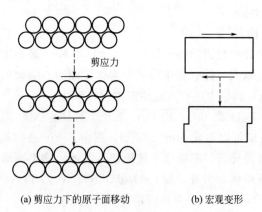

剪应力

(a) 剪应力下的原子面移动 (b) 宏观变形

图 2-8 晶体的线缺陷的形成

（4）面缺陷 固体从蒸气、溶液或熔体中结晶出来时，只有在一定条件下（如有籽晶存在时），才能形成单晶体。大多数固体是多晶体，因为在许多位置有晶核产生。例如铸锭凝固时，对于缓慢凝固的铸件，有时能够用肉眼看到晶粒；如果凝固速率较快，晶粒尺寸就会小些，这时只有借助于光学显微镜才能够看见晶粒。

多晶体是由许多结合得并不十分严密的微小晶粒所构成的聚集体。如图 2-9 所示，每个单独的晶粒都是单晶体，其中给定的一组原子面在空间具有相同的取向，但与其相邻的晶粒则具有不同的结晶学取向。这些晶粒和晶粒之间不是公共面，而是公共棱。原子面从一个晶粒到相邻的晶粒是不连续的。很明显这样的构造就是一种面缺陷。晶粒和晶粒之间的边界（称为晶界）是能量较高的结晶不完善的区域，其厚度约为两三个原子。由于晶界的原子堆积不完善，所以杂质原子倾向于偏聚在晶界上。

图 2-9　多晶体中各个晶粒取向示意图

大多数的金属及其合金、陶瓷和矿物等都属于多晶材料。在多晶结构中，晶粒和晶界是多晶材料中一个十分重要的结构因素，对材料性能的影响很大。晶粒大小相差极为悬殊，就其粒径而言，可小至微米级（如黏土的粒子），甚至纳米级（如超细 TiO_2 粒子），大到毫米级（如黄铜的粒子）。晶粒大小、均匀程度、各个晶粒的取向关系都是很重要的组织（固体微观形貌特征）参数，晶粒越细，材料性能（力学性能）越好，好比面团，颗粒粗的面团肯定不好成型，容易断裂。所以很多冶金学家和材料学家一直在开发晶粒细化技术。

2.2.3　材料的结构

当原子或分子结合成固体材料时，它们可能形成晶体，也可能形成非晶体。两者最本质的差别在于，组成晶体的原子、离子、分子等质点的规则排列（长程有序），而非晶体中这些质点除与其最相近外，基本上无规则地堆积在一起（短程有序，长程无序）。在相同的热力学条件下，与同种化学成分的气体、液体或非晶体相比，晶体的内能最小，属于稳定的结构，非晶体是不稳定的，有自发转变为晶体的趋势。非晶质固体可叫做玻璃质，或是一种具有无定形结构的物质。

2.2.3.1　金属材料的结构

金属材料一般都是多晶体，由于金属键无方向性，金属原子只有少数价电子能用于成键，在形成晶体时，倾向于构成极为紧密的结构，使每个原子都有尽可能多的相邻原子，即金属晶体一般都具有高配位数（一个原子最邻近的、等距离的原子数）和紧密堆积结构。金属的晶体结构会随温度变化发生变体转变，在常温下金属的晶体结构大部分属于体心立方结构、面心立方结构和紧密堆积六方结构（图 2-10）。碱金属元素均为体心立方结构，配位数为 8；碱土金属元素主要为六方密堆积结构和面心立方结构；过渡金属的晶体结构一开始主要是六方密堆积和体心立方，最后完全过渡到面心立方结构，面心立方结构和六方密堆积结构一样，是最密的堆积方式，配位数是 12。

（1）体心立方结构（body-centered cubic structure）　在立方晶格的中心具有原子的结构称为体心立方结构。例如，在常温下的铁、铬、钨等属于这类结构（图 2-11）。

（2）面心立方结构（face-centered cubic structure）　是在立方晶格的六个面上各有一个原子的结构。例如，在常温下的镍、铝、铜、铅、银、金、铁（910～1400℃之间的铁）等属于这类结构（图 2-12）。

（3）六方紧密堆积结构（hexagonal close-packed structure）　是在六方晶格的内部具有三个原子的结构。例如，在常温下的钛、镁、锌等（图 2-13）。

除单质金属外，具有金属性质的合金，一般都是多晶体，有时可以形成固溶体、共溶晶、金属间化合物以及它们的聚集体。典型的金属固溶体有 Cu-Au、Cu-Ni、Fe-Ni 等合金。

一般认为纯金属材料是微细晶粒的聚集体，合金则可看作母相金属晶体与加入的合金晶

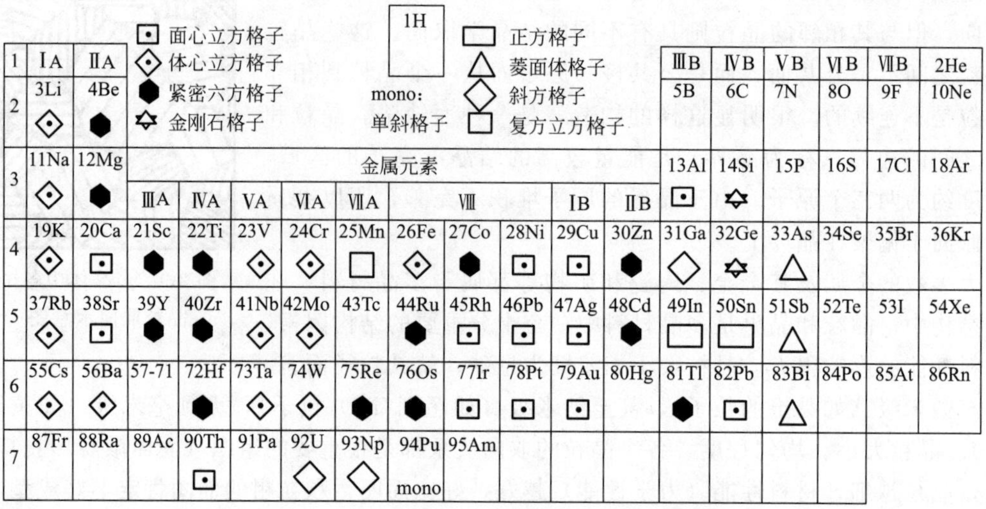

图例:
⊡ 面心立方格子　◇ 体心立方格子　⬡ 紧密六方格子　✿ 金刚石格子
mono: 单斜格子
□ 正方格子　△ 菱面体格子　◇ 斜方格子　⬡ 复方立方格子

周期	IA	IIA	IIIA	IVA	VA	VIA	VIIA	VIII			IB	IIB	IIIB	IVB	VB	VIB	VIIB	0
1	1H																	2He
2	3Li ◇	4Be ⬡											5B	6C	7N	8O	9F	10Ne
3	11Na ◇	12Mg ⬡		金属元素									13Al ⊡	14Si ✿	15P	16S	17Cl	18Ar
4	19K ◇	20Ca ⊡	21Sc ⬡	22Ti ⬡	23V ◇	24Cr ◇	25Mn □	26Fe ◇	27Co ⬡	28Ni ⊡	29Cu ⊡	30Zn ⬡	31Ga ◇	32Ge ✿	33As △	34Se	35Br	36Kr
5	37Rb ◇	38Sr ⊡	39Y ⬡	40Zr ⬡	41Nb ◇	42Mo ◇	43Tc	44Ru ⬡	45Rh ⊡	46Pb ⊡	47Ag ⊡	48Cd ⬡	49In □	50Sn □	51Sb △	52Te	53I	54Xe
6	55Cs ◇	56Ba ◇	57-71	72Hf ⬡	73Ta ◇	74W ◇	75Re ⬡	76Os ⬡	77Ir ⊡	78Pt ⊡	79Au ⊡	80Hg	81Tl ⬡	82Pb ⊡	83Bi △	84Po	85At	86Rn
7	87Fr	88Ra	89Ac	90Th ⊡	91Pa	92U ◇	93Np	94Pu mono	95Am									

图 2-10　元素周期表及其在常温下的晶体结构

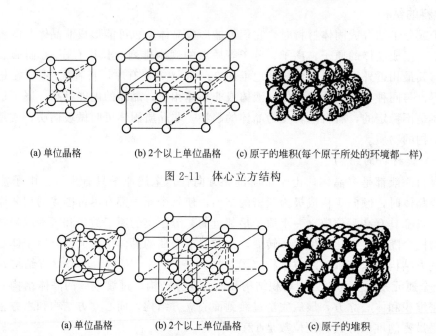

(a) 单位晶格　　(b) 2个以上单位晶格　　(c) 原子的堆积(每个原子所处的环境都一样)

图 2-11　体心立方结构

(a) 单位晶格　　(b) 2个以上单位晶格　　(c) 原子的堆积

图 2-12　面心立方结构

体等聚合而成的聚集体。晶粒之间的结合力要比晶粒内部的结合力小。晶粒晶界上的结合是机械结合,即金属由高温熔体凝固析晶时,相互啮合牢固地结合在一起。晶粒间的接触面越大,结合力也越大。由于一般的金属都是多晶体结构,故通常测出的性能都是各个取向不同的晶粒的平均性能,结果就使金属显示各向同性。软钢、铜、金、铝等之所以能经受大的塑性变形,是由于在发生滑移变形的同时,原子相互间的位置依次错开又形成了新的键,从整体看,是由于原子间的键难以断开的缘故。

2.2.3.2　无机非金属材料的结构

鉴于无机非金属材料化学组成的多样性,几乎涉及元素周期表上所有元素,体现在结构上则有其特殊的多样性和复杂性：化学键类型以离子键和共价键为主，有时还与氢键、范德华键等形成各种混合键；组织结构形态上包含有晶态、非晶态以及它们的各种组合，有些还包含有气相；晶体结构中除了原子晶体，还有离子晶体、分子晶体以及结构更为复杂的硅酸盐晶体，也能形成固溶体，还有不少晶体存在同质多晶现象（同素异形体）等。

（1）典型的晶体结构类型

① 金刚石型结构　为面心立方结构，Si、Ge 以及人工合成的立方氮化硼（C-BN）等均属于此类型结构。金刚石是典型的原子晶体，每个碳原子与相邻的四个碳原子以共价单键（sp^3 杂化轨道）构成正四面体（图 2-14），键长为 1.55×10^{-10} m，键角为 109°28′。碳原子位于正四面体的中心和四个顶点上，在空间构成连续的、坚固的骨架结构。由于 C—C 键的键能大，价电子都参与了共价键的形成，晶体中没有自由电子不导电，所以金刚石是自然界中最坚硬的固体，熔点高达 3550℃，纯净的金刚石具有极好的导热性。

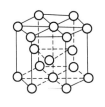
(a) 单位晶格

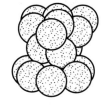
(b) 原子的堆积

图 2-13　六方紧密堆积结构

图 2-14　金刚石结构

② 碳质同素异形体结构　在富勒烯发现之前，碳的同素异形体只有金刚石、石墨和无定形碳（如炭黑和炭），它的发现极大地拓展了碳的同素异形体的数目（表 2-6）。如今，三维的金刚石、二维的石墨烯、一维的碳纳米管、零维的富勒球组成了完整的碳系家族。

表 2-6　碳质同素异形体的结构

种类	结构特性	举例	结构示意图	特性
石墨	典型的层状结构，混合键型晶体；每个碳原子以 sp^2 杂化轨道与三个近邻碳原子形成三个共价键，在同一平面内互成 120°，形成六角平面网状结构，剩下的一个 2p 电子在整个平面内形成金属键；层与层之间则依靠分子间作用力（范德华键）结合	层内 C—C 间距为 0.142nm，层间 C—C 间距为 0.340nm，人工合成的六方氮化硼和石墨结构相同		有金属光泽，耐高温（熔点为 3500℃，仅比金刚石低 50℃）；硬度低，易加工；有润滑感；具有良好的导电性和化学稳定性，韧性好，抗热振性强，广泛用于石油化工、原子能等领域
石墨烯	一种由碳原子构成的单层片状结构，碳原子之间以共价键（sp^2 杂化轨道）组成六元环连续伸展的平面薄膜	可以看作是一层被剥离的石墨分子		是已知最薄的、强度最高的、最坚硬的、导电性最好的、热导率高于碳纳米管和金刚石的、几乎完全透明的纳米材料

种类		结构特性	举例	结构示意图	特性
富勒烯	富勒球 （巴基球团簇）	由碳组成的中空分子，呈球形、椭球形等形状，C_{20}最小，有正十二面体构造，没有C_{22}，之后都存在C_{2n}的富勒烯，n为12、13、14等所有结构中都有12个五边形，六边形个数为$n-10$，偶尔还有七元环。球面上每个碳原子以sp^2杂化轨道与三个近邻碳原子形成共价键，剩下的一个$2p$电子在球内外表面上形成π键	原子数为20、24、28、32、36、50、60、70等稳定性高的碳团簇中，C_{60}丰度最高，C_{70}次之； C_{60}：由20个六边形、12个五边形组成的32面体球，直径为0.71nm。碳原子价都是饱和的，以2个单键和1个双键彼此相连，整个分子具有芳香性； C_{70}：由12个五边形、25个六边形组成的椭球	C_{60} C_{70}	C_{60}具有金属光泽，有许多优异性能，如超导、强磁性、耐高压、耐化学腐蚀，在光、电、磁等领域有潜在的应用前景
	碳纳米管 （巴基管）	非常小的中空管，主要由呈六元环的碳原子构成数层到数十层的同轴圆管，有单壁和多壁之分；若全由六元环组成时，该管是不封闭的，可以向两端伸长；如果在管子两端有五边形，会将巴基管末端封闭	层与层之间距离固定约为0.34nm，直径一般为2～20nm。根据碳六边形沿轴向的不同取向，可将其分成锯齿形、扶手椅形和螺旋形三种		强度是钢的100倍，而密度仅为钢的1/7，如能做成碳纤维，将是理想的轻质高强度材料。在电子工业有潜在的应用，还具有极强的储气能力，可用在燃料电池的储氢装置上
	纳米"洋葱" （巴基葱）	多壁碳层包裹在巴基球外部形成球状颗粒，即一种以C_{60}为核心的同心多层球面套叠结构的碳分子，也称碳纳米"洋葱"	层与层之间的距离固定为0.34nm，与多层碳纳米管层与层之间的距离相同，有的可多达70多层		可用于润滑剂
	碳纤维	由小的片状石墨微晶沿纤维轴向方向堆砌而成			"外柔内刚"，轴向强度高于钢铁，高模量，低密度，耐腐蚀
	碳气凝胶	密度极小的多孔结构	类似于熟知的硅气凝胶		多用于海水淡化
	碳纳米泡沫	蛛网状，有分形结构	与碳气凝胶很相似		密度是碳气凝胶的1%，有铁磁性

  当石墨烯晶格中存在五元环时会发生翘曲，富勒球便可以看成通过多个六元环和五元环按照适当顺序排列得到的，即石墨烯可以翘曲成零维的富勒烯、卷成一维的碳纳米管或者堆垛成三维的石墨，因此石墨烯是构成其他石墨材料的基本单元。

  ③ 离子晶体结构 比较典型的结构类型有 AB 型、AB_2 型、A_2B_3 型以及 ABO_3 型、ABO_4 型、A_2BO_4 型等，相关的结构特点以及示意图见表 2-7。

表 2-7 一些典型的离子晶体结构

结构类型	化学键	晶格结构	正负离子的配位数	举例	结构示意图
氯化钠型（NaCl）	离子键	面心立方	6 : 6	NaI、MgO、CaO、SrO、BaO、CdO、CoO、MnO、FeO、NiO、TiN、LaN、TiC、SeN、CrN、ZrN 等	• Na$^+$ ○ Cl$^-$
氯化铯型（CsCl）	离子键	简单立方	8 : 8	CsBr、CsI、TlBr、TlI、NH$_4$Cl、NH$_4$Br、NH$_4$I 等，以及 AgCd、AgCe、AgMg、AgZn、AuMg、AuZn、CaTl、CdLa、MgLa、MgSr、TlBi 等金属间化合物	• Cs$^+$ ○ Cl$^-$
闪锌矿型（β-ZnS）	共价键为主，部分离子键	面心立方	4 : 4	ZnS、CdS、β-SiC、GaAs、AlP、InSb 等，CuX$_2$（X = Cl，Br，I）、硼、铝、镓和铟的磷化物、砷化物和锑化物等	a_0 • S • Zn
纤锌矿型（α-ZnS）	共价键为主，部分离子键	简单六方	4 : 4	BeO、ZnO、SiC、CdSe、GaN 和 AlN 等	◐ S^{2-} ○ Zn^{2+}
萤石型（CaF$_2$）	离子键	面心立方	8 : 4	立方 ZrO$_2$、UO$_2$、ThO$_2$、CeO$_2$、BaF$_2$、PbF$_2$、SnF$_2$ 等	• Ca^{2+} ○ F$^-$
金红石型（TiO$_2$）	离子键	简单四方	6 : 3	GeO$_2$、SnO$_2$、PbO$_2$、MnO$_2$、NbO$_2$、WO$_2$、CoO$_2$、MnF$_2$、MgF$_2$ 等	○ O^{2-} • Ti^{4+}
碘化镉型（CdI$_2$）	具有离子键性质的共价键	六方原始格子	6 : 3	CdI$_2$、MgI$_2$、Ca（OH）$_2$、Mg（OH）$_2$ 等	○ Cd^{2+} ○ I$^-$
刚玉型（α-Al$_2$O$_3$）	离子键为主，部分共价键	六方紧密堆积	6 : 4	α-Fe$_2$O$_3$、Cr$_2$O$_3$、Ti$_2$O$_3$、V$_2$O$_3$、FeTiO$_3$、MgTiO$_3$ 等	◩ Al^{3+} ○ O^{2-}

续表

结构类型	化学键	晶格结构	正负离子的配位数	举例	结构示意图
钙钛矿型（CaTiO₃）	离子键	简单立方（高温）、简单正交（1600℃以下）	12:6	NaNbO₃、KNbO₃、NaWO₃、SrTiO₃、BaTiO₃、PbTiO₃、CaZrO₃、SrZrO₃、BaZrO₃、PbZrO₃、CaSnO₃、BaSnO₃、CaCeO₃、BaCeO₃、PbCeO₃、YAlO₃、LaAlO₃、KNiF₃等	
尖晶石型（MgAl₂O₄）	离子键	面心立方	4:6:4	FeAl₂O₄、ZnAl₂O₄、TiMg₂O₄、MgV₂O₄、ZnV₂O₄、MgCr₂O₄、FeCr₂O₄、NiCr₂O₄、ZnCr₂O₄、CdCr₂O₄、MgFe₂O₄、FeFe₂O₄、CoFe₂O₄、ZnFe₂O₄、CoCo₂O₄、CuCo₂O₄、FeNi₂O₄、GeNi₂O₄、TiZn₂O₄、SnZn₂O₄、MgGa₂O₄、CaGa₂O₄、FeCr₂O₄、CoCr₂O₄、MnCr₂O₄等100多种，用途最广的是铁氧体磁性材料	

④ 同质多晶　相同的化学组成，在不同的热力学条件下（温度、压力、pH 值等），能形成两种或两种以上不同的晶体结构，表现出不同的物理、化学性质，这种现象称为同质多晶（同质多象）。组成相同、晶体构型不同的物质叫做多晶体，它们可通过相变而彼此转变，即当外界条件改变到一定程度时，晶体会从一种变体变成另一种变体，称为多晶转变。如前述的金刚石和石墨都是碳的同素异形体，前者属立方晶系，硬度大、透明、不导电，后者属六方晶系，硬度小、不透明、可导电。实际上，化合物晶体中也普遍存在同质多晶体，如氮化硼（BN）具有四种不同的变体：六方氮化硼（H-BN，石墨型层状结构）、立方氮化硼（C-BN，金刚石型）、菱方氮化硼（R-BN）和密排六方氮化硼（W-BN，纤锌矿型），它们的性质差别非常大，其中的六方氮化硼和立方氮化硼不仅结构分别与石墨和金刚石非常相似，而且性能也分别与石墨和金刚石非常相似，所以六方氮化硼又称"白色石墨"，而立方氮化硼则是一种新型耐高温的超硬材料。

（2）硅酸盐晶体结构　硅酸盐晶体是传统无机材料的主要构成部分，也是地壳的主要矿物，还是制造水泥、陶瓷、玻璃、耐火材料的主要原料。硅酸盐的化学组成比较复杂，正离子和负离子都可以被许多其他离子全部或部分地取代。硅酸盐晶体结构虽然复杂，但都是由［SiO₄］⁴⁻四面体作为结构单元而组成的。Si⁴⁺处于氧四面体的中心（图 2-15），Al³⁺一般位于铝氧八面体的中心，有时也代替 Si⁴⁺而处于四面体中心。Mg²⁺处于八面体间隙中。硅酸盐晶体的主要结构特征如下：基本结构单元是［SiO₄］⁴⁻四面体，其中 Si—O 键是离子键和共价键的混合键；每个 O²⁻最多只能被两个［SiO₄］⁴⁻四面体所共有；［SiO₄］⁴⁻四面体可以是互相

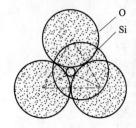

图 2-15　［SiO₄］⁴⁻
结构单元

孤立地在结构中存在，或者通过共顶点互相连接形成连续的结构；Si—O—Si 并不形成一条直线而是一条折线，折线的夹角一般在 145°左右。

按照 $[SiO_4]^{4-}$ 四面体在空间的组合情况，硅酸盐结构可以分成岛状、组群状、链状、层状和架状几种方式。硅酸盐晶体就是由一定方式的硅氧结构单元通过其他金属离子联系起来而形成的。表 2-8 列出五种硅酸盐晶体结构的形状和实例。

表 2-8 硅酸盐晶体的结构类型

结构类型	形状	配阴离子	Si：O	实例	结构示意图
岛状	四面体	$[SiO_4]^{4-}$	1：4	锆英石 $Zr[SiO_4]$ 镁橄榄石 $Mg_2[SiO_4]$ 等	
组群状	双四面体	$[Si_2O_7]^{6-}$	2：7	镁方柱石 $Ca_2Mg[Si_2O_7]$ 硅钙石 $Ca_3[Si_2O_7]$ 铝方柱石 $Ca_2Al[AlSiO_7]$ 等	
	三节环	$[Si_3O_9]^{6-}$	1：3	蓝锥矿 $BaTi[Si_3O_9]$ 绿宝石 $Be_3Al_2[Si_6O_{18}]$ 董青石 $Mg_2Al_3[AlSi_5O_{18}]$	$[Si_2O_7]^{6-}$ $[Si_3O_9]^{6-}$ $[Si_4O_{12}]^{8-}$ $[Si_6O_{18}]^{12-}$
	四节环	$[Si_4O_{12}]^{8-}$			
	六节环	$[Si_6O_{18}]^{12-}$			
链状	单链	$[Si_2O_6]^{4-}$	1：3	顽火辉石 $Mg_2[Si_2O_6]$ 透辉石 $CaMg[Si_2O_6]$ 等	
	双链	$[Si_4O_{11}]^{4-}$	4：11	透闪石 $Ca_2Mg_5[Si_4O_{11}]_2(OH)_2$	
层状	平面层	$[Si_4O_{10}]^{4-}$	4：10	叶蜡石 $Al_2[Si_4O_{10}](OH)_2$ 滑石 $Mg_3[Si_4O_{10}](OH)_2$ 高岭石 $Al_4[Si_4O_{10}](OH)_8$ 白云母 $KAl_2[AlSi_3O_{10}](OH)_2$ 等	
网状	骨架	SiO_2	1：2	石英 SiO_2	 α-方石英　　α-鳞石英
		$[Al_xSi_{4-x}O_8]^{x-}$		钠长石 $Na[AlSi_3O_8]$ 钾长石 $K[AlSi_3O_8]$ 等	

① 岛状结构　晶体中 $[SiO_4]^{4-}$ 四面体以孤立状态存在，$[SiO_4]^{4-}$ 相互之间没有共用的氧，而是通过其他金属阳离子连接起来。

② 组群状结构　一般由 2 个、3 个、4 个或 6 个 $[SiO_4]^{4-}$ 四面体通过公共的氧相连接，形成单独的硅氧配阴离子。如镁方柱石属四方晶系，双四面体群之间由 Mg^{2+} 和 Ca^{2+} 所联系，Mg^{2+} 和 Ca^{2+} 配位数分别为 4 和 8 [图 2-16(a)]。绿宝石 $Be_3Al_2[Si_6O_{18}]$ 属六方晶系，基本结构单元是 6 个硅氧四面体形成的六节环 $[Si_6O_{18}]^{12-}$，六节环之间靠 Al^{3+} 和 Be^{2+} 连接，Al^{3+} 为 6 配位，与硅氧网络的非桥氧形成八面体；Be^{2+} 为 4 配位，构成四面体 [图 2-16(b)]。从结构上看，在上下叠置的六节环内形成了巨大的通道，可储有 K^+、Na^+、Cs^+ 及 H_2O 分子，使绿宝石结构成为离子导电的载体。董青石 $Mg_2Al_3[Si_5O_{18}]$ 具有与绿宝石相同的结构，区别在于六节环中有 Si^{4+} 被 Al^{3+} 所取代，环外的 $[Be_3Al_2]$ 被 $[Mg_2Al_3]$ 所取代。

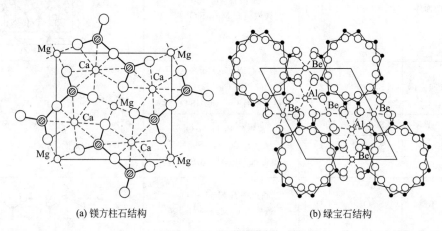

(a) 镁方柱石结构　　　　　　　　　(b) 绿宝石结构

图 2-16　组群状结构

③ 链状结构　是 $[SiO_4]^{4-}$ 四面体通过公共的氧连接起来，形成一维空间无限伸展的链状结构，即单链；如石棉的纤维间键合力要比链状结构方向上的键合力小，所以天然产的原矿容易开裂分散成纤维状。两条相同的单链通过尚未共用的氧可以形成双链。

④ 层状结构　基本单元是由 $[SiO_4]^{4-}$ 四面体的某一个面（由 3 个公共氧组成），在平面上彼此以其节点连接成向二维空间无限延伸的六节环的硅氧层（图 2-17），硅氧层的化学式应是 $[Si_4O_{10}]_n^{4n-}$。每个 $[SiO_4]^{4-}$ 四面体有一个活性氧，可以同其他正离子发生配位关系。硅氧层有两类：一类是所有活性氧都指向同一个方向；另一类是活性氧交叠地指向上和指向下的方向。

大部分层状结构硅酸盐矿物是由复网层（双四面体）构成的。复网层是由活性氧相对着的两层硅氧层通过 Mg^{2+}、Al^{3+}、Fe^{2+} 等联系起来而组成的。叶蜡石属于 2：1 型层状结构 [图 2-17(a)]。由于层间结合力为较弱的范德华力，所以层间水容易嵌入，成为蒙脱石结构 [图 2-17(b)]。属于层状结构的矿物有滑石、叶蜡石、高岭石、蒙脱石、白云母和水云母等，这些矿物都含有结构水，以 OH^- 形式存在。叶蜡石脱水后变成莫来石 $3Al_2O_3 \cdot 2SiO_2$。对于某些矿物，在复网层与复网层之间可以有层间结合水存在。

叶蜡石 $Al_2[Si_4O_{10}](OH)_2$ 中用 3 个 Mg^{2+} 代替 2 个 Al^{3+} 就得到滑石 $Mg_3[Si_4O_{10}](OH)_2$。滑石结构是一种夹心型，即是两层 $[SiO_4]^{4-}$ 四面体中间夹一层镁氧八面体而成 [图 2-17(c)]，层间容易解理，即具有良好的片状解理，有滑腻感，塑性、悬浮性差。滑石脱水后变成斜顽火辉石 $\alpha\text{-}Mg_2[Si_2O_6]$。当叶蜡石中硅氧层中的 Si^{4+} 有 1/4 被 Al^{3+} 置换并以 K^+ 平衡

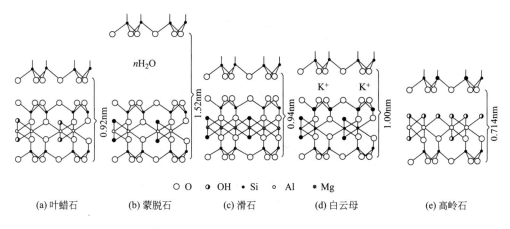

○ ○ O　● OH　• Si　○ Al　• Mg

(a) 叶蜡石　　(b) 蒙脱石　　(c) 滑石　　(d) 白云母　　(e) 高岭石

图 2-17　叶蜡石、蒙脱石、滑石、白云母和高岭石的结构示意图

电价时，如图 2-17(d) 所示，就形成了白云母 $KAl_2[AlSi_3O_{10}](OH)_2$。白云母都具有复网层结构，$K^+$ 的配位数为 12，位于叠层之间与硅氧层化学结合。与白云母对应，黑云母是由滑石通过置换转变而来的。

高岭石 $Al_4[Si_4O_{10}](OH)_8$ 的分子式可写为 $Al_2O_3 \cdot 2SiO_2 \cdot 2H_2O$，没有复网层，而是一层水铝石加在一层硅氧层上的单网层，高岭石是黏土的主要矿物之一。其结构属于 1:1 型层状结构，如图 2-17(e) 所示，具有这类层状结构的还有叙永石（埃洛石）和叶蛇纹石。

⑤ 架状结构　$[SiO_4]^{4-}$ 四面体结构单元的每一个氧都是桥氧，$[SiO_4]^{4-}$ 之间直接通过桥氧连接成的三维骨架，质地较硬，这种结构在破坏时需要切断 Si—O 键。石英族晶体通式为 SiO_2，当结构中有 Al^{3+} 取代 Si^{4+} 时，K^+、Na^+、Ca^{2+}、Ba^{2+} 等离子将引入结构以平衡电价，形成长石族、霞石和沸石等，它们也以架状结构存在。石英的晶体结构在不同的热力学条件下有不同的变体，在常压情况下，石英变体相互之间的转变温度如下：

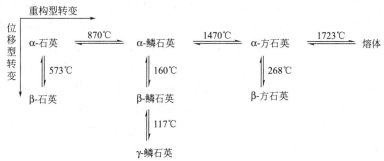

石英的三个主要变体——α-石英、α-鳞石英和 α-方石英在结构上的主要差别在于，硅氧四面体之间的连接方式的不同（图 2-18）。在 α-方石英中，两个共顶的硅氧四面体相连，相当于以共用氧为对称中心；在 α-鳞石英中，两个共顶的硅氧四面体之间相当于有一个对称面；而在 α-石英中，相当于在 α-方石英结构基础上 Si—O—Si 键角由 180°转变为 150°。以上这三种石英的转变属于重构型转变。

（3）玻璃结构　无机玻璃可以看成是处在过冷状态的一种黏度极高的液体，整个结构不具有晶体的规则排列。玻璃的结构特点是原子排列近程较有序，远程无序。可表现出各种模式，键型有共价键和离子键。图 2-19 所示为 SiO_2 的原子排列。图 2-20 所示为钠钙硅玻璃的原子排列。

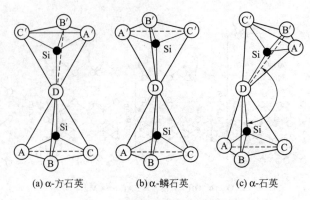

(a) α-方石英　　　(b) α-鳞石英　　　(c) α-石英

图 2-18　硅氧四面体的结合方式

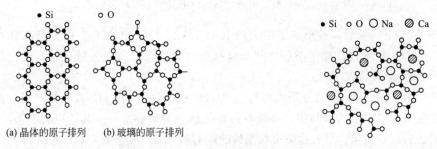

(a) 晶体的原子排列　　(b) 玻璃的原子排列

图 2-19　SiO_2 的原子排列　　　　　图 2-20　钠钙硅玻璃的原子排列

　　（4）陶瓷结构　从显微结构上看，绝大多数陶瓷材料通常含有一种或一种以上的晶相，一定数量的玻璃相，少量或极少量的气相（气孔），因而呈现出多相结构。不同类别的陶瓷有着不同的显微结构，但总的来说，可以归纳为结晶相、固溶体相、玻璃相和气相。结晶相又可分为主晶相、次晶相。陶瓷材料中的结晶相主要有硅酸盐、氧化物、非氧化物三种。结晶相是陶瓷材料中最主要的组成部分，晶体通常互相连接交织而形成结构的骨架，对陶瓷材料的物理、化学性质往往起决定性作用。当然，与结晶相同时存在的玻璃相和气相（空隙或气孔）对材料的性能也有相当大的影响。玻璃相将分散的晶相粘接起来，填充晶相之间的空隙，提高材料的致密度，获得一定程度的玻璃特性如透光性等，对机械强度、介电性能、耐热耐火性等均有不利的影响。气相主要是来自于坯料中各成分在加热过程中单独或者相互发生物理、化学作用所生成的空隙；这些空隙除大部分被玻璃相填充外，还有少部分残留下来变成气孔。除多孔陶瓷外，气孔的存在对陶瓷性能是不利的，它降低了陶瓷的强度，是造成裂纹的根源，使介电损耗增大等。

2.2.3.3　高分子材料的结构

　　高分子材料是由大量重复的结构单元连接而成的，其结构包括高分子链结构及聚集态结构。通常按其结构层次，把链结构（构型）、高分子形态（构象）和聚集态结构（包括织态结构）分别称为一次结构、二次结构和三次结构。三次以上结构又称高次结构。这些不同层次的结构，总称为高分子化合物的微观结构。

　　（1）链状结构　多数天然高分子、合成高分子和生物高分子都是具有链式结构，它们是由多价原子彼此以主价键结合而成的长链状分子。长链中的结构单元数很大（$10^3 \sim 10^5$ 数量级），其分子长度与直径之比可达 1000：1 以上。一个结构单元相当于一个小分子，具有周期性。高分子长链可以由一种（均聚物）或几种（共聚物）结构单元组成。如图 2-21 所示，高分子长链可以采取伸展状、无规线团状、折叠链状、螺旋状等形式。这类线型结构的高分子化合物在适当的溶剂中可以溶胀或溶解，升高温度时则软化、流动，因此易于加工，可反复加工使用，并具有良好的弹性和塑性。

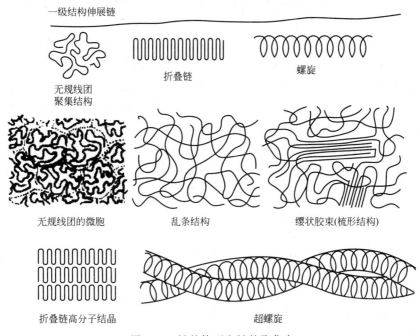

一级结构伸展链

折叠链　　　螺旋

无规线团
聚集结构

无规线团的微胞　　　乱条结构　　　缨状胶束(梳形结构)

折叠链高分子结晶　　　超螺旋

图 2-21　链的构型和链的聚集态

　　通常大分子链是由单体通过加聚或缩聚反应而形成的。大部分高分子化合物的主链由 C—C 单键组成，每个单键都有一定的键长和键角，并能在保持它们不变的情况下任意旋转，这称为单键的内旋转，即每个单键可以围绕其相邻单键按一定角度进行旋转。由于单键内旋转的结果，导致原子排列方式的不断变换。一个大分子链中有成千上万个单键，每个单键都可内旋转，其频率又很高，必然造成大分子形态的瞬息万变，出现许许多多的构象。如图 2-22 所示，大分子链的构象就是这种由于单键的内旋转引起的原子或链段在空间占据不同位置所构成的不同形态。大分子的构象因热运动而在不断地变化，因此高分子链的内旋转构象具有统计性质。统计规律表明，高分子呈卷曲的概率很大，也就是说，内旋转改变了分子链的卷曲，形成无规线团。

　　这种能通过单键内旋转改变其构象的特性称为大分子链的柔顺性，这是高分子材料许多性能不同于低分子物质，也不同于其他固体材料的根本原因，尤其对弹性和塑性有重要影响。大分子链的柔顺性与链中单键内旋转的难易程度有关。温度升高，分子热运动能量充分，便于内旋转；当温度逐渐冷却到一定程度时，内旋转就被冻结，大分子链的构象就被固定下来。除温度、外力等因素外，影响大分子链柔顺性的主要因素是大分子链的结构。

　　① 主链结构　主链全由单键组成时，分子链的柔顺性最好。主链结构除—C—C—键外，还可能有—Si—O—键和—C—O—

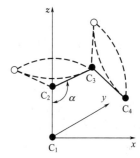

图 2-22　高分子链中
C—C 单键的内旋转构象

键，后两种键中都含有 O 原子，由于 O 原子周围无其他原子和基团有利于内旋转。另外，—Si—O—键的键长比—C—O—键要长，Si—O—Si 键角也比 C—O—C 键角大，内旋转更容易，因此—Si—O—键内旋转比—C—O—键容易，—C—O—键的内旋转又比—C—C—键容易。在常见的三大类主链结构中，柔顺性以—Si—O—Si—O—最好，—C—O—C—O—次之，—C—C—C—最差。当侧基的极性相同时，含—Si—O—的高分子链要比同样的—C—O—高分子链更柔顺，例如合成橡胶中多含有—Si—O—键。主链中含有孤立双键时，虽双键本身不能内旋转，但因两个 C 原子各减少了一个侧基或 H 原子，使与双键相连的单键内旋转的阻力减少，所以柔顺性增大。主链中含有芳杂环时，由于它不能内旋转，所以柔顺性很低，但刚性较好，当温度较高时链段也不能运动，故具有耐高温特点。作为耐高温的工程塑料，希望能在主链中多引入芳杂环，但芳杂环太多会使主链刚性太大，失去塑性，难以加工成型，需要综合这两种因素。

② 侧基（取代基）的特性　侧基极性对高分子链的柔顺性影响很大，极性越强，侧基间相互作用力越大，单键的内旋转越困难，柔顺性越差；侧基体积越大，空间位阻越大，不利于链的内旋转，使链的柔顺性变差；若链节上对称侧基数量增加，则主链间的距离增大，有利于单键的内旋转，所以柔顺性变好。

③ 链的长度　如果分子链很短，可以内旋转的单键很少，显然会呈刚性，若链较长，单键数量增多，内旋转在受限制的条件下，整个分子的构象数还会增多，分子仍具有柔顺性。分子量增大到一定值时，分子量对柔顺性的进一步影响将消失。

碳原子之间通过共价键结合而成的长链高分子是最重要的高分子化合物，如聚乙烯、聚丙烯、聚氯乙烯等。在两种以上单体的共聚物中，连接的方式更为多样，可以是无规、交替、嵌段或接枝共聚等。不同的连接方式对性能有很大影响，究竟以何种连接方式存在，则以使高分子化合物能量最低为原则。不正常的连接将导致生成一些弱键，受热时这些弱键首先断开，使高分子化合物耐热性恶化。从材料设计学的观点出发，分析高分子链结构对链的柔顺性影响，应综合考虑表征材料柔顺性的各种影响因素，从而获得材料性能的最佳匹配。

（2）交联网状结构　是指高分子化合物的构成是按三维空间进行的，分子链和分子链之间发生交联而成为立体结构，就像一张不规则的网，故称为网状结构。这类高分子化合物不溶于任何溶剂，有的仅有一些溶胀，升高温度时也不会熔融软化。其性能特点是具有较好的耐热性、耐溶剂性、尺寸稳定性和机械强度，但弹性、塑性低，脆性大，因而不能进行塑性加工。成型加工只能在网状结构形成之前进行，材料不能反复加工使用。某些类型的高分子链之间能以化学键互相连接而成高分子网，这种网状结构是橡胶弹性体或热固性材料所特有的。网状结构材料比链状结构材料的分子自由度小，强度虽大，却是硬而脆的（高度交联的）。显然，交联程度对这类材料的力学性能有重要的影响。三聚氰胺树脂、脲醛树脂、环氧树脂等均属于网状结构。

（3）高分子化合物的聚集态结构　包括大分子与大分子之间的相互作用和几何排列等。

① 大分子之间的相互作用　大分子链内部的原子之间、链节之间的相互作用是强大的共价键结合，这种结合力称为主价力。其大小取决于链的化学组成，化学组成不同，共价键的键长和键能也不同。主价力的大小对高分子化合物的性能，特别是熔点、强度等有重要的影响。

大分子之间的相互作用是范德华力和氢键，这类结合力称为次价力，只有主价力的 1%～10%，但是次价力对材料的性能也有很大影响，对分子量很大的高分子化合物来说尤为重要。分子间力有以下特点：小分子间作用力很小；有加和性；大小强烈依赖分子间距离，只有在两个分子非常靠近时（一般为 0.3～0.5nm）才显现出来。当分子链呈规则的有序排列时，分子间力充分显现，表现为熔点高、强度高，而杂乱无序的分子间力就很小。

② 大分子之间的几何排列　按照大分子排列是否有序，高分子化合物的聚集态结构可分为晶态和非晶态（无定形）两种。高分子化合物的晶态比小分子物质的晶态有序程度低得多，但高分子化合物的非晶态却比小分子物质液态的有序程度高。高分子链具有特征的堆砌方式，分子链的空间形状可以是伸直、卷曲、和折叠的，还可以形成某种螺旋结构。如果高分子链是由两种以上不同的结构单元组成的，那么化学结构不同的高分子链段由于相容性的不同，可能形成多种多样的微相结构。

a. 非晶态高分子化合物的结构　是指玻璃态、橡胶态、熔融态及结晶高分子化合物中的非晶区，分子排列无规则。线型大分子链很长，当其固化时，由于黏度增大，难以进行规则排列，而多呈混乱无序的分布，组成无定形结构。高分子化合物的无定形结构和低分子物质无定形结构一样，都属于远程无序而近程有序结构。网状结构的高分子化合物由于分子链之间存在大量交联，分子链不可能作有序排列，具有无定形结构。从结构形态来看，非晶态结构包括无规线团、链结和链球。

b. 晶态高分子化合物的结构　其分子排列规整有序。线型、支链型和交联少的网状高分子化合物有可能结晶，但由于分子链运动较困难，不可能完全结晶。所以结晶高分子化合物实际上都由晶区和非晶区所组成。晶区所占的质量分数称为结晶度。晶区和非晶区的尺寸远比分子链的长度小，故每个大分子链往往要穿过许多晶区和非晶，因此使晶区和非晶区紧密相连，从而有利于提高高分子化合物的强度。

由于结晶使高分子化合物的分子在空间呈现规整有序的排列，分子链间紧密堆砌，密度高，分子间作用力大。所以结晶度越大，高分子材料或制品的强度、硬度和刚度越大，而且耐热性和耐化学腐蚀性也得到改善，而与链运动有关的性能如弹性、伸长率、冲击韧性等则降低。

许多有机物在室温下以无定形态存在（非晶态），它们的显微结构是均匀的或无特征的。而结晶高分子化合物的基本形貌特征是存在 10nm 左右厚度的薄片。在高分子化合物熔体的缓慢结晶过程中，往往有一堆堆薄片同球粒一起生长；而当球粒长大时，常使清澈的母相中产生乳浊，从而引起力学性能变坏。如果阻止较大球粒的形成，就能大大改善结晶高分子化合物的性质，工业上常采用快速冷却熔融物的方法。

高分子晶体的形态有单晶、片晶、纤维状晶体、球晶等。其结构模型有缨状胶束模型、折叠链模型、伸直链模型、串晶的结构模型和球晶的结构模型。

高分子化合物的结晶和金属、陶瓷一样，也是一个成核和长大的过程。其主要影响因素有大分子链的结构（结构简单、规整、支化程度小、侧基体积小、对称性高的容易结晶）、分子间力、分子量、温度（结晶速度最快的温度 T_k 约等于晶区熔点 T_m 的 0.8 倍）、冷却速度、溶剂、应力、杂质和填料等。

综上所述，大分子材料的结构设计可有如下的方法：改变链长、调整链中原子团的配置、链的分叉和交联、控制结晶度等方法。

2.2.3.4　多相复合材料的结构模式

复合材料可定义为由两个或两个以上独立的物理相，包含黏结材料（基体）和粒料、纤维、晶须或片状材料所组成的一种固体产物。由此看出，复合材料的组织是具有单一组织所不具备的特性的复相组织，可以是一个连续物理相与一个分散相的复合，也可以是两个或多个连续相与一个或多个分散相在两个连续相中复合的材料。

以金属材料、无机非金属材料、高分子材料为基的复合材料中，分散相（增强介质）可以是零维、一维、二维或三维的各类材料。通过复合工艺组合而成的多相材料包括金属-金属、金属-陶瓷、金属-树脂、陶瓷-树脂、陶瓷-陶瓷或树脂-树脂的复合。复合材料的性能通常与其组成相的几何排列直接相关，图 2-23 中的示意图给出了三种最普通的相的排列方式——颗粒状、纤维状和层片状。在纤维增强的复合材料中，纤维可以是如图中所示的混乱状态，也可以是沿某个方向整齐排列的状态。

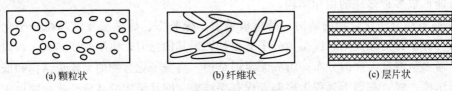

(a) 颗粒状　　　　　　　　(b) 纤维状　　　　　　　　(c) 层片状

图 2-23　各种类型的复合材料中相的排列

纳米复合材料是以树脂、橡胶、陶瓷和金属等基体为连续相，以纳米尺寸的金属、半导体、刚性粒子和其他无机粒子、纤维、碳纳米管等改性剂为分散相，通过适当的制备方法将改性剂均匀性地分散于基体材料中，形成一相含有纳米尺寸材料的复合体系。例如，聚合物/层状硅酸盐（PLS）纳米复合材料是以聚合物为连续相，能够碎裂成纳米尺度的层状硅酸盐（如黏土、蒙脱土、云母、沸石、石墨、金属氧化物）作为无机增强体，如图 2-24 所示，PLS 纳米复合材料有两种不同的结构类型。

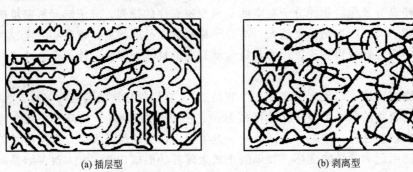

(a) 插层型　　　　　　　　　　　　　　(b) 剥离型

图 2-24　聚合物/层状硅酸盐（PLS）纳米复合材料结构示意图

① 插层型是将聚合物或其单体插入具有层状结构的无机填料中，使层间距增大，但无机填料仍保持原有叠层结构，这种复合材料主要呈现无机相的性能特征，但性能比常规复合材料要优异。

② 剥离型是当单体在层状硅酸盐中聚合形成高分子或聚合物熔体直接嵌插入其中时，原有的叠层结构被彻底破坏，使之剥离而均匀分散于聚合物基体中，从而在纳米尺度上实施聚合，这种复合材料由于分散相具有极大的比表面积，其物理机械性能比常规复合材料优异得多。

2.3　材料的性能

材料的性能是材料微观结构特征的宏观反映，用于表征材料在给定外界条件下的行为。

由于组成和制备工艺上的差异，各类材料在性能上会存在很大的差异。所以只有在充分了解各种材料性能特点的前提下，才能合理地选择、应用和发展各种材料。一般来说，三大材料性能的特点如图 2-25 所示。

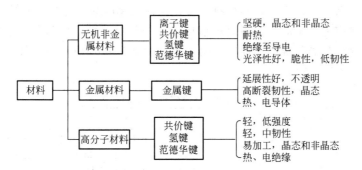

图 2-25　各类材料性能的特点

（1）金属材料的主要特性

① 在常温下一般为固体（也有汞之类的例外情况）。

② 熔点一般较高，也有 Sn（232℃）、Pb（327℃）、Zn（420℃）、Al（659℃）等较低的。

③ 密度一般都较大，也有 Mg、Al 等密度为 $3g/cm^3$ 以下的。

④ 呈现固有的金属光泽。

⑤ 纯金属的延展性较大。

⑥ 因自由电子是能量的载流子，所以导热性和导电性好，特别是 Al、Cu、Ag 等尤为明显。

⑦ 多数金属在空气中易被氧化。

⑧ 合金的性质取决于母相金属的性质和合金的组成。一般合金较硬、较脆，延展性变小，导电性也变小。

（2）无机非金属材料的主要特性

① 与金属不同，自由电子的数目少，因此导电性和导热性均低。除离子化者外，在常温下是电的绝缘体，但在高温表现出导电性。

② 由于共价键键合力强，质地坚硬，抗压强度虽高，但抗拉强度却小，且具有脆性。

③ 材料的熔点都较高，耐热性好，且化学稳定性较强。

（3）高分子材料的主要特性

① 随聚合度增大，熔融状态时的黏度增大，固态时的强度增大。

② 有热塑性树脂（加热时软化，温度降低时凝固，可反复进行）和热固性树脂（加热时发生反应固化，且不熔不溶）之分。

③ 具有较高的比强度（强度除以材料的密度所得到的比值）。

④ 一般耐水性和耐化学试剂侵蚀性较优良。

⑤ 耐热性、耐老化性较差，易蠕变，热膨胀率大。

⑥ 易燃烧，有的会产生有害气体。

2.3.1　化学性能

材料在使用过程中或多或少会同周围的环境发生一定程度上的气相-固相、液相-固相或固相-固相之间的反应，随着反应的进行，表面逐渐被侵蚀。材料的化学性能是指材料抵抗各种介质作用的能力，包括溶释性、耐腐蚀性、抗渗入性、抗氧化性等，可归结为材料的化学稳定性。与材料的化学性质相关的问题还有催化性、离子交换性等。材料的化学稳定性取决于材料的组成、结构等因素；金属材料主要是易被氧化腐蚀；硅酸盐类材料由于氧化、溶蚀、冻结融化、热应力、干湿等作用而被损坏；高分子材料则会因氧化、生物作用、虫蛀、溶蚀和受紫外线的照射老化降解而损害其耐久性。损坏的过程依材料所处的环境有所不同，表 2-9 列出一些化学侵蚀的示例。

表 2-9　化学侵蚀的示例

反应体系	侵蚀过程	例子
固-气反应体系	氧化	金属、非氧化物陶瓷、高分子材料的氧化劣化,高分子材料的紫外光老化降解
	还原	高温电极材料（MHD）的还原劣化
	蒸发	SiO_2 质耐火材料的高温蒸发
	分解	高分子材料的高温分解
	低熔点化合物的生成	MHD 发电用绝缘材料的碱侵蚀
固-液反应体系	溶解	电解电容器的腐蚀,高分子材料的溶解
	分解、溶出	水泥使用中 $Ca(OH)_2$ 缓慢地被溶出
固-固反应体系	扩散、溶出	放射性废弃物从包裹体中溶出,高分子材料的迁移
	低熔点化合物的生成	黏土耐火砖与 MgO 的反应

2.3.1.1　金属材料的化学稳定性

金属的化学稳定性以金属对周围介质侵蚀的抵抗能力来衡量，不同的金属差别很大。如铂、铱、金、银等化学稳定性都很好，而铁就较差。金属腐蚀是一种常见的现象，导致腐蚀的基本原因可分为化学腐蚀和电化学腐蚀两种。

（1）化学腐蚀　是指金属材料受周围介质作用引起的一种化学变化。即金属材料处于干燥的气体中（如氧、氢、一氧化碳、二氧化碳及二氧化硫等），或者处于不导电的液体中（如煤油、汽油及苯类等）发生的化学反应。如铁与空气中的氧在高温条件下，由于高温时原子扩散能力增大，铁更容易氧化而被破坏。

金属被氧化后生成氧化物，有些氧化物（如 Al_2O_3、Cr_2O_3）能够在金属表面形成一种结构致密、性质稳定的保护性薄膜，使氧不能继续与金属直接接触，防止了金属的继续氧化。有些金属如铁，所生成的氧化物 FeO、Fe_2O_3 组织疏松，周围空气中的氧可以透过表层继续与铁发生作用，形成新的氧化物，这样就使金属铁不断地连续遭受破坏。

（2）电化学腐蚀　是指金属与电解质接触时所发生的腐蚀。所谓电解质是指在潮湿的环境中、在溶液中或在熔融状态下能形成正负离子，因而能导电的物质，如酸、碱、盐等。金属产生电化学腐蚀的原因是：当两种金属材料或者一种金属材料其内部有两种不同的组成物（如两种不同的相）时，如果它们处于同一电解质中，由于它们各自具有不同的电极电位，电极电位低的一极形成负极，这时自由电子便由电极电位低的一极流向电极电位高的一极，这样在金属表面便形成许多微小电流。由于电极电位低的一极失去了电子，那么这一极便产生了氧化反应，而在电极电位高的一极由于得到了电子，便产生了还原反应，因此电极电位低的金属便不断地受到腐蚀。如阳极金属 M 的溶解可写为：$M \longrightarrow M^+ + e^-$；铝的阳极氧化表达式为：$6OH^- + 2Al \longrightarrow Al_2O_3 + 3H_2O + 6e^-$。

腐蚀速率可用单位时间内单位面积金属材料的损失量来表示，也可用单位时间内金属材料的腐蚀深度来表示。工业上常用 6 类 10 级的耐蚀性评级标准：Ⅰ类 1 级表示完全耐蚀，

Ⅱ类 2、3 级为相当耐蚀，Ⅲ类 4、5 级为耐蚀，Ⅳ类 6、7 级为尚耐蚀，Ⅴ类 8、9 级为耐蚀性差，Ⅵ类 10 级为不耐蚀。表 2-10 列出了一些金属材料的耐蚀性，使用时应根据具体情况从相关手册中查阅有关材料的耐蚀性。

表 2-10　各种金属材料在 20% 水溶液中的耐蚀性级别

材料	20%水溶液				海水
	HNO_3	H_2SO_4	HCl	KOH	
铅	8～9	3～5	10	8～9	5～6
铝(99.5%)	7～8	6	9～10	10	5
锌(99.99%)	10	10	10	10	6～8
铁(99.9%)	10	8～9	9～10	1～2	6
碳钢(0.3%C)	10	8～9	9～10	1～2	6～7
铸铁(3.5%C)	10	8～9	10	1～2	6～7
3Cr13 不锈钢	6	8～9	10	1～2	6～7
2Cr17 不锈钢	4	8～9	10	1～2	5～6
Cr27 不锈钢	3	8～9	10	1～2	4～5
1Cr18Ni8 不锈钢	3	8～9	10	1～2	4～5
1Cr18Ni8Mo3 不锈钢	3	7	6～7	1～2	1～3
铜	10	4～5	9～10	2～3	5～6
10%Al 黄铜	8～9	3～4	7～8	—	4～6
锡	10	—	6～7	6	
镍	9～10	7～8	6～7	1～2	3～4
蒙乃尔合金(Ni-27Cu-2Fe-1.5Mn)	4～5	5～6	6～7	1～2	3～4
钛	1～2	1～2	—	—	1～2
银	10	3～4	1～3	1～2	1～2
金	1～2	1～2	1～2	1～2	1
铂	1～2	1～2	1～2	1～2	1

2.3.1.2　无机非金属材料的化学稳定性

无机非金属材料如灰浆、混凝土、陶瓷制品等的耐久性，是由材料的密度、气孔率、化学作用（溶解、溶出、氧化等）、物理作用（干湿作用、温度变化、冻结融化等）等因素决定的。陶瓷材料使用中也常遇到气体侵蚀问题，如还原性（CO 和 H_2 等）、氧化性（O_2）和反应性（Cl_2 和 SO_2 等）气体都会对陶瓷进行腐蚀，侵蚀机理由气相-固相反应的热力学和动力学所决定。表 2-11 定性地列出了各种陶瓷材料的耐蚀性。

表 2-11　各种陶瓷材料的耐蚀性

种类	酸液及酸性气体	碱液及碱性气体	熔融金属
Al_2O_3	良好	尚可	良好
MgO	差	良好	良好
BeO	可	差	良好
ZrO_2	尚可	良好	良好
ThO_2	差	良好	良好
TiO_2	良好	差	可
Cr_2O_3	差	差	差
SnO_2	可	差	差
SiO_2	良好	差	可
SiC	良好	可	可
Si_3N_4	良好	可	良好
BN	可	良好	良好
B_4C	良好	可	—
TiC	差	差	—
TiN	可	可	—

2.3.1.3 高分子材料的化学稳定性

高分子材料的化学性质总的来说大多数是比较稳定的，具有良好的抗腐蚀能力。如聚四氟乙烯具有极好的化学稳定性，即使在高温下也不与浓酸、浓碱、有机溶剂和强氧化剂等起反应，在沸腾的王水中也毫无损伤，可在$-195\sim250℃$的温度范围内长期使用，所以获得"塑料王"的美称；聚氯乙烯是应用极广的重要塑料，耐酸性和耐碱性好，而且有一定的强度和刚度，可制成各种规格的管道、阀门、泵、容器以及各种防腐衬里；酚醛树脂等热固性塑料，由于具有化学键交联形成的网状结构，耐腐蚀性能也很好。

高分子材料之所以具有良好的化学稳定性，其主要原因有三个方面。

① 分子链上各原子是由共价键结合而成的，键能较高，结合很牢。

② 高分子的特殊形态，使得大分子链上能够参加化学反应的基团在与化学反应介质的接触上比较困难，如晶态高聚物由于长链分子间堆砌紧密，具有相当高的化学稳定性，无定形高聚物处于玻璃态时，因大分子链不能自由运动，反应基团被固定，化学反应也难以进行，即使在高弹态和黏流态时，也因大分子链杂乱无章，彼此缠结，许多基团被包裹起来，难以与其他反应介质接触，故与低分子物质相比，化学反应仍然比较缓慢。

③ 高聚物大都是绝缘体，不会产生电化学腐蚀。聚四氟乙烯不仅 C—F 键结合很牢，而且分子规整对称易于结晶，加之氟原子组成了严密的保护层，包围了碳链，故使得它的化学性质非常稳定。

高分子材料的老化是指在加工、储存和使用过程中，受化学结构影响，在光、热、氧、高能辐射、气候、生物等因素的综合作用下，使其失去原有性能而丧失使用价值的过程（即物理化学性质和力学性能变坏的现象）。在日常环境中，在太阳光照射下，高分子材料内部存在的不饱和键、支链、羰基、末端基、引发剂残渣等会吸收紫外线而引起光化学反应，导致材料的老化。高分子材料的老化有两种情况。

① 由于大分子链之间产生交联，使其从线型结构或支链型结构转变为体型结构，变僵、变脆，丧失弹性等。

② 由于大分子链的降解，使其链长度减短，分子量降低，即聚合度减少了，变软、变黏、脱色，丧失机械强度等。

2.3.2 力学性能

材料在使用过程中或多或少要经受外力的作用。材料的力学性能是指材料受外力作用时的变形行为及其抵抗破坏的能力。力学性能是一系列物理性能的基础，又称机械性能。材料的力学性能通常包括强度、塑性、硬度、弹性与刚性、韧性、疲劳特性等。

2.3.2.1 强度与塑性

（1）强度 是指材料在载荷作用下抵抗明显的塑性变形或破坏的最大能力。众所周知，材料中一般都存在有晶格错乱、空隙、气孔、残余应力等，聚集体材料中又存在有不均匀性和各向异性等各种缺陷，因此在多数情况下，测出样品的强度数据会有较大的离散性，实测时尽量多测几个样品。通常材料中缺陷越少、分子间键合强度越大，材料的强度也越高。

按外力作用方式的不同，机械强度可分为抗拉强度、抗压强度、抗弯强度、抗冲强度、疲劳强度等。

① 抗拉强度（也称拉伸强度或抗张强度）是将试片在拉力机上施以静态拉伸负荷，使其破坏（断裂）时的载荷，即指试样拉断前承受的最大拉伸应力。用符号σ_b表示，单位为MPa。计算公式为：

$$\sigma_b = \frac{F_b}{S_0} \tag{2-1}$$

式中，F_b 为试样拉断时所承受的最大拉伸力，N；S_0 为试样原始横截面积，mm^2。拉伸强度越大，说明材料越不易断裂。不同的拉伸速度下，测得的材料的拉伸强度值是不同的。一般来说，较慢拉伸速度下，材料的强度值较小。表 2-12 为一些材料的拉伸强度值。

表 2-12　一些材料的拉伸强度值

金属材料拉伸强度/MPa		陶瓷材料拉伸强度/MPa		高分子材料拉伸强度/MPa	
Al	45	长石($KAlSi_3O_8$)	45	聚乙烯	22～39
Cu	200～350	$MgSiO_3$	68	聚苯乙烯	35～63
Mg	115	Al_2O_3	270	聚甲基丙烯酸甲酯	49～77
Mo	589～1079	SiC	350	尼龙-6	74～78
钛合金	500～1100	金刚石	500	聚酰亚胺	94

② 抗弯强度（也称弯曲强度）　是指采用简支梁法将试样放在两支点上，在两支点间的试样上试加集中载荷，使试样变形直至破裂时的载荷。弯曲强度是材料韧性、脆性的度量。计算公式为：

$$\sigma_f = \frac{3Pl}{2bd^2} \tag{2-2}$$

式中，P 为破坏载荷；l 是试验时试样在支点间的跨度；b 和 d 分别是试样的长度和厚度。弯曲屈服强度是指某些非脆性材料，当载荷达到某一值时，其变形继续增加而载荷不增加时的强度。

③ 抗压强度（也称压缩强度）　是指在试样上施加压缩载荷至破裂（对脆性材料而言）或产生屈服现象（对非脆性材料而言）时，原单位横截面积上所能承受的载荷。试样通常为圆柱形或正方形。

④ 抗冲强度（也称冲击强度）　是材料在高速冲击状态下发生断裂时单位面积上所需的能量。

（2）应力-应变曲线　在材料上作用以拉伸、压缩等外力时，会相应地发生内应力，按此应力的大小产生应变。应力 $\sigma = P/A$，P 是载荷，A 是横截面积；应变 $\varepsilon = (L-L_0)/L_0$，$L_0$ 是标距间的原始距离，L 是施加 P 后标距间的距离。应力与应变的关系可用应力-应变曲线加以表示。这种曲线按材料的组成、组织有所不同，大体上可分为五种类型（图 2-26）。

金属材料在外力作用下所引起的变形一般可分为三个阶段。

① 弹性变形阶段　即在载荷作用下材料产生变形，当载荷除去后，材料仍然恢复原来的形状和尺寸。

② 塑性变形阶段　即在载荷超过弹性范围时，当载荷除去后，变形不能完全消失而有残留变形存在，这部分残留变形即为塑性变形。这一阶段的变形实际上往往是由弹性变形和塑性变形两部分所组成，故又称弹-塑性变形阶段。

③ 断裂阶段　当载荷继续增大，材料在较大的塑性变形后即发生断裂。脆性材料在断裂前往往没有明显的塑性变形现象（曲线 2），这种断裂称为脆性断裂。如果在载荷作用下经过大量的塑性变形后断裂，则称为韧性断裂。

（3）塑性　是指材料在载荷作用下，应力超过屈服点后，能产生显著的残余变形而不立即断裂的性质。屈服强度是指材料在外力作用下发生塑性变形的最小应力。材料拉伸时延伸

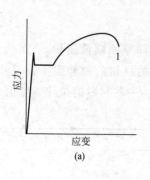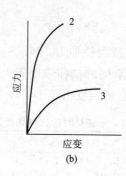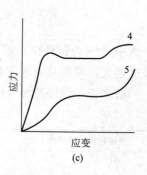

图 2-26　几类材料的应力-应变曲线

1—开始部分为直线，随后表现出屈服现象，随着应力的增加应变增大，以致断裂，如软钢；
2——开始接近于直线，但不像软钢那样出现屈服现象，曲线稍微向上凸出，突然断裂，
如玻璃、硬石块、铸铁等；3—在开始时向上凸出（接近于指数变化），在接近断裂时
应变急剧增大，如软石块、蒸压轻质混凝土、木材、质硬而脆的塑料等；4—在开始
阶段接近于直线或表现有向上凸的趋势，随后应力出现极大值，一度屈服，然后应
力再次增加而断裂，如硬而黏性大的塑料；5—在开始阶段稍许趋于向下凹，随后
应变随应力的增加成正比增加，当应力再度急剧增加时便断裂，如软质橡胶

率较大，代表其塑性较好。塑性指标可以用拉伸试样断裂时的最大相对变形量来表示，如拉伸后的断后伸长率和断面收缩率。

① 断后伸长率　是指试样拉断时，其伸长量 ΔL 与原始长度 L_0 的百分比，$\delta = (L_1 - L_0)/L_0 \times 100\%$。

② 断面收缩率　是指试样拉断后缩颈处的最大缩减量与原始横截面积的百分比，$\psi = (S_0 - S_1)/S_0 \times 100\%$。

（4）弹性与刚度　材料在载荷作用下产生变形，当载荷除去后能恢复原状的能力称为弹性；而刚度则是指材料在载荷作用下抵抗弹性变形的能力。反映材料刚度的指标是弹性模量。

（5）弹性模量　是指材料在弹性极限范围内，应力与应变（即与应力相对应的单位变形量）的比值，用 $E(Pa)$ 表示，即：

$$E = \frac{\sigma}{\varepsilon}$$

（2-3）

式中，σ 为应力；ε 为应变。E 的大小表征物体变形的难易程度。纵向弹性模量一般也称杨氏模量。如把材料看成弹性体时，在应力-应变曲线弹性段的斜率即为弹性模量。表2-13为一些代表性物质的杨氏模量。高分子材料的杨氏模量变化范围较宽，这也是高分子材料应用多样性的原因之一。

表 2-13　一些代表性物质的杨氏模量

陶瓷材料杨氏模量/Pa		金属材料杨氏模量/Pa		高分子材料杨氏模量/Pa	
金刚石	1.21×10^{12}	W	3.6×10^{11}	聚乙烯	$(0.12 \sim 1.05) \times 10^9$
Al_2O_3	4.6×10^{11}	Sn	5.5×10^{10}	PMMA	$(2.5 \sim 3.5) \times 10^9$
MgO	2.45×10^{11}	Cu	1.25×10^{11}	橡胶	2×10^5
NaCl	4.4×10^{10}	Zn	3.5×10^{10}	聚苯乙烯	$(2.2 \sim 2.8) \times 10^9$
Si_3N_4(多晶)	3.72×10^{11}	Ag	8.1×10^{10}	尼龙-6	2.84×10^9
SiC(多晶)	5.6×10^{11}	Al	7.2×10^{10}	硬塑料	5×10^{15}

2.3.2.2　断裂与韧性

材料的力学断裂是由于原子间或分子间的键断开而引起的，按断裂时的应变大小分为脆性断裂和延性断裂。前者是指材料未断裂之前无塑性变形发生，或发生很小塑性变形导致破坏的现象。岩石、混凝土、玻璃、铸铁等在本质上都具有这种性质，相应这些材料称为脆性材料。延性断裂是指在断裂前产生大的塑性变形的断裂。如软钢及其他软质金属、橡胶、塑料等均呈现延性断裂。

韧性是指材料抵抗裂纹萌生与扩展的能力。韧性与脆性是两个意义上完全相反的概念。材料的韧性高，意味着其脆性低；反之亦然。度量韧性的指标有两类：冲击韧性和断裂韧性。冲击韧性是用材料受冲击而断裂的过程所吸收的冲击功的大小来表征材料的韧性。此指标可用于评价高分子材料的韧性，但对韧性很低的材料（如陶瓷）一般不适用。

断裂韧性是衡量韧性较常用的指标，它表示材料阻抗断裂的能力。常用材料裂纹尖端应力强度因子的临界值 K_{1c} 来表征材料的韧性。材料的断裂力学承认，材料中存在着由各种缺陷构成的微裂纹。在外力的作用下，这些微裂纹的扩展导致材料的断裂。从大量试验数据得出，断裂应力 σ_f 与裂纹尺寸 C 之间存在如下关系：

$$K_1 = A\sigma_f\sqrt{C} \tag{2-4}$$

式中，K_1 为应力强度因子；A 是材料几何形状参数。从该式可知，应力增加，裂纹扩大，K_1 值也随之增加，但不能无限制的增大，当达到极限值 K_{1c} 时，即使不加外力，裂纹也会自行扩展而造成断裂。K_{1c} 称为断裂韧性，K_{1c} 与微裂纹形状、尺寸及应力大小有关。陶瓷材料的 K_{1c} 为 3～10MN/m$^{3/2}$，铝合金的 K_{1c} 为 34MN/m$^{3/2}$，钛合金的 K_{1c} 为 60MN/m$^{3/2}$，碳钢的 K_{1c} 可达 200MN/m$^{3/2}$。

2.3.2.3　硬度

材料能抵抗其他较硬物体压入表面的能力称为硬度。常用的硬度试验方法有布氏、维氏和洛氏硬度试验。进行布氏硬度试验时，将直径通常为 10mm 的坚硬钢球压入材料的表面，测出表面上留下的压痕直径，并按以下公式算出布氏硬度值（H_B 或 BHN）：

$$H_B = \frac{2P}{\pi D(D - \sqrt{D^2 - d^2})} \tag{2-5}$$

式中，P 为作用载荷；D 为压头直径；d 为压痕直径。

测软材料的硬度时，洛氏硬度试验使用小直径钢球；测较硬材料时，可使用金刚石锥体。硬度计可以自动测出压头穿透的深度，并将此深度数值转换为洛氏硬度数值。维氏硬度试验用于测量微观硬度，维氏硬度试验使用不同载荷的金刚锥进行压痕。图 2-27 是这三种测试硬度方法示意图。

表 2-14 列出了几种常用材料的硬度和弹性模量。

表 2-14　几种常用材料的硬度和弹性模量

材料	弹性模量/MPa	维氏硬度/(kgf/mm²)
橡胶	6.9	很低
塑料	1380	17
镁合金	41300	30～40
铝合金	72300	170

续表

材料	弹性模量/MPa	维氏硬度/(kgf/mm²)
钢	207000	300~800
氧化铝	400000	1500
碳化钛	390000	3000
金刚石	1210000	6000~10000

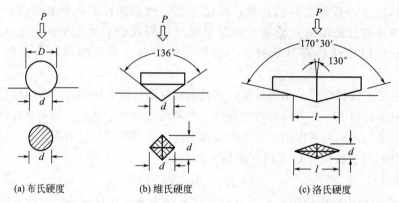

(a) 布氏硬度　　　　(b) 维氏硬度　　　　(c) 洛氏硬度

图 2-27　三种测试硬度方法示意图

材料的硬度与结构之间存在如下一些规律。

① 化学键越强，其硬度一般越高。对一价的键来说，硬度是按如下顺序依次下降：共价键≥离子键＞金属键＞氢键＞范德华键。

② 对离子键来说，键强是由静电引力的大小决定的。一般来说，离子的电价越大，离子半径越小，硬度越高。

③ 对金属键来说，纯金属（Mg、Ag、Au、Pb 等）较软，熔点也低；而 Cr、Fe、Mo、W 等较硬，熔点也高。这是由于这些金属的原子结构不同而造成的。

2.3.2.4　疲劳特性和耐磨性

材料在受到拉伸、压缩、弯曲、扭曲或这些外力的组合反复作用时，应力的振幅超过某一限度即会导致材料的断裂，这一限度称为疲劳极限。疲劳寿命是指在某一特定应力下，材料发生疲劳断裂前的循环数，它反映了材料抵抗产生裂缝的能力。

疲劳现象主要出现在具有较高塑性的材料中，例如金属材料的主要失效形式之一就是疲劳。疲劳断裂往往是没有任何先兆的突然断裂，因而由此造成的后果有时是灾难性的。高分子材料的塑性一般很好，但是在长期使用过程中首先发生的是材料的老化失效，因而疲劳破坏不占主导地位。陶瓷材料的塑性很低，其疲劳现象不如金属材料明显，而且疲劳机理也不同于金属。在设计振动零件时，首先应考虑疲劳特性。

材料对磨损的抵抗能力为材料的耐磨性，可用磨损量表示。在一定条件下的磨损量越小，则耐磨性越高。一般用在一定条件下试样表面的磨损厚度或体积（或质量）的减少来表示磨损量的大小。磨损包括氧化磨损、咬合磨损、热磨损、磨粒磨损、表面疲劳磨损等。一般来说，降低材料的摩擦系数、提高材料的硬度均有助于增加材料的耐磨性。

2.3.3　热学性能

材料的热学性能包括热容、热膨胀、热传导、热辐射、热电势等，它们在工程上有许多特殊的要求和广泛的应用。此外，材料的组织结构发生变化时常伴随一定的热效应。材料被加热时，有三个重要的热效应，即吸热、传热、膨胀。热性能分析已成为材料科学研究中一种重要手段，特别是对于确定临界点并判断材料的相变特征有重要的意义。

2.3.3.1　热容

热容表示 1mol 固体温度升高 1K 时物质所吸收的热量。热容通常是用比热容 $[J/(mol \cdot K)]$ 来表征。比热容有物质体积被约束为恒定的等容比热容 C_V 和物质处于恒压时的等压比热容 C_p 两种。

等压比热容 C_p 与等容比热容 C_V 存在如下关系：

$$C_p - C_V = \frac{\alpha_V^2 V_o T}{\beta} \tag{2-6}$$

式中，α_V 为体积膨胀系数；V_o 为摩尔体积；$\beta = -(1/v)(dv/dp)$，β 为压缩率。结构中的缺陷对材料的比热容会有较大影响。在常温下固体材料的等压比热容和等容比热容几乎没有差别，而我们所测定的都是等压比热容。

2.3.3.2　热膨胀

一般来说，材料的热胀冷缩是一种普遍现象，而膨胀系数就是表示这一特性的一个参数。通常，膨胀系数指的是温度变化 1K 时材料单位长度的变化量，故也称线膨胀系数（K^{-1}），以区别于表示材料单位体积变化量的体膨胀系数。线膨胀系数 α_l 和体积膨胀系数 α_V 分别表达为：

$$\alpha_l = \left(\frac{1}{l}\right)\left(\frac{dl}{dT}\right)_p \tag{2-7}$$

$$\alpha_V = \left(\frac{1}{V}\right)\left(\frac{dV}{dT}\right)_p \tag{2-8}$$

式中，V 和 l 分别为材料的体积和线尺寸。从原子尺度看，热膨胀与原子（分子或链段）振动有关。因此，组成固体的那些原子（分子或链段）相互之间的化学键合，必然对热膨胀有重要作用，在一般情况下，结合能越大，相应膨胀系数越小。实际上膨胀系数是随温度变化的，即使在没有相变的温度范围内，不同温度下材料的膨胀系数也并非严格恒定的。

共价键材料与金属材料相比，具有较低的膨胀系数；而离子键材料与金属材料相比，倾向于具有稍高的膨胀系数。有机化合物中，共价键合的三维网络状高分子化合物的膨胀系数一般较低；长链高分子化合物由于其分子之间是弱键合，膨胀系数较高。表 2-15 列出了一些不同材料在常温下（25℃）的热膨胀系数。

表 2-15　不同材料的热膨胀系数（25℃）

分类	物质	线膨胀系数/K^{-1}
陶瓷材料	β-锂辉石（$LiAlSi_2O_6$）	0.75×10^{-6}
	堇青石	1.7×10^{-6}
	Al_2TiO_5	1.4×10^{-6}
	Si_3N_4	$(3.3 \sim 3.6) \times 10^{-6}$
	SiC	$(5.1 \sim 5.8) \times 10^{-6}$
	TiC	7.6×10^{-6}
	Al_2O_3	8.5×10^{-6}
	BeO	8.0×10^{-6}
	MgO	13.5×10^{-6}
	NaCl	40.0×10^{-6}
	SiO_2 玻璃	0.5×10^{-6}
	金刚石	约 0

续表

分类	物质	线膨胀系数/K^{-1}
金属材料	W	4.6×10^{-6}
	Mo	4.9×10^{-6}
	Zn	39.7×10^{-6}
	Pb	29.3×10^{-6}
	Fe	12×10^{-6}
	Cu	16.6×10^{-6}
	Al	25×10^{-6}
	1020 钢	12×10^{-6}
高分子材料	硅胶	120×10^{-6}
	聚酰胺 6(尼龙-6)	83×10^{-6}
	聚乙烯	120×10^{-6}
	聚酯	$(55 \sim 100) \times 10^{-6}$
	聚甲基丙烯酸甲酯(PMMA)	50×10^{-6}
	环氧树脂	55×10^{-6}

热膨胀在实际应用中相当重要。例如作为尺寸稳定零件的微波设备谐振腔、精密计时器、精密天平、标准尺和宇宙航行雷达天线等材料,都要求在气温变动范围内具有很低的热膨胀系数;电真空技术中为了与玻璃、陶瓷、云母、人造宝石等气密封接,要求具有一定热膨胀系数的合金;而用于制造热敏感元件的双金属,却要求尽可能高的热膨胀系数。

2.3.3.3 热传导

热传导是由物质内部分子、原子和自由电子等微观粒子的热运动而产生的热量传递现象。在固体材料中,热传导的微观过程是:位于高温区域的微粒振动动能较大,而在低温区域的微粒振动动能较小,因微粒的振动互相作用,在材料内部热能由动能大的部分向动能小的部分传导,使能量从物体的高温区域传至低温区域,即由于材料相邻部分间的温差而发生的能量迁移。

代表材料导热能力的常数,称为热导率,其单位为 $cal/(cm \cdot s \cdot K)$ 或 $W/(m \cdot K)$,即单位时间内在 1K 温差的 $1m^3$ 或 $1cm^3$ 正方体的一个面向其所对的另一个面流过的热量。表 2-16 列出了一些不同材料在常温下的热导率。显然,与非金属材料相比,金属为热的良导体,而气体则是热的绝缘体。

表 2-16 不同材料的热导率 (25℃)

分类	材料名称	热导率/$[cal/(cm \cdot s \cdot K)]$[①]
无机非金属材料	金刚石	约 4.76
	SiC	$0.143 \sim 0.643$
	BeO	0.595
	AlN	$0.143 \sim 0.595$
	Al_2O_3	0.095
	MgO	0.143
	Si_3N_4	$0.036 \sim 0.048$
	TiC	$0.036 \sim 0.048$
	石英玻璃	约 0.0024
	玻璃	0.002
	石棉	0.0002
	混凝土	0.002
	耐火材料	约 0.0006

续表

分类	材料名称	热导率/[cal/(cm·s·K)]①
金属材料	铜	0.927
	黄铜	0.26
	银	0.986
	铝	0.488
	铅	0.826
	钢	0.11
	铋	0.0267
	钛	0.041
高分子材料	木材	0.0002
	尼龙	0.0006
	聚乙烯	0.00081
	聚苯乙烯	0.002
	聚氯乙烯	0.00036
	聚甲基丙烯酸甲酯(PMMA)	0.00038
其他物质	空气	0.000057
	氢气	0.00033
	氧气	0.000056

① 1cal/(cm·s·K)=4.2×10²W/(m·K)。

热传导的机理非常复杂，主要可分为三种：自由电子的传导（金属）、晶格振动的传导（也称声子传导，具有离子键或共价键的晶体）和分子或链段的传导（高分子材料等）。热导率与材料的组成、结构、温度、湿度、压力及聚集状态等许多因素有关。

（1）金属材料的热传导　由于金属材料中存在着大量的自由电子，在不停地作无规则的热运动。一般晶格振动的能量较小，自由电子热传导在金属晶体中对热的传导起主要作用。所以一般电的良导体也是热的良导体，但也有例外。如金刚石是绝缘体，但它却是热的良导体，热导率约为铜的 5 倍。随着温度升高，自由电子互相冲突的频度增多，变得难以活动，因而金属的热导率 λ 随温度增高而下降。一般来说，金属越纯，热导率也越大。金属内的杂质会妨碍自由电子的运动，所以合金的热导率明显变小，相当于母相金属的 15%～70%。如硬铝、黄铜、镍钢等的 λ 都比构成金属为低。此外，化学成分相同，若组织发生了变化，λ 也随之变化。如钢在退火后 λ 变大，在淬火后 λ 则变小。金属的导热能力以银为最好，铜、铝次之。

（2）无机非金属材料的热传导　无机非金属晶体是原子呈有序排列牢固结合在一起的，能量不是在原子之间孤立转递的，而是以热弹性波形式即晶格振动转递的。所以在各种波之间会产生相互干涉，由于散射而缓慢减弱。温度越高，热弹性波的散射越大，故 λ 随温度升高而略变小。玻璃体（非晶体）的原子排列结构因为是远程无序的，不会产生上述的热弹性波，所以热导率比晶体小。陶瓷、耐火材料等多晶体因含有结晶质和玻璃质，热导率的大小按它们的组成比例而有所不同。

（3）高分子材料的热传导　热量在有机物质中的转移，是链段或分子被激励时，由它的振动波及邻近分子激励的形式进行的。这种由链段或分子向链段或分子转移热量的方式，转递的速度较慢，所以有机材料的热导率也小。

在许多技术领域中，材料的导热性能都是一个重要的问题。例如，热能工程、制冷技术、工业炉设计、工件加热和冷却、房屋采暖与空调以及航天飞行器重返回大气层等隔热材料，都要求材料具有优良的绝热性能；燃气轮机叶片、晶体管散热器，却要求优良的导热性能。

2.3.3.4 耐热性

耐热性是材料应用中的一个重要性质。材料的熔点可反映耐高温材料的耐热性。材料熔融时的温度称为熔点（T_m）。一般材料结构中的分子间作用力大，则熔融热焓大，T_m就高；柔性大，熔融热焓就小，T_m也就小。表 2-17 列出了各种物质的熔点。

表 2-17　各种物质的熔点 单位：℃

元素	单质	氧化物	氮化物	碳化物	高分子材料	熔点	热变形温度
Al	659	2050	2400(分解)	2800	聚甲基丙烯酸甲酯(PMMA)	160	65～100
B	2000	450	3000(分解)	2450	聚苯乙烯	240	70～100
Si	1412	1710	2000(分解)	2830(分解)	聚酰胺 6(尼龙-6)	—	66
Ti	1667	1840	2950	3140	聚乙烯	137	40～70
Zr	1885	2700	2980	3530	聚丙烯	176	85～110
Hf	＞2130	2810	3300	3890	聚酯	—	60～200
Ta	2996	1470(分解)	3090	3880			
W	3377	1473		2870			

2.3.4　电性能

材料的电性能是材料在静电场或交变电场中，即处在电源的两极之间行为的表征。

2.3.4.1 导电性能

材料导电性的量度为电阻率或电导率。电阻 R 与导体的长度 l 成正比，与导体的截面积 S 成反比，即：

$$R = \rho \left(\frac{l}{S} \right) \tag{2-9}$$

式中，ρ 为电阻率，$\Omega \cdot m$。电阻率的倒数为电导率 σ。电阻率的大小直接取决于单位体积中的载流子数目、每个载流子的电荷量和每个载流子的迁移率。产生电流的载流子有四种类型：电子、空穴、正离子、负离子。载流子的迁移率取决于原子结合的类型、晶体缺陷、掺杂剂类型和用量及离子在离子化合物中的扩散速率。

根据电阻率的大小，可将材料分成超导体、导体、半导体和绝缘体四类。超导体的 ρ 在一定温度下接近于零；导体的 ρ 为 $10^{-8} \sim 10^{-5} \Omega \cdot m$；半导体的 ρ 为 $10^{-5} \sim 10^{7} \Omega \cdot m$；绝缘体的 ρ 为 $10^{7} \sim 10^{20} \Omega \cdot m$。表 2-18 列出了各种材料在室温下的电导率 σ。

表 2-18　各种材料在室温下的电导率 σ

金属和合金	$\sigma/(S/m)$	非金属	$\sigma/(S/m)$
银	6.3×10^{7}	石墨	10^{5}(平均)
铜(工业纯)	5.85×10^{7}	SiC	10
金	4.25×10^{7}	锗(工业纯)	2.2
铝(工业纯)	3.45×10^{7}	硅(工业纯)	4.3×10^{-4}
Al-1.2%Mn 合金	2.95×10^{7}	酚醛树脂(电木)	$10^{-11} \sim 10^{-7}$
钠	2.1×10^{7}	窗玻璃	$< 10^{-10}$
钨(工业纯)	1.77×10^{7}	Al_2O_3	$10^{-12} \sim 10^{-10}$
黄铜(70%Cu-30%Zn)	1.6×10^{7}	云母	$10^{-15} \sim 10^{-11}$
镍(工业纯)	1.46×10^{7}	聚甲基丙烯酸甲酯	$< 10^{-12}$
纯铁(工业纯)	1.03×10^{7}	BeO	$10^{-15} \sim 10^{-12}$
钛(工业纯)	0.24×10^{7}	聚乙烯	$< 10^{-14}$
TiC	0.17×10^{7}	聚苯乙烯	$< 10^{-14}$
不锈钢(301 钢)	0.14×10^{7}	金刚石	$< 10^{-14}$
镍铬合金(80%Ni-20%Cr)	0.093×10^{7}	石英玻璃	$< 10^{-16}$
		聚四氟乙烯	$< 10^{-16}$

一般来说，金属材料是导体，部分陶瓷材料和少数高分子材料是半导体，普通陶瓷材料与大部分高分子材料是绝缘体。但有意思的是，一些陶瓷具有超导性。金属的电导率随温度的升高而降低，半导体、绝缘体、离子导电材料的电导率随温度的升高而增加。通常杂质原子会使纯金属的电导率下降。其原因是：溶质原子溶入后，在固溶体内造成不规则的势场变化，严重影响自由电子的运动。金属的导电性和导热性一样，是随合金成分的复杂化而降低，因而纯金属的导电性总比合金好，因此，工业上常用纯铜、纯铝做导电元件，而用导电性差的铜合金（康铜）和铁铬铝合金材料做电热元件。但在陶瓷材料中溶入杂质原子后，常常会使其导电性提高。因此，适当形式的晶体缺陷对改善陶瓷材料的导电性有重要意义。

半导体材料（硅、锗等），由于能带结构中价带（指由最低能态的电子所占据的能级）和导带（指电子可以受激跃迁进入能传导电流的未填满的能级）之间的能隙小，少数具有足够热能的电子受激跃迁到导带。这些受激电子在离开价带后留下一些空的能级，形成空穴。在材料受到电压作用时，导带中的电子向正极加速，而空穴向负极移动。因此电流就通过电子和空穴的运动得以实现，其中空穴起着正电子的作用。材料的电导率取决于电子-空穴对的数量和温度的这类材料称为本征半导体。另一类所谓的非本征半导体指的是通过加入杂质即掺杂剂而制备的半导体，杂质的多少决定了电荷载流子的数量。需要指出的是，有一类元素（砷、锑、铋、硒、碲等）称为半导体金属，其电阻率比典型金属低，在半导体范围内，但它们随温度变化的行为却像金属。另一类特殊材料是石墨，在基晶面方向上，显示出金属般的高传导性，但在其垂直的方向上仅具有半导性。

超导性是指当温度一旦低于超导体材料的某一特征温度（临界温度）T_c 时，其电阻率就跃变为零。尽管许多材料具有超导性，但它们都需要极低的温度。超导体放在磁场中冷却，则在材料电阻消失的同时，磁感应线将从超导体中排出，不能通过超导体，这种现象称为抗磁性。零电阻和抗磁性是超导体的两个重要特性。超导体是动力聚变反应堆运行必不可少的条件。如果能有更高临界温度的材料，则超导体的应用将多得多。典型的超导体有 Nb-60Ti-4Ta 合金、Y-Ba-Cu-O 系陶瓷材料和聚硫腈 $(SN)_x$ 晶体等（详见第 6 章"电功能材料"）。

2.3.4.2　介电性能

电子材料除有导体、半导体、绝缘体外，介电材料也是十分重要的一族，如电容器就是重要的介电材料。介电性能主要包括介电常数、介电强度、介电损耗等。介电材料的价带和导带之间存在大的能隙，所以它们具有高的电阻率。产生介电作用的原因是电荷的偏移，或称为极化，其中最重要的是离子极化，即在电场作用下离子偏移它的平衡位置。有极化离子存在时，电子层也会相对于核的位置发生偏移而形成电子极化。

电容器的电容既依赖于电容器极板之间的材料，又和器件的结构有关。对于只有两个极板的简单平板电容器，电容 C 为：

$$C = \varepsilon \left(\frac{A}{d} \right) \tag{2-9}$$

式中，A 是每个极板的面积；d 是极板之间的距离；电容率 ε 表征材料极化和储存电荷的能力。相对电容率（即介电常数 ε_r）是材料电容率与真空电容率 ε_0 之比：

$$\varepsilon_r = \frac{\varepsilon}{\varepsilon_0} \tag{2-10}$$

真空电容率 ε_0 为 8.85×10^{-12} F/m。对于一个含有 n 个平行导体板的电容器，其电容等于：

$$C = \varepsilon_0 \varepsilon_r \left(\frac{A}{d} \right)(n-1) \tag{2-11}$$

如果板间间隔过小、电压过高，会引起电容器击穿和放电。击穿电压，即介电强度。所谓介电强度是极板之间可以维持的最大电场强度 ξ。为了制造在强电场中储存大量电荷而且尺寸小的电容器，必须选用具有高介电常数和高介电强度的材料。

在交变场中，频率增大时，离子跟不上电场的变化，因而介电常数减小。温度升高时，离子的活动能力增大，因而 ε_r 值也增大，特别是在频率不大的情况下。

介电损耗（tanδ）为材料在每次电场交变时所损耗的能量的分数值，也是介电材料重要的性能指标。与真空电容器相比，人们发现电容器中的介电体会出现所谓损耗角 δ，这是由于电荷运动而造成损失的标志，损失的大小与 tanδ（即损失率）成比例。使用过程中希望介电损耗越小越好，介电损耗一般随温度的升高而增大。表 2-19 列出了一些介电材料的性能。

表 2-19 一些介电材料的性能

材　料	介电常数 ε_r		介电损耗 tanδ (10^6 Hz)	介电强度 /(V/m)
	60Hz	10^6 Hz		
聚甲醛	7.5	4.7		12×10^6
聚乙烯	2.3	2.3	2.3	20×10^6
聚四氟乙烯	2.1	2.1	$< 2 \times 10^{-4}$	
聚苯乙烯	2.5	2.5	$(1 \sim 3) \times 10^{-4}$	20×10^6
聚氯乙烯(无定形)	7	3.4	$0.04 \sim 0.14$	40×10^6
橡胶	4	3.2	10^{-2}	20×10^6
环氧树脂		3.6		
熔融二氧化硅	3.8	3.8	2×10^{-4}	
钠钙玻璃	7	7	$5 \times 10^{-3} \sim 2 \times 10^{-2}$	10×10^6
氧化铝	9	6.5	$10^{-4} \sim 10^{-3}$	6×10^6
钛酸钡		3000	10^{-2}	12×10^6
二氧化钛		$14 \sim 110$	$2 \times 10^{-4} \sim 5 \times 10^{-3}$	8×10^6
云母		7		40×10^6

2.3.4.3　铁电性

研究介电常数大的物质（如 $BaTiO_3$）时发现，当电场强度 ξ 增加时，极化强度开始时按比例增大，接着突然升高，在电场强度很大时，增加速度又减慢而趋向于极限值，如图 2-28 所示。除去电场后剩余一部分极化状态 P_r，必须加上相反的电场强度 ξ_t 才能完全消除极化状态，也就是出现滞后现象，与铁磁体类似，因而人们称这种现象为铁电性。此种效应首先是在酒石酸钾钠上发现的。这种保持极化的能力可使铁电材料保存信息，因而成为可供计算机线路使用的材料。

铁电材料必然是介电体、压电体，而且介电常数高，所以特别适用于电容器和压电换能器，铁电性依赖于温度，当温度超过其特征温度时，材料将不再具备铁电性，这是由于此时材料的介电常数已经接近于零（图 2-29），此温度称为铁电居里温度（T_c）。铁电性与晶体结构紧密联系，特别是在具有钙钛矿晶格的 ABO_3 型化合物中经常出现。在某些材料中，如 $BaTiO_3$，其居里温度相应于晶体结构的转变温度，所以超过这一温度时，结构中的永久偶极子（指电荷或磁矩不平衡的原子或原子组合）都不复存在，无铁电性。表 2-20 列出了一些高介电常数（高容量）材料的特性。

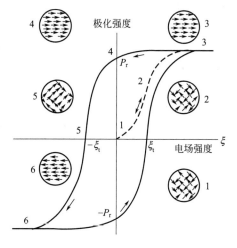

图 2-28　铁电滞后现象

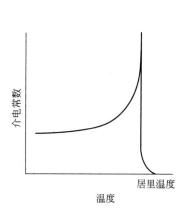

图 2-29　温度对介电常数的影响

表 2-20　一些高介电常数（高容量）材料的特性

材料	介电常数 ε_r (1kHz)	介电损耗 $\tan\delta$ (1kHz)	居里温度 $T_c/℃$
$BaTiO_3$	约 1200	约 1×10^{-2}	120
$SrTiO_3$	332	5×10^{-4}	-200
$Na_{1/2}Bi_{1/2}TiO_3$	700	4×10^{-2}	
$Bi_4Ti_3O_{12}$	112	2.9×10^{-3}	675
$Cd_2Nb_2O_7$	$500\sim580$	1.4×10^{-2}	-88
$PbTiO_3$-$PbZrO_3$(PZT)	$425\sim3400$	$4\times10^{-3}\sim2\times10^{-2}$	$180\sim350$
$(Ba,Sr)(Ti,Sn)O_3$	$3000\sim10000$	$1\times10^{-2}\sim5\times10^{-2}$	
$(Ba,Sr)TiO_3$ 晶界层电容器	$40000\sim100000$	$2\times10^{-2}\sim1\times10^{-1}$	

2.3.4.4　压电性

某些晶体结构受外界应力作用而变形时，好像电场施加在铁电体上一样，有偶极矩形成，在相应晶体表面产生与应力成比例的极化电荷，它像电容器一样，可用电位计在相反表面上测出电压；若施加相反应力，则改变电位符号。这些材料还有相反的效应，即将它们放在电场中，晶体将产生与电场强度成比例的应变（弹性变形）。这种具有使机械能和电能相互转换的现象称为压电效应。由于形变而产生的电效应，称为正压电效应；对材料施加一个电压而产生形变时，称为逆压电效应。

材料的压电性取决于晶体结构是否对称，晶体必须有极轴（即不对称或无对称中心），才有压电性，同时，材料必须是介电体。如前所述，所有铁电材料都有压电性，然而具有压电性的材料不一定是铁电体。例如 $BaTiO_3$、$Pb(Zr,Ti)O_3$ 等是铁电材料，也是压电材料，而 β-石英、纤锌矿（ZnS）是压电材料，但没有铁电性。

压电效应的大小用压电常数来表示。它是与施加的应力 σ、产生的应变 S、电场强度 E

及电位移 D 有关的量，而且与方向有关。反映压电材料应力 σ、应变 S、电场强度 E 及电位移 D 四个参数之间关系的方程称为压电方程（略）。

表征压电材料性能的另一个参数是机电耦合系数 K。它表示压电材料的机械能与电能的耦合效应，是生产上使用最多的一个参数。其定义为：

$$K = \frac{\text{通过压电效应转换的电能}}{\text{输入的机械能}} \tag{2-12}$$

式中，K 是无量纲的物理量，大小与材料形状及振动方式有关。不同的振动模式将有相应的 K 值，有平面耦合系数 K_P、横向耦合系数 K_{31}、纵向耦合系数 K_{33}、厚度振动机电耦合系数 K_t 等。

压电体用于点火装置、压电变压器、微音扩大器、振动计、超声波器件和各种频率滤波器等，用途十分广泛。许多陶瓷材料均是重要的压电材料。聚偏二氟乙烯（PVDF）是近年来研究最多的聚合物压电材料。

2.3.5 磁性能

材料的磁性主要来源于电子自旋磁矩。凡是过渡元素、自由基中的未成对电子均具有顺磁性。若未成对电子自旋同向排列，可形成磁畴，从而产生磁性。所谓磁畴就是物质中所包含的许多自发磁化的小区域。磁介质是指在磁场作用下能磁化的物质。为比较磁介质的磁化性能，采用磁化率与磁导率两个物理量。

磁化率 χ 表征材料磁性的大小，是磁化强度 M 与磁场强度 H 的比值，即：

$$\chi = \frac{M}{H} \tag{2-13}$$

式中，M 是磁化强度，Gs 或 A/m，定义为物质单位体积中磁矩大小，衡量物质有无磁性或磁性大小的物理量；H 是外界磁场的大小，Gs 或 A/m。

磁导率 μ 定义为：

$$\mu = \frac{B}{\mu_0 H} \tag{2-14}$$

式中，μ_0 为真空中的磁导率（$4\pi \times 10^{-7}$ T）；B 为磁通量密度，T 或 Wb/m^2，$B = \mu_0(H+M)$。B 与 H 的比值称为绝对磁导率，因此 $\mu_{绝对} = B/H = \mu_0 \mu$，即磁导率就等于材料的绝对磁导率 $\mu_{绝对}$ 与真空磁导率 μ_0 之比，故也称相对磁导率。

物质的磁性大体可分为五类：抗磁性、顺磁性、反铁磁性、铁磁性及亚铁磁性。前三种磁性很弱，磁化率 χ 为 $10^{-6} \sim 10^{-3}$。后两种为强磁性，χ 为 $10 \sim 10^6$。通常所谓的磁性材料与非磁性材料，实际上是指强磁性材料及弱磁性材料。前者的磁化率比后者大 $10^4 \sim 10^{12}$ 倍，因而获得巨大应用，成为电工技术的基础材料之一，并广泛应用于电工、电子和计算机等技术中。

磁化曲线在评价铁磁材料的性能方面有着重要作用。它表明激励磁场强度 H 与磁通量密度（或称为磁感强度）B 的关系。如图 2-30 所示，从去磁状态开始，取向比较有利的磁畴吞并取向较为不利的磁畴而成长（沿曲线 1）。在高磁场下接近磁饱和时，磁感强度只能依靠磁畴转动而增加。外磁场去除后（曲线 2），材料仍然有剩余磁感强度 B_r。只有加上大小等于矫顽力 H_c（A/m）的反向磁场后，才会完全去磁。加上周期性的磁场（曲线 3），则得到铁磁材料的磁滞回线。$B\text{-}H$ 回线中的面积，表示单位体积材料每周期的能量损耗。

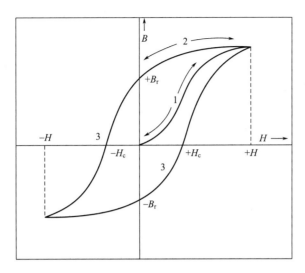

图 2-30 磁化曲线

1—磁畴成长；2—去除磁场；3—磁滞回线

(1) 抗磁性　材料放入磁场内，沿磁场的相反方向被微弱磁化，当撤去外磁场时，磁化呈可逆消失的现象，使磁场减弱。这类材料的磁化率 $\chi<0$（$<-10^{-5}$ 数量级），磁导率 μ_m 略小于 1，其磁化强度 M 与磁场 H 方向相反。大多数有机材料和无机材料均呈现抗磁性，如 Zn、Cu、Bi、Ag、Au、Mg、MgO、NaCl、金刚石及绝大多数高分子材料等，抗磁性材料可用作要求避免电磁场干扰的零件和结构材料。

(2) 顺磁性　材料放入磁场内，沿磁场方向被微弱磁化，而当撤去磁场时，磁化又能可逆地消失的性质，使磁场略有增加。顺磁性物质的磁化率 $\chi>0$（为 $10^{-5}\sim10^{-3}$），但很小，磁化强度 M 与磁场 H 方向相同。这是因为由于热运动电子的自旋取向强烈混乱，自旋处于非自发的排列状态。顺磁质不能为磁铁吸引。顺磁质有 Al、Pt、La、MnAl、$FeCl_3$ 等以及居里温度以上的铁磁性元素 Fe、Ni、Co 等。

(3) 反铁磁性　也属于弱磁性，磁化率 $\chi>0$（为 $10^{-5}\sim10^{-3}$），磁化强度 M 与磁场 H 方向相同。反铁磁性材料具有磁有序相变点，即奈耳点 T_N。温度在 T_N 以上时，呈现顺磁性；温度在 T_N 以下，反铁磁体的原子或电子磁矩不像铁磁体是平行排列，而是作反平行排列或特殊的排列。所以不加磁场时，其磁化强度为零。在磁场作用下其磁化率仍很小，且随温度下降而减少，在 T_N 点出现极大值。常见的反铁磁体有 Mn、Cr，部分铁氧体如 $ZnFe_2O_4$，和某些化合物 MnO、NiO、FeF_2 等。

上述三种磁性均为弱磁性，在常温和普通磁场下，磁化曲线为直线，磁化率 χ_m 为常数，故可以用 χ_m 表征其磁性。但在低温和强磁场下，顺磁材料和反铁磁材料可有非线性磁化曲线，甚至趋于饱和。

(4) 铁磁性和亚铁磁性　能使磁场强烈增加，属于强磁性，特点是：磁化率 χ_m 远高于弱磁性的磁化率，磁化率随磁场而变；磁化曲线呈现非线性，较易于达到磁饱和，具有磁滞现象。铁磁性材料和亚铁磁性材料都有磁有序相变点，称为居里点 T_c。当温度高于 T_c 时，呈顺磁性；当温度低于 T_c 时，呈铁磁性或亚铁磁性。

① 铁磁性　材料能沿磁场方向被强烈磁化，使磁场强烈增加，其磁化率非常大，$\chi\gg0$，

为 $10\sim10^5$。这是因为铁磁质放入磁场时，磁矩平行于磁场方向排列，形成了自发磁化。在温度低于 T_c 时，铁磁质中的原子磁矩自发平行，或自发地使能带中正负自旋的电子数不相等，故不加磁场时，出现了不等于零的自发磁化强度 M_s。铁的居里温度 T_c 为 770℃，镍为 358℃。常见的铁磁性金属有 Fe、Ni、Co 以及由它们组成的合金和某些稀土元素等。铁磁性材料按照其磁学性质又分为以下几种。

a. 硬铁磁质　矫顽力 $H_c>0.8\text{kA/m}$，一旦被磁化后磁力线难以消失的物质，可用作永磁铁。常见的主要有 Fe-W 系、Fe-Co-W 系、Fe-Ni-Al 合金、Fe-Co-Ni 合金等多种材料。

b. 软铁磁质　矫顽力 $H_c<0.8\text{kA/m}$，能沿磁场方向被强烈磁化，但磁场撤去后磁性立即消失的物质，常用作暂时磁铁。属于这类的材料有 Fe、Fe-Al、Fe-Si-Al、Fe-Ni 等的合金（包括钢和铸铁），通常加工成薄板以绝缘体相隔叠合起来用于制造变压器、电动机等的线圈磁芯材料。

磁滞回线上，硬磁材料较软磁材料有较高的剩余磁感强度 B_r、矫顽力 H_c 和每周期的磁滞能量损耗。镍和钴也具有磁性，但远不如铁。

高分子材料中铁磁性高分子化合物有二炔烃类衍生物的聚合物，组成这类聚合物的每个小分子，至少有一个未成对电子，形成长链后其相邻分子的电子自旋方向相同，可能形成铁磁性高分子，如聚 1,4-双(2,2,6,6-四甲基-4-羟基-1-氧自由基哌啶)丁二炔（简称聚 BIPO）等，热解聚丙烯腈、2,3,6,7,10,11-六甲氧基均三联苯（HMT）、金属酞菁系等也有较高的磁性。

② 亚铁磁性　使磁场强烈增加，是一种材料中部分阳离子的原子磁矩与磁场反向平行，而另一些则平行取向所致的磁性行为。亚铁磁性常出现在一些氧化物材料，特别是铁氧体 $MO\cdot Fe_2O_3$ 中，常为化合物或合金。温度在 T_c 以下时，原子磁矩呈反铁磁性排列，即自发的反向平行排列或其他类型的自旋排列。但是，由于原子磁矩大小不等，或由于排列方式的特殊性，它们的磁矩没有抵消为零。其未抵消的净磁矩便导致了自发磁化强度。自发磁化常出现在大块强磁体内的微小区域中，称为磁畴。未加磁场而强磁体呈磁中性时，各磁畴中的自发磁化矢量 M_s 的分布使合成的总磁化强度为零。加入磁场后，磁畴重新调整，导致了强磁物质的磁化及磁化曲线、磁滞回线等特征。

2.3.6　光学性能

2.3.6.1　光的透过、吸收和反射

光波是一种电磁波，根据其波长的不同可分成红外线、可见光和紫外线三个波段。当光波投射到物体上时，有一部分在它的表面上被反射，其余部分经折射进入该物体中，其中有一部分被吸收变为热能，剩下的部分透过。光波在物体中的传输速度 v 与在真空中的速度 v_0 的比值即为物体的折射率 n （$n=v_0/v$）。光学透明材料的反射率 R 可表达为：$R=[(n-1)/(n+1)]^2$。由于外加电场、磁场、应力的作用，而使折射率变化的现象，称为电光效应、磁光效应和光弹性。表 2-21 列出了几种材料的光学特性。

金属具有不透明性和高反射率，这是由于金属导带中已填充的能级上方紧接着就有许多空着的电子能态，当电磁波入射时均可以激发电子到能量较高的未填充态，从而被吸收。结果是光线射进金属表面不深即被完全吸收，只有非常薄的金属膜才显得有些透明。电子一旦被激发后，又会衰减到较低的能级，从而在金属表面发生光线的再反射。因此，金属的强反射是由吸收和再反射综合造成的。

表 2-21　几种材料的光的反射、吸收、透过特性

项目	陶瓷材料	金属材料	高分子材料
反射	除金刚石、立方 ZrO_2、TiN 等外,大部分陶瓷对可见光的反射率均较小	对可见光、红外线、微波等低频率光有强反射	高分子材料的折射率范围为 1.34~1.71,反射率非常小
吸收	含有过渡金属、稀土金属离子的物质,由于配位场电子的激发,在可见光波段有吸收;由于晶格振动,在红外线波段均有吸收	对低频率光反射,同时也吸收	含有 π 电子结合的发色基团,在可见光波段产生吸收;在红外线波段有显著吸收,可用于检测分子基团
透过	一般光带能级差较大,可透过可见光和近红外线;但杂质、气孔、多晶异向性等会导致透过率下降	可透过紫外线以上的高频光;若膜厚为 10nm 以下,可显著透过可见光	虽然不纯物等会引起着色,但一般无色透明,透光性高

大多数非晶态高分子化合物,当其不含杂质、疵痕时,都是清澈透明的。最典型的是聚甲基丙烯酸甲酯,它接近于完全透明。聚苯乙烯、聚碳酸酯、聚氯乙烯、纤维素酯、聚乙烯醇缩丁醛等的透光率都在 90% 左右。若结晶高分子化合物的晶体尺寸小于可见光的波长,则该晶体不会对通过的光产生干涉作用,因而也是透明的。属于此类的有微晶尼龙、拉伸的聚乙烯、聚对苯二甲酸乙二醇酯薄膜等。但当晶体尺寸大于可见光波长时,则由于产生光散射,而使其变得不透明并呈乳白色,如尼龙。

无机非金属材料是透明的还是不透明的,取决于能带结构。若能隙足够宽,以致可见光不足以引起电子激发,就会呈现透明。大多数玻璃的透光性是非常好的。虽然大部分陶瓷材料在可见光波段呈不透明,但烧结中通过加入少量添加剂抑制晶粒的生长,也可以制得透明的陶瓷材料。图 2-31 为一些透光性烧结体的光透过率。目前透明的氧化铝材料已用于制造超高强灯泡。

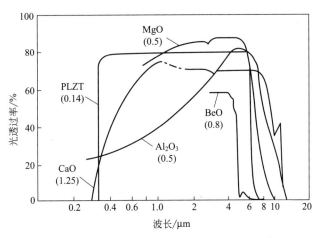

图 2-31　一些透光性烧结体的光透过率

(图中括号内的数字是试样的厚度,单位为 mm)

2.3.6.2　荧光性

这是一种物质在吸收电能或光能后,通过电子跃迁,再释放出光的现象。许多稀土化合物本身就是荧光体。一般材料需要激活剂引发荧光性,如银激活 ZnS 荧光体可写为 ZnS:Ag。表 2-22 列出了部分荧光材料的用途。

表 2-22 部分荧光材料的用途

用途	激发方法	代表性的荧光材料	荧光颜色
观测用阴极射线管	$1.5\sim10kV$ 电子射线	Zn_2SiO_4：Mn	绿
电子显微镜	$50\sim3000kV$ 电子射线	$(Zn,Cd)S$：Cu,Al	绿
数字显示管	$20V$ 电子射线	ZnO	绿
荧光灯	$254nm$ 紫外线	$Ca_{10}(PO_4)_6(F,Cl)_2$：Sb,Mn	白
荧光水银灯	$365nm$ 紫外线	$Y(V,P)O_4$：Eu	红
复写用灯	$254nm$ 紫外线	Zn_2SiO_4：Mn	绿
X 射线增感纸	X 射线	$CaWO_4$	蓝白
		Gd_2O_2S：Tb	黄绿
固体激光	光(近紫外线～近红外线)	$Y_3Al_5O_{12}$：Nd(YAG)	红外线

第3章

材料的制备方法

材料的制备方法主要涉及原材料的选用与合成和制备工艺过程与方法两方面的内容，而两者是密切相关的。选用什么样的原料或通过一定的方法合成所需的原材料是首先需要考虑的问题，随之所选择的制备工艺过程和方法在一定程度上又是与所选用的原材料有关；反之，一旦确定了工艺过程和方法，则应根据工艺方法的特点和要求来选择合适的原材料。必须指出，选用合适的设备，也是制备优良材料的关键之一。

3.1　原材料的选用与合成

原材料的选用与合成是材料制备的一个重要环节。制备不同的材料，所采用的原材料也是不同的。而相同的原材料通过不同的制备工艺过程和方法，可以制得具有不同性能的材料。在三大材料的生产过程中，所采用的原材料可分为天然原料（矿物）及化工原料（人工合成原料）两大类。顾名思义，所谓天然原料，是指天然的矿物或岩石与动植物原料；而化工原料，即采用化学或物理方法将天然原料进行富集或提纯、加工后所得到的产品，根据化学组成的不同，又可分为无机化工原料和有机合成原料两大类。在选择合适的原材料时，除了要考虑化学组成、纯度、颗粒度等主要因素外，成本也是一个不可忽视的重要因素。天然矿物原料一般杂质较多，价格较低；而人工合成原料纯度较高，价格也较高。此外，对环境的影响也是选用原材料时必须考虑的因素之一。

3.1.1　天然矿物原料

天然矿物原料不仅是冶炼金属材料的主要原料，也是生产玻璃、陶瓷、水泥、砖瓦等传统无机材料的主要原料。冶金工业和传统无机材料的生产过程中所采用的分别是铁矿石、铝土矿、方铅矿、黄铜矿等各种天然金属矿和黏土、石英砂、砂岩、长石、石灰石等各种天然硅酸盐矿物，此外，还需要煤、天然气和石油产品等作为燃料；而合成高分子化合物所用的基本原料，如石油、天然气、煤、电石以及某些农副产品等也是天然原料。矿物原料在生产过程中往往需要进行预处理或加工，如选矿、破碎、粉碎、水洗、煅烧等。

3.1.1.1　矿石的开采和选别

（1）矿物的概念　矿物是指地壳中的化学元素，经过各种地质作用所形成的，并在一定条件下相对稳定的单质或化合物。它是组成矿石和岩石的基本单元。矿物具有比较均一的成分和内部结构，因此是具有相对固定的化学性质和物理性质，并具有一定几何形态的自然物体。自然界中绝大多数的矿物为各种化合物的混合物，极少数为单质矿物。目前，已知矿物有 3000 多种，能被利用的有 200 余种，但比较重要的只有 100 多种。按工业用途的不同，矿物可分为金属矿、非金属矿和燃料矿三大类。有开采利用价值的矿物称为矿石矿物，与之相伴生的无用矿物称为脉石矿物。矿物在地壳中的分布是不均匀的。地壳（厚度约为

36km）中含量最多、分布最广的有 8 种元素，见表 3-1，它们的总质量已占 98.59％，其他元素总质量不到 2％。

表 3-1　地壳中 8 种主要元素的含量与分布情况

元素名称	质量分数/％	原子分数/％	体积分数/％
O	46.60	62.55	93.77
Si	27.72	21.22	0.86
Al	8.13	6.47	0.47
Fe	5.00	1.92	0.43
Mg	2.09	1.84	0.29
Ca	3.36	1.94	1.03
Na	2.83	2.64	1.32
K	2.59	1.42	1.83

　　（2）矿石原料的开采和选别　对提取金属的矿石而言，见表 3-2，其中欲提取的金属元素并非以"纯的"金属状态，而是以化合物的状态存在，如氧化物、碳酸盐、氢氧化物、硫化物等。

表 3-2　一些重要的金属矿石及其理论最高金属含量

金属名称	矿物名称	主要成分（金属化合物）	矿石中理论最高金属含量（质量分数）/％
铁	赤铁矿	Fe_2O_3	70.0
	磁铁矿	Fe_3O_4	72.4
	褐铁矿	$Fe_2O_3 \cdot H_2O$	62.9
	菱铁矿	$FeCO_3$	48.3
铝	铝土矿	$Al(OH)_3$	34.6
铜	辉铜矿	Cu_2S	79.9
	黄铜矿	$CuFeS_2$	34.7
铅	方铅矿	PbS	86.6
钛	金红石	TiO_2	59.9

　　必须指出，首先，矿物不是孤立地存在于地壳中，它往往是几种矿物共同产生在一个矿床中，这种同一成因、同一成矿期（或成矿阶段）的矿物组合称为共生组合。对工程技术人员来说，冶炼一种金属后被废弃的炉渣，可能是另一种与之共生的金属或非金属的富集矿。例如炼铁废弃的钛铁矿渣，可能是钛的富集矿。

　　其次，冶金工业排除出来的非金属矿物对它们来说是脉石矿物，而在硅酸盐工业中却可能是最有用的矿石矿物。如水泥工业用的石灰石、石棉、石膏，陶瓷工业用的石英、长石、云母等，都属于此类非金属矿物。

　　实际上，矿石中很少单独以表 3-2 所列举的化合物形式出现，而是在一些脉石矿物（石英、石灰石等）中存在着一些"富"含金属的矿物。现代冶金工业对用来提取金属的矿物有一定的品位（金属含量）要求，如铁矿的品位一般≥40％，赤铁矿、褐铁矿可采品位一般≥30％，其精矿品位需达到 55％～58％，铜矿一般≥10％，铅矿≥40％，锌矿≥40％。自然界中，这样高品位的矿石并不多，为达到冶炼的要求，必须进行选矿。而玻璃和陶瓷工业中则需要通过选矿达到除去石英砂、黏土等矿物原料中的含铁杂质。

　　选矿的基本任务有三个方面：把矿石中的有用矿物或金属富集，并与脉石矿物分开，使矿物品位和有害杂质符合冶炼需要；把共生在矿石中的有用矿物或金属分选出来；使舍弃的

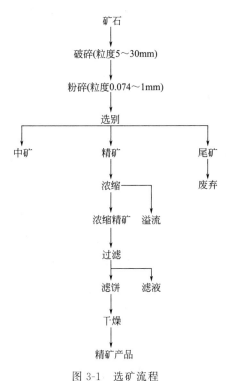

图 3-1　选矿流程

尾矿中有用矿物或金属含量达到最低限度，以提高回收率。选矿的意义在于，最合理地利用矿产资源。

矿石由采矿场出来之后，如图 3-1 所示，要经过一系列的作业工序，才能得到适合于冶炼要求的精矿产品。首先是将矿石破碎和粉碎至有用矿物单体解离的程度；其次是把已粉碎的矿石进行选别分离，即富集有用矿物。若是湿法选矿，所得精矿还需脱水与干燥。

选矿的原理是：根据矿石物理化学性质的不同，采用不同的方法将有用矿物和脉石分离，如利用不同的密度、不同的磁性、在酸液或碱液中的不同溶解度（铜、贵金属、铝矾土）、在有机溶液中不同的润湿特性等。常用的选矿方法有重选法、浮选法和磁选法，此外，还有手选法、电选法等，这些都是不改变矿物本身物理化学性质的机械选矿法。为处理成分复杂的难选矿石，还有可以与机械选矿法联合使用的化学选矿法，即采用草酸、硫酸和盐酸的酸处理。

① 重选法　根据矿物密度的不同，利用在水、空气或密度大于水的悬浮液等介质中具有不同的沉降速度进行分选，是目前最重要的选矿方法之一，广泛应用于选别含金、钨、锡的矿石以及钍、钛、锆、铌、钽等稀有金属矿，还被用来选别铁矿石、锰矿石、石棉、金刚石、高岭土以及煤炭等。此法具有设备结构简单、选矿成本低廉等优点。可以分为水力或风力分级、洗矿、重介质选矿、跳汰选矿、摇床选矿和溜槽选矿等。

② 浮选法　现代工业中广为应用的是泡沫浮选法，依据不同矿物表面具有不同的润湿性，即疏水性和亲水性，使粉碎后的矿石卷入由有机溶液与空气形成的泡沫中，然后令其沉降。其特点是矿粒有选择性地附着于矿浆中的空气泡上，而上浮到矿浆表面，多数是将有用矿物富集于泡沫中，而将脉石矿物留在矿浆里，这种浮选叫做正浮选；反之，就叫做反浮选。此法应用范围特别广泛，几乎所有的矿石和矿物都可用此法处理，如铜、铅、锌、锑、钨、钼、锡、镍、铋、锆、铁、锰、钛等金属矿以及石墨、重晶石、萤石、磷灰石等非金属矿。世界上有色金属矿石中 90% 以上是用浮选法进行选矿。浮选法的选别效率较高，能有效地将品位很低的矿石选成高品位的精矿，特别是对于细粒、成分复杂的矿石。但此法必须使用浮选药剂，所以与其他选矿法相比，选矿成本一般稍高，且所排出的废水常会污染环境。

③ 磁选法　是分选黑色金属矿，特别是磁铁矿和锰矿的主要方法，在稀有金属矿石中应用也较广泛。根据磁性大小的不同，将矿物分成三类：强磁性矿物，如磁铁矿、钛磁铁矿、磁黄铁矿等；弱磁性矿物，如赤铁矿、褐铁矿、菱铁矿、钛铁矿、水锰矿、硬锰矿等；非磁铁性矿物，如方解石、石英、长石、黄铜矿、方铅矿、闪锌矿、黄铁矿等。磁选机按磁场强度的强弱可以分为弱磁场磁选机、强磁场磁选机和中磁场磁选机。

（3）矿石原料的预处理　对含有硫化物同时还含有氢氧化物或碳酸盐的铁矿石，通过在空气中富氧加热焙烧，使之释放出 SO_2、H_2O 或 CO_2 而富集。这样所获得的细碎矿石产品很适合于现代气-固反应技术（流化床还原）的需要，但不适合于高炉冶炼过程。为使高炉冶炼和其他工艺过程成为优化的反应技术、工艺流程均衡和最终产品质量如一，必须将粉碎并富集过的矿石团聚成具有一定形状和大小的颗粒，即直径为 $1\sim5cm$ 的球状矿石团。球团化是矿石原料的预处理过程中一项很重要的工艺。一个旋转圆盘安置在一根倾斜转轴上，由于圆盘的旋转使置于其上的潮湿且细碎的矿石滚动而形成球团，然后将球团焙烧。另一途径则是将磨碎的矿石直接焙烧而团化，此法要求 $1000℃$ 的高温，这本身也是一门不简单的技术，即把磨碎的矿石与煤混合并一道燃烧，采用传送带式焙烧炉可实现焙烧过程的连续化。

（4）可当材料使用的天然矿物　在材料领域中，大部分的天然矿物是作为制备各种材料的原材料，但是有一部分天然矿物是可以直接当作材料来加以使用的，如石棉是不可燃的天然纤维、云母和页岩可撕成薄片、天然岩石（砂岩、花岗岩、大理石等）、蓝宝石、红宝石和金刚石等。如今工业上使用的蓝宝石、红宝石和金刚石类材料多为人造的。

而可当作材料使用的最重要的天然有机材料有木材、天然橡胶和天然纤维等。

3.1.1.2　硅酸盐矿物原料

传统无机材料（玻璃、普通陶瓷、水泥等）的典型组分存在于自然界，不需要经过什么物质转换的过程就可以生产各种产品，但须加一定限制。

存在于自然界的天然原材料在纯度和均一性等方面往往不能满足现代工业陶瓷技术所提出的要求，故有必要借助化学反应或物理转变的办法生产高质量的合成原材料，主要用于氧化物陶瓷（Al_2O_3、MgO、ZrO_2 等）、非氧化物特殊材料（SiC、Si_3N_4 等）、电子陶瓷（铁氧体、石榴石等）及高级耐火砖等的生产。大多数经典的陶瓷材料（工业和家用瓷器、陶器、上釉陶器、砖）的特性往往取决于其组织中某些陶瓷相的特殊配置，而这种配置并非天然的配置。因此，材料的最终状态须经过某些反应和溶解后的结晶过程，即在高温下的材料转换过程来达到（不是一些各自分离的过程，它们发生在陶瓷的烧成过程中）。

无机非金属材料生产过程中所采用的天然矿物原料主要有黏土类、石英类、长石类、碳酸盐类等，通称为硅酸盐矿物原料。

（1）黏土类矿物　黏土是一种疏松的或呈胶状致密的水铝硅酸盐矿物，是多种微细矿物和杂质的混合物，其矿物的粒径多数均小于 $2\mu m$，呈白、黄、红、黑、灰等颜色。主要化学成分是 SiO_2、Al_2O_3 及 H_2O，由于成矿条件不同，同时含有 K_2O、Na_2O、CaO、MgO 及着色氧化物 Fe_2O_3、TiO_2 等，此外，还有一些有机杂质。由于成矿的组成不同，致使黏土本身的矿物组成及某些物理性能等方面均有不同程度的差别。黏土种类繁多，一般可按工艺性能及矿物组成等来分类，如耐火黏土、难熔黏土、易熔黏土，或高可塑性黏土（又称软质黏土）和低可塑性黏土（又称硬质黏土或瘠性黏土）。黏土是普通陶瓷生产中最主要的天然矿物原料，所常用的黏土根据结构、组成的不同，可分为高岭石类、蒙脱石类（包括叶蜡石）、伊利石类三种。在水泥生产中所采用的黏土质原料主要有黄土、黏土、页岩、泥岩、粉砂岩及灰泥等。

（2）石英类矿物　石英是自然界中分布很广泛的矿物，其主要成分 SiO_2 在地壳中的丰度约为 60%。在成矿过程中由方解石、白云石、菱镁石以及长石、云母、金红石、板钛矿、铁的氧化物等夹杂矿物带入少量杂质，如 Al_2O_3、CaO、MgO、TiO_2 等。由于地质产状不同，石英呈现多种状态，最纯的称为水晶。玻璃和陶瓷生产中常用的主要有硅砂（也称石英砂）、砂岩、脉石英、硅藻土、燧石、硅石等。

（3）长石类矿物 主要是含钾、钠、钙和少量钡的铝硅酸盐，有时含有微量的铯、铷、锶等金属离子。长石种类很多，有四种基本类型：钾长石（$K_2O \cdot Al_2O_3 \cdot 6SiO_2$）、钠长石（$Na_2O \cdot Al_2O_3 \cdot 6SiO_2$）、钙长石（$CaO \cdot Al_2O_3 \cdot 2SiO_2$）和钡长石（$BaO \cdot Al_2O_3 \cdot 2SiO_2$），彼此之间可混合形成固溶体，相互混溶有一定的规律，前三种居多。一般纯的长石较少，其共生矿物有石英、云母、霞石、角闪石及铁的化合物等。玻璃和陶瓷工业中常用的有钾长石、钠长石。

（4）碳酸盐类矿物 是水泥、玻璃、陶瓷、耐火材料生产中引入 CaO 和 MgO 所常用的天然原料。

① 白云石（$CaCO_3 \cdot MgCO_3$） 碳酸钙和碳酸镁的固溶体，常含 Fe、Mn 等杂质。其分解温度在 730～1000℃ 之间，750℃ 左右分解为游离氧化镁与碳酸钙，950℃ 左右碳酸钙分解。白云石能降低陶瓷坯体的烧成温度，增加坯体的透明度，促使石英的溶解及莫来石的生成，也是配制瓷釉的重要原料。

② 方解石 主要成分是 $CaCO_3$，850℃ 左右开始分解，950℃ 左右迅速分解。它在陶瓷坯料中于分解前起瘠化作用，分解后起熔剂作用，也是高温釉的重要原料。

③ 菱镁矿 主要组成为 $MgCO_3$，350～400℃ 开始分解，形成 MgO，加热至 800～850℃ 时迅速分解。其主要用途是生产镁质耐火材料，还可用于生产镁质瓷、镁质精陶等。

④ 石灰岩 主要矿物是方解石，并含有白云石、硅质（石英或燧石）、含铁矿物和黏土质杂质，是生产石灰、碳酸盐和钙盐的主要原料。

⑤ 泥灰岩 由碳酸钙和黏土物质同时沉积所形成的均匀混合的沉积岩。

⑥ 白垩和贝壳等 白垩是由海生生物外壳与贝壳堆积成的，主要由隐晶或无定形疏松的细粒碳酸钙所组成的石灰岩。

石灰石和白云石也是钢铁冶炼过程中所使用的普通碱性熔剂。

（5）其他矿物原料

① 滑石（$3MgO \cdot 4SiO_2 \cdot H_2O$）和蛇纹石（$3MgO \cdot 2SiO_2 \cdot 2H_2O$） 均是含水硅酸镁矿物，是制造镁质瓷、釉面砖、地砖、炻器、耐酸陶器、匣钵、耐火材料等常用的原料。滑石加热到 600℃ 左右开始脱水，在 880～970℃ 范围内结构水完全排出，分解为偏硅酸镁（$MgO \cdot SiO_2$）和 SiO_2。蛇纹石加热到 500～700℃ 失去结构水，1000～1200℃ 分解为硬度较高（莫氏硬度为 6.5～7）、熔点高达 1910℃ 的镁橄榄石（$2MgO \cdot SiO_2$）和 SiO_2，1200℃ 之后游离为 SiO_2 与顽火辉石（$MgO \cdot SiO_2$）。

② 硅灰石（$CaO \cdot SiO_2$） 属于偏硅酸钙类矿物，本身不含有机物、吸附水及结晶水，干燥收缩和烧成收缩小，热膨胀系数较小，便于快速烧成。熔点为 1540℃，在坯体中有助熔作用，可降低坯体烧成温度。

③ 透辉石（$CaO \cdot MgO \cdot 2SiO_2$） 即偏硅酸钙镁，是一种新型的陶瓷原料，与硅灰石相似，既可作为助熔剂，也可作为主要原料。因不含有机物和结构水，膨胀系数也不大，其收缩也小，故可制成低温烧成的陶瓷坯体，亦宜于快速烧成。

④ 透闪石（$2CaO \cdot 5MgO \cdot 4SiO_2 \cdot H_2O$） 为含水的钙镁硅酸盐矿物。在陶瓷中的应用与硅灰石、透辉石相似，常作为釉面砖主要原料使用，其他陶瓷品种也正在开发。

⑤ 骨灰和磷灰石 属于钙的磷酸盐，主要用于生产骨灰瓷，也可用作玻璃的乳浊剂。骨灰是脊椎动物如牛、羊、猪等的骨骼经一定温度煅烧后的产物（先在 900～1000℃ 温度下用蒸汽蒸煮脱脂，然后在 900～1300℃ 下煅烧，再经球磨机细磨、水洗、除铁、陈化、烘干

后备用），其主要成分是羟基磷灰石 $[Ca_{10}(PO_4)_6(OH)_2]$，另外，含少量的氟化钙、碳酸钙、磷酸镁。磷灰石是天然磷酸钙矿物，其化学式为 $Ca_5(PO_4)_3(F,Cl,OH)$，常见的有氟磷灰石 $Ca_5(PO_4)_3F$ 和氯磷灰石 $Ca_5(PO_4)_3Cl$，另外，还有羟基磷灰石 $Ca_5(PO_4)_3(OH)$ 和碳酸磷灰石 $Ca_5(PO_4)_3(CO_3)$ 等，通常以氟磷灰石居多。

⑥ 萤石（CaF_2） 为无色、白色、浅绿色等，由于含氟，也称氟石。在新型陶瓷生产和钢铁冶炼过程中的作用主要是助熔剂，在玻璃生产中作为助熔剂和乳浊剂。

除上述各种矿物原料之外，在陶瓷生产中，还有熟料、瓷粉和锆英石等可作为瘠性原料，各种火成岩（花岗岩、斑岩、玄武岩、响岩、辉绿岩）作为熔剂原料；而耐火材料生产中还将采用高铝矾土、铬矿、镁橄榄石、蓝晶石、硅线石、红柱石、锆英石、石墨等矿物原料。

3.1.1.3 工业废渣的利用

目前每年工业生产中产生巨量的废渣和废料，若加以综合利用则可以变废为宝，主要有以下几类。

（1）粉煤灰 是火电厂煤粉燃烧排出的灰烬，化学成分主要是 SiO_2（40%～65%）、Al_2O_3（15%～40%）、Fe_2O_3（4%～20%）、CaO（2%～7%）和未燃的炭（3%～10%），波动较大。是我国当前排量较大的工业废渣之一，2010 年已达到 3 亿吨。综合利用的途径已经从过去的路基、填方、混凝土掺和料、土壤改造等方面的应用，发展到水泥原料、水泥混合材料、大型水利枢纽工程、泵送混凝土、大体积混凝土制品、高级填料等高级化利用途径。

（2）煤矸石 是煤伴生废石，在煤炭采掘和洗煤过程中排出的固体废物，是碳质、泥质和砂质页岩的混合物，具有低发热值。按主要矿物含量分为黏土岩类、砂石岩类、碳酸盐类、铝质岩类。主要化学成分是 SiO_2 和 Al_2O_3，根据岩石种类和矿物组成的不同而变化，如黏土岩类煤矸石，SiO_2 波动在 40%～60%，Al_2O_3 波动在 15%～30%，代替黏土作为制砖原料，可以少挖良田，烧砖时，利用煤矸石本身的可燃物，可以节约煤炭。煤矸石可以部分或全部代替黏土组分生产普通水泥。

（3）炉渣

① 高炉炉渣 是冶炼生铁时从高炉中排出的一种废渣，其主要成分有 CaO、MgO、SiO_2 和 Al_2O_3，占总量的 95% 以上，是由脉石、灰分、助熔剂和其他不能进入生铁中的杂质组成的硅酸盐质材料，是一种易熔混合物。由于炉渣成分基本稳定，资源丰富、成本低，因此在水泥和陶瓷生产中得到广泛采用，可以作为水泥混合材料、道路材料、保温材料等。

② 炼钢炉渣 主要是硅酸钙、铁酸钙等化合物，游离氧化钙和氧化镁的量较少。钢渣不仅含有一定量的铁，而且是一种优质材料。用途主要有经过水淬处理用作冶炼熔剂、用作筑路和建筑材料、含磷高的钢渣可用作农业上的磷肥和土壤改良剂。

（4）铝渣 又名赤泥，是制铝工业从矾土中提取氧化铝时所排出的赤色废渣，含有大量硅酸二钙（53%～54%）。每生产 1t 氧化铝产生 1.5～1.8t 赤泥。可用来生产硅酸盐水泥及其他建材。

（5）电石渣 化工厂乙炔发生车间消解石灰排出的含水 85%～90% 的消石灰浆，由 80% 以上的 10～50μm 的颗粒组成。1t 电石约可产生 1.15t 干渣（相当于 6～7t 料浆）。

（6）碳酸法制糖厂的糖滤泥、氯碱法制碱厂的碱渣以及造纸厂的白泥 主要成分都是碳酸钙，均可以作为石灰质原料，但应注意其中杂质的影响。

（7）磷矿渣　是磷矿石生产黄磷的过程中所产生的大量废渣，实际上它是经 1100℃ 煅烧的非晶质假硅灰石。它与硅灰石一样能向陶瓷坯体中引入 CaO 而不带入挥发性组分，是生产面砖的好原料，还可用来配制低温釉的熔块。

（8）萤石矿渣　化学组成主要是硅酸钙，可代替硅灰石配制面砖坯料，也可作地砖料的熔剂。

（9）碎玻璃　回收碎玻璃加以重熔不仅具有经济意义，而且从工艺上讲，它影响玻璃配合料的熔化和澄清、热耗、玻璃制品的性能、加工性能和大窑生产率等。

（10）其他　如低品位铁矿石、炼铁厂尾矿以及硫酸厂工业废渣硫酸渣，均可用作水泥的铁质校正原料。铜矿渣与铅矿渣不仅可用作水泥的铁质校正原料，其中所含有的 FeO 能降低烧成温度和液相温度，还可起矿化剂作用。

综合利用工业废料已成为水泥工业的一项重大任务。目前粉煤灰、硫酸渣、高炉矿渣等已作为水泥原料或混合原料，赤泥、电石渣等也逐步加以使用。而近来利用煤矸石代替黏土质原料已取得一定效果。在水泥工业中，工业废渣主要有两个利用途径：一个是作为水泥原料之一，与其他原料一起喂入窑内煅烧成水泥熟料；另一个是作为混合材料与水泥熟料一起研磨，制成水泥。

在陶瓷生产中采用较多的是高炉炉渣、磷矿渣、萤石矿渣等，除用于生产釉面砖、墙地砖外，还可生产卫生陶瓷和日用陶瓷。在玻璃工业中，目前国内所采用的多为含碱的矿物、矿渣和尾矿，用来引入玻璃成分中的部分氧化钠，主要有天然碱、珍珠岩、含稀土氧化物的花岗岩尾矿等。

若能对这些工业废渣原料加强质量控制并适当改进工艺，则矿渣和尾砂的综合利用不仅能使资源得到充分利用，而且可在不同程度上降低产品成本，提高产品的产量和质量。

3.1.1.4　原料的质量要求

用来提炼金属的矿物，希望所需要的金属元素的化学组成含量越高越好，而当其含量低于一定的程度，则会失去冶炼的价值；根据矿物中可提炼金属含量的多少，可将其分为富矿和贫矿，因此可将品位不同的金属矿石相应分成许多不同的等级。

无机材料中所采用的矿物原料，由于成因及产状上的差异，使其品位及纯度相差很大，同样带来了组成、性质方面的差别。总的来说，要求原料的化学组成应稳定、波动要小，并具有一定的颗粒度。在生产实际过程中，通常按矿物组成、化学成分、颗粒度等的不同，分成各种等级。

3.1.2　无机合成原料

在传统无机材料生产过程中，除前述的硅酸盐矿物原料作为主要原料之外，还需采用一定数量的化工原料，如玻璃和陶瓷釉料所采用的助熔剂、着色剂、乳浊剂等均为化工原料，主要有纯碱（Na_2CO_3）和芒硝（$Na_2SO_4 \cdot 10H_2O$）、硼酸（H_3BO_3）、硼砂（$Na_2B_4O_7 \cdot 10H_2O$）、ZnO、CoO、SnO_2、Pb_3O_4 等。在耐火材料生产中，工业原料和人工合成原料用得越来越多，如工业氧化铝、碳化硅、合成莫来石、合成尖晶石、合成碳化硅、人造耐火纤维等。而特种陶瓷则对原料要求更高，不仅要考虑化学组成的高纯度，还要考虑主晶相所占比例、粒度分布范围，有时甚至还要考虑形貌特征，以确保配料的准确性和制品性能的重现性，所以绝大多数都采用无机合成原料。一般化工原料按化学纯度分级，即工业纯、化学纯（CP）、分析纯（AR）及光谱纯等。鉴于无机材料化学组成的多样性，几乎可以涉及所有元素及其化合物，目前所采用的无机合成原料数量之多难以全面述及，现将比较典型的分为氧化物原料、非氧化物原料和其他化工原料三大类。

3.1.2.1 氧化物原料

(1) 单一氧化物　较典型的有如下几种。

① 氧化铝（Al_2O_3）　为氧化物精细陶瓷的代表性原料之一，具有一系列优良性能。此外，它也是高温耐火材料、磨料、磨具、激光材料及氧化铝宝石等的重要原料。一般有以下六大类：普通氧化铝、低钠氧化铝、易烧结氧化铝、高纯氧化铝、烧结氧化铝和电容氧化铝。氧化铝的制备方法见"5.5.4.3　氧化铝的制备方法和工艺流程"。

② 氧化锆（ZrO_2）　熔点为2680℃，为最耐高温的氧化物之一，是高温结构陶瓷、电子陶瓷和耐火材料的重要原料。氧化锆的制备主要采用斜锆石和锆英石为原料，其制备方法有碱金属化合物分解法、氯化和热分解法、石灰熔融法和等离子弧法等。氧化锆原料粉末的种类和用途见表3-3。

表3-3　氧化锆原料粉末的种类和用途

规格	说明	用途
单斜氧化锆	用电熔法制得	耐火材料、颜料、研磨材料的原料
	用湿法制得，纯度高（达99.5%）	压电元件、氧传感器的原料和光学玻璃的添加剂
立方晶系氧化锆	添加 MgO、CaO、Y_2O_3 作为稳定剂通过固溶制得	主要用作 CaO 稳定的电熔氧化锆，也用作特种陶瓷、耐火材料的原料
共沉淀法氧化锆	用 Y_2O_3 共沉淀制得，纯度高（>99.9%），晶粒粒径小（<50nm）	是精细陶瓷的一种令人瞩目的原料，能在较低温度下制备，且能得到高的强度

③ 氧化钛（TiO_2）　通常为细分散的白色到微黄色粉末，俗称钛白粉。是制造钛酸钡电容器陶瓷、热敏陶瓷和压电陶瓷等电子材料的重要原料，其纯度大致分为95%、98%、99%和99.9%。也广泛用作涂料、印刷油墨、橡胶、纸张等的颜料。氧化钛有板钛矿、锐钛矿和金红石三种不同的晶型。通常用天然钛铁矿（$FeO \cdot TiO_2$）经化学方法处理而制得。制备方法有硫酸法、氯化法、熔融法和还原法等。将四氯化钛（$TiCl_4$）用草酸或氨水作为沉淀剂，可获得草酸钛或氢氧化钛沉淀，经900～1000℃加热分解可获得高纯超细二氧化钛粉末。

④ 氧化镁（MgO）　熔点为2852℃，是将氢氧化镁通过煅烧法或电熔法得到，大致可分为轻烧氧化镁、重烧氧化镁和电熔氧化镁三种，可用作耐火材料的原料、合成橡胶的填料、制药、钢铁冶炼的添加剂。

(2) 复合氧化物　是近年来在新型陶瓷制造过程中常采用的一类原料，主要有以下几种。

① 钛酸盐　主要有钛酸钡（$BaTiO_3$）、钛酸锶（$SrTiO_3$）、钛酸钙（$CaTiO_3$）、钛酸镁（$MgTiO_3$）和钛酸铅（$PbTiO_3$）。$BaTiO_3$是压电、铁电陶瓷的重要原料，陶瓷电容器一般使用钛酸钡居多。

② 锆酸盐　主要有 $BaZrO_3$ 和 $SrZrO_3$ 等。

③ 锡酸盐　主要有 $BaSnO_3$、$CaSnO_3$、$InSnO_3$、$CdSnO_3$、$NiSnO_3$ 和 $PbSnO_3$ 等。

④ 铌酸盐　主要有 $LiNbO_3$ 和 $KNbO_3$ 等。

⑤ 锑酸盐　主要有 $BaSb_2O_6$、$SrSb_2O_6$、$PbSb_2O_6$ 和 $MgSb_2O_6$ 等。

⑥ 铝酸盐　主要有尖晶石（$MgAl_2O_4$），用于耐火材料与喷涂材料的合成尖晶石占绝大多数。此外，还有电熔尖晶石。99.9%高纯度的用于尖晶石陶瓷、单晶材料。

⑦ 铝硅酸盐 主要有莫来石（$3Al_2O_3 \cdot 2SiO_2$），是作为耐火材料、特种耐火材料、莫来石陶瓷等的原料。人工合成莫来石原料的生产方法有烧结法和电熔法。生产中通常用下列原料进行合成：工业氧化铝＋苏州土（或纯净高岭土）；天然高铝矾土＋高岭土；氧化铝含量低的矾土＋工业氧化铝；$\alpha\text{-}Al_2O_3$＋硅石。

⑧ 堇青石（$2MgO \cdot 2Al_2O_3 \cdot 5SiO_2$） 作为一般耐火材料和特种耐火材料（蒸馏塔的塔板、匣钵等）原料用的大多数纯度为 95％。多孔引发剂载体等精细陶瓷用的原料多数是用氧化铝、高岭土、氧化镁合成的堇青石。

⑨ PZT（锆钛酸铅） $Pb(Ti_{1-x}Zr_x)O_3$ 是制备锆钛酸铅压电陶瓷的原料，$PbTiO_3$ 与 $BaTiO_3$ 能以任何比例形成连续固溶体。

3.1.2.2 非氧化物原料

非氧化物陶瓷是碳化物、氮化物、硼化物、氟化物、硫化物等陶瓷材料的总称，大多数具有比前述的氧化物更高的熔点以及更好的高温力学性能，是随着火箭技术、核能工程、近代冶金等发展起来的，要比高温氧化物陶瓷晚些，所采用的都是人工合成的非氧化物原料，典型的有如下几种类型。

（1）碳化物 是生产非氧化物特种陶瓷的重要原料。碳化物具有以下特性：很高的熔点，是一种最耐高温的材料，很多碳化物的软化点都在 3000℃ 以上，简单碳化物中 TaC 和 HfC 的熔点最高，分别为 3880℃ 和 3890℃，复杂碳化物中 $4TaC \cdot ZrC$ 和 $4TaC \cdot HfC$ 的熔点分别为 3931℃ 和 3942℃；良好的导电性和导热性；硬度高，如 B_4C 是仅次于金刚石的最硬材料，SiC、WC、TiC 也都有很高的硬度；抗氧化能力高，所有碳化物在高温下都会氧化，但抗氧化性比高熔点金属要强一些，大多数碳化物都比碳和石墨具有更高的抗氧化能力；良好的化学稳定性，许多碳化物在常温下不与酸反应。碳化物的种类很多，主要有 SiC、B_4C、WC、TiC、TaC、HfC、ZrC 等。

① 碳化硼（B_4C） 显著特点是非常坚硬，耐磨性很高，超过了类金属碳化物和以它们为基的硬质合金，其耐磨能力是金刚石的 60％～70％，是 SiC 的 1 倍，是 Al_2O_3 的 1～2 倍。热膨胀系数也相当低，因而有较好的热稳定性。B_4C 粉末可直接用来研磨加工硬质陶瓷、宝石、铸模、车刀、轴承等，也可做成人工研磨工具、金属陶瓷，及作为原子反应堆的控制剂等。但它的高脆性，使其在许多技术领域难以应用。

② 碳化硅（SiC） 化学纯是无色的，而工业纯则为浅绿色或蓝黑色。其导电性与纯度和杂质的性质有关，十分纯时有 $10^{14}\Omega \cdot cm$ 数量级的高电阻率，当有铁、氮杂质存在时，其电阻率将减少到 $10^{-1}～1\Omega \cdot cm$，并且具有负的温度系数。SiC 具有半导体性质，利用其导电性，可用来制造高温电炉用的电热材料及半导体材料。SiC 硬度高，耐磨性好，研磨性好，并有抗热冲击性、抗氧化性等性能，是非常重要的研磨材料，还用作火箭发动机尾喷管和燃烧室的材料，以及高温作业下的涡轮机主动轮、轴承和叶片等零件。

碳化物的制备方法有：化合法——金属和碳在碳管炉中直接化合形成碳化物（反应过程可通氢或不通氢，碳化反应主要是通过含碳气相进行）；还原化合法——金属氧化物和碳通过气相反应生成碳化物；气相沉积法——制备高纯碳化物粉末（气态金属卤化物、碳氢化物及氢，在发生分解的同时，相互反应生成碳化物）。

（2）氮化物 是特种陶瓷中一种重要的非氧化物原料，主要有 BN、AlN、Si_3N_4 和 TiN 等。根据氮化物的物理性质和键合特点，可将其分为非金属氮化物（如 Si_3N_4、BN）、非过渡金属氮化物（如 AlN）和过渡金属氮化物（如 TiN、WN）。由于结合键强度和结构的影响，氮化物具有硬度高、熔点高、相对密度小、热稳定性好和热膨胀系数小等特点。

① 氮化硼（BN） 具有很高的硬度，可作为切削工具；耐热性、耐热冲击性和高温强度都很高，并能加工成各种形状，故被广泛用作各种熔融体的加工材料；其粉末和制品有良好的润滑性，可作为金属和陶瓷的填料，制成轴承；它是陶瓷材料中密度最小的，因此用作飞机和宇宙飞行器的结构材料是非常有利的。

② 氮化铝（AlN） 为白色或灰白色晶体，它在 2450℃下升华分解，为一种高温高强耐热材料，耐热冲击性好，能耐 2200℃ 的急冷急热。此外，AlN 具有不受铝液和其他熔融金属以及砷化镓侵蚀的特性，特别是对熔融铝液具有极好的耐侵蚀性。AlN 原料便宜，容易烧结成型，可以作为熔融金属用的坩埚、脱模剂，在金属液体中浸放物的保护管，特别是在制铝工业方面用途最大，非常适合作为铝真空蒸镀用容器材料。此外，由于其优良的电绝缘性和介电性质，今后用作电气器件也是很有希望的。

③ 氮化硅（Si_3N_4） 与 SiC 相似，不易熔化，在 1900℃左右分解。利用其高温强度和抗热冲击性，已用来作为燃气涡轮叶片、导弹的尾喷管材料；在原子能工业不仅用来作为高温反应堆中的支承体与隔离体，而且可作为高温核燃料裂变物质的载体，也可作为铝或 B_4C 等中子吸收剂的载体；Si_3N_4 制品能耐各种非铁金属溶液的侵蚀，可用作坩埚、热电偶保护管、炉材、金属熔炼炉或热处理的内衬材料；它又是电绝缘体和介电体，其薄膜可用于集成电路工业；此外，其硬度高，可以用作研磨材料，其耐热冲击性好，使其成为适于制造火箭喷嘴和透平叶片的材料。

氮化物的常用制备方法是在石英玻璃或陶瓷反应器中，于 900～1300℃ 温度下对金属粉末直接进行氮化，也可以采用将金属氧化物用碳、钙、镁还原并同时进行氮化还原产物的方法，还可用金属或其氢化物、氯化物进行氮化，以及化学气相沉积法，用卤化物（主要是氯化物）的蒸气和氢、氮反应生成氮化物粉末。

(3) 硼化物 过渡金属硼化物具有高电导、高熔点、高硬度和高稳定性。比较高的热传导性和强度，使其热稳定性比较好，在高温下的抗氧化性以第ⅣB族金属硼化物为最好。几乎所有的硼化物都具有金属的外观和性质，TiB_2、ZrB、ZrB_2、ZrB_{12}、HfB_2 等硼化物比其金属的导电性好。硼化物的抗蠕变性很好，这对于要求材料在高温下长期工作，且能保持强度、抵抗变形、抵抗腐蚀、耐热冲击的燃气轮机、火箭等来说，具有十分重要的意义。以硼化物、碳化物、氮化物为基的各种合金或金属陶瓷，可用于制造火箭结构元件、航空装置元件、涡轮机部件、高温材料试验机的试样夹和仪器的部件、轴承和测量高温硬度用的锥头以及核能装置的某些构造元件等。

制造难熔金属硼化物的主要方法有金属和硼在高温下直接化合、用碳还原金属氧化物和硼酐的混合物、用碳化硼和碳还原金属氧化物、用硼还原难熔金属氧化物以及用铝或硅、镁还原氧化物，使生成的金属和硼进一步相互作用等。

(4) 硅化物 包括硅原子组成的各种构型，如 USi_2、USi_3、U_3Si_2、$FeSi$、$FeSi_2$、Co_2Si、$MnSi_3$、$MoSi_2$、$CrSi_2$、$TiSi_2$、$ZrSi_2$、$CaSi_2$ 等，其中 $MoSi_2$ 已大量生产，颇有实际意义。硅化物既具有金属导电性又有半导体性，抗氧化性比较好，在常温下硬而脆，热导率较高，有良好的热稳定性。$MoSi_2$ 在这方面具有优良的性质，可以在空气中高达 1700℃ 的温度下持续使用数千小时，可以作为高温发热元件、高温热电偶及热电偶套管，还可用于制作核反应堆中热交换器等，在超声速飞机、火箭、导弹、原子能工业中都有广泛的应用。$MoSi_2$ 的制备方法有金属粉末与硅粉直接合成法和气相沉积法。

（5）硫化物　如 CdS，用其制备的陶瓷具有光传导性，可用作光敏材料和太阳能电池。

3.1.2.3　其他化工原料

在精细陶瓷领域中，用量较大的其他化工原料主要有 $BaCO_3$、$SrCO_3$、$MgCO_3$、$Mg(OH)_2$ 等。

（1）碳酸钡（$BaCO_3$）　多由天然碳酸钡矿物制得，是电子陶瓷的主要原料之一，用作合成铁电、压电及热敏陶瓷的化合物 $BaTiO_3$，也是钡长石瓷中构成主晶相 $BaO \cdot Al_2O_3 \cdot 2SiO_2$ 的主要原料之一。此外，还可作为添加剂用以降低烧成温度，或改善某些瓷料的介电性能。

（2）碳酸锶（$SrCO_3$）　多由天然碳酸锶矿物制得，是合成电子陶瓷中 $SrTiO_3$ 的主要原料，也可作为助熔剂，降低某些瓷料的烧结温度，提高陶瓷材料的电性能，还可作为新型玻璃的辅助原料。

此外，随着现代科学技术的发展，原料趋于高纯化，可以用无机盐的水溶液或金属醇盐等溶液作为初始原料，某些有机化合物已成为新型陶瓷原料的前驱体或辅助原料。

3.1.3　天然高分子化合物

根据来源的不同，高分子材料可分为天然高分子材料、半合成高分子材料（改性天然高分子材料）和合成高分子材料。天然高分子材料是存在于动物、植物中的高分子物质，可分为天然纤维、天然树脂、天然橡胶及生物胶等，如利用蚕丝、棉、毛织成织物，用木材、棉、麻造纸等。

（1）天然纤维　又可分为植物纤维、动物纤维。植物纤维有棉、麻、木材、草类及芦苇等。木材、稻草及芦苇是造纸的重要原料，棉、麻主要用来制造织物。动物纤维如羊毛、蚕丝，主要成分是蛋白质。

（2）天然树脂　是由植物或动物分泌物再经加工而成的天然高分子物质，如松香、虫胶、大漆、琥珀等。天然树脂主要用于涂料工业，也可用于造纸、医药及黏结剂等方面。

（3）天然橡胶　是天然的高弹性高分子化合物，由橡胶树割取的胶乳经过物理、化学处理而得到。

（4）生物胶　分为植物胶和动物胶。植物胶包括阿拉伯树胶、山达胶、淀粉等。动物胶包括虫胶、鱼胶、蛋白质胶、明胶等。生物胶在印刷中主要用作制版中的抗蚀剂。

天然高分子材料的化学结构有很多的共同点，都是由天然高分子化合物所组成（表3-4），故可统称为天然高分子化合物或天然高聚物材料。

表 3-4　天然高分子化合物

橡胶	天然橡胶、古塔波胶（马来橡胶树脂）
多糖类	纤维素（棉花、亚麻、木材）、淀粉（谷物、土豆）、动物淀粉（肝糖）、黏胶质（水果、甘蔗）、藻脂酸（海藻）、甲壳素（龟壳、蟹壳、虾壳、甲虫壳、蜗牛壳、贝壳）、肝素（防止血液凝固的物质）、玻璃酸（眼球）、植物胶、洋菜（海藻）
核酸	脱氧核糖核酸（DNA，染色体）、核糖核酸（m-RNA，t-RNA，r-RNA，蛋白质合成时起作用的运载体）
蛋白质	酶（生物合成引发剂）、荷尔蒙（生物调节剂）、丝（蚕丝）、角素（毛、发、羽）、胶原蛋白（结缔组织）、肌凝蛋白（肌肉）、血色素（血）、蛋白（血清、蛋）、血球素（血、精卵）、酪蛋白（乳）、毒素蛋白、病毒蛋白

19 世纪 30 年代末期，进入天然高分子化学改性阶段，出现半合成高分子材料。1907 年

出现合成高分子酚醛树脂，标志着人类应用合成高分子材料的开始。

3.1.4 有机合成原料

众所周知，最初的高分子材料均来自于自然界。现代合成工业的发展，起源于天然高分子化合物的化学加工工业。天然高分子化合物和合成高分子化合物的主要用途如图 3-2 所示。

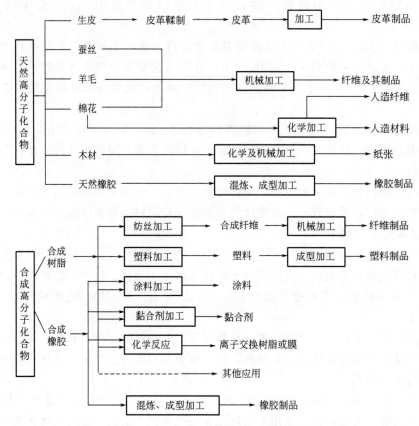

图 3-2 天然高分子化合物和合成高分子化合物的主要用途

合成高分子材料主要是指合成树脂、合成橡胶和合成纤维三大合成材料，此外，还包括黏合剂、涂料以及各种功能性高分子材料。合成材料的主要特点是原料来源丰富、品种繁多、性能多样化（具有天然高分子材料所没有的或较为优越的性能，如密度较小、耐磨性、耐腐蚀性、电绝缘性等）、加工成型方便等。

高分子材料的单体可以从石油、煤、天然气和农副产品中制取。这些天然资源经过一定的化工过程，先制成如乙烯、乙炔、甲苯、苯酚等低分子有机化合物。它们有的可以直接用来聚合，有的则要先加工成可以聚合的各类单体，如苯乙烯、对苯二甲酸、氯乙烯、己二酸等，再通过聚合反应制成高分子化合物。由石油、天然气、煤等最基本的原料制造高分子合成材料的主要过程如图 3-3 所示。

塑料的原料是合成树脂和助剂（又叫添加剂），助剂包括稳定剂、润滑剂、着色剂、增塑剂、填料以及根据不同用途而加入的防静电剂、防霉剂、紫外线吸收剂等；由合成橡胶制造橡胶制品时加入的助剂通常称为配合剂，包括增强剂、填充剂、硫化剂、硫化促进剂、助促进剂、防老剂、软化剂、着色剂等，增强剂与填充剂用量较大，一般在 20% 左右；而合成纤维中通常要加入少量消光剂、防静电剂以及油剂等。

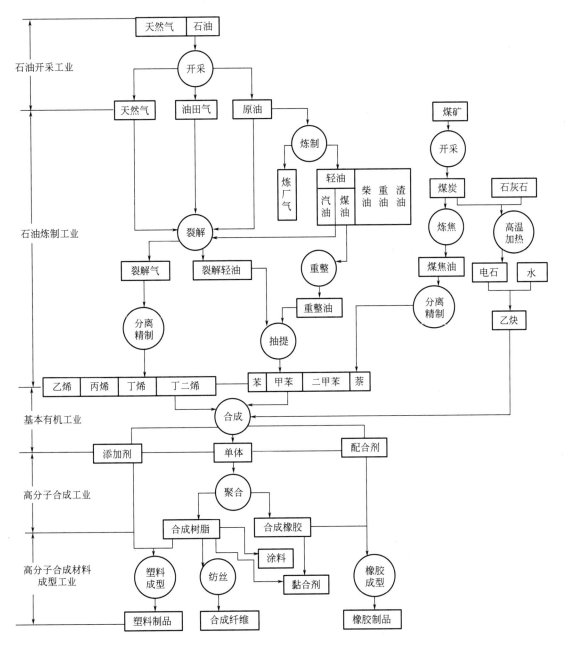

图 3-3　制造高分子合成材料的主要过程

3.1.4.1　生产单体的原料路线

合成高分子化合物的原料又叫单体，多数是脂肪族化合物，少数是芳香族化合物。当前最重要的原料来源路线有以下三种。

（1）石油化工路线　是当前最重要的单体合成路线。自然界最丰富的有机原料是石油。从油田开采出来未经加工的石油称为原油，原油经石油炼制得到汽油、石脑油、煤油、柴油等馏分和炼厂气。用它们作为原料进行高温裂解，所得裂解气经分离得到乙烯、丙烯、丁烯、丁二烯等。产生的液体经加氢后催化重整使之转化为芳烃，经萃取分离可得到苯、甲苯、二甲苯等芳烃化合物。然后可将它们直接用作单体或进一步经化学加工生产一系列单体。

① 石脑油裂解产生芳烃　苯、甲苯、二甲苯等芳烃是重要的有机化工原料，也是合成单体的重要原料，过去芳烃主要来自煤焦油，现在开发了由石油烃催化重整制取芳烃的路线，为大规模生产芳烃提供了丰富的原料。将全馏程石脑油（沸点＜220℃的直馏汽油——由原油经常压法直接蒸馏得到的汽油）加入管式炉中，在820℃下裂解产生苯、甲苯和二甲苯的流程如图3-4所示。

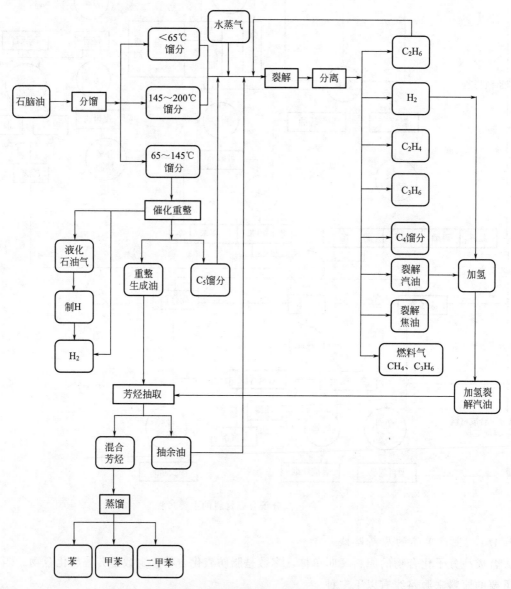

图 3-4　石脑油裂解产生芳烃的流程

② 以石油制成的基本有机原料为基础合成单体和高分子化合物　由石油经裂解分离得到的烯烃和芳烃（苯、甲苯、二甲苯等）是重要的基本有机原料，而烯烃中的乙烯、丙烯和丁二烯，则又是重要的单体。以乙烯为例，其主要衍生物及其用途如图3-5所示。从这些基

本有机原料可以合成各种单体，从而得到各种合成树脂与合成橡胶（图 3-6）。

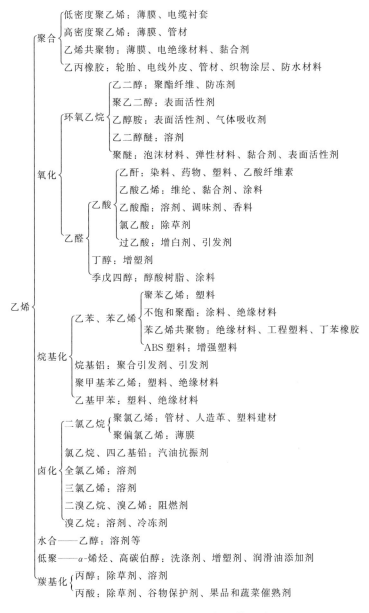

图 3-5 乙烯主要衍生物及其用途

（2）煤炭原料路线 煤炭经炼焦（在高温和隔绝空气下干馏），生成煤气、煤焦油和焦炭。石油化工工业未发展以前，有机化工原料主要来自煤焦油和焦炭。煤焦油经分离可得到苯、甲苯、二甲苯、萘、蒽等芳烃和苯酚、甲苯酚等。

焦炭与石灰石在 2500～3000℃高温的电炉中反应得到电石（碳化钙），电石与水反应生成乙炔。由乙炔可以合成一系列乙烯基单体或其他有机化工原料。目前我国大部分氯乙烯单体和一部分乙酸乙烯单体、氯丁二烯单体仍是以乙炔为原料生产的（图 3-7）。生产电石需要大量的电能，大规模生产在经济上是不合理的，但考虑到历史原因和资源情况，乙炔仍是重要的合成高分子的基本原料。

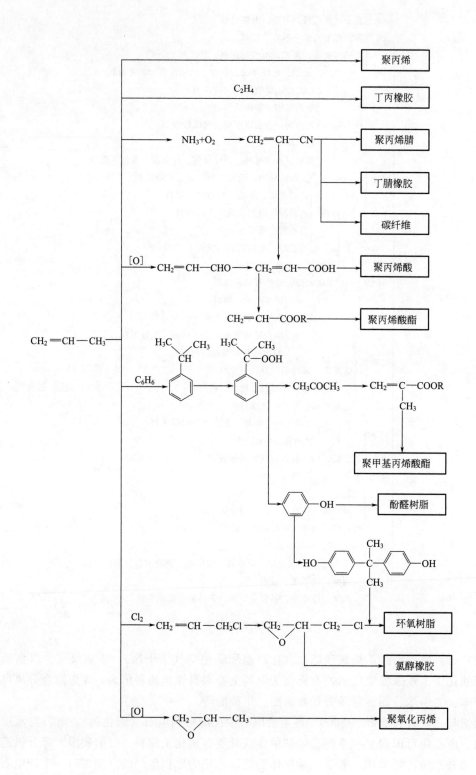

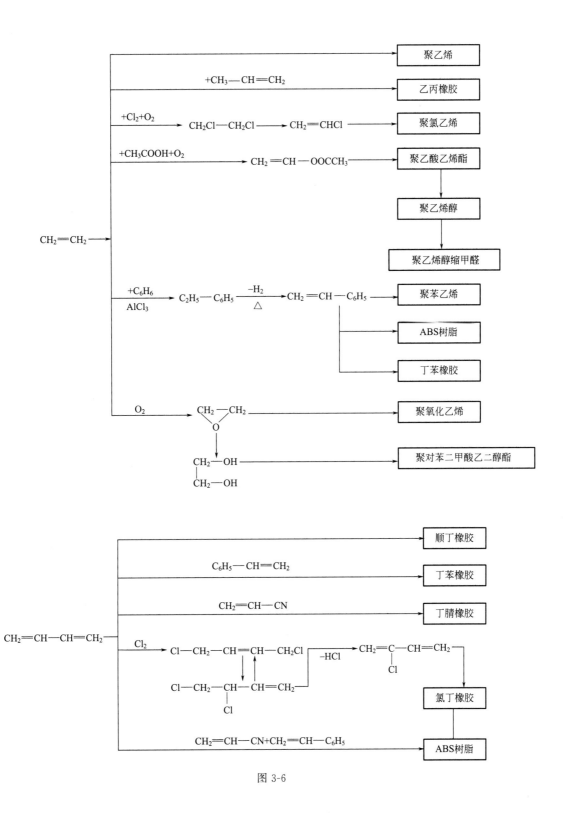

图 3-6

材料概论

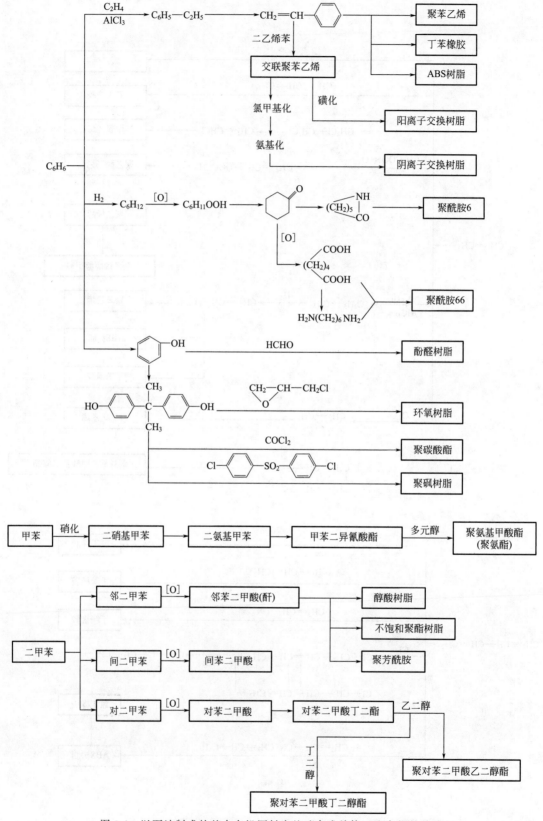

图 3-6　以石油制成的基本有机原料为基础合成单体、聚合物的路线

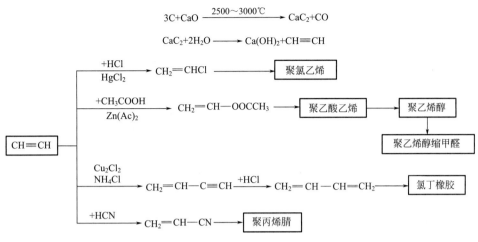

$$3C+CaO \xrightarrow{2500\sim3000℃} CaC_2+CO$$

$$CaC_2+2H_2O \longrightarrow Ca(OH)_2+CH\equiv CH$$

图 3-7　以乙炔为原料合成高分子单体

（3）其他原料路线　除了石油（包括天然气）、煤炭以外，第三类高分子单体的原料主要是自然界存在的植物、农副产品。它们不仅可以用来提炼单体，还可以利用木材、棉短绒等天然高分子化合物为原料经化学加工可得到纤维素塑料与人造纤维。这对充分利用自然资源、变废为宝是很有意义的。

可从农副产品中提取的一些主要化工产品见表 3-5。如图 3-8 所示，将农业植物废料进行水解，可以制取糠醛、酒精、酵母、木糖醇等化工产品。

表 3-5　可从农副产品中提取的一些主要化工产品

名称	原料来源	用途
淀粉	作为淀粉原料的植物主要限于玉米、土豆、木薯、甘薯、小麦、大米、橡子等	是食品、饲料、造纸及纸质制品、纺织、化工、医药、黏结剂、表面活性剂等工业部门不可缺少的原料或助剂。同时以淀粉为原料,进行深加工的产品,如各类变性淀粉、糖、醇、酸、接枝共聚物等产量日益增大
糠醛	稻草、米糠、棉籽壳、玉米芯、燕麦壳、油茶果壳、甘蔗渣、向日葵籽壳、麦秆等含多缩戊糖的植物纤维废料。迄今尚无法从石油化工中合成	是一种优良的溶剂,又是一种重要的化工原料,在润滑油精炼、有机合成、医药、化工防腐等方面均有大量的应用;生产糠醇及其系列产品;生产性能优良的热固性树脂;生产呋喃及其系列产品
糠醇	以糠醛为原料经加氢反应而制得	糠醇在盐酸、磷酸和顺丁烯二酸酐等酸性物质催化下能缩合成树脂。糠醇主要用于制造树脂。该类树脂有良好的耐酸、耐碱、耐有机溶剂腐蚀、耐水、耐高温等性能,也是较好的防腐涂料。可在砂浆、水泥、胶泥中使用
木糖和木糖醇	玉米芯、甘蔗渣、麦秆、棉籽壳、油茶果壳、稻壳以及其他禾秆、种子皮壳等均可用来作为制取木糖的好原料。目前广泛采用的是前三种,原料来源广、产量大、易集中、易加工,木糖产品收率高、质量好	在加压条件下,木糖通过镍引发剂加氢反应能转变成木糖醇;木糖氢化能制成三羟基戊二酸,是制药工业和化学工业的重要原料。木糖醇不仅广泛用于医药及食品工业,还可与各种酸反应生成各种酯类化合物
羧甲基纤维素	以废棉花制造的羧甲基纤维素为纤维状,以废纸浆制造的为粉粒状,经加工后都成为粉末状物	主要用于纺织印染、肥皂、牙膏、合成洗涤剂、电子元件、橡胶、涂料、陶瓷、医药、食品、造纸、印刷、胶卷、农药、化妆品、皮革、塑料、石油钻井和采矿等方面,被称为"工业味精"

续表

名称	原料来源	用途
人造棉	主要是植物纤维资源,如稻草、小麦秆、棉秆、麻秆、芭蕉、龙须草、茅草、松叶等	又称人工棉、稻草棉。适合代替棉花作为棉絮,用于棉胎、垫被及缝制棉衣等,尤其适合用于一次性医药及包装用品。人造棉的长纤维也可与棉花混纺织布
甲壳素和壳聚糖	广泛存在于甲壳类动物(虾、蟹等)的外壳、昆虫外骨骼和真菌细胞壁中,在自然界中的含量仅次于纤维素	甲壳素又名甲壳质,壳聚糖也称可溶性甲壳质。广泛应用于化工、医药、日用品、食品等工业部门以及农林业等许多领域。如用来制备醇水分离膜,各种药物,手术缝线、药物包膜、人工肾脏和人造皮肤,农用薄膜(生物降解性塑料)、麦种处理剂、化肥和土壤改良剂、农药缓释剂等

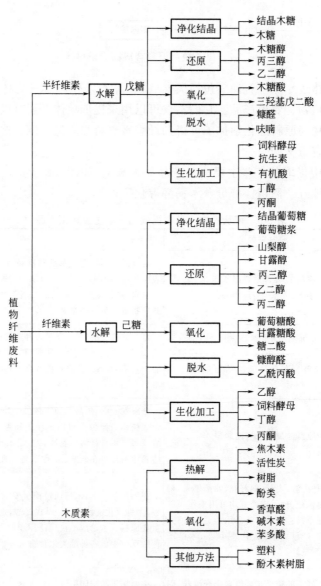

图 3-8　植物纤维废料的利用途径

糠醛是自农副产品中得到的最重要单体,可用来制备糠醛-丙酮树脂、糠醛-苯酚树脂、糠醛-糠醇树脂、糠醇-甲醛树脂等，所得糠醛类树脂的特点是耐化学腐蚀性优良，主要用来制造耐酸涂层和耐碱腻子等。

农业植物废料的主要组成为约占所含干物质的一半以上的纤维素和半纤维素，其余是木质素。以棉花纤维的纤维素含量最高。木材经化学加工脱除胶质、木质素等，得到的纸浆也是较纯粹的纤维素原料。

3.1.4.2　高分子化合物的合成

高分子化合物无论是天然产的还是化学合成的，其大分子主链都是由重复结构单元排列而成的，合成高分子材料通常是单体通过加聚或缩聚反应形成的。高分子材料获取方法如图3-9所示。

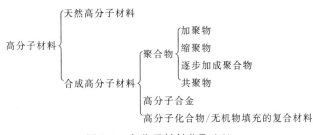

图 3-9　高分子材料获取方法

（1）加成聚合反应　由不饱和低分子化合物相互加成或由环状化合物开环连接成大分子的反应叫做加聚反应。加聚反应按活性中心不同可以分为自由基型聚合（活性中心为自由基R·）和离子型聚合（活性中心为阳离子 R^+、阴离子 R^- 和配位络合离子）。在聚合物的生产中，应用最多的是自由基型加聚反应。自由基型加聚反应是借助于引发剂，在热能、光能或辐射能等作用下使单体分子活化成自由基，然后与单体分子作用得到链增长的自由基，这个增长的自由基再与单体分子反应，如此反复作用得到高分子化合物。乙烯聚合成聚乙烯是加成聚合的典型例子。单体通过加聚反应所形成的产物称为加聚物。加聚物的组成与原料单体相比，只是电子结构有所变化。加聚物的分子量 M 是单体分子量 m 的整数倍，即 $M = DP \times m$，DP 为聚合度。烯烃单体的加聚反应大部分属于连锁聚合反应机理，反应是在瞬间完成的。

① 加聚反应的历程　对自由基型加聚反应而言，整个反应过程大致可分为链的引发、链的增长、链的终止和链的转移四个基元反应。

a. 链的引发　第一步，引发剂分解为初级自由基，形成活性中心：

$$R-R（引发剂）\xrightarrow{\text{分解}} 2R·（初级自由基）$$

常用的引发剂有过氧化二苯甲酰和偶氮二异丁腈。

第二步，初级自由基与单体分子反应生成单体自由基：

$$R· + CH_2{=}CH{-}X \longrightarrow R{-}CH_2{-}CH·{-}X$$

b. 链的增长　单体自由基与单体分子加成生成长链自由基（即活性链）：

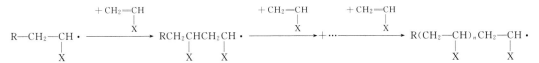

c. 链终止　长链自由基失去活性，停止增长成为稳定的大分子的过程。其原因是因为自由基有相互作用的强烈倾向。链终止的方式主要有以下两种。

ⅰ. 双基偶合终止　即两个长链自由基结合生成一个没有活性的稳定大分子。

$$R(CH_2{-}CH)_nCH_2{-}CH\cdot+\cdot CH{-}CH_2(CH{-}CH_2)_mR \longrightarrow R(CH_2{-}CH)_nCH_2{-}CH{-}CH{-}CH_2(CH{-}CH_2)_mR$$
$$\quad\ \ X\qquad\quad X\quad\ \ X\qquad\quad X\qquad\qquad\quad X\qquad\quad X\quad\ \ X\qquad\quad X$$

ⅱ. 双基歧化终止　即两个长链自由基相互作用，通过氢原子的转移，彼此都失去活性，变成两个稳定的大分子，其中一个链端带有双键。

$$R(CH_2{-}CH)_nCH_2{-}CH\cdot+\cdot CH{-}CH_2(CH{-}CH_2)_mR \longrightarrow R(CH_2{-}CH)_nCH_2{-}CH_2+CH{=}CH(CH{-}CH_2)_mR$$
$$\quad\ \ X\qquad\quad X\quad\ \ X\qquad\quad X\qquad\qquad\quad X\qquad\quad X\qquad\quad X\qquad\quad X$$

d. 链的转移　增长着的活性链与其他物质（如单体、溶剂、杂质等）作用，自身失去活性成为稳定大分子，同时又产生一个新的自由基的过程。

$$R(CH_2{-}CH)_nCH_2{-}CH\cdot+CH_2{=}CH \longrightarrow R(CH_2{-}CH)_nCH_2{-}CH_2+CH_2{=}C\cdot$$
$$\quad\ \ X\qquad\qquad X\qquad\quad X\qquad\qquad\quad X\qquad\qquad X\qquad\quad X$$

链转移的结果是链活性中心的转移，但未消失，而新的活性自由基可继续进行链的增长，不过此时加聚物的分子量因链的转移而降低。根据这一原理，工业上合成高分子化合物时，可按需要加入一定量的易发生链转移的物质（通常称为调节剂），有意限制长链游离基的增长，达到调节高分子化合物分子量的目的。常用的调节剂有卤代烃和硫醇等。

② 加聚反应的分类　按照参与加聚反应的单体种类，可将其分为均聚合和共聚合。

a. 均聚合　是指由一种单体进行的聚合反应，其产品叫做均聚物。如聚乙烯、聚氯乙烯、聚丙烯、聚苯乙烯、聚四氟乙烯等都是均聚物。均聚合得到的高分子化合物性能往往比较局限，甚至有明显的不足，不能满足各种使用要求。

b. 共聚合　是指有两种或两种以上单体进行的加聚反应，其产品叫做共聚物。如丁二烯与丙烯腈共聚，可以得到丁腈橡胶，反应式为：

$$mCH_2{=}CH{-}CH{=}CH_2+nCH_2{=}CH \longrightarrow \underset{\quad\quad\quad\quad\quad CN}{+CH_2{-}CH{=}CH{-}CH_2+_m+CH_2{-}CH+_n}$$

经共聚反应得到的共聚物不是各种单体均聚物的混合物，而是在大分子主链中包含有两种或两种以上单体构成的链节的新型高分子化合物。共聚可有效地改善均聚物某些性能的不足，而创制出新品种。组成共聚物的单体不同，共聚物的性能也不同，各种单体所占的比例及它们的排列方式不同，共聚物的性能也有很大差异。所以共聚物的性能变化幅度相当大，很多性能优异的高分子化合物都是共聚合成的。如 ABS 塑料就是由丙烯腈、丁二烯和苯乙烯三种单体共聚而成的，它兼具三种单体均聚物的特性，具有良好的综合性能，通过调整不同配比，不同生产工艺，可以有不同的牌号，性能也在很大范围内变化。

③ 加聚反应的特点

a. 加聚反应的单体一般都具有不饱和结构或环状结构。

b. 加聚反应属于连锁反应，生成的高分子化合物的分子量与时间无关，单体转化率随时间的延长而增加。

c. 高分子化合物链节与单体具有相同的化学组成。

d. 加聚反应过程中无小分子副产物生成。

加成聚合的实施方法有本体聚合、溶液聚合、悬浮聚合、乳液聚合四种（见 3.2 工艺过程与方法）。

（2）缩聚反应（缩合聚合反应）　由具有两个以上官能团的低分子化合物聚合成高分子化合物，同时析出某些小分子物质（如水、氨、醇、氯化氢等）的反应，即聚合过程中除形成高分子化合物外，还有低分子副产物的反应称为缩聚反应。缩聚反应产物称为缩聚物。

① 缩聚反应的分类　根据所用单体的不同，缩聚反应可分为均缩聚、混缩聚和共缩聚三种。

a. 均缩聚　含有两种或两种以上官能团的一种单体进行的缩聚反应。如己内酰胺均缩聚成聚酰胺 6（俗称尼龙-6）。

$$n\,NH_2(CH_2)_5COOH \longrightarrow H \text{—} NH(CH_2)_5CO \text{—}_n OH + (n-1)H_2O$$

b. 混缩聚　也称杂缩聚，是两种不同单体分子间的缩聚反应。这类单体中任何一种都不能进行均缩聚。如己二胺与己二酸进行的缩聚反应，生成聚酰胺 66（俗称尼龙-66）。

$$n\,HOOC(CH_2)_4COOH + n\,NH_2(CH_2)_6NH_2 \longrightarrow$$
$$H \text{—} NH(CH_2)_6NHCO(CH_2)_4CO \text{—}_n OH + (2n-1)H_2O$$

c. 共缩聚　在均缩聚或混缩聚中再加入其他种类的单体进行的缩聚反应。

$$n\,HO \text{—} R \text{—} COOH + n\,HO \text{—} R' \text{—} COOH \longrightarrow H \text{—} ORCOOR'CO \text{—}_n OH + (2n-1)H_2O$$

② 缩聚反应的特点

a. 缩聚反应的单体都含有两个或两个以上的官能团。

b. 缩聚反应属于可逆的逐步反应，随反应过程的进行逐步地形成大分子链，单体转化率与时间无关，生成的高分子化合物的分子量随时间的延长而增加。

c. 缩聚产物链节的化学组成和单体的化学组成不同。

d. 缩聚反应过程中伴随小分子副产物的析出。

缩聚反应的实施方法很多，并且还在不断发展中，而目前生产上常用的主要有熔融缩聚、溶液缩聚，此外，还有界面缩聚和固相缩聚等方法。

绝大多数缩聚反应都属于逐步聚合反应机理。

3.2　工艺过程与方法

在整个材料领域中，材料种类繁多，相对应的制备方法千差万别，按照材料在制备过程中物相状态的不同，归纳起来不外乎可分为气相法、液相法和固相法三大类。

3.2.1　气相法

气相法又可分为两种：一种是系统中不发生化学反应的物理气相沉积法（蒸发-凝聚法）；另一种是通过气相化学反应的化学气相沉积法。

3.2.1.1　物理气相沉积法

物理气相沉积（phsical vapor deposition，PVD）法是利用电弧、高频电场等物理方法将材料源（固体或液体）表面加热至高温，使之气化或形成等离子体，然后使其骤冷凝聚成多晶膜、无定形膜或微粉等各种形态。PVD 法早在 20 世纪初已有些应用，但在最近 30 年迅速发展，成为一门极具广阔应用前景的新技术，并向着环保型、清洁型趋势发展。

PVD 法包括三个工艺步骤。

① 蒸气的产生，采用各种加热蒸发和升华方法，或用溅射、等离子体电离技术等物理方法。

② 气态的物质或等离子体经过一个低压区迁移到基体表面上。

③ 气态的物质或等离子体在基体表面经历异相成核和膜生长两个过程，凝聚沉积成薄膜。

（1）PVD 法制备薄膜材料　PVD 法主要用来在一定的基体（固体）表面沉积具有某种特殊功能的薄膜。PVD 镀膜技术主要有真空蒸镀法、溅射法、离子镀法、电弧等离子体法及分子束外延法等。所有这些技术及其变种，都是在真空条件下实现的。真空蒸镀及溅射形成的薄膜和原始材料成分基本上是相近的，即在基片表面上没有化学反应。近期 PVD 技术出现了不少新的先进的亮点，如多弧离子镀与磁控溅射兼容技术、大型矩形长弧靶和溅射靶、非平衡磁控溅射靶、孪生靶技术、带状泡沫多弧沉积卷绕镀层技术、条状纤维织物卷绕镀层技术等，使用的镀层成套设备，向计算机全自动、大型化工业规模方向发展。

物理气相沉积技术工艺过程简单，对环境改善，无污染，耗材少，成膜均匀、致密，与基体的结合力强。该技术广泛应用于航空航天、电子、光学、机械、建筑、轻工、冶金、材料等领域，可制备具有耐磨、耐腐蚀、装饰、导电、绝缘、光导、压电、磁性、润滑、超导等特性的膜层。目前，PVD 技术不仅可以沉积金属膜、合金膜，还可以沉积化合物、陶瓷、半导体、聚合物膜等。

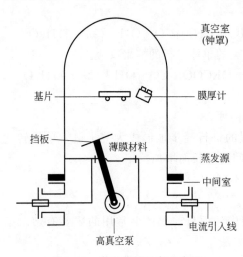

图 3-10　真空蒸镀设备示意图

① 真空蒸镀法　是 PVD 法中使用最早的技术，如在太平洋战争时期，为了防止武器的光学透镜表面光的反射而在透镜表面沉积一层氟化镁薄膜。目前该法可用于在塑料表面蒸镀金属，还用于制造 In_2O_3-SnO_2 系等透明导电陶瓷薄膜。

真空蒸镀的机理十分简单，是在真空条件下，使金属、金属合金或化合物蒸发或升华成气相，然后沉积在基体表面上。所以设备比较简单，除真空系统外，它由真空室蒸发源、基片支撑架、挡板以及监控系统组成，如图 3-10 所示。蒸发的方法常用电阻加热，高频感应加热，电子束、激光束、离子束高能轰击等。许多物质都可以用蒸镀方法制成薄膜，当用多种元素蒸镀时，可获得一定配比的合金薄膜。

a. 蒸发过程　在密闭容器内存在着物质 A 的凝聚相 A(c)（固体或液体）及气相 A(g)时，气相的压力 P（蒸气压）是温度的函数，表 3-6 是部分材料的蒸气压与温度的关系。凝聚相和气相之间处于动态平衡状态，即从凝聚相表面不断向气相蒸发分子，也有相当数量的气相分子返回凝聚相表面。由于气相分子不断沉积于器壁及基片上，因此为保持两者的平衡，凝固相不断向气相蒸发。

表 3-6　部分材料的蒸气压与温度的关系

蒸发材料	熔点/℃	密度/(g/cm³)	温度/℃			
			133×10^{-8} Pa	133×10^{-6} Pa	133×10^{-4} Pa	133×10^{-2} Pa
铝	660	2.7	950	1065	1280	1480
银	961	10.5	847	958	1150	1305
钡	725	3.6	545	627	735	900
铍	1284	1.9	980	1150	1270	1485
铋	271	9.8	600	628	790	934
硼	2300	2.2	2100	2220	2400	2430
镉	321	8.6	346	390	450	540
硫	1750	4.8	760	840	920	—
碳	3700	1～2	1950	2140	2410	2700
铬	1890	6.9	1220	1250	1430	1665

蒸发材料	熔点/℃	密度/(g/cm³)	温度/℃			
			$133×10^{-8}$ Pa	$133×10^{-6}$ Pa	$133×10^{-4}$ Pa	$133×10^{-2}$ Pa
钴	1459	8.9	1200	1340	1530	1790
铌	2500	8.5	2080	2260	2550	3010
铜	1083	8.9	1095	1110	1230	1545
金	1063	19.3	1080	1220	1465	1605
铁	1535	7.9	1150	—	—	1740
铅	328	11.3	617	700	770	992
氧化硅	—	2.1	870	990	1250	—
钽	2996	16.6	2230	2510	2860	3340
锑	452	6.2	450	1800	550	656
锡	232	5.7	950	1080	1270	1500
钛	1690	4.5	1335	1500	1715	2000
钒	1990	5.9	1435	1605	1820	2120
锌	419	7.1	296	350	420	—

b. 蒸发源 典型的蒸发源如图 3-11 所示，有三种形式。蒸镀所得的膜厚的均匀性在很大程度上取决于蒸发源的形状。

(a) 克努曾盒型　　　　(b) 自由蒸发源型　　　　(c) 坩埚型

图 3-11　典型的蒸发源

在真空中加热物质的方法，最常用的有电阻加热法、电子轰击法等，特殊用途的蒸发源有高频感应加热、电弧加热、辐射加热、激光加热等。

电阻加热法是很普及的方法，比较麻烦的是高温时某些蒸发源材料与薄膜材料会发生反应和扩散而形成化合物和合金，特别是形成合金是一个较大的问题，一旦形成熔点就下降，蒸发源也就容易烧损。

电子轰击法是将电子集中轰击蒸发材料的一部分而进行加热的方法，可以避免电阻加热法所存在的问题。其中装置简单的一种是阳极材料轰击法，如图 3-12 所示。当薄膜材料是硅和钨那种导电的棒状和线状材料时，采用图 3-12(a) 的形式。而当薄膜材料是块状或者粉末状时，则采用图 3-12(b) 的形式。

c. 合金、化合物的蒸镀 因合金成分和蒸气压的差异难以精确控制组成，所以制作具有预定组成的合金薄膜时，经常采用的是闪蒸蒸镀法（把合金做成粉末或细颗粒，放入能保持高温的加热器和坩埚之类的蒸发源中，使一个一个的颗粒在一瞬间完全蒸发）及双蒸发源蒸镀法（把两种元素分别装入各自的蒸发源中，然后独立地控制各蒸发源的蒸发，设法使到达基体上的各种原子与所需薄膜组成相对应）。而制作化合物薄膜时，除前述的电阻加热法外，还有反应蒸镀法。

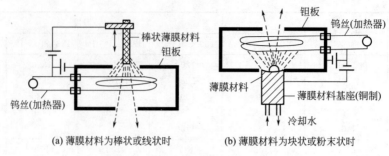

图 3-12 阳极材料轰击法的加热装置示意图

② 溅射镀膜法 是指在真空条件下，利用高能粒子（荷能的离子、中性原子等）轰击靶材表面，使靶材表面原子或原子团获得足够的能量而逸出，使逸出的原子在基体表面沉积形成与靶材成分相同的膜层。所得到的膜成分基本上与靶材相同，易于获得复杂组成的合金，与基体的附着力大大优于蒸镀法。目前，溅射法主要用于形成金属或合金薄膜，特别是用于制作电子元件的电极和玻璃表面红外线反射薄膜。另外，还应用于制备功能薄膜，如液晶显示装置的 In_2O_3-SnO_2 透明导电陶瓷薄膜。

溅射法通常是将 2.7～20Pa 的氩气进行辉光放电，用带正电荷的氩离子轰击靶材使之气化，并使其在对面设置的基片上以薄膜的形式析出。溅射设备主要有以下几种形式。

a. 二极直流溅射 设备最简单，很早就开始工业生产，但是有局限性，需要较高起辉电压以及会造成局部放电而影响制膜质量，由于以靶材作为阴极，所以不能对绝缘体进行溅射，也即无法获得绝缘膜。

b. 高频溅射 可以在较低电压下进行，加上它能制备介质薄膜，因此高频溅射仪自1965 年问世以来，很快就得到普及，其数量在溅射仪中占绝对优势。即使靶材为绝缘体，由于使用了高频电源，绝缘体靶表面上的离子和电子交互撞击，使靶材表面不会蓄积正电荷，故也同样可以维持辉光放电。除了附加高频电源外，与直流溅射装置基本上相同。

c. 磁控溅射 与真空蒸镀相比，二极直流或高频溅射的成膜速率都非常小（只有50nm/min 左右，为蒸镀的 1/10～1/5）。磁控溅射是在溅射仪中附加了磁场，由于洛仑兹力的作用，能使溅射速率成倍地提高，因而使溅射技术又推向一个新的高度。近年发展起来的规模性磁控溅射镀膜，沉积速率较高，工艺重复性好，便于自动化，已适用于进行大型建筑装饰镀膜以及工业材料的功能性镀膜，及 TGN-JR 型用多弧或磁控溅射在卷材的泡沫塑料及纤维织物表面镀镍（Ni）及银（Ag）。

d. 反应溅射 是通过将活性气体混合在放电气体中，可以控制所制成薄膜的组成和性质，主要用于绝缘化合物薄膜的制作。溅射时，可以采用直流、高频和磁控等溅射方法。

③ 离子镀法 原理与真空蒸镀相似，是采用某种方法（如电子束蒸发磁控溅射或多弧蒸发离化等）将蒸发了的中性粒子在等离子体中离子化后，离子经电场加速，以较高能量轰击基体表面并沉积成薄膜。此法的优点是：膜层和基体结合力强，膜层均匀、致密，绕镀性好，无污染，适合于多种基体材料。

离子镀技术最早在 1963 年由 D. M. Mattox 提出；1972 年推出活性反应蒸发离子镀（AREIP），沉积 TiN、TiC 等超硬膜；1972 年发展完善了空心热阴极离子镀；1973 年又发展出射频离子镀（RFIP）。20 世纪 80 年代，又发展出磁控溅射离子镀（MSIP）和多弧离子镀（MAIP）。

　　a. 反应性离子镀　采用电子束蒸发源蒸发，在坩埚上方加 $20\sim100\text{V}$ 的正偏压，在真空室中导入反应性气体，如 N_2、O_2、C_2H_2、CH_4 等代替 Ar，或混入 Ar。电子束中的高能电子（几千电子伏至几万电子伏），不仅使镀料熔化蒸发，而且能在熔化的镀料表面激励出二次电子，这些二次电子在上方正偏压作用下加速，与镀料蒸发中性粒子发生碰撞而电离成离子，在工件表面发生离化反应，从而获得氧化物（如 TeO_2、SiO_2、Al_2O_3、ZnO、SnO_2、Cr_2O_3、ZrO_2、InO_2 等）。其特点是沉积率高，工艺温度低。

　　b. 多弧离子镀　又称电弧离子镀，主要特点如下：阴极电弧蒸发离化源可从固体阴极直接产生等离子体，而不产生熔池，所以可以任意方位布置，也可采用多个蒸发离化源；镀料的离化率高，一般达 $60\%\sim90\%$，显著提高与基体的结合力，改善膜层的性能；沉积速率高，改善镀膜的效率；设备结构简单，弧电源工作在低电压大电流工况，工作较为安全。

　　(2) PVD 法制备超细粉体材料　PVD 法也可用于制备单一氧化物、复合氧化物、碳化物或金属的微粉。其优点是可以通过输入惰性气体和改变压力，从而控制超细粒子的尺寸。该方法特别适用于制备由液相法和固相法难以直接合成的如金属、合金、氮化物、碳化物等非氧化物系列的超细粉，粒径通常在 $0.1\mu m$ 以下，且分散性好。

3.2.1.2　化学气相沉积法

　　化学气相沉积（chemical vapor deposition，CVD）法是一种利用气相反应制备材料的重要合成方法之一，是以金属蒸气、挥发性金属卤化物、氢化物或金属有机化合物等蒸气为原料，进行气相热分解反应，或两种以上单质或化合物的反应，再凝聚生成各种形态的材料。

　　CVD 法的历史悠久，1880 年时，用 CVD 碳补强白炽灯中的钨灯丝是其最早的应用。进入 20 世纪以后，着眼于 Ti、Zr 等高纯金属的提纯；其后，美国在用 CVD 法提高金属的耐热性与耐磨性方面研究成果于 1950 年在工业上得到了应用；20 世纪 60 年代以后，CVD 法应用于宇航工业的特殊复合材料、原子反应堆材料、刀具、耐热耐腐蚀涂层等领域。应用于半导体工业领域，虽然比较晚，但目前 CVD 法作为大规模集成电路技术及铁电材料、绝缘材料、磁性材料的薄膜制备技术都是不可缺少的，是近年来半导体、大规模集成电路应用较成功的一种工艺方法。CVD 法主要用于硅、砷化镓材料的外延生长、金属薄膜材料、表面绝缘层、硬化层等，也用于粉末、单晶和纤维等的合成，正成为许多工业领域重要的材料合成方法。

　　(1) CVD 原理　其基本原理涉及反应化学、热力学、动力学、转移机理、膜生长现象和反应工程。以 CVD 法制备薄膜为例，通过赋予原料气体以不同的能量使其产生各种化学反应，在基片沉积出非挥发性膜层。由于反应气体中不同化学物质之间的化学反应和向基片的析出是同时发生的，所以 CVD 的机理是复杂的。TiC 沉积过程可以由以下几个过程构成：反应物气体向基片表面扩散；反应物气体吸附到基片上；吸附在基片上的反应物气体发生表面反应；析出颗粒在表面的扩散；产物从气相分离；从产物析出区向块状固体的扩散。

　　从气相析出固相的驱动力（driving force）是根据基体材料和气相间的扩散层内存在的温差和不同化学物质的浓度差，由化学平衡所决定的过饱和度。不同析出温度和过饱和度将引起的析出物质的形态变化，如图 3-13 所示，在

图 3-13　用 CVD 法所得产物的形态　与析出温度和过饱和度的关系

实际应用过程中，可根据反应条件的不同，合成薄膜、晶须、晶粒、颗粒和超细粉体等不同形态的材料。

① CVD 法的反应类型　用 CVD 法可以制成单质、化合物、氧化物、氮化物、碳化物等多种组成的材料。根据材料组成的不同，需要采用相应的化学反应和选择适当的反应条件，如温度、气体浓度、压力等参数。目前 CVD 法所采用的反应有许多种，可归纳出如下几种主要类型。

a. 热分解反应　是最简单的沉积反应，已用于制备金属、半导体、绝缘体等各种材料。运用热分解反应的典型例子是半导体技术中外延生长薄膜、多晶硅薄膜的制备。如硅烷（SiH_4）在较低温度时分解，就能在基片上形成硅薄膜，为了掺杂，即在硅单质膜中掺入三价硼或五价磷，也可以在气体中加入其他氢化物（将气体控制在一定的混合比，即可控制掺杂浓度）。其化学反应式如下：

$$SiH_4(g) \longrightarrow Si(s) + 2H_2(g)$$

$$PH_3(g) \longrightarrow P(s) + \frac{3}{2}H_2(g)$$

$$B_2H_6(g) \longrightarrow 2B(s) + 2H_3(g)$$

此外，热分解反应还适用于获得热分解碳以及高纯度金属，也是由有机金属配合物合成新的化合物的方法，如从 CH_3SiCl_3 获得 SiC 膜：

$$CH_3SiCl_3(g) \longrightarrow SiC(s) + 3HCl(g)$$

b. 化学合成反应　绝大多数的 CVD 沉积过程都涉及两种或多种气态反应物的相互反应，这类反应可以通称为化学合成反应。与热解法相比较，化合反应的应用更广泛，因为可用于热解沉积的化合物并不是很多，而任意一种无机材料原则上都可以通过合适的反应合成出来。除了制备各种单晶薄膜以外，还可用来制备多晶态和玻璃态的沉积层。如 SiO_2、Al_2O_3、Si_3N_4、硼硅玻璃、磷硅玻璃及各种金属氧化物、氮化物和其他元素间化合物等。

ⅰ. 氢还原反应　是化学合成反应中最普遍的一种反应类型，用氢还原卤化物可沉积各种金属和半导体材料，选用合适的氢化物、卤化物或金属有机化合物可沉积绝缘膜。氢还原反应制备外延层也是半导体技术的重要工艺，如电子工业中应用四氯化硅氢还原法生长硅外延层是很普遍的一个例子。反应式如下：

$$SiCl_4(g) + 2H_2(g) \xrightarrow{1150\sim1200℃} Si(s) + 4HCl(g)$$

此法也可用于硼或耐热金属涂层的制备。反应式如下：

$$BCl_3(g) + \frac{3}{2}H_2(g) \longrightarrow B(s) + 3HCl(g)$$

和热分解反应不同，氢还原反应是可逆的，所以反应温度、氢与反应气体的浓度比、压力等对其反应的进行具有重要的影响。

ⅱ. 氧化反应　主要用于制备如 SiO_2、Al_2O_3、TiO_2、Ta_2O_5 等氧化物薄膜，使用的原材料通常有卤化物、氯酸盐、氢化物或有机化合物等与各种氧化剂，如用硅烷或四氯化硅和氧进行反应可生成 SiO_2 薄膜。反应式如下：

$$SiCl_4(g) + O_2(g) \longrightarrow SiO_2(s) + 2Cl_2(g)$$

$$SiH_4(g) + O_2(g) \longrightarrow SiO_2(s) + 2H_2(g)$$

ⅲ. 水解反应　加水进行水解反应同样可以生成氧化物。反应式如下：

$$SiCl_4(g) + 2H_2O(g) \longrightarrow SiO_2(s) + 4HCl(g)$$

$$TiCl_4(g)+2H_2O(g)\longrightarrow TiO_2(s)+4HCl(g)$$
$$2AlCl_3(g)+3H_2O(g)\longrightarrow Al_2O_3(s)+6HCl(g)$$

ⅳ．固相反应　是由原料气体分解所产生的元素和基片反应来生成薄膜的，即利用在一定温度条件下的固相-气相反应。因以非金属元素在涂层薄膜中扩散过程为主要过程，故膜生长速度较慢。反应式如下：

$$Ti(s)+2BCl_3(g)+3H_2(g)\longrightarrow TiB_2(s)+6HCl(g)$$
$$SiCl_4(g)+2H_2(g)+C(s)\longrightarrow SiC(s)+4HCl(g)$$

ⅴ．置换反应　反应式如下：

$$4Fe(s)+2TiCl_4(g)+N_2(g)\longrightarrow 2TiN(s)+4FeCl_2(g)$$

② CVD 法的分类　按不同的工艺条件和制造技术，可采用以下几种不同的分类方法。

a．原料气体　卤化物 CVD 法、有机金属化合物 CVD 法、大气压 CVD 法。

b．能源　热 CVD 法、等离子体 CVD 法（高能等离子体状态下，分解原料气体得到高化学活性的等离子体）、光子增强 CVD 法、激光 CVD 法（激光或紫外线等光源，通过光化学反应分解原料气体）。

c．加热方式　直接加热 CVD 法、间接加热 CVD 法、预先加热 CVD 法、热泳动 CVD 法。

d．温度　低温 CVD 法、高温 CVD 法。

e．气体压力　低压 CVD 法、常压 CVD 法。

f．气体混合　混合导入 CVD 法、喷管式 CVD 法。

g．CVD 条件　间隙 CVD 法、振动 CVD 法等。

③ CVD 的原料种类　如表 3-7 所示，适用于 CVD 的原料种类范围很广。作为金属元素供给源的卤化物使用得最广泛，从氟化物到碘化物都很容易分解，采用溴化物和碘化物适合于降低 CVD 的温度，但是，既要平衡蒸气压高，又要价廉，则一般经常使用氯化物。通过使用有机金属化合物（多半在低温下就会分解）实现 CVD 的低温化已受到重视，它的另一个优点是能同时提供金属和非金属元素，可以用简单的过程合成特殊的化合物。

表 3-7　CVD 的原料种类

金属元素的供给源	非金属元素的供给源
单体 卤化物 氢化物 有机金属化合物 金属烷、金属烷基酰胺、金属羧基、金属烃氧基等	氧化物：O_2、H_2O、CO_2、N_2O 碳化物：CCl_4、CH_4、C_3H_8、C_6H_6 氮化物：N_2、NH_3、N_2H_4 硼化物：BCl_3、BBr_3、B_2H_6 磷化物：PCl_3、PH_3 硫化物：H_2S

（2）CVD 的工艺流程与设备　尽管 CVD 的种类不同，但工艺流程基本相同。图 3-14 所示为 CVD 的基本工艺流程。CVD 设备大多可分为四个部分，即反应室、加热系统、气体控制系统以及排气系统。在室温下呈气态的原料从高压储气瓶通过纯化装置直接输入 CVD 反应炉即可，液体或固体原料则需要使其在所规定的温度下蒸发或升华，并通过 Ar、He、N_2、H_2 等载气送入反应炉内。

（3）影响 CVD 的参数　用 CVD 法制作的材料特性不仅与相应的化学反应关系极大，而且即使初始物质相同，也会由于 CVD 条件的不同而发生显著的变化。图 3-15 表示用

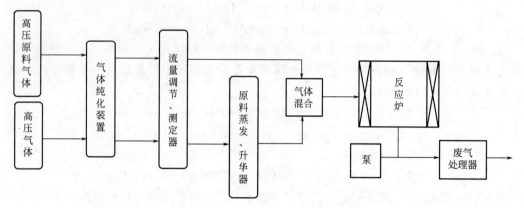

图 3-14　CVD 的基本工艺流程

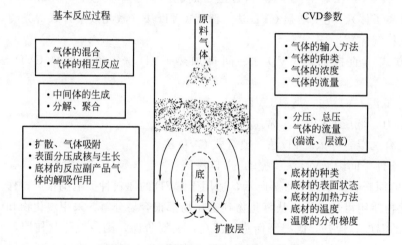

图 3-15　CVD 参数与基本反应过程的关系

CVD 法制作薄膜涂层时应该控制的 CVD 参数与基本反应过程的关系。影响 CVD 的工艺参数主要是反应体系成分、气体的组成、压力、温度等。

（4）CVD 法的特点　用 CVD 法合成材料主要有以下特点。

① 可以在远比材料熔点低的温度下进行材料的合成。

② 对于由两个以上元素构成的材料，可以调整这些材料的组分。

③ 可以控制晶体结构，还可以使其沿特定的结晶方向排列。

④ 可以控制材料的形态（粉末状、纤维状、块状）。

⑤ 不需要烧结助剂，可以合成高纯度、高密度的材料。

⑥ 结构控制一般能从微米级到亚微米级，在某些条件下能达到纳米级的水平。

⑦ 能够制成复杂形状的制品。

⑧ 还能够对复杂形状的底材进行涂覆。

⑨ 能够容易地进行多层涂覆。

⑩ 能进行亚稳态物质和新材料的合成。

3.2.1.3　气相聚合

众所周知，流化床气相聚合反应器的特点之一就是传热特性好，温度均匀。而烯烃聚合过程是一个强放热反应，而且由于树脂易于熔融，对温度要求高，所以以流化床作反应器进行烯烃聚合是有一定道理的。特别是气相聚合免除了溶剂的精制与回收，节省了投资和操作的费用。该技术最早由美国联碳公司（UCC）实现工业化，可以进行乙烯、丙烯的均聚和共聚过程。

（1）流化床气相聚合工艺与设备　流化床气相聚合部分的工艺流程是相对简单的。如图3-16所示，关键设备有流化床反应器、循环气体压缩机、循环气体冷却器、调温水换热器、引发剂加料器、产品出料罐和产品吹送罐。反应气体的循环是工艺流程的特征。由乙烯、共聚单体（丙烯，1-丁烯，或1-己烯）、氢气、氮气等组成的循环气体通过反应器时，一方面流化聚乙烯颗粒，另一方面部分乙烯被聚合（转化率在2％左右），从反应器出来的循环气体首先进入循环气体压缩机，再经过循环气体冷却器，之后重新回到反应器。乙烯原料大部分从流化床循环管路（反应器出口与循环压缩机入口之间）进入聚合系统，少部分乙烯[0.18％（质量分数）]从吹扫总管进入聚合系统；氢气与乙烯混合后，一起进入循环管路。共聚单体从循环气体压缩机出口、冷却器进口之间引入聚合反应器；引发剂（三乙基铝）加入循环管路的位置是在冷却器出口与反应器入口之间。为调节组成，循环气体部分放空前需要经过单体冷凝及粉粒分离器。

产品出料系统包括流化床料位测定、出料罐、吹送罐等。流化床的出料机构是间隙操作

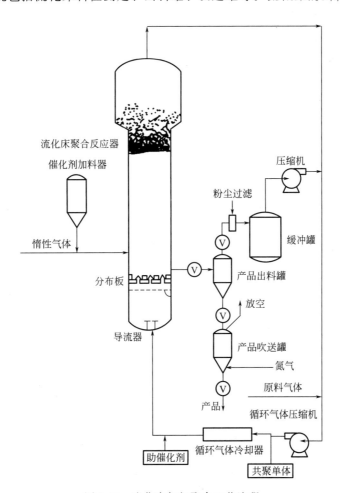

图 3-16　流化床气相聚合工艺流程

的，当聚合反应使床层料位高度增加到一定值后，便触发出料机构动作，放出一批聚乙烯粉料，同时流化床料位也将迅速回落到一定高度，此后由于聚乙烯的生成，料位又逐渐增高，并重复以上的步骤。

流化床排出产品聚乙烯的过程是在二级降压系统完成的。固体树脂夹带的部分气体先返回压力较低的反应器上部，之后树脂从出料罐进入吹送罐。两级泄压后，树脂产品由夹带气体和回收循环气体（来自净化仓排放气回收系统）送入净化仓。

流化床是整个聚合过程的核心设备（图 3-16）。包括筒体、分布板和扩大段三部分。

（2）流化床反应器的基本原理　流化床聚合反应器内部涉及气体和固体颗粒之间的相互作用。流体向上流过粗颗粒床层时床内的变化是这样的：当流速较低时颗粒静止不动，随着流体速度的不断增加，床层颗粒将不再由分布板所支撑，而完全被上升气流所悬浮。对单个颗粒而言，它不再依靠邻近颗粒的支撑来固定它的空间位置，此时每个颗粒在它的附近均可较为自由地运动、迁移。不仅如此，整个床层具有了流体的特征。

流化床内的气固混合物可以分为两相：乳化相与气泡相。当循环气体从流化床底部经分布板进入流化床层时，气流是分成两部分通过的，一部分是以离散的气泡群快速通过，另一部分是穿过乳化相以悬浮床层中的聚合物颗粒。由于聚合反应发生在乳化相中，因此，乳化相属于高温相，而气泡相是低温相。

床内气固两相的热传递、不同流化颗粒在床层中的混合程度等均与气泡的运动特征密切相关，也是流化床聚合反应器高活性引发剂细粉在床内实现混合的重要机理。床内传热性能越好，则反应器的生产能力也越大。

在正常流态化时，从流化床放出的产品聚乙烯粉体尺寸大小是由它在流化床中的停留时间以及聚合引发剂的活性变化所决定的，而粉体粒径与粒径分布情况还会影响到床层内部的流化特性。当引发剂细粉喷入流化床时，乙烯由于聚合便逐渐在引发剂颗粒上沉积下来，产品聚乙烯颗粒由此不断长大。

3.2.2　液相法

液相法是材料制备的三大方法之一。按其制备时的反应状态、反应温度等的不同，又可进一步分成熔融法、溶液法、界面法、液相沉淀法、溶胶-凝胶法、水热法和喷雾法等。

3.2.2.1　熔融法

熔融法是指将合成所需材料的原料通过加热使其反应并熔融，在加热过程和熔融状态下产生各种化学反应，从而达到一定的结构。根据加热温度的高低可分为高温熔融法和低温熔融法两类。

（1）高温熔融法　是指将矿物原料投入各种高温熔炉内，使其在高温下发生各种化学反应并熔融。如玻璃的熔制、高炉的炼铁和转炉的炼钢等均属于高温熔融法。

① 玻璃的熔制过程　是指利用熔窑将玻璃配合料加热熔化制成适合成型使用的玻璃液的过程。玻璃的熔制是一个非常复杂的过程，它包括一系列物理（配合料的加热、吸附水分的蒸发排除、某些单独组分的熔融、某些组分的多晶转变、个别组分的挥发等）、化学（固相反应、各种盐类的分解、水合物的分解、化学结合水的排除、组分间的化学反应等）、物理化学的反应（低共熔物的生成、组分或生成物之间的相互溶解、玻璃液和炉气、耐火材料之间的相互作用等），以平板玻璃熔制为例大致分为以下五个阶段。

a. 硅酸盐形成阶段　配合料入窑后，在高温（800～1000℃）作用下迅速进行一系列物理变化和化学反应，如粉料受热、水分蒸发、盐类分解、多晶转变、组分熔化以及石英砂与其他组分之间的固相反应。反应很大程度上是在固体状态下进行的，该阶段结束时，生成烧结状态的不透明硅酸盐及其少量的熔融物。

b. 玻璃液形成阶段 烧结物连续加热时即开始熔融。易熔的低共熔混合物首先开始熔化，同时发生硅酸盐和剩余石英砂粒的互溶。该阶段结束时，石英砂颗粒已完全熔化，烧结物变成了含有大量可见气泡和条纹、在温度上和化学成分上不够均匀的透明玻璃液。玻璃液的形成在 1200～1250℃ 完成。硅酸盐形成阶段和玻璃液形成阶段之间没有明显的界限，实际熔制时，前者尚未结束，后者已开始。

c. 玻璃液澄清阶段 玻璃液继续被加热至更高的温度时，黏度会进一步迅速降低，使气泡大量逸出，可以去除可见气泡，但还有条纹，温度也不均匀。对通常的钠钙硅玻璃，一般澄清在 1400～1500℃ 结束。

d. 玻璃液均化阶段 玻璃液长时间处于高温下，其化学组成逐渐趋向一致，即通过玻璃液的扩散、对流和搅拌作用，消除了条纹和热不均匀性。均化可在低于澄清温度下完成，但此时玻璃液黏度还太小，不适合成型要求。

e. 玻璃液冷却阶段 经过澄清和均化以后，将高温玻璃液通过合理的冷却，使其温度降低 200～300℃，达到成型所要求的黏度。在此冷却过程中，应不降低玻璃的质量。

上述各个阶段，各有其特点，同时它们是彼此密切联系和相互影响的。在实际熔制过程中，各阶段并无明显的界限，有些阶段常常是同时进行或交错进行的。

② 金属的冶炼过程 金属的冶炼过程就是矿石的还原过程，所有还原过程都意味着要破坏金属与氧的结合。还原过程如下：

$$M_xO_y \longrightarrow xM + (y/2)O_2 - \Delta G_M \qquad (3-1)$$

所要求供给的能量相当于氧化物形成自由能 ΔG_M 的能量。提供能量成了矿石还原过程的主要技术问题和能量经济问题。解决方法可分为以下两类：利用化学还原剂和利用电能。

利用还原剂 "R" 的基本原则是，还原剂与按上述方程释放出的氧气化合并放出能量 ΔG_R，其数值一定要大于 ΔG_M：

$$2R + (y/2)O_2 \longrightarrow R_2O_y + \Delta G_R \qquad (3-2)$$

反应式(3-1) 和反应式(3-2) 的总和为：

$$M_xO_y + 2R \longrightarrow xM + R_2O_y + (\Delta G_R - \Delta G_M) \qquad (3-3)$$
$$\Delta G_R - \Delta G_M > 0$$

若还原剂的来源充足且价格又便宜，则上述还原过程在工业上就很有价值。对于氧化铁来说，理想的、来源充足的还原剂便是煤，即焦炭（是将天然煤经过焦化而产生的）。

根据反应式(3-3)，还原磁铁矿的总反应式为：

$$Fe_3O_4 + 2C \longrightarrow 3Fe + 2CO_2 + (\Delta G_R - \Delta G_M) \qquad (3-4)$$

按此式，似乎通过矿石与焦炭块的直接接触还原反应就能进行下去，即矿石直接还原似乎是可能的。事实上，若温度低于 1100℃ 时，这种反应是不可能出现的，因为一旦在矿石外表产生了金属铁，它就立即把还原反应的双方隔开，使反应无法继续进行下去。实际的还原反应是一个两步的气-固反应，CO/CO_2 混合气体起着把氧从金属 "M" 传递给还原剂 "R" 的作用：

$$Fe_2O_3 + 3CO \longrightarrow 2Fe + 3CO_2 \uparrow \qquad (3-5a)$$
$$2CO_2 + 2C \longrightarrow 4CO \uparrow \qquad (3-5b)$$

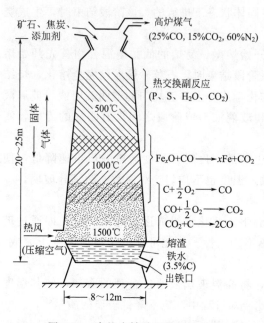

矿石、焦炭、添加剂

高炉煤气
(25%CO, 15%CO₂, 60%N₂)

热交换副反应
(P、S、H₂O、CO₂)

500℃

$Fe_xO+CO \longrightarrow xFe+CO_2$

1000℃

$C+\frac{1}{2}O_2 \longrightarrow CO$

$CO+\frac{1}{2}O_2 \longrightarrow CO_2$

$CO_2+C \longrightarrow 2CO$

1500℃

热风
(压缩空气)

熔渣
铁水
(3.5%C)

出铁口

20~25m

固体
气体

8~12m

图 3-17 高炉中铁矿石的还原过程

这两步反应的总和就是反应式(3-4)。通过部分 CO_2 与固体煤发生反应将不断产生气体 CO（"煤的气化"），供给总反应的需要。因此，对于用固态炭进行矿石还原反应过程来说，焦炭与 CO_2 的反应能力和矿石与 CO 的反应能力具有同等重要意义。所以焦炭的空隙度粒度大小，还有它的催化作用等都起重要作用。反应式(3-5a) 和反应式(3-5b) 的复合反应称为矿石与煤炭的间接还原反应。在实际生产过程中，高炉是这种反应的大规模工业化最合适的装备。现代的高炉昼夜不停地运行，每天生产约 7000t 生铁，最大日产量甚至超过 10000t。生产每吨生铁消耗矿石约 1.7t，焦炭平均 450kg，原油 50kg；生产每吨生铁的出渣量为 350kg。高炉是根据逆流反应器原理建造的竖式鼓风炉，图 3-17 所示为高炉中铁矿石的还原过程。

由生铁炼制成钢的过程，同样是在高温条件下，通过氧化剂、脱氧剂以及造渣剂等作用，将熔融铁水中过多的含碳量用氧化方法降低到近 0.1%，同时除去其中的其他有害杂质，达到各钢种所规定的化学成分。其中包括硅、锰的氧化反应，碳的氧化反应（又叫脱碳反应），以及脱磷、脱硫等。

③ 熔体生长单晶 其基本原理是将欲生长晶体的原料熔化，然后在一定条件下使之凝固，变成单晶。主要有以下几种方法。

a. 籽晶提拉法 又称提拉法、直拉法、引上法等，其特点是生长速度快、单晶质量高，如半导体材料 Si 单晶和 GaAs 单晶就是采用此法生产。

b. 坩埚下降法 又称定向凝固法，其基本原理是盛料容器缓慢经过温度陡变的温度场，使熔体逐渐变为晶体。

c. 焰熔法 又称火焰法，原料细粉进入燃烧室而被熔化，落在籽晶上使晶体生长，此法设备简单，操作方便，但生长的晶体应力较大。

d. 区域熔融法 最早利用熔质分凝原理提纯材料，后被用来生长晶体。

（2）低温熔融法 制备高分子化合物的本体聚合和熔融缩聚是典型的低温熔融法。

① 本体聚合 是指在不加入溶剂或其他介质的情况下，只有单体（本体）本身在引发剂、热、光、辐射的作用下所进行的聚合，即纯单体的聚合。其主要特点是聚合过程中无其他反应介质，产品纯净，工艺过程较简单。在聚合体系中，除单体和引发剂外，有时还可加入少量的分子量调节剂、色料、增塑剂、润滑剂等助剂。工业上进行本体聚合的方法分为间隙式和连续式。可用来制备透明制品，适于制作聚苯乙烯、聚甲基丙烯酸甲酯（有机玻璃）、聚氯乙烯等板材和型材。此方法因无散热介质存在，故生产中的关键问题是反应热的排除。若散热不良，轻则局部过热，导致分子量分布变宽，有气泡产生，最后影响到高分子化合物的物理机械性能；重则温度失控，引起爆聚。这一缺点使其在工业上的应用受到限制，不如悬浮聚合、乳液聚合和溶液聚合应用广泛。

② 熔融缩聚 是目前生产上采用最多的一种缩聚方法，通常用于生产聚酰胺、聚酯、

聚碳酸酯、聚对苯二甲酸乙二醇酯等。一般在 $200 \sim 300 \, ^\circ\mathrm{C}$ 下，于惰性气体（如 N_2、CO_2 等）中进行，此时反应物和生成的聚合物都处于熔融状态，通常反应温度比生成高分子化合物的熔点高 $10 \sim 20 \, ^\circ\mathrm{C}$，此外，熔融反应后期常在真空中进行，反应时间也较长，一般需要几小时。此法由于不用溶剂或介质，因此副反应少，所得高分子化合物质量好，设备简单且利用率高，故可以连续生产。但是反应温度较高，故对熔点太高的单体或热稳定性差的高分子化合物均不宜采用。

3.2.2.2　溶液法

制备高分子化合物的溶液聚合和溶液缩聚是溶液法的典型例子。

（1）溶液聚合　是指单体和引发剂溶于适当溶剂中所进行的聚合。由于有溶剂存在，散热容易，反应速率便于控制。其优点是：溶液聚合体系黏度低，混合和传热容易，温度容易控制；此外，引发剂分散均匀，引发效率高。缺点是：由于单体浓度低，溶液聚合进行较慢，设备利用率和生产能力低；大分子活性链向溶剂链转移而导致高分子化合物分子量较低；溶剂回收费用高，除净高分子化合物中的微量溶剂较难。这些缺点限制了溶液聚合在工业上的应用。氯乙烯、丙烯腈、丙烯酸酯、丙烯酰胺等均可用此法进行聚合反应。另外，常用此法生产各种黏合剂、涂料和合成纤维的纺丝液。按高分子化合物是否溶解在溶剂中可分为均相溶液聚合和沉淀聚合。

（2）溶液缩聚　是指在纯溶剂或混合溶剂中进行的缩聚反应。目前广泛用来生产树脂、涂料等，如聚砜、醇酸树脂、有机硅、聚氨酯等各种树脂。所使用的溶剂一般有三种情况。

① 原料和生成的聚合物都能溶解在溶剂中，反应真正在溶剂中进行。

② 原料能溶解在反应介质中，而生成的聚合物完全不溶或部分溶解。

③ 原料部分或完全不溶于反应介质，而产物则完全溶解。此法既可在高温下也可在低温下进行，一般为 $40 \sim 100 \, ^\circ\mathrm{C}$，有时甚至低于 $0 \, ^\circ\mathrm{C}$。故利用此法可以合成那些熔点接近其分解温度的高聚物（如聚芳酯和芳香族尼龙）。与熔融缩聚相比，其产物有较高的分子量，但因溶剂的存在，不仅副反应增多，后处理烦琐，而且降低了设备的利用率。

3.2.2.3　界面法

界面法是指在各种界面条件下发生反应来制备材料的方法，主要有高分子材料的悬浮聚合、乳液聚合和界面缩聚。

（1）悬浮聚合　是指单体以小液滴状态悬浮在水中所进行的聚合。单体中溶有引发剂，一个小液滴就相当于本体聚合中的一个单元。与本体聚合不同，由于水介质的存在，很容易排除聚合热。从单体液滴转变为高分子化合物固体粒子，中间经过高分子化合物-单体黏性粒子阶段。为了防止粒子黏结，体系中必须加有分散剂。所以，悬浮聚合体系一般由单体、引发剂、水、分散剂四个基本组分组成。

（2）乳液聚合　是指借助于机械搅拌和剧烈振荡使单体在介质（通常是水）中由乳化剂分散成乳液状态所进行的聚合。最简单的配方由单体、水、水溶性引发剂、乳化剂四组分组成。由于水的存在，聚合时放出的热量容易扩散，反应容易控制。其优点是：以水为介质，价廉安全，并可保证较快的反应速率，反应可在较低温度下进行，温度容易控制；能在较高的反应速率下进行，产品的分子量比溶液聚合高；由于反应后期高分子化合物乳液的黏度很低，故可直接用来浸渍制品或制作涂料、黏合剂等。此法的缺点是：若需要固体产物时，则聚合后还需要经过凝聚、洗涤、干燥等后处理工序，生产成本较悬浮法高；产品中留有乳化剂，难以完全除净，影响产品的电性能。

悬浮聚合是最重要的工业生产方法之一，聚氯乙烯、聚苯乙烯等聚合物均采用此法进行大规模生产。

（3）界面缩聚　是将两种单体分别溶解在两种互不相溶的溶剂（如水和烃类）中，当将两种单体溶液倒在一起时，在两相的界面处即发生反应。由于使用的是活性单体，所以在常温乃至低温下反应都进行得极快。聚碳酸酯等通常采用界面缩聚法生产。

3.2.2.4　液相沉淀法

沉淀法是在原料溶液中添加适当的沉淀剂（OH^-、CO_3^{2-}、$C_2O_4^{2-}$、SO_4^{2-} 等），使原料溶液中的阳离子通过与沉淀剂之间的反应或水解反应，形成不溶性的草酸盐、碳酸盐、硫酸盐、氢氧化物、水合氧化物等沉淀物。沉淀颗粒的大小和形状可由反应条件来控制。然后再经过过滤、洗涤、干燥，有时还需要经过加热分解等工艺过程，最终得到超细粉体材料。由液相制备氧化物粉末的基本过程为：

$$\boxed{\text{金属盐溶液}} \xrightarrow[\text{溶剂蒸发}]{\text{添加沉淀剂}} \boxed{\text{盐或氢氧化物}} \xrightarrow{\text{热分解}} \boxed{\text{氧化物粉末}}$$

所制得的氧化物粉末的特性取决于沉淀和热分解两个过程。热分解过程中，分解温度的高低和加热时间的长短，不仅影响氧化物颗粒的大小，还会影响其晶型、粉体的性能；此外，气氛的影响也很明显。沉淀法是工业上采用最多的方法，主要用于氧化物的制备。沉淀法又包括直接沉淀法、共沉淀法、均匀沉淀法、水解法、胶体化学法和特殊沉淀法等。

（1）共沉淀法　是在含有多种可溶性阳离子的盐溶液中，经沉淀反应后，得到各种成分均一的混合沉淀物。利用此法可制备含有两种以上金属元素的复合氧化物超细粉。如向 $BaCl_2$ 和 $TiCl_4$ 混合溶液中滴加草酸溶液，能沉淀出 $BaTi(C_2O_4)_2 \cdot 4H_2O$，经过滤、洗涤和加热分解等处理，即可得到具有化学计量组成的、所需晶型的 $BaTiO_3$ 超细粉。此法可广泛用于合成钙钛矿型、尖晶石型、PLZT（掺镧锆钛酸铅）、敏感材料、铁氧体以及荧光材料等超细粉。化学共沉淀法设备简单，较为经济，便于工业化生产。在制备过程中，需要特别重视的是洗涤操作。因为原料溶液中的阴离子和沉淀剂中的阳离子即使有少量未清洗干净，也会对超细粉产物的烧结性能等产生不良影响。此外，为防止干燥后的粉末聚结成团块，也用乙醇、丙醇、异丙醇或异戊醇等分散剂进行适当的分散处理。

（2）均匀沉淀法　是在溶液中预先加入某种物质，然后通过控制体系中的易控条件，间接控制化学反应，使之缓慢地生成沉淀剂。这样可以避免在一般沉淀法的操作过程中（向金属盐溶液中直接加沉淀剂）所造成沉淀剂的局部浓度过高，使沉淀中极易夹带杂质和产生粒度不均匀等问题。该法常用的试剂有尿素。其水溶液在 70℃ 左右发生分解反应：

$$(NH_2)_2CO + H_2O \longrightarrow 2NH_3 + CO_2 \uparrow$$

生成的 NH_3 起到沉淀剂的作用。继续反应，可得到金属氢氧化物或碱式盐沉淀。采用氨基磺酸可制得金属硫酸盐沉淀。

（3）沉淀聚合法　有些高分子化合物不溶于自身的单体中，如氯乙烯中的聚氯乙烯和丙烯腈中的聚丙烯腈就是如此。在聚合过程中这些高分子化合物就沉淀出来，最初为胶冻微粒，最后就过渡到白色的粉末状。在达到一定的高分子化合物浓度时非溶性就会出现，首先只是产生轻微浑浊，当聚合持续进行下去时，高分子化合物就析出来了。如果将单体与一种适当的溶剂（如甲醇）混合，在这种混合物中单体为任意配比下都能溶解，而高分子化合物则不溶解，聚合过程中产生的高分子化合物就会不断地沉析出来，这样也会达到同样的沉淀聚合的效果。用沉淀聚合的方法可以制取不溶解于自身单体中的高分子化合物。

3.2.2.5　溶胶-凝胶法

溶胶-凝胶工艺（简称 sol-gel 法）是近 30 年来发展极为迅速的一种用化学方法在低温下制备新型玻璃、陶瓷和有机-无机杂化材料的合成方法。通过在分子级水平上使各种源物质受控反应并精确控制所得材料的结构，以获得具有优异性能的新材料，在功能材料领域已显示了巨大的优越性和广泛的应用前景。

sol-gel 法中采用有机金属化合物、高分子化合物以及应用醇盐或其他物质作为源物质，元素周期表中 2/3 以上的元素都能制成醇盐。这一过程把

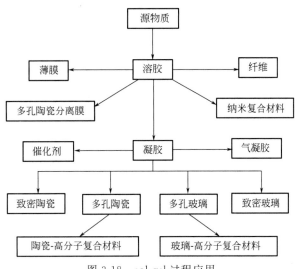

图 3-18　sol-gel 过程应用

众多材料的制备纳入一个统一的过程之中，如图 3-18 所示，过去独立的玻璃、陶瓷、纤维和薄膜技术都成为 sol-gel 学科的一个应用分支。以制备 sol-gel 纳米复合材料为例，如图 3-19所示，用 sol-gel 法制备材料的过程可归纳为：**溶液→溶胶→凝胶→材料。**

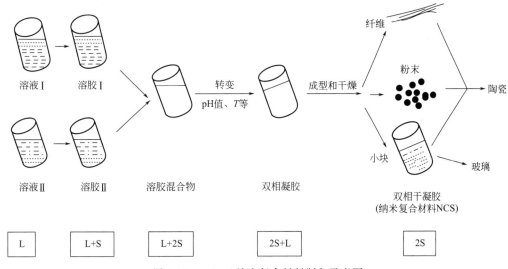

图 3-19　sol-gel 纳米复合材料制备示意图

（1）sol-gel 法的基本原理　将酯类化合物或金属醇盐溶于有机溶剂中，形成均匀的溶液，然后加入其他组分，在一定温度下反应形成凝胶，最后经干燥处理制成产品。

所谓溶胶是指粒度为 1～100nm 的固体颗粒在适当液体介质中形成的分散体系。这些固体颗粒一般由 $10^3 \sim 10^9$ 个原子组成，称为胶体。当胶体中的液相受到温度变化、搅拌作用、化学反应或电化学平衡作用的影响而部分失去，导致体系黏度增大到一定程度时，便形成具有一定强度的固体凝胶块。

在醇盐-醇-水体系中，金属醇盐的水解反应可表示为：

$$M(OR)_n + xH_2O \longrightarrow M(OH)_x(OR)_{(n-x)} + xROH$$

式中，M 为金属元素；$R=C_mH_{2m+1}$。与此同时，两种缩聚反应也几乎同时进行，反应如下：

失水缩聚反应 $\quad$—M—OH+HO—M$\longrightarrow$—M—O—M—+H_2O

失醇缩聚反应 $\quad$—M—OH+RO—M$\longrightarrow$—M—O—M—+ROH

由醇盐形成氧化物的总反应可表示为：

$$M(OR)_n+xH_2O\longrightarrow M(OH)_x(OR)_{(n-x)}+xROH$$

$$M(OH)_x(OR)_{(n-x)}\longrightarrow MO_{n/2}+x/2H_2O+(n-x)/2ROH$$

实际上，体系中所发生的反应过程是极其复杂的。

（2）sol-gel 法的特点　同传统的合成法相比，sol-gel 法具有以下独到的优点。

① 低温合成性　如能合成有机-无机杂化材料；有机或生物分子可分散于无机凝胶中；可在较低温度下避免分相与结晶，能合成新组成的玻璃；可避免易挥发物的高温分解，能实现新组成、多成分陶瓷的烧结；可避开高温加热引起的污染；在耐热性低的基板上能形成涂层或复合材料。

② 高均匀性和高纯度　因原料在分子级水平上均匀地混合和反应，可容易地实现这两点。

③ 能制得各种微细构造的材料　可获得凝胶、各种多孔体、分子分散体、粒子分散体、有机-无机复合材料、非晶态、多晶陶瓷、单晶体等各种结构，化学成分可精确控制，易于掺杂。

④ 可制备各种形状的材料　除微粒和块状材料外，也容易制得薄膜和纤维材料。

sol-gel 法存在的主要缺点是原料成本较高，影响制备工艺的因素较多。现将 sol-gel 法的一些主要应用列在表 3-8 中。

表 3-8　用 sol-gel 法制备的材料种类与用途

材料类型	实例
特殊组分和特殊性能的块状玻璃	拉制光通信纤维用的玻璃坯体、集成电路技术中的光掩板、具有折射率梯度分布的玻璃棒等；但大块无裂纹干凝胶的干燥控制尚未解决
高温结构陶瓷	包括莫来石以及通过 sol-gel 过程掺杂增韧的 Si_3N_4 和 SiC 等
涂层薄膜	在玻璃、金属或塑料基底上制备保护膜、导电膜、介电膜、光学吸收、反射和增透膜、着色和变色膜等各种涂层薄膜正得到越来越广泛的应用。这是迄今为止最成功的应用
很难用通常方法制备的纤维材料	Al_2O_3-SiO_2 纤维，控制 Al_2O_3 晶体的析出量，使纤维的杨氏模量大大提高，可用于塑料和金属的增强；TiO_2-SiO_2 纤维和 ZrO_2-SiO_2 纤维，热膨胀系数小，高温下稳定，抗碱性好，可用作水泥增强材料
高温超导氧化物材料	包括 Y-Ba-Cu-O 和 Bi-(Pb)-Ca-Sr-Cu-O 等体系的纤维、薄膜、块状材料在内的全醇盐合成工作正在一些实验室展开
新型复合材料	高温纳米相复合工程陶瓷由具有零膨胀系数（0～500℃）的 Ca-Zr-P-O 和 Sr-Zr-P-O 陶瓷与纳米相 $CaZr_{24}P_6O_{24}$ 和 MgO 组成，熔点为 1700℃，其断裂前的压力变形达到 13.5%，耐磨性能与石英玻璃一样
	具有类金属特性、质量轻的氧化硅-碳化硅-聚甲基丙烯酸甲酯
	有机-无机复合材料包括有机-无机杂化材料（hybrids）（有机-无机"混血儿"，即有机改性陶瓷）和纳米复合材料（nanocomposites）
多孔质细粉	含有直径几纳米到数十纳米的开气孔，比表面积为 500～1500m^2/g 的凝胶粉末可用作引发剂载体和研究开发新型高效催化体系
中空玻璃微球	表观密度为 0.15～0.38g/cm^3（约为玻璃本体密度的 1/10），外径可控制在几十微米到几百微米之间。尺寸和壁厚均匀、球度好、耐压强度高、密封性好的中空玻璃微球在美国和日本都已被成功地应用于激光核聚变试验中（作为氘-氚气体燃料容器）。也可用作塑料和合成发泡材料的填料

3.2.2.6　水热法

水热法是 19 世纪中叶地质学家模拟自然界成矿作用而开始研究的，是指在密封的压力容器中，以水为溶剂，在一定的温度和压力条件下进行的化学反应。根据加热温度，水热法被分为亚临界水热法（温度为 100～240℃）和超临界水热法（温度已高达 1000℃，压力高达 0.3GPa）。根据反应类型的不同可分为水热氧化、水热还原、水热沉淀、水热合成、水热水解、水热结晶等，其中水热结晶用得最多。

（1）水热法的原理　水热结晶主要是溶解-再结晶机理。首先是在高温、高压下将原料在水热介质里溶解，以离子、分子团的形式进入溶液。利用降温得到饱和溶液，继而结晶或强烈对流（因釜内上下部分的温度差而在釜内溶液中产生），将这些离子、分子或离子团输运到放有籽晶的生长区（即低温区）形成过饱和溶液使晶体生长，其主要设备构造示意图如图3-20 所示。如生长石英单晶，将原料石英投入釜底，加入溶剂（NaOH＋Na$_2$CO$_3$＋H$_2$O），籽晶挂在釜的上部，使釜的上部温度为 330～350℃，下部温度为360～380℃，釜内压力为 110～160MPa，原料在底部不断溶解，并从下向上流动至低温区，溶液呈过饱和，晶体生长，降温后的溶液又流回到底部溶解原料，不断反复，营养料逐渐转化为晶体。用此法制备水晶（SiO$_2$）、宝石（Al$_2$O$_3$）、磷酸铝（AlPO$_4$）等已成功应用于工业化生产。

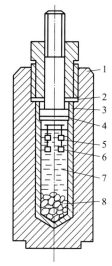

图 3-20　水热法设备构造示意图

1—釜体；2—钢环；3—铜环；4—钛密封垫；5—钛内衬；6—籽晶；7—水热溶液；8—营养料

在水热条件下（高温、高压）可以加速水溶液中的离子反应和促进水解反应，有利于原子、离子的再分配和重结晶等，由于反应处于分子水平，反应性提高，因而水热反应可以替代某些高温固相反应。又由于水热反应的均相成核及非均相成核机理与固相反应的扩散机制不同，因而可以创造出其他方法无法制备的新化合物和新材料。

（2）水热法的优点　能明显降低反应温度（通常在 100～200℃下进行）；能够以单一反应步骤完成（不需要研磨和焙烧步骤）；很好地控制产物的理想配比及结构形态；水热体系合成发光物质对原材料的要求较高温固相反应低，所用的原材料范围宽。水热法既可制备单组分微小晶体，又可制备双组分或多组分的特殊化合物粉末。水热法克服了某些高温制备不可避免的硬团聚等，具有粉末细（纳米级）、纯度高、分散性好、均匀、分布窄、无团聚、晶型好、形状可控、粒度易控制和有利于环境净化等特点。水热法由于设备简单、操作简便、产物产率高、结晶良好，制备的超细粉品种很多，如 ZrO$_2$、Al$_2$O$_3$、TiO$_2$、γ-Fe$_2$O$_3$等，在合成纳米材料方面表现出了良好的多样性，从而得到越来越多的应用。

目前水热法已成为无机材料的一种常用合成方法，在纳米材料、生物材料、地质材料、电子材料、磁性材料、光学材料、红外线反射膜材料和传感器材料中得到广泛应用。

3.2.2.7　喷雾法

喷雾法也称溶剂蒸发法，是先将溶解度大的盐水溶液雾化成小液滴，使水分迅速蒸发，从而使盐形成均匀的球状颗粒，然后再将微细的盐粒加热分解，即可得到氧化物超细粉。与沉淀法相比较，由于不需要添加沉淀剂，可避免随沉淀剂可能带入的杂质，同时能解决沉淀法在工艺技术上存在的胶状物过滤困难、沉淀过程中会导致各成分的分离或水洗时部分沉淀物重新溶解等问题。用喷雾法所得的氧化物粒子为球状，流动性好，易于制粉成型，用此法生产的超细粉有 PLZT、铁氧体、氧化锆、氧化铝等。由于盐类分解往往会产生大量的有害气体，对环境造成污染，所以在一定程度上限制了此类方法的工业化生产。喷雾法通常有喷雾干燥法、喷雾热分解法和冰冻干燥法三种，前两种工业上使用较多，其过程简单。

（1）喷雾热分解法　是将金属盐溶液喷雾至高温介质气体中，使溶剂蒸发和金属盐受热分解在瞬间发生而获得氧化物粉末。用该法合成各种复合氧化物超细粉末大有发展前途，其应用实例列于表 3-9 中。

表 3-9　喷雾热分解法合成复合氧化物的实例

复合氧化物	原料盐	粒径/μm		复合氧化物	原料盐	粒径/μm	
		平均	范围			平均	范围
$CoAl_2O_4$	硫酸盐		最大为 9	$ZnFe_2O_4$	氯化物	0.12	0.015~0.18
$Cu_2Cr_2O_4$	硝酸盐	0.07	0.015~0.12	$BaO \cdot 6Fe_2O_3$	氯化物	0.075	0.02~0.18
$PbCrO_4$	硝酸盐	0.22	0.015~0.4	$MnFe_2O_4$	氯化物	0.05	0.02~0.16
$CoFe_2O_4$	氯化物	0.07	0.02~0.17	$(Mn,Zn)Fe_2O_4$	氯化物	0.05	0.02~0.20
$MgFe_2O_4$	氯化物	0.07	0.015~0.18	$BaTiO_3$	乙酸盐	4.0	0.2~1.30
$(Mg,Mn)Fe_2O_4$	氯化物	0.09	0.02~0.25		乳酸盐	1.2	0.07~3.50
$(Ni,Zn)Fe_2O_4$	氯化物	0.05	0.02~0.15				

（2）冷冻干燥法　是一种低温合成法，是合成金属氧化物和复合化合物等超细粉的有效方法之一。该法是以可溶性盐为原料，配制成一定浓度的水溶液（溶液的浓度对有效地冷冻干燥是非常重要的），将该含盐水溶液在较低温度下喷雾，生成粒径在 0.1mm 左右的小液滴，以保证小液滴能在较短的时间内急速冷冻（要注意避免冰-盐分离现象），接着迅速在减压条件下（真空度一般在 13Pa 左右）加热，使冰升华，生成无冰盐。加热干燥须严格控制，不使冷冻的液滴熔化，保证冰的升华。最后煅烧热分解，得到氧化物或复合氧化物超细粉。用此法制备的超细粉，一般具有颗粒直径小、粒度分布和组成均匀、不会引入任何杂质、纯度高、比表面积大等优点。但与沉淀法相比，生产过程仍相当复杂。

3.2.3　固相法

固相法是以固态物质为原料，通过各种固相反应和烧结等过程来制备材料的方法，如水泥熟料的煅烧、陶瓷和耐火材料的高温烧结、金属材料的粉末冶金、人工晶体的固相生长、高分子材料的固相缩聚等，还包括高温自蔓延合成法。固相反应是固体参与直接化学反应，一般是由相界面上的化学反应和固相内的物质迁移两个过程组成的，包括化合反应、分解反应、固溶反应、氧化还原反应以及相变等。固相反应开始的温度远远低于反应物的熔点或系统低共熔点温度，通常相当于一种反应物开始呈现显著扩散作用的温度。

3.2.3.1　高温烧结法

陶瓷、耐火材料、粉末冶金以及水泥熟料等通常都是要把成型后的坯体（粗制品）或固体粉料在高温条件下进行烧结后，才能得到相应的产品。在高温烧结过程中，往往包括一系列物理化学变化，形成一定的矿物组成和显微结构，并获得所要求的性能。发生在单纯的固体之间的烧结称为固相烧结，而液相烧结是指在液相参与下的烧结。

经典的烧结过程是陶瓷烧成，它是从新石器时代以来人类一直使用的一种生产过程。在高温下伴随烧结发生的主要变化是固体颗粒之间接触界面扩大并逐渐形成晶界；气孔从连通的逐渐变成孤立的并缩小，最后大部分甚至全部从坯体中排除，使成型体的致密度和强度增加，成为具有一定性能和几何外形的整体。因此，烧结总是意味着固体粉末状成型体在低于其熔点温度下加热，使物质自发地填充颗粒间隙而致密化的过程。一般可将陶瓷（包括耐火材料）的烧成过程分成 4～5 个阶段。以石英、长石、高岭土三组分的长石质瓷为例，可分成以下 4 个阶段。

（1）坯体水分蒸发阶段（室温～300℃）　属于低温阶段，主要是排除干燥后的残余水分，随着水分的排除，固体颗粒紧密靠拢，将使坯体产生少量收缩。

（2）氧化分解与晶型转变阶段（300～950℃）　是烧成的关键阶段之一。坯体内部发生较复杂的物理化学变化，这些变化与坯体组成、升温速度及窑内气氛等因素有关。

① 氧化反应

a. 坯体中的碳素和有机物（主要由黏土原料带入）都将发生氧化反应并放出气体。

b. 硫化铁的氧化，一般在 800℃左右基本完毕。

② 分解反应

a. 黏土矿物结构水的排除，黏土矿物因其类型、结晶完整程度和颗粒度的不同，其结构水的脱水温度也有所差别，一般为 400～900℃。

b. 碳酸盐类矿物的分解，一般在 1000℃左右基本结束。

③ 晶型转变及液相的形成阶段

a. 石英具有多种晶型，在加热过程中要发生晶型转变，其中对制品烧成影响较大的是 β-石英 $\xrightarrow{573℃}$ α-石英，伴有 0.82% 的体积膨胀。

b. 少量液相的形成。根据 K_2O-Al_2O_3-SiO_2 相图，三元低共熔点为 985℃，但由于杂质的存在，实际低共熔点温度还要降低 60℃以上，因此当温度升至 900℃以上时，在长石和石英、长石和分解后的黏土颗粒的接触部位开始产生液相熔滴。少量液相的形成可起到胶结颗粒的作用，使坯体的机械强度有所提高。

（3）玻化成瓷阶段（950℃～最高烧成温度）　属于高温阶段，决定瓷坯的显微结构，坯体发生的化学反应主要有以下几类。

① 在 1050℃以前，继续上述未完成的氧化分解反应。

② 硫酸盐的分解和高价铁的还原与分解　此时烧成气氛对化学反应影响极大，在氧化气氛中，这些物质的分解往往推迟到 1300℃以后进行，显然当坯体接近烧成温度时，分解出来的气体将使釉面产生严重缺陷，而在还原气氛中，分解温度可以提前到 1100℃前完成。

③ 形成大量液相和莫来石晶体　温度升高至 1100℃，长石作为熔剂矿物开始熔融，液相量不断增加。石英主要是与长石形成低共熔点熔体，溶解入长石熔体，同时使高温熔体黏度提高。长石在熔化过程中因不断溶解黏土分解物及细粒石英，从而使熔体组分不断变化。与此同时，长石、石英和黏土三组分共熔物也不断增加，故坯体中液相量大为增加。液相的作用之一在于促使晶体发生重结晶，由于细晶的溶解度大于粗晶，故小晶粒溶解后将向大晶粒上沉积淀析，导致大晶粒进一步长大。液相的另一重要作用是由于其黏滞流动的表面张力的拉紧作用，能填充坯体中空隙，促使晶粒重排、互相靠拢、彼此黏结成为整体，能使坯体逐渐瓷化。

④ 形成莫来石晶体和坯体的瓷化　高岭土（$Al_2O_3 \cdot 2SiO_2 \cdot 2H_2O$）脱水后形成的偏高岭石（$Al_2O_3 \cdot 2SiO_2$）在 980℃ 左右先分解成铝硅尖晶石（$2Al_2O_3 \cdot 3SiO_2$）和无定形 SiO_2。然后铝硅尖晶石继续受热转化为莫来石（$3Al_2O_3 \cdot 2SiO_2$）和方石英。升温至 1200℃ 后，长石几乎熔完，高温下长石熔体中的碱金属离子容易扩散到黏土矿物中，促进黏土分解并形成鳞片状莫来石（$3Al_2O_3 \cdot 2SiO_2$）；升温至 1250℃，莫来石和方石英突然增多，而此时长石熔体中由于碱金属离子减少，其组成接近三元相图的莫来石析晶区，结果导致熔体中生成细小针状的莫来石。通常将由高岭土（$Al_2O_3 \cdot 2SiO_2 \cdot 2H_2O$）分解物形成的粒状及片状莫来石称为一次莫来石，由长石熔体形成的针状莫来石称为二次莫来石。

坯体在玻化成瓷阶段的物理变化主要是：由于液相的黏滞流动使其中的空隙得以填充，以及莫来石晶体的析出及长大，使得气孔率急剧降低至最低，坯体显著收缩（收缩率达到最大），机械强度及硬度增大，坯体颜色趋白，渐具半透明感，釉面光泽感增强，实现瓷化烧结。

需要指出的是，若坯体在达到充分烧结后继续加热焙烧，则由于液相黏度降低，莫来石溶解、数量减少，闭气孔中的气体扩散、相互聚集，以及液相量过多等，因而会造成坯体膨胀，气孔率增大，强度降低，而出现变形，即制品过烧。

（4）冷却阶段（常温～烧成温度）　所发生的物理化学变化主要有：液相析晶，液相过冷为玻璃相，残余石英发生晶型转变，坯体的强度、硬度及光泽度继续增大等。按照冷却制度的要求，可划分为 3 个阶段。

① 初期快冷却阶段（800℃～烧成温度）　如果冷却速度缓慢，黏度较小的液相便会通过溶解、淀析作用，使细晶减少而粗晶增多，导致制品机械强度降低，故初期冷却速度应尽可能地快。

② 中期慢冷却阶段（400～800℃）　此阶段如果冷却过快，不仅形成较大应力，而且瓷坯内部和表面也将出现较大的热应力，故必须缓慢冷却，以防制品炸裂。

③ 后期随炉冷却阶段（常温～400℃）　是冷却的最后阶段，此时，瓷坯中的玻璃相已经全部固化，瓷坯内部结构也已定型，并且承受的热应力作用也大大减小，故冷却速度仍然可以加快，只要制品能承受住暂时的热应力，不会出现冷却缺陷。

综上所述，长石质瓷烧成过程中的主要物相变化情况如图 3-21 所示。

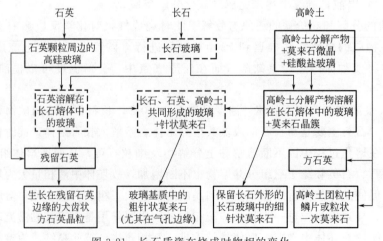

图 3-21　长石质瓷在烧成时物相的变化

（虚线框内的物相为过渡状态，在烧成过程中暂时存在）

3.2.3.2　自蔓延高温合成法

自蔓延高温合成（self-propagating high-temperature systhesis，SHS）法是利用反应本身放出的热量维持反应的继续，一旦被引发就不再需要外加热源，并以燃烧波的形式通过反应混合物，随着燃烧波的前进，反应物转化为产物。图 3-22 所示为 SHS 过程示意图。

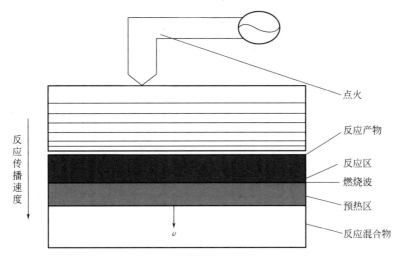

图 3-22　SHS 过程示意图

一般将反应的原料混合物压制成块，在块状的一端引燃反应，反应放出的巨大热量又使得邻近的物料发生反应，结果形成一个以速度 v 蔓延的燃烧波。随着燃烧波推进，反应混合物转化为产物。表 3-10 中列出了 SHS 反应的几个典型参数。

表 3-10　SHS 反应的几个典型参数

项目	SHS 法	常规参数
最高温度/℃	1500～4000	≤2200
反应传播速度/(cm/s)	0.1～15	很慢,以几小时计
合成带宽度/mm	0.1～5.0	较长
加热速度/(℃/s)	$10^3 \sim 10^6$（以燃烧波形式）	≤8
点火能量/(W/cm²)	≤500	—
点火时间/s	0.05～4	—

采用 SHS 过程合成与制备材料（如 $MoSi_2$）具有以下优点。

① 生产过程简单。

② 反应可以在真空或惰性气体的环境里进行，因而可以制得高纯度的产品。

③ 反应迅速，一般在几秒到几十秒的时间即可完成，物料在瞬间就可达到几千摄氏度的高温。

④ 反应过程消耗外部能量少。

⑤ 能集材料合成和烧结于一体。

⑥ 反应过程中与某些特殊手段结合，可以直接制备出密实的 $MoSi_2$ 陶瓷材料。

SHS 法是由前苏联科学家 Mcrzhanov 于 1967 年首次提出来的（在研究火箭固体推进剂燃烧问题中实现 SHS 过程），1972 年开始用于 TiC、TiCN、$MoSi_2$、AlN、六方 BN 等粉末的工业生产。1975 年开始把 SHS 和烧结、热压、热挤、轧制、爆炸、堆焊和离心铸造等技术结合，研究用 SHS 法直接制备陶瓷、金属陶瓷和复合管等致密材料。用 SHS 法制备的材料包括电子材料、金属超导体、复合材料、金属间化合物、固体润滑剂、耐火材料、耐磨材料、耐火材料、六方 BN、TiC 基硬质合金、TiNi 形状记忆合金等。SHS 技术的发展和应用见表 3-11。

表 3-11　SHS 技术的发展和应用

制备粉末工艺	化合法：由单质粉末或气体合成化合物或复合化合物粉末。例如，Ti(粉)＋C(粉)$\longrightarrow$TiC，2Ti(粉)＋$N_2$$\longrightarrow$2TiN
	还原-化合法：由氧化物或矿物原料、还原剂(Mg 等)和单质粉末(或气体)，经还原化合过程制备粉末。例如，$TiO_2＋2Mg＋C\longrightarrow TiC＋2MgO$，不需要的副产品可除去
烧结	可制备多孔过滤器、引发剂载体和耐火材料等，也可制备空隙率为 8%～15% 的高温结构陶瓷制品(Si_3N_4-SiC-TiN)
SHS 致密化技术	SHS-加压法：利用常规压力机对模具中燃烧的 SHS 坯料施加压力，制备 TiC 基硬质合金辊环、刀片等致密制品
	SHS-挤压法：对挤压模中的燃烧 SHS 物料施加压力，制备硬质合金麻花钻等条状制品
	SHS-等静压法：利用高压气体对 SHS 反应坯体进行热等静压，制备六方 BN 坩埚、氮化硅叶片等大致密件
	其他 SHS 致密化技术：爆炸成型、轧压等
SHS 焊接	将 SHS 反应料放在焊接件的对缝中，通电点燃后，施加压力就可以进行陶瓷-陶瓷、陶瓷-金属、金属-金属的焊接
SHS 熔铸	利用 SHS 反应形成的高温熔体，可制备碳化物、硼化物和氧化物等陶瓷和金属陶瓷铸件
	SHS 和离心技术结合，可以制造陶质内衬钢管和难熔化合物(外层)-氧化铝(内层)复合管
SHS 涂层	熔铸涂层：在一定气压下，利用 SHS 反应在金属工件表面形成的高温熔体同金属基体反应，形成有冶金结合过渡区的金属陶瓷涂层，涂层厚度可达 1～4mm。如碳化钛-碳化铬基涂层的钢刀片，其耐磨性比常规涂层高几倍
	气体传输 SHS 涂层：通过气相传输反应，可在金属、陶瓷或石墨等的表面形成 10～250μm 厚的金属陶瓷涂层，表面粗糙度为 0.63～1.25μm
传统技术＋SHS	SHS＋烧结(或反应烧结)：在常规烧结炉上加热并利用反应放热烧结 NiAl、TiNi 等金属间化合物
	SHS＋热压(或反应热压)：在传统热压机上，既利用外热又利用自发热进行热压
	SHS＋热等静压(或反应热等静压)：在传统热等静压机上，依靠外热和自发热进行热等静压

　　SHS 法可制备的材料包括粉末、多孔材料、致密材料、复合材料、梯度材料和涂层等。SHS 在工业和高技术领域中得到广泛的应用。用 SHS 法制备几种典型的材料见表 3-12。

表 3-12　用 SHS 法制备几种典型的材料

材料类型	特点与实例
高氮铁合金	SHS 法合成铁合金的时间短、不耗电、成本低。高氮铁合金(含 10%～12% 氮)有钒铁、铌铁、铬铁和硼钛铁等。利用此类合金已生产出无镍或少镍不锈钢、无磁铬锰钢、高速钢和耐寒钢等新钢种
耐火材料	采用白云石、菱镁矿和铬矿土等天然原料制造的耐火材料可用于冶金炉炉衬，寿命比常规耐火砖高。SHS 法制造的耐火泥浆，烧结前后体积不变，可烧结成整体炉衬，减少裂缝。还可制备耐火涂料和各种彩色涂料
碳化物	TiC 磨料和砂轮取代金刚石磨料磨具研磨钢铁，可使成本降低、效率提高。TiC 基硬质合金轧辊、拉丝模、刀具已广泛应用于金属加工。B_4C、SiC、WC 等粉末也已有规模生产

材料类型	特点与实例
氮化物	六方 BN 坩埚已用于半导体工业。TiN 用于腐蚀性介质中的电极。SHS 可制备 α-Si$_3$N$_4$、β-Si$_3$N$_4$ 和纤维状 Si$_3$N$_4$。Si$_3$N$_4$-SiC-TiN 高温陶瓷可用作高级耐火材料
硅化物	MoSi$_2$、MoSi$_2$-Al$_2$O$_3$ 加热元件已用于高温炉
硫化物和氢化物	硫化钼用作高温润滑剂。难熔金属氢化物用作中子衰减剂
金属间化合物	TiNi 形状记忆合金已制成丝在医学、机械等方面使用。TiAl 也已被制成线材
梯度材料	SHS 法是制备梯度材料的主要方法之一
复合材料	陶瓷内衬复合管已用于铝液输运管和腐蚀性气体输运管。SHS 法已用于制备颗粒强化金属基或金属间化合物基复合材料
电子陶瓷	LiNbO$_3$ 单晶、铌酸钡钠等用于压电元件。SHS 法还用于制备 YBa$_2$Cu$_3$O$_{7-x}$ 超导陶瓷

3.2.3.3 固相缩聚

固相缩聚可以在比较缓和的条件下（温度较低）合成高分子化合物，以避免许多在高温熔融缩聚反应下发生的副反应，从而提高树脂的质量，并可以制备特殊需要的高分子量的树脂。某些熔融温度和分解温度很接近，甚至后者比前者还要低的高分子化合物，可以在熔点以下采用固相缩聚法制备。固相缩聚反应有三种情况。

① 缩聚反应在低于单体或预聚物的熔点下进行，此时固体的结构会影响反应的快慢和生成的高分子化合物的性质。

② 缩聚反应在高于单体熔点而低于生成高分子化合物熔点的条件下进行，即反应的第一阶段是在单体熔融状态下进行（或者可在溶液中，随后把溶剂排除），反应的第二阶段则在由第一阶段生成的低聚物固相中进行。

③ 环化反应也分两个阶段，第一阶段是由具有特殊结构的单体生成含有反应活性的线型高分子化合物分子（通常是在溶液中进行），当排除溶剂后，第二阶段在固相中进行。反应发生在大分子活性基团之间，并使之成环。

3.2.3.4 热分解法

很多金属的碳酸盐、硫酸盐、硝酸盐等，都可以通过热分解法而获得特种无机材料用的氧化物粉末。例如制备氧化钙的反应式可表示如下：

$$CaCO_3(s) \longrightarrow CaO(s) + CO_2(g)$$

一些非氧化物陶瓷的原料粉如 SiC、Si$_3$N$_4$ 等在工业上大多采用氧化物还原法制备，或者还原碳化，或者还原氮化。如工业上应用的碳化钛，一般是将二氧化钛与炭黑在高温下反应而制得的，其反应式为：

$$2TiO_2 + C \Longrightarrow Ti_2O_3 + CO$$
$$Ti_2O_3 + C \Longrightarrow 2TiO + CO$$
$$TiO + 2C \Longrightarrow TiC + CO$$

第4章

材料成型

4.1 材料的成型加工

材料的制备技术和成型加工技术是衡量一个国家经济发达程度的标志之一。这是因为最终体现材料作用的是其制品的品种、数量和质量，材料只有经过各种成型加工手段，形成最终产品（制品），才能体现其功能和价值。因此成型加工是材料走向具有使用价值产品的桥梁，材料若无法加工就不能成为真正意义上的材料。而新材料、新产品、新技术的产生在某种意义上取决于成型加工工艺技术和成型加工机械的突破。

材料的加工工艺涉及三个方面，即材料、成型加工与制品。制品的性能取决于材料的内在性能和成型加工过程中所赋予的附加性能。这里所说的附加性能，是由于成型过程中材料所引起的物理、化学变化造成的。材料对成型加工工艺条件具有一定的依赖性，同样品种的材料，同样的成型加工设备与方法，由于成型加工工艺条件的不同，生产出的制品性能不完全相同，有时甚至差别很大。造成这种差异的主要原因，是由于成型加工过程中，发生物理、化学变化，使材料的物理结构与化学结构发生改变，因而，材料的内在性能与成型加工的工艺过程紧密联系在一起。

例如，我们日常生活中经常使用的塑料薄膜有很大一部分是聚乙烯薄膜。聚乙烯薄膜一般采用挤出吹塑的方法生产，在生产过程中需吹胀与牵引（图4-1），而在适当的温度下，由于吹胀与牵引作用存在，使聚乙烯薄膜在吹胀与牵引方向上发生分子链取向和结晶取向，而造成聚乙烯薄膜在取向方向上拉伸强度大大增加，但是如果工艺不当，会造成薄膜沿取向方向上撕裂性能下降，严重时甚至在吹塑过程中就造成膜泡破裂。

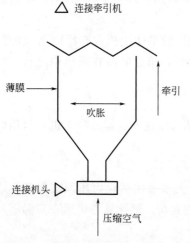

图 4-1 薄膜生产中吹胀与牵引

金属板材（如钢板、镁合金板、铝板）生产一般采用轧制工艺，图4-2所示是热轧钢带生产工艺示意图，热轧钢带是铸坯在热轧温度下轧制而成的。通过热加工可使钢中的气孔轧合，分散缩孔压实，材料的致密度增加。且经轧制后，晶粒变细，钢的力学性能，尤其是塑性、韧性得以较大地提高。但在热轧过程中，铸坯的粗大晶体沿变形方向伸展（取向），形成带状、线状或片层状等热轧流线，称这种组织为纤维组织。正是由于钢中纤维组织的出现，使钢带的力学性能呈现各向异性，在沿着纤维组织取向（轧制方向或纵向）具有较高的力学性能，而横向性能较低。如拉伸强度、断后伸长率，纵向总比横向要高。钢材性能的各向异性主要由晶体本身的各向异性决定，影响各向异性的除钢材本身成分外，还有热轧温度（起轧、终轧等）、变形

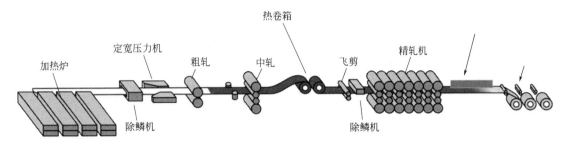

图 4-2 热轧钢带生产工艺示意图

量（下压率）、退火温度和速度等工艺参数。

这种钢材性能的各向异性，在以后的深加工产品生产中会出现制品各向性能差异，严重时废品率增加。特别是在生产薄壁容器时，尤为明显，将会导致容器出现损伤断裂、起皱、脱模困难等缺陷。

金属材料与无机非金属材料成型加工时，由于工艺条件的不同也会造成制品性能的差异。因此，材料的内在性能和成型加工所赋予的附加性能的总和决定了制品性能。

材料成型加工是将各种状态的原料转变成具有固定形状制品的各种工艺过程，它通常包括两个过程：一是使原料变形或流动，并取得需要的形状；二是进行固化，以保持所取得的形状成为制品。因此，材料成型加工工艺是将材料通过成型加工转变成实用性材料或制品的工程技术，要实现这种转变，就要采用适当的方式、方法。而获得这些方式、方法的过程

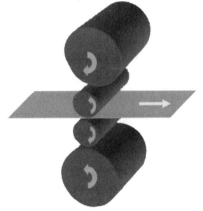

图 4-3 四辊轧制成型

是一个漫长的经验积累过程，是对材料的组成、结构、性质、流动、形变行为及各种成型加工工艺参数及机械设备、制品性能等因素研究的综合。四辊轧制成型如图 4-3 所示。

材料的成型加工工艺实际上由成型和加工两个部分组成。

4.1.1 成型方法

成型的目的是将材料转变成为一定形状的半成品（毛坯）或成品，由于材料的种类繁多，其存在状态、性能各不相同，要求的制品形状、性能也相差悬殊，因此生产中采用的成型方法也是多种多样的。金属材料、无机非金属材料、高分子材料由于发展历史不同，材料性质不同，其成型方法形成各自的系统特色，但相互之间又有许多相似之处。各种成型方法相互借鉴，又形成自己的特色。无机非金属材料应用与制备最早，其成型方法也最早发明，已形成陶瓷、玻璃、水泥成型三大体系。合成高分子材料发明与利用最晚，但发展最为迅速，高分子材料的许多成型方法由无机非金属材料工业和金属材料工业演变而来，经发展与延伸，已形成具有自己特色的成型方法，主要有橡胶、塑料、纤维、复合材料等成型方法。金属材料的主要成型方法有液态成型与塑变成型等。表 4-1 列出金属材料、无机非金属材料、高分子材料的主要成型方法，每种材料采用哪一种成型方法，应根据其自身的成型特性、制品性质及经济上的合理性等因素来取舍。

表 4-1　材料主要成型方法

类别	品种	成型方法
金属材料	黑色与有色金属	浇铸(铸造)成型、锻造成型、冲压成型、轧制、挤压、拔制、超塑性成型、粉末冶金、焊接(连接成型)等
无机非金属材料	陶瓷	可塑成型(挤压成型、车坯成型、旋坯成型、滚压成型)、注浆成型(空心注浆、实心注浆、压力注浆、离心注浆、真空注浆、热压注、流延法)及压制成型等
	玻璃	人工成型(人工吹制、自由成型、人工拉制等)、机械成型(压制法、吹制法、拉制法、压延法、浇铸法、烧结法等)
	水泥	注浆
高分子材料	橡胶	压制、压延、压出、浸渍、浇铸、涂层等
	塑料	注塑、压制、压延、挤出、中空成型、热成型、浇铸、搪塑、浸渍、真空成型、泡沫塑料成型、烧结等
	纤维	熔体纺丝、干法纺丝、湿法纺丝等
	复合材料	手糊成型、模压成型、缠绕成型、挤出成型及注射成型等

注：本表中只列出树脂基复合材料成型方法。

4.1.2　加工方法

　　加工通常是指材料成型后的加工（后加工），主要由机械加工、修饰和装配三个环节组成。其中，机械加工主要方法有车、铣、钻、锯、刨等；修饰主要方法有锉、磨、抛光、涂饰、印刷、表面金属化等；装配主要方法有焊接、粘接、机械连接等。表 4-2 列出主要加工方法，本书对此不做深入讨论。

表 4-2　材料主要加工方法

加工方法	采用手段
机械加工	车、铣、钻、锯、刨等
修饰	锉、磨、抛光、涂饰、印刷、表面金属化等
装配	焊接、粘接、机械连接等

4.1.3　材料成型特性

　　材料在成型过程中所表现出来的许多性质与行为，基本上由材料的特性所决定。不同材料尽管其成型加工方法不尽相同，但在其成型加工特性上有许多相似之处，材料的成型性主要表现在可流动性与可塑性变形性两个方面。

　　（1）可流动性　当材料在加热作用下或添加溶剂、增塑剂等助剂时，表现出可流动性，不同材料的流动行为不同。在流动行为下，材料具有可成型性。

　　（2）可塑性变形性　当材料在加热作用下或添加溶剂、增塑剂等助剂时，同时受外力作用下，表现出可塑性变形，如挤压变形、压延变形、模压变形、冲压变形等。在塑性变形下，材料也同样具有可成型性。

　　因此，从材料成型特性来看及面向大材料观点出发，可以将材料的成型方法从传统三大材料区分方法中重新归类，将其归纳为自由流动成型、受力流动成型、受力塑性成型与其他成型四种（表 4-3）。

　　按照上述分类方法，不难发现，各种材料的成型加工方法相似之处十分明显。其主要差别是由于不同种材料的流动特性和可塑变形性能不同，而引起的成型时的温度高低、压力大小不同。

表 4-3　材料成型类别

成型类别	材料		成型方法
自由流动成型	金属材料		浇铸（铸造）成型
	无机非金属材料	陶瓷	注浆成型（空心注浆、实心注浆、离心注浆、真空注浆、流延法）
		玻璃	人工成型（自由成型）、机械成型（浇铸法）
	高分子材料	橡胶	浸渍、浇铸
		塑料	浇铸、搪塑、浸渍
		纤维	浸渍
受力流动成型	金属材料		特种铸造
	无机非金属材料	陶瓷	注浆成型（压力注浆、热压注）
		玻璃	人工成型（人工吹制、人工拉制）、机械成型（压制法、吹制法、拉制法、压延法）
		水泥	注浆
	高分子材料	橡胶	注射、注压
		塑料	注塑（注射）、挤出（挤压）、压延、压制、RIM
		纤维	熔体纺丝、干法纺丝、湿法纺丝
		复合材料	手糊成型、模压成型、挤出成型及注射成型等
受力塑性成型	金属材料		锻造成型、冲压成型、轧制、挤压、拔制、超塑性成型
	无机非金属材料	陶瓷	可塑成型（挤压成型、车坯成型、旋坯成型、滚压成型）、压制成型
	高分子材料	橡胶	压出、压延、压制
		塑料	真空成型、层压成型
其他成型	金属材料		粉末冶金、焊接（连接成型）
	无机非金属材料	玻璃	烧结法
	高分子材料	塑料	烧结法
		复合材料	缠绕成型

注：本表中只列出树脂基复合材料成型方法。

4.2　自由流动成型

自由流动成型是指将呈流动状态的物料，成型时在无外力作用下，倒入模型型腔或使其附在模型表面，经改变温度（降温或升温），或反应，或溶剂挥发等作用，使之固化或凝固，而形成具有模型形状的产品，最终的产品可以是成品，也可以是半成品（或毛坯）。这里所指物料呈流动状态，是物料由于受热熔融而成为流体（如液态金属、液态玻璃等），或由于加入溶剂而成为流体（如高分子溶液、乳液、悬浮液、陶瓷泥浆等），或是高分子预聚体等。自由流动成型主要有两类：一类是成型时将流动物料倒入（注入）模型型腔内，经固化后，得到与模型型腔形状一致的产品，如金属铸造成型、陶瓷注浆成型、塑料浇铸成型等；另一类是使流动物料附着于模型表面，经固化后，得到与模型外表面相一致的产品，如塑料与橡胶浸渍成型等。

自由流动成型中典型代表是金属砂型铸造、塑料与橡胶浸渍成型、陶瓷注浆成型。

4.2.1 金属砂型铸造

铸造是将金属熔化成液体，浇注到与零件形状相近似的铸型空腔内，待其冷却、凝固后获得铸件的工艺方法。简化的工艺流程如下。

$$金属 \xrightarrow{熔化} 液体 \xrightarrow{浇注} 铸型 \xrightarrow{冷凝} 铸件$$

铸件无须后续加工直接装配使用的称为零件；尚需后续加工的称为毛坯。铸造成型能制造复杂形状的零件与毛坯；生产适应性广，既能生产大型、厚壁铸件，又能生产小型、薄壁铸件；生产时材料节省，加工工时少；生产成本低廉，原料可利用废品、回炉料等，生产设备简单。但铸造成型生产的铸件的力学性能较低，容易出现缺陷；且工序繁多，质量难以控制；铸造条件恶劣，劳动强度大。

砂型铸造的铸型型腔采用砂质，待型腔中液体金属冷却凝固后，将铸型破坏取出铸件。砂型铸造是应用最广泛的一次性铸造方法，在机械制造业中 80% 的铸件是通过砂型铸造的。其工艺流程如图 4-4 所示。

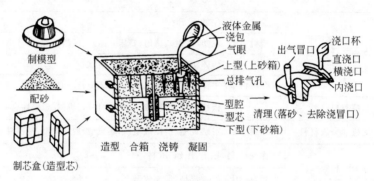

图 4-4 砂型铸造工艺流程

（1）型砂与芯砂 砂型铸造中首先要制模、配砂、造型、制芯、合箱，然后浇注。制造砂型与型芯的材料称为造型材料（型砂与芯砂），造型材料由砂、黏合剂、辅助材料及水等原材料配制而成。砂为耐高温的骨干材料；黏合剂包裹覆盖在砂粒表面，将砂子黏结起来，使其具有一定的性能，砂粒间存在孔隙，以利于气体通过。辅助材料使型砂具有更好的性能，型砂既应满足造型、造芯及清砂等工艺性能的要求，又要能承受浇注时金属液冲刷及高温作用等工作性能的要求。型砂和芯砂要求具有一定可塑性、强度，透气性好，耐火性高（耐火性是指砂型在承受高温作用时，不软化、不烧结的能力），且退让性好（退让性是指铸件在冷却、凝固收缩时，铸型被压溃而不阻碍金属自由收缩的能力）。根据黏合剂特性不同，砂型铸造分为湿型、干型、表面干型、焙烧型及其他特殊铸型。辅助材料主要有煤粉、锯末、氟化物、硫黄与硼酸混合物等。

（2）模型与造型 砂型铸造造型是得到铸件形状的基础，造型前，首先根据零件图绘制铸件工艺图。设计模型的结构时，要考虑铸造工艺参数及方便模型从铸型中取出，具体表现在浇注位置与分型面的设计、加工余量的设计、拔模斜度的设计、铸造圆角的设计、型芯头的设计及收缩余量的设计。

造型的关键是把模型从砂型中取出，为了取出模型，可采用多种方法实施造型，主要有整模造型、分模造型、挖砂造型、三箱造型、刮板造型等。模型各块之间的贴合面为分模面，造型时砂型各部分的贴合面为分型面。图 4-5 所示为整模造型。为取出模型，铸型必须有分型面。造型时将模型从砂型中取出，形成铸型空腔，以便浇注成铸件。为了提高生产效率，降低劳动强度，提高铸件的精度与质量，手工造型已发展成机器造型，机器造型主要完成造型中填砂、紧实及起模三个工序。

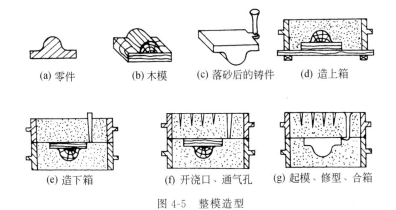

(a) 零件　　(b) 木模　　(c) 落砂后的铸件　　(d) 造上箱

(e) 造下箱　　(f) 开浇口、通气孔　　(g) 起模、修型、合箱

图 4-5　整模造型

（3）制芯与合箱　铸型的内腔由型芯完成，型芯的制造工艺很复杂，由于型芯受高温液体金属的冲击和包围，因此要求型芯具有高的透气性、耐火性、强度及好的退让性，设计时，型芯的形状力求简单，并考虑其稳固、排气及清砂方便。为铸造成型方便，一般尽量少用或不用型芯。

（4）浇冒口系统　浇冒口系统包括浇注系统、冒口与冷铁两个部分。

为了将液体金属浇入铸型而在砂型上开设的通道为浇注系统，浇注系统由浇口杯、直浇口、横浇口、内浇口组成，其作用除引导液体金属进入铸型外，还起到挡渣作用。冒口与冷铁主要起补缩、排气及集渣作用。图 4-6 所示为砂型铸造的典型浇注系统。

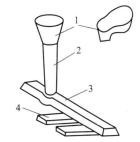

图 4-6　砂型铸造的典型浇注系统
1—浇口杯；2—直浇口；3—横浇口；
4—内浇口

（5）浇注、清理与检验　将液体金属浇入铸型的过程称为浇注，浇注时要严格控制浇注温度与浇注速度。一般浇注温度在金属液相线以上 $100 \sim 200 ℃$。温度太高，易造成较大收缩，产生气孔与缩孔；温度太低，液态金属流动性差、黏度大，造成冷隔与浇注不足等缺陷。浇注速度的快慢由铸件厚度、截面积决定，浇注时，整个过程液体必须始终充满浇注系统。铸型中金属冷凝完毕，冷却到一定温度后，可打开铸箱将铸件从铸型中取出，敲落型砂，去除浇冒口，清除黏附在铸件表面的砂与披锋、毛刺等。清理完毛坯后进行检验，包括外形检验、化学成分检验、金相组织与力学性能的检验，检验合格后入库。

4.2.2　橡胶浸渍成型

浸渍成型是将高分子材料配制成胶乳，用与制品形状相近似的模型浸渍胶乳，使胶乳黏附在模型外表面，经干燥、硫化后获得胶乳制品的工艺方法。简化的工艺流程如下。

高分子材料 $\xrightarrow{配制}$ 胶乳 $\xrightarrow{浸渍}$ 模型 $\xrightarrow{干燥、硫化}$ 胶乳制品

采用浸渍成型的高分子材料一般为橡胶乳液与树脂乳液，得到的产品称为胶乳制品。乳胶制品种类繁多，除浸渍制品外，还有海绵制品、压出制品、注模制品等。浸渍成型制品在胶乳工业中生产最早，应用范围最广，品种也较多，在哥伦布发现美洲大陆之前，中南美洲

的印第安人已经认识和利用橡胶胶乳，他们利用其制作器皿、雨具、胶鞋、玩具等，不过制作粗糙、质量低劣。目前浸渍制品主要有医用手套、工业手套、绝缘手套、避孕套、气象气球、节日气球、玩具气球、奶嘴等。浸渍制品的生产方式一般采用手工操作和机械操作两种方法。浸渍成型工艺简单，产品成本低廉，劳动强度低，污染少，可生产其他成型方法所难以生产产品等优点。图 4-7 所示为玩具气球生产工艺流程。

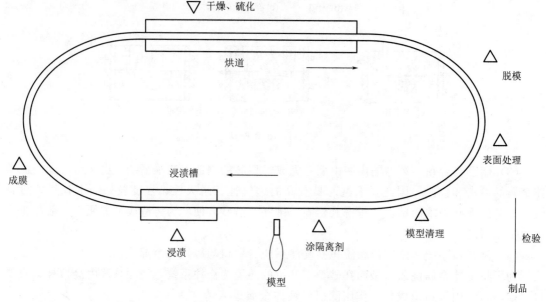

图 4-7　玩具气球生产工艺流程

（1）浸渍胶乳配制　浸渍制品必须采用成膜性能好的胶乳，如天然胶乳、氯丁胶乳、丁腈胶乳、丁苯胶乳等；必须根据制品性能的不同要求选择适合的胶乳，树脂浸渍成型一般采用经配制的聚氯乙烯胶乳。由于纯天然胶乳或合成胶乳制造的胶乳制品，其性能很差，因此，浸渍成型用胶乳是一种以高聚物稳定分散在水介质中的胶体分散体为主要原料，并加入各种助剂的多相复合体系。胶乳用的助剂主要有两类：一类是改善胶乳制品性能的助剂，如硫化剂、促进剂、活性剂、防老剂、填料等；另一类是改善胶乳的胶体性能并使其具有一定加工性能的特种助剂，如分散剂、稳定剂、增稠剂、消泡剂、乳化剂等。选用的各种助剂，应对胶乳稳定性无不良影响，须注意对加工工艺的适应性，同时应尽可能做到低量高效。助剂直接加在胶乳中较难分散，因此，助剂必须配制成溶液（水溶性助剂，如表面活性剂、保护胶体、皂类等）或分散体（各种硫化体系中用的助剂）或乳浊液（不溶于水的液体、半流体或某些固体）。制备好的各种溶液、分散体和乳浊液与胶乳进行均匀混合，制成配合胶乳。配合胶乳经过滤、消泡、储存成熟后，置于浸渍槽中待用。

（2）模型浸渍成膜　模型是制备具有一定形状的胶乳制品的工具，浸渍成型中模型采用的材料有木材、玻璃、陶瓷、铝合金等。不管采用何种材料，都要能经得起反复加热与冷却；不会被胶乳中的组分、凝固剂等所腐蚀；有一定强度，不会因外力而轻易受损伤、破坏或变形；不污染或不老化胶膜；易加工，能焊接，经济实惠。模型设计要充分考虑制品结构、收缩率与便于脱模等因素。浸渍成型方法很多，有直浸法、离子沉淀法（凝固剂法）、热敏化法（热模型法）和电沉淀法。不论采用何种浸渍方法，浸渍时模型下浸速度要控制适当，以不使胶乳激起气泡为度。在模型接触液面时更要缓慢，以免模型顶部包藏空气而造成气泡。上提速度必须均匀，且不能过快，具体情况视浸渍方法、胶乳性能、产品厚薄而定。浸渍后，在模型表面形成一层胶膜，胶膜经沥滤、卷边后，待下道工序用。

（3）干燥与硫化　由于浸渍得到的胶膜中残留大量水分，必须进行干燥处理，干燥一般采用 60～80℃热空气或红外线、远红外线干燥。干燥可以与硫化同时进行，也可先干燥后硫化。

胶乳制品成型后，必须经过硫化才能使制品具有使用性能与价值。常用的硫化方法有热水硫化、热空气硫化、蒸汽硫化、红外线与远红外线硫化等，通过硫化可将制品中橡胶线状分子链交联成立体网状结构，使制品具有一定强度、弹性、模量等性能。

（4）脱模　浸渍制品的脱模方法有干法和湿法两种，对于厚壁和用热空气硫化的制品，一般采用干法脱模，而热水硫化和较薄的制品，则采用湿法比较合适。

（5）表面处理　多数浸渍制品都要对其表面进行物理或化学处理，其目的是为了防止制品表面发黏，使制品具有爽滑性，提高制品的耐化学腐蚀性、耐老化性等。

表面物理处理方法有隔离剂法和涂覆法。前者用干法或湿法或混合法在制品表面施涂隔离剂，如滑石粉、改性淀粉、硅石粉、碳酸钙、硬脂酸锌、硅油等，以防止制品表面发黏，并赋予爽滑、光亮性能。后者是涂覆具有各种实用性能的涂料，以改善制品使用性能。

表面化学处理方法是利用卤化反应，特别是氯化反应，对胶乳制品表面进行化学处理的方法。经化学处理的制品表面很光滑，耐老化性也得到提高，但注意若氯化过度会使制品发黄、表面硬化，甚至产生微小的龟裂。

4.2.3　陶瓷注浆成型

陶瓷注浆成型是将配制好的注浆料，浇注到与零件形状相近似的石膏模型空腔内，利用石膏模的吸水性，使泥浆分散地黏附在模壁上，形成和模型相同形状的坯泥层，并随时间的延长而逐渐增厚，当达到一定程度时，经干燥收缩而与模壁脱离，然后脱模取出，得到生坯。制成的生坯经干燥、上釉、装饰、烧成，得到陶瓷制品。简化的工艺流程如下。

$$\text{原材料} \xrightarrow{\text{配制}} \text{注浆料} \xrightarrow{\text{注浆}} \text{成型} \xrightarrow[\text{上釉、装饰}]{\text{脱模}} \text{生坯} \xrightarrow{\text{干燥}} \text{烧成} \longrightarrow \text{制品}$$

注浆成型是一种适应性好、生产效率高的成型方法。凡是形状复杂、形状不规则以及薄胎等陶瓷制品，均可采用注浆成型法来生产。

4.2.3.1　注浆料配制

陶瓷原料经过配料和加工后，得到的多成分混合物称为坯料。为了使后续工序能顺利进行、适应成型和保证产品质量的需要，注浆料应满足下列要求。

（1）细度　浇注用泥浆的细度较其他坯料的细度要求高，一般细度为万孔筛筛余小于 1%，泥浆还应有合适的颗粒组成。

（2）流动性　泥浆的流动性要好，以保证注浆时泥浆能充满整个模型。生产上习惯用控制相对黏度即流动度来控制流动性。要求瓷坯控制在 10～15s，精陶坯控制在 15～25s，相对黏度主要与泥浆的含水率和稀释用电解质的种类和数量有关，生产上通过加入电解质来获得含水率低、流动性好的浓泥浆。

（3）水分　在保证流动性及成型性能的前提下，水分越少越好，以缩短吸浆时间和增加坯体强度。通常为 28%～35%，生产上习惯用控制泥浆密度来控制含水率。泥浆密度一般为 1.65～1.85g/cm³，通常小件制品可取下限，而大件制品取上限。

（4）触变性　触变性小，有利于输送和储存浆料；放浆后坯体内表面光滑、厚度一致；脱模后不致塌落、变形。触变性通常用稠化度来衡量，它等于 100mL 泥浆在恩氏黏度计中静置 30min 后流出时间与静置 30s 后流出时间的比值。一般希望泥浆稠化度较小，以便于管道输送，又能保证成坯。通常瓷坯用泥浆的稠化度控制在 1.8～2.2，精陶坯控制在 1.5～1.6。

（5）悬浮性　浆料中的固体颗粒能较长时间呈悬浮状态，这样便于泥浆的输送及储存，在成型过程中也不易分层。否则会阻碍浆料的输送，且易分层或开裂。

4.2.3.2　注浆料坯制备

为了获得适合成型需要的料坯，必须确定妥善的加工过程，选用适当的原料，并应执行严格的质量检查。注浆料坯制备工艺流程如下。

$$原料 \xrightarrow{精选} 粉碎 \xrightarrow[中碎]{粗碎} 原料干粉 \xrightarrow[\substack{电解质\\水}]{} 湿法球磨 \longrightarrow 存放搅拌 \longrightarrow 过筛除铁 \longrightarrow 注浆料坯$$

（1）原料预烧　陶瓷工业中使用的原料品种繁多，主要有天然矿石原料及化工合成原料，化工合成原料主要用作上釉、装饰及辅助助剂。天然矿石原料主要有黏土类、长石类、石英类、滑石类、硅灰石类及碳酸盐类。

陶瓷工业中使用的原料，一部分有多种结晶形态（如石英、氧化铝、二氧化铅、二氧化钛等），另一部分有特殊结构（如滑石有层片状和粒状结构）。在成型及以后的生产过程中，多晶转变和特殊结构都会带来不利的影响。因此，在配料前先将这些原料预烧一次。经过预烧，原料晶型稳定下来，原来的结构也破坏了，从而可以提高产品质量。

另外，陶瓷料坯一般都是多组分化合物，因此，在制备料坯前，通过烧结法，将若干种单一组分的原料，经过配料、混合和煅烧后，得到多组分化合物，以便配制料坯时使用。也可通过溶液反应法或其他化学制备法得到备用料。

（2）精选　天然原料中总或多或少含有一些杂质。使用前有必要进行挑选和洗涤，除去原料表面的污泥和碎屑。

（3）研磨配制　天然原料通常先经粗碎，使原料达到 4～5cm 的块状，再中碎至 0.3～0.5mm 粒级，最后进入细碎设备中，细磨到料坯要求的细度。化工原料的粒径一般较小，可直接进入细碎设备加工处理。

注浆料坯的制备是将粉碎原料干粉、水、电解质等称重后，采用湿法球磨，得到粗制注浆料坯。

（4）过筛　为了保证注浆料坯的细度及质量，必须对湿法球磨得到的粗制料坯进行过筛、除铁及搅拌。泥浆过筛一般采用振动筛或六角回转筛进行。原料除本身含铁外，在加工及运输过程中混有一定量的铁质，通常通过磁选机或永久磁铁除去强磁性物质（如金属铁、磁铁矿）。

4.2.3.3　注浆成型

自由流动成型中注浆成型主要有空心注浆（单面注浆）和实心注浆（双面注浆）两种。

（1）空心注浆　这种方法用的石膏模没有型芯。泥浆注满模型经过一定时间后，模型内壁黏附着具有一定厚度的坯体。将多余泥浆倒出，坯体形状在模型内固定下来，如图 4-8 所示。空心注浆适合于浇注小型薄壁的产品，如坩埚、花瓶、管件等。这种方法所用的泥浆密度较小，否则空浆（将多余泥浆倒出）后坯体内表面有泥缕和不光滑。坯体的厚度取决于吸浆的时间、模型的湿度与温度，也和泥浆的性质有关。

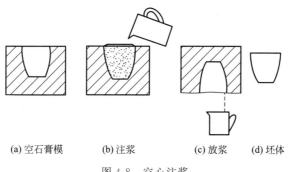

|(a) 空石膏模|(b) 注浆|(c) 放浆|(d) 坯体|

图 4-8　空心注浆

（2）实心注浆　泥浆注入外模与模芯之间，如图 4-9 所示。坯体的内部形状由型芯决定。它适于浇注两面的形状和花纹不同、大型、壁厚的产品。实心注浆常用较浓的泥浆，以缩短吸浆时间。形成坯体的过程中，模型从两个方向吸取泥浆中的水分。靠近模壁处坯体较致密，坯体中心部分较疏松，因此对泥浆性能和注浆操作的要求较严。

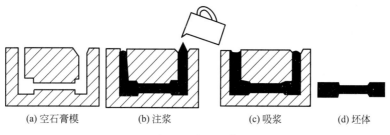

|(a) 空石膏模|(b) 注浆|(c) 吸浆|(d) 坯体|

图 4-9　实心注浆

表 4-4 中列出了一些工厂中浇注日用陶瓷产品泥浆性能的指标。实际生产中，往往根据产品结构要求将空心注浆和实心注浆同时采用，即产品的某些部位用空心注浆成型，而其余部分用实心注浆成型。例如浇注洗面盆便是这样。

表 4-4　浇注日用陶瓷产品泥浆性能的参考指标

指标	空心注浆	实心注浆
水分/%	31~34	31~32
密度/(g/cm³)	1.55~1.7	1.8~1.95
万孔筛筛余/%	0.5~1.5	1~2
流动性(孔径 7mm 的恩氏黏度计)/s	10~15	15~20
厚化系数(静置 30min)	1.1~1.4	1.5~2.2

除上述两种成型方法外，陶瓷注浆成型还有加速注浆的方法，为了缩短吸浆时间，提高浇注坯体的质量，常采用下列几种注浆方法，即压力注浆、离心注浆及真空注浆，这三种注浆成型方法属于受力流动成型，这里不做介绍。

石膏模注浆的主要缺陷如下。

① 开裂　由石膏模过分干燥或太湿、模型各部分干湿程度不同、料浆中原料颗粒过粗、电解质含量过少、料浆陈放时间不够、坯体在模内存放时间过长等原因引起。也可能因干燥过快、坯体放得不平等原因而造成。

② 气孔与针眼 产生的原因有：模型过干、过热或过旧，浆料存放过久；浇注时加浆过急、浆料密度大、黏性强；模型内浮灰未去掉；模型设计不妥，妨碍气泡排出等。

③ 变形 模型太湿、脱模过早、浆料水分太多、原料颗粒过细等都可能引起变形。

④ 塌落 原因是浆中原料过细、水分过多、温度过高、电解质过多，模型过湿、新模型表面的油膜未去掉。

⑤ 粘模 产生的原因是模型过湿、过冷、过旧，浆料水分过多等。

4.2.3.4 干燥

注浆成型得到的生坯含水分较高，生坯内的水分有三种：一是化学结合水，是坯料物质结构的一部分；二是吸附水，是坯料颗粒所构成的毛细管中吸附的水分，吸附水膜厚度相当于几个到十几个水分子，密度大于 $1g/cm^3$，受坯料组成和环境影响；三是游离水，游离于坯料颗粒间，基本符合水的一般物理性质。

为了提高生坯强度，便于检查、修坯、搬运、施釉和烧成，必须对生坯进行干燥，以排除水分。

生坯干燥过程可分为预热阶段、等速干燥阶段、降速干燥阶段与平衡阶段。

生坯干燥方法主要有自然对流干燥、强制对流干燥、辐射干燥等。

4.2.3.5 施釉、装饰

釉是施于陶瓷坯体表面上的一层极薄的玻璃体。施釉的目的在于改善坯体表面性能和提高产品的力学性能。通常疏松多孔的陶坯表面粗糙，即使坯体烧结，在气孔率接近于零的情况下，由于它的玻璃相中包含晶体，所以坯体表面仍然粗糙无光，易于沾污和吸湿，影响美观、卫生和力学性能、电学性能。通过施釉，产品表面就变得平滑、光亮、不吸湿、不透气，同时在釉下装饰中，釉层还能保护画面，使之经久耐用，防止彩料中有毒元素的溶出。如果使釉着色、析晶、乳浊、消光、开片等，还能增加产品的艺术性，掩盖坯体不良的颜色，从而扩大陶瓷原料的使用范围，并提高产品的等级，具有均匀压缩应力的釉层，甚至能使制品的力学、电、热三个方面性能同时得到明显提高。

陶瓷品种繁多，烧制工艺各不相同，因而釉的种类和它的组成都极为复杂。施釉工艺在于根据坯体的性质、尺寸和产品器形以及生产条件来选择合适的施釉方法和适当的釉浆密度。

陶瓷产品一般在生坯上施釉、一次烧成，或在素坯上施釉、二次烧成。过湿或过干的坯体和刚出烘房的热坯以及沾有浮灰、油迹的脏坯都不宜直接施釉，否则将会造成脱釉、缩釉并形成釉泡和针孔等缺陷。所以生坯须经过干燥、冷却、抹水和吹灰等操作。对烧结坯体尚须加热至一定温度方可施釉。

生产上经常采用浸、浇、喷、滚、涂刷和气化等方法施釉。浸釉法是将坯体浸入釉浆，利用坯体的吸水性或热坯对釉的黏附而使釉料附着在坯上。釉层厚度视坯的吸水性、釉浆浓度和浸渍时间而定。

陶瓷的装饰是在陶瓷器件上进行艺术加工的工序。它使陶瓷既有实用性又具艺术感，并能扩大制坯原料的来源和提高产品等级。

装饰可在施釉前对坯体或坯表面进行加工，也能对釉本身或在釉上和釉下联合进行装饰。具体方法极多，常用的有如下几种：雕塑、色坯（色泥、化妆土）、彩釉（颜色釉、艺术釉）、彩饰（釉上彩、釉下彩、釉中彩）及斗彩（联合装饰法，如釉上与釉下配合，颜色釉与艺术釉相配合等）。

我国景德镇的釉下青花和醴陵的各色釉下彩器皿，在国际上享有很高声誉。一般釉下彩都用墨汁或黑色彩料画线条，用彩料与水混合填色。墨汁烧时燃尽，故图案轮廓为白色或黑色线条勾画。釉下青花则是用较浓青花料描图案轮廓，浅色青花料填色，画面全由深浅蓝色组成。

颜色釉是我国传统制品，如宋朝青瓷和钧红、清朝朗窑红和窑变花釉等均为世所珍视的名品。

4.2.3.6　烧成

对陶瓷坯体按一定规律加热至高温；经过一系列物理化学反应，然后再冷却至室温，坯体的矿物组成与显微结构发生显著变化；外形尺寸得以固定，强度得以提高，最终成为人们预期得到的、具有某种特定使用性能的陶瓷制品。这一工艺过程称为烧成。

由此可知，烧成是陶瓷制造过程中最后一道关键工序，制定合理的烧成工艺是至关重要的。烧成工艺不适当，将直接影响产品质量，不但会使以前各道工序的成果毁于一旦，而且烧成废品往往难以回收，造成资源的极大浪费。

普通陶瓷的生产流程有一次烧成和二次烧成之分。所谓一次烧成又称本烧，是指经成型、干燥或施釉后的生坯，在烧成窑内一次烧成陶瓷产品的工艺路线。所谓二次烧成是指经过成型、干燥的生坯先在素烧窑内进行素烧——第一次烧成，然后经检选、施釉等工序后再进入釉烧窑内进行釉烧——第二次烧成，这是经过二次烧成的工艺路线。

（1）二次烧成的特点　素烧时坯体中已进行氧化分解反应，产生的气体已经排除，可避免釉烧时因釉面封闭后排气造成"橘釉"、"气泡"等缺陷，有利于提高釉面光泽度和白度；素烧时气体和水分排除后，坯体内有大量的细小孔隙，吸水性能改善，容易上釉且釉面质量好；经素烧后坯体机械强度进一步提高，能适应施釉、印花等工序的机械化，降低半成品的破损率；素烧时坯体已有部分收缩（烧成收缩），故釉烧时收缩较小，有利于防止产品变形；素烧后要经过检选（素检），不合格的素坯一般可返回到配料中，故提高了釉烧的合格率，减少了原料损失。

（2）一次烧成的特点　干生坯直接上釉，入窑烧成，工艺流程简化，坯体周转次数减少，为生产过程全线联动、实现自动化操作创造了条件；劳动强度下降，操作人员减少，劳动生产率可提高1～4倍；由于减少了素烧窑、素检及其附属设施，占地面积小，基建投资减少，烧成设备投资及占地面积可减少1/3～2/3；节约能源，因为坯体只需烧成一次，故燃料消耗和电耗都大幅度下降，若再和低温烧成结合，则效果更好。

除青瓷和薄胎瓷外，我国生产的日用瓷器一般采用一次烧成工艺。但在国外，瓷器绝大多数是二次烧成，近年来也有人主张采用国外二次烧成的经验，以提高日用瓷器的档次。

4.3　受力流动成型

受力流动成型是指成型时在受力作用条件下，将呈流动状态的物料，注入模型型腔，或使物料通过一定形状的口模，或附在模型表面，经温度变化（降温或升温），或反应，或溶剂挥发等作用，使物料冷凝、固化，最终形成产品。受力流动成型得到的产品，一般无须后续加工可直接使用。与自由流动成型相比，两种成型方法均是在物料流动状态下进行，区别在于自由流动成型无外力作用，而受力流动成型是在受力条件下成型。受力流动成型过程中，物料由于受热熔融而成为流体（如塑料熔体、液态金属、液态玻璃等），或由于加入溶剂而成为流体（如溶液纺丝原液、乳液、陶瓷泥浆等），或是高分子预聚体（反应注射预聚体、反应挤出预聚体）等。受力流动成型主要有两类：一类是高分子材料的各种成型，如塑料注塑、挤出、压延、纤维纺丝等；另一类是无机非金属材料的各种成型，如陶瓷压力注浆、热压注，玻璃压制、拉制、压延、吹制等。

4.3.1 塑料注射成型

注射成型的过程是将粒状或粉状树脂配合料从注塑机的料斗送进加热的料筒，经加热熔化呈流动状态后，由柱塞或螺杆的推动，使其通过料筒前端的喷嘴注入闭合模具中。充满模具的熔料在受压的情况下，经冷却（热塑性塑料）或加热（热固性塑料）固化后得到注塑模型腔所赋予的形状，开启模具即得制品。简化的工艺流程如下。

$$原料 \xrightarrow{\text{预处理}} 加料 \xrightarrow{\text{加热}} 熔融塑化 \longrightarrow 注射 \xrightarrow{\text{保压}} 冷却 \longrightarrow 脱模 \xrightarrow{\text{后处理}} 制品$$

注射成型（又称注塑成型）是塑料制品成型的一种重要方法。几乎所有的热塑性塑料及多种热固性塑料都可用此法成型。注射成型可制造各种形状、尺寸、精度、性能要求的制品。目前注塑制品约占塑料制品总量的 30%，尤其是随着塑料作为工程结构材料的出现，注塑制品的用途已从民用扩大到国民经济各个领域，并将逐步替代某些传统的金属和非金属材料的制品，如各种工业配件、仪器仪表零件、结构件、壳体等。

注塑是通过注塑机来实现的。注塑机的类型很多，目前工业生产中，广泛使用的是移动螺杆式注塑机，但还有少量柱塞式注塑机。图 4-10 所示为移动螺杆式注塑机。无论哪种注塑机，其基本作用均为：加热塑料，使其达到熔化状态；对熔融塑料施加高压，使其塑出而充满模具型腔。图 4-11 所示为柱塞式注塑机注射成型示意图。

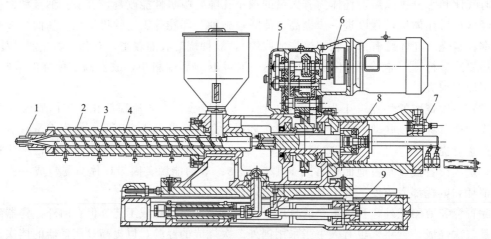

图 4-10　移动螺杆式注塑机

1—喷嘴；2—加热器；3—螺杆；4—料筒；5—减速箱；6—离合器；

7—背压阀；8—注射缸活塞；9—整体移动缸活塞

4.3.1.1 成型前准备

为使注射成型过程顺利进行和保证产品质量，应对所用的设备和塑料做好以下准备工作。

（1）原料的预处理　根据各种塑料的特性及供料状况，一般在成型前应对原料进行外观（色泽、粒子大小及均匀性等）和工艺性能（熔体流动速率、流动性、热性能及收缩率等）的检验。如果来料是粉料，有时还须加入助剂，染色和造粒。粒状或经处理后的粉状物料常称树脂配合料。此外，对水分与挥发物含量较高的粒料必要时进行干燥处理，以减少制品出现气泡、斑纹甚至降解的可能性。

（2）料筒、模具清理　当初次使用某种树脂配合或某一注塑机时，或者在生产中需要变更产品、更换原料、调换颜色或发现塑料中有分解现象时，都需要对注塑机（主要是料筒）、模具型腔进行清洗或拆换。

（3）脱模剂使用　脱模剂是使塑料制件易从模具型腔中脱出而涂在模具表面上的一

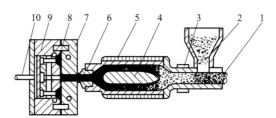

图 4-11　柱塞式注塑机注射成型示意图

1—柱塞；2—料斗；3—冷油套；4—分流梭；

5—加热器；6—喷嘴；7—定模板；

8—制品；9—动模板；10—顶出杆

种助剂。一般注塑制件的脱模，主要依赖于合理的工艺条件与正确的模具设计。但在生产上为了顺利脱模，经常使用脱模剂。常用的脱模剂有硬脂酸盐类、硅油及各种蜡类。

（4）嵌件预热及安置　为了装配和使用等要求，塑料制件内常需要嵌入金属嵌件。注射前，金属嵌件应先放进模具内的预定位置，成型后使其与塑料成为一个整体件。有嵌件的塑料制品，在嵌件的周围容易出现裂纹或导致制品强度下降，这是由于金属嵌件与塑料的热性能和收缩率差别较大的缘故。因此除在设计制件时加大嵌件周围的壁厚，以克服这种缺陷外。成型中对金属嵌件进行预热是一项有效措施。预热后可减少熔料与嵌件的温度差，成型中可使嵌件周围的熔料冷却较慢，收缩比较均匀，发生一定的热料补缩作用，以防止嵌件周围产生过大的内应力。

4.3.1.2　注射成型

完整的注射成型过程包括加料、塑化、注射、冷却固化和脱模等几个工序。

注射成型时，加入的树脂配合料，在料筒中受热，逐渐转变为熔体，塑化均匀的熔体被柱塞或螺杆推向料筒的前端。经喷嘴、模具的浇注系统而进入并充满模具的型腔，这一过程称为"充模"。充模之后，柱塞或螺杆仍保持施压状态，迫使熔体不断充实到型腔中，使制品不至于缺料，成为完整的制品，这一过程称为"保压"。当浇注系统的熔体先行冷却硬化时（这一现象称为"凝封"），保压便可停止，柱塞或螺杆可退回，同时，向料筒中加入新料。从凝封后即开始对模具进行冷却，直到冷却至所需温度为止，这一阶段称为"冷却"。但实际上，对制品的冷却，从充模后便开始了。当制品冷却到所预定温度时，可用人工方法或机械方法取出制品，此为脱模过程。整个过程称为一个成型周期（注射周期），完成一个成型周期后，进行下一个周期。

注射成型过程中最为重要、最为关键的就是物料的塑化，塑化就是树脂配合料在料筒内受热达到充分熔融状态，从而具有良好的可塑性及流动性。

4.3.1.3　制品后处理

注塑制件经脱模或机械加工后，常需要进行适当的后处理，以改善和提高制件的性能及尺寸稳定性。制件的后处理主要指退火处理和调湿处理。

（1）退火处理　由于塑料在料筒内塑化不均匀或在型腔内冷却速度不同，常会产生不均匀的结晶、取向和收缩，使制品存有内应力，这在生产厚壁或带有金属嵌件的制品时更为突出。存在内应力的制件在储存和使用中常会发生力学性能下降，光学性能变坏，表面有银纹，甚至变形、开裂。生产中解决这些问题的方法是对制件进行退火处理。退火处理是指将成型好的塑料制品置于加热介质（如热空气、热水、热的矿物油或甘油等）中一段时间，然后缓慢冷却至室温。经过退火处理，制品的密度、耐热性、冲击强度、尺寸稳定性均有所提高。处理的时间取决于塑料品种、加热介质的温度、制品的形状和模塑条件。

（2）调湿处理　聚酰胺类塑料制件在高温下与空气接触时常会氧化变色。此外，在空气中使用或存放时又易吸收水分而膨胀，需要经过长时间后才能得到稳定的尺寸。因此，如果将刚脱模的制品放在热水中进行处理，不仅可隔绝空气、防止氧化，进行退火，同时还可加快达到吸湿平衡，故称为调湿处理。适量的水分还能对聚酰胺起着类似增塑剂的作用，从而改善制件的柔曲性和韧性，使冲击强度和拉伸强度均有所提高。

4.3.1.4 影响质量因素

在注射成型过程中，除原料、设备的影响因素外，对制品质量影响较大的因素主要是注射成型工艺条件，包括温度（料温、模温）、注射压力与注射速度。

4.3.2 玻璃吹制成型

玻璃是一种具有各种优良性能和易加工的材料，它广泛用于各个领域。如建筑玻璃、日用玻璃、光学玻璃、电真空玻璃、药用玻璃、仪器玻璃、激光玻璃等。它们的品种与用途虽各不相同，但它们的生产工艺流程却十分相近。简化的成型工艺流程如下。

原料加工──→配合料制备──→熔制──→成型──→退火处理──→制品

因此，玻璃的成型是将熔融的玻璃液转变为具有固定几何形状的过程。在玻璃生产中，成型分为两个阶段：成型与定型，成型赋予制品一定的几何形状，定型是把制品的形状固定下来。不同制品生产工艺的差异仅在于，有各自的成分设计和各自的成型方法。一次制品经深加工后，增添了新的性质与新的用途，这种玻璃称为二次制品，常称深加工玻璃。

4.3.2.1 成型前准备

（1）原料加工　原料的选择与配合料的制备直接影响制品的产量、质量与成本，因此，能否获得优质高产的配合料与后续的熔制工艺和成型工艺关系极大。

在新品种玻璃投产前必须选用原料，有时在日常生产中需要改变原料品种以配合工艺要求，因此选择原料是一项重要工作。不同的玻璃品种对原料的要求不尽相同。

玻璃原料通常分为主要原料及辅助原料。对所选原料在使用前应进行破碎、粉碎试验、熔制试验和制品的物性检验及经称量、混合制成配合料。

（2）玻璃熔制　合格配合料经高温加热形成均匀的、无缺陷的并符合成型要求的玻璃液的过程称为玻璃的熔制过程。玻璃熔制是玻璃生产最重要的环节，玻璃制品的产量、质量、成品率、成本、燃料耗量、窑炉寿命等都与玻璃熔制过程密切相关，因此，进行合理的玻璃熔制是非常重要的。

玻璃熔制过程是一个很复杂的过程，它包括一系列的物理的、化学的和物理化学的现象和反应，其综合结果是使各种原料的混合物形成了透明的玻璃液。

可根据玻璃熔制过程中的不同实质将其分为五个阶段，即硅酸盐形成阶段、玻璃液形成阶段、玻璃液的澄清阶段、玻璃液的均化阶段和玻璃液的冷却阶段。玻璃熔制的五个阶段互不相同且各有特点，但又彼此关联，在实际熔制过程中并不严格按上述顺序进行。例如，在硅酸盐形成阶段中有玻璃液形成过程，在澄清阶段中又包含有均化阶段。熔制的五个阶段，在池窑中是在不同空间同一时间内进行，在坩埚炉中是在同一空间不同时间内进行。详见第5章5.1节。

4.3.2.2 人工吹制成型

由于玻璃的黏度与表面张力随温度而变化，玻璃的成型和定型连续进行的特点，使得玻璃能接受各种各样的成型方法。约在公元 1 世纪初发明了吹管，目前人工成型方法和中世纪时仍然基本相同。

人工吹制所使用的主要工具是吹管和表面涂覆含碳物质的衬碳模。吹管是一根空心的铁管。它与玻璃液接触的一端称为挑料端，目前常用镍铬合金制成。挑料端焊接在吹管的端头，人工吹制的主要工序为挑料、吹小泡、吹制、加工等，如图 4-12 所示。

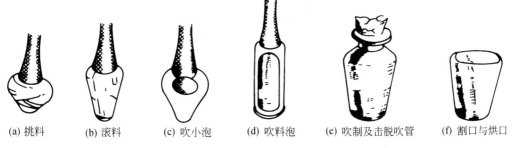

(a) 挑料　　(b) 滚料　　(c) 吹小泡　　(d) 吹料泡　　(e) 吹制及击脱吹管　　(f) 割口与烘口

图 4-12　人工吹制成型示意图

（1）挑料　人工吹制成型的玻璃液在坩埚炉或小型池窑中熔制。玻璃液必须从澄清温度冷却 200～300℃，以达到可以用吹管蘸料，挑料前应当将吹管加热至适当温度以便于粘住玻璃液。但是，温度不能过高，否则吹管的挑料端会受侵蚀而污染玻璃。挑料时将吹管斜插在玻璃液面以下稍许，在吹管不断旋转下于挑料端卷上一定分量的玻璃液。同一种制品，每次挑料量应当相同，然后在不断旋转下取出吹管，进行吹小泡的操作。为了取得较为洁净的玻璃液，常采用黏土耐火材料环放置在坩埚的玻璃液面上（由于黏土耐火材料的密度比玻璃液小，它会自然漂浮在玻璃液上）。这种耐火材料环称为"浮环"，以阻止玻璃液中浮渣等杂质进入环内，挑料时即在环中蘸料。小型池窑的取料口，常装有无底的靴形坩埚。熔好的玻璃液从坩埚底下流入，而浮渣等却隔离在坩埚外面。无底坩埚还可以隔断取料口处火焰向外喷出，以保护工人的操作安全。

（2）吹小泡　将上述挑好料的吹管取出炉外后，在金属或木制平板（滚料板）或滚料碗（俗称铁碗）中滚压玻璃液，使所挑的玻璃料具有一定的形状、平滑的表面、对称的玻璃分布和达到吹制所需的黏度。然后吹气，使它成为中空的厚壁小泡。如果是吹制大型制品，还需要在吹成的小泡上进行第二次挑料、第三次挑料等，每次挑料后都要在滚料板或滚料碗上进行滚压，并借助吹气使小泡吹成球形或胀大，使壁变薄等，最后使小泡的形状接近于模腔的形状。其体积为模腔的 70%～80%，这时的小泡也称料泡。

（3）吹制　将料泡放入衬碳模中，入模前，模型用冷水冷却，在不停转动下，吹气使料泡胀大成为制品。在继续旋转下直至吹成的制品冷却硬化不致变形时取出模外。然后击脱吹管进行修饰。在一般情况下，将击脱的制品送去退火，退火后再进行割口、烘口等加工处理。

（4）加工　加工或称修饰。在某些情况下，需要在成型时把口部做好。这时，用另一支吹管，在挑料端做成一个玻璃小盘（称为顶盘），把吹成的制品从底部粘在顶盘上。有时，也用特制的夹子夹住制品，然后击脱吹制用的吹管，在坩埚或烧口炉上重新加热制品，用剪刀剪齐口部。在转动下，用夹子或样模使制品口部圆滑。有时还需要在制品上粘把、贴花等，最后，将制品送去退火。

4.3.2.3 退火后处理

在生产过程中，玻璃制品经受激烈的、不均匀的温度变化，会产生热应力。这种热应力能降低玻璃制品的强度和热稳定性。玻璃制品自高温自然冷却时，其内部的结构变化并不均匀，由此造成玻璃光学性质上的不均匀。热成型的制品若不经退火令其自然冷却，则在冷却、存放、使用、加工过程中会产生炸裂。

玻璃中的应力一般可分为三类：热应力、结构应力及机械应力。玻璃中的热应力是由于玻璃中存在温差而产生的应力，按其产生的特点可分为暂时应力和永久应力两类。玻璃中的结构应力，是因为玻璃化学组成不均匀导致结构上的不均匀而产生的应力。机械应力是由外力作用在玻璃上引起的应力，当外力除去时该应力随之消失。在生产过程中，若对玻璃制品施加过大的机械力也会使玻璃制品破裂。

退火就是消除或减小玻璃中热应力至允许值的热处理过程，对光学玻璃和某些特种玻璃，退火的要求十分严格，通过退火，使结构均匀，以达到要求的光学性能，这种退火称为精密退火。

为了消除玻璃中的永久应力，必须把玻璃加热到低于玻璃化温度 T_g 附近某一温度进行保温均热，以消除玻璃各部分的温度梯度，使应力松弛，这个选定的保温均热温度称为玻璃的退火温度。玻璃在退火温度下，由于黏度很大不会发生可测的变形。玻璃的最高退火温度是指在此温度下经过 3min 能消除 95% 的应力，此温度亦称退火上限温度；最低退火温度是指在此温度下经 3min 只能消除 5% 的应力，此温度亦称退火下限温度。最高退火温度和最低退火温度之间为退火温度范围。

实际上，一般采用的退火温度都比最高退火温度低 20～30℃，低于最高退火温度 50～150℃的为最低退火温度。

玻璃的退火温度与其化学组成有关。凡能降低玻璃黏度的组成也能降低退火温度，玻璃的退火与制品的种类、形状、大小、允许的应力值、退火炉内温度分布等情况有关。可采用多种退火形式。

根据退火原理，退火工艺可分为四个阶段：加热阶段、均热阶段、慢冷阶段和快冷阶段。

（1）加热阶段　不同品种的玻璃有不同的退火工艺。有的玻璃在成型后直接进入退火炉进行退火，称为一次退火；有的制品在成型冷却后再经加热退火，称为二次退火。所以加热阶段对有些制品并不是必要的。在加热过程中，玻璃表面产生压应力，所以加热速度可相应高些。

（2）均热阶段　把制品加热到退火温度进行保温、均热以消除应力。在此阶段中首先要确定退火温度，其次是保温时间。

（3）慢冷阶段　为了使玻璃制品在冷却后不产生永久应力，或减小到制品所要求的应力范围，在均热后进行慢冷是必要的，以防止过大的温差。

（4）快冷阶段　玻璃在应变点以下冷却时，只产生暂时应力，只要不超过玻璃的极限强度，就可以加快冷却速度以缩短整个退火过程、降低燃料消耗、提高生产率。

4.4　受力塑性成型

受力塑性成型是指在受力条件下，在高温或常温或塑化剂存在下，固态物料产生塑性变形而获得所需尺寸、形状及力学性能的成型方法。与前两种成型方法（自由流动成型、受力流动成型）相比，受力塑性成型过程中，物料不发生流动，而产生塑性变形。事实上塑性变形包括弹性变形和塑性变形两部分。固体受力作用后，首先产生弹性变形。在此阶段，弹性变形量的大小与作用力的大小成正比，当作用力停止后，变形固体物料随即恢复到原始形状。若作用力继续增大并超过一定限度后，固体物料在弹性变形基础上，将发生永久变形，此时，去除作用力，变形只能恢复一部分（弹性变形部分），其余的变形部分则不能随作用力的消失而消失。这种不能恢复的永久性变形称为塑性变形。受力塑性成型主要有金属锻压成型、陶瓷可塑成型、橡胶塑性成型、塑料层压成型。陶瓷可塑成型与橡胶塑性成型时，为了便于固体物料产生塑性变形，除受力作用外，还经常加入某些塑化剂，制备成具有一定可塑度的物料（料坯），以增加材料的塑性变形。受力塑性成型得到的产品，除金属制品外，一般都需要经后续加工后才具有使用性能和价值，如橡胶硫化、陶瓷烧成。

4.4.1　金属锻造

利用一定的设备和工具，将固态金属在高温或常温及外力作用下，产生塑性变形而获得所需尺寸、形状及力学性能的工艺方法，称为锻压（锻造与冲压）。

黑色金属和大多数有色金属都具有一定的塑性，均可在冷态或热态下进行变形加工。压力加工的方法有锻造、冲压、轧制、拉拔、挤压等。图 4-13 所示为金属各种受力塑性成型方法。

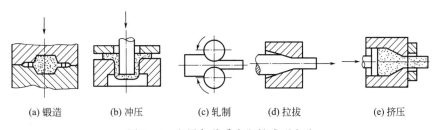

|(a) 锻造|(b) 冲压|(c) 轧制|(d) 拉拔|(e) 挤压|

图 4-13　金属各种受力塑性成型方法

在锻造过程中，将固态金属加热到再结晶温度以上，在压力作用下产生塑性变形，把坯料的某一部分体积转移到另一部分，从而获得具有一定形状、尺寸和内部质量的制品。

几乎在发现金属的同时，人类就开始利用锤打金属制成各种狩猎工具和农具、武器或装饰品。直到今天，在某些城镇、农村还有铁匠铺，为人们的生产和生活提供各种铁制工具和日用品。随着锻造技术的发展，小规模手工锻打方法已逐渐发展成利用水力、蒸汽作为动力，直至使用电力规模化锻造的方式了。

锻造与其他毛坯成型工艺相比，具有以下特点：塑性成型时质量保持不变，锻造压力加工是依靠毛坯重新分配金属体积而获得零件形状与尺寸，不像切削加工那样切除多余的金属成型，也不像铸造、焊接那样积累和增加金属，属于无废料及少废料的加工方法。采用精密锻造，可大大节约金属；改善内部组织，提高力学性能。当毛坯使用铸锭时，经加热变形后，可使铸锭内部的气孔、缩孔、裂纹及缩松被压合，并可消除粗、细不均匀的铸造组织，从而增加了金属密度，提高了力学性能；当毛坯使用轧制品时，可合理利用其纤维组织，充分利用横、纵纤维存在的方向性不同的潜力，提高锻件的使用性能；生产周期短，生产率高。据统计，在飞机上锻件质量占总质量的 85%，在汽车上占 80%。

4.4.1.1　锻造方法

锻造方法可分为两种：一种是把材料封闭在金属模的型腔内进行成型的模锻法；另一种

是在开放的平铁砧中间将材料成型的自由锻造法。

（1）模锻　模锻使用与制品形状相同的金属模，能够精确地将形状复杂的制品加工成型，但制造金属模费用较高；同时，坯料是在金属模内产生塑性变形的，材料的流动受到约束，与自由锻造相比，同样大小的锻件所需要的锻造机械吨位较大。因此，从经济效益来看，模锻最适用于生产批量的汽车零件之类小型而形状固定的制品。模锻制品总产量有70％左右是1kg以下的小零件。自由锻造能应急，不像铸造工序众多、准备时间长。

由于锻造是在固态下成型的，金属的流动受到限制，因此，与铸件相比，锻件成本较高，形状简单；与切削加工相比，在形状、精度方面存在一定差距，且表面质量差，常存在氧化皮、裂纹、凹坑等缺陷，自由锻造还对加工的小孔、台阶、凹槽等难以锻造的部位留有余块，从而增加了切削加工余量。

但近年来各种新的锻造加工方法，如精锻、冷镦、冷挤压等的不断出现，使一些锻件的精度和表面粗糙度达到了切削、铣削甚至磨削加工的水平。随着现代工业的发展，自动控制、电子计算机技术的广泛应用，锻压加工必将更加发挥出技术优势，获得更快发展。

（2）自由锻造　自由锻造是将坯料置于上、下铁砧之间进行锻压，使坯料产生塑性变形而获得锻件的加工方法。自由锻造制得的锻件，从形状方面有轴、圆筒（圆柱状）、环、圆盘等。制品的质量小至几千克，大至100t以上，形状和用途也多种多样，极其广泛。简化的自由锻造锻件制造工艺流程如下。

钢锭或钢板 ⟶ 加热 ⟶ 锻造 ⟶ 退火或缓冷 ⟶ 材料试验 ⟶ 机械加工 ⟶ 检验 ⟶ 制品

机械加工 ⟶ 热处理

大型锻件一般均用钢锭直接进行锻造。因为钢锭是在钢锭模中使钢液凝固获得的，故钢锭内部粗大的铸造组织很发达，而且在这些组织之间存在着裂纹、空隙或成分偏析等。因此，当锻造开始时，采取破坏铸造组织使之细化、压合裂纹和空隙、使偏析成分扩散等谋求改善材质的操作，这些操作使一般成型具有更好效果而被普遍采用。所使用的锻造机械的吨位和型号视产品的大小和形状而有所不同，主要有液压机和锻锤。

为了制造各种尺寸和形状的锻件，要求有一定熟练的技术；同时，由于常需增加加热和锻造次数，致使精度不高，易留下表面缺陷。因而还必须附带地增加机械加工余量。为此，近年来在自由锻造中，为提高生产率和材料合格率、减少机械加工费用等，而部分地增加模锻，使上述缺点得到某种程度的克服。

自由锻造的基本方法有实心锻造（延伸锻造）、镦锻、展宽锻造、空心锻造，通过这些方法与穿孔、压槽延锻、扭转、剪切等操作结合而成一系列的锻造工序。

① 实心锻造（延伸锻造）　实心锻造也称延伸锻造，是在上、下平铁砧或带有V型模的锤砧之间减少坯料的断面积而沿轴向增加长度的变形方法，如图4-14所示。为了获得断面均匀、尺寸较长的锻件和进行精确且光滑的精加工，一般都使用与锻件加工面相匹配的陷型模进行模锻。

② 展宽锻造　与实心锻造相反，展宽锻造则是用垫铁沿坯料的轴向和直角方向展宽的变形方法，如图4-15所示。

③ 镦锻　镦锻是与延伸锻造完全相反地沿轴向把坯料压缩以增加断面积的方法。在锻件所需的加工断面积比坯料的断面积大时用镦锻。或者在延伸锻造时，由于延伸锻造的锻压比过分增大，从而在锻件内产生材质的方向性而不便于使用时，则也需要用镦锻，如图4-16所示。

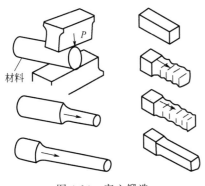

图 4-14 实心锻造

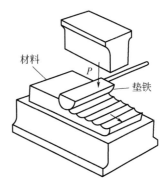

图 4-15 展宽锻造

④ 冲孔与扩孔锻造 冲孔是指在坯料上冲出通孔或盲孔，如图 4-17 所示。通常先将坯料镦粗，然后进行冲孔。坯料厚度大时，采用两面冲。大环形件一般采用空心冲孔。扩孔是指先冲小孔，再进行延伸，扩孔。

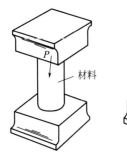

图 4-16 镦锻

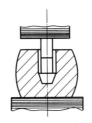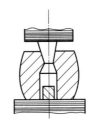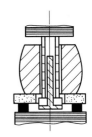

图 4-17 冲孔锻造

4.4.1.2 锻造操作

锻造操作一般包括坯料加热、锻造、锻后的冷却或退火。

（1）坯料加热

① 锻造温度 由于材料的变形抗力随加热温度增高而减少，故在锻造之前要进行加热。坯料开始锻造的温度（始锻温度）和终止锻造的温度（终锻温度）之间的温度间隔，称为锻造温度范围。为了减少加热次数，延长锻造时间，始锻温度应取高些，但若温度过高，则不仅使氧化皮增加，材料合格率降低，而且将出现因晶粒异常粗大而导致材料力学性能恶化的过烧现象，若过烧进一步发展，便产生晶间局部氧化和熔化现象，甚至导致不能锻造。终锻温度应取低些，以便获得致密、性能好的锻件，但若温度过低，锻造困难，且可能由于加工硬化而造成锻件开裂。表 4-5 列出了主要钢材的锻造温度范围。

表 4-5 主要钢材的锻造温度范围

钢材	始锻温度/℃	终锻温度/℃	钢材	始锻温度/℃	终锻温度/℃
碳素结构钢	1200～1250	800	高速工具钢	1100～1150	900
合金结构钢	1150～1200	800～850	耐热钢	1100～1150	800～850
碳素工具钢	1050～1150	750～800	弹簧钢	1100～1150	800～850
合金工具钢	1050～1150	800～850	轴承钢	1080	800

②加热时间 加热速度太快，便会造成材料开裂，或在表层发生过烧现象。相反，加热速度太慢，则达到锻造温度就需要很长的时间，从而使作业率降低。对于裂纹敏感性低的小型坯料，最简便的方法是把坯料直接装入保持锻造温度的炉子内进行加热。对于大型锻造坯料和裂纹敏感性高的钢种，采用在常温或接近常温下装炉，使坯料表面升温速度保持一定的加热方法。此时所需的最短加热时间，按温度范围可分为下列三个阶段。

第一阶段：材料处于弹性状态，从容易产生裂纹的室温加热到 500～600℃ 所需的时间。

第二阶段：材料表面的温度达到 500～600℃，进入塑性状态后，再加热到锻造最高加热温度范围所需的时间。

第三阶段：材料表面的温度达到最高加热温度之后，使材料中心温度达到与表面温度相同所需的加热时间。

（2）锻造 锻造作业往往不是单一的锻造法就可完成，而是根据锻件的形状和用途，将几个基本的锻造法组合起来实现的，锻件的形状越复杂化，所需的锻造法组合越多，且锻造作业时间也越长。根据不同情况，锻造中间还需反复加热，平均作业时间的锻造效率也因而降低。

即使形状相同的锻件，也往往由于锻造效率和锻造设备不同，或者为了提高制品使用特性而采用不同的锻造方法。目前工业上使用的曲轴有半组合式和整体式之分，它们采用的锻造方法并不相同，以此为例加以说明。

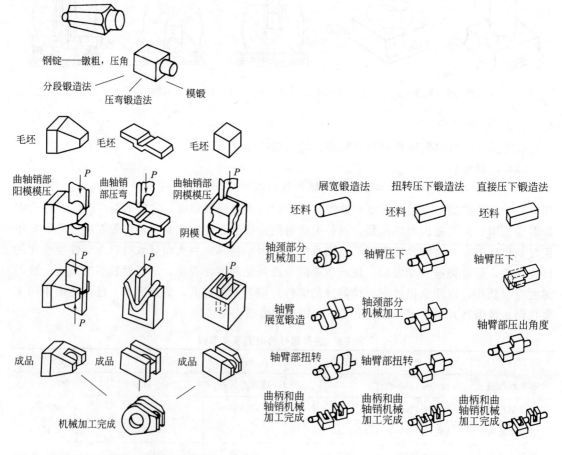

图 4-18 半组合式曲轴臂锻造法　　　　　　　　图 4-19 整体式曲轴锻造法

　　① 半组合式曲轴臂的锻造法　曲轴臂锻造法有分段锻造法、弯曲锻造法及模锻法。分段锻造法是早期的锻造方法，大部分是利用机械加工由方形锻件车制成曲轴臂的方式。其锻造非常简单，但机械加工工时多，成材率低，而且还有在机械加工面上易暴露坯料内部的偏析和砂眼等缺陷。弯曲锻造法是把坯料压成扁方形之后，弯曲成曲轴臂形状，销部用陷型模成型。模锻法则是将方形坯料置于金属模内进行锻造。图 4-18 所示为半组合式曲轴臂锻造法。

　　② 整体式曲轴的锻造法　整体式曲轴的锻造有自由锻造法、模锻法和特殊锻造法。自由锻造法有展宽锻造法、扭转压下锻造法和直接压下锻造法，如图 4-19 所示。自由锻造法制造整体式曲轴的锻造技术要求较高，且由于曲轴臂之间的间隙窄，故不能锻造销的部分，因此，必须用机械加工切削出来，容易产生偏析等缺陷。为了克服这些缺点，发展了模锻法、R-R 锻造和 T-R 锻造的特殊锻造法。这些方法都需要特殊的专用机械。

　　（3）锻造后冷却　锻造后材料的冷却有两种情况：一种是锻造后立即冷却；另一种是经过退火工序的冷却。

　　① 锻造后立即冷却　锻造后立即冷却的方法用于金属的淬透性小的小型锻件。有两种冷却方法：在空气中或埋入砂、硅藻土中冷却的自然冷却法和以适当温度放入热处理炉中冷却的随炉冷却法。

　　② 退火工序的冷却　淬透性大的金属锻件和形状复杂或大型锻件，为了防止由于冷却时的热应力和相变应力导致产生裂纹的危险，锻造后不立即进行冷却，先进行退火，然后在常温下进行冷却。

4.4.2　陶瓷挤压成型

　　陶瓷挤压成型属于可塑成型方法，此外，还有车坯成型、旋坯成型和滚压成型等。我国古代采用的手工拉坯是最原始的可塑法。挤压成型是将配制好的可塑料团，由挤压机的螺杆或活塞挤压向前，经机嘴出来达到要求的形状。陶瓷的挤压成型与塑料的挤出成型和橡胶的压出成型相类似。挤压得到的生坯经干燥、上釉、装饰、烧成，得到陶瓷制品。简化的工艺流程如下。

$$原材料 \xrightarrow{配制} 可塑料 \xrightarrow{挤压} 成型 \longrightarrow 生坯 \xrightarrow[上釉、装饰]{干燥} 烧成 \longrightarrow 制品$$

　　挤压成型是一种产量大、生产效率与自动化程度高的成型方法。主要生产管状、棒状、轴或断面形状规则的产品。陶瓷挤压成型得到生坯后的干燥、上釉、装饰、烧成与本章 4.2 节陶瓷注浆成型类似，这里不做赘述。

4.4.2.1　可塑料配制

　　通常将加入水或塑化剂的原料进行混合，经捏练成为有塑性的料团，称为可塑料。为了适合挤压成型及后加工的需要，可塑料应具有以下性能。

　　（1）良好的可塑性　可塑料团的最主要性能是，要有良好的可塑性，以便于成型和使坯体有足够的强度。料团的可塑性是可塑成型的依据，可塑性主要由可塑黏土提供，可塑黏土含量越高，可塑性越好，一般要求可塑坯料的塑性指标应大于 2。不同可塑成型方法，对料团的可塑性要求也有区别，可通过适当变动工作水分的方法来保证坯料具有一定的可塑性指标值。

　　（2）一定的细度　可塑料团的细度及颗粒形状对料团的工艺性能有很大影响，适当提高泥料的细度，可以增加可塑性、干燥强度和瓷坯强度等。一般对细瓷料团的细度要求控制在万孔筛筛余小于 2%，精陶料团的细度应控制在万孔筛筛余 5% 以下。

（3）水分　可塑料团的水分一般控制在 18%～25%。料团中水分适当时可呈现最大的可塑性，不同的成型方法所需的水分有所不同，一般手工成型的水分为 22%～25%，滚压成型的水分为 20%～23%，挤压成型的水分为 18%～19%。

（4）空气含量　可塑料团中空气含量应尽量减少，以免降低坯体强度和产品的机电性能。

（5）干坯强度　一定的干坯强度能明显减少成型以后的脱模、修坯、上釉过程中的半成品损失。一般要求干坯抗折强度不小于 0.98MPa。干坯强度主要取决于结合黏土的结合性和用量。

可塑料团制备工艺流程如下。

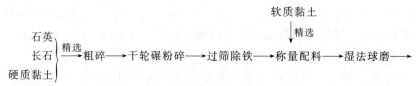

可塑料团配制过程中，原料的预烧、精选、研磨及过筛除铁与本章 4.2 节陶瓷注浆成型中注浆料基本相同，这里也不再赘述。除此之外，可塑料团制备过程中还必须压滤、陈腐和练泥。

（6）压滤脱水　湿法球磨的出磨泥浆水分在 60% 左右，而可塑料团的水分只有 18%～25%，因此泥浆必须经过脱水，除去多余水分，如图 4-20 所示。脱水一般采用用隔膜泵将泥浆由搅拌池抽至板框式压滤机，压滤后的泥料水分需达到可塑料团水分要求。

（7）陈腐　陈腐即将泥料放置在一定温度、一定湿度的环境下储存一定时间，使泥料中的水分分布更加均匀，黏土颗粒充分水化和产生离子交换，细菌使有机物分解为腐殖酸，从而提高了泥料的可塑性。泥浆进行陈腐还可降低黏度，提高流动性。

图 4-20　压滤过程示意图
1—滤布；2—滤板；3—过滤室；
4—进浆孔；5—排浆孔

（8）练泥　练泥分为粗练和真空练泥。粗练在捏练机或卧式双轴练泥机中进行，目的是使泥料的水分、组成分布均匀。真空练泥在真空练泥机中进行，它不仅使泥料的水分、组成均匀，而且能使泥料中气体降至 1% 以下，提高泥料的可塑性、致密度。泥浆经过练泥、抽真空、挤出成为泥条后，直接送去成型。

4.4.2.2　挤压成型

挤压成型法，是将可塑坯料团经过抽真空挤压成型机的螺旋或活塞挤压向前，再经过机头模具挤压出来达到要求的坯体形状。各种管状产品（如高温炉管、热电偶套管等）、柱形瓷棒或断面形状规则的产品，都可采用挤压法成型。这些产品的坯体外形由挤坯机机头或模具的内部形状所决定，坯体的长度可根据需要进行切割。

（1）挤压的压力　在挤压成型过程中，为了使料团均匀顺利挤出，必须施加一定挤压压力。挤压压力主要取决于机头喇叭口的锥度（图 4-21）以及模具出口断面尺寸。如果锥角 α

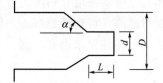

图 4-21　挤坯机机头尺寸

过小，则挤出泥段或坯体不致密、强度低。如果锥角 α 过大，则阻力大，设备的驱动负荷加重，甚至出现泥料向相反方向退回。一般，当机嘴出口直径 d 在 10mm 以下时，锥角 α 为 $12°\sim13°$；d 在 10mm 以上时，锥角 α 为 $17°\sim20°$ 较合适。挤压较粗坯体，料团塑性较强时，锥角 α 可增大至 $20°\sim30°$，影响挤压压力的另一个因素是挤嘴出口直径 d 与机筒直径 D 之比。比值越小，则对料团挤压的压力越大，一般比值在 $1/1.6\sim1/2$ 范围内。

挤压压力过小时，要求料团水分较多才能顺利挤出。这样得到的坯体强度低、收缩大。若压力过大，则摩擦阻力大，加重设备工作负荷。

（2）挤出速率 当挤出压力达到最佳状态时，挤出速率主要取决于主轴转速和加料快慢。出料太快时，坯体容易变形。

挤压成型的缺陷有以下几种。

① 气孔 主要是练泥时抽真空度不够，或者料团陈腐时间太短等原因造成。

② 弯曲变形 料团太湿，料团组成不均匀，模具芯头调整不好，坯体两面厚薄不一，承接坯体的托板不光滑等原因造成。

③ 表面不光滑 挤坯时压力不稳定，料坯中大颗粒过大等原因造成。

④ 管壁厚度不一致 型芯和机嘴的中心不同心。

4.4.3 橡胶压出成型

橡胶压出成型又称挤出成型，是橡胶工业的基本工艺之一。是利用压出机，使胶料在螺杆或柱塞推动下，连续不断地向前运动，然后借助于口型压出各种所需形状的半成品，以完成造型或其他作业的工艺过程。压出成型具有连续、高效、不用金属模型即能成型制造多种橡胶制品等优点，而且压出效应比橡胶压延效应小。因此，目前广泛用来制造胎面、内胎、胶管、电线电缆和各种复杂断面形状的（空心或实心）半成品等。橡胶压出成型简化的工艺流程如下。

$$橡胶原料\longrightarrow 炼胶（塑炼、混炼）\longrightarrow 滤胶\longrightarrow 压出 \xrightarrow{冷却} 定型\longrightarrow 半成品$$

螺杆压出机的开发与应用，使橡胶压出生产效率及自动化程度大大提高，它可将条状或粒状胶料不断地喂进压出机，并变为半成品形状。到 20 世纪初，各种热喂料压出机都已广泛应用。30 年代，冷喂料橡胶压出机的开发开始进行。60 年代，该技术获得了突破性进展。冷喂料压出技术的应用，使橡胶压出成型更高效、节能、高质量。

4.4.3.1 成型前准备

（1）橡胶塑炼 生胶因黏度过高或因均匀性较差等缘故，往往难以加工。将生胶进行一定的加工处理，以获得必要的加工性能的过程，称为橡胶塑炼。因未加任何助剂，所以塑炼又称素炼。

塑炼采用的设备有密炼机、开炼机或螺杆挤出机。不同橡胶，塑炼的要求也不同，对于天然橡胶，必须进行塑炼后才可进行后续工序。而随着橡胶合成工业的发展，目前，许多合成橡胶出厂前就控制其黏度和均匀性等指标，使橡胶制品加工厂无须进行塑炼便可进行加工。

（2）橡胶混炼 为了提高橡胶产品使用性能、改性工艺和降低成本，常常在生胶中加入各种助剂。在炼胶机上将各种助剂加入生胶，制成分散均匀的混炼胶的过程，称为混炼，混炼是橡胶加工最为重要的基本工艺之一。

混炼工艺是在橡胶工业早期阶段产生并在实践中逐步发展起来的。1926 年，英国科学家 Hanckock 发明塑炼（开炼），为混炼工艺奠定了基础。1839 年，美国科学家 Goodyear 发明了硫黄硫化，使混炼工艺得以产生。

混炼工艺所使用的设备与塑炼基本相同，同一种设备既可用作橡胶塑炼，也可用作混炼。橡胶混炼是橡胶加工中不可缺少的。在整个橡胶加工过程中，混炼胶的质量对胶料进一步加工和制品性能具有决定性影响，混炼也是最容易产生质量波动的工艺之一。

为了保证后续加工的顺利进行及制品性能稳定，对混炼胶质量有严格要求，主要体现在：混炼胶必须保证成品具有良好的物理机械性能；混炼胶本身必须具有良好的工艺性能。为此，混炼工艺必须达到以下要求：使各种助剂完全而均匀地分散在生胶中，保证胶料性能均匀一致，即胶料的任何一部分都含有相同数量的组分，不至于因助剂局部集中而使胶料性能不一；使助剂（特别是补强性助剂）达到一定分散程度，并与生胶产生结合橡胶，以达到良好的补强效果；使胶料具有一定可塑度，保证各项加工操作顺利进行；要求混炼速度快、生产效率高和耗能少。

（3）回炼　在橡胶成型加工过程中，制备好的混炼胶经常会停放一段时间，或一次使用不完，下次再用。由于停放一段时间，会使橡胶混炼胶黏度重新增大，不利于加工成型，因此，在压出成型前需对混炼胶进行热炼，提高胶料温度，使胶料柔软，易于压出成型。此工艺过程称为回炼或热炼。对于冷喂料压出工艺混炼胶无须热炼。

（4）滤胶　橡胶和助剂在生产、运输、加工过程中经常会黏附或混入其他杂质，对于一些薄壁制品或质量要求较高的制品（如内胎等），对胶料的清洁程度要求十分严格。这是因为胶料中的杂质会严重损害制品的气密性和抗撕裂性，因此成型前需对胶料进行滤胶处理。

滤胶用设备为滤胶机。与压出机相似，不同之处主要在于，滤胶机的机头部分装有多孔板和过滤网，过滤网应具有要求的细度，胶料经过过滤网时将杂质过滤干净，过滤网定期更换。

4.4.3.2　压出成型

将热炼好的胶条通过运输带送至压出机的加料口，并通过压辊送至螺杆，胶条受螺杆挤压通过机头口模而成型。成型后的半成品需迅速冷却，防止焦烧和变形。生产上常用水喷淋或水浸的方法进行冷却。为了防止半成品相互黏结，在冷却水槽中通常加入防黏结助剂（如滑石粉、肥皂水等），并借助搅拌作用以造成悬浮隔离液；对空心制品，必须在空心内部喷涂隔离剂，防止内部黏结。上述成型工艺过程为热喂料压出成型过程（图 4-22）。

目前，除热喂料压出成型外，还流行冷喂料压出成型。冷喂料压出机最早在 1945 年出现于德国，直到 20 世纪 60 年代出现强力剪切螺杆后才开始逐步发展起来。冷喂料比热喂料更简单、方便，其技术含量也更高。冷喂料无须热炼，可将混炼胶直接成型。两种成型方法主要区别在于设备，热喂料压出机螺杆长度较短，且其长度与直径的比值（长径比）较小，为 5～8，而后期开发的冷喂料压出机螺杆比较长，其长径比达 18～20，甚至更大。

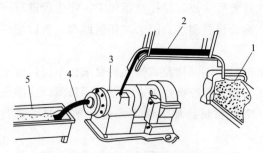

图 4-22　热喂料橡胶制品压出

1—供胶机；2—输送带；3—压出机；
4—半成品；5—水槽冷却

压出成型得到的半成品，需进行硫化后，才成为具有使用价值和使用性能的制品。

4.4.3.3　压出成型的影响因素

在橡胶压出成型过程中，由于原料、工艺条件、压出机等选用不当，会造成半成品硫化后，制品性能不符合要求。其主要影响因素如下。

（1）胶料组成和性能　各种橡胶由于弹性不同，其压出工艺也有所不同，对于一些加工生热大、离模膨胀和收缩大、容易焦烧的橡胶，为保证压出顺利进行及半成品质量，需在胶料中添加助剂（如填料、软化剂、润滑剂等），减少胶料生热、收缩等不利因素。

（2）压出机结构　压出机的大小必须根据压出物（制品）断面大小及厚度来决定，压出机选择不当，会造成半成品形状不完整或胶料焦烧等现象。

（3）压出温度　压出机的温度是分段控制的，各段温度是否适当将直接影响压出操作的正常进行和压出半成品的质量。温度过低，压出物断面较致密，但设备负荷大，生产效率低。温度过高，压出物易出现气泡或焦烧，但收缩率较小。

（4）压出速度　压出机在正常操作时应尽量保持一定的压出速度。如果速度改变而口模排胶面积一定，将导致机头内压的改变，影响压出物断面尺寸和长度收缩的差异，对于压出同一性质的胶料，在温度不变情况下，压出速度提高，能减少压出物膨胀。

（5）压出物的冷却　冷却的目的是及时降低压出物的温度，增加半成品存放期内的安全性，减少焦烧的危险，同时使半成品的形状尽快地稳定下来，以免变形。因此，为保证质量，半成品离模后应尽快冷却。

第5章

10种产品生产过程概述

5.1 玻璃的生产

5.1.1 玻璃的分类与发展历史

在现代科学技术和日常生活中，玻璃发挥着越来越重要的作用，如今玻璃早已从日常生活的广阔天地走进尖端科学的各个领域，品种繁多，可谓是五颜六色，琳琅满目。根据玻璃组成和用途的不同可以分成建筑玻璃、仪器玻璃、光学玻璃、瓶罐玻璃、器皿玻璃、汽车玻璃、保温瓶玻璃、电真空玻璃、微晶玻璃、玻璃纤维、石英玻璃、封接玻璃、医用玻璃以及特种玻璃（包括防护玻璃、半导体玻璃、光学玻璃纤维、声光玻璃、超延迟线玻璃等）等各种类型的玻璃。仅以建筑玻璃制品为例，表5-1所列的主要的种类就不下几十种。

表 5-1 各种建筑玻璃制品的特点与用途

种类	特　　点	用　　途
浮法玻璃	利用浮法工艺生产出来的平板玻璃，厚度均匀性好，透明、纯净、明亮，表面平滑整齐	广泛应用于建筑的门、窗、幕墙、屋顶等，也是玻璃深加工行业中的重要原片
中空玻璃	在两层平板玻璃中间用间隔框架隔开，周边密封，充入干燥空气并填入少量干燥剂而制得；具有极好的隔热、隔声、防结露、抗冷辐射、施工方便等优点	广泛应用于工业与民用建筑的门、窗、幕墙、围墙、天窗及透光屋面等部位，既增加采光面积，又具有显著的节能效果
钢化玻璃	是安全玻璃，对普通玻璃进行钢化处理后，在表面形成压应力层，弯曲强度可提高到3～5倍，冲击强度是普通玻璃的5～10倍；当其破碎时，整块玻璃完全崩溃成为无尖角的细小颗粒，耐急冷急热的性能也提高了2～3倍，大大改善了玻璃热炸裂性能，提高了安全性	高强度意味着高安全性，受到外力撞击时，破碎的可能性降低了；缺点是存在自爆的可能性，在生产过程中会产生变形，从而会影响光学性能，并且制成后不能再进行任何的冷加工处理，不宜单独在高层建筑或天棚、天窗结构中使用
半钢化玻璃	不属于安全玻璃，兼具普通平板玻璃和钢化玻璃的优点，强度和平整度介于两者之间，破坏后仍能保持整体不塌落，没有自爆现象	只能用于幕墙和外窗，不能用于天窗和其他可能产生人体撞击的场合
夹层玻璃	是在两片或多片平板玻璃之间夹有有机塑料透明膜，如聚乙烯醇缩丁醛(PVB)胶片，经加热、加压黏合而成的玻璃复合制品；原片可采用普通、钢化、镀膜、吸热和彩色玻璃等；能抵挡意外撞击的穿透，减少破碎或玻璃掉落的危险，即使碎了，玻璃碎片仍会与PVB胶片粘在一起；具有很高的冲击强度和使用安全性，隔声效果良好，还具有控制阳光和防紫外线特性	是安全玻璃，适用于银行、博物馆、珠宝店、邮局、幼儿园、学校、体育馆、民宅等建筑物的门窗、天花板、地板和隔墙、厂房天窗、商店橱窗等，也是机场候机室的首选玻璃；标准的"二夹一"玻璃能抵挡一般冲击物的穿透，通过设计与选材，还可用作电磁屏蔽玻璃、防火玻璃、防弹或防盗玻璃等

种类	特　　　点	用　　　途
防弹玻璃	是具有防弹功能的特殊夹层玻璃,一般采用多片强化玻璃和塑料胶片层合而成,通常是三层结构:承力层采用高强度的厚玻璃,因其硬度大,强度高,能破坏弹头或改变弹头形状,使其失去继续前进的动力和方向;过渡层采用具有高黏结力、耐光照、有极好延展性和弹性的有机胶片材料,能吸收枪弹的部分冲击能,改变弹体的前进方向;安全防护层采用高强度玻璃或高强透明有机材料,其性能是高强度、高韧性,能吸收绝大部分的子弹冲击能,要保证弹体不得穿透该层	一般按防弹性能要求,如防御武器的种类(如手枪、步枪、机枪乃至炮弹等)、弹体的种类(如铅弹、钢弹、穿甲弹或燃烧弹等)、弹体的速度、射击的角度及距离等进行结构设计,最有效地选择增强方法、玻璃的厚度、胶合层及其他透明增强材料等;用于前沿观察哨所、指挥所、银行、珠宝店、博物馆及重要部门的门窗等
电磁屏蔽玻璃	采用在普通玻璃表面镀制透明的导电膜和在夹层玻璃中夹金属丝或同时采用上述两种方法,使其具有金属性能,达到屏蔽电磁波的目的	大型计算机中心、电视台演播室、工业控制系统、军事单位、外交和情报部门等需要保密或防止干扰场所的门窗或幕墙等
光致变色玻璃	在紫外线或可见光的照射下,使玻璃发生透光度降低或产生颜色变化,并且在停止光照后又能自动恢复到原来的透明状态;一般是在普通的玻璃成分中引入了光敏剂	其装饰特性是玻璃的颜色和透光度随日照强度自动变化;一般用其装饰建筑物的门窗、幕墙等,既使得室内光线柔和、色彩多变,又使得建筑色彩斑斓、变幻莫测,与建筑的日照环境协调一致
电致变色玻璃	在两片玻璃表面涂覆导电膜形成两个平行导电板,在中间灌注液晶材料,然后封边,接上电极,在电场的控制下,达到调节玻璃透明度的目的	其装饰特性随人的意志而定,主要用于需要保密的场所或广告牌、显示屏、门窗、室内隔断等,但目前价格较昂贵,尚未进入大批量生产
激光(镭射)玻璃	是在玻璃表面上复合高稳定的光学结构材料层,并对该结构层进行特殊工艺处理,形成全息或其他图形的几何光栅,在光源的照射下,产生光线的物理衍射而形成七彩光,随光源入射角的变化和人的视角的不同,所产生的图案和色彩也不同,呈现出五光十色的变幻	也称镭射玻璃,装饰效果极强,是玻璃色、型、光的集中表现。以普通平板玻璃为基材的主要用在墙面、窗户、顶棚等部位,以钢化玻璃为基材制作的主要用于地面装饰
热反射镀膜玻璃	是典型的半透明玻璃,一般是在玻璃表面涂覆金属或金属氧化物薄膜,以达到反射太阳能作用,反射率可达 20%～40%;具有良好的遮光、隔热、多色和单向透视特性,迎光的一面具有镜子特性,背面则可透视	可以节省室内空调的能耗,同时具有较好的遮光性,使室内光线柔和舒适;反射层的镜面效果和色调对建筑物的外观装饰性很好
减反射玻璃	在普通玻璃表面镀制增透膜	临街店面橱窗、博物馆画框、眼镜片等
低辐射玻璃	在玻璃表面镀一层或几层金属、合金或金属氧化物薄膜;对可见光高透过,对红外线辐射高反射,尤其是对远红外线辐射具有极高反射率,遮阳系数小,一般都用于与其他玻璃配片制成中空玻璃,热导率非常低	主要用于寒冷地区建筑的门、窗、幕墙等。白天,能大量吸收太阳的近红外线和可见光进入室内,把光能转化为热能;晚上,室内温度高于室外,室内的物体、墙体发射远红外线,碰到低辐射玻璃窗,则有 90% 左右反射回室内,保温节能
防 X 射线玻璃	含有充足的铅和钡等重金属,能为生物体提供优良的 X 射线保护的玻璃,强度较低且不能增强,在生产、运输、储存、安装和使用过程中应小心	可使操作者或观测者在靠近危险的辐射线时得到保护
吸热玻璃	能吸收大量红外线辐射,又能保持良好可见光透光率的平板玻璃,是一种特殊的颜色玻璃,一般是本体着色,即在无色透明普通玻璃配合料中加入特殊着色剂,通常有茶色、灰色、蓝色、绿色、古铜色等,可使刺目的阳光变得柔和,起到良好的反眩作用	多在炎热地区或空调建筑物中使用,具有极强的装饰效果,是玻璃装饰性的集中体现;还可以显著减少紫外线的透射,减少对人体的损害,也可防止室内家具、日用器皿、档案资料与书籍等褪色和变质

种类	特点	用途
夹丝玻璃	一般采用压延成型法,在玻璃液进入压延辊的同时,将经过预热处理的金属丝网嵌入玻璃板内部;提高了强度,改善了易碎性,使玻璃裂而不碎、裂而不散,不会整体崩裂,具有一定的安全、防火、防振性能;缺点是:金属丝网影响了透光性,使视觉效果变差,不能在施工现场切割,不能在两面温差较大、局部受热或冷热交替的部位使用,否则极易导致玻璃破裂	价格低廉,应用广泛,可用于振动较大的厂房门窗、采光天窗、室内隔断及其他容易有碎片伤人的场合,用在门窗上也有一定的防盗效果;还可用作二级门窗防火材料,在需要安全防火的仓库、图书馆等场合也有广泛应用
空心玻璃砖	由两块玻璃砖组合而成的带有密封腔的块状制品,空腔内充入干燥的稀薄空气或玻璃纤维等绝缘材料;透光不透明,光洁明亮,图案精美,保温,隔热,隔声	可用于宾馆、舞厅、体育馆、办公室、浴池等的天棚、内外墙装饰、隔墙、门厅、屏风场所,可以防太阳眩光,控制透光,提高采光深度
防火玻璃	具有防火功能的玻璃主要有复合防火玻璃、夹丝玻璃和玻璃空心砖等。复合防火玻璃是在两片玻璃或钢化玻璃之间凝聚一种透明有阻燃性能的凝胶,凝胶遇高温发生分解吸热反应,释放出阻燃和灭火气体,吸收大量热量,变成不透明,有良好隔热作用,玻璃有一定的热冲击强度,能保持在一定时间内不炸裂,炸裂后碎片不掉落,可隔断和防止火焰蔓延;复合层中若嵌入铁丝网,则可提供保温、防止热扩散和防护的多重效果;防火层中若嵌入热敏元件,并与自动报警、自动灭火装置串接,就可同时具有报警和灭火功能	透明,能阻挡和控制热辐射、烟雾及火焰,防止火灾蔓延的防火玻璃,能有效地限制玻璃表面的热传导,受热后变成不透明,能使人看不见火焰或感觉不到温度升高及热浪,避免撤离现场时的惊慌;主要用于有防火要求的工业和民用建筑,如高级宾馆、影剧院、机场、展览馆、医院、图书馆、博物馆、大型商场等的楼梯间、升降井、走廊、平台及防火门、防火墙等
锦玻璃	也叫马赛克或玻璃锦砖,生产工艺有熔融法和烧结法两种;有透明、半透明、不透明、乳浊、砂化等各种类型,还有红色、白色、黄色、蓝色、绿色、灰色、黑色、金色、银色斑点或条纹等70余种颜色	主要用于建筑物内外墙的墙面装饰,可单色拼排,也可按设计拼成不同颜色组合的复杂图案,甚至拼接成大型壁画
微晶玻璃装饰板	由晶相和残余玻璃相组成的质地致密、无孔、均匀的混合体,通过选择适当的玻璃组成和晶化条件,可获得许多性能极不相同的品种,如高强度、高化学稳定性、耐热性好、不透气、不吸水、低电导率、低膨胀性,具有机械加工性和多种颜色等	其中较著名的有玻璃大理石和矿渣微晶玻璃;前者具有与大理石一样的装饰性,但其性能优于大理石,特别适合于铺设卫生间、大堂等地面;后者是利用高炉矿渣等制成的,也具有惊人的装饰魅力,主要用于室内立面装饰
泡沫玻璃	气孔率高达80%～95%,孔径一般为0.1～0.5mm;闭口气孔多,热导率低;开口气孔多,吸声系数高;具有良好的隔热、吸声、难熔、高强度等优点,能进行锯、割、开孔、钉钉子、黏结等加工。根据基础玻璃原料不同,可分为普通泡沫玻璃、石英泡沫玻璃和熔岩泡沫玻璃等	可以用作轻质隔墙、框架结构填充墙、保温材料、剧院的吸声材料、防护材料等;作为装饰材料也逐渐增多,一般作为墙面贴面材料,其装饰性具有多色性(取决于发泡剂和基础玻璃的颜色)和透光性
波形玻璃	具有波形断面的板状制品,分为普通波形玻璃和夹丝波形玻璃两种;是将连续压延法成型的、尚处于可塑状态的玻璃带,再通过一对波形压辊或一排球式压形装置压成单向波形制品;具有强度高、透光性好(在70%～75%之间)、安全、能减轻结构自重等特点,在与波形断面垂直方向上的刚度比一般玻璃大数倍	普通波形玻璃多用于需采光的厂房屋面、天窗及墙面;夹丝波形玻璃则兼具波形玻璃的高强度、高刚性和夹丝玻璃的安全性好的优点,不易破碎,且破碎时具有整体完整性,极其良好的透光性,多用于厂房屋面、天窗等,能减轻结构自重,故也称夹丝玻璃瓦
槽形玻璃	槽形玻璃形状如槽钢,有普通型和夹丝型产品;用连续压延法成型的玻璃带,在可塑状态下,通过设在玻璃两端的导轮,将两边卷起,成为槽形	机械强度比平板玻璃高,可按各种方式组合或连接成大面积构件,用作建筑物的非承重墙体材料
热弯玻璃	由平板玻璃加热软化,在模具中成型,再经退火制成的曲面玻璃,具有强烈的艺术装饰效果	观光电梯、门厅大堂、旋转顶层、屋顶采光、过街通道和观景窗等

种类	特　点	用　途
压花玻璃	又称滚花玻璃,采用压延法,当玻璃带经过雕刻有所需花纹的压辊时即被压延而成,种类繁多,颜色丰富,透光而不透视,室内光线柔和而朦胧	具有强烈的装饰效果,广泛应用于宾馆、办公楼、会议室、浴室、厕所等现代建筑的装修工程中,使之富丽堂皇
冰花玻璃	属于漫射玻璃,一般是在磨砂玻璃表面均匀地涂布骨胶水溶液,经自然或人工干燥后,骨胶脱水收缩而均裂并脱落,由于其强大的黏结力,在脱落时使得一部分玻璃表层脱落,从而在玻璃表面形成冰花图案,胶液浓度越高,冰花图案越大,反之则小	具有强烈的装饰效果,集玻璃的透光性、表面图案多样性于一身,主要用于建筑物门、窗、屏风、隔断和灯具等
磨砂玻璃	用金刚砂、硅砂、石榴石粉等磨料对玻璃表面进行研磨,也可用氢氟酸溶液对其进行腐蚀加工,制成均匀粗糙的表面,使透入光线产生漫射,具有透光而不透视的特点;若用压缩空气将细砂喷至表面上进行研磨,则称为喷砂玻璃;依照设计好的图案进行加工,即可制出磨花玻璃	主要用于需要透光而不透明、隐秘而不受干扰等部位,如厕所、浴室、办公室门窗、间隔墙等,光线柔和而不刺眼,可隔断视线,柔和光环境;也可用于室内装饰,根据用户设计的图案进行加工,具有强烈的艺术装饰效果,用来制作隔断、屏风、桌面、家具、装饰墙等
乳白玻璃	含有一种或多种高分散晶体的白色半透明玻璃,又叫乳浊玻璃,由于晶粒的折射率与主体玻璃不同,在光线照射卜使玻璃呈现乳白色	一般用于室内隔断、屋顶灯箱和灯具等
丝网印刷玻璃	用釉料在高温下将图案印刷到玻璃上,图案可以是多种颜色,属于半透明玻璃	建筑立面、室内装饰、隔断、街头装修、标志等
彩绘玻璃	带有彩绘图案,其玻璃原片可以是透明玻璃,也可以是玻璃镜,其装饰性好,色彩艳丽,极具立体感	饭店、舞厅、商场、酒吧、教堂等建筑的门窗、天顶、隔断及屏风等
玻璃镜	对光线的直线反射率非常高(>90%),且光线的透射率很低,有两种生产方式,分别为在线镀膜和离线镀膜	主要用于室内装饰,除能满足人们照镜功能外,其装饰特性是能放大空间,拓展视野
贴膜玻璃	是在玻璃表面粘贴一层有机高分子薄膜材料,膜层可增加色彩、调整反射率、防止碎片飞溅,保持玻璃的整体性,提高安全性;基板一般采用普通平板玻璃或钢化玻璃,也可采用其他的平板玻璃及深加工产品	贴膜玻璃具有视线单向透过性,保证建筑内人员的视野,阻断建筑外人员看向建筑内的视线,也有人称之为隐私膜;但有机薄膜长时间暴露在空气和阳光中,必然会产生老化问题,应该注意更换

玻璃的历史很古老,灿烂的人类文明史,几乎每一页都闪烁着玻璃制品的光辉。玻璃的制造已有 5000 年以上的历史,一般认为最早的制造者是古埃及人,他们用泥罐熔融,以捏塑或压制方法制造饰物和简单器皿。从先秦出土的玻璃器物可以看出,我国的玻璃制造至少有 3000 多年的历史,研究表明,我国在东周时期所制造的玻璃珠、玻璃璧等饰物,其成分与古埃及和其他国家的古代玻璃有明显的区别,这说明中国也是最早发明玻璃的国家之一。

公元 1 世纪初,古罗马人发明用铁管把玻璃液吹制成各种形状的制品,如美丽精巧的花瓶、风格别致的酒杯和宝石般的装饰品,这一创造对玻璃的发展立下了极其巨大的功勋。不久人们懂得了玻璃容易加工成型的性质并加以利用,把它做成玻璃窗、玻璃瓶和望远镜的透镜。这是玻璃发展的第一技术阶段。

11~17 世纪,玻璃的制造中心在威尼斯。1291 年,威尼斯政府为了技术保密,把玻璃工厂集中在穆兰诺岛,当时生产的制品,如窗玻璃、玻璃瓶、玻璃镜和其他装饰玻璃等,式样新颖,别具一格,畅销全欧洲乃至世界各地。许多制品精美细腻,具有高度艺术价值,但价格十分高昂。威尼斯玻璃业 15~17 世纪为鼎盛时期。

到 17 世纪,欧洲许多国家都建立了玻璃厂,并开始用煤代替木柴作为燃料,玻璃工业又有了很大的发展。到 18 世纪末，威尼斯玻璃业从顶峰上跌落了下来，被捷克取而代之。捷克的玻璃艺术品，从 17 世纪开始就活跃在欧洲市场，是世界上生产玻璃器皿颇有名气的国家。

但是，无论是威尼斯，或者捷克，在当时都没有采用机器生产，生产条件艰苦。随着英国工业革命的兴起和发展（18 世纪后期～19 世纪上半期），玻璃制造技术也得到了进一步的提高。1828 年，法国工人罗宾发明了第一台吹制玻璃瓶的机器。但由于产品质量不高，而没有得到推广。19 世纪中叶，发生炉煤气和蓄热室池炉应用于玻璃的连续生产。19 世纪末，德国人阿贝和肖特对光学玻璃进行了系统的研究，为玻璃科学基础的建立做出了杰出的贡献。

20 世纪以来，玻璃的生产技术获得了极其迅速的发展，玻璃工艺学逐渐成为专门学科。在 20 世纪初，由于玻璃瓶罐的需要量激增，逐渐出现了各式各样的自动制瓶机代替工人的手工操作，实现了玻璃瓶的机械化生产。1905 年，英国的欧文斯发明了第一台玻璃瓶自动成型机。随后 1925 年相继又出现了第一台行列式制瓶机。19 世纪时出现了把玻璃拉成空心圆筒的机器。筒子拉成后，切成小段，再剪成薄板。后来，比利时的发明家弗克设计出一种拉板机，经过几十年的改进，发展成为引上机，平板玻璃才开始大量生产。再经过英国皮尔金顿公司近 30 年的研究，在 1959 年开始采用浮法进行平板玻璃的工业生产。浮法工艺的出现，是世界玻璃生产发展史上的又一次重大变革，并且正在不断地取代其他的生产方法。

目前，玻璃工业已经逐步实现了机械化、自动化生产线，如平板玻璃、玻璃容器、灯壳、电子管、显像管等均采用了自动化。只有那些造型复杂、批量小、经济上不合算的产品，才用手工成型。

5.1.2　玻璃的生产工艺

5.1.2.1　玻璃的生产工艺流程

玻璃的生产工艺流程主要包括原料的加工、配合料配制、玻璃熔制、成型、退火、冷却、加工、包装、检验等工序。以平板玻璃为例，其浮法线的基本生产工艺流程如图 5-1 所示，其他品种的玻璃生产也有基本类似的工艺过程。

5.1.2.2　玻璃的组成及原料制备

（1）玻璃的组成　玻璃的组成常用各氧化物的质量百分含量来表示（表 5-2），不同种类的玻璃产品，化学组成存在着很大的差异。

表 5-2　几种常见玻璃的主要化学组成

玻璃种类	化学组成（质量分数）/％						
	SiO_2	Al_2O_3	CaO	MgO	B_2O_3	PbO	Na_2O+K_2O
平板玻璃	71～73	0.5～2.5	6～10	1.5～4.5			14～16
瓶罐玻璃	70～75	1～5	5.5～9	0.2～2.5			13.5～17
高硼硅仪器玻璃	79～85	1.9～2.5	0.1～0.6		10.3～13		2.2～6
灯泡壳玻璃	73.1	0.3	4.0	2.7	0.8	2.1	14.5～15.5
无碱玻璃纤维	54	15.5	16.0	4.0	8.5		<0.5
高硅氧玻璃	96	0.4			2.9		<0.2

根据玻璃成型工艺方法的特点和使用要求，各种氧化物的含量需要进行适当的增减，如浮法玻璃中的 Al_2O_3 含量要适当减少，一般应不超过 1.8％，$CaO+MgO \geqslant 12$％，Na_2O+K_2O 在 14％左右，$Fe_2O_3 < 0.1$％。

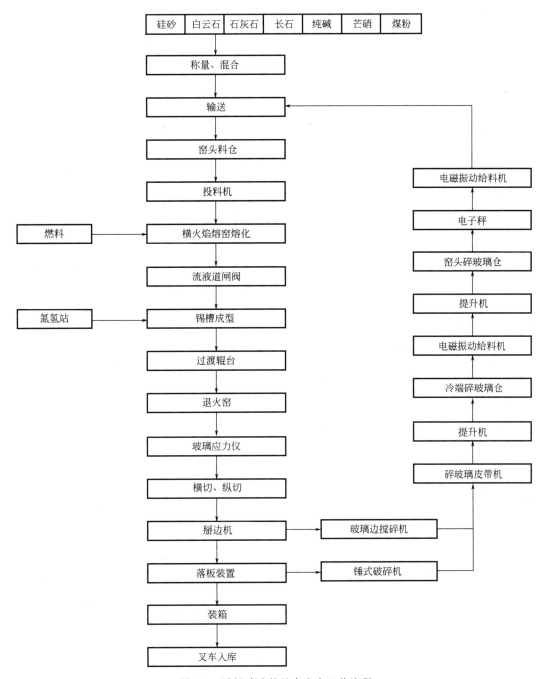

图 5-1　平板玻璃的基本生产工艺流程

玻璃中各种氧化物的作用如下。

① 二氧化硅（SiO_2）　是制造平板玻璃的最主要的成分，是玻璃的骨架，能增加玻璃液的黏度，降低玻璃的结晶倾向，提高玻璃的化学稳定性和热稳定性。

② 三氧化二铝（Al_2O_3）　对增加玻璃液黏度的影响程度比二氧化硅大。Al_2O_3 能降低玻璃的结晶倾向和结晶速率，降低玻璃的膨胀系数，从而提高玻璃的热稳定性，并提高玻璃的化学稳定性和机械强度。

③ 氧化钙（CaO） 是玻璃的主要成分之一，能加速玻璃的熔化和澄清过程，但它也会使玻璃产生结晶倾向。在高温时，能降低玻璃液黏度，为高速度拉引玻璃带创造有利条件，玻璃中 CaO 的含量不宜太大，如大于 10%，则会增加玻璃的脆性。

④ 氧化镁（MgO） 能提高玻璃化学稳定性和机械强度，并对提高玻璃的热稳定性也有良好的影响。MgO 对玻璃液黏度的作用较复杂，当温度高于 1200℃，会使玻璃黏度降低，而在 900～1200℃ 之间，又使玻璃黏度有增加的倾向，低于 900℃，又使玻璃的黏度下降，因此玻璃中的 MgO 含量也不宜太大。

⑤ 氧化钠（Na_2O） 能大大降低玻璃液的黏度，是制造玻璃的助熔剂，对玻璃的形成和澄清过程都有很大的影响，但 Na_2O 含量过多时，会使玻璃的化学稳定性、热稳定性以及机械强度大大降低，而且容易使玻璃发霉和使玻璃生产成本增加。

⑥ 氧化钾（K_2O） 和 Na_2O 一样，也能大大降低玻璃的黏度，但其作用稍差些，也是助熔剂。在碱金属氧化物含量一定时，适量增加 K_2O 会提高玻璃的化学稳定性，降低玻璃的结晶倾向，改善玻璃光泽。

⑦ 氧化铁（Fe_2O_3 和 FeO） 是一种杂质，会使玻璃着色，必须严格控制。FeO 会使玻璃呈青绿色，Fe_2O_3 使玻璃呈黄绿色，Fe_3O_4 会使玻璃呈绿色，玻璃中通常以 Fe_2O_3 和 FeO 存在。而 FeO 对玻璃着色程度比 Fe_2O_3 严重得多。

（2）原料的选择与配合料制备 包括原料的选择、加工直到制成配合料。不同的玻璃制品对原料的要求不尽相同，但有一些选择原料的共同准则，即原料的品位高、化学成分稳定、水分稳定、颗粒组成均匀以及着色矿物（主要是 Fe_2O_3）和难熔矿物（主要是铬铁矿物）要少；便于在日常生产中调整玻璃成分；适于熔化和澄清；对耐火材料的侵蚀要小；原料应易加工、矿藏量大、分布广、运输方便和价格低廉等。

玻璃的配合料是由多种原料混合组成的，包括矿物原料和化工原料。

① 主要原料 引入玻璃的主要成分，常用的主要有以下几种。

a. 硅砂和砂岩引入 SiO_2。

b. 长石引入 Al_2O_3，同时又能引入一定量的 R_2O，可减少纯碱用量，降低成本，生产无硼无碱玻璃时采用叶蜡石（$Al_2O_3 \cdot 4SiO_2 \cdot H_2O$）可引入 Al_2O_3。

c. 石灰石（$CaCO_3$）、方解石（$CaCO_3$）、白云石（$MgCO_3 \cdot CaCO_3$）、菱镁石（$MgCO_3$）等引入 CaO 和 MgO。

d. 用纯碱（Na_2CO_3）和芒硝（Na_2SO_4）引入 Na_2O。

e. 锂辉石（$Li_2O \cdot Al_2O_3 \cdot 4SiO_2$）、锂云母（$LiF \cdot KF \cdot Al_2O_3 \cdot 3SiO_2$）或碳酸锂（$Li_2CO_3$）引入 Li_2O。

f. 硼酸（H_3BO_3）、硼砂（$Na_2O \cdot 2B_2O_3 \cdot 10H_2O$）或含硼矿物（硬硼酸钙、硼酸钠、方解石、硼镁石等）引入 B_2O_3。

g. 碳酸钡（$BaCO_3$）、硫酸钡（$BaSO_4$）引入 BaO，在制造光学玻璃时有时也使用白色结晶硝酸钡 [$Ba(NO_3)_2$] 或氢氧化钡 [$Ba(OH)_2$]。

② 辅助原料 为了工艺上某种需要或使玻璃具有某种特性而加入的原料有以下几种。

a. 用芒硝作为澄清剂。

b. 用炭粉作为还原剂。

c. 用萤石作为助熔剂和乳浊剂。

d. 化学脱色剂有白砒、三氧化二锑、硝酸盐、氟化物等，物理脱色剂有 MnO_2、硒等。

e. 蓝色着色剂用氧化钴，茶色着色剂用氧化铁和硒等。

③ 碎玻璃　在玻璃生产的各个工艺环节中总会产生一定量的碎玻璃，回收碎玻璃加入配合料中加以利用，不但具有经济上的意义，而且它将影响配合料的熔化和澄清、热耗（可降低玻璃的熔制温度）、玻璃制品的性能、加工性能和大窑的生产率等，碎玻璃的引入比例在 15% 左右。

对于所制备的配合料，质量要求如下：称量准确，混合均匀（含水量 4%～5%），均匀度要高。玻璃原料加工配料如图 5-2 所示，可见大部分原料都必须经过破碎、粉碎、筛分，而后经称量、混合制成配合料。

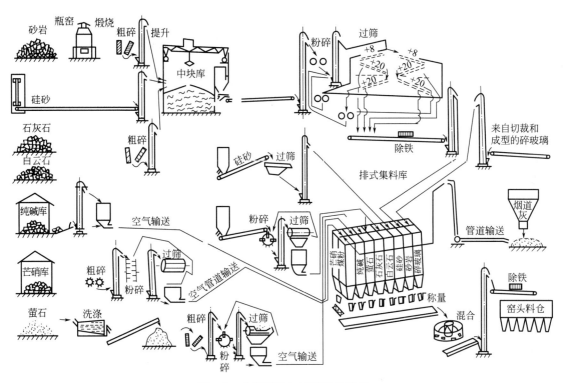

图 5-2　玻璃原料加工配料示意图

5.1.2.3　玻璃熔制

（1）玻璃的熔制过程　玻璃的熔制过程是将混合均匀的配合料通过加料口加入玻璃熔融池窑内，在 1450～1650℃ 高温下进行熔化。配合料经过高温加热熔制后，形成透明、纯净、均匀、无气泡（即把气泡、条纹和结石等减少到容许限度）并适合于成型要求的玻璃液。

玻璃熔制是玻璃生产中很重要的环节。玻璃的许多缺陷（气泡、条纹和结石等），都是在熔制过程中造成的。玻璃熔制过程也是一个非常复杂的过程，它包括一系列物理的、化学的、物理化学的现象和反应，使各种原料的机械混合物变成了复杂的熔融物，即玻璃液。如第 3 章中所述（详见 3.2.2.1 熔融法），通常根据熔制过程中的不同变化，大致可以分为硅酸盐形成、玻璃液形成、玻璃液澄清、玻璃液均化和玻璃液冷却五个阶段。这五个阶段，各有其特点，同时它们彼此之间密切联系和相互影响。对于玻璃熔制的过程，由于在高温下的反应很复杂，尚难获得最充分的了解。

（2）玻璃熔窑的构造　玻璃的熔制过程是在熔窑中进行的，熔窑是用各种耐火材料砌筑成的热工设备，也是玻璃工厂的"心脏"。熔窑的结构、砌筑、操作维护的好坏，不仅决定了熔窑的使用周期，而且对玻璃的产量、质量、燃耗、成本影响极大。熔融玻璃的熔窑结构有许多类型，大型的主要有蓄热室浮法横火焰池窑、蓄热室马蹄焰池窑，小型的则有电熔窑和坩埚窑等。如在浮法玻璃生产上，以浮法横火焰池窑为多。浮法横火焰玻璃池窑如图 5-3 所示，其主要结构包括加料口、熔化部、小炉、卡脖、蓄热室、冷却部、溢流口、锡槽、烟道和烟囱等部分。

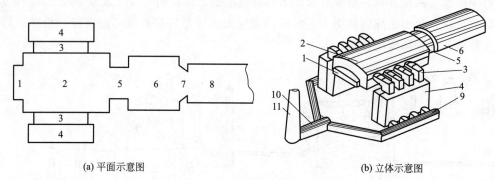

(a) 平面示意图　　　　　　　　　　　(b) 立体示意图

图 5-3　浮法横火焰玻璃池窑示意图

1—加料口；2—熔化部；3—小炉；4—蓄热室；5—卡脖；6—冷却部；
7—溢流口；8—锡槽；9—空气烟道；10—总烟道；11—烟囱

从整体上看，熔窑可以分成四个部分。

① 玻璃熔制部分　即熔化部、冷却部是熔窑的主体。大型熔窑的玻璃熔制部分全长可达 60m，宽 10m，全部用耐火材料砌成。

② 热源供给部分　是指布置在熔化部两侧的数对小炉（大型的玻璃熔窑一般有 5～8 对小炉）。

③ 余热回收部分　回收高温烟气中的热量用来加热助燃空气和煤气，从而提高火焰的燃烧温度。

④ 排烟供气部分　包括烟道、烟囱以及交换器和各种闸板，负责排出烟气、引入空气和煤气并调节流量，控制气体流动方向。

此外，还要有一些附属设备，如窑头料仓、冷却风系统等。

5.1.2.4　玻璃成型

玻璃的成型是将熔融的玻璃液转变为具有固定几何形状制品的过程。玻璃液必须在一定的温度范围内才能成型。在成型时，玻璃液除作机械运动之外，还与周围介质进行连续的热传递。由于冷却和硬化，玻璃液首先由黏性转变为可塑态，然后再转变成脆性固态。

玻璃液在可塑状态下的成型过程可分为两个阶段，即成型和定型。在第一阶段中，使其具有制品所需的外形，通常采用普通的成型方法，例如在模子中的吹制与压制等。在第二阶段中，要固定已成型的外形，这一阶段采用冷却使之硬化。在玻璃制品生产中，成型过程的两个阶段都是利用玻璃液的黏度为基础的。玻璃成型的黏度范围为 $(4～10)×10^7 Pa·s$。成型方法不同时，其初始的成型黏度也不同，例如喷棉的成型温度高于拉丝的成型温度。

玻璃的成型方法可分为人工成型和机械成型两种类型（详见第 4 章 4.3 节）。玻璃制品的人工成型包括部分半机械成型，目前多用于制造高级器皿、艺术玻璃以及特殊形状的制品。人工成型主要为人工吹制、自由成型（无模成型）、人工拉制与人工压制、焊接法（仪器玻璃等）等。人工成型的操作人员需要一定的熟练技术，劳动强度大，容易受玻璃辐射热灼伤，生产效率低。目前绝大部分玻璃制品已采用机械成型。根据玻璃制品的形状和大小的不同，可以选择最方便和最经济的成型方法。主要的成型方法有吹制法（空心玻璃等）、压制法（烟缸等器皿）、压延法（压花玻璃等）、浇铸法（光学玻璃等）、拉制法（窗用玻璃等）、离心法（玻璃棉等）、烧结法（泡沫玻璃等）、喷吹法（玻璃珠等）、浮法（玻璃板等）。

在平板玻璃的生产过程中，浮法工艺与其他几种成型工艺相比，最大特点就是玻璃液在熔融金属液面上（通常为熔融锡）浮抛前进，使玻璃液在特定的条件下（锡槽内，玻璃液和锡液是互不浸润的，也不起化学反应，并且后者的密度大于前者），在适当的高温状态下，保证其表面张力充分发挥作用的时间和黏度，依靠其本身获得表面自然光洁平整的玻璃，而其他工艺都是外界条件强制成型。采用浮法工艺，温度在 1100℃ 左右的玻璃液流入锡槽后，由于重力与表面张力的作用而自然摊平，再经拉引力的作用成型，冷却固形，最后成为上下表面平行光滑、光学质量高、有一定厚度的优质玻璃带，爬出锡槽进入退火窑（图 5-4）。

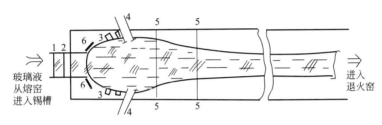

图 5-4　锡槽示意图

1—安全闸板；2—流量闸板；3—拉边辊；4—拉边器；5—冷却水管；6—八字砖

为了防止锡液的氧化，锡槽内空间充满着保护气体（氮 92%～96%、氢 4%～8% 的混合气体）。浮法生产工艺的主要优点是产品质量高（接近或相当于机械磨光玻璃），拉引速度快，产量大（2mm 厚的达 0.333m/s，6mm 厚的达 0.111m/s），产品品种规格多样化（厚度可为 1.7～30mm，宽度可达 5.6m 以上），便于生产自动化。

5.1.2.5　玻璃退火

玻璃制品在生产过程中，经受激烈的、不均匀的温度变化时，将产生热应力，导致制品的强度和热稳定性降低。高温成型或热加工的制品，若不经过退火令其自然冷却，很可能在成型后的冷却、存放以及机械加工的过程中自行破裂。此外，玻璃制品自高温自然冷却时，其内部的结构变化是不均匀的，由此将造成其光学性质上的不均匀。退火就是消除或减少玻璃中热应力至允许值的热处理过程。对于光学玻璃和某些特种玻璃，退火的要求尤为严格。

玻璃制品中的内应力，通常是由于不均匀的冷却条件所产生的。将玻璃置于退火温度下，进行热处理和采取适宜的冷却工艺制度，这种内应力可以减弱或消除。玻璃的退火可分成两个主要过程：一是内应力的减弱和消失；二是防止内应力的重新产生。玻璃中内应力的消除是以结构松弛而重组，所谓内应力松弛是指材料在分子热运动的作用下使内应力消散的过程，内应力松弛的速度在很大程度上取决于玻璃所处的温度。玻璃的退火是在一段较长的高温加热炉（退火炉）中完成的。整个退火过程有加热均热退火区和风强制对流冷却区。

5.1.2.6　玻璃制品的深加工

成型后的玻璃制品，除少数（如瓶罐等）能直接符合要求外，大多还需要进行深加工，以改善玻璃的外观与表面性质，还可以进行装饰。玻璃制品的深加工可分为冷加工、热加工和表面处理三大类。

冷加工是指通过机械方法来改变玻璃制品的外形和表面状态的过程，其基本方法有研磨抛光、切割、喷砂、钻孔和切削。

热加工在器皿玻璃、仪器玻璃等的生产中是十分重要的。有很多形状复杂和特殊要求的制品，需要通过热加工进行成型。另一些玻璃制品，需要用热加工来改善制品的性能及外观质量。其原理与成型相似，主要是利用玻璃黏度随温度改变的特性以及表面张力与热导率来进行的。热加工的主要方法有烧口、火抛光、火焰切割或钻孔、真空成型（制造精密内径玻璃管）。此外，还有槽沉、塑形、摊平与灯工等。

表面处理在玻璃生产中具有十分重要的意义。表面处理的技术应用很广，使用的材料、方法也是多种多样的，基本上可归纳为三大类型。

① 玻璃的光滑面或散光面的成型，是通过表面处理以控制玻璃表面的凹凸（如器皿玻璃的化学蚀刻、灯泡的毛蚀以及玻璃的化学抛光）。

② 改变玻璃表面的薄层组成，改善表面的性质，以得到新的性能（如表面着色以及用 SO_2、SO_3 处理玻璃表面，增加玻璃的化学稳定性）。

③ 在玻璃表面上用其他物质形成薄层而得到新的性质，即是表面涂层（如镜子的镀银、表面导电玻璃、憎水玻璃、光学玻璃表面的涂膜等）。有趣的是，玻璃上第一个减反射膜，是 1817 年 Fraunhofer 在德国用浓硫酸或硝酸处理抛光玻璃时偶然得到的，但当时并没有找到技术应用。

以平板玻璃为例，随着科学技术的发展和人民生活水平的日益提高，其一次产品（即由玻璃熔窑直接生产出来的玻璃原片）已不能满足人们对其更高的性能要求，特别是建筑、汽车工业，对平板玻璃的力学、光学、热学、电学性能，以及形状、规格方面都提出了更多、更高的要求。要满足这些要求，较简便、灵活的方法是对无色及本体着色的平板玻璃再进行一次至数次冷、热加工，使之具有更多、更高的技术性能，或具有较复杂的形状。表 5-3 列出了几种主要的平板玻璃深加工产品及性能。单位产量的深加工产品的利润要比平板玻璃高得多。

表 5-3　平板玻璃深加工产品及性能

| 特点 | 品种 | 透光 | 透视 | 光漫射 | 防眩 | 隔热性 | | | 不能现场加工 | 安全性 | | | | |
						遮断太阳辐射热	向外传热困难	不结露		耐急冷急热	难以切割	破碎无危险	即使破碎也不能通过	窃贼进入困难
光线漫射	磨砂玻璃	○		◎										
	胶花玻璃	○		◎										
	蚀刻玻璃	○		○										
兼有防火和光线漫射	热反射玻璃	○	○		◎	◎								
具有安全性	普通钢化玻璃	○	◎							○	○	○		
	普通夹层玻璃	○	◎									○	○	◎
兼有隔热、有色、安全	吸热钢化玻璃	○	○			◎				○	○	○		
	吸热夹层玻璃	○	○			○			○				○	◎
隔热,不结露	普通中空玻璃	○	○				◎	◎	○					
	吸热中空玻璃	○	○	○		◎	◎	◎						
有色,不透明	彩色釉面玻璃									○	○	○	○	

注：○代表具有某种性能；◎代表某些性能较好。

玻璃与金属的封接，又称真空熔封，是灯泡、电子管、显像管以及其他电真空器件制造中常用的一种加工方法，对于保证电真空器件的可靠工作有十分重要的意义。经封接加工后的封接件，必须达到：足够的机械强度和热稳定性，必须气密，即不透气性。

5.2　陶瓷的生产

5.2.1　陶瓷的概念与分类及发展历史

5.2.1.1　陶瓷的概念与分类

陶瓷是人类生产和生活中不可缺少的一种重要材料。陶瓷材料大多是氧化物、氮化物、硼化物和碳化物等。一般将那些以黏土为主要原料，加上其他天然矿物原料，经过拣选、粉碎、混练、成型、煅烧等工序制作的各类产品称为陶瓷。如我们使用的瓷盘、瓷碗、瓷瓶等就是日用陶瓷；建房铺地用的外墙砖、瓷质砖、马赛克等均为建筑陶瓷；输电线路上的瓷绝缘子、瓷套管等属于电子陶瓷（简称电瓷）。

随着近代科学技术的发展，近百年出现了许多新的陶瓷品种，新型陶瓷具有金属材料和高分子材料所没有的高强度、高硬度、耐腐蚀、导电、绝缘、磁性、透光、半导体以及压电、铁电、光电、电光、超导、生物相容性等特殊性能，目前已从日用、化工、建筑、装饰发展到微电子、能源、交通及航天等领域。如新近研制的高强度陶瓷、高温陶瓷、高韧陶瓷、光学陶瓷等高性能陶瓷，可制作切削工具、高温陶瓷发动机、陶瓷热交换器以及柴油机的绝热零件等，从而大大拓宽了陶瓷的应用领域。

陶瓷制品发展至今已是种类繁多，可以从不同角度提出不同的分类方法，较常见的有以下两种。

① 按照制品的性能和用途分类　可将陶瓷制品分为普通陶瓷和特种陶瓷两大类。普通陶瓷即为陶瓷概念中的传统陶瓷，是人们生产和生活中最常见和使用最广泛的陶瓷制品。根据其使用领域的不同，又可分为日用陶瓷（包括艺术陈设陶瓷）、建筑卫生陶瓷、化工陶瓷、化学陶瓷、电子陶瓷及其他工业用陶瓷。这类陶瓷制品所用的原料基本相同，生产工艺技术亦相近。

特种陶瓷也称新型陶瓷、精细陶瓷或精密陶瓷，是指普通陶瓷以外的广义陶瓷概念中所涉及的陶瓷材料和制品，用于各种现代工业和尖端科学技术。按其特性和用途，又可分为结构陶瓷和功能陶瓷两大类。

a. 结构陶瓷　是指作为工程结构材料使用的陶瓷材料，它具有高强度、高硬度、高弹性模量、耐高温、耐磨损、耐腐蚀、抗氧化、抗热振等特性。主要是用于耐磨损、高强度、耐热、耐热冲击、硬质、高刚性、低热膨胀性和隔热等结构陶瓷材料，大致可分为氧化物陶瓷、非氧化物陶瓷和结构用的陶瓷基复合材料。其分类、特性与用途见表 5-4。

b. 功能陶瓷　是指具有电、磁、光、声、超导、化学、生物等特性，且具有互相转化功能的一类陶瓷。大致可分为电子陶瓷（包括电绝缘、电介质、铁电、压电、热释电、敏感、导电、超导、磁性等陶瓷）、透明陶瓷、生物与抗菌陶瓷、发光与红外线辐射陶瓷、多孔陶瓷，电磁功能、光电功能和生物-化学功能等陶瓷制品和材料，另外，还有核陶瓷材料和其他功能材料等。其分类、特性与用途见表 5-5。

表 5-4　结构陶瓷的分类、特性与用途

系列		材料	特性	用途
氧化物		Al_2O_3、MgO、ZrO_2、SiO_2、BeO、莫来石	高强度、高硬度、高韧性、高导热性、高耐磨性	各种受力构件、汽车、车床、机床零件、拉丝模具、刀具、测量工具、研磨介质
非氧化物	碳化物	SiC、B_4C、TiC	耐高温、超硬性、抗热振、抗氧化	汽车发动机零件、燃气轮机叶片、高温润滑材料、耐磨材料、耐火材料
	氮化物	Si_3N_4、BN、AlN		
	硅化物	$MoSi_2$、$TiSi_2$		
	硼化物	ZrB_2、TiB_2		
纳米陶瓷		纳米氧化物、非氧化物	超塑性、高韧性	各种高性能结构零件
低膨胀陶瓷		董青石、锂辉石、钛酸铝	$\alpha < 2 \times 10^{-6}℃^{-1}$	耐急冷急热结构零件
复合材料		C_f/SiO_2、SiC_w/ZrO_2	高温力学性能优良	火箭头罩、飞行器表面瓦、发动机零部件

表 5-5　功能陶瓷的分类、特性与用途

功能	系列		材料	特性	用途
电子陶瓷	绝缘陶瓷		Al_2O_3、MgO、BeO、AlN、BN、SiC	高绝缘性	集成电路基片、装置瓷、真空瓷、高频绝缘瓷
	介电陶瓷		TiO_2、$La_2Ti_2O_7$、$MgTiO_3$	介电性	陶瓷电容器、微波陶瓷
	铁电陶瓷		$BaTiO_3$、$SrTiO_3$	铁电性	陶瓷电容器
	压电陶瓷		PZT、PT、LNN、$(PbBa)NaNb_5O_{15}$	压电性	换能器、谐振器、滤波器、压电变压器、压电电动机、声呐
	热释电陶瓷		$PbTiO_3$、PZT	热电性	探测红外线辐射计数和温度测定
	敏感陶瓷	热敏	PTC、NTC	半导性、传感性	热敏电阻(温度控制器)、过热保护器
		气敏	SnO_2、ZnO、ZrO_2	传感性	气体传感器、氧探头、气体报警器
		湿敏	$Si-Na_2O-V_2O_5$ 系	传感性	湿度测量仪、湿度传感器
		光敏	CdS、CdSe	传感性	光敏电阻、光传感器、红外线光敏元件
		压敏	ZnO、SiC	传感性	压力传感器
	磁性陶瓷	软磁	Mn-Zn 铁氧体	软磁性	记录磁头、磁芯、电波吸收体
		硬磁	Ba、Sr 铁氧体	硬磁性	铁氧体磁石
	导电陶瓷		$LaCrO_3$、ZrO_2、SiC、Na-β-Al_2O_3、$MoSi_2$	离子导电性	钠硫电池固体电解质、氧传感器
	超导陶瓷		Re-Ba-Cu-O 系	超导性	电力系统、磁悬浮、选矿、探矿、电子
热学、光学功能陶瓷	耐热陶瓷		Al_2O_3、ZrO_2、MgO、SiC、Si_3N_4	耐热性	耐火材料
	隔热陶瓷		氧化物纤维、空心球	隔热性	隔热材料
	导热陶瓷		BeO、AlN、SiC	导热性	基板
	透明陶瓷		Al_2O_3、MgO、BeO、Y_2O_3、ThO_2、PLZT	透光性	高压钠灯、红外线输出窗材料、激光元件、光存储元件、光开关
	红外线辐射陶瓷		SiC 系、Zr-Ti-Re 系、Fe-Mn-Co-Cu 系	辐射性	SiC 红外线辐射器、保暖内衣、红外线治疗仪、水活化器、光开关
	发光陶瓷		ZnS：Ag/Cu/Mn	光致发光、电致发光	路标标记牌、显示器标记、装饰、电子工业、国防方面

功能	系列	材料	特性	用途
生物、抗菌陶瓷	生物惰性陶瓷	Al_2O_3、单晶、微晶	生物相容性	人工关节
	生物活性陶瓷	HAP、TCP	生物吸收性	人工骨材料
	医用陶瓷	压电、磁性、光纤	诊断传感性	用于内科、外科、妇产科、皮肤科的诊断仪器、超声波治疗、检测器
	银系陶瓷	沸石载银、磷酸锆载银	抑制和杀灭细菌	抗菌日用陶瓷、抗菌建筑卫生陶瓷
	钛系陶瓷	TiO_2＋Re	吸附载体性	抗菌陶瓷制品、抗菌材料
多孔化学陶瓷	化学载体	γ-Al_2O_3、堇青石	催化载体性	固定酶载体、催化剂载体、生物化学反应控制装置
	蜂窝	堇青石、钛酸铝	过滤用网络多孔性	汽车尾气净化器用催化载体、热交换器
	泡沫	高铝、低膨胀材料	—	金属铝液、镁合金液体过滤、轻质隔热材料

② 按照陶瓷坯体结构不同所标志的坯体致密度的不同分类　可把陶瓷制品分为陶器与瓷器两大类。

a. 陶器　通常是未烧结或部分烧结，有一定的吸水率，断面粗糙无光，不透明，敲之声音粗哑，有的无釉、有的施釉。陶器又可进一步分为粗陶器（如盆、罐、砖瓦、各种陶管等）、精陶器（如日用精陶、美术陶器、釉面砖等）。

b. 瓷器　坯体已烧结，基本上不吸水，致密，有一定透明性，敲之声音清脆，断面有贝壳状光泽，通常根据需要施有各种类型的釉。瓷器同样也可进一步分成细瓷〔如日用细瓷（长石瓷、绢云母瓷、骨灰瓷等）、美术瓷、高压电瓷、高频装置瓷等〕、特种陶瓷（如高铝质瓷、压电陶瓷、磁性瓷、金属陶瓷等）。

c. 介于陶与瓷之间的一类产品　就是国际上通称的炻器，也就是半瓷质，主要有日用炻器、卫生陶瓷、化工陶瓷、低压电瓷、地砖、锦砖、青瓷等。

5.2.1.2　我国陶瓷工业的发展概况

陶瓷在材料的大家庭中，远比金属和塑料古老。陶器的出现要比瓷器早得多，在距今 8000～10000 年前就已出现，是人类最早的手工业制品，标志着人类开始从游牧生活转向定居务农生活，这也标志着人类文化开始从旧石器时代跨入了新石器时代。我国陶瓷生产有着悠久的历史和光辉的成就，瓷器是我国古代劳动人民的伟大发明之一，英语单词"china"即为瓷器，据考证它是中国景德镇在宋朝前的古名昌南镇的音译。我国陶器起源于何时，随着新石器时代文化遗址的不断发现而众说纷纭，到目前为止，最早的陶器在北方和南方都有发现。1977 年，在北方中原地区裴李岗遗址中发现的陶器，据 ^{14}C 测定年代约为公元前 6415～前 5455 年，距今约 8000 年；1976 年，在磁山遗址发现的陶器，距今约 7300 年之久。南方的浙江余姚河姆渡遗址村中的陶器，据测定也距今约 7000 年之久。这些最早出现的陶器大都是泥质和夹砂红陶、灰陶和夹炭黑陶。

随着陶器制作技术的不断发展，到新石器时代的晚期，已发展到以彩陶和黑陶为特色的史前文化，长江以北从仰韶文化过渡到龙山文化，长江以南则从马家浜文化进入良渚文化。殷商时代（公元前 17 世纪）出现了釉陶，从无釉到有釉，在技术上是一个很大的进步，是制陶技术上的重大成就，为从陶过渡到瓷创造了必要的条件，釉陶的出现可以看成是我国陶瓷发展过程中的"第一个飞跃"。

周代在陶器应用方面的一个重要发展是扩大到建筑，烧制砖瓦成为陶业中的重点业务，公元前 246～前 206 年修建的长城和阿房宫，说明建筑陶瓷材料已大量使用。大批制作精美、造型生动、同真人真马一样大小的秦俑的出土充分证明了中国秦代（公元前 220～前 206 年）的制陶技术已非常发达，达到相当高的水平。

汉代（公元前 206～220 年）是我国制陶鼎盛时期，制陶工场处处可见，其中釉陶生产到西汉末年已成了一种日常的生产。汉代釉陶的釉料有翠绿、铜绿、赭黄、青灰等，基本上是含有少量氧化铜、氧化铁的铅釉。而硬陶上的青灰釉是一种高钙石灰釉，含 CaO 达 15％～20％。后经原料精制，烧成温度提高，又使用了石灰釉，使汉代末期的釉陶已向坯质更致密、釉色更光亮、坯釉结合更好的瓷器过渡。

东汉末年，釉陶已逐渐发展成瓷器，无论从釉面还是胎质来看，无疑是一大飞跃，但作为致密度和光泽度都不及瓷器的陶器，也由于其自身的一些优点，而得以与瓷器并存到现在。随着时代的变迁，陶器品种也不断更新，如唐代的唐三彩、宋代在江苏宜兴地区盛行起来的紫砂陶器等，都是至今盛名不衰的著名陶器。

关于由陶到瓷的发展过程，中科院上海硅所李家治等曾科学地指出：我国陶瓷发展史上有三个重大突破（原料的选择和精制、窑炉的改进及烧成温度的提高、釉的发现和使用）和三个重要阶段（陶器→原始瓷器→瓷器）。

宋代（公元 960～1279 年），我国南北各地的窑业得到了极大的发展，当时有官、越、定、钧、汝五大名窑。此外，陕西的耀州窑，福建的建窑，江西的吉州窑，浙江的哥窑、弟窑、象州窑，河北的磁州窑，北宋和辽对峙时期的辽窑，南宋和金对峙时期的金钧窑，也都是当时比较著名的窑场。

江西景德镇自汉代生产陶器开始，唐初已能烧造瓷器，宋代已大量生产"色白花青"的影花瓷——特指刻印花纹的釉面呈青白色的瓷器。北宋末年间有红釉器制作。至南宋年间，则仿定窑而生产白釉瓷器。元代（公元 1271～1368 年）初期，南北瓷窑很多遭到破坏，独有景德镇在原有基础上继续获得发展，除继续烧造青白瓷外，又创烧了卵白釉、黑釉等，并绘制了红绿彩与金彩等釉上彩绘瓷。特别是青花与釉里红两种釉下彩绘瓷器的烧造成功，使我国瓷器的装饰艺术别开生面，进入了一个崭新的时代。除景德镇瓷器外，龙泉的青瓷也大量出口。

明代（公元 1368～1644 年）以来，景德镇逐渐成为我国瓷业的中心、我国瓷器的代表，对世界各国有很大的影响，在技术和艺术上都有了极大的发展。清代（公元 1644～1911 年）初叶，我国的制瓷工艺进入十分成熟的阶段。除了继承前人之外，又接受了一些外来的影响，彩釉由五彩、斗彩发展到粉彩与珐琅彩，并创造了各种低温和高温颜色釉。康熙、雍正、乾隆三朝的制品尤其精巧华丽。

在一个相当长的历史时期，陶瓷的发展主要靠工匠们技艺的传授，缺乏科学的指导，产品主要是满足日用器皿和建筑材料的需要。随着人类社会科学技术水平的不断提高，近代材料科学领域出现的各种精细陶瓷和功能陶瓷，如建筑卫生陶瓷、电气陶瓷、电子陶瓷、化工陶瓷、纺织和高温陶瓷、人工晶体及特种功能材料，其用料和制作工艺已超出传统陶瓷的范畴。"特种陶瓷"这一术语首先出现于 20 世纪 50 年代的英国。特别是近几十年来电子技术、空间技术、激光技术、计算机技术和红外线技术等的发展，迫切需要一些有特殊性能的材料，而某些陶瓷恰恰能满足这类要求，因此，新型陶瓷材料得到了迅速的发展。

5.2.2　普通陶瓷生产的基本制备工艺

普通陶瓷品种繁多，各种制品的生产工艺过程不尽相同，其基本生产工艺过程如图 5-5 所示，基本上可分为两种类型：一种是制品一次烧成；另一种是制品二次烧成。二次烧成工艺是将坯体先经过一次素烧，然后再施釉入窑烧成，多用于生坯强度较低或坯釉烧成温度相差太大的陶瓷制品。国内外的一些高档瓷器及精陶制品就是采用二次烧成工艺生产的。一次烧成工艺简单，设备投资小，生产周期短，但工艺难度较大，除要求生坯有足够的强度外，对坯釉配方的匹配性及烧成时工艺制度也要求严格。

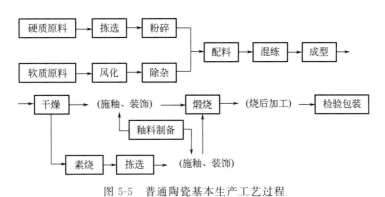

图 5-5　普通陶瓷基本生产工艺过程

5.2.2.1　普通陶瓷生产所用的主要原料

前已述及，陶瓷所采用的原料种类繁多，就其来源而言可分为天然原料和化工原料。普通陶瓷主要采用天然硅酸盐矿物，而化工原料主要是满足日益发展的特种陶瓷各类品种对原料纯度及性能的要求。

（1）天然原料　陶瓷属于多晶体制品，那么其结构就要由原料及所采用的生产工艺过程来决定。如采用高岭土或黏土就可获得莫来石晶相；采用石英即可得到石英晶相；采用长石、滑石等熔剂原料就能在结构中产生玻璃相。另外，利用原料的可塑性及非可塑性来调节成型性能及干燥和烧成收缩，以获得较好的工艺性能去适应陶瓷烧成较复杂的工艺过程。

① 具有可塑性的黏土类原料　是陶瓷生产的主要原料之一，日用细瓷用量为 $40\%\sim60\%$，在陶器和炻瓷中用量还可增多；釉面砖生产用量亦大于 40%，它除采用软质黏土外，还采用大量的硬质黏土（如叶蜡石、硬质高岭土等）。黏土的作用概括起来有以下几点。

a. 黏土的可塑性。

b. 黏土的结合性，这有利于坯体的成型加工。

c. 黏土能使注浆泥料与釉料具有良好的悬浮性和稳定性，使浆料组分均匀，不至于沉淀分层。

d. 黏土中的 Al_2O_3 是陶瓷坯体生成莫来石主晶相的主要成分，莫来石晶相能赋予陶瓷产品良好的机械强度、介电性能、热稳定性和化学稳定性等。

② 具有非可塑性的石英类原料　是陶瓷坯体中的主要组分之一，常用的石英类原料主要有脉石英、砂岩、石英岩、石英砂、硅藻土、燧石等。石英类原料的作用可概括为以下几点。

a. 石英是瘠性原料，可对泥料的可塑性起调节作用，能降低坯体的干燥收缩和变形，缩短干燥时间。

b. 烧成时，石英的加热膨胀可部分补偿坯体收缩影响，在高温下石英部分熔于液相中增加熔体的黏度，而未熔的石英颗粒构成坯体的骨架，可防止坯体发生变形和开裂。

c. 石英能改善瓷器的白度和透光度。

d. SiO_2 是釉料中玻璃质的主要组分，增加釉中石英的含量可相应提高釉的熔融温度及黏度，并降低釉的热膨胀系数，同时还可赋予釉以较高的机械强度、硬度、耐磨性及耐化学侵蚀性。

③ 长石类原料　是陶瓷工业中最常用的熔剂性原料。其作用主要表现为以下几点。

a. 能降低陶瓷烧成温度，它和石英等原料高温熔化后形成的玻璃态物质是坯釉的主要成分。

b. 熔融后的长石熔体能溶解部分高岭土分解产物和石英颗粒。在熔体中 Al_2O_3 和 SiO_2 相互作用，赋予坯体一定的机械强度和化学稳定性。

c. 长石熔化后形成的液相填充于各结晶颗粒之间，可减少坯体空隙，增大致密度。冷却后的长石熔体，构成瓷的玻璃基质增加坯体的透明度，并有助于提高坯体的机械强度和电气性能。

d. 长石为瘠性物质，可缩短坯体的干燥时间，减少坯体的干燥收缩和变形，还可调节坯料的可塑性。

④ 其他矿物原料　除上述三大类原料外，在陶瓷生产中还经常采用如下一些矿物原料。

a. 滑石、蛇纹石　均为镁的含水硅酸盐矿物。加入少量滑石可降低烧成温度，在较低温度下形成液相，加速莫来石晶体的生成，还可扩大烧成温度范围，提高坯体的白度、透明度、机械强度及热稳定性。蛇纹石与滑石成分有一定相似之处，但因其含铁量较高，一般可达 $7\% \sim 8\%$，通常只用于生产碱性耐火材料，也可用作带色地砖、炻器、耐酸陶器及堇青石质匣钵等的原料。

b. 硅灰石和透辉石　因不含有机物质、吸附水及结晶水，可减少干燥收缩和烧成收缩。此外，它们的热膨胀系数较小，故易与釉结合，产品热稳定性好，便于快速烧成。

c. 骨灰、磷灰石　主要用于生产骨灰瓷。骨灰在骨灰瓷坯料中约占 50%，是骨灰瓷中主晶相 $\beta\text{-}Ca_3(PO_4)_2$ 的主要来源。

d. 碳酸盐类原料　通常除用滑石引入氧化镁外，坯料及釉料中常采用白云石、菱镁石引入氧化镁，用方解石引入氧化钙。这些碳酸盐类矿物除在坯料、釉料中起高温熔剂作用外，在坯体中亦可生成主晶相。

e. 叶蜡石　又称冻石，含较少的结晶水，其结构与蒙脱石相似。叶蜡石具有良好的热稳定性和很少的湿膨胀，为此，可用来制造尺寸精确、热稳定性好的产品。在日用细瓷及釉面砖等生产中常采用。

f. 工业废渣及废料　近十几年来在陶瓷生产中采用较多的废渣和废料主要有高炉矿渣、磷矿渣、萤石矿渣等。这些废渣料除用于生产釉面砖、墙地砖外，还可生产卫生陶瓷和日用陶瓷。

g. 辅助原料和外加剂　陶瓷工业还需要一些辅助原料，如腐殖酸钠、水玻璃、石膏等，另外，还有各种外加剂，如助磨剂、助滤剂、解凝剂、增塑剂、增强剂等。

（2）化工原料　主要是用作釉的乳浊剂、助熔剂、着色剂等，常用的主要有 ZnO、SnO_2、CeO_2、Pb_3O_4、H_3BO_3（硼酸）、$Na_2B_4O_7 \cdot 10H_2O$（硼砂）、Na_2CO_3、$CaCO_3$、KNO_3、许多化合物着色剂等。

（3）原料的预处理　主要包括硬质原料的水洗，软质原料（即软质黏土）的风化、淘洗或拣选，其目的都是为了尽量清除有害杂质，提高原料纯度，以保证质量。

5.2.2.2　配料

因使用要求和性能不同，陶瓷制品的烧结程度差异很大，为此可分为瓷质、炻质和陶质三大类。加上各地原料组成和工艺性能存在差别，故不同产品的坯料组成也互不相同。

（1）长石质瓷　是目前国内外日用陶瓷工业所普遍采用的瓷质。是以长石作为熔剂的"长石-石英-黏土"三组分系统的瓷。

（2）绢云母质瓷　是我国传统的日用瓷质之一。是以绢云母为熔剂的"绢云母-石英-高岭土"系统瓷。

（3）磷酸盐质瓷　习惯上称为骨灰质瓷。是以磷酸钙作为熔剂的"磷酸盐-高岭土-石英-长石"系统瓷。

（4）滑石质瓷　属于"滑石-黏土-长石"系统瓷。一般用于生产高级日用器皿及用作高频电绝缘陶瓷。

表 5-6 和表 5-7 分别列出了这四种陶瓷的主要化学组成及其性能特点。

表 5-6　陶瓷的化学组成

类别		化学组成（质量分数）/%			
		SiO_2	Al_2O_3	R_2O｜RO	P_2O_5
硬质瓷	长石质瓷	65～75	19～25	4～6.5	
	绢云母质瓷	60～70	22～30	4.5～7	
软质瓷	骨灰质瓷	28.7～37	13.2～17.8	27～33	18.6～21.2
	滑石质瓷	63～66	7～14	15～14	
其他	锦砖	64～73	16～24	4.5～8.7	
	玻化砖	65～74	15～19.5	6～10.5	

表 5-7　各类日用陶瓷的配料、性能特点和应用

日用陶瓷类型	原料配比/%	烧成温度/℃	性能特点	主要应用
长石质瓷	长石 20～30 石英 25～35 黏土 40～50	1250～1350	瓷质洁白，半透明或不透明，吸水率低，坚硬，强度高，化学稳定性好	餐具，茶具，陈设陶瓷器，装饰美术瓷器，一般工业制品
绢云母质瓷	绢云母 30～50 高岭土 30～50 石英 15～25 其他矿物 5～10	1250～1450	同长石质瓷，但透明度、外观色调较好	餐具，茶具，工艺美术制品
骨灰质瓷	骨灰 20～60 高岭土 25～45 石英 9～20 长石 8～22	1220～1250	白度高，半透明或不透明，吸水率低，坚硬，强度高，化学稳定性好	高级餐具，茶具，高级工艺美术瓷器
滑石质瓷	滑石约 73 高岭土约 11 长石约 12 黏土约 4	1300～1400	良好的透明度，热稳定性好，较高的强度和良好的电性能	高级日用器皿，一般电工陶瓷

5.2.2.3　坯料的制备

原料经过粉碎和适当的加工后，最后得到的能满足成型工艺要求的均匀混合物称为坯料。陶瓷坯料按成型方法不同可分为可塑料、干压料和注浆料，其主要区别在于坯料的水分含量和可塑性的不同。一般可塑料含水 18％～25％；干压料中水分为 8％～15％的称为半干压料，3％～7％的称为干压料；注浆料中含水量为 28％～35％。完全由不具可塑性的瘠性原料配成的坯料，往往需要加入一些有机塑化剂后才能成型。

为了保证产品质量和满足成型的工艺要求，各种坯料均应符合下列基本质量要求：组成符合配方要求；各种成分混合均匀；各组分的颗粒细度符合要求，并具有适当的颗粒级配；空气含量应尽可能少。

三种坯料的制备都涉及原料的细碎。陶瓷原料的细碎工艺有干法和湿法两种，前者通常用轮碾式磨机（或称雷蒙磨机），后者则一般采用球磨机。各种制品对其坯料的细度要求是不同的，一般均要求为 0.07mm 以下。

较典型的可塑坯料的制备流程如图 5-6 所示。

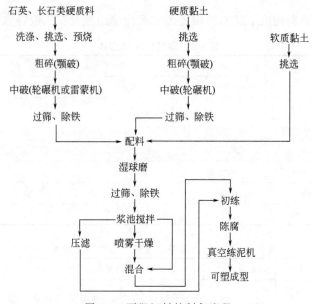

图 5-6　可塑坯料的制备流程

5.2.2.4　陶瓷的成型

成型是将按要求制备好的坯料通过各种不同的成型方法制成具有一定形状和大小的坯体。陶瓷产品的种类繁多，形状各异，生产中采用的成型方法也是多种多样的，主要可分为以下几种。

（1）可塑成型　是利用泥料的可塑性，将泥料塑造成一定形状的坯体，即坯料在外力作用下发生可塑变形而制成坯体的成型方法，如旋压法、滚压法、塑压法、注射法及轧膜成型法等。此法生产的制品很多，主要是大多数的日用陶瓷制品、电子陶瓷、美术陶瓷等。

（2）注浆成型　可分为传统注浆成型和广义注浆法两种。前者是利用多孔模型从泥浆中吸取水分，因而在模壁上形成一层薄的泥层而制得各类坯体，如石膏模注浆法、真空注浆法、离心注浆法。广义注浆法是指所有具有一定液态流动性的坯料成型方法，如热压铸法、流延法等。后者是将塑化剂加入一些非黏土类的瘠性原料中，然后使其加热调制成具有一定流动性和悬浮性的浆料。这是一种应用广泛的成型方法，许多日用陶瓷、美术陶瓷、卫生陶瓷和工业陶瓷制品均用此法成型。

（3）压制成型　是将坯料填充在某一特制的模型中，施加压力，使之压制成具有一定形状和强度的坯体。根据成型时施压的特点，大体上分为普通压制成型和等静压成型两种。前者是采用刚性的金属模具来装填坯料，从上、下两个方向对其进行多次加压，使之密实，常用于某些普通陶瓷制品（如墙地砖）的成型。而等静压成型是使坯料在各方向同时均匀受压而致密成坯，由于坯料各向均匀受压，故所得坯体密度大而均匀，许多特种陶瓷材料是采用此法成型的。

5.2.2.5　生坯的干燥

生坯的干燥是指依靠蒸发而使成型后的坯体脱水的过程。如前所述，成型后的各种坯体都含有一定量的水分，尤其是可塑成型和注浆成型后的坯体（如卫生陶瓷坯体）还呈可塑状态，水分较高则强度低，在运输和再加工（如卫生陶瓷的修坯、粘接和施釉）过程中很容易变形或破损，即使是干压成型的坯体，其水分含量也不允许坯体立即入窑烧成。因此，成型后的坯体必须经过干燥，以提高坯体强度，减少生坯的变形和破损，可使坯体的吸水率增加，便于施釉操作。此外，干燥好的坯体在烧成初期可以进行较快地升温而不致开裂，这样可以减少燃料消耗，缩短烧成周期。

坯体在干燥过程中，随着水分的排除要发生收缩，产生一定的收缩应力，如果收缩过程不当，会导致坯体出现变形和开裂。特别是尺寸较大的卫生陶瓷（坐便器、洗面器等）坯件，由于其壁厚不均匀，干燥过程如控制不当极易变形，这种现象是生产中常出现的。

根据提供热量的热源不同，可将干燥方法分为自然干燥、热风干燥（对流干燥、快速对流干燥）、电热干燥（工频电干燥、高频电干燥、微波干燥）、红外线干燥、复合干燥等。

5.2.2.6　施釉、装饰

釉是熔融在陶瓷制品表面上的一层很薄的玻璃态物质，由碱金属、碱土金属或其他金属的硅酸盐及硼酸盐所构成，其厚度只有 0.1～0.3mm。外观可以是有色的或无色的，可以是透明的、半透明的或不透明的。釉层不仅改善了陶瓷的表面质量，而且能提高陶瓷的机电性能，增加其热稳定性。艺术釉的采用还可增加产品的艺术性，提高其附加值。

釉的品种复杂多样，分类方法也多。按其制备方法主要可分为生料釉、熔块釉和挥发釉（盐釉）。生料釉的制备过程基本上与注浆坯料的制备过程相同；熔块釉的制备包括预制熔块和磨制釉浆两大步骤。

大多数普通陶瓷制品都要进行施釉和装饰。常见的施釉方法有喷釉、浇（淋）釉、浸釉、甩釉、滚釉、涂（刷）釉等；常见的装饰方法有雕塑、色釉装饰、艺术釉装饰、釉上彩饰、釉下彩饰等。

5.2.2.7　烧成

烧成是陶瓷生产过程中极重要的一个工序，是对陶瓷生坯进行高温焙烧，使之发生质变成为陶瓷产品的过程。烧成也称烧结，目的是去除坯体内所含熔剂、黏结剂、增塑剂等，并减少坯体中的气孔，增强颗粒间的结合强度。

普通陶瓷一般采用窑炉在常压下进行烧结。坯体在烧成过程中将产生一系列物理化学变化，从而形成预期的矿物组成和显微结构，并赋予制品预期的性能（详见第 3 章 3.2.3.1 高温烧结法）。

对于一定组成的陶瓷制品，为保证其烧成质量，首先要根据坯釉的组成、性质和窑炉的结构性能等因素，制定一个合理的烧成工艺制度，然后根据烧成工艺制度来严格控制制品的烧成过程。烧成工艺制度主要包括升温速度、烧成温度、保温时间、冷却速度、气氛性质及浓度、气氛转换温度以及窑内压力分布状态等内容。由于各种陶瓷制品的质量要求及其所用原料性质不同，对烧成温度以及窑内气氛的要求也不同。瓷器的烧成温度要求较高，而陶器的烧成温度较低。

陶瓷制品的烧成是在热工设备——窑炉中进行。陶瓷窑炉的种类很多，大体上可分为连续式窑（隧道窑、辊道窑、推板窑等）和间隙式窑（倒焰窑、梭式窑、钟罩窑等）两大类。各种窑炉结构虽然各有特点，但使用上的基本要求却是一致的，即要求窑炉应能满足制品烧成的工艺要求，保证烧成质量；燃料在其中能充分燃烧，并能满足烧成工艺对气氛的要求；窑内传热效率高，窑体散热损失小。总之，希望窑炉能实现优质、高产、低能耗。

5.2.2.8 烧后冷加工

有些陶瓷制品烧成后还需要进行冷加工处理。如电瓷烧成后要装金属附件；化工陶瓷需要配合的表面和密封面等都要进行机械磨削加工，使之表面光洁度和尺寸精度达到设计要求。日用陶瓷、大多数建筑陶瓷和部分普通工业陶瓷均不需要进行冷加工处理。

5.2.3 特种陶瓷生产的基本工艺过程

大多数特种陶瓷的生产过程基本上仍沿袭普通陶瓷的生产模式，但它具有自己的显著特征，即原料的高度精选、材料组成的精确调配和生产过程的控制更加严格。特种陶瓷与普通陶瓷的主要区别见表 5-8。

表 5-8　特种陶瓷与普通陶瓷的主要区别

区别点	普通陶瓷	特种陶瓷
原料	天然矿物原料	人工精制化工原料和合成原料
成分	主要由黏土、长石、石英的产地决定	原料是纯化合物，由人工配比决定
成型	以注浆、可塑成型为主	以模压、热压铸、轧压、流延、等静压、注射成型为主
烧成	温度一般在 1350℃以下，燃料以煤、油、气为主	结构陶瓷常需 1600℃左右高温烧结，功能陶瓷需精确控制烧成温度，燃料以电、气、油为主
加工	一般不需要加工	常需切割、打孔、磨削、研磨和抛光
性能	以外观效果为主，力学性能和热性能较低	以内在质量为主，常呈现耐温、耐腐蚀、耐磨和各种电、光、热、磁、敏感、生物性能
用途	炊具、餐具、陈设品、墙地砖、卫生洁具	主要用于宇航、能源、冶金、机械、交通、家电等行业

特种陶瓷的主要制备工艺是粉末制备、成型和烧结，如图 5-7 所示。特种陶瓷的工艺技术现状如图 5-8 所示。

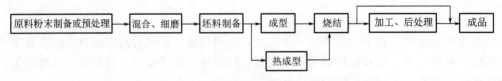

图 5-7　特种陶瓷生产基本工艺过程

5.2.3.1 粉料制备或预处理

特种陶瓷原料的主要特点是纯度高，颗粒细小，只加入很少甚至完全不加助熔剂与提高可塑性的添加剂。粉料的制备方法通常有粉碎法和合成法两种。前者是由粗颗粒来获得细粉，通常采取机械粉碎，现在发展到采用气流粉碎，但都不易获得粒径小于 $1\mu m$ 的微粉料。合成法是由原子、分子、离子经过反应、成核和生长、收集、后处理等过程来获得微粉料的

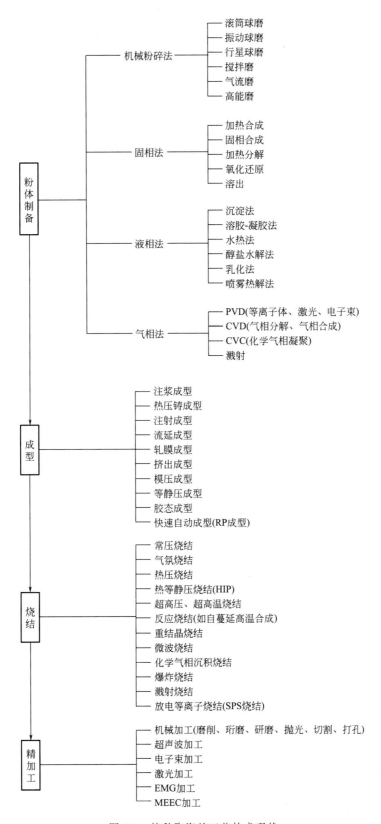

图 5-8　特种陶瓷的工艺技术现状

方法，所制得的粉体颗粒微细，均匀性好，且纯度、细度可控，可实现颗粒在分子级水平上的复合、均化。

特种陶瓷原料粉体的主要制备方法可概括为固相法、液相法、气相法、机械粉碎法和溶剂蒸发法（包括酒精干燥法、冷冻干燥法、喷雾干燥法和热石油干燥法等）。其中液相法和气相法往往是制取超细粉的主要方法。

有时在配料前，还需要对粉体原料进行预处理。例如，生产氧化铝陶瓷时，要将原料粉（γ-Al_2O_3）进行预烧，然后再磨细配料；生产压电陶瓷、半导体陶瓷等制品时，往往要预先合成主晶相，然后再配料生产。

5.2.3.2 坯料制备

特种陶瓷的坯料仍然可分为可塑坯料、注浆坯料和压制坯料三种，其制备过程主要是将细度合格、混合均匀的配合料，根据成型工艺的要求进行塑化或造粒，或使之悬浮制成稳定的浆体。

5.2.3.3 成型

特种陶瓷的成型方法也包括可塑法、注浆法和压制法三类。可塑成型适用于生产管、棒和薄片状制品，主要有挤压成型和轧膜成型。注浆成型适用于制造大型的、形状复杂的、薄壁的产品，主要有石膏模注浆成型、热压铸成型和流延成型三种。其中，热压铸成型适合于生产形状较复杂、尺寸精度高的中、小型制品；流延成型可制得厚度在 0.05mm 以下、表面光洁的陶瓷薄膜，是集成电路基片和其他小型轻量的电子元件生产常用的成型方法。压制成型的特点是黏合剂含量较低，只有百分之几（一般为 7％～8％），不经干燥可以直接焙烧，坯体收缩小，可以自动化生产，常用的是模压成型和等静压成型（又称静水压成型，是利用液体介质不可压缩性和均匀传递压力性的一种成型方法）。各种成型方法优缺点比较见表 5-9。

表 5-9 各种成型方法优缺点比较

成型方法	优点	缺点
石膏模注浆成型	①工艺简单 ②可成型形状复杂和空心件	①劳动强度大，生产周期长，不易自动化 ②生坯密度小，强度低，收缩变形大
热压铸成型	①操作方便，生产效率高，成型设备不复杂，模具磨损小 ②可成型外形复杂、精密度高的中小型制品	①工序较繁，耗能大，工期长 ②对于壁薄、大而长的制品不宜采用
挤压成型	①适于连续化批量生产，生产效率高，易于自动化操作 ②适合生产管、棒、蜂窝状陶瓷，环境污染小	①机嘴结构复杂，加工精度要求高 ②坯体易变形，制品烧结收缩大
轧膜成型	①工艺简单，生产效率高，生产设备简单，粉尘污染小 ②能成型厚度很薄的膜片，厚度均匀	干燥收缩和烧成收缩较模压制品的大
流延成型	①工艺稳定，生产效率高，自动化水平高 ②坯膜性能均匀一致且易控制，可制备厚度为 $10\sim1000\mu m$ 的高质量坯膜	坯体固溶剂和黏合剂等含量高，坯体密度小，烧成收缩率高达 20％～21％
模压成型	①工艺简单，适于大批量生产且周期短，工效，易机械自动化生产 ②由于坯料中含水或黏合剂较少，适合压制高度 0.3～6mm、直径 5～50mm 的简单形状制品	①模压成型设备功率较高，模具制作工艺要求高，模具磨损大 ②坯体有明显的各向异性，不适用于形状复杂的制品的成型
等静压成型	①坯体致密度高，烧成收缩小，制品的密度接近理论密度，不易变形 ②适于压制形状复杂、大件且细长的制品	设备投资成本高，湿式等静压成型不易自动化生产，生产效率不高

5.2.3.4　烧结

特种陶瓷生产采用的烧结方法较多，除普通的常压烧结外，还有许多特殊的烧结方法，如热压烧结（在高温下加压促使坯体加速烧结）、气氛烧结（使处于适当的气氛下）、热等静压烧结（在加热时对物料从各个方向施加相等压力）、活化烧结和真空烧结等。

5.2.3.5　烧后处理

烧后处理主要是指需要进行表面机械加工、上电极或极化处理等的场合。如图 5-8 所示的精加工，除了常见的机械加工以外，还有超声波加工、电子束加工、激光加工以及 EMG 加工和 MEEC 加工等。

（1）EMG 加工　电气机械磨削系统（electro mechanical grinding system）是同时具有电解磨削和机械磨削两种功能的复合磨削加工方法。

（2）MEEC 加工　也属于复合加工，它由一般机械磨削加工（mechanical）、电解加工（electrolysis）和电火花加工（electro-discharge）三者结合而成。

5.3　水泥的生产

5.3.1　水泥的发展历史及其分类

水泥是一类重要的胶凝材料。其定义为：凡细磨成粉末状，加入适量水后，可成为塑性浆体，既能在空气中硬化，又能在水中硬化，并能将砂、石等材料牢固地胶结在一起的水硬性胶凝材料。所谓的胶凝材料是指在物理、化学作用下，能从浆体变成坚固的石状体，并能胶结其他物料，而有一定机械强度的物质。胶凝材料按其组成的不同，可分为有机和无机两大类；而按照硬化条件，又可分为水硬性和非水硬性两大类。水硬性胶凝材料是指不仅能在空气中硬化又能在水中硬化的材料，如各种水泥。非水硬性胶凝材料是背只能在空气中或其他条件下硬化，而不能在水中硬化的材料，如无机的石灰、石膏及有机的环氧树脂胶黏剂等。

胶凝材料是人类在生产实践中，随着社会生产力的发展而发展起来的，有着极为悠久的历史。黏土以及黏土掺加一些稻草、壳皮等植物纤维材料是人类使用最早的一种胶凝材料，其强度低。随着火的发现，在公元前 3000～前 2000 年，我国、古埃及、古希腊以及古罗马等就已开始利用经过煅烧所得的石灰、石膏来调制砌筑砂浆，如我国的万里长城、古埃及的金字塔等就是由这类胶凝材料建造的。

到了 18 世纪后半期，先后出现了水硬性石灰和罗马水泥，它们都是将含有适量黏土的黏土质石灰石经过煅烧而得。并在此基础上，发展到用天然水泥岩（黏土含量为 20％～25％的石灰石）煅烧、磨细而制得天然水泥。然后，逐渐发现可以用石灰石与定量的黏土共同磨细混匀，经过煅烧，能制成一种人工配料的水硬性石灰，这实际上可以看成是近代硅酸盐水泥制造的雏形。

19 世纪初期（1810～1825 年），已经开始用人工配合原料，经高温煅烧成块（熟料），再进行粉磨以制造水硬性胶凝材料的方法组织生产。由于这种胶凝材料凝结后的外观颜色与当时英国波特兰城建筑岩石相似，故称为波特兰水泥（Portland cement，我国称为硅酸盐水泥）。由于含较多的硅酸钙，不但能在水中硬化，而且能长期抗水，强度甚高。其首批大规模使用的实例是 1825～1843 年修建的泰晤士河隧道工程。

水泥的种类很多，目前水泥品种已达 100 多种，并且随着生产与技术的发展而不断增加。按照水泥的用途和性能可将其分为通用水泥、专用水泥以及特性水泥三大类。通用水泥为用于大量土木建筑工程等一般用途的水泥，如硅酸盐水泥、普通硅酸盐水泥、矿渣硅酸盐水泥、火山灰质硅酸盐水泥和粉煤灰硅酸盐水泥等。专用水泥则指有专门用途的水泥，如油井水泥、大坝水泥、砌筑水泥等。而特性水泥是某种性能突出的一类水泥，如快硬早强硅酸盐水泥、低热矿渣硅酸盐水泥、耐酸硅酸盐水泥、耐高温水泥、油井水泥、膨胀和自应力硅酸盐或铝酸盐水泥、装饰水泥、低碱度水泥、防辐射水泥、有机-无机复合水泥等。

5.3.2 水泥的组成

不同品种的水泥是由不同种类和比例的组分材料制得的，相应具有不同的化学成分和矿物组成。

5.3.2.1 水泥的组分材料

以硅酸盐水泥为例，它是以硅酸钙为主要成分的熟料所制得的水泥的总称。从表 5-10 所列五大品种水泥的组分材料来看，各种水泥基本上都是以熟料为主要组分，外加一定量活性或非活性混合材料和适量的石膏。

表 5-10　五大品种水泥的组分材料

水泥种类	硅酸盐水泥熟料	石膏[①]	混合材料
Ⅰ型硅酸盐水泥(P.Ⅰ)	为主	适量	
Ⅱ型硅酸盐水泥(P.Ⅱ)	为主	适量	<5%的石灰石或高炉矿渣
普通硅酸盐水泥(P.O)	为主	适量	<15%活性混合材料,其中允许用<5%窑灰或<10%非活性混合材料代替
矿渣硅酸盐水泥(P.S)	为主	适量	20%～70%高炉矿渣,允许用<1/3混合材料总量的火山灰质或粉煤灰等部分代替
火山灰质硅酸盐水泥(P.F)	为主	适量	20%～50%火山灰质,允许用<1/3混合材料总量的粒化高炉矿渣部分代替
粉煤灰硅酸盐水泥(P.P)	为主	适量	20%～40%粉煤灰,允许用<1/3混合材料总量的粒化高炉矿渣部分代替

① 一般只要掺加 3%～6%。

硅酸盐水泥的组分材料主要有以下几种。

① 硅酸盐水泥熟料　凡以适当成分的生料煅烧至部分熔融，所得的以硅酸钙为主要成分的产物。

② 石膏　天然石膏或工业副产石膏（工业生产中以硫酸钙为主要成分的副产品）。

③ 活性混合材料　是指具有火山灰性或潜在水硬性的混合材料，如粒化高炉矿渣、火山灰质混合材料以及粉煤灰等。

④ 非活性混合材料　活性指标不符合标准要求的潜在水硬性或火山灰性的混合材料，如砂岩和石灰石。

⑤ 窑灰　从水泥回转窑窑尾废气中收集下的粉尘。

另外，在水泥粉磨时还允许加入不超过水泥质量的 1%，起助磨作用而不损害水泥性能的助磨剂。

5.3.2.2 水泥熟料的化学组成和矿物组成

水泥之所以是一种水硬性胶凝材料，是因为水泥的主要组分——熟料中含有水硬性的矿物，所以水泥的性质在极大程度上取决于熟料的矿物组成。优质熟料应该具有合适的矿物组成和合理的显微结构。

(1) 水泥熟料的化学组成　由于水泥品种、原料和生产方法的不同，水泥化学组成变化较大。如表 5-11 所示，硅酸盐水泥熟料主要由 CaO、SiO_2、Al_2O_3 和 Fe_2O_3 四种氧化物组成，通常它们的百分含量总和在 95% 以上；同时，还含有 5% 以下的少量其他氧化物，如 MgO、TiO_2、P_2O_5、硫酐（SO_3）以及碱（K_2O 和 Na_2O）等。在某些情况下，各主要氧化物的含量也可以不在表 5-11 所列出的范围内，例如白色硅酸盐水泥熟料中 Fe_2O_3 含量必须小于 0.5%，而 SiO_2 含量可高于 24%，甚至可达 27%。

表 5-11　硅酸盐水泥熟料的化学组成

氧化物	CaO	SiO$_2$	Al$_2$O$_3$	Fe$_2$O$_3$	MgO＋TiO$_2$＋P$_2$O$_5$＋SO$_3$＋R$_2$O(K$_2$O 和 Na$_2$O)
化学组成（质量分数）/%	62～67	20～24	4～7	2.5～6	＜5

在铝酸盐（高铝）水泥熟料中，其主要的化学成分依次为 Al_2O_3、CaO、SiO_2 和 Fe_2O_3 及少量的 MgO、TiO_2 等，与硅酸盐水泥有很大的差别，见表 5-12。

表 5-12　高铝水泥化学组成举例

国家	化学组成（质量分数）/%							生产方法
	Al$_2$O$_3$	CaO	SiO$_2$	Fe$_2$O$_3$	TiO$_2$	MgO	R$_2$O	
中国	50～60	32～35	4～8	1～3	1～3	＜2	＜1	回转窑烧结法
美国	40～41	36～39	8～9	5～6	＜2			回转窑烧结法
德国	44～51	38～42	5～8	0～1	1～2			高温熔融法

(2) 水泥熟料的矿物组成　在水泥熟料中，四种主要化学组成 CaO、SiO_2、Al_2O_3 和 Fe_2O_3 并不是以单独的氧化物形式存在，而是在经过高温煅烧后，以两种或两种以上的氧化物反应生成的多种矿物集合体即矿物的形式存在，其结晶细小，通常为 $30～60\mu m$。因此，熟料是一种多矿物组成的结晶细小的人造岩石。

硅酸盐水泥熟料的主要矿物组成有以下四种矿物。

① 硅酸三钙（$3CaO \cdot SiO_2$，简写为 C_3S）　是硅酸盐水泥熟料的主要矿物，含量通常为 50%，有时甚至高达 60% 以上。它水化较快，强度发展较快，早期强度较高，28d 强度可达其一年强度的 70%～80%，是四种矿物中最高的；适当提高其含量，岩相结构良好，可获得高质量的熟料。但 C_3S 的水化热较高，抗水性较差。

② 硅酸二钙（$2CaO \cdot SiO_2$，简写为 C_2S）　是硅酸盐水泥熟料的主要矿物之一，含量一般为 20%。它水化较慢，早期强度较低，但 28d 以后，强度仍能较快增长，在一年以后，赶上 C_3S；C_2S 水化热较低，抗水性较好，因而对大体积工程或处于侵蚀性强的工程用水泥，适当提高其含量、降低 C_3S 含量是有利的。

通常，硅酸盐水泥熟料中 C_3S 与 C_2S 之和占 70% 以上（在 75% 左右），称为硅酸盐矿物。C_3S 和 C_2S 都不是以纯的形式存在，总固溶有少量其他氧化物，如 Al_2O_3、MgO 等。

③ 铝酸钙　主要是铝酸三钙（$3CaO \cdot Al_2O_3$，简写为 C_3A），C_3A 也可部分固溶 SiO_2、Fe_2O_3、MgO、K_2O 和 Na_2O 等其他氧化物。C_3A 水化迅速，放热多，凝结很快，早期强度较高，但绝对值不高，以后几乎不再增长，所以其含量应控制在一定的范围内。

④ 铁相固溶体　熟料中含铁相比较复杂，是化学组成为 $C_4AF～C_2F$ 的一系列连续固溶体。通常以铁铝酸四钙（$4CaO \cdot Al_2O_3 \cdot Fe_2O_3$，简写为 C_4AF）为代表。C_4AF 早期强度类似 C_3A，而后期还能不断增长，类似于 C_2S。C_3A 与 C_4AF 之和占 22% 左右，由于在煅

烧过程中，它们与 MgO、CaO 等从 1250～1280℃ 开始逐渐熔融成液相以促进 C_3S 的顺利形成，故称为熔剂矿物。C_4AF 的抗冲击性和抗硫酸盐性较好，水化热较低，在制造抗硫酸盐水泥或大体积工程用水泥时，适当提高其含量是有益的。

除上述四种主要矿物组成外，还存在少量的玻璃体（在熟料的煅烧过程中，快速冷却时，有部分熔融液相来不及结晶而形成的非晶物）、游离方镁石（结晶 MgO，是部分 MgO 和熟料矿物结合成固溶体以及溶解于液相中后，多余部分所结晶出来的，它的存在会影响水泥的安定性，故需要控制其含量）、游离氧化钙（f-CaO，是配料不当、生料过粗或煅烧不良时，在熟料中所出现的未被吸收的 CaO，它的存在对水泥性能将产生不利的影响，因此需严格控制其含量）、含碱矿物等。

由于主要化学成分的差异，铝酸盐水泥熟料中所存在的矿物组成与硅酸盐熟料截然不同，主要有以下几种。

① 铝酸一钙（$CaO \cdot Al_2O_3$，简写为 CA） 是高铝水泥的主要矿物，具有很高的水硬活性，其特点是凝结正常，硬化迅速，是高铝水泥强度的主要来源。

② 二铝酸一钙（$CaO \cdot 2Al_2O_3$，简写为 CA_2） 在 CaO 含量低的高铝水泥中，CA_2 的含量较多，它的早期强度低，但后期强度能不断增高。质量优良的高铝水泥，其矿物组成一般以 CA 和 CA_2 为主。增加 CA_2 含量，可提高水泥的耐热性。

③ 七铝酸十二钙（$12CaO \cdot 7Al_2O_3$，简写为 $C_{12}A_7$） 水化极快、凝结极快，强度不及 CA 高；含量较多时，水泥出现快凝，强度降低，耐热性下降。

此外，还有少量的钙铝黄长石（$2CaO \cdot Al_2O_3 \cdot SiO_2$，简写为 C_2AS，水化活性很低）、六铝酸一钙（$3CaO \cdot Al_2O_3$，简写为 CA_6，是惰性矿物，没有水硬性，可以提高水泥的耐火性）等。

5.3.2.3 水泥的强度与标号

如前所述，水泥是一类水硬性胶凝材料，其产品的强度是随硬化龄期而逐渐增长的，早期增长很快，往后逐渐减慢。水泥强度是指硬化的水泥石能够承受外力破坏的能力，它是评定水泥质量的重要指标。一般用水泥标号作为水泥强度的等级划分标准。用水泥 28d 抗压强度指标来表示水泥标号。由于强度是逐渐增长的，所以必须同时说明养护龄期。通常把 28d 以前的强度称为早期强度，28d 及其后的强度则称为后期强度。国家标准对不同品种、不同标号的水泥各龄期的抗压强度和抗折强度做了明确的规定，见表 5-13。影响水泥强度的因素主要有熟料矿物组成、煅烧温度、冷却速度、水泥的细度、混合材料品种和掺加量以及水泥使用时的用水量、环境温度、环境湿度和外加剂等。

表 5-13 五大品种水泥标号龄期强度

品种	标号	抗压强度/MPa			抗折强度/MPa		
		3d	7d	28d	3d	7d	28d
硅酸盐水泥	425R	22.0		42.4	4.0		6.5
	525	23.0		52.5	4.0		7.0
	525R	27.0		52.5	5.0		7.0
	625	28.0		62.5	5.0		8.0
	625R	32.0		62.5	5.5		8.0
	725R	37.0		72.5	6.0		8.5

5.3.3　原料

5.3.3.1　硅酸盐水泥原料

生产硅酸盐水泥的主要原料有以下几种。

(1) 石灰质原料　主要提供 CaO，常用的有石灰岩、泥灰岩、白垩、贝壳等天然原料。此外，电石渣、糖滤泥、碱渣、白泥等也都可以作为石灰质原料使用。制造硅酸盐水泥用的石灰石中，CaO 含量应不低于 45%～48%。

(2) 黏土质原料　主要提供 SiO_2 和 Al_2O_3 及部分 Fe_2O_3。常用的有黄土、黏土、页岩、泥岩、粉砂岩及灰泥等天然原料，其中黄土与黏土用得最广。此外，赤泥、煤矸石、粉煤灰等工业废渣也可作为泥土质原料以生产硅酸盐水泥。

(3) 校正原料及矿化剂

① 由于我国黏土质原料及煤炭灰分一般含氧化铝较高，含氧化铁不足，因此绝大部分需要 Fe_2O_3 含量大于 40% 的铁质校正原料，常用的有低品位铁矿石、炼铁厂尾矿以及硫铁矿（硫酸厂工业废渣）等，铜矿渣与铅矿渣不仅可用作铁质校正原料，而且其中所含 FeO 能降低烧成温度和液相黏度，可起矿化剂作用。

② 当黏土中 SiO_2 含量不足时，可用砂岩、河砂、粉砂岩等高硅原料进行校正。

③ 当黏土中 Al_2O_3 含量偏低时，可掺入高铝原料（如煤渣、粉煤灰或煤矸石等）进行校正。

④ 有时为了改善易烧性，还要加入少量萤石、石膏、重晶石尾矿等作为矿化剂。

5.3.3.2　高铝水泥的原料

与硅酸盐水泥相比较，生产高铝水泥的原料较为简单，主要是矾土和石灰石。

(1) 矾土　主要成分为 Al_2O_3，主要矿物有波美石（又名水铝石、一水硬铝石，$Al_2O_3 \cdot H_2O$）和水铝土（又称水矾土、水铝矿、三水铝石，$Al_2O_3 \cdot 3H_2O$），我国采用回转窑烧结法对矾土的要求为：$SiO_2 < 10\%$，$Al_2O_3 > 70\%$，$Fe_2O_3 < 1.5\%$，$TiO_2 < 5\%$，铝硅比 > 7。采用熔融法时，可采用低品位的铁矾土。

(2) 石灰石　采用较纯的石灰石，要求为：$CaO \geqslant 52\%$，$SiO_2 > 1\%$，$MgO < 2\%$。

5.3.4　水泥的生产方法

水泥的生产过程大致分为三个阶段：生料制备、熟料煅烧和水泥粉磨（制成）。水泥的生产方法主要采用以下两种方法分类。

(1) 按生料制备方法的不同分类　有干法和湿法两种。

① 干法　是将原料同时烘干和粉磨或先烘干后粉磨成生料粉，然后喂入干法回转窑内煅烧成熟料。将生料粉加入适量水分制成生料球，而喂入立窑或立波窑内煅烧成熟料的方法一般称为半干法。

② 湿法　是将原料加水磨成生料浆后喂入湿法回转窑内煅烧的方法。将湿法磨成的生料浆脱水后，制成生料块入窑煅烧，称为半湿法，亦可归入湿法，但一般均称为湿磨干烧。将脱水生料块经烘干粉碎后，喂入预热器窑、窑外分解窑等干法窑中煅烧者，一般亦称为湿磨干烧。

(2) 按煅烧窑的结构分类　主要有回转窑和立窑两种。

① 回转窑　由于原料性质、建厂地区的自然条件、建厂规模和熟料质量等条件的不同，而分别采用干法、湿法或半干法的生料制备方法及相应的回转窑类型，如图 5-9 所示。回转窑机械化程度高，产量大，质量稳定，但建厂一次投资大。目前国际上水泥的生产规模与设备规格均向大型化发展，有的已达年产 400 万吨以上。湿法回转窑直径已达 7m 以上，长达

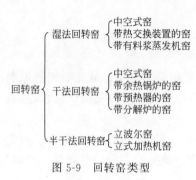

图 5-9　回转窑类型

230m，日产熟料 3600t 左右；干法带窑外分解的悬浮预热器窑，直径也达 6m 左右，日产熟料 6000～8000t。

②立窑　有普通立窑、半机械化立窑和机械化立窑。立窑生产具有以下优点：基本建设投资小，投入生产快；可以充分利用零星矿山资源，对劣质煤有较大的适应性和节约运输费用；窑内传热效率高，散热损失小，单位热耗较低；需要设备和动力容量小。

5.3.5　水泥生产工艺流程

典型的水泥生产工艺流程主要有干法回转窑生产工艺流程、湿法回转窑生产工艺流程、半干法回转窑生产工艺流程、立窑生产工艺流程四种。湿法回转窑生产热耗高，生料易于均化，成分均匀，熟料质量较高，且输送方便，粉尘少，缺点是能耗高。新型干法回转窑是当前各国竞相发展的窑型。干法回转窑生产工艺流程如图 5-10 所示。新型干法回转窑的优点是节能，产量高，质量稳定，环保，生产率高。现代新型干法（即预分解窑）水泥生产技术将逐步取代湿法和立窑等技术。

5.3.6　生料的制备

5.3.6.1　生料制备的基本方法

首先，需对较大尺寸的矿物进行破碎。在物料进入粉磨设备之前，尽可能将物料破碎至较小的小块。一般要求石灰石进入粉磨设备之前其最大尺寸不超过 25mm，最好能破碎至 8～10mm，这样就可以减轻粉磨设备的负荷，提高磨机的产量。破碎是用机械方法减小物料粒度的过程，破碎作业一般可分为粗碎、中碎和细碎三种，见表 5-14。破碎设备主要有颚式破碎机、回转式破碎机、滚式破碎机和锤式破碎机等。

表 5-14　粗碎、中碎、细碎的划分

项目	入料粒度/mm	出料粒度/mm
粗碎	300～900	100～350
中碎	100～350	20～100
细碎	50～100	5～15

生料制备的主要任务是将原料经过一系列的破碎加工后，按照一定的比例进行配料，然后粉磨制成具有一定细度、化学成分符合要求，并且混合均匀的生料，使其符合煅烧要求。因为在熟料煅烧过程中，多数化学反应是在固态下进行的（即固相反应），而固相反应又是在物料相互接触的表面上进行的，当温度一定时，接触表面越大，混合得越均匀，反应也越迅速，因此生料的细度和均匀性，对保证生产出品质优良的水泥产品尤为重要。但过分提高细度将会增加粉磨电耗和降低磨机产量。

如前所述，采用湿法生产时，虽然生料成分均匀，但能耗较高，因此现在已经逐步被新型干法所取代。干法生产过程中，需将由矿山开采下的石灰石，根据硬度和粒度要求，先经过一次、二次或三次破碎，再与干燥过的黏土、铁粉等物料按适当成分的比例配合，送入生料磨进行粉磨和混合，所得的生料粉经调配均化符合要求后即可喂入窑内煅烧成熟料。干法生产的优点是热耗低。

5.3.6.2　原料预均化

随着水泥工业生产规模的日益扩大，为保证入窑生料质量均匀、具有适当的化学组

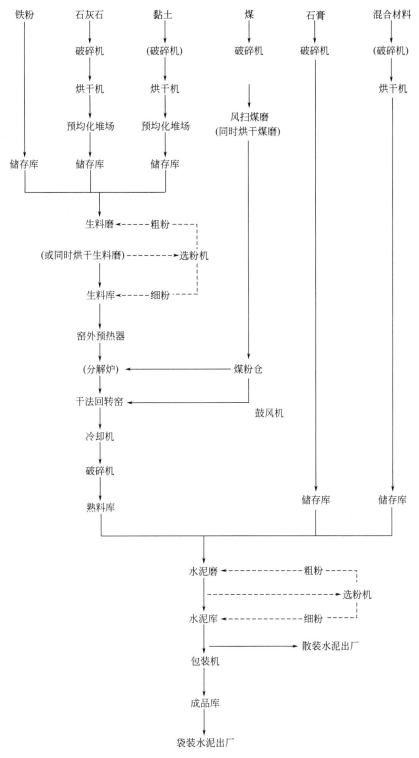

图 5-10　干法回转窑生产工艺流程

成，除应严格控制原料、燃料的化学成分进行精确的配料外，通常在入磨前将原料在预均化堆场预先进行均化，而出磨后的生料均应在生料库内进行调配并搅拌均化。原料预均化也是解决生料均匀性问题的一个有效措施，预均化一般用于水泥原料最主要的组分石灰石。

预均化堆场这一技术的基本原理是：已破碎的矿物原料按规定堆成料堆（沿混合料堆轴线分层逐渐进行堆料——纵向堆料），接着用专门设备重新取料（向料堆横端进行取料——横向切取物料），通过对原物料的切割，达到预期均化效果。预均化堆场的均化质量取决于堆放方式和取料方法，形式较多，其中以尖顶式堆料并用桥式刮板出料机取料的预均化堆场效果最好，即把原料破碎到25mm以下，采用带活动卸料车安装于料堆顶部的皮带输送机或者安装于地面上的堆料皮带机，有规则地把原料供给预均化堆场，沿着纵向分层堆放（图5-11），通过在料堆两侧的轨道上架设刮板桥架，对称地设有取料耙的耙车在桥架上沿料堆来回行驶，将物料从料堆上均匀扒下，由于物料从料堆上再次取得时，总是从料堆的整个断面均匀取下的，这就意味着料堆的所有料层（400～500层）这时都被切割（图5-12），所以能取得良好的均化效果。而黏土、铁粉等原料成分比较均一，一般不需要预均化。

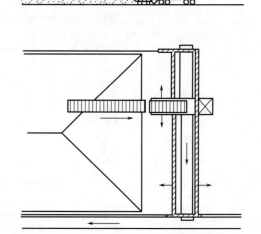

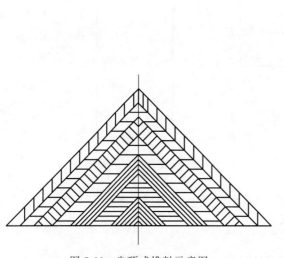

图5-11　尖顶式堆料示意图　　　　图5-12　桥式刮板出料机端面取料示意图

然后，再对预均化后的物料进行烘干并粉磨至一定细度。水泥厂采用的烘干方法有两种：一种是在粉磨过程中同时进行，即烘干兼粉磨的设备（烘干磨）；另一种是采用单独的烘干设备，物料烘干后再入磨。

5.3.7　熟料的煅烧

熟料煅烧是指一定成分的生料在煅烧设备内被连续加热煅烧至部分熔融，使其发生一系列复杂的物理化学变化，得到具有一定矿物组成的熟料的过程。

5.3.7.1　煅烧过程的物理化学变化

水泥生产虽因窑型不同而存在差异、方法各异，但基本反应是相同的，生料在窑内都要经过干燥、预热、分解、烧成、冷却等几个阶段才能制成熟料。

（1）干燥与脱水　干燥即物料中自由水的蒸发逸出，脱水是指黏土矿物分解放出化合水。水泥生料中的黏土矿物主要有高岭土、蒙脱石和伊利石，某些黏土中也含少量长石、云母和石英砂，但大部分黏土属于高岭土类。高岭土（$Al_2O_3 \cdot 6SiO_2 \cdot H_2O$）的脱水温度为 $500 \sim 600℃$。

（2）碳酸盐分解　生料继续被加热到 $600℃$ 左右，其中的碳酸钙和碳酸镁会分解放出 CO_2，通常碳酸镁在温度达到 $750℃$ 左右时分解剧烈进行，而碳酸钙在 $890℃$ 时开始快速分解。需要特别指出的是，碳酸盐分解反应发生时要吸收大量的热量，是熟料形成过程中消耗能量最多的一个过程，吸热量占干法窑热耗的一半以上。

（3）固相反应　在水泥熟料烧成过程中，硅酸二钙、铝酸三钙、铁铝酸钙等矿物生成时的温度远低于物料中任一组分的熔化温度，因此，这些矿物的形成反应是以固相反应的方式完成的。

从碳酸钙开始分解起，石灰质与黏土质等组分间就进行多级的固相反应，其反应过程大致如下。

① $\geqslant 800℃$　$CaO \cdot Al_2O_3$（CA）、$CaO \cdot Fe_2O_3$（CF）与 $2CaO \cdot SiO_2$（C_2S）开始形成。

② $800 \sim 900℃$　开始形成 $12CaO \cdot 7Al_2O_3$（$C_{12}A_7$）。

③ $900 \sim 1100℃$　$2CaO \cdot Al_2O_3 \cdot SiO_2$（$C_2AS$）形成后又分解，开始形成 $3CaO \cdot Al_2O_3$（C_3A）和 $4CaO \cdot Al_2O_3 \cdot Fe_2O_3$（$C_4AF$），所有碳酸钙均分解，游离 CaO 达最高值。

④ $1100 \sim 1200℃$　大量形成 C_3A 和 C_4AF，C_2S 含量达最高值。

（4）硅酸三钙的形成和熟料的烧结　在生产条件下，出现液相之前，主要熟料矿物 C_3S 一般不会生成。开始出现液相的温度约 $1300℃$（$1250 \sim 1280℃$），液相的主要组成为 C_3A、C_4AF、MgO 和 R_2O 等熔剂矿物。在高温液相的作用下，固相的 C_2S 和 CaO 逐渐溶解于液相中，相互作用生成 C_3S，其反应式如下：

$$C_2S + CaO \xrightarrow{液相} C_3S$$

这一过程称为石灰吸收过程。随着温度的升高和时间的延长，液相量增加，液相黏度降低，C_3S 不断形成，小晶体逐渐长大并发育，最终形成几十微米大小，完成熟料的烧结过程。在生产条件下，C_3S 形成阶段时间为 $20 \sim 30min$，液相量一般为 $20\% \sim 30\%$。

（5）熟料的冷却　目的在于，回收熟料带走的热量，预热二次空气，提高窑的热效率，迅速冷却熟料以改善熟料质量与易磨性，降低熟料温度，便于熟料的运输、储存与粉磨。

熟料冷却速度对熟料矿物组成有很大影响。计算表明，对于铝率（Al_2O_3 与 Fe_2O_3 的质量比）高或中等的熟料，快冷所得熟料的 C_3S 含量较慢冷的为高，而对于铝率较低的熟料来说则相反。

煅烧良好和急冷所得熟料中保持尺寸细小并发育良好的 C_3S 晶体，能够产生较高的强度。熟料急冷还能增强水泥的抗硫酸性能，这与熟料急冷时 C_3A 主要以玻璃体状态存在有关。另外，急冷熟料时，玻璃体含量较高，且其矿物晶体较小，使熟料的粉磨比慢冷的熟料容易得多。

5.3.7.2　煅烧熟料的主要设备

如前所述，煅烧水泥熟料的主要设备有回转窑和立窑两大类型，在此仅将回转窑做简单介绍。回转窑是一个斜置在数对托轮上的金属回转筒，窑内镶砌耐火材料，一般直径为 $2 \sim$

5m，长为 60～180m，现在国外已有直径达 7.6m、长达 250m 的大型回转窑。

生料粉或生料浆（湿法）由窑尾送入窑内，随窑体不断回转而缓慢前进。煤粉随一次空气入窑，与通过冷却机进入窑内的二次空气混合燃烧。生料受热后便渐渐失去水分，进而预热、分解起化学反应。随着物料的温度升高到 300～1300℃ 时，生料便逐渐变成部分熔融状态，烧结成熟料，出窑的熟料经冷却机、输送设备入熟料堆场。废气除尘后由烟囱排出。在干法回转窑内，物料与燃烧气体按逆流原理进行传热，使物料的运动条件较好，受热较均匀，特别是烧成带的物料在高温下出现液相，窑体的回转不仅使黏性物料继续保持正常运动，而且有助于形成颗粒均匀的熟料。

回转窑煅烧系统主要包括窑、冷却机、预热设备和其他附属设备，它是水泥生产过程中的中心环节，也是大量消耗燃料的地方。

为了利用窑尾废热，可以采用带悬浮预热器回转炉。而 20 世纪 70 年代出现的窑外分解技术，使产量成倍提高，热耗也有较大幅度下降。如图 5-13 所示，这种方法是在回转窑和预热器之间增设一座窑外分解炉（预分解炉），使入窑物料的碳酸盐表观分解率由原来悬浮预热器窑中的 40%～50% 提高到 80%～90%，然后入窑。在水泥熟料的形成过程中，石灰质原料的分解反应在回转窑的分解带内进行，需要吸收 1800～2000kJ/kg 熟料的热量，但反应温度只需 900℃ 即可满足需要。如将大量吸热的 $CaCO_3$ 分解反应从回转窑内传热速率较低的带区移到窑外分解炉内进行，使其只承担放热反应和烧成的任务，可以大大减轻回转窑的热负荷，从而使窑的生产能力成倍提高，并延长了回转窑的衬料寿命，稳定了窑的操作，提高了窑的运转率。自 1971 年第一台窑外分解炉建成投产以来，目前最大的窑日产 8000～10000t。

水泥熟料出窑的温度为 1000～1100℃，故需要进入冷却机内进行冷却，其目的一方面在于改善熟料的质量，另一方面在于回收熟料带着的热量用来预热空气，从而提高煅烧温度和热效率。

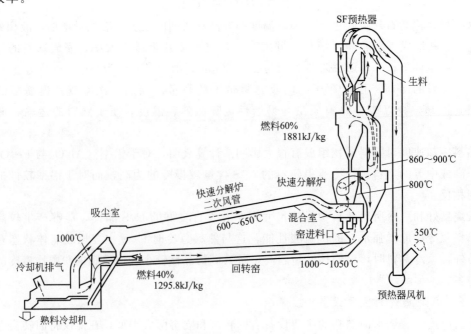

图 5-13　水泥生产窑外分解系统示意图

5.3.8　水泥的粉磨和包装

经过煅烧所得到的熟料必须经过粉磨，并在粉磨过程中加适量石膏，有时还加一些混合材料或外加剂，达到一定细度，才成为水泥。通常水泥的细度越细，水化速度越快，越易水化完全，对水泥胶凝性质的有效利用率就越高，水泥的强度，特别是早期强度也越高，而且还能改善水泥的泌水性、易和性、黏结力等。粗颗粒水泥只能在颗粒表面水化，未水化部分只起填料的作用。必须注意的是，水泥细度过细，比表面积过大，水泥浆体要达到同样流动度，需水量就过多，将使硬化水泥浆体因水分过多引起孔隙率增加而降低强度，当这种损失超过水泥有效利用率的提高而增加的强度时，则水泥强度将下降。因此，水泥粉磨细度应随生产水泥品种和标号，根据熟料的质量和粉磨设备等具体条件而定。

水泥熟料出窑后，不能直接运送到粉磨车间，而必须经过储存 5～7d，以保证水泥质量的稳定。

在磨制水泥时，加入凝灰岩、硅藻土、沸石岩、火山灰等活性（水硬性）和非活性（非水硬性）的混合材料，不仅可以调节水泥标号、增加水泥产量、降低成本，而且在一定程度上能改善水泥的某些性能，满足工程上对水泥的某些特殊技术要求。

水泥出磨后，不能直接出厂，而是要经过中间储存，目的在于以下几点。

① 严格控制水泥质量，一般应看到 3d 强度检验结果，确认 28d 抗压强度有富余 2.5 MPa 以上的把握，方可出库，确保出厂水泥全部合格。

② 改善水泥的质量，在存放过程中水泥吸收空气中的水分，使水泥所含的游离氧化钙消解。

③ 水泥库可分别储存不同标号、品种的水泥。

④ 水泥库在生产过程中，可以起到保证水泥粉磨车间的不间断操作和水泥及时出厂的作用。目前水泥的包装有"用纸袋包装"和"散装"两种方式。

5.3.9　水泥生产与环境的关系

水泥生产是我国粉尘的主要污染源之一，同时由于以燃煤为主，CO_2、SO_2、NO_x 等废气的排放量也是相当大的。目前水泥生产中粉尘、烟尘平均排放量为 23.2kg/t 水泥，问题十分严重。当前，世界水泥工业的中心课题仍是能源、资源和环境保护。通过对水泥熟料矿物组成的研究，研究和开发水泥新品种和新型外加剂，是降低水泥熟料烧成热耗和 CO_2 排放的重要途径，潜力很大，且投资很低，能达到事半功倍的效果。其次，开发能够消纳处理其他工业排出的废渣、副产品、垃圾和其他废弃物的新型水泥，具有极重要的社会和经济效应。再者，通过用现代新型干法（即预分解窑）水泥生产技术改造现有的以立窑为主的水泥生产企业，从而达到提高优质高性能水泥产品的比重，降低熟料烧成热耗和废气中粉尘的排放浓度等。

5.4　黑色金属的生产

5.4.1　黑色金属的概况

5.4.1.1　黑色金属的分类及作用

冶金工业是从矿石或精矿中提炼金属的工业部门，是整个原材料工业体系中的重要组成部分，从人类的日常生活用品到高精尖科技领域使用的新型材料，都离不开冶金工业的进步和发展。

（1）黑色金属的分类 黑色金属是指铁、铬、锰三种。我们非常熟悉的钢铁材料是铁和铁的合金，在人类所使用的金属中，要占 90％以上。

生铁和钢都是以铁为基础，以碳为主要添加元素的合金统称为铁碳合金。钢铁材料按碳的质量分数 W_C（含碳量）进行分类，包括工业纯铁（$W_C<0.0218％$，其组织为单相铁素体）、钢（$W_C=0.0218％～2.11％$）和生铁（$W_C>2.11％$）。根据组成和用途，钢铁材料的分类见表 5-15。

表 5-15　钢铁材料的分类

钢				铁		
碳素钢 （碳钢）	合金钢			铸造生铁 （铸铁）	炼钢生铁	铁合金
	低合金钢	中合金钢	高合金钢			
碳素结构钢 优质碳素钢 碳素工具钢 易切削结构钢 工程用铸造碳钢	低合金高强度结构钢 低合金耐候钢 低合金专业用钢	调质钢	工程结构用合金钢 机械结构用合金钢 轴承钢 合金工具钢 高速钢 不锈钢 耐热钢 特殊物理性能钢 铸造合金钢	灰铸铁 球墨铸铁 蠕墨铸铁 麻口铸铁 可锻铸铁 抗磨铸铁 耐热铸铁 耐蚀铸铁 合金铸铁	白口铁	硅系合金 锰系合金 铬系合金 钒铁、钼铁、 铌铁、钨铁、 硼铁、锆铁等 稀土铁合金

生铁是含碳 2.06％以上的铁碳合金，是由铁矿石在高炉中冶炼而成的产品。生铁中还含有较多的 Si、Mn、P、S 等元素，因而其力学性能较差，一般不用于制造重要的机械部件。可分为铸造生铁（又称灰口铁，可直接用于铸造）、炼钢生铁（又称白口铁）和铁合金（特种生铁，用作脱氧剂或合金加入剂）三类。把铸造生铁放在熔铁炉中熔炼，得到液状铸铁，把液状铸铁浇铸成铸件，这种铸件称为铸铁件。

铁合金原指由铁与硅、锰、铬、钛等金属或非金属元素组成的，并作为炼钢脱氧剂、脱硫剂、合金剂和铸造孕育剂、球化剂、合金添加剂等使用的一类合金，后又将一些含铁量虽然极低，但是用铁合金生产工艺生产的，并作为炼钢合金元素添加剂使用的工业纯金属，如金属锰、金属铬和工业硅等，也称为"铁合金"。

把炼钢生铁放到炼钢炉内按一定工艺熔炼，即得到钢。钢具有能满足多方面要求的优良性能，是最基本而且又是用途极广泛的金属材料。

（2）钢的分类 钢的种类很多，根据某些特性，可以从不同的角度分成若干有共同特点的类别。

① 按钢液脱氧程度不同分类 钢主要可分为以下四种。

a. 镇静钢 是指脱氧完全的钢。钢水在冶炼后期用锰铁、硅铁和铝块进行充分脱氧，钢水在钢锭模内平静地凝固。这类钢锭化学成分均匀，内部组织致密，质量较高。但由于钢锭头部形成相当深的缩孔，轧制时被切除，得率低，成本较高。

b. 沸腾钢 是指脱氧不完全的钢。钢水在冶炼后期仅用锰铁进行不充分的脱氧，钢水浇注时在钢锭模里产生沸腾现象。凝固时少量气体被封闭在钢锭内部，形成许多小气泡。其优点是冶炼损耗少，成本低，表面质量及深冲性能好；缺点是钢的成分不均匀，内部组织不够致密，抗腐蚀性和机械强度较差。

c. 半镇静钢　介于镇静钢和沸腾钢之间。

d. 特殊镇静钢　脱氧质量优于镇静钢，其内部材质均匀，非金属夹杂物含量少，可满足特殊需要。

② 按用途分类　大体分为如表 5-16 所列的四大类。

表 5-16　按用途分类的常见钢种

大类	小类	用途
建筑和工程结构用钢	非合金结构钢 非合金工具钢 微合金化钢 低合金高强度钢 专业用低合金钢	用作钢架、桥梁、钢轨、车辆、船舶等。属于这类钢的有普通碳素钢和部分普通低合金钢，很大一部分做成钢板和型钢
机械制造用钢	冷成型钢 易切削钢 正火及调质结构钢 表面硬化调质钢 弹簧钢 轴承钢 超高强度钢 马氏体时效硬化钢	用作机床主轴和汽车半轴等轴类件、连杆、高强度螺栓及高强度锚栓等各种机械零件，包括轴承、弹簧等，具有良好的耐磨性和接触疲劳性，轴承的滚动体和内外圈，也广泛应用于量具、模具、低合金刃具等，航空、航天、航海、核能等高新技术中要求强韧性配合良好的零部件
工具钢	低合金刃具钢 高速钢 冷作模具钢 热作模具钢 量具刃具钢	用作各种刃具、模具、量具等
特殊性能钢	耐磨钢 不锈钢 耐蚀钢 磁性钢 软磁钢 永磁钢 无磁钢 形状记忆合金钢	能抵抗大气腐蚀或能抵抗酸、碱、盐等化学介质腐蚀，化工设备、容器及管道，包括交换器、阀门、泵类；板式换热器、汽车排气系统、餐具、厨房设备等；局部腐蚀环境，耐应力腐蚀的设备，如板式换热器、管道、隔膜制碱设备等；喷气发动机、蒸汽和燃气透平、刀具、阀门、齿轮、滑轮、轴承、外科和牙科器械、轴杆类等，还有宇航工业和一些高技术产业

③ 按化学成分分类　钢按化学成分可分为碳素钢和合金钢（表 5-15）。

a. 碳素钢　简称碳钢，是指含碳量小于 1.35%（0.1%～1.2%）的铁碳合金，除铁、碳和限量以内的硅、锰、磷、硫等杂质外，不含其他合金元素的钢，亦称非合金钢。可进一步分成低碳钢（$W_C \leqslant 0.25\%$）、中碳钢（$W_C = 0.25\% \sim 0.60\%$）和高碳钢（$W_C > 0.6\%$）。碳素钢的性能主要取决于含碳量，含碳量增加，钢的强度、硬度升高，塑性、韧性和可焊性降低。与其他钢类相比，碳素钢使用最早，具有价格低、工艺性能好、力学性能满足一般使用要求的优点，是工业生产中用量较大的金属材料。

b. 合金钢　是指在冶炼普通碳素钢基础上，加入一些合金元素而炼成的钢，如铬钢、锰钢、铬锰钢、铬镍钢等。按其合金元素的总含量（W_{Me}）可分成低合金钢（$W_{Me} < 5\%$）、

中合金钢（$W_{Me}=5\%\sim10\%$）、高合金钢（$W_{Me}\geq10\%$）。根据添加元素的不同，并采取适当的加工工艺，可获得高强度、高韧性、耐磨、耐腐蚀、耐低温、耐高温、无磁性等特殊性能。

钢锭经过轧制最终会形成板材（$4\sim60mm$ 的厚板常用于制造船舶、锅炉和压力容器；4mm 以下的薄板分为冷轧钢板和热轧钢板，轧制后可直接或经过酸洗镀锌或镀锡后交货使用）、管材（无缝钢管用于石油、锅炉等行业；有缝钢管是用带钢焊接成的，生产率高，成本低，质量和性能比无缝钢管稍差些，用作煤气、自来水等管道）、型材（常用的有方钢、圆钢、扁钢、角钢、工字钢、槽钢、钢轨等）、线材（用圆钢经过冷拔而成，如高碳钢丝用于制作弹簧丝或钢丝绳，低碳钢丝用于捆绑或编织等）和其他材料（主要是指要求具有特殊形状与尺寸的异型钢材，如车轮轮箍、齿轮轮坯等）。

（3）钢铁材料的作用　钢铁材料是人类社会的基础材料，是社会文明的标志。从纪元年代前后，世界主要文明地区陆续进入铁器时代以后，钢铁在人类生产、生活、战争中起到了举足轻重的作用，直至今天，钢铁材料的这种作用不但没有减弱，而是在不断增强。房屋建筑、交通运输、能源生产、机器制造等都是立足于钢铁材料的应用基础之上；日常生活也与钢铁材料密切相关，锅碗瓢勺、家电、汽车都在采用新型钢铁材料；武器装备主要是由钢铁材料构成的，新型钢铁材料是提高武器装备能力的基础。钢铁用途如此之广，随着科学技术朝着核能、高速、高温、高压及自动化和遥控等方向迅猛发展，钢铁的质量、品种和性能都远远不能满足这些需求，这就需要各种有色金属作为它的添加剂（合金元素）形成各种合金钢，可以使钢材增加某一特殊性能。钢铁材料是不断发展的新型材料，市场需求、化学冶金学、物理金属学、力学金属学和相关生产装备技术的进展是新型钢铁材料发展的基础。到目前为止，还看不出有任何其他材料在可预见的将来，能代替钢铁现有的地位。

5.4.1.2　史前的和早期的黑色金属冶炼

古中国和古印度的冶炼铁史料表明，这两个地区早在公元前 2000 多年就已使用铁器。公元前 1350～前 1100 年间，有意识地还原铁矿石进行炼铁技术不断扩散，覆盖地区相当广阔，炼铁生产已很普遍。

人类最原始的炼铁方法是，把铁矿石和木炭放在极为简单的炉坑里进行还原，从而得到海绵铁。经过锤锻成为有韧性、塑性、锻焊性、强度良好的熟铁。随着生产力的发展，扩大了人类对铁的需求，因此炼铁炉加大、加高了，炉内的温度也随着提高了，而且还原出来的铁在炉内发生渗碳作用，降低了熔点，所得到的产品为液态的生铁。这种炼铁炉的出现，是近代高炉的雏形。用高炉作为炼铁的方法，迄今也有 600 多年的历史。18 世纪以来，高炉生产技术已经历了若干重要的发展阶段（技术革命），诸如用焦炭取代木炭，蒸汽鼓风机的使用，预热鼓风，采用封闭式炉顶以利用高炉煤气，自熔性烧结矿的应用，喷吹技术等，使高炉生产发生了一系列新的飞跃。

5.4.1.3　铁、钢及其制品的生产流程

铁、钢及其制品的生产分为炼铁、炼钢及钢的成型加工三个阶段，其生产流程如图 5-14 所示。

5.4.2　铁碳合金的基本组织

铁和碳的合金称为铁碳合金，如钢和铸铁都是铁碳合金。由图 5-15 中铁-碳平衡相图可以看出，铁碳合金在固态下的基本组织有铁素体、奥氏体、渗碳体（Fe_3C）、珠光体、莱氏体等。

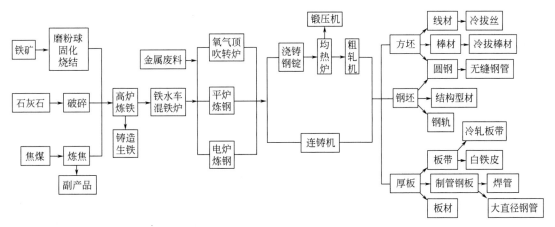

图 5-14　铁、钢及其制品的生产流程

（1）铁素体（F）　是 α-Fe 内固溶有碳或其他元素形成的体心立方晶格的固溶体。由于 α-Fe 的溶碳量很小，所以铁素体的性能几乎和纯铁相同，强度大，硬度低，塑性和韧性好。

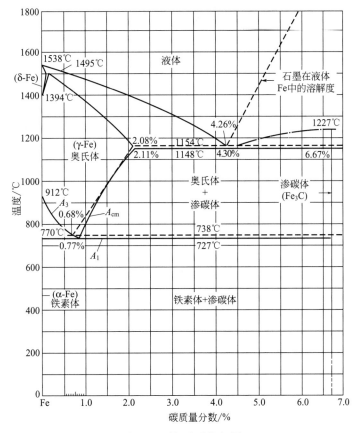

图 5-15　铁-碳平衡相图

（2）奥氏体（A）　是 γ-Fe 内固溶有碳或其他元素形成的面心立方晶格的固溶体。奥氏体具有一定的强度和硬度，塑性也很好。稳定的奥氏体属于铁碳合金的高温组织，当铁碳合金缓冷到 727℃ 时，奥氏体将转变为其他类型的组织。在生产中，钢材大多数要加热至高温奥氏体状态后再进行压力加工，因奥氏体组织塑性好而又便于成型。

（3）渗碳体（Fe_3C）　是亚稳定的金属化合物，结构较复杂，硬度很高，脆性大，塑性与韧性极低。渗碳体是碳在铁碳合金中的主要存在形式，在一定条件下可分解成石墨状态的游离碳。

（4）珠光体（P）　是奥氏体从高温缓慢冷却到727℃以下时发生共析转变所形成的，是铁素体（软）和渗碳体（硬）组成的机械混合物，其立体形状为铁素体薄层和渗碳体薄层交替重叠的层状复相组织。珠光体的碳质量分数W_C平均为0.77%，其性能介于铁素体和渗碳体之间，有一定的强度和塑性，硬度适中，是一种综合力学性能较好的组织。

（5）莱氏体（Ld）　是指高碳的铁碳合金在结晶过程中在1148℃发生共晶转变而形成的奥氏体和渗碳体所组成的共晶体，$W_C=4.3\%$。一般将727℃以上的莱氏体称为高温莱氏体（Ld），在727℃以下的莱氏体称为低温莱氏体（变态莱氏体Ld'）。莱氏体的性能和渗碳体相似，硬度很高，塑性很差。其显微组织可看成是在渗碳体的基体上分布着颗粒状的奥氏体（或珠光体）。

生产实践表明，$W_C>5\%$的铁碳合金，尤其当W_C增加到6.69%时，铁碳合金几乎全部变为化合物Fe_3C（渗碳体），性能硬而脆，机械加工困难，没有实用意义。

5.4.3　杂质元素和合金元素对钢铁性能的影响

（1）碳元素　是决定钢铁材料组织和性能的最主要元素，对钢铁的组织和性能有决定性影响。不同含碳量W_C的铁碳合金在缓冷条件下，其结晶过程及最终得到的室温平衡组织也不相同（表5-17），其中Fe_3C_{II}表示随着温度的降低，奥氏体中碳的溶解度逐渐减小（即W_C逐渐减小），多余的碳以渗碳体形式析出，称为二次渗碳体，以区别从液体中直接结晶出来的Fe_3C_I（一次渗碳体）。对照表5-17和图5-13可以看出，铁碳合金的分类也是以铁-碳平衡相图中某些特征点所对应的含碳量为依据的。钢和铸铁的分界点是奥氏体最大的含碳量$W_C=2.11\%$（即在1148℃时，碳在$\gamma\text{-Fe}$中最大溶解度），而共析钢的$W_C=0.77\%$（即727℃时共析点的含碳量），$W_C<0.77\%$为亚共析钢，$W_C>0.77\%$为过共析钢。实际应用上，亚共析钢又分为三种：$W_C<0.4\%$的低碳钢、$W_C=0.4\%\sim0.6\%$的中碳钢以及$W_C>0.6\%$的高碳钢。而白口铸铁中则是以共晶点（1148℃，$W_C=4.3\%$）作为亚共晶白口铸铁和过共晶白口铸铁的分界点。

表 5-17　铁碳合金的分类

项目	工业纯铁	钢			白口铸铁		
		亚共析钢	共析钢	过共析钢	亚共晶白口铸铁	共晶白口铸铁	过共晶白口铸铁
$W_C/\%$	≤0.0218	0.0218<W_C≤2.11			2.11<W_C≤6.69		
		<0.77	0.77	>0.77	<4.3	4.3	>4.3
室温组织	F	F+P	P	P+Fe_3C_{II}	Ld'+P+Fe_3C_{II}	Ld'	Ld'+Fe_3C_I

铁碳合金的室温平衡组织是由铁素体和渗碳体两相构成的。其中铁素体是钢中的软韧相，渗碳体硬而脆，是钢中的强化相。随着钢中W_C的不断增加，平衡组织中的铁素体量不断减少，渗碳体量不断增多，因此，钢的力学性能将发生明显的变化，如硬度增大，塑性和韧性降低，可焊性降低，强度以含碳量在0.8%左右为最高。

（2）其他杂质元素　钢中除含有碳元素之外，还含有少量的硅、锰、硫、磷、氢等元素。其中硅和锰是在炼钢过程中由于加入脱氧剂时残留下来的，而硫、磷、氢等则是从炼铁和炼钢原料或大气中带入的。这些元素的存在对于钢的组织和性能都有一定的影响，通称为杂质元素。

① 锰元素　是一种有益元素，在炼钢过程中，锰起到脱氧去硫作用，能把钢中的 FeO 还原成铁，可以与硫化合形成 MnS，减轻硫的有害作用（由硫引起的热脆性），降低钢的脆性，改善钢的热加工性能。是炼钢时用锰铁脱氧后残留在钢中的，锰能大部分溶解于铁素体中，形成置换型固溶体，并使铁素体强化，提高钢的强度和硬度，改善钢的质量。锰在非合金钢中的质量分数一般为 $0.25\%\sim0.80\%$，最高可达 1.2%，在低合金钢中含量一般为 $1\%\sim2\%$，高锰钢的耐磨性明显提高。

② 硅元素　是作为脱氧剂带进钢中，其脱氧作用比锰强，它能消除 FeO 对钢的不良影响。硅能溶于铁素体中，并使铁素体强化，从而提高钢的强度和硬度，但降低钢的塑性和韧性，是有益元素，其质量分数不超过 0.5%。含硅量在 2% 以内时，可提高钢的强度，对塑性和韧性影响不大。

③ 磷元素　是由炼铁原料中带入的杂质，一般磷在钢中能全部溶于铁素体中，使钢在常温下的强度和硬度增加；但在室温下却使钢的塑性和韧性急剧下降，产生低温脆性，这种现象称为冷脆。磷是有害元素，在钢中磷的质量分数即使只有千分之几，也会因析出脆性化合物 Fe_3P 而使钢的脆性增加，特别是在低温时更为显著，因此要限制磷的质量分数。但在易切削钢中可适当提高磷的质量分数，以脆化铁素体，改善钢材的切削加工性。此外，钢中加入适量的磷还可以提高钢材的耐大气腐蚀性能。

④ 硫元素　是有害杂质元素，是冶炼时由矿石和燃料带入钢铁中，而且难以除尽。在固态下硫不溶于铁，以 FeS 形式存在。FeS 与 Fe 能形成低共熔点的共晶体（Fe＋FeS），其熔点为 $985℃$，且分布在晶界上。当钢在 $1000\sim1200℃$ 进行热压力加工时，由于共晶体熔化，从而导致热加工时开裂，这种金属材料在高温时出现脆性的现象，称为"热脆"。含硫量增加，显著降低了钢的热加工性能和可焊性。硫和磷一样，易于偏析，含量过高时，会降低钢的韧性。

（3）合金元素　在钢中加入的合金元素主要有硅（Si）、锰（Mn）、铬（Cr）、镍（Ni）、钨（W）、钼（Mo）、钒（V）、钛（Ti）、铌（Nb）、锆（Zr）、铝（Al）、铜（Cu）、钴（Co）、氮（N）、硼（B）、稀土元素（Re）等。根据我国资源条件，在合金钢中主要使用硅、锰、硼、钨、钼、钒、钛及稀土元素。合金元素在钢中主要以两种形式存在，即溶入铁素体中形成合金铁素体，或与碳化合形成合金碳化物。

① 合金铁素体　大多数合金元素都能不同程度地溶入铁素体中，使铁素体晶格发生不同程度的畸变，其结果使钢的强度、硬度有所提高；但是当合金元素超过一定质量分数后，韧性和塑性会显著降低。与铁素体有相同晶格类型的合金元素，如 Cr、Mo、W、V、Nb 等强化铁素体的作用较弱；而与铁素体具有不同晶格类型的合金元素，如 Si、Mn、Ni 等强化铁素体的作用较强。当含硅量＜1%，含锰量＜1% 时，既能强化铁素体，韧性降低又不明显。当含镍量＜5%，含铬量＜1.5% 时，不仅能强化铁素体，还能提高韧性，这就是铬镍钢具有优良的综合力学性能的原因。

② 合金碳化物　合金元素以碳化物形式存在，按照与碳结合的能力，由强到弱的次序为：Ti、Nb、V、Mo、W、Cr、Mn 和 Fe。形成的碳化物有 TiC、VC、WC、Cr_7C_3、$(Fe,Cr)_3C$ 及 $(Fe,Mn)_3C$ 等。这些碳化物本身都有极高的硬度，因此提高了钢的强度、硬度和耐磨性。

5.4.4 炼铁的主要原料

炼铁原料主要包括铁矿石（Fe_3O_4）、焦炭、石灰石、白云石、锰矿石和一些铁矿石的代用品。

（1）铁矿石 是高炉冶炼中最主要的原料，现在作为炼铁原料的铁矿石主要有磁铁矿、赤铁矿、褐铁矿及菱铁矿四种。铁矿石的评价指标主要有以下几个。

① 含铁量 代表铁矿石的品位，一般含铁量在40%以上。

② 杂质含量 常见的有害元素为硫、磷和砷；有益元素是锰和其他合金元素钛、铬、钒、钼等。

③ 脉石 主要是以酸性脉石（SiO_2）、碱性脉石（CaO、MgO）和中性脉石（Al_2O_3）的多少来评价铁矿石的好坏，碱性脉石较多时称为自熔性或半自熔性矿石，对高炉冶炼是有利的，可以减少熔剂量，即使含铁量不太高时，也可直接进行冶炼。

④ 矿石粒度 要求大小均匀，一般应为20～30mm。

（2）焦炭 是目前炼铁所采用的燃料，起还原剂的作用。高炉冶炼对焦炭的要求是：发热值越高越好，有害杂质硫、磷越低越好，有适当的机械强度以保证料柱的透气性和足以在炉料下降过程中不至于产生粉末，阻碍煤气流的合理分布。焦炭在高炉有三个方面的作用：作为还原剂、载热体和使熔融铁增碳的媒介。

（3）石灰石 是生铁冶炼中的主要熔剂之一。高炉炼铁时，除了铁矿石和燃料（焦炭）之外，为了降低冶炼温度、保证矿石中的脉石和焦炭中的灰分能够熔化造渣，使冶炼中还原出来的铁与脉石和灰分很好地分离，生产出合格的生铁，还要加入相当数量的石灰石和白云石作为熔剂。它们在高炉内分解所得的CaO和MgO与铁矿石中的废石和焦炭中的灰分相熔化，生成由硅酸钙（镁）与铝硅酸钙（镁）组成的液渣，密度为1.5～2.2g/cm³，比铁水轻，因而浮在铁水上面，定期从排渣口排出后，经急冷处理使其成为粒状颗粒，这就是粒化高炉矿渣。石灰石的粒度不宜过大，一般在80mm左右，同时有害杂质硫、磷要低。白云石之所以能作为熔剂，是因为所含有的MgO能改善炉渣的物理性质。

（4）锰矿石 有90%以上用于钢铁工业。锰作为炼钢的脱氧剂和脱硫剂。当高炉冶炼含锰1%～2.5%的生铁时，锰矿石作为辅助原料加入。冶炼含锰1%～20%的镜铁、硅铁和含锰80%的锰铁时，锰矿石则作为高炉的主要原料。

（5）铁矿石的代用品 是指钢铁联合企业和其他工业部门中含铁的废弃物，又称二次资源。高炉冶炼的铁矿石代用品主要有高炉炉尘、转炉炉尘、轧钢皮、硫酸渣、废铁和机械加工工业中的铁屑以及有色金属矿经过选矿后剩下的高铁尾矿和冶金炉渣等。

5.4.5 高炉炼铁工艺流程与基本原理

在炼铁时，将炼铁的矿石原料分批装进高炉冶炼，在高温和压力作用下，经过一系列的化学反应，铁矿石可还原成铁水。高炉冶炼出的铁水不是纯铁，其中还含有碳、硅、锰、硫、磷等杂质元素，这种铁称为生铁。在这个还原过程中，铁吸收了占其质量3.0%～4.5%的碳。含碳量在3.0%～4.5%之间的铁水，可用于铸造。生铁是高炉冶炼的主要产品，根据用户的不同要求，主要可分为以下两类。

① 铸造生铁 断口呈暗灰色，硅的质量分数较低（$W_{Si} < 1.5\%$），用于机械制造厂生产各种铸件。

② 炼钢生铁 断口呈亮白色，用来在炼钢炉中炼钢。

5.4.5.1　高炉炼铁工艺流程和设备

高炉是炼铁厂的主体设备，按容积的大小可分为大（＞850m³）、中（100～850m³）、小（＜100m³）三种。高炉生产的工艺流程如图 5-16 所示。

现代炼铁厂的设备主要由高炉炉体、炉顶装料设备、热风机和鼓风机、高炉煤气除尘设备、渣铁处理设备所构成。

（1）高炉炉体　由如下五个部分组成。

① 炉缸　在炉体下部呈圆柱形，用来储存铁水和炉渣，缸内温度高达 1700℃。

② 炉腹　位于炉缸上面呈向上扩张的截头圆锥形，其作用适应于炉料熔化体积收缩和煤气温度升高体积增大的特点。

③ 炉腰　炉子中呈圆柱形部分，造渣区主要在这里形成，也是炉腹和炉身的缓冲带。

④ 炉身　在炉子上部呈上小下大的截头圆锥形，在高炉中容积最大，适应于炉料下降受热膨胀和煤气流上升收缩的特点。

⑤ 炉喉　炉子最上部呈圆柱形，其作用是调剂炉料的分布和封闭煤气流。

（2）炉顶装料设备　有料斗式和料罐式两种。多数高炉采用料斗式，主要由彼此相连的小料斗、大料斗和小料钟、大料钟组成。

（3）热风机和鼓风机　它们是构成高炉冶炼送风系统的主要设备。热风机的作用是将进入高炉的冷空气进行预热，这可减少焦炭的消耗和提高炉缸温度，一座高炉至少有三座热风机，可以保证向高炉连续不断地供应热风。

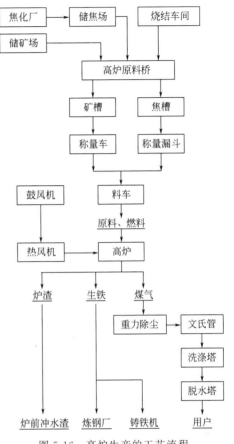

图 5-16　高炉生产的工艺流程

鼓风机的作用是将足够的风量鼓入炉内，保证焦炭下降到风口区时能迅速燃烧，并造成一定的空间，以利于炉料的下降。

（4）高炉煤气除尘设备　高炉冶炼过程中，从炉顶排出大量的煤气中含有大量的 CO、CH_4 和 H_2 等可燃气体，是一种很好的燃料，具有很高的经济价值，但是其中含有大量的灰尘，需除尘清洗后，才能满足用户的要求。

（5）渣铁处理设备　高炉冶炼出来的生铁和渣须及时处理，以利于高炉的顺行。高炉冶炼出来的生铁大部分用于炼钢，将铁水放入衬有耐火材料的铁水罐车中进行保温，送往炼钢厂。生铁供铸造时，可在炉前用砂模铸锭或用铸铁机铸成生铁块。大多数高炉采用冲成水渣的方式处理炉渣，高炉炉渣主要成分是 CaO、SiO_2，可用来制造水泥或用压缩空气吹成渣棉（可用作隔声保温材料）和渣砖等建筑材料，也可用渣罐车（不需保温）送往弃渣场。

5.4.5.2　高炉炼铁基本原理

高炉冶炼是一个复杂的物理化学反应过程。在冶炼过程中，炉料与煤气作相对运动，其中上升的煤气流为高炉生产的能源（热能、化学能），下降的炉料为高炉生产的物源。

炉料在下降过程中和高温煤气流发生作用，不断被加热而放出游离水和结晶水以及其他易挥发的物质。随着温度的升高，石灰石开始分解放出 CO_2，并与脉石进行造渣反应。实际上，在较低温度下（如 400～500℃），铁矿石还原反应已经开始，在高温下继续进行，直到液态生铁的形成。高炉冶炼原理如图 5-17 所示。具体可从五个方面来阐述。

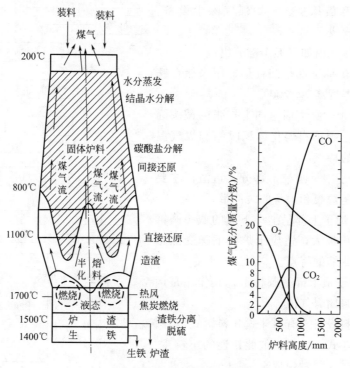

图 5-17 高炉冶炼原理示意图

（1）高炉煤气流和炉料 运动入炉的炉料有铁矿石、熔剂、焦炭等。焦炭的燃烧在一定程度上决定着炉料下降的速度。在炉缸中，燃烧带（氧化带）的大小对高炉冶炼有一定的影响。燃烧带越大，炉料下降越顺行。合理的煤气流分布，应该在炉墙与高炉中心，以维持"两条通路"的分布状况，这样既可保持炉况顺行，又可保证煤气能量的合理利用。炉料顺利下降和煤气合理分布，是保持高炉正常生产，以获得高产、优质、低耗的必要条件。炉料在高炉内，一般停留 4～7h。

（2）炉料中水分的去除，燃料中挥发物的挥发，碳酸盐的分解 炉料中物理吸附水通常可在高炉上部蒸发完全。而炉料中褐铁矿（$2Fe_2O_3 \cdot 3H_2O$）的结晶水一般在 250～300℃开始分解，大部分在 400～500℃才分解完毕，而脉石矿物高岭土（$Al_2O_3 \cdot 2SiO_2 \cdot 3H_2O$）要在 800～1000℃才分解完毕。燃料中的挥发物一般高于 400℃开始强烈挥发，到 800～1000℃时挥发完毕。炉料中的碳酸盐（最主要是石灰石中的 $CaCO_3$，其次为 $MgCO_3$）被加热时分解出 CO_2 要吸收热量，有一部分要在 950～1000℃以上才能分解完毕。

（3）各种元素的还原反应 从铁矿石的各种氧化物中，将组成元素（Fe、Mn、Si、P等）还原出来进入生铁，其中铁的还原是最主要的还原反应。高炉内除风口带有一小部分是氧化区域外，其余的部分都是还原过程。氧化铁的还原是从高价到低价氧化物，最后到金属铁逐级还原的。当温度低于 570℃时，由于 FeO 不稳定，按 $Fe_2O_3 \rightarrow Fe_3O_4 \rightarrow Fe$ 的顺序还原，Fe_3O_4 可直接还原为 Fe。当温度高于 570℃时，按 $Fe_2O_3 \rightarrow Fe_3O_4 \rightarrow FeO \rightarrow Fe$ 的顺序还原。铁氧化物的还原方式有间接还原和直接还原两种。

间接还原是用 CO 作为还原剂，还原矿石中的氧化物，生成的气体产物是 CO_2，并放出少量的热。焦炭自炉顶上部下降到风口前燃烧生成大量 CO 气体而上升，上升过程中与矿石接触，还原铁的氧化物。

直接还原是指消耗固体炭，生成的气体产物是 CO，并吸收大量热的反应，所以只能在高温下进行（位于高炉下部高温区进行）。温度越高，直接还原速度越快，也越完全。在炉身的中上部为间接还原区，炉身的下部到炉腰的上部为间接还原、直接还原并存区，炉腰下部至炉腹为直接还原区。可见高炉中既进行间接还原，又进行直接还原。

锰的化学性质与铁相似，其还原顺序为：$MnO_2 \rightarrow Mn_2O_3 \rightarrow Mn_3O_4 \rightarrow MnO \rightarrow Mn$。

（4）造渣过程　是一个复杂的化学反应过程，要根据矿石成分和冶炼的要求，控制熔剂的数量和熔炼过程，促使需要的元素进入生铁，有害的杂质进入渣中而除去。高炉炉渣是高炉冶炼的副产品，其成分一般是 CaO、Al_2O_3、SiO_2 和 MgO，可用作水泥原料和其他建筑材料。

（5）脱硫和渗碳　脱硫是高炉炼铁获得优质生铁的首要问题，根据国家标准，生铁中含硫不得超过 0.07%。生铁脱硫是当铁水滴下降到炉缸穿越渣层时，在渣铁界面上进行反应：$FeS + CaO + C \longrightarrow Fe + CaS + CO \uparrow$。

高炉上部还原的金属铁，呈海绵状，熔点很高，可达 1520℃，这时几乎不含碳。在高炉下部由于温度增高，金属铁与碳反应生成 Fe_3C（$3Fe + C \longrightarrow Fe_3C$），$Fe_3C$ 溶于生铁中，使生铁的熔点降至 1150℃，即在炉料下降的过程中，进行了渗碳，促使生铁熔点降低，最后熔化成液体。目前，生铁在高炉中的渗碳量一般为 $3.5\% \sim 4.5\%$。

5.4.6　钢冶炼概述

如前所述，生铁中所含的主要杂质为 Mn、Si、P、S，此外，还含有约 4.3% 的碳，凝固时，生铁中将生成 65%（体积分数）的渗碳体（Fe_3C）。要将生铁炼成钢，必须在冶炼过程中，除去生铁中多余的碳，同时除去其中的其他有害杂质，并按需要加入适量的合金元素。炼钢厂通常则采用位于附近炼铁厂的铁水来炼钢。此外，还使用大量的（多达 30%）废钢（是通过再循环以保证原材料供应的一个重要方面）。

5.4.6.1　炼钢的基本原理

最简单且廉价的除去碳的方法是以氧脱碳（精炼），同时必须避免金属铁再度氧化为氧化铁。吹氧精炼可把铁水中的含碳量降低到所希望的水平，同时由于该过程温度较高，也导致氧在铁水中的溶解量增高。当浇铸和凝固时，钢水温度下降，因而氧溶解度降低，导致 CO 的生成（$C + O \longrightarrow CO \uparrow$），CO 形成气泡猛烈排出，使正在逐步凝固的钢水变得"沸腾"，从而使这种非镇静铸钢件的均匀性和质量都受到损害。为抑制沸腾，应采用镇静钢生产工艺（图 5-18），铸造前通过 Al 或 Si 的脱氧反应除去钢水中所溶解的氧，反应结果形成固态的 Al_2O_3 或液态的 SiO_2。

总而言之，炼钢是一种迭代过程。在此过程中，被精炼的铁水的含碳量将逐渐降低，且其杂质含量和含氧量也同时逐步减少，最终转变为钢。

在炼钢过程中，除碳时或除碳后，可向炉内加入各种（或多种）合金元素——铬、锰、镍和钼等，这样炼出的钢，便是合金钢。当钢水达到了预定的化学成分，即可将其注入盛钢桶中，再浇到锭模中凝固形成钢锭，钢锭脱模后，多数又被加热至一定的温度，再经轧制（有时为锻压）成为初轧棒坯、方坯和板坯等，称为半成品；只有很少量的钢锭被直接轧

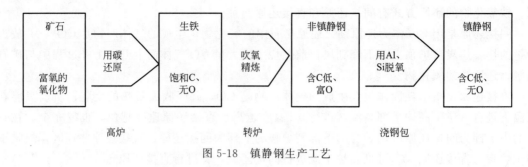

图 5-18 镇静钢生产工艺

（或锻）成成品。目前，越来越多的半成品由连铸方式生产，即将钢水注入连铸机的结晶器中，随着钢水的逐渐凝固，便能拉出各种形状的半成品长钢坯。

5.4.6.2 炼钢方法简介

炼钢技术的发展已有 200 多年的历史。首先出现的是 1740 年的坩埚法，随后出现了碱性底吹转炉炼钢法、平炉炼钢法和电炉炼钢法。随着科技的进步，炼钢技术也在不断发展。20 世纪 50 年代出现并在 60 年代获得迅速发展的新技术"氧气顶吹转炉炼钢法"，具有生产效率高，钢的品种多、质量好，原材料消耗少，热效率高，成本低，原料适应性好，适于大量生产，基建投资少，建设速度快，便于开展综合利用，能实现自动化等特点。产品为非合金钢和低合金钢，从而使炼钢工业得到了稳步发展。现代炼钢方法主要有转炉炼钢法和电炉炼钢法。电炉炼钢法还可分为电弧炉炼钢法、感应炉炼钢法、真空感应炉炼钢法和电渣炉炼钢法等。

5.4.6.3 氧气顶吹转炉炼钢法

（1）氧气顶吹转炉炼钢原料　主要有金属铁（铁水、废钢和生铁块）、冷却剂（废钢、铁矿石、氧化铁皮和生铁块）、造渣剂（石灰、萤石和白云石）、氧化剂（氧气、铁矿石和氧化铁皮）、脱氧剂（硅、锰、铝及其铁合金）。原料中以铁水和石灰的质量对炼钢过程的影响最大。

① 铁水　一般占金属料量的 70%～100%，要求硅、锰合适，磷、硫要低，成分稳定，温度要高。

② 废钢　一般可加入 30% 以下，不能混有杂铁、铅、锡、铜、封闭物和爆炸物，块度不宜太大。

③ 铁矿石和铁皮　既可作调节炉温的冷却剂，又可作造渣剂和氧化剂，对改善炉渣的流动性有帮助，因而可加速石灰的熔化。矿石的用量为金属料的 0～6%；铁皮要干净，不含泥沙、油类和水分。

④ 石灰　用来脱硫、磷。要求 $CaO \geqslant 85\%$，SiO_2 尽量低，$S < 0.2\%$，粒度 4～40mm。同时要求石灰应烧透，但不宜过烧。

⑤ 萤石　是助熔剂，主要是为了提高渣的流动性。成分要求 $CaF_2 \geqslant 85\%$，$SiO_2 \leqslant 5\%$，$S \leqslant 2\%$，块度 5～40mm。

⑥ 白云石　加入量取决于其 MgO 含量和渣中要求的 MgO 含量。

⑦ 氧气　一般氧气纯度大于 99.5%，氧气压力稳定、安全可靠。

⑧ 合金元素　常用的有硅、锰、铝等。锰铁要求含锰量 >65%，硅铁含硅量 >70%。

（2）氧气顶吹转炉炼钢主要化学反应

① 元素的氧化顺序　在炼钢过程中，各种元素的氧化是有一定顺序的。凡与氧的亲和

力强的元素，首先开始大量氧化；反之，氧化较慢。在一般情况下，硅、锰先被氧化，随后是碳和磷。此外，还要受元素在钢液中浓度的影响，所以实际上，铁在开始时就已经大量氧化。

② 硅、锰的氧化反应　吹炼开始，Fe 被大量氧化成 FeO。由于对氧的亲和力的差异，渣中的 FeO 与 Si、Mn 进行氧化反应：

$$2FeO+Si \longrightarrow SiO_2+2Fe$$
$$FeO+Mn \longrightarrow MnO+Fe$$

另外，还有一小部分的 Si、Mn 与直接吹入的氧进行氧化反应。所生成的 SiO_2 和初渣中的 FeO 结合生成硅酸铁。由于吹炼中石灰的分解，硅酸铁又与 CaO 作用生成正硅酸盐 $2CaO \cdot SiO_2$，把 FeO 置换出来。

③ 碳的氧化反应（又叫脱碳反应）

a. 气态直接脱碳反应，即炼钢熔池内的碳氧反应。

b. 炉渣的间接脱碳反应，即：

$$C+FeO \longrightarrow CO\uparrow+Fe$$

炼钢过程的脱碳反应，贯穿过程始终，这对炼钢有着极其重要的意义，不仅可以把铁水的含碳量降低到所需钢种的要求，更重要的是排出所生成的 CO_2 气体，可搅动熔池，促进化渣传热，均匀温度和成分，加热渣铁界面的物化反应和带走有害气体氮、氢和非金属杂质等。同时脱碳反应放出大量的热量，是转炉生产的主要热源之一。

④ 脱磷　磷是有害元素，大多数钢种要求含磷量越低越好。磷的氧化一般在炉渣和金属界面上进行。

⑤ 脱硫　硫是有害元素，一般钢种要求钢中的含硫量不大于 0.055%。硫主要来源于铁水和石灰。硫在钢中是以 FeS 的形式存在，其脱硫反应为：

$$FeS+CaO \longrightarrow CaS+FeO-Q$$

可见为了使炉渣脱硫能在钢渣界面顺利进行，必须高碱度、高温度和大渣量。

（3）氧气顶吹转炉炼钢工艺流程　倾倒铁水、加废钢→直立加渣料→准备吹炼→吹炼→停吹→倾倒炉渣→直立加二批渣料→继续吹炼→倾倒取样→脱氧出钢→浇铸。

氧气顶吹转炉炼钢具有冶炼周期短、脱碳速度快的特点。

5.4.6.4　钢材的加工成型方法

大部分钢材加工都是通过压力加工，使被加工的钢（坯、锭等）产生塑性变形（详见第 4 章 4.4 节）。根据钢材加工温度不同，分为冷加工和热加工两种。钢材的主要加工方法有以下四种。

（1）轧制　将坯料通过一对旋转轧辊的间隙（各种形状），因受轧辊的压缩使材料截面减小、长度增加的压力加工方法，分为冷轧、热轧，这是生产钢材最常用的生产方式，主要用来生产型材、板材、管材。

（2）锻造　利用锻锤的往复冲击力或压力机的压力使坯料改变成所需的形状和尺寸的一种压力加工方法。一般分为自由锻和模锻，常用作生产大型材、开坯等截面尺寸较大的材料。

（3）拉拔　将已经轧制的金属坯料（型材、管材等）通过模孔拉拔成截面减小、长度增加的加工方法，大多用作冷加工。

（4）挤压　将钢材放在密闭的挤压筒（或凹模）内，一端施加压力，使金属从规定的模孔中挤出而得到要求形状和尺寸的成品的加工方法，多用于生产有色金属材、钢材。

5.4.6.5 钢的热处理

钢材热处理是采用适当的方式对金属材料或工件进行加热、保温和冷却，以获得预期的组织结构与性能的工艺。根据热处理的目的、加热和冷却方法的不同，大致可进行如表5-18所示的分类。

表 5-18 钢材热处理的分类

整体热处理	表面热处理	化学热处理
退火 正火 淬火 回火 调质 时效处理 形变热处理 真空热处理	表面淬火和回火 激光热处理 火焰淬火 感应加热热处理 物理气相沉积 化学气相沉积 等离子体化学气相沉积	渗碳 碳氮共渗 渗氮 氮碳共渗 渗其他非金属 渗金属 复合渗

（1）钢在加热时的组织转变 大多数热处理都是先加热到相变点以上某一温度区间，使其全部或部分得到均匀的奥氏体组织，然后采用适当的冷却方式，获得所需要的组织结构。

① 奥氏体的形成 奥氏体形成是通过成核和核长大过程来实现的。共析钢（$W_C = 0.77\%$）的室温组织是珠光体，即铁素体和渗碳体组成的机械混合物。加热到相变点以上，珠光体转变为奥氏体可以分为四个阶段。

a. 奥氏体晶核的形成。

b. 奥氏体晶核的长大及渗碳体的溶解。

c. 残余渗碳体的完全溶解。

d. 奥氏体化学成分的均匀化。

② 奥氏体晶粒长大及其控制措施 奥氏体晶粒的大小直接影响到冷却后的组织和性能。奥氏体晶粒细小，则其转变产物的晶粒也较细小，其性能也较好。将钢加热到临界点以上时，刚形成的奥氏体晶粒都很细小，此时称为起始晶粒。如果继续升温或保温，便会引起奥氏体晶粒长大。

若要使钢在加热时获得细小均匀的奥氏体晶粒，在生产中可采用以下控制措施。

a. 合理选择加热温度和保温时间。

b. 选用含有铬、钨、钼、钒、钛等合金元素的钢种，大多数合金元素在钢中均可形成难溶于奥氏体的碳化物并分布在晶粒边界上，阻碍奥氏体晶粒长大。

（2）钢在冷却时的组织转变 同一化学成分的钢在加热到奥氏体状态后，若采用不同的冷却方法和冷却速度进行冷却，将得到形态不同的各种组织，从而获得不同的性能。钢在冷却时可采用两种冷却方式。

① 等温转变 是指钢在奥氏体化后，快速冷却到临界点以下的某一温度区间等温保持时，过冷奥氏体发生的相变，可以获得单一的珠光体、索氏体、托氏体、上贝氏体、下贝氏体和马氏体组织。

② 连续冷却转变 是指钢在奥氏体化后以不同的冷却速度连续冷却时，过冷奥氏体所发生的相变，其转变产物的组织往往不是单一的，并且根据冷却速度的不同而变化。

（3）钢的整体热处理 大致有退火、正火、淬火和回火四种基本工艺，简称为"四把火"。

① 钢的退火 是将工件加热到适当温度，保持一定时间后缓慢冷却（一般随炉冷却），目的是消除钢的内应力、降低硬度、提高塑性、细化组织、均匀化学成分，以利于后续加工。根据化学成分和退火目的不同，退火常分为完全退火、球化退火、去应力退火、扩散退火和再结晶退火等。

② 钢的正火 是指将工件奥氏体化后在空气中冷却，正火的效果同退火相似，只是得到的组织更细，常用于改善材料的切削性能，也有时用于对一些要求不高的零件作为最终热处理。

钢的退火与正火主要用来处理工件，为以后切削加工和最终热处理做组织准备。对一般铸件、焊接件以及性能要求不高的工件，退火、正火都可以作为最终热处理。

③ 钢的淬火 是将工件加热保温奥氏体化后，在水、油或其他无机盐、有机水溶液等淬冷介质中快速冷却，获得亚稳定的马氏体（碳溶于 α-Fe 的过饱和的固溶体，具有高的强度和硬度）或（和）贝氏体（α-Fe 和 Fe_3C 的复相组织）组织的热处理工艺，目的是提高钢的硬度和强度，但同时变脆，与适当的回火相配合，可以更好地发挥钢材的性能潜力。因此，重要的结构件，特别是承受动载荷和剧烈摩擦作用的零件，以及各种类型的工具等，都要进行淬火。

不同的钢种，其淬火温度也不同。为了防止奥氏体晶粒粗化，淬火温度不宜选得过高，一般只比临界点高 $30\sim50℃$。若加热温度过低，则亚共析钢淬火组织中尚有未熔融铁素体，而共析钢和过共析钢可能得到非马氏体组织，钢的硬度达不到要求。

一般退火的冷却速度最慢，正火的冷却速度较快，淬火的冷却速度更快。

④ 钢的回火 是为了降低钢件的脆性，将淬火后的钢件重新加热到高于室温而低于 $710℃$ 的某一适当温度，并进行长时间的保温，再进行冷却的工艺。回火是一个由非平衡组织向平衡组织转变的过程，这个过程是依靠原子的迁移和扩散进行的。回火温度越高，扩散速度就越快；反之，扩散速度就越慢。主要目的是减少或消除淬火应力；保证相应的组织转变，使工件尺寸和性能稳定；提高钢的韧性和塑性，选择不同的回火温度，获得硬度、强度、塑性或韧性的适当配合，以满足不同工件的性能要求。综上所述，淬火钢随回火温度的升高，强度、硬度降低，而塑性与韧性提高。回火是最终热处理，根据在回火后组织和性能的不同，按回火温度范围可将回火分为三种。

a. 低温回火（$\leqslant250℃$） 保持了淬火组织的硬度和耐磨性，降低了淬火应力，减小了钢的脆性。

b. 中温回火（$250\sim500℃$） 大大降低了淬火应力，使工件获得了高的弹性极限和屈服强度，并具有一定的韧性。

c. 高温回火（$>500℃$） 淬火应力可完全消除，强度较高，有良好的塑性和韧性，即具有良好的综合力学性能。

⑤ 其他热处理工艺 "四把火"随着加热温度和冷却方式的不同，又演变出不同的热处理工艺。

a. 调质处理 为了获得一定的强度和韧性，把淬火和高温回火结合起来的工艺。调质处理后钢的硬度不高，便于切削加工，并能得到较好的表面质量，故也作为表面淬火和化学热处理的预备热处理。

b. 时效处理　某些合金淬火形成过饱和固溶体后，将其置于室温或稍高的适当温度下保持较长时间，以提高合金的硬度、强度或电性、磁性等。

c. 形变热处理　把压力加工形变与热处理有效而紧密地结合起来进行，使工件获得很好的强度、韧性配合的方法。

d. 真空热处理　在负压气氛或真空中进行的热处理，它不仅能使工件不氧化、不脱碳，保持处理后工件表面光洁，提高工件的性能，还可以通入渗剂进行化学热处理。

（4）表面热处理　是只加热工件表层，以改变其表层力学性能的热处理工艺。主要方法有激光热处理、火焰淬火热处理和感应加热热处理，常用的热源有氧乙炔或氧丙烷等火焰、感应电流、激光和电子束等。

（5）钢的化学热处理　是将工件放在含碳、氮或其他合金元素的介质（气体、液体、固体）中加热，保温较长时间，从而使工件表层渗入碳、氮、硼和铬等元素，主要方法有渗碳、渗氮、渗金属、复合渗等。目的是通过改变工件表层化学成分，从而改变工件的组织和性能。化学热处理渗入元素后，有时还要进行其他热处理工艺，如淬火及回火。

5.5　有色金属的生产

5.5.1　有色金属的分类及作用

有色金属又称非铁金属，是铁、锰、铬以外的所有金属的统称。有色金属及其合金是现代材料的重要组成部分，与能源技术、生物技术、信息技术密切相关。有色金属的种类很多，根据它们的物理特性和蕴藏状况，基本上可分为重金属、轻金属、贵金属、稀有金属和半金属五大类。

（1）重金属　包括铜、镍、锡、铅、锌、锑、钴、汞、镉、铋共 10 种，它们的密度比较大，从 7 g/cm^3 到 11 g/cm^3。锑有时被划归半金属类。

（2）轻金属　包括铝、镁、钙、锶、钾、钠和钡共 7 种，它们的密度都小于 5 g/cm^3，化学性质活泼，易和氧、卤素和水等作用。

（3）贵金属　包括金、银及其铂族金属中的钌、铑、钯、锇、铱、铂共 8 种，统称为贵金属，其共同特点是化学性质稳定，在空气中不能氧化，密度大（10～22.59g/cm^3），熔点较高（银为 961℃，金为 1064.4℃，铂族金属为 1550～3027℃），在地壳中含量较少，开采和提取较为困难，由于它们的价格比一般金属贵而得名。

（4）稀有金属　在 80 余种有色金属元素中，其中约 50 种被认为是稀有金属。这个名称并不完全是由于它们在地壳中丰度低的原因，而是指那些发现较晚、在工业上应用较迟、在自然界中分布比较分散以及在提取方法上比较复杂的金属。根据其物理性质、化学性质的近似、矿物原料的共生关系、从原料中提取方法的类似以及其他共同特征，一般又可分为如下五类。

① 稀有轻金属　包括锂、铍、铷、铯共 4 种，共同特点是密度很小（0.53～1.87g/cm^3），化学活性强，氧化物和氯化物都很稳定，难以还原成金属，一般都用熔盐电解法和金属热还原法制取。

② 稀有高熔点金属　包括钨、钼、钛、锆、铪、钒、铌、铼、钽共 9 种，特点是熔点

很高（1677～3380℃），如纯钛的熔点为 1678℃，钨的熔点为 3380℃，耐腐蚀性好。具有多种原子价，能和一些非金属元素（如碳、硼、氮、硅等）生成熔点高、硬度大以及化学性质稳定的化合物。生产工艺上一般都是先制取纯氧化物或卤化物，再用金属热还原法或熔盐电解法制取，钛由于密度小，也有人将它划归轻金属类；铼由于无独立矿床，主要分散在某些金属（如钼）的硫化矿中，因而也有人将它划归稀散金属类。

　　③ 稀土金属　包括钪、钇、镧及镧系元素共 17 种，共同特点是物理性质和化学性质非常相近，所以在矿石原料中，它们总是伴生的，并且提取各种单独的纯稀土金属或化合物都是相当困难的。

　　④ 稀有放射性金属　包括钋、镭、锕及锕系元素。

　　⑤ 稀散金属　包括铟、锗、镓、铊、硒、碲和铼共 7 种，在地壳中几乎是平均分布的，没有单独的矿物，更没有单独的矿床，一般都是以类质同象形态存在于其他金属的矿物中，它们都是从冶金工业和化学工业部门的各种废料或中间产品中提取。锗、硒和碲具有典型的半金属性质，因此也有人将它们划归入半金属类。

　　⑥ 准金属　又称半金属或类金属，是指物理性质和化学性质介于金属与非金属之间的元素，如硅、锗、硒、锑、硼等。

　　一些常见的有色金属及其合金的特性与用途见表 5-19。

表 5-19　一些常见的有色金属及其合金的特性与用途

大类	小类	特性	用途
铝及其合金	纯铝	最重要的合金元素主要是 Cu、Mg、Si 和 Zn；多数环境下具有优良的耐腐蚀性，表面具有强的反射辐射能、可见光、电磁波的能力，有优良的电导率和热导率，弱顺磁性，加工性好	广泛应用于航空、航天、车辆、建筑、电气、食品包装等工业领域
	变形铝合金		
	铸造铝合金		
钛及其合金	纯钛	钛是金属材料王国中的一颗新星，性能优良，储量丰富，从工业价值、资源寿命和发展前景看，仅次于铁、铝，被称为正在崛起的"第三金属"。钛兼有钢、不锈钢、铝等结构材料的许多优良的特性。它密度低，比强度高，耐腐蚀性好，耐温区宽，膨胀系数低，热导率低，无磁、无毒，生理相容性好，表面装饰性强，并具有储氢、超导、形状记忆、超弹和高阻尼等。其力学性能与其纯度密切相关，最常用的合金元素有 Al、Sn、Zr、Mo、V、Cr、Fe、Nb、Ta 等。是优质的轻型耐蚀结构材料、新型的功能材料和重要的生物医学材料。特别值得一提的是，钛与碳纤维增强的复合材料在强度、刚度、线膨胀系数和电位上匹配良好，可作为碳纤维增强结构的骨架或衬底，既有利于减重，又不产生电偶腐蚀	在空中、陆地、海洋、人体及超低温的外层空间都有广泛的用途，被称为"全能的金属"。它首先是航天和先进航空工业的关键与支撑材料之一，如用于导弹、运载火箭和卫星中的高压气瓶、高强螺栓、燃料储箱、通信卫星的承力筒锥和姿控发动机喷注器，气象卫星的支撑架，火箭发动机的燃料导管等。钛合金由于耐高温和比强度高，可大幅度提高航空发动机的推重比，飞机越先进，用钛量越大；用于舰艇可以减轻舰艇质量，增加下潜深度、提高安全性和延长寿命，用在舰艇的声呐导流罩中可提高搜索、发现、跟踪能力；还可用于常规兵器，如喷火器、防弹衣、反坦克导弹等；代替传统材料用于化工、电力、轻工、冶金等行业，可获得增产、降耗、节能、保安、促进环保等综合效益。在海洋环境中的应用，钛比钢、铝、铜优越得多
	耐热钛合金		
	结构钛合金		
	耐蚀钛合金		
	低温钛合金		
	功能钛合金		
	生物工程用钛合金		

大类	小类	特性	用途
镁及 其合金	纯镁 变形镁合金 铸造镁合金 镁锂合金 镁金属基复合材料	最普遍的合金元素有 Al、Zn、Mn、Zr；稀土元素、Y 和 Ag 用于高温条件。此外，还有 Li、Th、Si、Ca 等。镁合金的密度为 $1.3\sim1.5g/cm^3$，是目前工业上可应用的最轻的金属结构材料。具有高的比强度、优良的减振性能	广泛应用于冶金、化工、汽车、电子、通信、仪表及航空航天等领域
铜及 其合金	纯铜 黄铜 青铜 白铜	具有良好的导电性、导热性、耐腐蚀性和延展性，容易加工，并具有高的强度、弹性和耐磨性。重要的合金元素有 Zn、Sn、Ni、Mn、Al、Fe、Si、Ti 等。黄铜具有良好的力学性能和耐腐蚀性，价格低，色泽美丽；青铜是人类历史上应用最早的合金，具有良好的耐腐蚀性、耐磨性、力学性能和铸造性能等；电工白铜具有高电阻、高的热电势和低的电阻温度系数	广泛应用于电气、电子、机械、仪表、造船和建筑等工业部门。黄铜是应用最广泛的铜合金；青铜是人类历史上应用最早的合金，主要用于制造耐蚀耐磨零件、弹性元件、电接触元件和抗蠕变零件等；结构白铜主要用于制造冷凝器、热交换器、医疗器械、耐蚀零件、艺术品等；电工白铜广泛用于补偿导线、热电偶、电阻仪器和加热器等
镍和钴 及其合金	纯镍 镍合金	镍是磁性金属，由镍制备的不锈钢和各种合金具有耐高温、抗氧化的特性；常用的合金元素有 Co、Fe、Al、Mn、Si、Ti、W、Mo、Cr、Be、Mg、Zr、B、Cu 和稀土元素等；镍合金有镍基合金、镍基耐蚀合金、电真空镍合金、镍钛形状记忆合金等	镍基合金主要用于电子、化工、机械、医疗、能源、航海、航空和航天等；镍基耐蚀合金可用于热交换器、泵件、船舶推进器、海水蒸发器，以及化工容器和过滤网等；电真空镍合金用于制造氧化物阴极、电真空器件的引线、栅极等，以及电工仪表零件和发动机火花塞电极等
	金属钴 钴合金	钴是铁磁性金属，具有良好的耐热性、耐腐蚀性及优良的铁磁性；Cr、W、Mo、Zr、Ti、Ta、Nb 等合金元素可产生固溶强化；Cr、Si、Al 可提高抗氧化性；Al 和 Ti 与 Co 可形成 CoAl、Co_3Ti 等金属间化合物。钴合金有钴基高温合金、钴基硬质耐磨耐蚀合金、钴基磁性记录合金等	钴及其合金在电机、机械、化工、航空和航天等工业部门得到广泛应用，如燃气轮机的叶片、叶轮、导管、喷气发动机、火箭发动机、导弹的部件、航海柴油机、航空发动机的排气阀等
铅和锌 及其合金	纯铅 铅合金	铅具有熔点低、耐腐蚀性高、塑性好、X 射线和γ射线不易穿透等优点；铅合金具有高耐腐蚀性	纯铅板材、管材等通常用于化工、电缆、蓄电池和放射性等领域；铅合金是优良的耐酸耐蚀材料，主要用作焊料、印刷合金、轴承合金等。由于铅的毒性，在某些领域已经或将被其他材料所代替
	纯锌 锌合金	纯锌有较好的耐腐蚀性和力学性能；常用的合金元素有 Al、Mg、Cu、Ti、Pb 等，锌合金熔点低，流动性好，易熔焊、钎焊和塑性加工，在干燥空气中耐腐蚀，但蠕变强度低，自然时效会使尺寸发生变化	锌的最大用途是作为镀层和接触阳极保护钢铁和其他有色金属免受腐蚀，另一重要用途是压铸锌合金，质量高，成本低。锌能与许多金属形成性质优良的合金，如铜锌形成的黄铜、铜锡锌形成的青铜、铜锡铅锌形成的耐磨合金等

续表

大类	小类	特性	用途
其他有色金属及其合金	锡及其合金	锡有良好的耐腐蚀性。几乎能与所有的金属制成合金。锡合金熔点低,有较高的导热性和低的热膨胀系数,耐大气腐蚀,强度不高,有优良的减摩性	锡常用于制造镀锡的薄钢板和带材(马口铁)以及锡箔,也用于食品包装、电气、仪表等部门。锡基轴承合金和锡焊料用量最大,用得较多的有焊锡、锡青铜。还有许多含锡的特种合金,如含锡的锆合金用作核燃料包覆材料,含锡的钛合金用于航空、造船、原子能、化工和医疗器械等;铌锡(Nb₃Sn)金属间化合物可用作超导材料
	锑及其合金	是一种比较稳定的金属,能与 Al、Sn、Cu、Cd、Ca、Na 等形成合金,可提高这些合金的硬度和耐磨性,改善流动性	除用于电镀外,锑很少单独使用,主要用作合金添加元素。含锑合金达 200 种以上,用以制造蓄电池铅栅极及接头零件、轴瓦(轴承合金)、印刷合金、锑青铜、电缆包皮、铅板、铅管和铅箔、焊料等,用于机械、化工、印刷、军工等工业。高纯锑是重要的半导体原材料
	汞及其合金	化学性质较稳定,与其他金属形成的合金统称汞齐,可以是液态、膏状或固态,工业价值较高的是钛汞齐和锌汞齐	大量用于化工、电气、仪表、军工、医药等部门,如制造温度计、流量计、气压计、水平仪、水银开关、继电器等测量和控制仪器;氧化汞、锌汞齐和氯化汞用于干电池、纽扣电池和高能电池;钛汞齐和钠汞齐用于制造石英水银灯、荧光灯和钠灯
	钨及其合金	是熔点最高的金属,钨及其合金硬度高,其产品可分为金属加工材料、烧结和熔渗制品、硬质合金、合金添加元素四类。钨合金(掺杂钨丝、钨重合金、钨铜、钨银复合材料、钨钛合金、钨稀土合金)、碳化钨硬质合金[WC-Co、WC-TiC-Co、WC-TiC-Ta(Nb)C-Co]、钨-铜梯度功能材料、稀土钨和稀土钼合金	广泛应用于照明、电子、电力、冶金、矿山、宇航、化工、机械、玻璃、陶瓷、兵器和医疗器械等部门,如各种灯丝、阳极、栅极、磁控管阴极、高温电炉发热体、坩埚、直升机桨、陀螺仪转子、核防护(放射性物质的能源盒)、γ射线和 X 射线的防护材料)、高压触头、电触点、火箭喷嘴、切削工具、钻杆、穿甲弹弹头、成型模具、耐磨零件等
	钼及其合金	难熔金属,作为添加元素加入钢中以生产各种类型的钢种及合金,还能与镍、钴、铌、铝和钛等组成各种有色金属合金	应用领域主要是冶金、电子和电工材料、航空和宇航工业及化学工业等
	钽、铌及其合金	稀有难熔金属;钽的热稳定性较好,蒸气压低,加工性好;弹性铌合金具有无磁性、恒弹性、耐高温、低弹性模量、高储能比、耐腐蚀等特性	钽及其合金可用于电子、硬质合金、化学、航空、宇航和原子能等工业,高温技术,医疗外科手术材料等;铌及其合金主要用于钢铁、电子陶瓷和玻璃工业、航空、宇航、超导技术等。弹性铌可广泛用作高精密、高性能精密仪表中的弹性敏感元件

续表

大类	小类	特性	用途
其他有色金属及其合金	锆、铪及其合金	活泼金属,在室温下表面生成保护性氧化膜;锆在酸、碱等介质中具有良好的耐腐蚀性。锆具有优良的核性能,与铀的相容性好,有强烈的吸氢性能;锆合金在300～400℃高温高压水和蒸汽中有很好的耐腐蚀性,在反应堆内有相当好的抗中子辐射性,还有适中的力学和加工性能。铪通常是生产原子能级锆的副产品。锆和铪具有迥然不同的核性能,它们的热中子截面相差很大	锆合金的主要用途是作水冷核反应堆的燃料包覆材料和结构材料,被誉为"原子时代的第一金属";锆在化学工业中用作热交换器、洗涤塔、反应器、泵和腐蚀介质管道等;可作储氢材料,制作外科手术用的各种医疗器械;在冶金工业中作为合金添加剂,可改善合金性能。铪是一种理想的水冷反应堆用的控制材料

尽管有色金属的耗用量只占金属总量的5%左右,但是有色金属资源的进一步开发和利用,不仅是对钢铁材料的补充,而且可以发挥和开发钢铁材料所不具备的各种特殊性能,以保证最大限度满足现代科学技术对各种材料性能所提出的要求。由于这些金属具有许多特殊的优良性能,如导电性、导热性好,密度小,化学性能稳定,耐热、耐酸和耐腐蚀,工艺性好等,是电气、机械、化工、电子、轻工、仪表、航天工业不可缺少的材料,是其他材料所不能代替的。

5.5.2 冶金和冶金方法简介

冶金是一门研究如何经济地从矿石或精矿和其他材料中提取金属,并使之经过加工处理,适于人类应用的科学。广义的冶金包括矿石的开采、选矿、冶炼和金属加工。由于科学技术的进步和工业的发展,采矿、选矿和金属加工已形成一门独立的学科。因而目前的冶金是指矿石或精矿的冶炼。

冶金和其他学科领域一样,涉及的范围很广,它与化学、物理化学、热工、化工、仪表、机械、计算机等有着非常密切的关系。由于原料条件的不同和金属性质的差异,冶金方法是多种多样的,根据冶炼方法的不同,大致可分为如下三种类型,各有优缺点。

(1) 火法冶金 是在高温条件下,使矿物或精矿中的有用矿物部分或全部在高温下进行一系列的物理化学反应,达到提取、提纯金属,与脉石和其他杂质分离的目的。为温度在400℃以上的有色金属冶炼的总称。包括焙烧、熔炼、还原、吹炼、精炼等过程。高温的获得,可以外加燃料,个别的也可以利用自身的反应热,如硫化矿的氧化焙烧可产生大量的热,不需要外部加入燃料。目前,金属冶炼仍以火法冶金占主导地位。和湿法相比,火法冶金的优点主要有以下几种。

① 高温下反应速率快,单位设备生产率和劳动率高。

② 能充分利用硫化物精矿本身的能源,容易事先自热熔炼,产品单位能耗低。

③ 硫及金属产物能很好地富集金、银等贵金属。

主要缺点有以下几种。

① 存在高温含尘烟气污染问题,治理费用高。

② 难以处理低品位原料。

③ 工作场地劳动卫生条件差。

(2) 湿法冶金 在低温下(一般低于100℃,现代湿法冶金的高温高压过程,其温度可达 200～300℃）用溶剂来处理矿石和精矿，并在低温溶液中进行一系列的物理化学反应，达到提取、提纯金属，与脉石和其他杂质分离的目的。是在水溶液中进行，包括浸出、液固分离、溶液净化、金属提取等过程。此法设备和操作都比较简单，是很有发展前途的冶金方法。和火法相比，湿法冶金的优点有以下几种。

① 适于处理高、低品位原料，例如可处理低品位的铜原料。

② 能处理复杂矿物原料。

③ 多金属综合回收利用效果好。

④ 较少烟尘污染问题。

主要缺点有以下几种。

① 生产能力低，设备庞大，设备费用高，单位车间面积的生产能力远低于火法冶金。

② 能耗大。

③ 存在废水、废渣的污染和治理问题。

（3）电冶金　是利用电化学反应或电热冶炼金属的一种方法，包括水溶液电解、熔盐电解、电解提取、电解精炼等过程，又可分为电热冶金和电化冶金。前者与火法冶金类似，不同之处是电热冶金的热能由电能转化而成，火法冶金则以燃料燃烧产生高温热源。电化冶金是利用电化学反应，使金属从含金属盐类的溶液或熔体中析出。如果是低温水溶液，在电化学作用下，使金属从含金属盐类的水溶液中析出（如铅电解精炼和锌电极），称为水溶液电化学冶金，亦可列入湿法冶金之中。如果是高温，在电化学作用下，使金属从含盐类熔体析出（如铝电解），称为熔盐电化学冶金，它不仅利用电能的化学效应，而且也利用电能转变为热能加热金属盐类成为熔体，故熔盐电解也可列入火法冶金一类中。

一般在有色金属提取冶炼过程中，冶金方法的选择和应用，有时可能是单一的，有时常需要根据原料性质和对产品的要求，可能采用既有火法又有湿法的联合使用过程，或三类冶金方法相互配合组成提取过程。冶金方法的采用，同样正面临着节省能源、保护环境以及综合利用的紧迫问题。

在一般情况下，黑色金属冶炼时，矿石的成分比较单一，通常采用火法冶金的方法进行处理，即使有的矿石较为复杂，通过火法冶金之后，也能促使其伴生的有色金属进入渣中，再进行处理，如高炉冶炼用钒钛铁矿就是属于这种类型。

有色金属矿石的冶炼，由于其矿石或精矿的矿物成分极其复杂，含有多种金属矿物，不仅要提取或提纯某种金属，还要考虑综合回收各种有价金属，以充分利用国家资源和降低生产费用。因此，考虑冶金方法时，要用两种或两种以上的方法才能完成。重金属的冶炼，均以硫化矿为主要原料，故工艺流程以火法为主，湿法为辅。如铜、铅、锌、镍、钴多采用火法冶金制取粗金属，以电化学冶金方法制取纯金属。轻金属的密度小、活性大，多采用熔盐电解法和金属热还原法进行生产（多采用湿法制取金属化合物，以电冶金方法制取粗金属或纯金属）。国外铝、镁、钛冶炼技术，主要是向大型化、高效率、低能耗及应用电子计算机、工艺过程控制自动化方面发展。贵金属金、银、铂等，除一部分可由矿石提取外，大部分都是从铜、镍、铅、锌冶炼厂的副产品（阳极泥）中回收的。稀有金属在地壳中的含量不一定少，主要是过于分散，没有富集的矿床，只能从金属工厂或化工厂的废料中提取。大多数稀有金属是以湿法制取纯金属化合物，以火法或电冶金方法制取纯金属。此外，从废金属及含金属的废料中充分回收和有效利用再生有色金属，具有极其重要的意义和巨大的经济效益。据报道，回收再生有色金属与原矿中提取金属相比，在基建投资方面要降低 90%；能耗方面，铝为 1/3，锌为 1/3，铜为 1/6，镍为 1/9，镁为 1/37；生产费用方面，铝 40%～50%，铜 35%～40%，锌 25%～30%。再生金属的用量在西方工业发达的国家中占很高比例，铜占全部铜用量的 37%～46%，铅占 30%～47%，锌占 20%～28%，铝占 19%～34%。

有色金属提取冶金通常包括三个主要步骤。

① 矿物分解和化合物制取，分解的目的在于破坏矿物稳定结构，并使其中欲提取的主金属和伴生金属分离，转变成氧化物、氯化物、硫酸盐，或转入硫相；主要有焙烧、造硫熔炼、浸出等方法。

② 粗金属制取，通常采用还原熔炼以及金属热还原、碳还原、氢还原、电解、置换等方法。

③ 金属精炼，目的在于脱除金属中的杂质，产出符合应用要求的纯金属，主要有火法精炼和电解精炼两种方法。

但三个主要步骤并不是一成不变的，某些化学活性较差的金属往往将矿物分解与金属制取合在同一阶段进行，如鼓风炉还原熔炼生产粗铅就是同时完成造渣分离脉石成分和产出粗铅两个任务。

如前所述，有色金属的种类很多，以下简单地介绍铜和铝的生产工艺流程。

5.5.3　铜的冶炼

铜具有良好的延展性，导电性和导热性仅次于银，机械加工性能优于铝，与其他金属互溶性好，很易与锌、镍、锡生成有价值的合金，如黄铜、白铜、青铜等，后者具有较好的耐腐蚀性和耐磨性。

铜是史前金属，早就成为人类生活中不可缺少的部分。在科学技术高度发展的今天，铜在国民经济中的应用范围仅次于钢铁和铝，占第三位，有着举足轻重的作用。电气工业是用铜的主要部门，世界上有 50% 以上的铜用于制造各种电气设备和导电零部件。机械制造业用各种铜合金制作轴承、轴瓦、活塞、开关、油管、阀门、泵和高压设备、热交换器、冷凝器和散热器等。国防工业用铜及其合金制作各种子弹壳、飞机和舰艇零部件。此外，建筑材料、热工技术、冷却装置和民用设备等也广泛使用铜及合金。

5.5.3.1　炼铜原料

炼铜的原料主要是铜矿石，其次是工业和生活中的废铜及其合金。自然界中的含铜矿物只有 10 多种具有工业价值，它们又以自然铜、硫化矿（辉铜矿 Cu_2S、铜蓝矿 CuS、黄铜矿 $CuFeS_2$、斑铜矿 Cu_3FeS_3）、氧化矿［赤铜矿 Cu_2O、黑铜矿 CuO、蓝铜矿 $2CuCO_3 \cdot Cu(OH)_2$、孔雀石 $CuCO_3 \cdot Cu(OH)_2$、硅孔雀石 $CuSiO_3 \cdot 2H_2O$］三种形式存在。目前 90% 以上的铜是从硫化矿（在地壳中分布最为广泛）提取的，约 10% 来自氧化矿，少量来自自然铜矿。

5.5.3.2　铜的生产工艺流程

目前世界上 90% 左右的铜由火法生产，主要用于处理硫化铜矿石或精矿。大致可分为三步：先将铜精矿熔炼成冰铜（Cu_2S 和 FeS 的熔体），再将冰铜吹炼成粗铜（含铜 98.5%～99.5%），然后通过电解精炼得到电解铜（99.98% Cu）。采用火法的优点是得到的粗铜比较纯，损失于炉渣中的铜比较少，热能消耗少，铜的生产率和回收率比较高。火法炼铜的目的在于：首先是使炉料中的铜尽可能全部进入冰铜，同时使炉料中的氧化物和氧化产生的铁氧化物形成炉渣；其次是使冰铜与炉渣分离。为了达到这两个目的，火法炼铜必须遵循两个原则：一是必须使炉料有相当数量的硫来形成冰铜；二是使炉渣含 SiO_2 接近饱和，以便冰铜和炉渣不致混溶。火法炼铜的工艺流程如图 5-19 所示。

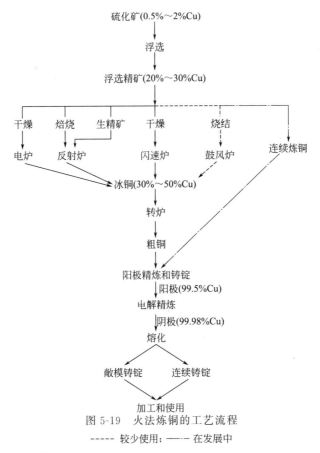

图 5-19　火法炼铜的工艺流程
----- 较少使用；—·— 在发展中

5.5.4　铝及铝合金的冶炼

　　铝工业的整个发展历史不过 200 年，由于铝具有相对密度小（只有钢铁的 1/3）、导热性、导电性、耐腐蚀性良好等突出优点，又能与许多金属形成优质铝基轻合金，所以发展速度非常快，已广泛应用于交通运输、包装容器、建筑装饰、航空航天、机械电气、电子通信、石油化工、能源动力、文体卫生等行业，成为发展国民经济与提高人民物质和文化生活水平的重要基础材料。某些铝合金的机械强度超过结构钢，具有很大的比强度（材料的抗拉强度与表观密度之比），这一优良特性使得铝和铝合金广泛用于制造飞机、人造卫星、宇宙飞船、舰艇、各种车辆等。铝在电力输送方面，其用量居首位，现在 90% 的高压导线是铝制作的。由于铝和多种铝合金具有很好的延展性，所以广泛用于日用品工业、食品工业等。铝及铝合金是继钢铁之后的第二种最广泛应用的金属材料。非冶金 Al_2O_3 的用途也很广泛，其中约 8% 是用来生产耐火材料、陶瓷、纸张填料、牙膏磨料、引发剂及其载体、阻燃剂等化学制品。

5.5.4.1　炼铝的原料

　　铝在地壳中的含量仅次于氧、硅，而居各种金属元素含量之首。自然界中，含铝矿物极广、极多，有 250 多种，但能作为炼铝资源的仅有少数几种，其中以铝土矿最为重要，世界上 95% 以上的氧化铝是用铝土矿生产的。铝土矿是一种以氢氧化铝为主要成分的矿石，Al_2O_3 含量为 50%～70%，其主要矿物成分为三水铝石 ［$Al(OH)_3$ 或 $Al_2O_3 \cdot 3H_2O$］、一水软铝石（γ-AlOOH 或γ-Al$_2$O$_3$·H$_2$O）和一水硬铝石（α-AlOOH 或 α-Al$_2$O$_3$·H$_2$O）。其次还有明矾石［K$_2$SO$_4$·Al$_2$(SO$_4$)$_3$·4Al(OH)$_3$］、霞石［(Na,K)$_2$O·Al$_2$O$_3$·2SiO$_2$］和高岭土（Al$_2$O$_3$·2SiO$_2$·2H$_2$O）等。

5.5.4.2 铝的生产方法和工艺流程

100 多年来，电解法炼铝是现代炼铝的唯一方法，电解时为使氧化铝熔融温度降低，在 Al$_2$O$_3$ 中添加冰晶石（Na$_3$AlF$_6$），即由铝的氧化物与冰晶石共熔电解可制得铝，其工艺流程主要包括氧化铝的制备、电极生产、冰晶石及其氟化盐的生产以及电解炼铝几部分，如图 5-20 所示。

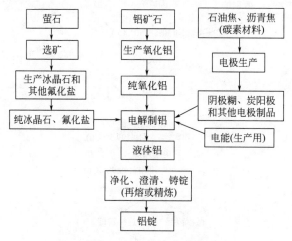

图 5-20　铝的生产流程

电解炼铝对氧化铝的质量要求主要是纯度，含 Al$_2$O$_3$ 应大于 98.2%。电解过程在电解槽内进行，直流电经过电解质使氧化铝分解。依靠电流的焦耳热维持电解温度在 950～970℃。电解产物，在阴极上是液体铝，在阳极上是氧，它使炭阳极氧化而析出气体 CO$_2$ 和 CO。铝液用真空抬包抽出，经净化、澄清之后，浇注成纯度为 99.5%～99.7% 的铝锭。

5.5.4.3 氧化铝的制备方法和工艺流程

从矿石中提取氧化铝的方法有多种，拜耳法和烧结法是工业上生产氧化铝的两种主要方法，各有优缺点和适用范围。

（1）拜耳法　自 1888 年发明以来，一直是生产氧化铝的主要方法，其产量约占全世界氧化铝总产量的 95%。其工艺流程如图 5-21 所示。其中包括矿石破碎和细磨、矿石浸出、稀释、分解、泥渣和氢氧化铝的分离洗涤、氢氧化铝的煅烧、碳酸钠的苛性化及母液蒸发等过程。

① 铝土矿的溶出　是在一连串压煮器中连续进行的，目的在于将铝土矿充分溶解在 NaOH 中成为铝酸钠溶液：

$$Al_2O_3 + 2NaOH \longrightarrow 2NaAlO_2 （偏铝酸钠）+ H_2O$$

铝土矿中氧化铝水合物存在的状态不同，要求的溶出条件也不同。用碱溶液溶出铝土矿时，主要是氧化铝进入溶液，SiO$_2$、Fe$_2$O$_3$、TiO$_2$ 等杂质主要进入赤泥中。

② 稀释　高压溶出的铝酸钠溶液浓度很高，含 Al$_2$O$_3$ 约 250g/L，溶出后的浆液在赤泥分离之前用赤泥洗涤液稀释，其作用如下：降低溶液浓度，便于晶种分解；使铝酸钠溶液进一步脱硅；便于赤泥分离。稀释后的浆液在沉降槽中进行沉降分离。

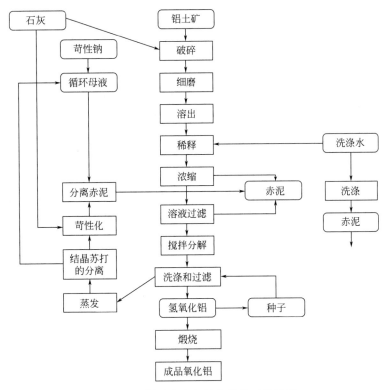

图 5-21　拜耳法生产氧化铝的工艺流程

③ 过滤　除去赤泥（氧化亚铁 FeO、硅铝酸钠、钛酸钠等）。

④ 铝酸钠溶液的晶种分解　是关键工序之一，对产品的产量和质量有着重要的影响。经分离赤泥、过滤和澄清以后的铝酸钠溶液，其 Al_2O_3 浓度为 $120\sim145g/L$，苛性比 α_k（即溶液中所含苛性碱对所含 Al_2O_3 分子比）为 $1.7\sim1.8$，该溶液在温度低于 $100℃$ 时是不稳定的，且越接近 $30℃$，过饱和程度就越大。在有晶种加入时，过饱和的铝酸钠溶液按下式分解：

$$x\,Al(OH)_3(晶种)+ Al(OH)_4^- \longrightarrow (x+1)Al(OH)_3+ OH^-$$

晶种的数量和质量是影响分解速率的重要因素。

⑤ 氢氧化铝的煅烧　经分解、洗涤所得到的氢氧化铝含有 $10\%\sim20\%$ 的附着水，因此必须通过煅烧，除去附着水和结晶水，并使 Al_2O_3 发生晶型转变，得到符合电解生产所需的氧化铝。一般认为，氢氧化铝 $Al_2O_3\cdot3H_2O$ 在 $225℃$ 温度下脱去两个水分子变成一水软铝石 $Al_2O_3\cdot H_2O$；在 $500\sim550℃$，一水铝石再脱去最后的一个水分子变为 $\gamma\text{-}Al_2O_3$；到 $900℃$ 时，$\gamma\text{-}Al_2O_3$ 开始转变为 $\alpha\text{-}Al_2O_3$，但须在 $1200℃$ 维持足够长的时间，$\gamma\text{-}Al_2O_3$ 才能完全转变成适合电解要求的 $\alpha\text{-}Al_2O_3$。煅烧过程是在长度 $50\sim70m$、直径 $2.5\sim3.5m$、斜度 $2\%\sim3\%$ 与转速 $1\sim2r/min$ 的回转窑（保证物料逐渐加热到 $1200℃$）中进行，其特点是作业温度高，热耗大。煅烧后的氧化铝进入管状冷却机冷却，而后送往电解车间。

⑥ 返回母液的蒸发与苛性化　拜耳法是一个闭路的循环流程，浸出铝土矿的溶剂苛性钠在生产中反复使用，每次作业循环只须添加在上次循环中损失的部分。但是，每次循环中为洗涤赤泥和氢氧化铝需加入大量的水，导致溶液浓度降低，所以必须有蒸发过程来平衡。此外，由于溶液中的苛性钠和空气中的 CO_2 相互作用以及铝土矿中碳酸盐的溶解，致使有

一部分苛性钠转化为碳酸钠，所以必须进行苛性化处理，使之恢复为苛性碱。可采用石灰苛性法，将碳酸钠溶解，然后加入石灰乳，使之发生如下的苛性反应：

$$Na_2CO_3 + Ca(OH)_2 \longrightarrow 2NaOH + CaCO_3$$

生产中用于溶出铝土矿的循环碱液，一般要求较高的浓度，因此也希望碳酸钠苛性化后所得到的碱液具有尽可能高的浓度，否则苛性化后的溶液还必须经过蒸发才能用于溶出。

拜耳法流程简单，能耗低，产品质量好，处理优质铝土矿（铝硅比至少不低于 $7 \sim 8$，通常在 10 以上）时能获得最好的经济效果。

(2) 烧结法　流程比较复杂，能耗大，产品质量一般不如拜耳法，但能有效地处理高硅铝土矿（如铝硅比为 $3 \sim 5$），而且所消耗的是价格较低的碳酸钠。实践证明，在某些情况下，采用拜耳法和烧结法的联合生产流程，可以兼收两种方法的优点，取得较单一的拜耳法或烧结法更好的经济效果，同时亦使铝矿资源得到更充分的利用。联合法有并联、串联两种基本流程，原则上都以拜耳法为主，烧结法的生产能力一般只占总能力的 $10\% \sim 20\%$。

5.6　合成丁苯橡胶及橡胶轮胎的生产

5.6.1　概述

橡胶是具有高度伸缩性与极好弹性的高分子化合物，同塑料、纤维一起并称为三大高分子材料。橡胶是橡胶工业的重要原料，用以制造轮胎、管、带、胶鞋等各种橡胶制品。橡胶还广泛用于电线电缆、黏合剂及塑料改性等方面。

橡胶可分为天然橡胶与合成橡胶两大类。天然橡胶是从天然植物中获取的以异戊二烯为主要成分的天然高分子化合物，在世界上，含橡胶的植物，包括乔木、灌木、藤本及草本等科在内，多达 800 余种。而品质好，有经济价值，现今大量种植发展的只有赫薇亚系的三叶橡胶树一种。远在哥伦布发现美洲大陆（1492 年）以前，中美洲和南美洲的当地居民即已开始利用天然橡胶，当地居民割开某些树木的树皮得到胶乳，经干燥处理后，制成实心胶球，玩投石环游戏，也有用胶制成的鞋子、瓶子和其他用品。而这些树木就是以后的巴西橡胶树。

随着欧洲探险家，尤其是科学家对美洲探险的不断深入，欧洲人开始认识天然橡胶，并进一步研究它的利用价值。1791 年，英国的 S. Peal 用松节油的橡胶溶液制造防水材料，并取得专利权。1797 年，H. Johnson 发明了用松节油和酒精制造橡胶防水布的专利权。此后，人们开始建厂生产和使用橡胶制品（如雨衣、胶管、人造革和胶鞋等）。然而，当时生产的橡胶制品在热天或较高温度下（如阳光下曝晒）就变得又软又黏，在冷天或较低温度下就变得又硬又脆，制品的使用寿命和使用环境受到极大限制。真正发现并确定天然橡胶具有特殊的使用价值，使之成为一种极其重要的工业原料的人，是美国人 C. Goodyear。Goodyear 无意中发现，工人为防止胶块相互黏结成团而在胶块上撒上硫黄粉后，表面不再发黏，而且平滑、有良好的弹性。经过一年多的试验，他发现在橡胶中加入硫黄、碱式碳酸铅，经加热熔化后，所制得的橡胶制品不但解决了上述问题，而且具有良好的弹性。1839年，Goodyear 发现了橡胶硫化，奠定了橡胶硫化理论基础，并使橡胶制品生产和使用得到了飞跃。

1888 年充气轮胎的发明（英国人 J. B. Dunlop），使轮胎工业得到了飞速发展。随着天然橡胶制品的用途日益广泛，原有的橡胶产量已不能满足橡胶工业需求。欧洲人开始将美洲野生橡胶树引种，发展栽培橡胶业。目前巴西橡胶树种植地区主要集中在东南亚，我国在1904 年开始引种巴西橡胶树。

天然橡胶是一种以异戊二烯为主要成分的天然高分子化合物，其分子式是（C_5H_8）$_n$，分子量分布范围很宽，相对分子质量在 3 万～3000 万之间，主要品种有烟片胶、皱片胶、胶乳及其他特殊胶等。由于其综合性能良好，可以单独制作各种橡胶制品，也可与其他橡胶并用，以改进其他橡胶性能，如成型黏性、拉伸强度等，从而全面提高橡胶制品的性能。天然橡胶被广泛应用于轮胎、胶管、胶带及各种工业橡胶制品。

合成橡胶源于对天然橡胶化学组成和结构的研究结果。由于各国对天然橡胶需求的剧增，而在寒冷地区无法种植橡胶树以取得天然橡胶，寻找天然橡胶的替代品成为各国科学家的重要课题，特别是在橡胶轮胎发明后，天然橡胶作为战略物资尤显重要，在天然橡胶匮乏地区的前苏联寻找替代物的愿望更加强烈，前苏联学者对合成橡胶的研究、对合成橡胶工业的建立和技术进步起到了决定性的作用。丁钠橡胶作为第一种合成橡胶应时而生，合成橡胶作为天然橡胶的替代和发展，在第二次世界大战期间及以后得到迅速发展，目前合成橡胶品种繁多，有丁苯橡胶、聚异戊二烯橡胶、聚丁二烯橡胶、丁腈橡胶、氯丁橡胶、丁基橡胶、乙丙橡胶、硅橡胶、氟橡胶、聚氨酯橡胶、氯醚橡胶、聚硫橡胶等，合成橡胶的产量已大大超过天然橡胶。

5.6.1.1　橡胶种类与性能

橡胶是具有高度伸缩性与极好弹性的高分子化合物，在外力作用下能发生较大的形变，当外力解除后，又能迅速恢复其原来形状。橡胶按来源分，可分为天然橡胶与合成橡胶。天然橡胶由橡胶树中取得，经采集、凝聚、洗涤、干燥等过程得到。合成橡胶由小分子化合物聚合而得，一般分为通用橡胶和特种橡胶。

橡胶的分子结构除具有高分子化合物一般特征外，其长链分子柔软，链段有高度的活动性，玻璃化温度（T_g）低于室温，分子间的吸引力（范德华力）较小，室温下为非晶态，分子间易于相对运动，分子之间可以通过化学交联，形成三维网状分子结构。

（1）天然橡胶（NR）　以聚异戊二烯为主，98％以上是顺式-1,4-聚异戊二烯构成的线型高分子化合物。天然橡胶的综合物理机械性能优于其他任何橡胶，弹性大，定伸强度高，抗撕裂性和电绝缘性优良，耐磨性良好，加工性能好。缺点是耐氧性和耐臭氧性差，易老化，耐油性和耐溶剂性较差。主要用于制作轮胎、胶鞋、胶管、胶带、电线电缆的绝缘层和护套以及其他通用制品。

（2）丁苯橡胶（SBR）　丁二烯和苯乙烯的共聚体，是目前产量最大的通用合成橡胶。其特点是耐磨性、耐老化性和耐热性超过天然橡胶。缺点是弹性较低，抗屈挠性、抗撕裂性较差，加工性能差，特别是自黏性差、生胶强度低。主要用于制作轮胎、胶板、胶管、胶鞋及其他通用制品。

（3）顺丁橡胶（BR）　由丁二烯聚合而成的顺式结构橡胶。具有优良的弹性、耐磨性，耐老化性及耐低温性优异，易与金属黏合。缺点是强度较低，抗撕裂性差，加工性能与自黏性差。一般多和天然橡胶或丁苯橡胶并用。主要用于制作轮胎胎面、运输带和特殊耐寒制品。

（4）异戊橡胶（IR）　异戊二烯单体聚合而成的一种顺式结构橡胶。化学组成、立体结构与天然橡胶相似，性能也非常接近天然橡胶，故有合成天然橡胶之称。与天然橡胶相比，耐老化性较好，但弹性和拉伸强度比天然橡胶稍低，加工性能差，成本较高。可代替天然橡胶制作轮胎、胶鞋、胶管、胶带以及其他通用制品。

（5）氯丁橡胶（CR）　氯丁二烯聚合而成。分子中含有氯原子，所以与其他通用橡胶相比，具有优良的耐老化性、阻燃性、耐化学品性以及气密性。主要缺点是耐寒性、电绝缘性、加工性能较差。主要用于制造耐老化性高、阻燃、耐油、耐化学腐蚀性好的胶管、胶带、电线电缆护套及采矿用阻燃橡胶制品等。

（6）丁基橡胶（IIR）　异丁烯和少量异戊二烯或丁二烯的共聚体。最大特点是气密性好，耐臭氧性、耐老化性好，耐热性较高。缺点是弹性差，加工性能差，硫化速率慢，黏着性和耐油性差。主要用于内胎、水胎、气球、电线电缆绝缘层、防振制品、耐热运输带、耐热老化的胶布制品。

（7）丁腈橡胶（NBR）　丁二烯和丙烯腈的共聚体。具有优良的耐汽油性和耐脂肪烃性、耐热性、气密性、耐磨性及耐水性等，黏结力强。缺点是耐寒性及耐臭氧性较差，强力及弹性较低，耐酸性差，电绝缘性较差。主要用于制造各种耐油制品，如胶管、密封制品等。还可作为 PVC 改性剂及与 PVC 并用制作阻燃制品。

（8）氢化丁腈橡胶（HNBR）　是将 NBR 的丁二烯中的双键全部或部分氢化而得到的。具有优良的力学性能、耐磨性、耐热性。主要用于耐油、耐高温的密封制品。

（9）乙丙橡胶（EPM 和 EPDM）　乙烯和丙烯的共聚体，分为二元乙丙橡胶和三元乙丙橡胶。具有优异的抗臭氧性、耐紫外线性、耐天候性和耐老化性及优良的电绝缘性、耐化学品性、弹性。缺点是自黏性和互黏性很差，不易黏合。主要用作电线电缆绝缘层、蒸汽胶管、耐热运输带、汽车用橡胶制品及其他工业制品。二元乙丙橡胶分子结构完全饱和，用过氧化物硫化。三元乙丙橡胶的分子结构中引入少量的二烯烃类第三单体制得，具有不饱和性，可用硫黄硫化体系，也可用过氧化物硫化体系。

（10）硅橡胶（Q）　主链含有硅、氧原子的特种橡胶。既耐高温（最高 300℃），又耐低温（最低−100℃），是目前最好的耐寒、耐高温橡胶。同时，电绝缘性优良，对热氧化和臭氧的稳定性很高，化学惰性高。缺点是机械强度较低，耐油性、耐溶剂性和耐酸碱性差。主要用于制作耐高低温制品（胶管、密封件等）、耐高温电线电缆绝缘层，由于其无毒、无味，还用于食品及医疗行业。

（11）氟橡胶（FPM）　含氟单体共聚而成的弹性体，主链或侧链含有氟原子，是一种优良的弹性工程材料。耐温高，可达 300℃，是目前正在使用的橡胶中最耐热的一种，并具有优异的化学惰性、耐大气老化性、抗辐射性、电绝缘性。缺点是加工性能差，价格昂贵，耐寒性差，透气性较低。广泛应用于航空、汽车、造船、机械、化工、轻工等工业部门，关键性部位的耐高温、耐化学腐蚀的密封材料、胶管等。

（12）聚氨酯橡胶（AU 和 EU）　聚酯（或聚醚）与二异氰酸酯类化合物聚合而成的弹性体。具有优异的耐磨性、强度、弹性、耐油性、耐臭氧性、耐老化性、气密性等。缺点是耐温性、耐溶剂性较差。主要用于制作垫圈、防振制品，及耐磨、高强度和耐油的橡胶制品。

（13）丙烯酸酯橡胶（ACM 和 AEM）　丙烯酸乙酯或丙烯酸丁酯的聚合物。具有良好的耐热性、耐油性、耐大气老化性、气密性。缺点是耐寒性差，不耐水，不耐酸碱，弹性和耐磨性差，电绝缘性差，加工性能较差。常用于制造耐油、耐热、耐老化的制品，如密封件、胶管等。

（14）氯磺化聚乙烯橡胶（CSM）　聚乙烯经氯化和磺化处理后，所得到具有弹性的聚合物。具有优良的耐臭氧老化性、阻燃性、耐热性及耐大多数化学药品性。缺点是抗撕裂性能、加工性能较差。常用于制造与臭氧接触的密封材料，及耐油密封件、电线电缆绝缘层等。

（15）氯醚橡胶（CO 和 ECO）　环氧氯丙烷均聚或由环氧氯丙烷与环氧乙烷共聚而成的聚合物。具有良好的耐脂肪烃及氯代烃溶剂性，耐碱性、耐水性、耐老化性极好，耐臭氧等。主要用作胶管、密封件、薄膜和容器衬里、油箱、胶辊等。

（16）氯化聚乙烯橡胶（CM 和 CPE）　聚乙烯通过氯取代反应制成的具有弹性的聚合物。具有优良的耐气候性、耐臭氧性、阻燃性、耐热性、耐酸碱性、耐油性，且加工性能较好。缺点是弹性差，压缩变形较大，电绝缘性较低。主要用于电线电缆绝缘层、胶管、胶带等。

5.6.1.2　橡胶硫化

1839 年，美国人 Goodyear 发现，在橡胶中加入硫黄为主要助剂，经加热熔化后，橡胶的性能得到极大的提高，并因此发现橡胶硫化，奠定了橡胶硫化理论基础。

橡胶硫化也称交联，其实质就是将线型的高分子化合物在化学作用下，形成三维网状体型结构的过程，也是将塑性的胶料转变成具有高弹性橡胶的过程。参与橡胶硫化的主要助剂称为硫化剂，早期的硫化剂主要是硫黄。以硫黄硫化橡胶时，硫黄在橡胶大分子间形成单硫键、双硫键或多硫键，同时还生成大分子内部的单硫键或多硫键，但以多硫交联键最多。为了提高交联效率，改善工艺性能，提高制品质量，经常添加促进剂、活性剂、防焦剂等配合剂。促进剂的作用主要是缩短硫化时间，提高硫化速率，减少硫黄用量，改善硫化胶物性。活性剂的作用是增强促进剂活性，减少促进剂用量，缩短硫化时间。防焦剂的作用是防止胶料的早期轻度硫化（也称焦烧），对硫化初期起抑制作用，只有当防焦剂消耗到一定程度，促进剂才起作用。

硫化剂、促进剂、活性剂、防焦剂等配合剂组成硫化体系。以硫黄、含硫化合物为硫化剂的硫化体系称为硫黄硫化体系，除此之外，还有过氧化物硫化体系、金属氧化物硫化体系、树脂硫化体系、醌类衍生物硫化体系、马来酰亚胺硫化体系等。也可分为硫黄硫化体系与非硫黄硫化体系。

橡胶硫化历程是橡胶大分子链发生化学交联反应的过程，包括橡胶分子与硫化剂及其他配合剂之间发生的一系列化学反应以及在形成网状结构时伴随发生的各种副反应。可分为三个阶段：诱导阶段，硫化剂、活性剂、促进剂之间的反应，生成活性中间化合物，然后进一步引发橡胶分子链，产生可交联的自由基或离子；交联反应阶段，可交联的自由基或离子与橡胶分子链之间产生连锁反应，生成交联键；网状结构形成阶段，交联键的重排、短化，主链改性、裂解。

硫化历程中，橡胶在一定温度下，其分子间结合力随硫化时间变化的曲线（常用扭矩-时间曲线），称为硫化曲线，分成四个阶段，即焦烧阶段、热硫化阶段、平坦硫化阶段和过硫化阶段。

在平坦硫化阶段前，橡胶硫化后，其性能发生很大变化，拉伸强度、定伸应力、弹性等性能随硫化时间增加而增大，伸长率、永久变形等性能随硫化时间延长而减小，耐热性、耐磨性、耐溶胀性等都随硫化时间的增加而有所改善。

5.6.2　合成丁苯橡胶的生产

自第一个合成橡胶丁钠橡胶发明以来，合成橡胶的研究、生产、应用发展迅速，目前已成为世界橡胶工业的主要原材料，合成橡胶品种繁多，其生产过程很多，但一般的生产流程大致如图 5-22 所示。

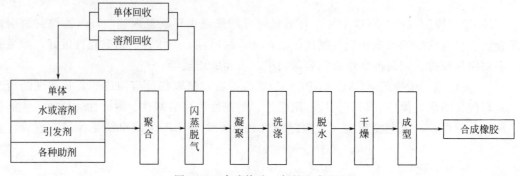

图 5-22　合成橡胶一般的生产流程

在生产过程中，聚合是最关键的工艺。在聚合方法上，现在普遍采用溶液聚合和乳液聚合。特别是乳液聚合，在反应中聚合热容易导出，反应易于控制，而且以水为介质，价廉而又安全。本节以丁苯橡胶为例，简述其生产过程。

5.6.2.1　丁苯橡胶分类

结构式如下：

$$\left(CH_2-CH=CH-CH_2\right)_x\left(CH_2-CH\atop\underset{CH_2}{\overset{\|}{CH}}\right)_y\left(CH_2-CH\atop C_6H_5\right)_z$$

丁苯橡胶（styrene butadiene rubber）是丁二烯与苯乙烯的共聚物，最早实现工业生产。1933 年，德国 I. G. Farben 公司首先发明用乙炔合成路线合成乳液聚合丁苯橡胶（简称乳聚丁苯橡胶），并于 1937 年开始工业化生产。1942 年，美国采用石油为原料生产丁苯橡胶。此后，前苏联等国家也相继生产丁苯橡胶。早期丁苯橡胶合成是在高温（50℃）下进行的，称为高温丁苯橡胶。20 世纪 50 年代初，出现了性能优异的低温丁苯橡胶。随着阴离子聚合技术的发展，溶液聚合丁苯橡胶（简称溶聚丁苯橡胶）在 60 年代中期开始出现。在合成橡胶中，丁苯橡胶是消耗量最大的胶种，其品种除高温、低温丁苯橡胶外，还有充油丁苯橡胶、丁苯橡胶炭黑母炼胶、高苯乙烯丁苯橡胶、羧基丁苯橡胶和液体丁苯橡胶等，如图 5-23 所示。

5.6.2.2　乳液聚合丁苯橡胶

最初的乳液聚合丁苯橡胶以过硫酸钾为引发剂，反应温度为 50℃。目前产量最大的是低温乳液聚合丁苯橡胶，采用氧化还原引发体系，在 5～8℃ 下进行聚合反应。凝聚前，填充油或炭黑或同时填充油和炭黑所制得的橡胶，分别称为充油丁苯橡胶、丁苯橡胶炭黑母炼胶和充油丁苯橡胶炭黑母炼胶。通过添加聚合改性剂，可以提高丁苯橡胶的生胶强度，以适合高要求产品的需要（如子午线轮胎）。

5.6.2.3　乳液聚合丁苯橡胶的制法

（1）原料　苯乙烯和丁二烯是合成丁苯橡胶的主要单体原料。苯乙烯一般采用苯加乙烯烃化生产乙苯，再脱氢的工业方法生产；丁二烯主要来源于石油馏分的裂解分离和丁烷、丁烯的脱氢或氧化脱氢。除单体外，还有乳化剂、引发剂、调节剂、终止剂等。

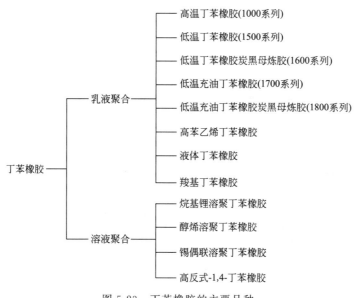

图 5-23　丁苯橡胶的主要品种

（2）制造方法　乳液聚合丁苯橡胶生产过程包括单体和助剂配制、聚合、单体回收、凝聚与后处理。聚合是在氧化还原引发体系作用下的自由基聚合，生成丁二烯-苯乙烯共聚物。然后经干燥，得到成品。其生产过程如图 5-24 所示。

（3）乳液聚合丁苯橡胶的结构与性能

① 结构　丁苯橡胶是丁二烯与苯乙烯经乳液或溶液共聚得到的高分子弹性体。其结构式如前所述，共聚物聚合方法不同，其大分子的宏观、微观结构存在差别。宏观结构参数主要有单体比例、分子量、分子量分布、分子结构的线型排列、凝胶含量等。微观结构参数主要有丁二烯链段中顺式-1,4-结构、反式-1,4-结构和 1,2-结构的比例，苯乙烯、丁二烯单元的分布等。

丁苯橡胶的结构在很大程度上决定了其性能。苯乙烯和丁二烯可以任何比例进行共聚合，但苯乙烯的含量决定了共聚物的性能，含苯乙烯 23.5％ 的共聚物具有较好的综合物理机械性能，含苯乙烯 50％～80％ 的共聚物称为高苯乙烯丁苯橡胶，其玻璃化温度较高，玻璃化温度对硫化胶的性能起重要作用。

丁苯橡胶的分子量、分子量分布、分子结构的线型排列不但影响聚合物的物理机械性能，还对其加工性能有较大影响，乳液聚合丁苯橡胶的分子量分布比溶液聚合丁苯橡胶的宽，其支化度也较高，有利于加工。一定数量的微凝胶含量有利于提高丁苯橡胶生胶的强度。高温乳液聚合丁苯橡胶含微凝胶多，而低温乳液聚合丁苯橡胶相对较少。非充油乳液聚合丁苯橡胶的数均相对分子质量约为 10 万，低于这个数值储存时易发生冷流现象，高于这个数值则给加工带来困难。充油丁苯橡胶要求分子量较高，约比一般丁苯橡胶高 30％。

微观结构同样也影响着丁苯橡胶的性能，既有两种单体的相间排列，又有一种单体连续在一起的结构。丁二烯有顺式-1,4-结构、反式-1,4-结构和 1,2-结构。丁苯橡胶中乙烯基含量越低，其玻璃化温度越低。乳液聚合丁苯橡胶具有共聚物的共性——单体单元无规排列，不能结晶。丁苯橡胶主链上的丁二烯结构大部分是反式-1,4-结构，又有刚性苯环，使分子链柔软性低，从而影响硫化胶的物理机械性能，如弹性低、生热高等。

② 性能　丁苯橡胶是一种不饱和的烃类高聚物，生胶能溶于大部分烃类溶剂中。丁苯

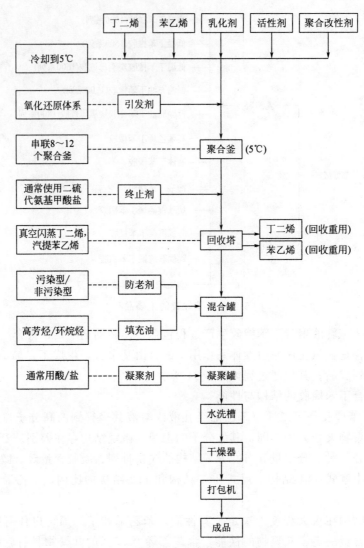

图 5-24　乳液聚合丁苯橡胶的生产过程

橡胶能进行许多聚烯烃型反应，如氧化、臭氧破坏、卤化和氢卤化等。在光、热、氧和臭氧作用下，将发生物理化学变化，但其被氧化的作用比天然橡胶缓慢，即使在较高温度下老化反应的速率也较缓慢。光对丁苯橡胶的老化作用不明显，但丁苯橡胶与臭氧的作用比天然橡胶敏感，耐臭氧性比天然橡胶差。丁苯橡胶的低温性能稍差，脆化温度约为 −45℃。与其他通用橡胶相似，影响丁苯橡胶电性能的主要因素是助剂。丁苯橡胶的物理机械性能见表5-20。

表 5-20　丁苯橡胶的物理机械性能

性能	未硫化胶	纯硫化胶	填充 50 份炭黑硫化胶
密度/(g/cm³)	0.933	0.980	1.115
体积膨胀系数/K⁻¹	$660×10^{-6}$	$660×10^{-6}$	$530×10^{-6}$
玻璃化温度/K	209～214	221	221
比热容/[kJ/(kg·K)]	1.89	1.83	1.50
热导率/[W/(m·K)]	—	0.190～0.250	0.300

续表

性能	未硫化胶	纯硫化胶	填充 50 份炭黑硫化胶
燃烧值/(MJ/kg)	−56.5	—	—
折射率	1.534～1.535	—	—
介电常数(1kHz)	2.5	2.66	—
体积弹性模量(等温)/GPa	1.89	1.96	2.50
扯断伸长率/%	—	400～600	400～600
拉伸强度/MPa	—	1.4～3.0	17～28

注：苯乙烯含量为 23.5%。

与一般通用橡胶相比，丁苯橡胶的优点为硫化曲线平坦，胶料不易焦烧和过硫；耐磨性、耐热性、耐油性和耐老化性等均比天然橡胶好；高温耐磨性好，适合于生产乘用胎；加工中不易过炼，可塑度均匀；硫化胶硬度变化小；提高分子量可达到高填充。其缺点为丁苯橡胶纯胶强度低，需加入高活性补强剂后方可使用；助剂的加入难度比天然橡胶大，在橡胶中分散性也差；反式结构多，侧基上带有苯环，因而生热高，弹性低，耐寒性也稍差，但充油后能降低生热；成型收缩率大，生胶强度低，黏性差；硫化速率慢。另外，丁苯橡胶耐屈挠龟裂性比天然橡胶好，但裂纹扩展速度快，抗热撕裂性差。

丁苯橡胶很容易与其他不饱和通用橡胶并用，尤其适合与天然橡胶或顺丁橡胶并用，以此可以克服其缺点。

5.6.2.4　丁苯橡胶的配合与加工

(1) 丁苯橡胶的配合　配合的原则是所生产出来的制品应满足产品的性能要求、使用要求，具有良好的工艺性能，胶料的焦烧时间要适当，现有设备能够加工，生产效率高，成本低。

一般橡胶的配合体系由生胶、硫化体系、补强与填充体系、防护体系、增塑剂、加工助剂及其他助剂组成，不同的橡胶品种、不同的制品性能要求、不同的加工手段，其配合体系不同。丁苯橡胶的配合与天然橡胶有许多相似之处。

① 硫化体系　主要由硫化剂、促进剂、助促进剂、活性剂等组成。

硫黄硫化体系是丁苯橡胶的主要硫化体系，硫黄是其主要硫化剂。硫黄的用量直接影响到胶料加工性能和硫化胶的物理机械性能。除特殊制品外，一般用量为 1.0～2.5 份。在一定范围内，随着硫黄用量的增加，硫化时间缩短，交联密度增加，硬度、定伸强度、拉伸强度、回弹率等都增加，而伸长率、永久变形、生热等减少，耐热老化性能和耐屈挠性能变差。

丁苯橡胶常用的主促进剂有噻唑类（促进剂 M、DM 等）、次磺酰胺类（促进剂 CZ、NS、NOBS 等）和秋兰姆类。不同的丁苯橡胶，促进剂用量也不同。促进剂的选择要与炭黑品种的选择结合考虑，着眼于混炼胶的焦烧性能和产品性能。丁苯橡胶最宜用迟效性的次磺酰胺类促进剂，该促进剂具有在通常的操作温度下门尼焦烧时间长，在硫化温度下硫化速率又非常快的特点。

助促进剂采用醛胺类或胍类，单用对丁苯橡胶效力较弱。对非污染性胶料，可用促进剂 TMTD 或 TMTD 与 DM、M 并用。要求迟延性较好的胶料可用促进剂 TMTD 与 CZ 或 CZ 与 D 并用。活性剂一般采用氧化锌、氧化镁、硬脂酸等。

除硫黄硫化体系外，还有含硫硫化体系、有机过氧化物硫化体系等。

② 补强与填充体系　未加填料的纯丁苯硫化胶的强度很低，没有实际价值，只有加入补强剂后才具有良好的物理机械性能。补强剂中以炭黑最优，炭黑的特性影响硫化胶性能，其主要是粒子大小（比表面积）、结构、形状和表面性质。不同炭黑对胶料性能的影响也不同，炭黑粒径越小，结构越高，则胶料门尼黏度高，焦烧时间短；炭黑的结构高，压出物的表面光滑，口型膨胀小。使用快压出炉黑可对压出性能有所改善。

对于非结晶的丁苯橡胶来说，白色填充剂的作用也十分重要。它既能改善混炼胶的可塑性、黏着性和防止变形等，又能改善硫化胶的性能，如拉伸强度、硬度、磨耗、抗撕裂性、弹性、耐热性和电性能等。此外，还能降低成本，减少动态生热。白色填充剂主要有白炭黑、陶土、碳酸钙、碳酸镁等。

③ 防护体系　丁苯橡胶的耐氧化性、耐热性和耐屈挠性较好，且在聚合时已加入一定量的稳定剂，具有良好的防护性能。但长期使用时仍会出现老化问题——变硬、表面开裂或脆化，故根据制品的特殊需要，在丁苯橡胶中加入适量的按使用要求所需的防老剂。常用防老剂有抗氧剂、抗紫外线剂、有害金属抑制剂等。

④ 增塑剂　按其作用机理可分为物理增塑剂和化学增塑剂两类。物理增塑剂习惯上又称软化剂，化学增塑剂又称塑解剂。为了改善丁苯橡胶的加工工艺性能、提高硫化胶的物理机械性能，经常配合加入某些物理增塑剂，用量视情况而定。化学增塑剂对丁苯橡胶的效果不明显，因而较少采用。

⑤ 加工助剂　是指为改善胶料的加工性能而添加的一类助剂，有增黏剂、隔离剂等。

⑥ 其他　主要有着色剂、发泡剂、再生胶等。

（2）加工工艺　一般橡胶在完成配方设计后，接下来就是加工，经橡胶塑炼、混炼、压出、压延、成型、硫化等，完成从橡胶原材料到制品的加工过程。

① 塑炼　为了降低橡胶的门尼黏度、分子量，提高橡胶的可塑度，通过塑炼来改善橡胶的工艺操作。丁苯橡胶的门尼黏度（ML_{1+4}，100℃）在 40～60 范围内，若无特殊要求，可以不进行塑炼而直接进入混炼。

② 混炼　是将可塑度合乎要求的生胶或塑炼胶与助剂在机械作用下混合均匀，制成混炼胶。与天然橡胶相比，丁苯橡胶混炼时助剂难分散，能耗大，通常采用密炼机二段混炼或开炼机混炼。

③ 压出、压延　丁苯橡胶压出或压延时，由于收缩率大，表面较粗糙。但是，通过适当调整配方和工艺，可以改善压出或压延性能。这些措施是：选择合适的软化剂以降低热炼和压延温度；选择吸油值高的炭黑；延长混炼时间以改善收缩，严格控制辊温，使之处于适于压延的温度范围。

④ 成型　成型是获得一定制品形状的手段，橡胶的黏着性是成型加工的重要指标之一，丁苯橡胶的黏着性差，需要从配方、工艺上给予解决。

⑤ 硫化　橡胶只有通过硫化，把橡胶大分子的线型结构变成网状结构，才能获得必要的使用性能。丁苯橡胶的硫化速率比较慢，硫化曲线平坦，流动性差。丁苯橡胶不易发生硫化返原，所以，硫化时间稍长也不影响安全性。当在较高压力下，用高于 150℃ 的温度硫化时（不能高于 180℃），其硫化胶可以获得很好的弹性和抗变形性能；反之，在较低压力下，用低温长时间硫化不可能获得优质的产品。模型硫化时，模内流动性差，排气性不好。同时，由于丁苯橡胶抗热撕裂性差，脱模时有破裂的可能性。因此，应适当调整压缩速度和压力，启模前用压缩空气冷却可避免破裂。

5.6.3　橡胶轮胎的生产

轮胎是汽车上最重要的组成部件之一，常在复杂和苛刻的条件下使用，承受着各种负荷、变形、高低温等作用，因此必须具有良好的承载能力、驱动与制动能力、缓冲能力、牵引能力，此外，还必须具有耐磨耗性、耐久性、低滚动阻力及安全性等诸多特性。

（1）承载能力　轮胎承载汽车的全部负荷。

（2）驱动与制动能力　即传递动力能力，汽车的启动、行驶、制动、停车都要通过轮胎与路面的摩擦力来实现。

（3）缓冲能力　复杂的路面状况影响汽车正常行驶与安全性，轮胎具有优越的缓冲和吸震功能，能减轻汽车行驶中的震动，缓冲与吸收外界冲击力，实现与路面的接触，并保证车辆的行驶性能，防止汽车零部件受到剧烈震动和早期损坏，并能降低行驶噪声，保证行驶安全性、操纵稳定性、舒适性。

（4）牵引能力　改变汽车行驶方向的牵引能力，即操纵能力。

5.6.3.1　轮胎的结构与种类

（1）结构　一套完整的轮胎包括外胎、内胎、垫带和轮辋。如图 5-25 所示，外胎由胎体、胎面、胎圈三个主要部分组成。胎体包括帘布层和缓冲层两部分，胎面包括胎面胶和胎侧胶两部分。图 5-26 所示为轮胎剖面图。

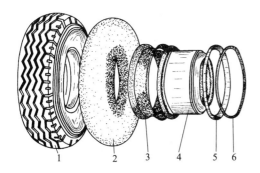

图 5-25　典型轮胎结构

1—外胎；2—内胎；3—垫带；
4—轮辋；5—轮缘；6—锁环

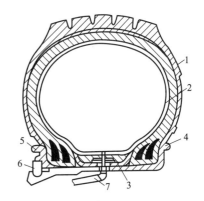

图 5-26　轮胎剖面图

1—外胎；2—内胎；3—垫带；
4—轮辋；5—轮缘；6—锁环；7—气门嘴

① 胎面　外胎与地面接触部分为胎冠，胎冠受力复杂、苛刻，胎冠胶应具有耐磨耗性、耐切割性，并能传导车轮的牵引力和制动力，同时要求有很大的路面抓着力，胎冠的花纹因要求不同而变化，胎冠花纹沟底部的基部胶，用于缓冲地面传导的振动和冲击。胎冠胶又分上层胶与下层胶，胎冠上层胶直接与路面接触，除耐磨外，还要求有很好的抗撕裂强度、弹性、长时间高温老化性能。主体橡胶一般采用天然橡胶或天然橡胶与丁苯橡胶及顺丁橡胶并用。炭黑采用高耐磨炭黑，用量在 50 份左右。采用硫黄硫化体系，因轮胎壁厚，一般常用次磺酰胺类促进剂。胎冠下层胶与缓冲层直接接触，要求具有良好的耐热性、抗撕裂性与弹性，硬度低于胎冠胶，并与缓冲层胶黏合力强等特点。下层胶料配方可适量配以半补强炭黑。

外胎侧面胶为胎侧胶，是轮胎侧向变形最大的部位，受到频繁的屈挠变形，且经受高低温气候变化，紫外线、氧、臭氧老化，因此要求胎侧胶具有良好的耐屈挠、易散热、耐疲劳、耐老化、抗撕裂等性能。胎侧胶一般可采用天然橡胶与顺丁橡胶并用，以补强炭黑为主，掺用部分半补强炭黑。

胎冠胶与胎侧胶连接部位为胎肩，是胎冠胶与胎侧胶的过渡胶。胎肩部分是轮胎应力最大区域，生热高，散热困难，因此，要求胎肩胶生热低、耐热性好、抗撕裂性高、弹性大，硬度低于胎冠胶。可与胎冠下层胶采用同一胶料。

总的来说，胎面胶配方设计时要求具有良好的耐磨、抗刺扎及抗撕裂、耐热、耐老化和耐屈挠等性能。对于不同的部位，其功能与作用有差别，因此往往需要设计多种配方来满足不同要求。常用胎面胶主要有天然橡胶、丁苯橡胶、顺丁橡胶、异戊橡胶等。

② 胎体　由多层挂胶帘布按一定角度贴合而成，使外胎具有所需的强度和弹性，以承受轮胎使用上的复杂应力和多次变形，并缓和外来路面振动和冲击，帘布层材料目前主要有合成纤维和不锈钢丝。缓冲层位于帘布层和胎侧胶之间，起过渡缓冲作用。胎体胶料主要包括缓冲层（斜交胎）胶或带束层（子午胎）胶，帘布层胶和油皮胶。缓冲层或带束层是轮胎行驶中承受剪切应力最大的部位，并起到缓冲和分散应力作用，其胶料要求定伸应力高、弹性好、生热低、抗剪切性能好。帘布层胶要求胶料与帘布具有良好的黏合能力，且耐热性、耐疲劳性好，生热低。帘布层胶分为内胶、外胶，外层胶与缓冲层胶黏合，内层胶与油皮胶黏合。帘布层胶料一般采用天然橡胶，也可掺入少量的丁苯橡胶。油皮胶是胎体最内层胶，起保护内胎不受帘布磨损作用，胶料要求具有良好的拉伸强度与耐老化性。对于无内胎轮胎，油皮胶改为气密层胶，除具有良好的力学性能外，还要求有很好的气密性。

③ 胎圈　又称胎脚，由钢丝圈、填充胶和包布组成，其作用是将外胎紧密地固定在轮辋上，并承受外胎与轮辋的各种相互作用力。胎脚用橡胶要求最低，可在上述橡胶配合体系中加入大量再生胶。

④ 内胎　内胎是一个富有弹性的密封圆环胶筒，内胎充满空气后紧贴在外胎内表面和垫带之间，起弹性缓冲作用。内胎上有气门嘴，供充气用。内胎主要要求气密性好，一般采用丁基橡胶。

⑤ 垫带　处于轮辋与内胎之间，保护内胎不受轮辋组合件的磨损。一般采用天然橡胶、顺丁橡胶和再生胶配合使用。

（2）种类　轮胎的分类方法很多，常用的分类方法主要有以下几种。

① 按用途分　有汽车轮胎、农业和林业机械轮胎、工程机械轮胎、越野轮胎、航空轮胎、摩托车轮胎等。

② 按结构分　主要有斜交轮胎、子午线轮胎。

③ 按压力分　有低压轮胎、中压轮胎及高压轮胎。

5.6.3.2　轮胎设计基本程序

在生产前必须首先完成轮胎设计基本程序，包括轮胎结构设计程序和轮胎配方设计程序。轮胎结构设计程序又分两个阶段进行：技术设计及施工设计，如图5-27所示。轮胎配方设计主要是轮胎各部件胶料配方设计及配方试验方法设计，如图5-28所示。

5.6.3.3　轮胎生产用主要原材料

（1）橡胶　天然橡胶、丁苯橡胶、顺丁橡胶、丁基橡胶等，与各类助剂配合用于制造轮胎各部件。

（2）助剂　补强填充体系（补强剂、填充剂）、硫化体系（硫化剂、促进剂、活性剂及防焦剂）、防护体系（防老剂、抗氧剂等）、增塑剂（各类油类）、加工助剂（增黏剂、隔离剂等）及其他助剂。

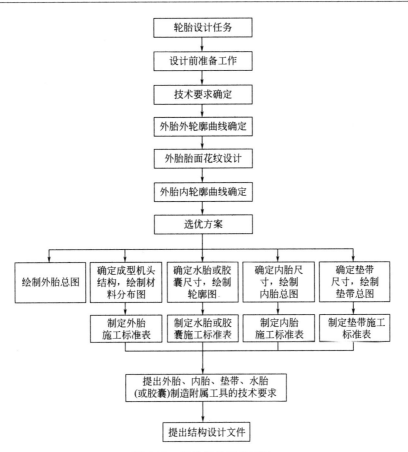

图 5-27 轮胎结构设计程序

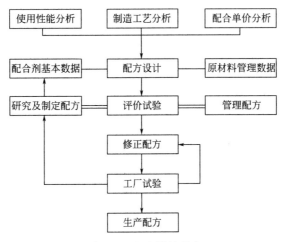

图 5-28 配方设计程序

（3）骨架材料　各种合成纤维（尼龙纤维、聚酯纤维等）、人造纤维、金属不锈钢丝等，作为骨架材料承受大部分作用力，起支撑作用。

5.6.3.4 轮胎的生产工艺流程

一套完整的轮胎包括外胎、内胎、垫带及轮辋，而在轮胎生产厂一般完成外胎、内胎及垫带的生产，轮辋由其他金属加工配套厂生产（这里不做介绍）。这里仅以汽车轮胎为例，简单介绍我国轮胎的生产工艺流程。轮胎生产包括外胎、内胎、垫带及生产辅助件（水胎、胶囊等）的生产，必须经历原材料准备、配制、炼胶（塑炼、混炼）、半成品的生产（压出、压延等）、成型、硫化、检验、包装、入库。具体可分为如下几部分（图 5-29）。

图 5-29　轮胎生产工艺流程

（1）混炼胶的制作　由于橡胶和助剂的性质、状态、几何形状、颗粒或块状大小不尽相同，为了使助剂均匀分散在橡胶中，形成质量均匀且具有一定可塑度的混炼胶，必须进行原材料加工及生胶塑炼与混炼。原材料的加工包括生胶加工、助剂加工、助剂称量；生胶塑炼与混炼包括生胶塑炼、胶料混炼、胶料冷却、滤胶及胶料快速检验。其工艺流程如图 5-30 所示。

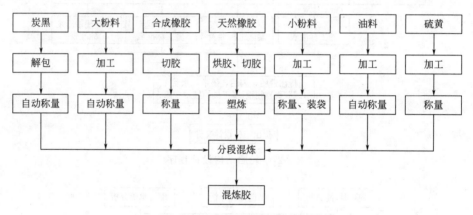

图 5-30　混炼胶制造工艺流程

轮胎的各部件作用不同，其混炼胶的配方也不同，但制备混炼胶的工艺流程基本相同，经上述制备好的混炼胶以备以后的生产所需。

制备好的混炼胶进入各工段，用以制造轮胎的外胎、内胎、垫带。

（2）轮胎的制造

① 外胎制造　主要有胎面及型胶的制造、帘布挂胶及裁断、贴隔离胶及各种胶片的压制、油皮胶及气密层胶片的压制、钢丝圈的制造、外胎成型、外胎硫化、外胎检验等。各种胎面的制造普遍采用橡胶挤出机生产，有单层挤出法和复合挤出法。按喂料方式分，有热喂料及冷喂料，目前技术比较先进、生产出产品质量高的制备方法均采用冷喂料复合挤出法。外胎生产需要的型胶部件种类较多，主要有各种垫胶、护胶、胎侧胶、三角胶等，一般采用挤出机挤出生产。帘布挂胶是轮胎生产中关键工序之一，压延帘布的质量直接影响着轮胎的内在质量，主要有纤维帘布挂胶、钢丝帘布挂胶，主要采用压延法生产。经挂胶的帘布按需要裁断成不同角度、不同宽度的帘布片备需，主要采用立式裁断机和卧式裁断机。隔离胶、油皮胶、气密胶及其他各种胶片的制造一般采用小型压延机生产。钢丝圈的制造包括钢丝覆胶、三角胶压制及钢丝圈包布，子午线轮胎不用三角胶。上述制造好的各部件进入成型工序进行复合成型制造轮胎胎坯，斜交轮胎成型有层贴法和套筒法，子午线轮胎有二段法成型和

一次法成型，成型好的胎坯喷涂隔离胶和进行烘胶存放。外胎硫化是赋予轮胎使用性能的工序，其硫化方式有硫化罐硫化、双模定型硫化及平板硫化，子午线轮胎均采用较先进的双模定型硫化，平板硫化则适合较小尺寸轮胎的生产，硫化罐硫化工艺比较落后。在外胎制造过程中，还必须制造外胎硫化时所需的硫化胶囊和水胎，胶囊和水胎非出厂产品，是生产外胎的消耗品。制造的外胎经修边检验后入库。外胎制造简单的工艺流程如图 5-31 所示。

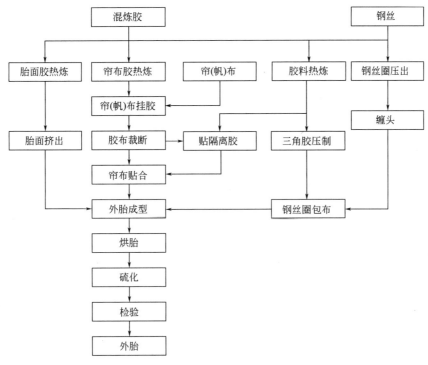

图 5-31　外胎制造工艺流程

② 内胎制造　目前国内生产的汽车内胎有天然橡胶和丁基橡胶两种，其制造过程包括内胎半成品的制备、内胎硫化及气门嘴加工。内胎半成品用挤出机压出，胶料压出前必须经过滤胶，以保证内胎的气密性，半成品胎筒存放在百叶车上，应防止半成品黏结，而接头要牢靠；内胎硫化前先定型，然后装机硫化；气门嘴加工要符合操作规范，防止气门嘴与胎体接头松脱或盲眼。其简单工艺流程如图 5-32 所示。

③ 垫带制造　先用挤出机压出胶条，经过称重，用垫带硫化机硫化，通常采用的垫带硫化机均为模压硫化。其简单工艺流程如图 5-32 所示。

外胎、内胎及垫带检验合格后，配套包装，入库，到汽车生产厂与轮辋一起装配在各类汽车上。

5.6.3.5　轮胎的发展趋势

从木质轮子的出现至今，已有几千年的历史，而橡胶轮胎发展至今才不过百年历史，橡胶轮胎已经历了从实心轮胎到斜交充气轮胎再到子午线轮胎的重大转变，随着科学技术的不断进步及人们对轮胎性能提出越来越高的要求，橡胶轮胎的革新速度也必将越来越快。

综合起来看，人们对橡胶轮胎的要求主要集中在下述几个方面：更安全、更舒适、更快速及低耗能。为了实现这几个方面的性能，轮胎设计人员结合现代计算机技术，提出了子午化、扁平化及无内胎化的轮胎发展方向。

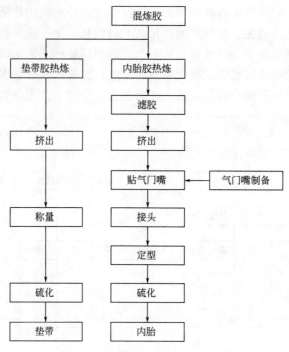

图 5-32　内胎及垫带制造工艺流程

5.7　聚烯烃生产

在 20 世纪崛起并得到飞速发展的塑料、橡胶和纤维三大合成材料中，塑料占有最为重要的地位。

早在 19 世纪以前，人类已利用沥青、松香、琥珀、虫胶等天然树脂作为材料。1868 年又成功地将天然纤维素硝化，用樟脑作为增塑剂制成了世界上第一个半人工合成的塑料品种——赛璐珞，从此开始了人类使用塑料的历史。但是真正开始确立塑料在材料工业和国民经济中的重要地位，则是从 1909 年诞生了世界上第一个合成高分子材料——酚醛树脂后。特别是 20 世纪 50 年代石油化学工业的迅速发展，为合成树脂及塑料工业的进一步发展提供了坚实的基础并创造了极为有利的条件。

聚烯烃是一类由烯烃以及某些环烯烃单独聚合或共聚合的聚合物。主要包括聚乙烯（PE）、聚丙烯（PP）、乙烯-乙酸乙烯共聚物（EVA）、乙烯-丙烯酸乙酯共聚物（EEA）、乙烯-丙烯酸甲酯共聚物（EMA）、聚 1-丁烯、聚 4-甲基-1-戊烯、氯化聚乙烯（CPE）、乙烯-辛烯共聚物、环烯烃聚合物等。

聚烯烃是消费量最大的合成树脂，其原料丰富，价格低廉，成型加工简单，综合性能优良，发展十分迅速，广泛应用于日常生活、工业、农业及其他领域。本节重点介绍聚乙烯，并简单介绍聚丙烯及其他聚烯烃。

5.7.1　聚乙烯

聚乙烯（PE）原料来源非常丰富，且具有制造工艺流程较短、制品加工时不用增塑等优点，因此，发展很快，在五大通用塑料中产量最大，且是用途广泛、价格最低廉的产品之一。

聚乙烯具有卓越的电绝缘性（特别是在高频率下）、很好的耐冲击性与耐摩擦性（其至胜过某些工程塑料）、优越的耐寒性、较高的耐热性、优良的化学稳定性、很低的吸水性和水蒸气渗透性，还具有一定的拉伸强度与弯曲强度、质轻、无毒和良好的加工性等一系列优越的性能。它既能用作一般用品，也可以用作结构材料。用它可以制造各种小型制品、零件以及薄膜、电线电缆绝缘层、单丝、牵引带、管、板、片、中空制品、大型容器、合成纸张、合成木材、泡沫材料、塑料复合钢板等，并可用作防腐涂层。在农业、国防工业、电子电气工业、仪器仪表工业、机械制造工业、建筑工业、化学工业、轻工业、交通运输业和医药工业等国民经济各个部门都有广泛的用途。

5.7.1.1　聚乙烯树脂生产

（1）种类　聚乙烯树脂可以采用多种生产工艺制备，不同的生产工艺方法制备的聚乙烯的结构、性能存在较大差异，而不同的结构、性能适合于不同加工工艺、使用场合。各种类型的聚乙烯树脂分类如图 5-33 所示。

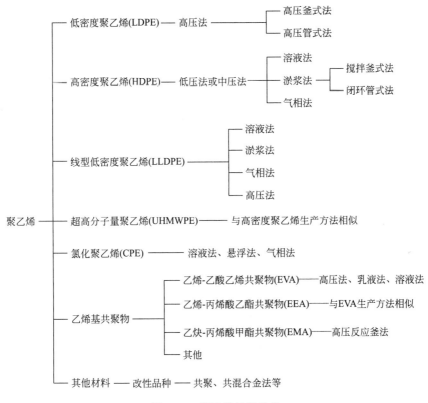

图 5-33　聚乙烯树脂分类

聚乙烯一般分为：低密度聚乙烯（LDPE），密度为 $0.91\sim0.935\text{g/cm}^3$；高密度聚乙烯（HDPE），密度为 $0.94\sim0.97\text{g/cm}^3$；线型低密度聚乙烯（LLDPE），密度为 $0.910\sim0.940\text{g/cm}^3$；超高分子量聚乙烯，及改性聚乙烯和乙烯基共聚物等（如氯化聚乙烯、乙烯-乙酸乙烯共聚物）。聚乙烯按照传统的生产方法来分有三种，即低压法聚乙烯、中压法聚乙烯和高压法聚乙烯。根据聚乙烯生产的实际情况，生产压力小于 2MPa 的为低压法，2MPa以上至几十兆帕的为中压法，100～300MPa 的为高压法。在一般情况下，用高压法生产的是低密度聚乙烯，而用低压法和中压法生产的都是高密度聚乙烯。因此，所谓低压法聚乙烯，实质上就是高密度聚乙烯。

（2）制造方法　聚乙烯以乙烯为原料，在引发剂的作用下，经不同聚合方法、工艺，得到不同聚乙烯树脂。其基本反应式可简单表示如下：

$$n\mathrm{CH_2}=\!\!=\!\!\mathrm{CH_2} \xrightarrow{\text{聚合}} \!\!+\!\!\mathrm{CH_2}\!-\!\mathrm{CH_2}\!\!+\!\!\!\!\rangle_n$$

① 原料　不管是低密度聚乙烯，还是高密度聚乙烯或其他聚乙烯，其原料均为乙烯，乙烯可以从原油、轻油的裂解分离制得，也可以从炼厂气中得到。自 20 世纪 50 年代以来，以石油、天然气为基础原料的基本有机原料工业蓬勃兴起，乙烯成为价格最低、产量最大、用途最广的基本有机原料，聚乙烯工业也就如雨后春笋般地高速发展起来。我国有着丰富的石油资源，为聚乙烯树脂的发展创造了极为有利的条件。

② 合成

a. 低密度聚乙烯　1933 年，由英国 ICI 公司首先制成低密度聚乙烯。1939 年，开始工业化生产。我国于 1959 年采用釜式高压气相聚合法，研制低密度聚乙烯。目前，国外生产厂商有 Du Pont 公司（美国）、住友化学株式会社（日本）、BASF 公司（德国）、Montedison 公司（意大利）、ICI 公司（英国）等。国内有北京燕山石油化学总公司、上海石油化工股份有限公司塑料厂、兰州化学工业公司石油化工厂、大庆石油化工总厂塑料厂等。

低密度聚乙烯一般采用高压法生产。按反应器的形式可分为釜式法和管式法。

釜式法低密度聚乙烯是以纯度大于 99.9％的乙烯（3.3MPa）为原料，经一次压缩机和二次压缩机压缩到反应所需压力（130～250MPa），送入釜式聚合反应器内，以有机过氧化物为引发剂，在 160～270℃高温条件下进行聚合反应。从反应器出来的物料在高压分离器内将未反应的乙烯和聚合物做一次分离，然后在低压分离器内将未反应的乙烯和聚合物做二次分离，聚合物经添加助剂后挤出造粒，然后进行计量，如不需要均化的产品即可装袋出厂，须均化的产品再经均化混合作为聚乙烯成品。未反应的乙烯部分返回乙烯装置，绝大部

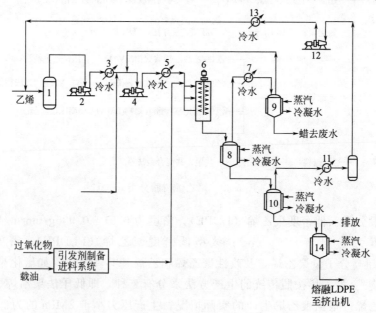

图 5-34　低密度聚乙烯釜式法工艺流程

1—缓冲罐；2——次压缩机；3，5，7，11，13—冷却器；4—二次压缩机；6—高压釜反应器；

8，9—高压分离器；10—低压分离器；12—升压压缩机；14—挤出机进料罐

分根据压力不同分别返回该装置相应部分循环使用。其工艺流程如图 5-34 所示。

管式法低密度聚乙烯是以纯度大于 99.9% 的乙烯（0.6～2.5MPa）为原料，经一次压缩机和二次压缩机压缩到反应所需压力（250MPa 以上），送入管式聚合反应器内，可采用氧气（乙烯量的 0.003%～0.007%）作为引发剂，在 330℃ 高温条件下进行聚合反应。反应产物经分离器分离出未反应的乙烯循环使用，聚合物经挤出、造粒、干燥后得到成品。其工艺流程如图 5-35 所示。

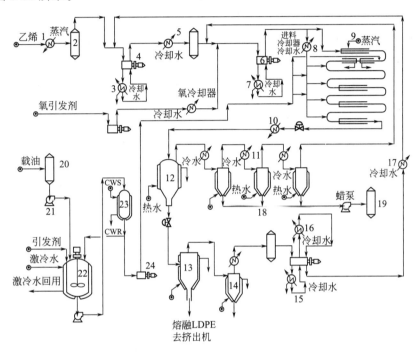

图 5-35　低密度聚乙烯管式法工艺流程

1—进料气体加热器；2—乙烯储罐；3—一次压缩机中间冷却器；4—一次压缩机；5—预压缩机
后冷却器；6—二次压缩机；7—二次压缩机中间冷却器；8—进料冷却器；9—管式反应器；
10—产品冷却器；11—回流气体冷却器；12—高压分离器；13—低压分离器；14—蜡分离器；
15—升压压缩机；16—升压机工段冷却器；17—升压机后冷却器；18—分离罐；19—蜡储罐；
20—载油罐；21—载油泵；22—引发剂制制；23—引发剂罐；24—引发剂注入器

高压法生产低密度聚乙烯，需要许多超高压装置和机械设备，因此要求大量的设备投资，建设费用高。采用釜式法和管式法生产低密度聚乙烯，其工艺不尽相同，一般来说，大规模装置倾向用管式法，生产专用牌号的装置更倾向用釜式法。而两种方法生产出的树脂也有差别，管式法生产的低密度聚乙烯树脂分子量分布宽，适合于制作薄膜，釜式法生产的低密度聚乙烯树脂分子量分布窄，适合于注射成型、挤出成型等加工。

b. 高密度聚乙烯　德国化学家 Ziegler 在 1923 年时就对有机金属化合物与烯烃、二烯烃之间的反应进行了基础研究，经过 30 多年的潜心研究，终于在 1953 年发现用 $Et_3AL\text{-}TiCl_4$ 配合起来的引发剂，可以使乙烯在常压下聚合形成高分子量的聚合物。1954 年，意大利 Montedison 公司（即原来的 Montecatini 公司）利用 Ziegler 的研究成果——$Et_3AL\text{-}TiCl_4$ 引发剂，首先实现低压制备聚乙烯的工业化。目前，世界上生产高密度聚乙烯的厂商很多，主要有 Du Pont 公司（美国）、Monsanto 公司（美国）、三井石油化学工业株式会社（日本）、BASF 公司（德国）、Montedison 公司（意大利）、Shell Chemicals 公司（英国）等。

我国广州塑料厂在1958年建成采用$Et_3AL-TiCl_4$引发剂法的60t/a装置并投入生产，开创了我国高密度聚乙烯生产的先河，目前国内生产高密度聚乙烯的厂商主要有辽宁辽阳石油化学纤维厂、上海高桥化工厂、北京助剂二厂、南京扬子石油化工公司烯烃厂、山东齐鲁石化公司烯烃厂等。

高密度聚乙烯可采用低压法或中压法生产，不同厂商其生产方法也不尽相同，但按照聚合反应的实施方法，可分为三大类，即溶液聚合、淤浆聚合和气相聚合。前两者都是在惰性有机溶剂中进行的，单体乙烯溶解于溶剂中。不同之处是溶液聚合所得聚乙烯溶解于溶剂中；而淤浆聚合所得聚乙烯则不溶而呈淤浆状。气相聚合不用溶剂，在低压或中压条件下，在沸腾床粉状载体引发剂的作用下，乙烯在气相环境中进行聚合反应。这与高压法聚乙烯生产时所用的气相聚合有很大区别。目前，我国高密度聚乙烯工业生产装置主要采用淤浆聚合和气相聚合两种方法。

ⅰ.溶液聚合　此法生产高密度聚乙烯时，将高纯度乙烯单体溶于溶剂中，在引发剂的作用下，于较高的聚合温度和压力下进行，生成的聚乙烯同样溶于溶剂中，聚合结束后，经气液分离器分离出未反应的乙烯，供回收循环使用，经过滤除去引发剂，在加水冷却或蒸发除去溶剂后得到的高密度聚乙烯，经干燥、加助剂、挤压造粒，得到高密度聚乙烯成品。在整个工艺流程中，聚合物的分子量主要由反应温度调节，引发剂的活化温度及乙烯加料浓度对分子量亦有影响，分子量分布由改变引发剂或聚合工艺来调节。该工艺生产的高密度聚乙烯熔体流动速率宽，品种多样，产品质量好，胶体和灰分含量低，密度及分子量分布可调节范围宽。目前，采用此工艺生产高密度聚乙烯的主要有 Du Pont 公司（美国）、Dow Chemical 公司（美国）、DSM 公司（荷兰）等。其中，Du Pont 公司生产工艺压力较高，称为中压溶液聚合法，聚合压力为 8.0MPa，聚合温度为 $145\sim150℃$，聚合单体溶于环己烷溶剂中，反应器是一种连续搅拌的小型搅拌釜，单体在反应器中停留时间很短，易于切换牌号，过渡料少，灵活性高，适合于一条流水线生产多种牌号专用料。其工艺流程如图 5-36 所示。

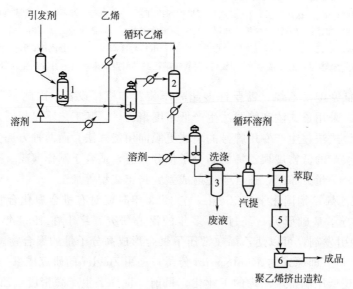

图 5-36　高密度聚乙烯中压溶液聚合工艺流程
1—配合釜；2—聚合釜；3—气液分离器；4—稀释槽；5—混合槽；6—挤出机

ⅱ．淤浆聚合　乙烯在常压或稍高于常压下，在配位阴离子引发剂的存在下，于烷烃溶剂中进行聚合。所用的引发剂为 Ziegler 引发剂，由于聚合压力较低，又称低压聚合法。该工艺方法工业化时间早，工艺技术成熟，产品质量较好，单体转化率较高，为 $95\%\sim98\%$，是目前生产高密度聚乙烯的主要方法。此工艺方法还可生产高分子量和超高分子量的聚乙烯。按照反应器形式不同，淤浆聚合法可分为搅拌釜式反应器和闭环管式反应器两种工艺。

•搅拌釜式　德国 Hoechst 公司首创此工艺技术，欧洲与日本广泛采用此工艺技术，典型代表有 Hoechst 公司（德国）、三井石油化学工业株式会社（日本）等。目前采用搅拌釜式淤浆聚合工艺的大生产装置，一般使用两个反应器，聚合过程可间歇操作或连续操作，连续操作时两个反应器并联，间歇操作时两个反应器串联，主引发剂为 Ziegler 引发剂，助引发剂为有机铝，一般控制条件为：聚合温度为 $65\sim85℃$，聚合压力为常压或稍高于常压，聚合停留时间约为 $2h$。产品的分子量、分子量分布、密度及熔体流动速率可通过改变反应器的排列方式、操作条件和添加共聚单体的方法来调节，影响聚合反应的主要因素有单体及溶剂的纯度（水分、氧、一氧化碳、醛、醚、氢、硫与硫化物等）、聚合操作工艺条件（引发剂的浓度、聚合压力、温度、时间、物料搅拌、散热措施等）。其工艺流程如图 5-37 所示。

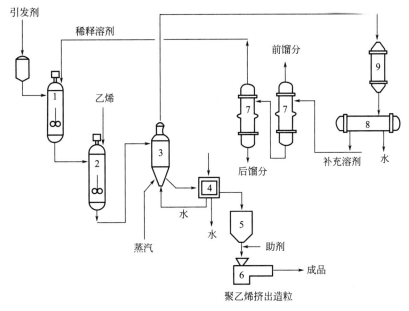

图 5-37　高密度聚乙烯低压淤浆聚合工艺流程
1—配合釜；2—聚合釜；3—汽提塔；4—离心机；5—干燥器；
6—挤出机；7—溶剂回收塔；8—分离器；9—冷凝器

•闭环管式　聚合反应是在闭环状反应管中进行，闭环管式反应器采用轴流泵循环组分，外有冷却水夹套，内有高速涡轮搅拌器，使引发剂就地配合，并与加入的乙烯单体、调节分子量的氢气和调节密度的共聚单体混合。该工艺方法建设费用较低，操作较简便，产品质量较容易控制，生产产品范围广。采用该工艺方法的典型代表是 Phillips 公司（美国）。其工艺流程如图 5-38 所示。

高密度聚乙烯无论采用中压法还是低压法，压力均不超过 $10MPa$，生产设备要求比较低，易于投产，生产产品范围广，既可生产普通高密度聚乙烯，也可生产专用聚乙烯。但工

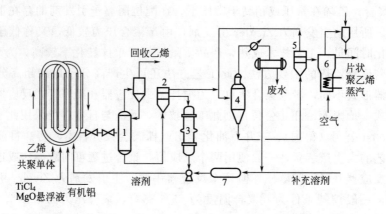

图 5-38　高密度聚乙烯闭环管式聚合工艺（载体齐格勒引发剂法）

1—闪蒸罐；2,5—离心机；3—溶剂回收罐；4—汽提塔；6—干燥器；7—溶剂干燥器

艺上有脱灰（视催化体系的活性而定，高活性催化可不脱灰）、回收和净化使用溶剂等后处理工序，生产成本高。

ⅲ. 气相聚合　由于受溶剂、建设费用、生产能力、操作等因素的影响，溶液聚合和淤浆聚合的工艺生产方法发展受到一定制约。1968 年，Union Carbide 公司（美国，UCC）建成 Unipol 气相流化床生产高密度聚乙烯工业装置，气相聚合无须溶剂，是投资费用最少、运转费用最低的工艺路线。引发剂一般采用载体齐格勒（钛、铝）或铬铝系统负载在硅胶或聚乙烯粉末上，反应环路由流化床聚合反应器、循环气体压缩机、循环气体冷却器组成。在流化床反应器中除去水分和杂质，通入单体乙烯和氢气，在引发剂的作用下进行聚合反应。反应气体通过反应器扩大区减速后，经过旋风分离器，在滤去细粉后，循环回收使用。英国 BP 公司首先将超活性 Ziegler 引发剂与流化床反应器的优点相结合，于 1975 年建成工业化生产装置，目前已发展成为可生产高密度聚乙烯的技术。其工艺流程如图 5-39 所示。

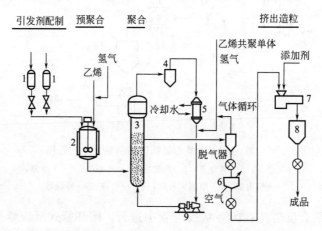

图 5-39　高密度聚乙烯气相聚合工艺流程（英国 BP 公司）

1—引发剂装置；2—预反应器；3—流化床反应器；4—旋风分离器；5—气体冷却器；

6—处理器；7—挤出造粒机；8—料仓；9—主压缩机

c. 线型低密度聚乙烯（LLDPE）　乙烯与 α-烯烃的共聚物，其分子呈线型结构，密度为 $0.910 \sim 0.940 \mathrm{g/cm}^3$，明显低于高密度聚乙烯，类似于低密度聚乙烯。线型低密度聚乙烯的结构也与其他聚乙烯有所区别，其结构式如下：

$$\left[\begin{array}{cc} \overset{\displaystyle H}{\underset{\displaystyle H}{C}} & \overset{\displaystyle H}{\underset{\displaystyle H}{C}} \end{array}\right]_m \left[\begin{array}{cc} \overset{\displaystyle H}{\underset{\displaystyle H}{C}} & \overset{\displaystyle R}{\underset{\displaystyle H}{C}} \end{array}\right]_n$$

1959 年，Du Pont 公司采用溶液法低压聚合生产低密度聚乙烯获得成功。20 世纪 60 年代，Phillips Petroleum 公司（美国）和三井石油化学工业株式会社（日本）用同样的方法开始少量生产。线型低密度聚乙烯生产的真正突破是在 1977 年 Union Carbide 公司（美国，UCC）宣布气相低压聚合生产低密度聚乙烯获得成功之后，从此线型低密度聚乙烯产量在世界范围内突飞猛进地大幅度增长，相当一部分低密度聚乙烯（LDPE）被线型低密度聚乙烯（LLDPE）所取代，目前国外有十几家主要厂商生产。我国在 70 年代末，由上海市合成树脂研究所、上海化工研究院采用美国 UCC 聚合工艺进行研制并获得成功，大庆石油化工总厂塑料厂也引进美国 UCC 生产装置，生产线型低密度聚乙烯（LLDPE）。

线型低密度聚乙烯工业化生产技术主要有四种工艺方法。气相聚合主要有美国 UCC 公司的 Unipol 工艺、英国 BP 公司的 Innovene 工艺。溶液聚合主要有美国 Dow Chemical 公司的 Dowlex 工艺、美国 Du Pont 公司的 Sclair 工艺及荷兰 DSM 公司的 Compact 工艺。淤浆聚合主要有美国 Phillips 公司的闭环管式工艺。高压聚合主要有法国 Cdf Chimie 公司的技术。

主要采用前三种工艺技术生产线型低密度聚乙烯，尤以美国 UCC 公司的气相聚合法发展最为迅速，其特点是：在流化床反应器中，单体乙烯、共聚单体 α-烯烃和分子量调节剂氢气在引发剂与助引发剂存在条件下进行低压气相聚合，由于低压聚合代替了传统的高压聚合，对设备的要求大大降低，从而降低了生产成本，并且在同一生产装置中既可生产低密度聚乙烯，又可生产高密度聚乙烯。聚合得到的粉状产物不需造粒即可直接使用，未反应的气体经分离器分离后，可循环使用。

其基本反应式可简单表示如下：

$$m\,CH_2\!=\!CH_2 + n\,CH_2\!=\!\overset{\displaystyle R}{\underset{}{CH}} \xrightarrow{\text{聚合}} \left(CH_2-CH_2\right)_m\left(CH_2-\overset{\displaystyle R}{\underset{}{CH}}\right)_n$$

$$R\!=\!CH_3，C_2H_5，C_6H_{13}\text{等}$$

其工艺流程如图 5-40 所示。

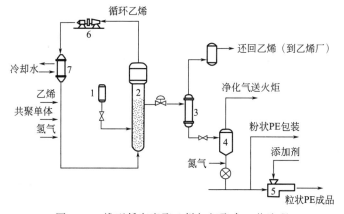

图 5-40　线型低密度聚乙烯气相聚合工艺流程

1—引发剂装置；2—流化床反应器；3—分离器；4—产品净化罐；

5—挤出造粒机；6—压缩机；7—冷却器

线型低密度聚乙烯开发及发展的关键是引发剂的开发，目前现有的引发剂有铬系引发剂、Ziegler 引发剂及最新型的茂金属引发剂。良好的引发剂应具备以下性能。

ⅰ. 高活性　使生产过程不脱灰，工艺简单可行。

ⅱ. 共聚性　使产品的密度范围广，一种引发剂可生产多种牌号树脂。

ⅲ. 稳定性　对温度的特异效应好，使过程操作稳定，产品质量可靠。

ⅳ. 实用性　使聚合产物颗粒堆积密度高，生产产品无须造粒可直接使用，成本低。

ⅴ. 可控性　既能控制分子量分布，使可生产产品性能范围广，又能控制聚合物结构，使共聚单体 α-烯烃在分子主链上能均匀分布，达到分子结构设计的性能。

（3）结构与性能　材料的性能主要由其化学结构决定，尽管不同密度聚乙烯的重复结构单元基本相同，但从微观结构看，聚乙烯的化学结构并不是这样简单，由于生产方法的不同，其化学结构也存在差异，所得到产品的性能也有很大差别。不同聚合方法得到聚乙烯的分子化学结构的差别主要表现在主链上所带短的甲基支链和较长的烷基侧链的数目不同，且分子链中还存在乙烯基双键。

短支链度、长支链度、不饱和度和分子量、分子量分布，不但影响聚乙烯的加工性能，还影响到制品的力学性能和使用寿命。分子线型结构不同，结晶度不同，密度也不同。因此，聚乙烯树脂密度是结晶度和分子线型结构的一种表现。

低密度聚乙烯（LDPE）由于分子链上长支链数目较多，而成为多分支的树枝状结构，规整度低，其结晶度、密度较低，分子链柔性高，柔软性好，熔点、拉伸强度、硬度低，但延伸性、透明性和透气性较好。

高密度聚乙烯（HDPE）的分子链支链较少，呈线型结构，规整度高，其结晶度、密度较高，熔点、拉伸强度、弹性模量、硬度较高，但延伸性、透明性与透气性较低。

线型低密度聚乙烯（LLDPE）从分子链结构看，由于其聚合方法的改进及加入共聚单体，其支链较规整，呈线型结构，与低密度聚乙烯差异较大，而和高密度聚乙烯相近，因此，其耐热性、拉伸强度、弹性模量都比低密度聚乙烯高。

当分子量提高时，聚乙烯的拉伸强度、硬度、韧性、耐磨性、耐长期负荷变形性、耐老化性和耐化学药品稳定性、耐低温性、熔融黏度、缺口冲击强度和耐环绕应力破裂性等都有所提高，但延伸率降低，易形成表面龟裂，加工性变差。因此，超高分子量聚乙烯（UHM-WPE）具有优越的力学性能、热性能、化学稳定性，但较难加工。

分子量分布对聚乙烯性能影响也较大，分子量分布窄时，冲击强度、耐低温性有所提高，而耐长期负荷变形性、耐环绕应力破裂性降低，易形成表面龟裂。

氯化聚乙烯（CPE）、乙烯基共聚物组成和分子结构不同，而形成各自的特性。

而不同的加工工艺、设备条件对聚乙烯的短支链度、长支链度、不饱和度和分子量、分子量分布也有不同的要求。因此，适合的聚乙烯树脂、适合的加工手段，可制备出适合不同使用环境、性能的制品。

5.7.1.2　聚乙烯薄膜生产

聚乙烯树脂用途广泛，其制品覆盖面大，其中薄膜是最大的品种。

塑料薄膜的生产方法很多，有挤出吹塑、压延、流延拉幅以及使用狭缝机头直接挤出等方法，其中以挤出吹塑法建设成本低、工艺成熟、操作简便、品种覆盖面广、产量大而广泛使用。

挤出吹塑是在塑料挤出成型工艺的基础上发展起来的一种热塑性塑料成型方法。聚乙烯挤出吹塑成型是将经挤出机熔融塑化好的物料，通过机头环形口模挤出管坯，并从机头中心吹入压缩空气，将管坯吹为直径较大的管状薄膜，经冷却、卷取，即为成品，管膜的宽度为薄膜的折径。采用挤出吹塑法生产的薄膜，其厚度为 0.01～0.30mm，折径为 10～1000mm。可进行单层成型，也可多层复合成型。

吹塑的主要设备是挤出机，在挤出吹塑薄膜生产中，根据牵引方向的不同，可分为三种：平挤上吹、平挤平吹及平挤下吹。其中以平挤上吹法应用最为广泛，三种生产方法工艺流程基本相似。其工艺流程如图 5-41 所示。

生产过程中主要注意下述四个方面。

（1）物料塑化挤出　在聚乙烯薄膜生产过程中，其质量保证的关键之一是物料的塑化均匀。塑化就是聚乙烯树脂在挤出机料筒内受热达到充分熔融状态，使之具有良好的可塑性。吹塑法生产薄膜的物料塑化过程一般在挤出机中完成。通过料筒对树脂加热，使聚合物由固体向熔体转变，一定的温度是使树脂得以形变、熔融和塑化的必要条件，而剪切作用则是以机械力的方式强化混合和塑化过程，使熔体的温度分布均匀。因此，决定塑化质量的主要因素是树脂受热情况和所受的剪切作用。

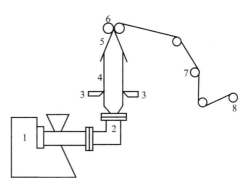

图 5-41　平挤上吹法生产工艺流程

1—挤出机；2—机头；3—冷却风环；4—泡管；

5—夹板；6—牵引辊；7—导辊；8—卷取辊

（2）管坯的吹胀与管膜的牵引　塑化均匀的物料经机头环形口模形成管坯（直径 D_1），管坯由机头中心进入的压缩空气吹胀，形成管膜（直径 D_2），调节压缩空气的进入量可以控制管膜的膨胀程度。通常吹胀比（D_2/D_1）在 2～6 之间，吹胀比的大小表示挤出管坯直径变化，也表明了聚乙烯大分子受到由压缩空气提供的横向拉伸作用力的大小。

吹塑是一个连续成型过程，管坯以一定的速度（v_1）通过口模，吹胀并冷却过的管膜在上升卷取途中受到以一定速度（v_2）运转的牵引夹辊的牵引作用，两者的速度并不相等，通常 $v_2 > v_1$，故管膜受到纵向的拉伸力。吹胀和牵引同时作用，使管坯在纵横两个方向发生分子取向，薄膜的厚度、均匀度受吹胀比、牵引比的影响较大。

（3）薄膜的冷却　为了保证薄膜在牵引辊的压力作用下不会相互黏结，已成型薄膜在牵引力的作用下不变形，并尽量缩短机头和牵引辊间的距离，以保证薄膜的质量和产量，管膜在吹胀成型后必须马上得到良好的冷却。目前常用的冷却设备有空气冷却风环、喷雾风环及水环冷浴装置。

（4）薄膜的卷取　管膜经冷却定型后，先经过人字板夹平，再通过牵引夹辊，而后由卷绕辊卷绕成薄膜制品。人字形夹板起稳定与压平管膜作用，常用角度为 15°～20°。牵引夹辊起牵引和拉伸薄膜作用，并保持管膜内空气不泄漏。卷取薄膜的方法分两种，即中心卷取和表面卷取。表面卷取比较简单，应用较广泛，但容易发生薄膜损坏和安全事故；中心卷取对设备要求较高。

5.7.2　聚丙烯

聚丙烯（polypropylene，PP）是丙烯的聚合物，是 20 世纪 50 年代开始大量生产的一种合成树脂，它是丙烯均聚物或丙烯与 α-烯烃（乙烯、1-丁烯、1-己烯）的共聚物，其分子呈线型结构。

PP 无毒，熔点为 164～170℃，密度一般为 0.89～0.91g/cm³，比低密度聚乙烯的密度还低，是塑料中最轻的品种之一。具有较高的耐热性，连续使用温度可达 110～120℃，PP 是聚烯烃中耐热最高的一种，耐沸水性、耐蒸汽性良好，特别适于制备医用高压消毒制品。具有良好的力学性能，除抗冲击性外，其他力学性能均比聚乙烯好，且透明性好、成型加工性能好。还具有优良的电绝缘性，不吸水，不受周围环境湿度的影响，具有优良的高频绝缘特性。化学稳定性好，与绝大多数化学药品不反应，除强氧化剂、浓硫酸及浓硝酸等以外，耐常见的酸、碱、盐及大多数有机溶剂。

但 PP 的低温韧性差，制品在使用中易受光、热和氧的作用而老化，着色性较差，易燃。成型收缩率比较大，一般为 1%～2.5%，且具有较明显的后收缩性。

PP 在五大通用树脂中需求增长速度最快，可用注射、挤出、吹塑、层压、熔纺等工艺成型，用于制造容器、管道、包装材料、薄膜、片材、板材、电缆、护套料及纤维等。广泛应用于电子电气、汽车、建材、化工、医疗器具、包装等领域。如汽车保险杠、轮壳罩、仪表盘、方向盘、风扇叶、手柄等。

(1) 种类　PP 分子链中的每个重复单元中有一个甲基（—CH_3），按甲基的空间位置不同分为等规、间规和无规三类，其结构、性能存在较大差异。结构式如下：

$$\left[\begin{array}{c}CH-CH_2\\ |\\ CH_3\end{array}\right]_n$$

等规聚丙烯又称全同立构聚丙烯（IPP），甲基分布在主链的同一侧；间规聚丙烯（SPP），SPP 分子中甲基交替排列在主链的两侧；无规聚丙烯（APP），APP 主链上所连甲基呈无规则排列。

一般生产的聚丙烯树脂中，等规结构的含量为 95%，其余为无规或间规聚丙烯。工业产品以等规物为主要成分，聚丙烯也包括丙烯与少量乙烯的共聚物在内。均聚的 PP 结构规整，结晶度高，性较脆。商业的 PP 常加入 1%～4% 乙烯的无规共聚物或更高比率乙烯含量的嵌段共聚物来改善性能，提高冲击强度，PP 的冲击强度随着乙烯含量的增加而增大。

(2) 制造方法　聚丙烯以丙烯为原料，在引发剂的作用下，经不同聚合方法、工艺，得到不同聚丙烯树脂。其基本反应式可简单表示如下：

$$nCH_2=CH-CH_3 \xrightarrow{聚合} \left[\begin{array}{c}CH-CH_2\\ |\\ CH_3\end{array}\right]_n$$

聚丙烯工业生产方法主要有淤浆法、本体法、气相法及本体-气相法。

① 淤浆法　淤浆法又称泥浆法、浆液法、溶剂法，是世界上最早用于生产聚丙烯的工艺技术。1957 年，意大利蒙埃（Montedison）公司建成第一套工业化装置。在 20 世纪 90 年代前一直是最主要的聚丙烯生产工艺。淤浆法一般采用立式搅拌釜反应器，将催化剂（第一代）和饱和烃溶剂加到聚合釜中，通入纯度大于 99% 的丙烯，在 50～60℃、0.5～1.0MPa 的压力下连续聚合制得聚丙烯悬浮液。需要脱灰和脱无规物，因采用的溶剂不同，工艺流程和操作条件有所不同，制得的聚丙烯浆状悬浮液，经回收未反应的丙烯、溶剂后，再中和、洗涤、离心分离、干燥、挤出造粒，得到颗粒状 PP 树脂产品。

近年来，传统的淤浆法工艺生产 PP 明显减少，目前主要用于特种 BOPP 薄膜、高分子量吹塑膜及高强度管材等高附加值领域。采用高活性的第二代催化剂，无须脱灰，可用于生产均聚物、无规共聚物和抗冲共聚物产品等。目前，淤浆法 PP 的生产能力占总生产能力的不到 15％。

② 本体法　1964 年，美国 Dart 公司采用釜式反应器建成了世界上第一套工业化本体法聚丙烯生产装置。液相本体法是将无溶剂催化剂与液态丙烯加入反应器中，在 50～80℃、3.2～3.5MPa 条件下进行液相丙烯本体聚合反应。与采用溶剂的浆液法相比，采用液相丙烯本体法进行聚合不使用溶剂，反应系统内单体浓度高，聚合速率快，催化剂活性高，聚合反应转化率高，能耗低，工艺流程简单，设备少，生产成本低，"三废"量少，产品质量高。

最早的液相本体法工艺，由于催化剂活性低，需脱灰及脱无规物。20 世纪 80 年代初期，第二代催化剂问世，使不脱灰、不脱无规物同时实现，成为聚丙烯工业的一个里程碑。

液相本体法按反应器形式分为液相釜式反应工艺与液相环管反应工艺，可以生产很宽范围的丙烯聚合物，包括均聚物、无规共聚物、三元共聚物、多相抗冲和专用抗冲共聚物以及高刚性聚合物。并已开发出单活性中心的茂金属催化剂，生产茂金属 PP，具有分子量分布窄、高刚性、高光泽、优异的透明性、高流动性、易加工等特点。

③ 气相法　是指在丙烯呈气态条件下聚合。将丙烯经脱水精制后，通入带搅拌的反应器中，加入催化剂，在 3.5MPa、90℃下气相聚合。

1967 年，BASF 公司建成一套采用立式搅拌床反应器的气相 PP 工艺中试装置，并于 1969 年采用立式搅拌床反应器建成世界上第一套 2.5 万吨/年气相 PP 工业装置。20 世纪 80 年代初期，UCC 公司将气相流化床聚乙烯工艺用于聚丙烯生产中，推出了气相流化床生产 PP 工艺。目前，世界上气相法 PP 生产工艺主要有 BP 公司的 Innovene 工艺、Chisso 工艺、UCC 公司的 Unipol 工艺、BASF 公司的 Novolen 工艺以及住友化学公司的 Sumitomo 工艺等。

④ 本体-气相法　1982 年，巴塞尔（Basell）聚烯烃公司（总部设在荷兰，BASF 和 SHELL 各持股 50％）首先实现本体-气相法组合工艺工业化生产 PP，该方法已成为迄今为止最成功、应用最为广泛的聚丙烯生产工艺。巴塞尔公司的 Spheripol 工艺是一种液相预聚合同液相均聚和气相共聚相结合的聚合工艺，工艺采用高效催化剂，可生产全范围、多用途的各种产品，包括均聚物、无规共聚物、抗冲共聚物、三元共聚物（乙烯-丙烯-丁烯共聚物），其均聚和无规共聚产品的特点是净度高，光学性能好，无异味。

本体-气相法组合工艺主要包括巴塞尔公司的 Spheripol 工艺、日本三井化学公司的 Hypol 工艺、北欧化工公司的 Borstar 工艺等。

随丙烯聚合催化剂技术的不断进步，PP 生产工艺已经从初期第一代淤浆法工艺、第二代本体法工艺，发展到超高活性、无须脱灰及脱无规物的代表 PP 聚合生产最先进的第三代工艺（气相法、本体-气相法）。

（3）结构与性能

① 等规聚丙烯（IPP）　由于甲基分布在主链的同一侧，结构规整，因而具有高结晶度（结晶度为 60％～70％），等规度＞90％，有的甚至高达 98％，等规度越高，结晶度越大。IPP 的玻璃化温度（T_g）为 −13～0℃，是刚性的结晶物质，其材料体现出高软化点、高强度、高刚度、高耐磨性、高硬度、高介电性等，缺点是抗冲击性较差（特别是低温时），耐气候老化性差。多数工业 PP 等规度大于 90％。

② 间规聚丙烯（SPP）　SPP 分子中甲基交替排列在主链的两侧。结晶度较低（20％～30％），密度低（0.7～0.8g/cm³），熔点低（125～148℃），分子量分布较窄，弯曲模量低，冲击强度高。SPP 是高弹性的热塑性塑料，有良好的拉伸强度，进行硫化成为弹性体，力学

性能优于一般不饱和橡胶。具有优异的透明性、热密封性与耐辐射性，但成型加工性较差。

③ 无规聚丙烯（APP） APP 主链上所连甲基呈无规则排列。APP 曾是 IPP 生产过程中的副产物，用作碳酸钙填充母料载体树脂。APP 分子量小，一般为 3000 至几万，结构不规整，内聚力较小，是典型的非晶态聚合物，玻璃化温度低，为 $-18\sim-5℃$，常温下呈橡胶状态，而高于 $50℃$ 时即可缓慢流动。

PP 因其分子的立体规整性而具有结晶能力，力学性能和物理性能与结晶度有关，同样的分子量，由于成型条件不同，结晶度也会变化，骤冷时结晶度低，渐冷时结晶度高。

5.7.3 其他聚烯烃

随着科学技术的不断发展，聚烯烃已开发、发展形成多品种、多规格的体系，除上述 PE、PP 外，为适应不同使用条件、不同使用性能与不同加工性能的需要，各大生产厂商还开发了超高分子量聚乙烯、氯化聚乙烯（CPE）、交联聚乙烯、乙烯-乙酸乙酯共聚物（EVA）、乙烯-丙烯酸乙酯共聚物（EEA）、乙烯-丙烯酸甲酯共聚物（EMA）、聚 1-丁烯、聚 4-甲基-1-戊烯、乙烯-辛烯共聚物、环烯烃聚合物等。新型加工技术的开发成功也为开发新品种聚烯烃提供了必要的加工技术保证。

5.7.3.1 超高分子量聚乙烯

超高分子量聚乙烯（UHMWPE）是一种线型结构的热塑性塑料，其结构与普通高密度聚乙烯基本相同，但其分子量比高密度聚乙烯高得多，高密度聚乙烯的相对分子质量为 $(7\sim30)\times10^4$，而超高分子量聚乙烯的分子量一般在 2×10^6 以上。超高分子量聚乙烯在 1957 年首先由美国 Allied Chemical 公司采用 Ziegler 引发剂实现工业化生产，目前国外主要生产厂商有 Allied Chemical 公司（美国）、Hercules 公司（美国）、Hoechst 公司（德国）、三菱化成工业株式会社（日本）、三井石油化学工业株式会社（日本）等。我国在 1967 年开始进行试制，目前主要有北京助剂二厂、上海高桥石化公司化工厂等少数企业。与高密度聚乙烯生产方法相似，超高分子量聚乙烯可采用溶液聚合、淤浆聚合和气相聚合等方法合成。

UHMWPE 具有超强的耐磨性、自润滑性，强度比较高，化学性质稳定，抗老化性强，但熔融状态的黏度高，流动性极差，熔体指数几乎为零，成型加工困难，随着 UHMWPE 加工技术的迅速发展，通过对普通加工设备的改造，其成型方法由最初的压制-烧结成型发展为挤出成型、吹塑成型和注射成型以及其他特殊方法的成型。

由于 UHMWPE 各项性能优异，特别是高比强度、比模量及其耐冲击性好，在航空航天及军工领域得到广泛应用，如制成防护衣料、头盔、防刺衣、防弹衣、直升机、坦克和舰船的装甲防护板、雷达的防护外壳罩、导弹罩等。适用于各种飞机的翼尖结构、飞船结构等。在工业应用中，可用作耐压容器、传送带、汽车缓冲板等。在机械制造行业中得到广泛应用，可制作各种齿轮、凸轮、滑轮、轴承、轴瓦、轴套等。

UHMWPE 纤维是高强度、高性能纤维，可作为复合材料的增强材料，也可直接制成绳索、缆绳，取代传统的钢缆绳和合成纤维绳等，用于航天飞机着陆的减速降落伞和飞机上悬吊重物的绳索，还可作为防弹服饰、防切割手套的原材料。

5.7.3.2 氯化聚乙烯

氯化聚乙烯（CPE）是用氯原子取代氢原子，使聚乙烯分子带有极性的改性聚乙烯，最早实现工业化生产是在 20 世纪 40 年代初，但由于溶剂用量大，生产工艺复杂，性能一般，而未得到推广。真正具有推广应用价值的是 1963 年美国 Allied Chemical 公司工业化生产的氯化聚乙烯。国外主要生产厂商有 Allied Chemical 公司（美国）、Dow Chemical 公司（美国）、UCC 公司（美国）、昭和电工株式会社（日本）、Hoechst 公司（德国）等。我国在 1966 年开始试制，目前主要有山东亚星集团化工厂、北京化工三厂、江苏太仓农药厂等厂家。氯化聚乙烯生产方法主要采用溶液法、悬浮法及气相法。

CPE 为饱和高分子材料，具有优良的耐候性、耐臭氧性、耐化学药品性及耐老化性，还具有良好的耐油性、阻燃性及着色性。根据结构和用途不同，CPE 有两大类：一类是树脂型氯化聚乙烯（常称 CPE），可单独使用，也可作为其他塑料改性剂，如 CPE 增韧聚氯乙烯（PVC），改善 PVC 冲击韧性；另一类是橡胶用氯化聚乙烯（常称 CM），CM 是一种综合性能优良、耐热氧臭氧老化、阻燃性好的高性能特种橡胶，可与其他橡胶共用。广泛用于电缆、电线、胶管、胶布、密封材料、阻燃运输带、防水卷材等。

5.7.3.3　乙烯基共聚物

乙烯基共聚物是乙烯与其他共聚单体进行共聚反应制得的，其代表共聚物有乙烯-乙酸乙烯共聚物（EVA）、乙烯-丙烯酸乙酯共聚物（EEA）、乙烯-丙烯酸甲酯共聚物（EMA）等。EVA 的生产方法有高压法、乳液法和溶液法，根据 EVA 中乙酸乙烯（VA）含量不同，分为多种牌号。EEA 的生产方法与 EVA 相似，用 EVA 的生产装置也可生产 EEA。EMA 一般采用高压反应釜法生产，其生产设备和工业流程与高压聚乙烯生产相类似。目前生产乙烯基共聚物的厂商众多，国外主要有 Du Pont 公司（美国）、UCC 公司（美国）、Hoechst 公司（德国）、住友化学工业株式会社（日本）等。国内主要有北京有机化工厂、上海石油化工股份有限公司塑料厂等。

乙烯-乙酸乙烯共聚物（EVA），其乙酸乙烯（VA）含量一般为 5％～95％。可分为 EVA 树脂（VA 为 5％～40％）、EVA 橡胶（VA 为 40％～70％）和 EVA 乳液（VA 为 70％～95％）。EVA 树脂具有良好的柔软性，在 −50℃ 仍具有较好的可挠性，透明性和表面光泽性好，化学稳定性良好，抗老化性、耐臭氧强度、抗冲击性好，良好的热密封性，与填料相容性好，着色性和成型加工性好。

EVA 树脂用途广泛，主要产品是薄膜、片材、模塑制品、电线电缆、塑料改性剂、胶黏剂、热熔胶、涂层制品、发泡制品、运动用品、玩具、汽车避震器、挡泥板、车内外装饰配件等。

5.7.3.4　聚 1-丁烯

聚 1-丁烯（poly-1-butene，PB）是由 1-丁烯聚合而成的一种热塑性树脂。1964 年由联邦德国赫斯化学公司投入工业生产，生产方法与聚丙烯、高密度聚乙烯的淤浆法相近，使用钛系催化剂。1-丁烯制备方法复杂，单体成本高，使聚 1-丁烯的生产成本比聚乙烯、聚丙烯等通用的聚烯烃树脂高，从而限制了它的发展。

聚 1-丁烯的密度小，分子结构规整，结晶度较高，为 40％～65％，透明，具有良好的力学性能、耐环境应力开裂性、耐热性、耐化学药品性以及耐磨性、可挠曲性和高填料填充性，特别是突出的抗蠕变性。其耐化学品性、耐老化性和电绝缘性均与聚丙烯相近。熔体冷却结晶后，需放置一定时间后晶型才稳定，而强度和刚度也随之提高。

聚 1-丁烯主要用途有：管材，如供水管、热水管、工业用管和建筑物用管等；医疗器具，如注射器、血液分离槽、器皿、烧杯等；还可用于薄膜、食品包装等。

5.7.3.5　聚 4-甲基-1-戊烯

聚 4-甲基-1-戊烯 [poly（4-methyl-1-pentene），PMP 或 TPX] 是一种密度较小的热塑性树脂，密度为 $0.833g/cm^3$，熔点为 240℃，透明，透光率达 90％，紫外线透光度优于玻璃及其他透明树脂。1965 年，英国 ICI 公司开始工业化生产，单体 4-甲基-1-戊烯由丙烯二聚制得，再用齐格勒-纳塔催化剂聚合得到 TPX。

聚 4-甲基-1-戊烯化学稳定性好，耐酸、碱、有机溶剂，电绝缘性优异，透光率不随加工条件、产品的厚度而变化。特别是具有良好的耐高温性，维卡软化点为 160～170℃，在高温下仍有相当高的断裂伸长率、冲击强度、刚性。130℃的蒸煮消毒 400 次不发雾，160℃的热空气消毒 1h 可经受 50 次，甚至在 200℃以上仍可消毒，能经受氧化乙烯和放射线杀菌处理。缺点是耐环境性差，易氧化，受热易老化。成型方法可采用注塑、吹塑、挤塑，主要用途是制造医疗器具、理化实验器具、电子灶专用食器、烘烤盘、剥离纸、耐热电线涂层等。

5.8 聚氯乙烯及聚氯乙烯电缆料生产

以聚氯乙烯树脂（PVC）为基础原料，与稳定剂、增塑剂、填充剂、润滑剂、着色剂及其他改性剂配合的聚氯乙烯塑料是目前品种和数量最多的五大通用塑料之一，其产量仅次于聚乙烯。聚氯乙烯塑料具有强度高、耐腐蚀性好、加工简便、价格低廉、容易改性等优点，广泛应用于农业、化工、电子、建筑、机械及轻工等部门。尤其是硬质聚氯乙烯制品具有阻燃性优越、电绝缘性好、硬度大、耐磨性好、耐老化性好、强度大、耐腐蚀性好等优点，近几年来发展很快，大量用来制造管材、板材、异型材，尤其是当前我国政府部门大力推广的、用以替代金属门窗的聚氯乙烯塑料门窗。

聚氯乙烯发展至今已经历了一百多年的历史，早在 1835 年，法国化学家 V. Regnault 就用苛性钾乙醇溶液处理 1,2-二氯乙烷合成了氯乙烯。1872 年，德国的 E. Bauman 发现盛有氯乙烯的玻璃封管暴露于阳光下会由低黏度的液体转变为非结晶的白色粉末，而且发现这些固体的化学稳定性很好，不为酸碱等试剂侵蚀。这是关于聚氯乙烯的首次文献记录。真正开始现代化工业生产氯乙烯的是，1912 年德国的 F. Klatt 发现乙炔和氯化氢经催化加成可制得氯乙烯。由于当时对聚氯乙烯的特性，特别是其在 160℃还不软化，再升温也不会流动，但到 180℃就开始分解的加工行为了解甚少，因此限制了它的加工和应用。直到 20 世纪 30 年代初，随着聚氯乙烯热稳定剂和增塑剂的出现，特别是聚氯乙烯热稳定化技术和增塑技术的发展，为聚氯乙烯的加工和应用提供了广阔的前景，引起了各国的重视。第二次世界大战中，交战双方都看到了聚氯乙烯的战略价值。作为电线绝缘材料，它不仅是橡胶的代用品，而且在耐油性、耐燃性、耐湿热性等性能上超过了当时其他所有的绝缘材料，作为潜艇电线绝缘来说，是唯一可选用的材料。为了适应战时重要物资的特殊需要，聚氯乙烯的聚合方法也开始由乳液聚合向悬浮聚合等其他聚合方法拓展。第二次世界大战之后，聚氯乙烯转向民用，打开了更为广阔的应用天地，聚氯乙烯的生产进入更为迅速的发展阶段。石油工业的深入开发，为聚氯乙烯生产的迅速扩展带来了新的活力，同时聚氯乙烯生产、稳定、增塑、加工、机械等相关技术的研究也进入了一个前所未有的空前高涨和繁荣时期。

由于聚氯乙烯生产规模不断扩大，聚氯乙烯工业与氯碱工业、热稳定剂工业、增塑剂工业、聚氯乙烯制品加工业以及加工机械制造业等联成一体，形成相互关联的新兴产业群体。这一群体不仅对化学工业有举足轻重的影响，就是在整个国民经济中也占有一定地位。

5.8.1 聚氯乙烯树脂生产

5.8.1.1 种类

聚氯乙烯树脂的生产工艺方法众多，不同的生产工艺方法制备的聚氯乙烯的结构、性能存在较大差异性，而不同的结构、性能适合于不同加工工艺、制品使用性能，各种类型的聚氯乙烯树脂制备大致如图 5-42 所示。

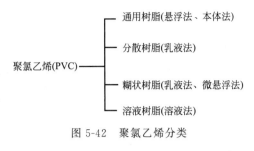

图 5-42　聚氯乙烯分类

5.8.1.2 制造方法

聚氯乙烯是以氯乙烯为单体，在引发剂的作用下，聚合而成的热塑性树脂。其基本反应式表示如下：

$$n\mathrm{CH_2}\!=\!\mathrm{CHCl} \xrightarrow{\text{聚合}} \underset{\substack{|\\ \mathrm{Cl}}}{\xleftarrow{\hspace{0.5em}}\mathrm{CH_2}\!-\!\mathrm{CH}\xrightarrow{\hspace{0.5em}}_{n}}$$

（1）原料　聚氯乙烯的单体为氯乙烯（又称一氯乙烯），相对分子质量为 62.5，具有乙醚香味，微溶于水，溶于大多数普通有机溶剂，如乙醇、乙醚、苯等，在常温、常压下为无色气体，　13.9℃时液化为无色液体。氯乙烯常用的工业上生产方法有乙炔法、乙烯乙炔联合法、乙烯氧氯化法。无论哪一种方法，所用乙炔或乙烯都必须是高纯度的。

① 乙炔法　工业上生产氯乙烯最早的方法是采用电石（CaC₂）加水产生乙炔，乙炔经精制后，与氯化氢在 120～180℃、氯化汞的作用下制备氯乙烯。此法生产规模受限制，生产成本高，操作危险性大，引发剂毒性大，目前已逐渐淘汰。

② 乙烯乙炔联合法（烯炔联合法）　分两种：一种为电石乙炔和乙烯、二氯乙烷并用的方法，综合利用二氯乙烷的副产物氯化氢与电石乙炔合成氯乙烯，这种方法在 20 世纪 60年代由电石乙炔法向乙烯氧氯化法过渡时期应用很普遍，但现在绝大部分已被乙烯氧氯化法替代；另一种方法与前一种方法基本原理相同，只是原料来源于石油化学工业，将石脑油裂解得到乙烯、乙炔的混合气体，经精制后，制备氯乙烯。

③ 乙烯氧氯化法　用乙烯、氯气或氯化氢为原料合成氯乙烯，是工业上制备氯乙烯的最主要方法。所谓氧氯化法就是在引发剂存在下，将氯化氢的氧化和烃的氧化一步进行的方法。氧氯化法又分一步氧氯化法、二步氧氯化法及三步氧氯化法三种。目前工业上绝大部分氯乙烯生产采用二步法，三步法很少采用，一步法在技术路线上和经济上优于二步法，是今后生产发展方向。

（2）聚合　1931 年，德国 BASF 公司用乳液法首先实现聚氯乙烯工业化生产；1933 年，美国 Bakelite 公司采用氯乙烯溶液聚合法实现工业化生产；1941 年，美国 Goodrich 公司首创悬浮法进行了工业化生产；1956 年，法国 Pechiney Saint Gobain（PSG）公司实现了氯乙烯本体聚合的工业化，并于 1964 年开发成功两段本体聚合法。悬浮聚合法后处理简便，得到的聚氯乙烯树脂性能良好，已成为生产聚氯乙烯的主要生产方法。

我国从 1958 年开始，由锦西化工厂、上海天原化工厂、北京化工二厂等先后实现了悬浮聚合法聚氯乙烯的工业化生产。

① 乳液聚合法　乳液聚合法生产的是聚氯乙烯糊状树脂，是最先工业化的生产方法，乳液聚合在以水为分散介质（连续相）的乳液中进行，所用的表面活性剂（乳化剂）要求乳化力强而稳定性好，常用的有十二烷基苯磺酸钠、十二醇硫酸钠、硬脂酸铵等。聚合时采用

水溶性的引发剂，如过硫酸铵、过硫酸钾等。聚合反应在乳胶粒内部进行。

乳液聚合的特点是聚合速率快，体系稳定，容易控制，在聚合过程中能迅速进行热交换，可以有效地控制反应温度，因此不会出现局部过热，也不会发生爆聚，易于连续化生产。但由于乳液固含量低，一般为38%～48%，产品颗粒细，其后处理复杂，能耗高、成本高，产品中杂质含量高，使树脂的电绝缘性、热稳定性、透明性和树脂的颜色变差，从而限制了使用范围。20世纪50年代后，乳液聚合法逐渐被悬浮聚合法替代，但对于某些特殊用途，如用于人造革、各种胶乳涂料和糊状树脂仍用乳液法生产。

早期的乳液聚合有间歇式和连续式两种方法。图5-43所示为氯乙烯连续乳液聚合工艺流程。连续式成本低，热稳定性较差；间歇式操作简便，设备与悬浮法相同，树脂质量较好。

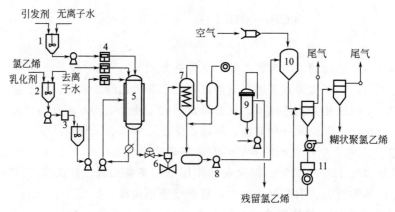

图5-43　氯乙烯连续乳液聚合工艺流程

1—引发剂槽；2—单体槽；3—均化器；4—进料泵；5—聚合釜；6—放料阀；

7—脱气塔；8—真空泵；9—洗涤塔；10—喷雾干燥塔；11—碾碎机

目前新开发的聚合方法主要有种子乳液聚合、微悬浮聚合、种子微悬浮聚合、微乳液聚合、溶胀聚合等，下面就种子乳液聚合做简单介绍。

在种子乳液聚合中，首先制备聚合用的聚氯乙烯细微乳胶种子，细微乳胶种子的制备与乳液聚合生产聚氯乙烯过程相似，但生产的种子颗粒直径为$0.1～0.4\mu m$，要比乳液聚合聚氯乙烯小而均匀，固含量控制在36%～42%。种子有一定"寿命"，一般在1周内使用，新鲜种子活性高，反应速率快，制备好的种子储存待用。种子乳液聚合比一般乳液聚合用的表面活性剂量要少，仅为通常所需量的25%～40%。在此基础上进行种子乳液聚合，聚合时加入单体量1.5%～2.5%的细微乳胶种子，聚合过程中不断添加适量氯乙烯单体和表面活性剂，其添加速度要求不致引起凝聚和产生新的胶束，在水溶性引发剂的作用下进行聚合。种子乳液聚合法生产的聚氯乙烯颗粒大小分布范围较窄，乳胶稳定，固含量可达65%。此种聚合方法的关键是控制决定产品质量和加工特性的种子增长和新生粒子比例。氯乙烯种子乳液聚合工艺流程如图5-44所示。

② 悬浮聚合　自悬浮聚合法聚氯乙烯工业化以来，由于其工艺稳定，操作简便，后处理简单，生产成本低，经济效益好，产品杂质含量少，树脂质量好，用途广，已成为聚氯乙烯生产的主要方法。

氯乙烯悬浮聚合是将压缩成液体的氯乙烯，在搅拌作用下分散到含有分散剂的去离子水

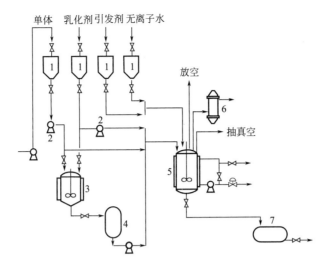

图 5-44　氯乙烯种子乳液聚合工艺流程

1—计量槽；2—比例泵；3—种子聚合釜；4—种子储槽；

5—聚合釜；6—冷凝器；7—成品乳胶储槽

介质中，形成悬浮液，使用油溶性引发剂，每一个液滴相当于一个小本体聚合体系，溶于单体中的引发剂在聚合温度下分解，引发氯乙烯聚合反应。常用的分散剂有聚乙烯醇、甲基纤维素、羟丙基甲基纤维素、明胶等，分散剂的用量和种类对聚氯乙烯的粒子大小、分布、形态和孔隙率有很大影响，这些因素影响树脂密度、吸收增塑剂的性能和加工性能，一般采用复合分散剂，既能降低表面张力，又具有较强的保胶能力。典型的氯乙烯悬浮聚合工艺流程如图 5-45 所示。

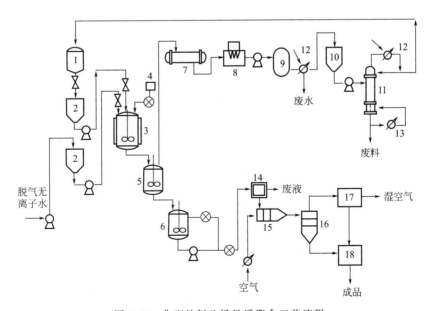

图 5-45　典型的氯乙烯悬浮聚合工艺流程

1—氯乙烯储罐；2—计量槽；3—聚合釜；4—加料器；5—储槽；6—混合槽；7—分水器；

8—气柜；9—平衡罐；10—粗品储槽；11—精馏塔；12—冷凝器；13—重气化器；

14—离心机；15—旋转干燥器；16—旋风分离器；17—过滤器；18—过筛

225

③ 本体聚合　氯乙烯的本体聚合（M-PVC）既不用水作为介质也不用分散剂，只用单体和可溶于单体的引发剂。和一般聚合物生产工艺相比，具有工艺简便、设备简单等特点，聚合物中几乎不含杂质，树脂质量高，树脂的热稳定性较高，透明性好。

但本体聚合的聚合反应热难以导出，不容易调节反应温度，生产过程中可能出现爆聚现象，释放出的氯化氢使聚合物变黄，况且反应生成的聚氯乙烯不溶于单体，随着聚合反应的进行，聚氯乙烯含量不断增加，反应器内的传热系数就会急剧下降，排除反应热将变得更加困难。因此氯乙烯本体聚合法发展缓慢，直到 1964 年法国 PSG 公司开发成功两段法本体聚合生产工艺后，才得到长足发展。

两段法本体聚合反应分两段进行：第一段为预聚合，在预聚合反应器中进行，加入单体为总量的 1/3～1/2，以高活性的过氧化物作为引发剂，高速搅拌，反应温度控制在 40～70℃，聚合转化率控制在 8%～12%，制成种子粒子；第二段为后聚合，将预聚合得到的种子粒子全部转入反应器中，再将剩下的单体全部加入，补足引发剂，进行种子粒子的增长聚合，聚合总转化率可达 70%～90%，聚合反应结束。两段法本体聚合生产工艺成功地解决了传热、粘釜、控制和树脂质量等一系列问题，使树脂的生产成本进一步降低、树脂质量不断提高。目前国外有 Hoechst 公司（德国）、BP 公司（英国）、Goodrich Chemical 公司（美国）等 20 多家厂商生产，我国宜宾天原化工厂从法国 Atochem 公司引进了此生产工艺技术，已经投入生产。氯乙烯两段法本体聚合工艺流程如图 5-46 所示。

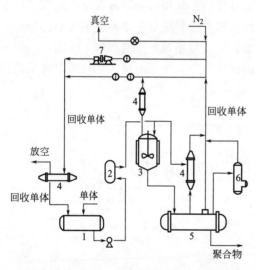

图 5-46　氯乙烯两段法本体聚合工艺流程
1—单体储槽；2—过滤器；3—预聚合釜；4—冷凝器；
5—卧式聚合釜；6—树脂分离器；7—压缩机

④ 溶液聚合　1933 年，美国 Bakelite 公司采用氯乙烯溶液聚合法实现工业化生产，氯乙烯的溶液聚合是将氯乙烯溶于溶剂中，溶剂以环己烷、苯、甲苯、烷烃、丙酮、四氢呋喃为主，在过氧化物引发剂存在下进行聚合，聚合反应温度保持在 40℃左右，反应密闭操作。溶液聚合散热容易，聚合反应容易控制，得到的聚合物分子量分布较窄、化学组成均匀。但由于溶剂具有链转移剂作用，溶液聚合物的分子量和聚合速率均不高，不宜用作一般成型，且生产成本高，通常只用作罐装涂料等特殊用途。

⑤ 其他聚合方法　随着氯乙烯聚合生产技术的不断深入研究，除上述四种聚合工艺外，还出现了气相聚合、低温等规立构聚合和定向聚合等方法，新技术、新工艺的出现必将对氯乙烯聚合理论的发展和氯乙烯聚合工业的发展起到积极的推动作用。

5.8.2　聚氯乙烯电缆料生产

以聚氯乙烯树脂为基础原料，添加稳定剂、增塑剂、填充剂、润滑剂、着色剂及其他改性助剂，可生产两种截然不同性能与用途的聚氯乙烯塑料，即硬质制品和软质制品两大类，一般添加增塑剂大于 30% 的为软质制品，小于 10% 或不加的为硬质制品，介于两者之间的称为半硬质制品或半软质制品。进入 20 世纪 90 年代以来，聚氯乙烯在热塑性塑料市场中仍占有近 20％的份额。

聚氯乙烯主要用于制造各种管材、管件、板材、异型材、电线电缆、片材、薄膜与包装材料、装饰材料、仿革材料、医用材料和其他材料。

在整个聚氯乙烯塑料应用中，消耗量最大的是电线电缆料，下面就聚氯乙烯电缆料的生产加以介绍。

5.8.2.1　稳定与增塑

（1）稳定　聚氯乙烯（PVC）树脂是一种非结晶、极性的热敏性高分子聚合物，软化温度和熔融温度较高，纯 PVC 树脂一般须在 160～210℃时才可塑化加工，PVC 分子内含有氯的基团，当温度接近 90℃时，纯 PVC 树脂便开始出现脱 HCl 反应，导致 PVC 树脂热降解，温度越高，降解越严重。

PVC 树脂不稳定的原因是：氯乙烯单体经自由基引发聚合制备 PVC，在聚合链增长过程中会发生链转移反应，生成叔碳原子，与叔碳原子相连的氯原子与氢原子，因电子云分布密度小而键能低，成为活泼原子，很容易与相邻的 H 和 Cl 结合脱去 HCl，除此之外，链终止过程中还可能形成末端双键与因微量氧存在而形成含氧结构，这些都是 PVC 树脂的不稳定因素。

PVC 树脂受热降解释放 HCl 是一个十分复杂的过程，一般认为有三种机理：自由基反应机理、离子机理与单分子机理。而释放出来的 HCl 对 PVC 树脂脱 HCl 有催化作用，加速了 PVC 树脂降解。因此，必须添加热稳定剂，防止 PVC 树脂在加工过程中受热降解。

PVC 树脂稳定技术是从其降解机理出发，阻止或延缓脱 HCl 过程，防止 PVC 树脂在加工过程中降解，延缓在使用过程中老化。

PVC 树脂热稳定剂应具备的基本功能是：取代 PVC 分子中的烯丙基氯原子或者是叔氯原子，消除引发 PVC 热降解的不稳定结构因素；中和吸收 PVC 因热降解而释放的 HCl，消除或者抑制其对 PVC 热降解的自动催化作用；与 PVC 因热降解而生成的共轭多烯发生加成反应，阻断其进一步增长，减轻其着色性；捕获引发 PVC 进一步降解的自由基。

PVC 树脂常用的热稳定剂有以下几种。

① 铅盐类热稳定剂　包括三碱式硫酸铅、二碱式亚磷酸铅、二碱式硬脂酸铅。该类稳定剂具有初期着色抑制能力，能高效中和吸收 HCl，长期稳定性效能十分显著，且相互之间有明显的协同热稳定效应。可用作不透明 PVC 制品的主稳定剂。且具有良好的介电性能，价格低廉，与润滑剂合理配比可使 PVC 树脂加工温度范围变宽，加工及后加工的产品质量稳定，是目前最常用的稳定剂。但是铅盐有毒，不能用于制作接触食品的制品，也不能用于小孩玩具类制品。

② 金属皂盐类热稳定剂　是由脂肪酸根与金属离子组成的化合物，有硬脂酸铅、硬脂酸钙、硬脂酸锌、硬脂酸钡、硬脂酸镉等。该类稳定剂能吸收 HCl，具有一定的初期着色抑制能力和长期稳定性，具有一定的透明性和润滑性，与铅盐有良好的协同作用，可以用于不透明和半透明 PVC 制品。其中钙锌类稳定剂可作为无毒稳定剂，用在食品包装与医疗器械、药品包装等。

③ 有机锡类热稳定剂　该类热稳定剂能吸收 HCl，可与聚氯乙烯分子中的不稳定氯原子形成配位体，而且在配位体中有机锡的羧酸根与不稳定的氯原子置换，转化产物不具催化活性，兼具优异的初期和长期热稳定效果，且透明性好、耐热性优异，不足之处是价格较贵。常用的有脂肪酸有机锡、硫醇有机锡等。

④ 复合型热稳定剂　该类热稳定剂是以盐基类或金属皂盐类为基础的液体或固体复合物以及有机锡为基础的复合物，其中金属盐类有钙/镁/锌、钡/钙/锌、钡/锌和钡/镉等；常用的有机酸如有机脂肪酸、环烷酸、油酸、苯甲酸和水杨酸等。

⑤ 有机化合物热稳定剂　该类热稳定剂主要与其他稳定剂协同，作为辅助稳定剂使用，常用的有环氧化合物（环氧大豆油、环氧硬脂酸辛酯等）、多元醇（季戊四醇、双季戊四醇、三羟甲基丙烷、山梨醇等）、β-二酮（二苯甲酰甲烷、硬脂酸酰苯甲酰甲烷等）、亚磷酸酯（亚磷酸三苯酯、亚磷酸苯二异辛基酯等）等。并用时能提高 PVC 的耐候性、透明性，改善制品的表面色泽。

⑥ 稀土类热稳定剂　稀土类热稳定剂主要包括轻稀土镧、铈、钕的有机弱酸盐和无机盐。有机弱酸盐的种类有硬脂酸稀土、脂肪酸稀土、水杨酸稀土、柠檬酸稀土、月桂酸稀土、辛酸稀土等。稀土热稳定剂的作用机理是：可以与 PVC 链上不稳定的 Cl 配位，且可以与 PVC 加工中分解出来的氯化氢形成配位化合物，从而能阻止或延缓氯化氢的自动氧化连锁反应，起到热稳定作用。对 PVC 加工中的氧和 PVC 本身含有的离子型杂质进行物理吸附，可以提高 PVC 脱 HCl 的活化能，从而延缓 PVC 塑料的热降解。能起置换 PVC 大分子上的烯丙基氯原子的作用，消除这个降解弱点，也能达到稳定的目的。稀土热稳定剂具有较好的长期热稳定性，并与其他种类稳定剂之间有广泛的协同效应，具有良好的耐受性，不受硫的污染，储存稳定，无毒、环保。

水滑石（碱式碳酸镁）具有类似于碱土金属皂的热稳定特性，是一种长期型热稳定剂，其热稳定效果要好于硬脂酸钙，有非常好的透明性，可用于透明制品，并且电绝缘性优良，无毒，可用于与食品等接触的 PVC 材料。

PVC 树脂稳定剂的开发正在向无毒、高效、复合方向发展，毒性大、易污染的稳定剂被限制或禁止使用，单组分的稳定剂被复合高效稳定剂取代。

（2）增塑　聚氯乙烯（PVC）极性强，分子间作用力大，需加热到一定的温度才有塑性，加入增塑剂可以降低加工温度，减少 PVC 降解可能性。另外，由于分子间的强作用力，PVC 制品变得坚硬而缺乏弹性和柔韧性。因此，PVC 配方设计时，即使是制备硬质制品，也会适当加入一些增塑剂，以增加 PVC 塑性，改善流动性，便于成型加工。当制备软质制品时，需加入 30～70 份增塑剂来提高 PVC 制品柔软性。

PVC 的增塑剂是一类添加到 PVC 中能降低其玻璃化温度，增加塑性、延伸性、流动性，使其易于加工，并能增加材料柔软性的助剂。一般而言，评判增塑剂的增塑效果以降低玻璃化温度能力为标准，ΔT_g 越大，说明增塑效果越明显。

增塑剂有极性与非极性之分，其增塑机理也不同。非极性增塑剂溶解度参数低，与非极性聚合物相近。起溶剂化作用，增塑剂使聚合物分子之间的距离增大，降低了聚合物分子间的作用力。增塑效果与其体积成正比，$\Delta T_g = KV$。对于极性增塑剂，溶解度参数高，与极性聚合物相近。极性增塑剂起屏蔽作用，增塑剂分子中的极性基团与聚合物分子的极性基团相互吸引，从而取代了聚合物分子间的极性基团的相互吸引，降低了聚合物分子间的作用力。其增塑效果与其分子数有关，$\Delta T_g = \beta n$，同时体积效应也起作用。

增塑剂主要作用是：增塑剂的加入，使聚合物变软，易与配合剂混合均匀，加工工艺变良好。增塑剂加入，降低大分子间相互作用，材料的 T_g、T_f、T_m 降低，流动性提高，有利于加工。使制品在常温下表现柔软，因为制品 T_g 降低，所以制品表现柔软。制品的耐寒性提高，增塑剂加入，大分子间作用力下降，分子链的活动能力增大，使材料的玻璃化温度

T_g 下降、脆性温度 T_b 下降，材料耐寒性提高。

增塑可分为外增塑、内增塑。外增塑是指，通过在配方中外加起到增塑作用的添加剂，如高沸点的低分子酯类化合物或低熔点的固体，这类增塑剂主要用于 PVC 树脂，减少 PVC 分子间的相互作用，增加 PVC 分子链段的活动空间。内增塑是指，起到增塑作用的组分通过化学反应与聚合物结合，如 PVC 在共聚中加入乙酸乙烯，得到以 PVC 为主的共聚物。或引入第二单体降低结晶度，增加分子的柔软性。内增塑剂具有耐久性好、不挥发、难抽出、稳定等特点，缺点是聚合成本高，使用温度范围较窄。

理想的增塑剂应具备的性质是：相容性好，即与聚合物容易混合。加工性好，包括增塑剂的加入对聚合物热稳定性的影响要小。稳定性好，增塑剂在材料内部的迁移性、挥发性小。增塑效果明显，玻璃化温度 T_g、软化温度 T_f、脆化温度 T_b 降低显著。除此之外，增塑剂还应具有良好的耐老化性、电绝缘性、耐久性、阻燃性等，且毒性低或无毒。

增塑剂选用的影响因素有以下几点。

① 溶解度参数　增塑剂与聚合物的溶解度参数相近，相容性才好。

② 分子量　增塑剂分子量越小，在聚合物中活动能力越大，渗透力也就越大，即易混溶，增塑效果好。但稳定性差，易渗出。

③ 分子结构　主要是基团，基团体积大，增塑剂在聚合物中不易运动，稳定性增强。另外，基团也影响溶解度参数。应综合考虑相容性和稳定性的协调、材料使用性能、加工工艺性能，采用增塑剂并用，以便取长补短，达到最佳效果。同时顾及增塑剂对颜料、填料等其他助剂的影响。

目前 PVC 的增塑主要是采用外增塑剂方法。PVC 树脂是极性聚合物，采用极性增塑剂，增塑时极性增塑剂的分子插入 PVC 树脂的分子链中间，增大分子间的距离，PVC 分子链的极性部分和增塑剂的极性部分相互作用，削弱了 PVC 分子间的作用力，降低熔体黏度，增加分子链的柔顺性。增塑剂的加入量越多，其体积效应越大，而且长链形状结构增塑剂比环状结构增塑剂的体积效应大。

增塑剂从总体上可分为两大类：小分子增塑剂和高分子增塑剂。

常用 PVC 树脂增塑剂有以下几种。

① 邻苯二甲酸酯类　最重要，也是产量和用量最大的种类，占增塑剂总量的 $80\%\sim85\%$，与其他增塑剂相比，这类增塑剂具有相容性好、增塑效果明显、适用性广、化学性质稳定、成本较低的优点，常被用作主增塑剂。常用的有邻苯二甲酸二辛酯（DOP）、邻苯二甲酸二丁酯（DBP）、邻苯二甲酸二庚酯（DHP）、邻苯二甲酸丁基苄基酯（BBP）、邻苯二甲酸二异癸酯（DIDP）、邻苯二甲酸二异壬酯（DINP）。在邻苯二甲酸酯类增塑剂中，随着所用醇的分子量增大，增塑剂的挥发性降低。

② 脂肪酸酯类　常用的有己二酸二辛酯（DOA）、癸二酸二辛酯（DOS）、己二酸二异壬酯（DINA）、壬二酸二辛酯（DOZ）、癸二酸二丁酯（DBS）等。这类增塑剂主要用作 PVC 的耐寒增塑剂，与聚氯乙烯的相容性较差，只能用作耐寒的辅助增塑剂，与邻苯二甲酸酯类并用。

③ 磷酸酯类　主要有磷酸三甲苯酯（TCP）、磷酸三苯酯（TPP）、磷酸二苯异辛酯（DPOP）、磷酸三丁酯（TBP）、磷酸三辛酯（TOP）等。磷酸酯类增塑剂与大多数树脂都有良好的相容性，并且有显著的阻燃性，起增塑与阻燃作用，而且其挥发性较低，耐久性较好，但有毒，且价格较贵。主要用作 PVC 的阻燃增塑剂。

④ 环氧类　分子中含有环氧结构，主要有环氧大豆油、环氧硬脂酸辛酯、环氧四氢邻苯二甲酸酯等。既能吸收 PVC 降解时放出的氯化氢，又能与 PVC 相容，起增塑与稳定作用，是 PVC 的辅助增塑剂。

⑤ 多元醇酯类　主要是指由二元醇、三元醇、四元醇与饱和脂肪酸或苯酸所生成的酯类。二元醇脂肪酸酯具有优良的低温性能，双季戊四醇酯具有优良的耐热性、耐老化性和耐抽出性，二元醇（或多缩二元醇）苯甲酸酯具有良好的抗污染性，甘油三乙酸酯无毒性。

⑥ 柠檬酸酯类　主要品种为柠檬酸三乙酯（TEC）、柠檬酸三丁酯（TBC）、乙酰柠檬酸三丁酯（ATBC）。属于无毒增塑剂，用于食品包装、医疗器具、儿童玩具以及个人卫生用品等方面。且具有良好的耐光性、耐热性、耐老化性和耐水性。

除此之外，PVC 增塑剂还有以下几种。

① 含氯增塑剂　主要为氯化石蜡，是 PVC 的辅助增塑剂，与三氧化二锑并用，有协同阻燃效果。

② 苯多酸酯增塑剂　主要品种为偏苯三酸三辛酯（TOTM），为耐热性与耐久性增塑剂。

③ 反应性增塑剂　有活性基团，可以发生化学反应，生成网状结构，主要品种有邻苯二甲酸二烯丙酯（DAP）。

④ 聚酯增塑剂　聚酯增塑剂的分子量比小分子量的增塑剂大，分子量大，挥发性很低，可用于耐久性的制品。

⑤ 高分子增塑剂　高分子增塑剂通常为聚合物弹性体，常用的有氯化聚乙烯（CPE）、丁腈橡胶（NBR）等。高分子对 PVC 的增塑，实质上是弹性体与 PVC 的共混。

⑥ 其他类型的低分子增塑剂　如石油酯类、间苯二甲酸酯类、对苯二甲酸酯类、六氢化邻苯二甲酸二异壬酯（DINCH）等。

增塑剂的毒性越来越引起人们的重视，中国已经制定相关的法律和法规，将逐步淘汰邻苯二甲酸酯类增塑剂在食品包装材料、医疗器具以及儿童玩具等方面的使用。传统增塑剂的应用领域受到限制，研究开发新型环保型增塑剂已经成为当务之急。

5.8.2.2　物料组成

聚氯乙烯（PVC）电线电缆料属于软质制品，要求有较高的柔软性、耐寒性、耐老化性、耐热性、电绝缘性、自熄性等，因此在选择树脂及助剂时应充分考虑到其特殊性能要求，适当制定符合要求的配方及工艺。

（1）树脂　目前我国生产的 PVC 树脂大部分采用悬浮聚合法生产，悬浮聚合生产树脂按颗粒形态来分，有疏松型与紧密型，我国以疏松型树脂为主。国产疏松型树脂按聚合度的大小分为 8 个型号：SG-1～SG-8。自 SG-1 到 SG-8，分子量逐渐变小。由于电线电缆的特殊要求，选择树脂时采用分子量大、电绝缘性好的电气级树脂 SG-1、SG-2、SG-3，有的厂商生产的树脂牌号直接以聚合度表示，一般用作电线电缆的 PVC 树脂，聚合度为 1000～1300，有时甚至更高。

（2）稳定剂　PVC 在加工和使用过程中，由于受热、氧、光等因素的影响，经常会发生热降解和老化而影响制品的加工性能和使用寿命。因此在 PVC 配方中需添加热稳定剂、抗氧剂和紫外线吸收剂等，这对经常使用于热环境或户外的电线电缆料显得尤为重要。

PVC 在接近 $90\,^{\circ}\mathrm{C}$ 时便开始分解，放出 HCl，随温度升高，分解速率加快，最后导致 PVC 变黄、变黑，并严重污染环境，威胁人体健康。而电线电缆料的加工温度在 150～

200℃之间，因此必须添加稳定剂防止树脂降解。PVC 的热稳定剂主要有：铅盐系列，有机锡系列，钡、铬、锌复合稳定剂系列，硬脂酸盐系列，复合盐系列，辅助稳定剂等。对于电线电缆料一般采用铅盐系列加辅助稳定剂。

（3）增塑剂　由于电线电缆料属于软质制品，因此必须加入较多增塑剂，以提高制品的柔软性，PVC 的增塑剂品种很多（上节所述）。增塑剂选择应首先考虑与 PVC 相容性较好、溶解度参数相近的增塑剂，并应考虑到电线电缆对耐寒性、电绝缘性、阻燃性特点及加工工艺可行性与成本等因素的要求，有时为了取得良好的工艺性能和使用性能，并尽可能降低成本，可采用多种增塑剂并用，相互取长补短。

（4）填充剂　在 PVC 电线电缆料生产配方中，为了改进材料的电绝缘性和高温下的形变，降低材料的生产成本，需要添加较多的填充剂。填充剂的品种很多，主要是无机碳酸盐、硫酸盐、氧化物、水合氧化物等，在聚氯乙烯电线电缆料中主要添加陶土、煅烧高岭土、碳酸钙等。影响填充剂填充效果的主要因素有填充剂粒子的大小、形状、表面性能和结构性。选择填充剂时，应考虑其对材料性能的影响、价格、吸附性、纯度及对加工工艺性能的影响。

（5）润滑剂　PVC 电线电缆料中加入润滑剂的主要作用是防止粘在加工设备和模具上，提高电线生产时放线速度，因此选择一些与 PVC 相容性较差，容易析出在线缆表面形成一层膜的物质。常用的润滑剂有硬脂酸、硬脂酸盐及各种蜡（聚乙烯蜡、聚丙烯蜡、石蜡等）。

（6）着色剂　PVC 电线电缆中经常用不同的颜色来标志不同的用途，因此有着色要求。选择着色剂时，要考虑多种因素：具有所需色泽和一定的覆盖力；能满足工艺过程的要求，容易分散；要考虑着色剂对制品性能的要求；不干扰其他助剂发挥作用。

（7）其他助剂　除上述各种助剂外，在 PVC 电线电缆料中还经常加入一些其他助剂。如为防止静电作用而加入抗静电剂；为防止制品发霉而加入防霉剂；有特殊需要时还加入一些防白蚁剂、防鼠剂等。

5.8.2.3　加工方法

电线电缆料的加工过程主要步骤如下。

（1）物料配制　原材料在生产、运输和储存过程中可能会混入杂质、吸潮、结团或发生其他不希望的现象，为了使生产顺利进行，保证制品质量，需要对原材料进行处理。

为了保证设备不受损坏及制品质量，对于原材料中的机械杂质，可以经过过筛、过滤和磁选；对块状或颗粒较大的助剂，按需要进行粉碎、研磨；含水分、挥发物过多的助剂（如填充剂、增塑剂）对制品外观及内在质量影响较大，必须要进行干燥处理；有些增塑剂黏度较大（特别是在室温较低的冬季，甚至可能结块），影响增塑剂向树脂颗粒内部的扩散速率，有必要进行预热；着色剂一般用量较少，难以分散均匀，常将着色剂配制成色母料或色浆后使用，以减少配料误差，并有利于物料混合均匀；稳定剂和粉状填充剂等助剂的固体粒子在树脂中分散比较困难，且容易造成粉尘飞扬，影响加料的准确性及人体健康，可采用密闭管道输送。各种原材料经检验合格后，按设计的配方精确称量、进行配料。

（2）混合　混合是在混合设备内将配制好的各种物料通过扩散、对流、剪切等作用，使物料各组分之间相互混杂和分散，并具有初塑化效果。聚氯乙烯电线电缆料生产时，一般采用高速捏合机（混合机）进行混合，为了增加混合效果，混合时设备外夹套内可通入蒸汽或导热介质使物料加热达到一定温度（必须充分考虑到由于物料在高速剪切作用下会大量生热），但必须控制在物料黏流温度以下，以防止设备内物料因温度太高而结块（严重时甚至引起物料降解），影响操作及制品质量。混合终了应使物料达到所需的分散程度和均匀程度。为保证操作顺利连续进行及制品质量，混合结束后，物料必须充分冷却、散热，以防结块降解。

（3）塑化　物料在完成混合后，进入塑化阶段，塑化是在高于树脂流动温度和强烈剪切作用下进行，是复杂的再混合过程，聚氯乙烯电线电缆料塑化是一个物理过程。塑化采用的设备有开炼机、密炼机、螺杆挤出机，大型厂商一般采用密炼机或挤出机塑化，但不管采用何种设备，为保证塑化效果，必须严格控制塑化温度，在树脂流动温度（T_f）以上、分解温度（T_d）以下进行。如果温度太低，无法进行有效塑化，温度太高，将造成树脂发生降解或交联等化学变化，对制品的成型和制品的性能带来不良影响。

塑化的终点可以取样测试样品的均匀程度与分散程度，或通过取样测试样品的力学性能，实际操作过程中可以通过严格控制工艺条件和根据积累的经验来决定。

（4）造粒　经塑化均匀的物料，通过挤出机挤出造粒或开炼机开片切粒，得到所需的聚氯乙烯电线电缆料。目前比较先进的造粒方法是通过分段式挤出机热切粒（磨面切粒），造好粒子经冷却、风送进入储槽，经混批后，计量、包装、入库。造粒阶段的主要控制工艺因素是温度，适宜的温度能使操作方便和质量更加稳定。

5.8.2.4　电线电缆包覆

电线电缆中广泛采用塑料作为包覆绝缘材料。电线以铜等金属材料作为导电材料，单根或多根绞并而成，外面包覆有塑料绝缘材料；电缆由单根或多根电线组成，外面包有塑料绝缘保护层。

软质 PVC 塑料的主要应用是绝缘电线和电缆。第二次世界大战期间，PVC 包覆电线首先在船上大量使用，其后在军用和民用飞机、电话电缆、同轴电缆、电子仪器导线、汽车导线、住宅房屋导线以及其他用途上广泛拓展。

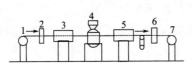

图 5-47　电线电缆包覆加工工艺流程
1—放线架；2—除油器；3—预热器；4—挤出机；
5—冷却槽；6—检验器；7—收线架

电线电缆包覆采用挤出法成型加工工艺，是用一层热塑性塑料包覆连续长度的电线芯、电缆芯，其加工工艺流程如图 5-47 所示。其设备由放线架、预热器、挤出机、冷却槽、收线架和其他辅助设备组成。金属裸线放在放线架上，经除油、预热后，进入挤出机头，挤出机头通常采用直角机头，聚氯乙烯塑料从挤出机塑化、挤出后，经直角机头包覆在金属裸线外，包覆的电线进入冷却水槽冷却定型，而后进入恒定张力装置，最后被收卷到收线架。

5.9　聚酯纤维的生产

合成纤维由于具有强度高、质量轻、耐磨性好以及耐霉蛀、耐化学腐蚀等突出的优点，被广泛应用到日常生活、农业、工业和国防等领域中。

纤维可分为天然纤维与合成纤维两大类。天然纤维包括动物纤维和植物纤维，动物纤维有羊毛、兔毛、驼毛、蚕丝等，植物纤维主要有棉花、麻等。

由于天然纤维在资源、品种、性能上的局限，迫切需要寻找各种替代品，高分子合成材料的研究也由橡胶、塑料，拓展到合成纤维。合成纤维的研究开发在 20 世纪 30 年代初已成为科学家、厂商的重要课题之一。最早的合成纤维是采用碳链类成纤高聚物（如氯乙烯与乙酸乙烯共聚物、聚乙烯醇、氯化聚氯乙烯等）作为原料进行纺丝制纤维，但由于这类纤维性能太差而工业上没有大规模生产。

1935 年，美国 W. Carothers 等首先研究成功第一种聚酰胺纤维——尼龙-66（nylon-66），并于 1938 年建立了中试工厂，1939 年开始工业化生产，由于尼龙-66 纤维具有高强度、高弹性等一系列优异性能，使合成纤维开发、研究、生产、应用迅猛发展，其他聚酰胺纤维开发也在这一阶段得到长足发展。20 世纪 50 年代初聚酯纤维（涤纶）及聚丙烯腈纤维（腈纶）的问世，并实现工业化生产，更丰富了合成纤维的品种。此后，改性纤维、特种纤维的开发、工业化生产、应用使合成纤维进入了高速发展阶段。

5.9.1　合成纤维的概述

5.9.1.1　种类

合成纤维的品种繁多，主要有三四十种，而且新的品种还在不断开发出现。但从性能、应用范围和技术成熟程度来看，目前国内外大量发展的主要有聚酰胺纤维、聚酯纤维及聚丙烯腈纤维三大类，这三类合成纤维的产量占合成纤维总量的 90％以上。合成纤维一般从化学结构上加以分类，如图 5-48 所示。

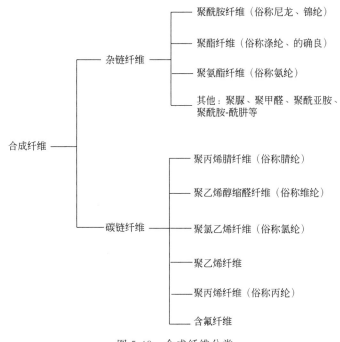

图 5-48　合成纤维分类

（1）杂链纤维　杂链纤维就是在聚合物大分子主链上，除 C 原子外，还含有 O、N、S 等原子，这类纤维通常由具有双官能团的单体经缩聚反应得到，也可从杂环化合物开环聚合得到，典型代表有聚酰胺纤维、聚酯纤维、聚氨酯纤维等。

（2）碳链纤维　碳链纤维的聚合物大分子主链全是 C 原子，通常由不饱和碳氢化合物或其衍生物进行游离基型或离子型聚合得到，典型代表有聚丙烯腈纤维（腈纶）、聚氯乙烯纤维（氯纶）、聚丙烯纤维（丙纶）等。

5.9.1.2　基本概念

（1）纤维　纤维是一种柔韧的细长材料，长径比（长度与直径之比）较大，一般纺织用

纤维直径为 $10^{-6} \sim 10^{-5}$ m，长径比大于 1000，纤维的分子间作用力在三大合成材料中最大。

（2）长丝　在合成纤维纺丝过程中，形成连续不断的丝条，其长度以千米计，且无须处理可直接用于后加工。

（3）短丝　在纺丝过程中，为模拟天然纤维，而将成型丝条切成长 $1 \sim 20$ cm，称为短丝（或称短纤维）。短丝可以用来与天然纤维进行混纺。

（4）丝束　将几万根甚至上百万根单丝汇成一束，然后切成短丝，或经牵切而制成条子，称为丝束。牵切纤维和短丝用途一致，但克服了短丝杂乱不平行的缺点，无须梳理便可纺纱。

5.9.1.3　树脂成纤性

高分子树脂是塑料与纤维的基础原料，同一种树脂有时既可作为制备塑料的原料，也可作为制备纤维的原料。如聚丙烯是一种通用塑料原料，可制备各种容器、管材、薄膜、汽车保险杠及其他塑料制品。聚丙烯也是一种制备纤维原料，可生产聚丙烯纤维（丙纶）。同样，聚对苯二甲酸乙二醇酯（简称 PET）既可用作工程塑料，也可生产聚酯纤维。而作为纤维用原料，在树脂性能上有一些差别化要求，高分子树脂成型纤维的能力称为成纤性，成纤性一般要求如下。

（1）线型分子结构　初生纤维结构不稳定，纤维性能低下，需多次纵向拉伸，拉伸后，分子链发生轴向取向，产生取向晶相，使纤维的强度大大提高。线型结构的高分子树脂适合拉伸取向、结晶，其纤维具有较高的拉伸强度。而支链多或体型结构的分子链成纤困难，且拉伸取向、结晶困难，不适合制备纤维。

（2）适当的分子量与分子量分布　线型高分子树脂分子链的长度对纤维的机械强度、耐热性和溶解性的影响更大，分子量太高不易加工成纤，太低则纤维的力学性能差。常见成纤高分子树脂的相对分子质量见表 5-21。

描述分子量多分散程度可以用重均分子量与数均分子量比值来表示，$\alpha = M_w/M_n$。α 数值越大，表示分子量分散程度越大，也就是分布越宽。α 对纤维结构的均匀性影响很大，在相同条件下制得的纤维，α 大的纤维，其表面有较大的裂痕，造成纤维强度低，拉伸时极易断裂。而 α 小的纤维，纤维表面是均一的，纤维强度大。另外，纺丝一般是高速进行的，α 数值小，树脂均一，可纺性高。因此，分子量分布窄是得到高质量纤维的一个重要要素。

（3）分子结构规整　分子结构要规整，易于结晶，拉伸后纤维分子链取向稳定，强度大，表面致密。

（4）可溶性与可熔性　纤维纺丝一般采用熔体纺丝、湿法纺丝、干法纺丝等，均需制备高分子溶液或熔体才能进行纺丝，因此成纤高分子树脂应具有可溶性和可熔性。

除上述要求外，成纤高分子树脂还具备足够的热稳定性，结晶性树脂的熔点和软化点应比使用温度高得多，非结晶性树脂的 T_g 应比使用温度高。分子结构中含极性基团的树脂，其分子链间有足够的作用力，有利于提高纤维的强度。

表 5-21　常见成纤高分子树脂的相对分子质量

树脂	俗称	相对分子质量	树脂	俗称	相对分子质量
聚酰胺 6（PA6）	锦纶 6	$(1.6 \sim 2.2) \times 10^4$	聚丙烯腈	腈纶	$(5.0 \sim 8.0) \times 10^4$
聚酰胺 66（PA66）	锦纶 66	$(1.6 \sim 2.2) \times 10^4$	聚乙烯醇（PVA）	维纶	$(6.0 \sim 8.0) \times 10^4$
聚酯（PET）	涤纶	$(1.6 \sim 2.0) \times 10^4$	全同聚丙烯（PP）	丙纶	$(18.0 \sim 30.0) \times 10^4$

5.9.1.4　生产方法简述

合成纤维工业包括树脂制备和纺丝两部分，目前合成纤维的成型有熔体纺丝、湿法纺丝、干法纺丝及其他纺丝法（包括复合法纺丝、乳液纺丝、冻胶纺丝、相分离纺丝等）。本节只对前三种纺丝方法做简单介绍。

（1）熔体纺丝　熔体纺丝有两种方法：一种方法是将聚合得到的高分子化合物熔体，由喷丝头喷成细流，经冷却后得到初生纤维，初生纤维再经拉伸、加捻、复捻、压洗、定型、平衡、络丝后成为成品；另一种方法是将得到的高分子化合物，经造粒、切片后，再熔融纺丝，纺丝过程与前一种相同。熔体纺丝生产过程比较简单，由于不用溶剂，生产安全、成本较低，所得纤维强度较高，此法应用广泛。杂链合成纤维的成型以熔体纺丝为主。

（2）湿法纺丝　湿法纺丝是将得到的高分子化合物溶于溶剂中，配制成纺丝原液，将原液过滤、脱泡、计量后，由喷丝头喷成细流，在凝固浴的作用下，进行适当的喷丝头拉伸而形成初生纤维，初生纤维经加工后制成成品丝。湿法纺丝速度很慢，主要用于生产短纤维。

（3）干法纺丝　干法纺丝是将得到的高分子化合物配制成纺丝原液后，由喷丝头喷出的细流不进入液相凝固浴，而是进入热空气套筒，使细流中的溶剂遇热挥发，而制成纤维，主要用于生产长纤维。聚丙烯腈纤维既可通过湿法纺丝，也可通过干法纺丝制备。

5.9.2　聚酯纤维生产

聚酯（polyester）通常是指以二元酸和二元醇缩聚得到的高分子化合物，20 世纪 20 年代以脂肪族二元酸和二元醇缩聚制得脂肪族聚酯，但成纤性差，无法用于纺织纤维。而以对苯二甲酸和乙二醇缩聚得到的聚对苯二甲酸乙二醇酯具有良好的成纤性，且其纤维性能良好。目前，聚酯纤维的品种主要有聚对苯二甲酸乙二醇酯（polyethylene terephthalate，PET）纤维、聚对苯二甲酸丁二醇酯（polybutylene terephthalate，PBT）纤维、聚对苯二甲酸丙二酯（polypropylene terephthalate，PPT）纤维等。因这种高分子化合物的分子结构

中含有酯基，$-\!\!-\!\!\overset{\displaystyle O}{\underset{}{C}}\!-\!O$，故称聚酯纤维。PET 结构式为：

$$H\left[OCH_2CH_2OOC-\!\!\bigcirc\!\!-CO\right]_n OCH_2CH_2OH$$

随着技术不断进步，聚酯纤维的品种出现多样化发展的趋势，新品种不断涌现，如聚萘二甲酸乙二醇酯（PEN）纤维、聚乳酸（PLA）纤维等，其功能化的品种有阳离子染料可染聚酯（CDPET）纤维、常温常压可染聚酯（ECDP）纤维、各种中空聚酯纤维等。

目前工业化生产产量最大的是聚对苯二甲酸乙二醇酯（PET）纤维，我国将聚对苯二甲酸乙二醇酯（PET）含量大于 85% 的纤维简称为涤纶，俗称"的确良"。涤纶具有优良的断裂强度、弹性模量、耐热性、耐光性、回弹性，织物具有洗可穿性，且其热定型性优异，抗溶剂、洗涤剂、漂白剂性好。尽管涤纶性能优良，但也存在缺点，其吸湿性、染色性较差，静电现象严重，织物易起球，制作衣物穿戴的舒适性比天然纤维差，这也是聚酯纤维的通病。聚酯纤维通过化学或物理改性可改善其缺点，如共聚、表面处理、共混纺丝、改变纤维形态以及混纤、交织等。下面以聚对苯二甲酸乙二醇酯纤维为例，介绍其生产方法。

5.9.2.1　聚对苯二甲酸乙二醇酯的制备

以对苯二甲酸、乙二醇为主要原料，经酯化或酯交换和缩聚反应而制得，制得聚对苯二甲酸乙二醇酯，经纺丝后制成 PET 纤维。聚对苯二甲酸乙二醇酯的制备一般分两步进行。

（1）对苯二甲酸双羟乙酯（BHET）制备　以对苯二甲酸为原料，经酯交换法，或直接酯化法，或直接加成法，制备对苯二甲酸双羟乙酯。其反应如下。

① 酯交换法

$$CH_3OOC—\bigcirc—COOCH_3 + 2HOCH_2CH_2OH \rightleftharpoons HOCH_2CH_2OOC—\bigcirc—COOCH_2CH_2OH + 2CH_3OH$$

② 直接酯化法

$$HOOC—\bigcirc—COOH + 2HOCH_2CH_2OH \rightleftharpoons HOCH_2CH_2OOC—\bigcirc—COOCH_2CH_2OH + 2H_2O$$

③ 直接加成法

$$HOOC—\bigcirc—COOH + 2H_2C\!\!-\!\!CH_2 \rightleftharpoons HOCH_2CH_2OOC—\bigcirc—COOCH_2CH_2OH$$

（2）聚对苯二甲酸乙二醇酯制备　以对苯二甲酸双羟乙酯为原料，经其分子间的缩聚（间隙法缩聚或连续法缩聚），得到聚对苯二甲酸乙二醇酯。其反应式如下：

$$n\,HOCH_2CH_2OOC—\bigcirc—COOCH_2CH_2OH \rightleftharpoons$$

$$HOCH_2CH_2OOC—\bigcirc—CO\!\!-\!\!\big[\,OCH_2CH_2OOC—\bigcirc—CO\,\big]_{n-1}\!\!-\!\!OCH_2CH_2OH$$

用于成纤的 PET，其相对分子质量一般为 $(1.8\sim2.5)\times10^5$，对苯二甲酸双羟乙酯分子间的缩聚反应有小分子乙二醇的产生，必须回收，一方面能保证缩聚反应（平衡反应）往有利于产生 PET 方向进行，另一方面回收的乙二醇可直接用于酯化反应或酯交换反应。影响 PET 分子量、收率、质量的因素主要有缩聚反应温度、真空度、反应时间、催化剂与稳定剂种类等。

5.9.2.2　纺丝

由缩聚得到的 PET 熔体（缩聚反应后阶段温度控制在 $270\sim280℃$），可直接纺丝，称为直接纺丝法。也可经挤出切粒，得到 PET 粒子，纤维级 PET 俗称聚酯切片，再由聚酯切片熔融纺丝。聚酯切片用于制造涤纶短纤维和涤纶长丝，供相关企业生产纤维及相关产品。除纤维级 PET 外，还有非纤维级 PET，如瓶类、薄膜、工程塑料等。

PET 树脂是结晶性聚合物，熔点在 260℃ 左右，纺丝采用熔体纺丝，纺丝设备为挤出机，各段温度一般控制在 $250\sim290℃$，为防止高温水解与纤维气泡，纺丝前 PET 切片必须进行干燥或真空干燥，含水率达到 0.01% 以下，干燥温度在 130℃ 左右，时间为 $10\sim20h$。PET 熔体经挤出机喷丝头细孔中压出成型，冷却凝固后得到纤维，称为初生纤维。PET 熔体黏度是纺丝成型质量的关键，熔体黏度是聚合物的熔体流变性能，与分子量、温度、剪切速率等有关。图 5-49 所示为涤纶熔体纺丝一般工艺流程。

图 5-49　涤纶熔体纺丝一般工艺流程

5.9.2.3　后加工

初生纤维强度低、延伸率大、结构不稳定，不具备纺丝加工性能，必须经进一步处理，才能成为具有使用价值的纤维。涤纶的后处理包括拉伸、卷曲、热定型、上油、切丝、加捻长丝、打包等工序。这样才能制得成品，供纺织工业使用。

拉伸是合成纤维制造中的一个重要工序，初生纤维结构不稳定，纤维性能低下，经多次拉伸作用后，分子链发生轴向取向，产生取向晶相，使纤维的强度大大提高，伸长率减小，降低纤维的沸水收缩率和增加弹性，细度符合纺丝要求。定型、干燥使拉伸效果得以巩固、加强，并使纤维致密化。

5.9.2.4　PET 结构与性能的关系

（1）PET 分子链是具有对称性芳香环结构的线型大分子，无大支链，通过纤维拉伸，分子链易于按拉伸方向取向，有利于提高纤维拉伸强度。

（2）PET 分子链中存在苯环基团，因此 PET 纤维刚性大、模量高、熔点也高，纯 PET 熔点为 267℃。

（3）PET 分子内 C—C 键可以内旋转，因此，PET 存在无定形的顺式构象及结晶型的反式构象。

（4）PET 分子链的结构具有高度的立体规整性，所有的芳香环几乎处在一个平面上，分子排列紧密镶嵌，因此，PET 密度较高，约为 $1.38g/cm^3$，且易于结晶，结晶度在 40%～60% 之间，因此其耐热性好，耐磨性高。分子链紧密排列也是 PET 纤维染色性差的原因之一。

（5）PET 分子链中含酯键，而酯键容易水解，特别是在高温下，PET 容易发生水解，使分子量降低，力学性能也下降。因此，纺丝前必须干燥，防止水解。

另外，PET 分子链端基为两个羟基，有一定的吸湿性（吸湿率为 0.4%），但比其他合成纤维（如锦纶、腈纶）低，缺乏吸水基团也是影响 PET 纤维染色性的因素。PET 的相对分子质量一般为 $(1.8～2.5)×10^5$，分子量太小，成纤性差，低于 $1.0×10^5$ 时难以得到高强度纤维，再低时成纤困难；分子量太大，力学性能高，缩聚时黏度大，小分子乙二醇抽出困难。

5.9.2.5　涤纶品种与用途

聚酯既可纺制长丝，又能制成短纤维，长丝用于制作变形纱和帘子线，短纤维用于纯纺或与其他天然纤维、化学纤维混纺。

涤纶品种主要有短纤维、拉伸丝、变形丝、装饰用长丝、工业用长丝以及各种差别化纤维。涤纶短纤维、涤纶长丝又可按功能、用途、加工方法、物理性能等进行细分，如涤纶短纤维按物理性能分为高强低伸型、高模量型、高强高模量型等。

涤纶性能优良、用途广泛，且有多种特殊改性的纤维。因此广泛用于混纺和纯纺工业中，制造坚牢挺括、免烫和洗可穿性能良好的仿毛、仿棉、仿丝、仿麻织物，用于男女衬衫、外衣、儿童衣着、室内装饰织物和地毯等。

高强度涤纶在工业上可用作汽车轮胎骨架材料的帘子线、汽车安全带及各种运输带、消防水管、缆绳、渔网等，也可用作电绝缘材料、医药工业用布等。

通过改性，可生产染料可染等品种，外观与手感十分近似棉、毛或丝的产品，也可生产防水、抗静电、导电、阻燃纤维。如阻燃涤纶在冶金、林业、化工、石油、消防等阻燃防护服领域发挥着重要作用。

5.10　环氧树脂及其玻璃钢的生产

合成树脂是 20 世纪 30 年代发展起来的一种新型有机材料。按其是否具有重复加工性能，可分为热固性树脂和热塑性树脂两大类，前述的聚乙烯树脂、聚氯乙烯树脂及聚丙烯腈树脂均属热塑性树脂。热塑性树脂在成型加工过程中，一般只发生物理变化，如溶解、熔融、塑化、结晶、取向、凝固等变化，树脂可多次加工或回收。热固性树脂在热或固化剂等作用下，能发生交联形成网状结构而变成不溶不熔，丧失了重复加工性。这种树脂在制造或加工过程中的某些阶段常常是液体，一旦固化就不能通过加热再次软化，加强热则分解破坏。目前常用的热固性树脂主要有不饱和聚酯树脂、环氧树脂及酚醛树脂等。

环氧树脂开始工业化生产至今已有 60 多年历史，1946 年瑞士 Ciba-Geigy 公司首先投产，之后美国、英国、德国等西方国家相继实现工业化生产。我国在 1957 年开始进行环氧树脂研究，1958 年上海树脂厂实现了工业化生产，目前国内有 40 多家生产厂商。

5.10.1 环氧树脂生产

环氧树脂是指分子中含有两个或两个以上环氧基的一类有机高分子化合物，是热固性树脂中最重要的品种之一。由于活性环氧基的存在，它可与多种类型的固化剂发生交联反应而形成不溶不熔、立体网状结构的高分子化合物。

5.10.1.1 种类

环氧树脂的品种很多，其中双酚 A 型环氧树脂是最常用的一种。

（1）双酚 A 型环氧树脂　双酚 A 型环氧树脂又称 E 型环氧树脂，由 2,2-双(4′-羟基苯基)丙烷（双酚 A）和环氧氯丙烷在氢氧化钠存在下反应制得。主要型号有 E-42、E-44、E-51 等。双酚 A 型环氧树脂是目前应用最广的环氧树脂，分子结构中的双酚 A 骨架具有强韧性和耐热性，亚甲基链赋予柔软性，醚键赋予耐化学药品性，羟基赋予反应性和粘接性。环氧树脂能与多种固化剂、催化剂及添加剂形成多种性能优异的固化物，树脂的工艺性好，固化时基本上不产生小分子挥发物，固化物有很高的强度和黏结强度。

（2）双酚 F 型与双酚 S 型环氧树脂　双酚 F 型环氧树脂由双酚 F（二酚基甲烷）与环氧氯丙烷在 NaOH 作用下反应制得，其性质与双酚 A 型环氧树脂相似，但其黏度比双酚 A 型环氧树脂低得多，对纤维的浸渍性好，也适合作为无溶剂涂料。双酚 S 型环氧树脂与双酚 A 型环氧树脂相似，其最大的特点是固化物具有比双酚 A 型环氧树脂固化物更高的热变形温度和更好的耐热性。

（3）酚醛环氧树脂　酚醛环氧树脂由线型酚醛树脂与环氧氯丙烷缩合而成，酚醛环氧树脂在常温下处于半固态。由于大分子链为刚性链结构，因此该树脂固化后具有良好的耐热性，同时耐化学腐蚀性也较好。主要型号有 F-44、F-46 等。

（4）脂环族环氧树脂　是指脂环族双环氧化合物和脂肪-脂环族双环氧化合物以及芳香-脂环族双环氧化合物，含有两个脂环环氧基的低分子化合物，它们实际是一类分子量不大的有机化合物。脂环族环氧树脂是由脂环烯烃的双键环氧化而制得的，固化后，脂环族环氧树脂结构紧密，树脂具有较高的热变形温度，耐紫外线性好，树脂本身的黏度低，缺点是固化物的韧性较差。不含苯环，因而耐紫外线性及耐候性好，可用作抗紫外线涂料，也可作为活性稀释剂。

（5）多酚型缩水甘油醚环氧树脂　多酚型缩水甘油醚环氧树脂是一类多官能团环氧树脂，含两个以上环氧基，因此固化物的交联密度大，具有优良的耐热性、强度、模量、电绝缘性、耐水性和耐腐蚀性。

（6）脂肪族缩水甘油醚环氧树脂　由二元醇或多元醇与环氧氯丙烷在催化剂作用下开环醚化，生成氯醇中间产物，再与碱反应，脱 HCl 闭环，形成缩水甘油醚，由两个或两个以上环氧基与脂肪链直接相连而成。不含环状结构的长链型分子，黏度小，富有柔韧性，但耐热性较差。

（7）缩水甘油酯型环氧树脂　含两个或两个以上缩水甘油酯基的化合物，特点是黏度小，工艺性好，反应活性大，与其他环氧树脂的相容性好，粘接强度高，既可单独使用，也可用作其他环氧树脂活性稀释剂。

（8）缩水甘油胺型环氧树脂　伯胺或仲胺与环氧氯丙烷合成的含有两个或两个以上缩水甘油胺基的化合物，多官能团，黏度低，活性高，环氧当量小，耐热性高，粘接力强，可与其他类型环氧树脂混用。

（9）三聚氰酸环氧树脂　是三聚氰酸与环氧氯丙烷在催化剂作用下合成的一种具有三氮杂环的多官能团环氧树脂，通常都用酸酐作为固化剂，加热固化，具有优异的耐高温性、化学稳定性、耐紫外线老化性和耐候性。力学性能和电性能良好，尤其是在高温下能保持优良的力学性能和电性能。固化物硬而脆，耐机械冲击性和耐热冲击性差。

（10）海因环氧树脂　含有海因环（五元二氮杂环）的一类新型环氧树脂。这类树脂可以是缩水甘油胺型、缩水甘油醚型或缩水甘油酯型树脂，也可以是单海因核或多海因核树脂。具有黏度低、工艺性好、热稳定性好、耐热性高、耐候性好、电绝缘性突出等特点。

（11）溴化环氧树脂　因分子中含 Br 具有阻燃性能，可作为阻燃型环氧树脂使用，常用于印制电路板、层压板等。

（12）聚丁二烯环氧树脂　同时含聚丁二烯橡胶结构和环氧树脂结构，具有良好的冲击韧性和黏结性能。

（13）混合型环氧树脂　含有两种不同类型环氧基的环氧树脂，具有这两类环氧树脂的特性。

5.10.1.2　制造方法

以双酚 A 型环氧树脂制造方法加以说明。双酚 A 型环氧树脂也称通用型环氧树脂，是环氧树脂中最常用的一种。

双酚 A 型环氧树脂结构式如下：

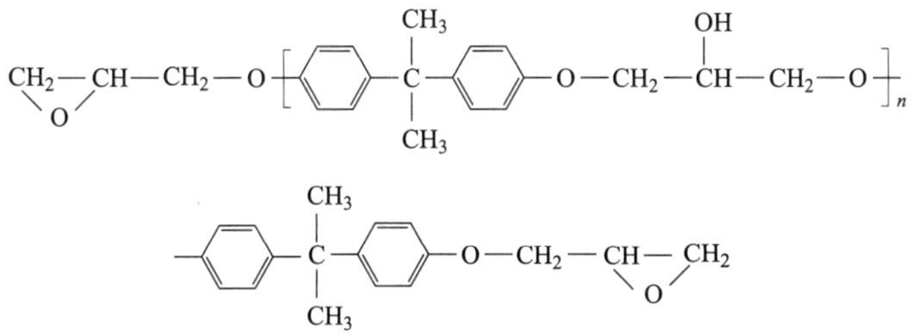

其基本反应式可简单表示为：

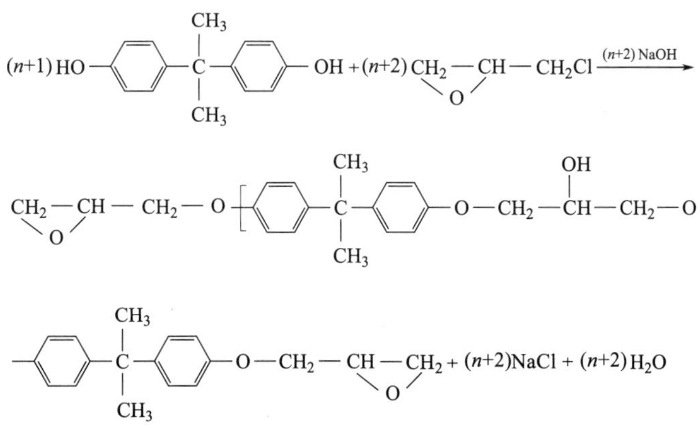

随着反应条件的不同，可以制得 $n=0\sim20$ 不同分子量的树脂。n 值从 0 到近似 1 的低分子量产物是液态的，随着 n 增大，则树脂变成一种脆性的热塑性固体。

E-44 的生产过程如下：将双酚 A 投入溶解釜中，加入环氧氯丙烷，加热升温至 70℃ 左右溶解，待溶解结束后，将溶解料用泵打入反应釜，开始搅拌，并滴加氢氧化钠溶液，反应温度控制在 50～55℃，维持一定时间。待反应结束后，减压回收环氧氯丙烷。回收结束后，加苯溶解，在 55～70℃ 下第二次加氢氧化钠溶液，进行闭环反应。反应结束后，冷却、静置分层，将上层苯树脂溶液在回流脱水釜中脱水，再进入脱苯釜中脱苯，即可得到成品环氧树脂。其生产工艺流程如图 5-50 所示。

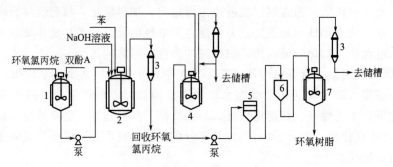

图 5-50　E-44 环氧树脂生产工艺流程

1—溶解釜；2—反应釜；3—冷凝器；4—回流脱水釜；

5—过滤器；6—储槽；7—脱苯釜

常用的三种环氧树脂（E-51、E-44、E-42），它们之间的差别仅在于分子量的不同，前者分子量小，而后者大。表现在工艺性能上，前者流动性较好，而后者则流动性较差。表现在已固化树脂性能上，则差别不大。

5.10.1.3　固化与常用固化剂

环氧树脂是线型的化合物，是一种中间体，本身很稳定，如双酚 A 型环氧树脂即使加热到 200℃ 也不发生变化。只有加入固化剂，才能由线型结构交联成网状或体型结构，形成不溶不熔物，才具有优良的使用性能。环氧树脂分子结构中含有活泼的环氧基，反应活性强，环氧树脂的固化反应主要与分子中的环氧基和羟基有关。

能与环氧树脂的环氧基及羟基反应，使树脂发生交联的物质，叫做固化剂，也称硬化剂或交联剂。

（1）环氧固化　环氧树脂主要固化机理如下。

① 环氧基与含活泼氢的化合物反应　环氧树脂中环氧基与含伯胺、仲胺、酚、羧酸、无机酸、巯基、醇羟基等活泼氢的化合物反应，典型的如环氧树脂与伯胺、仲胺反应：

含有羟基的醇、酚和水等能对固化反应起促进作用。

叔胺不与环氧基反应，但可催化环氧基开环，使环氧树脂自身聚合。故叔胺类化合物可以作为环氧树脂的固化剂。环氧树脂与醇羟基反应时，在常温下，反应极微弱，需在催化和高温下发生。

② 环氧树脂中羟基反应　环氧树脂中羟基或开环羟基与含酸酐、羧酸、羟甲基、烷氧基、异氰酸酯、硅醇等反应固化，典型的如环氧树脂与酸酐、羧酸反应：

（2）常用固化剂　常用的固化剂可分为胺类固化剂、酸酐类固化剂、合成树脂类固化剂、聚硫橡胶类固化剂。

① 胺类固化剂　包括多元胺类固化剂、叔胺和咪唑类固化剂、硼胺配合物及带氨基的硼酸酯类固化剂。

a. 多元胺类固化剂　主要有脂肪族多元胺类固化剂、聚酰胺多元胺类固化剂、脂环族多元胺类固化剂、芳香族多元胺类固化剂及其他胺类固化剂。常用的有乙二胺、二亚乙基三胺、三亚乙基四胺、己二胺、聚酰胺多元胺、异佛尔酮二胺、间苯二胺等。

b. 叔胺和咪唑类固化剂　常用叔胺类固化剂有三乙醇胺、三亚乙基二胺等。咪唑类固化剂是一种新型固化剂，可在较低的温度下使环氧树脂固化，并得到耐热性优良、力学性能优异的固化产物。常用咪唑类固化剂有 1-甲基咪唑、2-乙基-4-甲基咪唑、2-十一烷基咪唑等。

c. 硼胺配合物及带氨基的硼酸酯类固化剂　如三氟化硼-胺配合物固化剂，其代表是三氟化硼单乙胺配合物，在常温下与环氧树脂混合后稳定，当温度超过 100℃时，配合物分解成三氟化硼和乙胺，进而引发环氧树脂固化。又如带氨基的硼酸酯类固化剂，其代表是带氨基的环状硼酸酯类化合物。

② 酸酐类固化剂　酸酐类固化剂种类很多，按化学结构不同可分为直链脂肪族酸酐、芳香族酸酐和脂环族酸酐。其对皮肤刺激性小，使用期长，固化物的性能优良，特别是介电性能比胺类固化剂优异，因此酸酐类固化剂主要用于电气绝缘领域。其缺点是固化温度高，往往加热到 80℃以上才能进行固化反应。酸酐类固化剂与环氧树脂中的羟基作用，产生含有一个羧基的单酯，后者再引发环氧树脂固化。固化反应速率与环氧树脂中的羟基有关，羟基浓度很低的环氧树脂固化反应速率很慢，羟基浓度高的则固化反应速率快。叔胺是酸酐固化环氧树脂的最常用的促进剂。

③ 合成树脂类固化剂

a. 酚醛树脂固化剂　利用酚醛树脂中大量的酚羟基，在加热条件下使环氧树脂固化。

b. 聚酯树脂固化剂　聚酯树脂分子末端羟基或羧基，与环氧树脂中的环氧基反应，使环氧树脂固化。

c. 氨基树脂固化剂　如脲醛树脂和三聚氰胺-甲醛树脂分子中都含有羟基和氨基，与环氧基反应，使环氧树脂固化。

④ 聚硫橡胶类固化剂　液态聚硫橡胶，末端含有巯基（—SH），与环氧基反应，从而

使环氧树脂固化。多硫化合物是一种低分子量的低聚物，末端有巯基，与普通叔胺或多元胺固化剂并用时，则可在室温下使环氧树脂固化。

5.10.1.4　性能

由于环氧树脂具有优良的黏结性能、较好的耐热性能和耐化学腐蚀性能、固化收缩率低以及工艺性能良好等优点，在玻璃钢制造中已被广泛采用。

环氧树脂的特性有以下几点。

(1) 优良的黏结性能　由于环氧分子中具有多种极性基团（羟基、醚基和环氧基），同时环氧基又可与玻璃纤维表面生成化学键，因此，环氧树脂对玻璃纤维具有良好的浸润性和黏结性，是其他玻璃钢常用热固性树脂所不及的。

(2) 固化收缩率低　环氧树脂在固化时没有小分子生成，密度大，因此它在固化过程中体积收缩率很低（小于 2%），是常用热固性树脂（酚醛、环氧、聚酯三大类）中收缩率最小的一种。

(3) 良好的耐化学腐蚀性能　在常用热固性树脂中，酚醛树脂、聚酯树脂都不耐碱的侵蚀，环氧树脂对碱则有较好的耐腐蚀能力。同时，环氧树脂对酸和有机溶剂的抗蚀性能较好。

(4) 较好的耐热性能　环氧树脂的热变形温度较聚酯树脂为高。同时，通过固化剂的改变可以大幅度提高其热变形温度。

(5) 固化成型方便　环氧树脂可以在室温、接触压力下固化成型，也可在加热、加压下固化成型。

环氧树脂的缺点主要表现在：室温下为高黏度液体、半固体或脆性固体，使用时需加稀释剂；固化速率的调节没有聚酯树脂方便；某些固化剂有毒。

必须指出，已固化环氧树脂的性质可以随固化剂的不同而有很大的差异。环氧固化剂品种繁多，使环氧树脂几乎可以适应各种不同性能制品对树脂提出的要求。

5.10.2　玻璃钢生产

玻璃纤维增强塑料俗称玻璃钢。它是以玻璃纤维及其制品（玻璃布、玻璃带、玻璃毡等）作为增强材料来增强塑料基体的一种复合材料。由于塑料基体（即合成树脂）的化学结构及加工性能不同，玻璃钢分为热固性玻璃钢和热塑性玻璃钢两大类。

玻璃钢自 1932 年在美国出现后，至今已有 80 多年的历史。在这段时间里，玻璃钢从原材料、成型工艺、制品种类到性能检验都有较大发展。西欧一些国家和日本在 20 世纪 50 年代初开始研究玻璃钢。我国玻璃钢工业是在 1958 年发展起来的。目前玻璃钢工厂已遍及全国各地，品种数千种，年产量 20 余万吨，在国防工业和国民经济建设中，发挥着积极的作用。

5.10.2.1　物料组成

玻璃钢主要由玻璃纤维与合成树脂两大类材料组成。玻璃纤维起着骨架作用，而合成树脂主要用作黏结纤维，两者共同承担载荷，故玻璃纤维又叫骨材或增强材料，树脂称为基体或黏结剂。

合成树脂作为玻璃纤维的黏结剂，是玻璃钢的一种重要材料。用于玻璃钢的合成树脂种类很多。除酚醛、环氧、聚酯等热固性树脂外，近年来还发展了二苯醚、二甲苯、DAP 和聚醚酰亚胺树脂等不下 20 种。其中以酚醛树脂应用最早，目前又以环氧树脂、聚酯树脂和酚醛树脂用量最多，也最广泛。现在，国内外都在大力发展聚酯树脂。国外从 20 世纪 60 年代开始发展热塑性玻璃钢，如玻璃纤维增强尼龙、玻璃纤维增强聚丙烯等。随着石油化学工业的发展，聚烯烃类树脂将成为热塑性玻璃钢的主要原材料而广泛应用。

玻璃纤维及其制品是玻璃钢组成的另一种重要材料。玻璃纤维含碱量高低、直径粗细、织物的结构形式以及表面处理等对玻璃钢性能都有十分显著的影响。玻璃纤维及其制品因品种不同，适用范围也不同，应根据玻璃钢制品的强度、性能、价格以及成型方法各方面的具体要求选择使用。玻璃钢中玻璃纤维主要是无碱纤维和中碱纤维，此外，还有高强纤维、高模量纤维、高介电纤维等。

玻璃钢用热固性树脂在固化前，分子呈线型结构，在一定条件下都可溶、可熔。为了使其固化和制品具有各种优良的特性，往往需要向树脂中加入多种辅助材料。交联剂（也称固化剂）、引发剂和促进剂是最重要的辅助材料，此外，还有稀释剂、增韧剂和填料等。

为了提高树脂与玻璃纤维之间的黏结强度，改进某些性能，常将玻璃纤维及其织物进行表面处理。这种表面处理剂（通称偶联剂）也是改善和提高玻璃钢基本性能的重要辅助材料。

5.10.2.2　制造

随着玻璃钢工业的发展，玻璃钢的成型工艺方法也在不断发展和改进。玻璃钢的主要成型方法有手糊工艺、层压工艺、模压工艺、缠绕工艺、连续成型工艺和挤出成型及注射成型工艺等。根据对制品形状、结构、大小、产量和性能的不同要求，必须合理地制定成型工艺方法。

目前，玻璃钢成型工艺总的发展趋势是采用新工艺，实现成型工艺的机械化、自动化和连续化。本节主要介绍采用缠绕工艺生产玻璃钢的方法。

将连续纤维经过浸胶后，按照一定规律缠绕到芯模上，然后在加热或常温下固化，制成一定形状制品的工艺方法称为纤维缠绕成型工艺。用连续玻璃纤维缠绕制得的玻璃钢产品，称为缠绕玻璃钢。根据缠绕时树脂基体所处物理化学状态的不同，生产上分为干法、湿法及半干法三种。

（1）干法　在玻璃纤维往芯模上缠绕前由专门设备制成预浸渍带。然后卷在特制的卷盘上待用。使用时使预浸渍带软化，缠绕在芯模上。干法缠绕工艺制品质量较稳定，可以较严格控制纱带的含胶量和纱带尺寸，从而获得所要求的制品。干法缠绕可以大大提高缠绕速度，缠绕速度可达 100～200m/min。缠绕设备清洁，可改善劳动条件，容易实现自动化控制。因而这种缠绕方法发展很快。但这种工艺方法，要求使用的固化剂在胶纱烘干时不应升华或挥发。由于胶纱需要烘干和络纱，因此缠绕设备比较复杂，投资较大。

（2）湿法　湿法缠绕是将玻璃纤维经集束、浸胶后在张力控制下缠绕在芯模上，然后固化成型的工艺方法。此法所需设备比较简单。对原材料要求不严，便于选用不同材料，且比较经济。由于纱带浸胶后马上缠绕，对纱带的质量不易控制和检验，同时胶液中尚存在大量的溶剂，在固化时易产生气泡，缠绕过程的张力也不易控制。这种方法的最大缺点就是，缠绕过程的各个环节如浸胶辊、张力控制辊等经常需要人工维护，不断刷洗，使之保持良好状态。一旦在各辊上发生纤维缠结，就将影响整个缠绕过程的正常进行。

（3）半干法　这种工艺与湿法相比，增加了烘干工序。与干法相比，半干法缩短了烘干时间，降低了胶纱的烘干程度，使缠绕过程可以在室温下进行。这样既除去了溶剂，又提高了胶纱缠绕速度。减少了设备，提高了制品质量。

① 胶液配制　在玻璃钢制品缠绕工艺中胶液用作玻璃纤维无纬带的浸渍，缠绕制品用

胶液主要由树脂及交联剂、引发剂、促进剂、稀释剂、增韧剂、溶剂和填料等其他辅助材料组成。用于缠绕制品的树脂类型很多，主要有环氧树脂、酚醛树脂、聚酯树脂、有机硅树脂等。目前，用于缠绕成型制造结构制品多用环氧树脂。

胶液的质量将直接影响制品的性能，其主要影响因素有胶液含胶量、黏度、黏结性、浸润性、储存期、固化温度、固化时间等。

缠绕用胶液的选用原则为：胶液对玻璃纤维具有良好的黏结力和浸润性；基体树脂应具有较高的机械强度和弹性模量，延伸率应比玻璃纤维略高；具有良好的工艺性，如有较适宜的使用期及初始黏度，不太高的固化温度，不含有难以排除的溶剂等；具有一定的耐温性和良好的耐老化性；毒性和刺激性要小；来源广泛，价格便宜等。

② 预浸渍无纬带制备　玻璃纤维无纬胶带（简称无纬带），是采用玻璃纤维无捻粗纱浸渍环氧树脂或聚酯树脂经烘干处理制成的带子。无纬带具有极高的单向强度。所制成的玻璃钢制品，其拉伸强度高达 1000MPa 以上。无纬带可用于缠绕各种高压容器、火箭发动机壳体、电机工业及制造化工压力管道等。

制作无纬带的主要优点是：可在缠绕前对缠绕材料的质量严格控制，从而使制品质量稳定可靠；在缠绕过程中，树脂含量不受缠绕张力的影响，树脂向缠绕外层的迁移和树脂沿壁厚不均匀的现象也可消除；纱带在芯模表面不易滑移，使纤维方向准确；不易断纱，保持纤维增强材料的连续性；可用高速缠绕，从而可大大提高生产率；无纬带的性能可在缠绕前测定，可较准确地预知制品在使用条件下的性能；预浸渍无纬带可以直接使用，使缠绕过程简单。

预浸渍无纬带的生产工艺流程如图 5-51 所示，其生产工艺线如图 5-52 所示。浸渍前先将处理过（表面处理）的玻璃纤维进行拉丝、合股，经排纱的纱带进入胶槽浸胶，浸胶后的胶带进入烘房，使胶液中低沸点组分的溶剂受热挥发，以免在缠绕固化时起泡，影响制品质量，并使胶液预固化到一定程度。烘干的胶带进行收卷成盘。

图 5-51　预浸渍无纬带的生产工艺流程

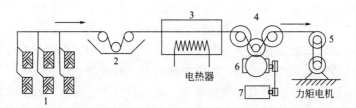

图 5-52　预浸渍无纬带的生产工艺线
1—纱团架；2—胶槽；3—烘炉；4—牵引装置；5—收卷成盘；6—变速箱；7—直流电机

③ 缠绕　根据制品的不同形状，在专用的缠绕设备上，进行无纬带的缠绕，缠绕成型过程中，为使制品获得一定的结构尺寸及成型工艺的要求，必须采用一个与内腔尺寸一样的芯模。具有内衬的产品，当它有足够的刚度和强度以满足缠绕工艺要求时，就不必另加芯模。

芯模设计必须根据产品在整个成型过程中的要求、制作工艺及取出方式、经济性和可能性而定。芯模应有足够的强度和刚度，一定的精度要求，方便拆模。常用的芯模有隔板式石膏空心芯模、金属组合芯模、聚乙烯醇掺砂子组合芯模、木-玻璃钢芯模、金属-玻璃钢芯模、石膏-砂芯模及蜡芯模等。

玻璃钢制成的内压容器，在承受一定的压力后，会发生渗漏，以致不能达到预期的效果。因此，必须采用内衬加以弥补。内衬主要起密封作用，当内衬具有一定的强度和刚度时（如铝内衬），可直接在内衬上进行缠绕。

内衬要有好的气密性、耐腐蚀性、耐高温、低温等性能。目前常用的内衬主要有铝内衬、钢内衬、橡胶内衬及塑料内衬。典型的缠绕管道工艺过程如图 5-53 所示。

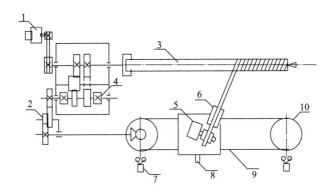

图 5-53　典型的缠绕管道工艺过程

1—异步滑差电机；2—挂轮；3—管芯；4—电磁离合器；5—张力装置；
6—加热装置；7—电磁行程开关；8—撞铁；9—链条；10—链轮

对于某些厚壁及性能要求较高的缠绕制品，在固化后还需进行二次缠绕。

④ 固化　缠绕制成的毛坯，必须进行固化，才具有使用性能。固化一般在烘房中进行，根据不同要求，确定相应的温度及时间。固化的主要作用是使树脂发生化学交联反应，形成立体网状结构，赋予玻璃钢制品实际使用性能。完成固化制品经表面处理，如表面打磨（必要时可进行切削）、喷漆、涂装、印字后，即为成品。

5.10.2.3　应用

玻璃钢作为工程材料，由于它具有比较突出的优良性能，被广泛应用到国民经济和国防建设中，并发挥着重要的作用。

玻璃钢集中了玻璃纤维及合成树脂的优点，质量轻，强度高，耐化学腐蚀，传热慢，电绝缘性能好，透过电磁波，隔声，减振，耐瞬时高温烧蚀，成型工艺、产品设计和制品加工均比较方便等。

玻璃钢具有突出的耐酸、碱、油、有机溶剂等腐蚀性能，用于制作化工管道、泵、阀门、储槽、塔器及在金属、混凝土等设备内壁用作衬里，是石油化工设备防腐蚀常用的材料之一。

由于玻璃钢具有质量轻、比强度高、抗微生物作用以及制造工艺简单等优点，所以在造船、汽车、铁路车辆、航空、宇航等工业部门得到了日益广泛的应用。采用玻璃钢制作船体及船用栖装件，使船舶、舰艇无论在防应变、防微生物、延长使用寿命，还是在提高承载能力、航行速度及深潜性能方面，都有着突出的优点。用玻璃钢制造各种轿车、大型客车、三轮车、拖车、载重汽车、油槽车以及其他车辆的车身和多种配件，减轻了车辆自重，提高了运输能力。用玻璃钢可以制造铁路车辆机车车身、货车车棚、客车、窗框、油箱、水箱等许多零部件。早在第二次世界大战初期，美国就用玻璃钢制造飞机油箱、螺旋桨的覆面及飞机后部构件。玻璃钢夹层结构出现后，飞机制造已向复合材料结构方向发展。

玻璃钢具有优良的电绝缘性能，因此，在电工器材制造方面得到了广泛应用。在电气方面可以制造各种开关装置、电缆输送管道、高压绝缘子、印制电路、插座、接线盒等，对电力工业的发展做出了一定的贡献。由于玻璃钢具有微波透过性好的特点，目前，在电信工程上普遍采用玻璃钢制造各种雷达罩，比较典型的制品为直径 45m 的大型球体地面雷达罩。

建筑材料及建筑制品的研究、使用和发展与加快建筑施工速度和提高建筑水平有着密切的关系。玻璃钢是一种轻质高强结构材料，具有隔声、隔热、防水等特点，所以已成为现代建筑中的一种新型结构材料。

玻璃钢在机械设备方面已得到了日益广泛的应用。例如从简单的护罩类制品（电动机罩、发电机罩、皮带轮防护罩等）到较复杂的结构件（柴油机、造纸机、拖拉机等各种部件以及轴承、法兰圈、齿轮等各种机械零件），均取得了良好的效果。

正因为玻璃钢有一系列的优异性能，一开始它就在国防工业上得到了广泛的重视，并取得了良好的效果。玻璃钢应用于常规武器和装备，既减轻了质量，又节省了大量优质木材和特种钢材，缩短了制造周期，降低了成本，而且提高了武器装备的机动性，是一个较好的发展方向。

第6章
材料应用

前已述及，材料按用途可分为结构材料和功能材料两大类，前者是利用其物理机械性能，而后者是利用光学、电学、声学、磁学、化学、物理化学及生物化学等特性完成特定功能。金属材料、无机非金属材料、高分子材料及其复合材料构成了固体材料的四大支柱，这四大材料的应用范围已遍及国民经济的各个领域。

非金属材料由于资源丰富、能耗低，具有优良的电气、化学、力学等综合性能，在近几十年来得到迅速发展，其中合成高分子材料和陶瓷材料尤为突出，已在机械工程材料中占据重要地位。20 世纪 70 年代，世界高分子材料产量每年以 14％的速度增长，90 年代初高分子材料的体积产量已经超过了钢铁，成为一种重要的新型工程结构材料，代替了部分的钢铁、木材等。以塑料为例，从国防到民用，从尖端技术到一般工农业部门，都可见到用塑料制造的零部件，有的非用它不可。在机床与工程机械中，工程塑料用以制造手轮、手柄、齿轮、齿条和导轨；在交通方面，应用更为普遍，一辆汽车就有 500～600 个塑料零件，一架飞机有多达 10 万个塑料零件；在化工机械方面，大量用于制造管道、容器、阀门和泵等零件；在仪器仪表工业中，工程塑料用于制造齿轮、凸轮、面板、罩壳等零件；在农用机械上，用塑料代替有色金属制造管接头、小管及其他容易腐蚀的零件。

陶瓷是无机非金属材料的主体，其中新型陶瓷（氧化物陶瓷、氮化物陶瓷、碳化物陶瓷、硼化物陶瓷等）是一类极有发展前途的新型工程材料。它具有金属材料和高分子材料所没有的高强度、高硬度、耐腐蚀、导电、绝缘、磁性、透光、半导体以及压电、铁电、光电、电光、超导、生物相容性等特殊性能，目前已从日用、化工、建筑、装饰发展到微电子、能源、交通及航天等领域，是继金属材料、高分子材料之后的第三大类材料，部分将成为取代金属和塑料的替换材料。例如高强度陶瓷、高温陶瓷、高韧性陶瓷、光学陶瓷等高性能陶瓷，可制作切削工具、高温陶瓷发动机、陶瓷热交换器以及柴油机的绝热零件等，从而大大拓宽了陶瓷的应用领域。

6.1 结构材料

结构材料广泛用于路面、建筑物、桥梁、沟渠、航空航天、工业制品零件等许多方面，主要利用材料所具有的耐高温、耐摩擦、耐腐蚀以及高强度、高硬度等力学和热学方面的优异性能。

6.1.1 高温结构材料

高温结构材料是指在高温下具有高强度和高硬度、蠕变小、抗氧化、耐腐蚀、耐磨损、耐烧蚀、低膨胀和高导热等优异性能的材料，能够同时满足这些基本要求的主要是陶瓷材料，而在空间和军事技术等许多场合，高温结构陶瓷往往是唯一可用的材料。

随着科学技术的发展，特别是能源、空间技术的发展，材料需要在比较苛刻的情况下使用。如磁流体发电的通道材料，既要能耐高温，又要能经受高温高速气流的冲刷和腐蚀。空间技术的发展（如航天器的喷嘴、燃烧室的内衬、喷气发动机的叶片等）对材料提出了越来越高的要求，石油化工、能源开发等方面的反应装置、热交换器、核燃料，要求材料的耐高温性、耐腐蚀性、耐磨性也日益严格。

高温结构陶瓷材料早先主要是指氧化物系统，现在已发展到非氧化物系统以及氧化物与非氧化物的复合系统等。图 6-1 为部分高温陶瓷拉伸强度和弯曲强度与温度的关系。

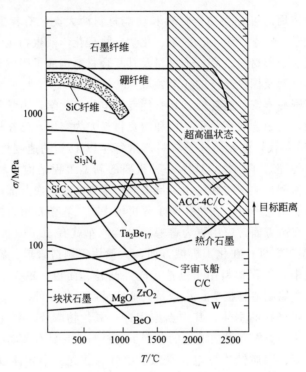

图 6-1　部分高温陶瓷拉伸强度和弯曲强度与温度的关系

（弯曲强度：Si_3N_4、SiC、Ta_2Be_7）

6.1.1.1　高熔点氧化物陶瓷

高熔点氧化物材料通常是指熔点超过 SiO_2 熔点（1723℃）的氧化物，大致有 60 多种。其中最常用的主要有 Al_2O_3、ZrO_2、MgO、BeO 等。

（1）氧化铝陶瓷　氧化铝的熔点为 2050℃，是一种以 α-Al_2O_3 为主晶相并容易得到的陶瓷材料。通常以配料中 Al_2O_3 含量（一般为 75%～99.9%）来分类，如"75 瓷"、"95 瓷"、"99 瓷"等，还有透明 Al_2O_3 陶瓷，其性质与 α-Al_2O_3 的含量有关。氧化铝陶瓷具有许多优良的性能：硬度（莫氏）为 9，密度约为 3.9g/cm³，热膨胀系数为 $(5\sim9)\times10^{-6}$ K^{-1}；普通氧化铝陶瓷抗弯强度为 200～350MPa，而纯氧化铝陶瓷抗弯强度可高达 550～600MPa；此外，还具有高温强度大、耐热性好、耐腐蚀性强等特点。除可用作火花塞绝缘体外，利用其高强度和高硬度，可用作磨料、模具、纺织瓷件、刀具等；透明 Al_2O_3 陶瓷的最大特点是对可见光和红外线有良好的透过性，可用作钠光灯管、红外线检测材料等；利用高化学稳定性，可用作化工和生物陶瓷、人工关节、代替铂金坩埚、催化载体及航空、磁流体发电材料等。

（2）氧化镁陶瓷　陶瓷的主晶相 MgO 熔点高达 2800℃，能耐高温，但由于在高温下挥发的原因，一般在 2200℃以下使用。理论密度为 $3.58g/cm^3$。它在高温下的体积电阻率高，介质损耗低，介电常数为 9.1。MgO 属于弱碱性物质，几乎不被碱性物质侵蚀，Fe、Ni、V、Th、Zn、Al、Mo、Cu、Pt 等熔体都不与 MgO 作用，因此可用作熔炼金属的坩埚、浇铸金属的模子、高温热电偶保护套以及高温炉衬材料。

（3）氧化铍陶瓷　BeO 的熔点为 2530℃，在真空中 1800℃下和惰性气氛中 2000℃下可长期使用。因具有与金属相近的良好导热性 [$\lambda \approx 209.34W/(m \cdot K)$]、抗热冲击性优良等特点，可用作散热器件。由于 BeO 的高温电绝缘性比 MgO、ThO_2 优良，也常用作高温下要求体积电阻率高的绝缘材料。另外，BeO 陶瓷能抵抗碱性物质的侵蚀（除苛性碱以外），可用作熔炼稀有金属和高纯金属铍、铂、钒的坩埚。还可用作磁流体发电通道的冷壁材料。

（4）氧化锆陶瓷　具有优良的耐高温性、挥发性和化学稳定性，是最理想的电极材料。经增韧后，其强度高、韧性好，1000℃时抗压强度为 1190MPa。ZrO_2 是一种弱酸性氧化物，能抵抗酸性或中性熔渣的侵蚀，所以可用作特种耐火材料、浇铸口，用作熔炼铂、钯、铑等金属的坩埚。另外，由于 ZrO_2 与熔融铁或钢不浸润，可以用作盛钢水桶、流钢水槽的内衬，在连续铸钢中用作注口砖。

6.1.1.2　耐高温非氧化物陶瓷

非氧化物陶瓷是金属或非金属的碳化物、氮化物、硫化物、硅化物和硼化物等陶瓷的总称。为了满足对超高温材料的要求（超过目前高熔点金属和高温合金等使用温度限度），已经研制出一系列耐高温性能优于金属的非氧化物陶瓷材料，其使用温度可达 1200～1400℃，并且具有比氧化物陶瓷低得多的热膨胀系数、较高的热导率和较好的冲击韧性，成为超高温技术领域中的重要材料，相关特性见表 6-1。

表 6-1　若干非氧化物陶瓷的特性

物质	晶系	熔点 /℃	硬度 （莫氏）	密度 /(g/cm³)	热导率 /[cal/(cm·s·K)][①]	电阻率 /Ω·cm	热膨胀系数 /K⁻¹
B_4C	六方	2450	9.3	2.51	0.07～0.02	0.3～0.8	4.5×10^{-6}
TiC	立方	3160	8～9	4.94	0.041	1.05×10^{-4}	4.12×10^{-6}
ZrC	立方	3570	8～9	6.44	0.049	70×10^{-6}	3.74×10^{-6}
SiC(β)	立方	2100	9.2	3.21	0.10	107～200	4.35×10^{-6}
WC	立方	2865	9	15.5		1.2×10^{-5}	
TiB_2	六方	2980		4.52	0.058	$(12～28) \times 10^{-6}$	8.1×10^{-6}
ZrB_2	六方	3040		6.09	0.06	$(9.2～39) \times 10^{-6}$	5.5×10^{-6}
CrB_2	六方	2760	8～9	5.6	0.049	21×10^{-6}	4.6×10^{-6}
NbB	斜方	>2900	8	7.2		32×10^{-6}	
α-BN	六方	约 3000	2	2.29	0.036～0.069	17×10^{12}	1×10^{-6}
β-BN	立方		约 10	3.45		$10^3～10^4$	
AlN	六方	2200～2500	7～8	3.26	0.048～0.072	2×10^{12}	6.09×10^{-6}
TiN	立方	2950	8～9	5.43	0.07	21.7×10^{-6}	9.3×10^{-6}
ZrN	立方	2980	8～9	7.32	0.033	13.6×10^{-6}	6.5×10^{-6}
Si_3N_4	六方	1900（升华）		3.18	0.0226	$10^{13}～10^{14}$	2.75×10^{-6}

① $1 cal/(cm \cdot s \cdot K) = 418.68 W/(m \cdot K)$。

（1）碳化物　元素周期表Ⅳ、Ⅴ、Ⅵ族和铁系元素的碳化物具有稳定、熔点高、硬度高的特性，SiC、B_4C、TiC 和 WC 的熔点均很高。虽然在高温氧化气氛中会被侵蚀，但比耐高温金属和碳的抗氧化性强，在高温下力学性能的降低也不大。

（2）硼化物　硼化物不仅具有高熔点，TiB_2、CrB_2 等在高温下的强度很高，高温抗蚀性、抗氧化性也很好。此外，这些硼化物在真空中稳定，即使在高温下也不易与碳、氮发生反应，因而成为能在 2000～3000℃ 附近使用的唯一材料。Mg、Cu、Zn、Al、Fe 等的熔体对 TiB_2、ZrB_2、CrB_2 等是不浸润的，Cr-B 系材料对强酸具有良好的耐久性。硼化物主要用于高温轴承、内燃机喷嘴、各种高温器件、处理熔融非铁金属的器件等。此外，由于硼化物具有高硬度和良好的耐磨性，因而适于用作电触点材料，也用作高温电极材料。

（3）氮化物　氮能与很多元素形成氮化物，具有离子键或共价键的特征，一般抗氧化性较差，当氮与其他元素的比值（N/M）大时易分解。但具有 NaCl 型晶体结构的 TiN、ZrN 和六方晶系结构的 BN、Si_3N_4、AlN 等氮化物是稳定的，并具有优良的耐高温性能，抗蚀性强，机械强度高。近年来 BN 和 Si_3N_4 非常引人注目。α-BN（H-BN）的结构类似于石墨，两者物理性质也很相近，因而也称白石墨，莫氏硬度为 2，易切削加工，可加工成相当复杂的形状，广泛地用作润滑剂、高温炉衬材料和填料。Si_3N_4 与氧化物、碳化物相比，热膨胀系数低，热导率高，抗热冲击性强，即使在高温下机械强度和硬度也降低得很少；对化学品和熔融金属有极强的抗蚀性（熔融 NaOH 和 HF 除外），可用作燃气轮机叶片、制铝工业用铸造构件、高温绝缘材料等。

6.1.1.3　复合高温材料

复合高温材料可以是一类由 1～2 种陶瓷相和金属或合金组合而成的金属陶瓷材料。金属陶瓷是兼具陶瓷特性（硬度大、耐磨性、耐高温性能、抗氧化性、对化学药品的抗蚀性）和金属特性（高韧性、可塑性）的较理想材料。可以采用Ⅳ、Ⅴ、Ⅵ族元素的氧化物、碳化物、硼化物、氮化物作为陶瓷原料，选择与组合陶瓷之间溶解度不太大的金属，通过将一定粒度的陶瓷粉末和金属粉末混合，经真空或热压烧结后即可制得金属陶瓷。由于陶瓷与金属的热膨胀系数不同而存在畸变问题，要使金属陶瓷具有抗热冲击性与抗机械冲击性，因而要求两者的热膨胀系数尽量一致。

在高温下使用的金属陶瓷，也可能处于大气或氧气环境中，所以抗氧化性也是一个重要问题。TiC 的抗高温氧化性强于超硬质合金 WC，添加 TaC 对进一步提高抗氧化性有一定效果。此外，TiC 与金属含量之比与抗氧化性密切相关，如用 Ni-Co-Cr 合金作为黏合剂时，其含量越多，复合体的抗氧化性越强。

目前应用最广泛的是 Cr-Al_2O_3 系金属陶瓷，可用于制备熔融铜的流量调节阀、热电偶保护管、喷气式发动机用喷嘴、熔融铜的注入管、炉膛、合金铸造的芯子等零部件。超高速高温气流中，可以使用 W-Cr-Al_2O_3 系金属陶瓷，制作火箭喷嘴等。由于 Cr_2O_3 系金属陶瓷具有抗氧化性，因而在高温下有很多用途，可用于青铜挤压模、高温轴承、喷嘴等处。ZrO_2-Ti 系金属陶瓷可用作熔化 Ti、Zr、Cr、Nb、V 等的坩埚。

6.1.2　超硬结构材料

切削物体或对物体进行塑性变形加工的工具材料可分为高碳钢、高速钢、超硬质合金、金刚石，其中可列入超硬质材料范畴的是超硬质合金和金刚石等材料。表 6-1 中所列的一些非氧化物材料除可用作工具材料外，还用于圆珠笔的笔尖、高尔夫球靴上的钉子和高级手表的外壳等处。立方氮化硼（C-BN）的结构属于金刚石型，密度也和金刚石相近，硬度仅次于金刚石，而耐热性可达 1400～1500℃，比金刚石（700～800℃）高出 1 倍，在高达 1200～1300℃温度下也不与铁系金属起化学反应，C-BN 已广泛地用于高速钢和铸钢的研磨中。是新型耐高温的超硬材料，用于制作钻头、磨具和切割工具。图 6-2 所示为使用 SiC 材质的机械制品。

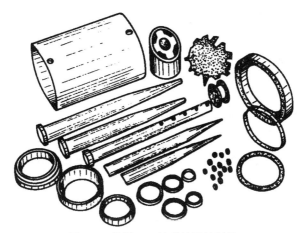

图 6-2　使用 SiC 材质的机械制品

金属陶瓷可作为超硬质材料，是具有耐磨、耐高温等优良特性的陶瓷和具有韧性的金属组合而成的复合材料。碳化物基金属陶瓷已可工业化规模生产，这类超硬质合金的组成有：WC-Co、WC-(WTiTaNb) C-Co、TiC-Ni-Mo、Cr_2C_3-Ni 等。其中使用最多的是前两种，WC-Co 可用于耐磨、抗冲击工具等，WC-(WTiTaNb)C-Co 可用于切削钢的刀具，TiC-Ni-Mo 主要用来切削钢，Cr_2C_3-Ni 仅用作抗腐蚀材料。硅化物、硼化物、氮化物基金属陶瓷方面的研究最近发展也很快，如 Co-Ta-B 和 TiN-Ni 材料。

从经济角度考虑，若切削工具由于刀片尖端产生一定磨损就报废整块材料，是很可惜的，因此涂层刀片就显得很重要。涂层刀片是在超硬质合金刀片表面被覆非常耐磨的成分，形成叠层结构。表面薄薄的涂层可以显著提高刀具的使用寿命。如用化学气相沉积法在刀片的表面被覆约 5μm 的 TiC、TiN 或 Al_2O_3 等的刀具已得到大量应用。由于约 5μm 耐磨被覆层而使这种刀片的耐磨性大大提高，韧性并不显著地下降。WC 基超硬质合金的热导率高，能适应温度急剧变化而引起的热冲击，可作为基体。

由于金刚石具有极高的硬度，因此人工合成金刚石是科学工作者一直所探索的课题。通过采用超高压高温装置可以形成完整结晶的金刚石，用作加工硬质岩石的材料。一些不规则形状的强度较低的结晶可用树脂结合起来做成砂轮，用来研磨超硬质合金。目前人造金刚石专门用于岩石、玻璃、硬质金属的研磨和切削，也可以用作地质钻头。

6.1.3　高强高韧结构材料

6.1.3.1　氧化锆陶瓷材料

在陶瓷制品中，氧化锆陶瓷是一类性能非常突出的强度高、韧性好的结构材料。最好的韧化氧化锆陶瓷，常温抗弯强度可达 2000MPa，K_{1C} 可达 9MPa・$m^{1/2}$ 以上。因此可用来制造发动机构件，如推杆、连杆、轴承、气缸内衬、活塞帽等。

6.1.3.2　纤维（或晶须）增强陶瓷复合材料

纤维（或晶须）补强陶瓷复合材料，是一类具有高强度、高韧性、高弹性模量、耐高温、质量轻的结构材料，可以显著提高陶瓷基材的韧性。如以反应烧结法制得的以 SiC 晶须增强的 Si_3N_4 陶瓷复合材料，断裂韧性可高达 20 MPa·m$^{1/2}$，抗弯强度达 900MPa 以上。以碳纤维增强的 Si_3N_4 陶瓷复合材料，在室温下的断裂韧性为 28.1 MPa·m$^{1/2}$，抗弯强度达 690MPa；在 1200℃ 下断裂韧性升至 41.8 MPa·m$^{1/2}$，抗弯强度仍高达 532MPa。图 6-3 是 SiC 晶须与 Y_2O_3 稳定的四方氧化锆陶瓷（Y-TZP）复合的材料的抗弯强度和断裂韧性。

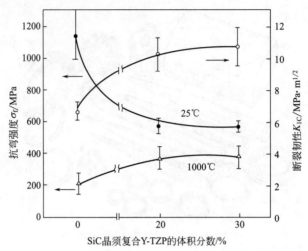

图 6-3　SiC 晶须复合 Y-TZP 材料的抗弯强度和断裂韧性

6.1.3.3　金属陶瓷材料

金属陶瓷材料具有耐热、耐腐蚀和强度大等特性，因而是一种重要的结构材料。表 6-2 示例性地列出了 Ti(CN)-Ni 系等金属陶瓷的力学性能，此类材料可用于喷气发动机上。

表 6-2　Ti(CN)-Ni 系等金属陶瓷的力学性能

材料体系	抗弯强度/MPa			K_{1C} /MPa·m$^{1/2}$
	室温	900℃	1000℃	
$(Nb_{0.064}Ti_{0.957})C_{0.729}$-Ni 合金	1400~1500			>18
Ti(CN)-Ni	1417	845		18.8
Ti(CN)$_x$-(NiMo)	1417		570~690	18.8
Ti(CN)$_x$-Ni-Y$_2$O$_3$	1430		600~640	18.1

6.1.3.4　工程塑料

通常将高分子材料中，拉伸强度在 50MPa 以上，冲击韧性大于 6kJ/m^2，长期耐热性超过 100℃，耐磨性、自润滑性优良的塑料称为工程塑料，这类塑料可以代替某些金属。虽然工程塑料产量只占整个塑料产量的 20%，但因为具有比较好的机械强度、容易制造、耐大气腐蚀、不会锈蚀的特点，现在已经成为很有前途的一类材料。其中产量比较大的是苯乙烯-丁二烯-丙烯腈共聚物（ABS）、聚酰胺（尼龙）、聚碳酸酯等。耐高温塑料在整个塑料中产量不到 5%，但属于尖端产品，近年来研究得十分活跃，主要有芳香杂环聚合物、有机硅等塑料。

工程塑料种类繁多，可以分成热塑性工程塑料和热固性工程塑料两大类，一般热塑性塑料的拉伸强度为 50~100MPa，热固性塑料的拉伸强度为 30~60MPa。如 ABS 塑料具有很好的综合性能，既有苯乙烯良好的加工性，又兼具了丁二烯的韧性和丙烯腈的耐腐蚀性。其特点是：冲击强度高，尺寸稳定，容易电镀，易于加工成型，在 $-40℃$ 低温下仍有一定的机械强度，所以在机械、电气、纺织、汽车和造船等工业中应用很广。又如聚砜具有优良的耐热性、耐寒性、耐候性、耐蠕变性和尺寸稳定性，能耐酸、碱及有机溶剂，机械强度尤其是冲击强度高，可在 $-65\sim150℃$ 的温度下长期使用，在水、潮湿空气中或高温下仍能保持高的介电性能；能自熄、易电镀，可用于高强度、耐热、抗蠕变的结构件和电气绝缘件。而聚酰亚胺是一种耐高温的塑料，可在 $260℃$ 下长期使用，间歇使用温度可达 $480℃$，在 $400℃$ 时仍能保持室温时的大部分力学性能，高温摩擦磨损性能好，在低温下能保持足够的硬度，体积电阻率高，介质损耗小，耐酸、耐有机溶剂性能好，但在强碱、沸水和水蒸气持续作用下会被破坏，耐候性也差，价格高，可用作高温自润滑材料，制作高温精密零件、电气零件、电信零件、宇航和原子能工业中的零件，也可用作防辐射材料。表 6-3 列出了几种一般结构用塑料的特性及应用。

表 6-3　一般结构用塑料的特性及应用

塑料品种	特性	适用范围与应用实例
高密度聚乙烯（低压聚乙烯）	韧性、化学稳定性、耐水性和自润滑性好，耐热性较差，在沸水中变软，有应力开裂倾向性等	用于在常温下于水、碱、酸等介质中工作的结构件，如机床导轨、衬套等
氯乙烯-乙酸乙烯共聚物	成型精度高、尺寸稳定性好	可制成各种盖板、管道以及小型风扇叶轮等，如印刷版、设备壳体、水轮等
改性聚苯乙烯	以丁烯改性可克服其脆性；用丙烯酸酯改性可改善其透明度、耐油性、耐水性；用丙烯腈改性，耐冲击性、刚性、耐腐蚀性和耐油性好	可制成各种仪表外壳、纺织用纱管、电信零件、汽车用各种灯罩和电气零件等
苯乙烯-丁二烯-丙烯腈共聚物（ABS）	耐冲击韧性与刚性较好，吸水性低，表面可镀饰金属	用于化工储槽衬里、蓄电池槽、仪表壳、热空气调节管等
苯乙烯-聚氯乙烯-丙烯腈共聚物（ACS）	性能与 ABS 相似，但有较高的耐老化性	应用与 ABS 相同，特别适用于在室外使用的零部件
聚丙烯	比高密度聚乙烯有较高的耐热性，强度与刚度较好，耐腐蚀性、耐油性优良，几乎不吸水	用作机械零件，如法兰、管道接头、泵叶轮、鼓风机叶轮等
聚 4-甲基戊烯	密度较小，透明性好，耐热性比有机玻璃和聚苯乙烯高，长期使用温度为 $125℃$，抗蠕变性不及聚丙烯，耐老化性差	成本较低，可替代有机玻璃用于工作温度较高的场合，并可用于医疗器械、交通运输及电气工业零件
酚醛玻璃纤维压塑料	耐热性、刚性、绝缘性好，耐水性强，不发霉，成型较慢	可制作电气零件等
三聚氰胺-甲醛玻璃纤维压塑料	耐热性和刚性较好，成本较低，耐水性强，不发霉，色彩鲜艳、半透明，耐电弧性好	适用于耐电弧的电工绝缘结构件、防爆电气设备配件和电动工具的绝缘部件等

与金属材料相比，工程塑料的强度和弹性模量均较低，这是目前把它作为工程结构材料使用的最大障碍之一。但是，目前工程塑料的实际强度远低于理论强度，仅为 $1/1000\sim1/100$，预示着发展潜力很大。与金属和陶瓷一样，造成其实际强度低的原因是内部存在各类缺陷，如分子链结构的排列不完全规整，内部有杂质、空穴、裂缝、气孔等缺陷，使其受力后，各分子链受力非常不均匀，内部微观各区域产生严重的应力集中等。

由于工程塑料密度小，比强度很高，甚至超过金属，特别是玻璃纤维增强塑料（俗称玻璃钢），是当前比强度很高的材料之一，具有质量轻、强度高、耐腐蚀、耐热、耐辐射和电性能优越等特点，特别适合于制造要求减轻自重的各种结构零件，在受力的工程结构中得到更广泛的应用是很有希望的。

6.2 功能材料

功能材料是指通过光、电、磁、热、化学、生化等作用后具有特定功能的材料，是新材料领域的核心，它涉及信息技术、生物工程技术、能源技术、纳米技术、环保技术、空间技术、计算机技术、海洋工程技术等现代高新技术及其产业。它不仅对高新技术的发展起着重要的推动和支撑作用，还将对我国相关传统产业的改造和升级，实现跨越式发展起着重要的促进作用。功能材料种类繁多，用途广泛，正在形成一个规模宏大的高技术产业群，有着十分广阔的市场前景和极为重要的战略意义，它已成为世界各国新材料研究发展的热点和重点。

6.2.1 电功能材料

6.2.1.1 导体、半导体和绝缘体材料

前已述及，固体材料彼此间在电阻率上相差极为悬殊，相对应可以分成导体、半导体和绝缘体。主要是由于它们的传导电子密度之间存在着巨大的差异，绝缘体传导电子密度很低是由其禁带太宽所造成的。半导体的禁带宽度比绝缘体窄，升高温度或掺入杂质可以改变其电阻。

目前硅和锗是公认的最优越的半导体材料，应用极广，可用来制造电阻加热元件、整流器、热敏电阻、探测器、调制器以及在现代微电子领域中越来越重要的其他元器件，尤其是各种晶体管和集成电路，对发展微型电子设备、超高频无线电装置、高速电子计算机等均具有重要意义。近期作为芯片的硅单晶的加工线宽已降至 32nm。硅片的集成度越高，对材料的要求也越高。目前硅单晶的直径也越来越大，从 1970 年的 50mm 扩到现在的 350mm (14in)。硅单晶直径越大，越容易出现成分和结构的不均匀性，制造难度也越大。因而硅单晶技术的发展，直接左右着微电子工业的发展速度。

GaAs 材料的性质可能比 Si 更好，可以作为新一代集成电路材料，与硅材料互补。GaAs 及其相关化合物作为微波器件和光电子材料有着特殊功能，既可以作为半导体的微波固体振荡源及激光光源，又可以用作微波和激光探测器，在光纤通信、全息图像转换及光存储方面有着广泛用途。

半导体材料可制成探测波长几微米至几十微米的红外线敏感元件，这为发展红外线科学技术，特别是红外线探测技术提供了物质基础。雷达检波器、红外线探测器、混频晶体二极管、半导体三极管、太阳能电池等都离不开半导体材料。

可变电阻陶瓷是较特殊的功能材料。有些陶瓷材料具有异常大的非线性电流-电压特性，利用这一特性制作变阻器，用作保护元件，以防止电子设备和半导体由于浪涌电压及异常电压而造成的误动作和破坏。这类材料主要有 ZnO 和 $SrTiO_3$ 材料，而 SiC、Fe_2O_3 和 TiO_2 等也有此类性能。变阻器特性在单晶中是得不到的，它来自于陶瓷烧结体特有的非均质微结构。以 $ZnO\text{-}Bi_2O_3$ 为例，它是由低电阻的 n 型半导体 ZnO 晶粒和高电阻的 Bi_2O_3 形成的晶界构成的烧结体，当电压加大到一定值时，高电阻的 Bi_2O_3 晶界被击穿而总体电阻突然下降，这样就可以用于制作过压保护元件，而且这种保护电压的数值可以通过改变晶界数目来调节。通过采用添加元素可进一步提高其非线性系数。面对小型化、高耐热化和表面贴装化

的要求，近年来多采用湿化学法合成微细粉料，能在 1000℃ 左右低温烧成，且显著改善了烧结材料性能，使所承受电压有可能由以前的 400V/mm 提高到 1000V/mm。

6.2.1.2　超导材料

超导材料主要可分为超导元素、超导合金、陶瓷超导体和聚合物超导体四大类。超导合金是其中机械强度最高、应力应变小、磁场强度低的超导体，以 $NbTi$、Nb_3Sn 为代表的实用超导材料已实现了商品化，在核磁共振人体成像（NMRI）、超导磁体及大型加速器磁体等多个领域获得了应用。但由于常规低温超导体的 T_c 太低，必须在昂贵复杂的液氦（4.2K）系统中使用，因而严重限制了低温超导应用的发展。

临界温度 T_c 的高低是决定超导材料能否实际应用的关键。1986 年，镧钡铜氧超导体陶瓷的出现，使 T_c 获得重大突破，把超导应用温度从液氦提高到液氮（77K）温区，液氮具有较高的热容量，是一种非常经济的冷媒，给工程应用带来了极大的方便。BiSrCaCuO 超导材料的 T_c 达 110K，而铊钡钙铜氧超导材料的 T_c 已达 125K。1993 年发现 Hg-Ba-Ca-Cu-O 氧化物超导体的 T_c 可达 134K。高温超导的研究方兴未艾，得到干冰温度（240K）甚至室温的超导体都是可能的。高温氧化物超导体是非常复杂的多元体系，研究过程中涉及多种领域的重要问题，包括凝聚态物理、晶体化学、工艺技术及微结构分析等。一些材料科学研究领域最新的技术和手段，如非晶技术、纳米粉技术、磁光技术、隧道显微技术及场离子显微技术等都被用来研究高温超导体，已经在单晶、薄膜、体材料、线材料和应用等方面取得了重要进展。

相比之下，高分子超导材料的发展较缓慢，在 1993 年最高 T_c 只达 10K 左右。为获得有机超导体，其结构需二维强烈重叠，即超导体要求电子不限于一个方向运动的体系。因此，合成由高分子化合物构成的具有金属性晶体是合成高温超导材料的一个较有前途的方向。2010 年，日本冈山大学报道了由芳香族分子与碱金属原子相互作用形成的有机材料在 −253℃ 时可进入超导状态，创造了新的世界纪录。

利用超导材料可制作磁体，应用于电机、高能粒子加速器、磁悬浮运输、受控热核反应、储能等。可用超导磁体实现可控热核反应，使氢的同位素氘和氚聚变为氦的反应所释放的巨大能量为人类服务。利用超导输电可大大降低目前高达 7% 左右的输电损耗。利用超导线圈作磁场储能器，可使质量与储能之比降低至 150kg/MJ，比优质电容器低得多，且可长期无损耗地储存能量，并能实现瞬间放电，可用于电网和激光武器。超导磁体用于发电机，可把电机中磁感应强度提高到 50kGs 以上，可大大提高发电机输出功率，而且质量轻，体积小。在超导悬浮列车上安装许多小型超导磁体，列车运行时超导磁体与埋在轨道两侧的一系列闭合铝环产生相对运动，在铝环内产生强大的感应电流，与超导磁体相互作用，产生浮力，使列车浮起，速度可高达 500km/h。

利用超导隧道效应还可制成各种器件，特点是灵敏度高、噪声低、响应速度快和损耗小等，可用于电磁波的探测、电压基准监视和计算机等。如用作计算机的逻辑和存储元件，其运算速度比高性能集成电路的快 10～20 倍，功耗只有 1/4。利用材料的完全抗磁性可制作无摩擦陀螺仪和轴承。

6.2.1.3　压电材料、热释电材料和铁电材料

（1）压电材料　利用材料的正逆压电效应可以实现机械能与电能的相互变换，常用作各种换能器、电容式传感器、滤波器、电机和变压器、电声材料、频率控制和信号处理等。现在，压电材料已成为超声、电声、水声、医疗、微声、高压、激光、导航、通信、生物等各

个技术领域不可缺少的功能材料。一些重要的压电材料有以下几种。

① 无机压电材料

a. 压电陶瓷　种类很多，如钛酸钡（$BaTiO_3$）、钛酸铅（$PbTiO_3$）、锆钛酸铅（$PbTiO_3$-$PbZrO_3$，简称 PZT）、改性 PZT 和其他三元系压电陶瓷，如 $PbTiO_3$-$PbZrO_3$-Pb($Mg_{1/3}Nb_{2/3}$)O_3 系（PCM）、$PbTiO_3$-$PbZrO_3$-Pb($Mn_{1/3}Sb_{2/3}$)O_3 系（PMS）。与压电晶体相比，压电陶瓷易于批量生产，成本低，不受尺寸和形状的限制，可在任意方向进行极化，可通过调节组分改变材料的性能，而且具有耐热性、耐湿性和化学稳定性好等优点。20 世纪 50 年代以后，各种三元、四元系压电陶瓷不断问世，促进了压电材料的广泛应用。

b. 单晶压电材料　主要有压电石英晶体（α-石英和 β-石英）、磷酸二氢铵（ADP）晶体、磷酸二氢钾（KDP）晶体、铌酸锂（$LiNbO_3$）晶体和钽酸锂（$LiTaO_3$）晶体等。

c. 无机压电薄膜　特点是易于制作极薄的微波超声换能器，可以同半导体材料集成化，如研究和应用最多的 ZnO 膜、最早应用的 CdS 膜和近年来取得了很大进展的 AlN 膜。

目前应用最多的是 PZT 和改性 PZT 压电陶瓷，用来制作压电马达、超声探头、压电微位移器（位移量 $1\sim100\mu m$）等。压电马达具有体积小、质量轻、不用线圈、无电极噪声等优点。一种钨青铜结构的铌酸铅钠压电陶瓷材料，形变量只有 $0.19nm/(mm \cdot V)$，可做大规模集成电路的同步曝光机的微调、光纤的对接、激光调节和精密加工的微调等。

此外，压电陶瓷主要应用于动力装置和信息处理器件，如用压电陶瓷可制成低频、中频、高频和超高频滤波器，其振子和转换元件都是由压电陶瓷本身构成的，依据设计的形状和尺寸的不同，其特征频率可分别适用于不同的波段。这些器件的主要差别是，对应于不同频段所采用的振子状态不同。压电陶瓷电声器件对材料的要求是介电常数适当高、机电耦合系数 k_p 和压电常数高、机械品质因数低。压电陶瓷在超声波范围内使用较广。压电陶瓷的超声换能器的换能频率高、灵敏度高，功率大，能够做成各种形状，易于大量生产。压电陶瓷的水声换能器是水下通信设备的换能元件，这类器件要求灵敏度高，k_p 大，介质损耗小，介电常数高。压电陶瓷具有电能和机械能之间非常有效的换能功能，开发这一功能的前景是十分可观的。

② 高分子压电材料　是一些没有对称碳原子的生物大分子和合成的晶体高分子化合物。木材等天然高分子材料的压电性是由于其基本组分纤维素单晶沿一定方向自然取向而引起的。而高结晶化和高取向度的合成多肽也具有压电性。聚偏氟乙烯、聚氯乙烯、聚氟乙烯、尼龙-11 和聚碳酸酯等是有极性的高分子材料。若将这些聚合物在高直流电场和高温下极化，并保持在直流电场下冷却，就成为有压电效应的驻极体。如果极化前，薄膜经过延伸，即能获得强压电性。压电性最强的聚偏二氟乙烯（PVDF），自 1969 年发现以来，在制造工艺、性能和应用方面都做了深入广泛的研究。PVDF 薄膜一部分是结晶型的，另一部分是非结晶型的，结晶度为 $35\%\sim40\%$。PVDF 也能制成任意形状的薄而柔软的换能器。

与压电陶瓷相比，压电高分子材料的密度低，柔韧，耐冲击性好，力学阻抗低，压电性稳定，易于与水及人体等声阻配合，可塑性比陶瓷高 10 倍，能制成大面积薄膜传感材料，便于大规模集成化等，是具有应用前景的一类新材料。由于高分子材料柔韧、易加工，为一般陶瓷所不及。但高分子材料的压电常数较低，因而开发综合性能优异的压电材料，是今后研究的课题。

③ 压电复合材料　高分子压电材料除 PVDF 等少数品种外，一般压电常数较小，使用上有局限性；压电陶瓷则质脆，不易加工成各种形状。许多电子器件对压电材料的综合指标

要求较高，一种材料很难满足要求。将具有高极化强度的铁电粉末（BaTiO$_3$、PZT）通过压延法和流延法等方法混入高分子压电材料（PVDF、聚甲基丙烯酸甲酯和尼龙等）中，极化后得到具有强压电性的可挠性高分子复合压电材料。这种复合材料具有压电陶瓷和合成高分子压电材料的优点，因此实用价值很高。

将 PVDF 或以它为基材的复合物极化后制备成压电换能器，厚度为 $5\sim50\mu m$，面积为 $1\sim100cm^2$。换能器可自由装配，也可以黏附在硬或塑性的骨架上。和一般的换能材料相比，它能在直流达千兆赫的频段工作，并且有良好的宽带特性。不同形状和尺寸材料的应用有电声换能器、超声换能器、力敏压电传感器等。

（2）热释电材料　是压电材料中的一小类，同样要求晶体结构不具有对称中心，但压电体不一定都具有热释电性。热释电效应是指由于温度的变化引起材料极化状态改变，导致表面电荷变化。

具有热释电效应的材料有上千种，但目前能广泛应用的不过十几种，主要有以下几种。

① 硫酸三甘肽（TGS），分子式为（NH$_2$CH$_2$COOH）$_3$·H$_2$SO$_4$，制作方便，灵敏度高，制成的探测器频谱宽，主要缺点是易潮解，使用温度低于 50℃。

② 锆钛酸铅镧透明陶瓷（PLZT），组成为（Pb,La）(Zr,Ti)O$_3$，其热释电系数比 TGS 要大 10 倍，工作温度叫高 240℃，缺点是介电损耗大。

③ 钽酸锂（LiTaO$_3$）晶体，最大优点是居里温度高和不溶于水，强度也高，性能仅次于 TGS，适用于作极低和极高频率的控制器。

④ PVDF 薄膜，容易获得大面积，且不需要切片、研磨、抛光等加工，其特点是可以粘贴在其他基底材料上，应用前景广泛。高分子热释电材料和陶瓷热释电材料是当前研究的方向。

热释电材料在近十来年被用于热释电红外探测器件和热释电摄像管中，广泛地用于辐射和非接触式温度测量、红外光谱测量、激光参数测量、工业自动控制、空间技术、红外摄像等许多技术领域，并在国防上有某些特殊用途，其优点是不用低温冷却，但灵敏度比相应的半导体器件低。此外，由于生物体中也存在热释电现象，故可预期热释电效应将在生物，乃至生命过程中有重要的应用。热释电材料对温度十分敏感，在应用时，大多制成薄片。

（3）铁电材料　铁电陶瓷是在外电场作用下自发极化并能重新取向的一类材料，具有各种电光和光致变色性质。最有名的例子是 PLZT 材料，是具有优良压电和铁电性能的固溶体，现已能制出高度透明的 PLZT 陶瓷，用途更广。PLZT 陶瓷电畴具有"电控特性"，可以在 $25\mu m\times25\mu m$ 的小区域内单独地极化或反转，而不影响周围的状态，其光学性质也可用"三电控"特性来描述：电控可变折射，主要用于记忆、光开关、光记忆显示、光谱滤色器等方面；电控可变光散射，可用于图像存储和显示器件；电控可变表面变形，可以重现投射的图像。利用这些特性，透明 PLZT 陶瓷可制成电压传感器的线性电光调整器、光记忆的电光快门、编页器、光开关、光谱滤色器等，特别是铁电显像器件可以把图像在陶瓷内部变成局部双折射状态而存储起来。当用偏振光去照射器件时，又能直接观察到被存储的图像，也可将图像投射到屏幕上。近年来，高取向性及外延铁电陶瓷薄膜受到重视，以适应集成光学的需要。

6.2.2　磁功能材料

随着科学技术的发展，磁性材料的研究和应用已深入到各个工业部门和人们的日常生活。如今我们几乎每天都在享受着磁性材料的进步所带来的录音、录像、电视、通信等成果。1905 年 Fe-Si 软磁合金（硅钢）的出现曾使软磁材料面貌一新，此后十年左右 Fe-Ni 软磁合金（坡莫合金）的问世更是电气、电子工业材料的一个突破。从 1880 年以前人们所使用的碳钢磁铁到 1972 年的镨钐钴合金，近 100 年间永磁材料的性能（最大磁能积）大约提高了 100 倍，1985 年钕铁硼永磁合金的问世又把永磁性能提高到一个空前的高度——其最大磁能积为镨钐钴合金的 1 倍。这一领域的进步使仪器仪表、控制系统、电机、电视产品的质量大大降低，对于远程通信和宇宙航行更具有重要的意义。20 世纪 50 年代后作为记忆元件、开关元件和逻辑元件的"矩磁材料"，对于电子计算机、自动控制和远程控制的发展都起着举足轻重的作用。用这种材料制造的元件不论从大容量、小型化、高速度方面，还是从可靠性、耐久性、抗振动和低成本方面，都具有明显的优越性。

　　磁功能材料是相当强的磁体，用来制造滤波器、大功率换能器、微波元件、计算机中的记忆元件等。按照磁性种类，可将磁功能材料分成硬磁性材料和软磁性材料两大类；按其应用功能，还可进一步分成永磁材料、软磁材料、磁信息材料和旋磁材料；按照化学成分的不同，可分成金属磁性材料和氧化物磁性材料（铁氧体磁性材料）两大类，各有优缺点，在应用上既互相竞争又相互补充。而密度小、韧而不脆、强度高、加工性好的高分子磁性材料已越来越受到人们的关注。

　　（1）软磁材料　是指那些易磁化并易于反复磁化的材料。其特性的标志是磁导率高（为 $10^3 \sim 10^5$），而磁矫顽力小（低于 100A/m）。高磁导率表示当磁场发生较小变化时，材料的响应是磁化强度发生较大的变化。由于 H_c 值小，故反复磁化损耗也很低。目前应用的软磁材料一般可分为 Mn-Zn、Ni-Zn、Fe-Si、Fe-Ni 系铁氧体、非晶和金属系软磁合金（如硅钢）等。软磁材料在整个无线电技术的各种高频技术中得到广泛的应用：一方面用作发送机磁芯、磁头、存储器磁芯等磁记录材料；另一方面在强电技术中，可用来制作变压器、扼流线圈、开关继电器的磁芯材料。

　　（2）硬磁材料　是指那些难以磁化且在撤去外磁场后仍保留有高的剩余磁化强度的材料。其特性的标志是大的磁矫顽力（10000A/m 以上），且剩余感应值大于 1T。硬磁材料适合制作各类永磁体，如发电机、电动机、磁放大器等。目前应用的永磁材料一般可分为稀土永磁材料、金属永磁材料、铁氧体永磁材料和其他永磁材料。材料包括钡铁氧体（$BaFe_{12}O_9$）、钨钢、钴钢、锰铝合金、$AlNiCo_8$、$SmCo_5$ 等。硬磁材料的应用范围较广，如电流表、电压表、功率表等各种磁电式仪表，磁通计、磁强计、检流计、地震仪、转速表、流量计、磁罗盘仪等，可用作电压继电器、温度和压力控制器、磁阻尼器、永磁发电机、磁性开关、扬声器、录音机、磁控管等。

　　（3）高分子磁性材料　分为结构型和复合型。

　　① 结构型　是指本身具有强磁性的高分子化合物，又分为含金属原子类型和不含金属原子类型，目前尚处于探索阶段。

　　② 复合型　是指在合成树脂或橡胶等材料中添加铁氧体或稀土类磁粉加工成型的一种磁性复合材料。目前，铁氧体高分子磁性材料主要用于家用电器和日用品，如冰箱、冷库门的密封件，作为磁性元件用于电机、电子仪表、音响器械以及磁疗等领域。稀土类高分子磁性材料可用于小型精密机电、自动控制用的步进电机、通信设备的传感器以及微型扬声器、耳机、流量计、行程开关、微型电机等领域。

6.2.3　智能材料

　　智能材料（intelligent material），是一种能感知外部刺激，能够判断并适当处理且本身可执行的新型功能材料。一般来说，智能材料有七大功能，即传感功能、反馈功能、信息识别与积累功能、响应功能、自诊断能力、自修复能力和自适应能力。智能材料应能够检测且可以识别不断变化的外部（或者内部）环境，如电场、磁场、光、温度、压力、湿度、应力、应变、化学、核辐射、速度和加速度等的强度变化，并能够按照设定的方式选择和控制响应，及时灵敏地自动调整自身结构和功能，并相应地改变自己的状态和行为，从而使材料系统始终以一种优化方式对外界变化做出恰如其分的响应，这类响应可以是机械响应、光学性能、电流流动、液体运动、功率控制、化学行为、生理行为等。

（1）金属结构材料的智能化　是金属材料的重要发展方向。金属材料的耐热、耐腐蚀和强度大等特性使其成为一种重要的结构材料，然而，它们在使用过程中会产生疲劳龟裂和蠕变变形，故会导致性能的变坏，因此需要使其增添检知、抑制损伤并自行修复的功能。主要的研究课题是借助颜色、声音、电信号等感知劣化现象，并使其具有应力集中缓和的自我修复功能。如由形状记忆合金和复合材料制成的智能材料，可主动控制飞机、汽车、舰船等振动和噪声，以及桥梁、输油管道等主承受构件的裂纹和损伤。又如可以识别路面变化具有自调节功能的汽车悬臂架，能根据路面粗糙度相应改进自身的刚度。用智能材料制作的智能机翼可根据外界条件的变化自动改变其形状，从而消除涡流或逆风的影响，以有利于飞行平稳和节约燃料。如英国宇航公司的导线传感器，可用于测试飞机蒙皮上的应变与温度情况。形状记忆合金和磁致伸缩材料是两类值得关注的金属系智能材料，表 6-4 为三种智能驱动器材料性能特点的比较。用形状记忆合金制成的卫星用自展天线，在稍高的温度下焊接成一定形状后，在室温下将其折叠，随卫星发射上天后，由于受到强的日光照射，温度会升高，天线自动展开。除此之外，还有人用形状记忆合金制成了窗户自动开闭器，当温度升至一定程度后窗户自动打开，温度下降时自动关闭。

表 6-4　三种智能驱动器材料性能特点的比较

性能	形状记忆合金		磁致伸缩合金		压电陶瓷	
	传感器	驱动器	传感器	驱动器	传感器	驱动器
应变	大	微应变	中	微应变	小	微应变
力		大		大		小
响应速度	较快	慢	慢	慢	快	快
激发频率		低频		低频		高频
位移	大	大	中	中	小	小

（2）无机非金属结构材料的智能化　是考虑局部的改进以防止材料的整体破坏，如黏合裂纹的纤维是用玻璃丝和聚丙烯制成的多孔状中空纤维，将其掺入混凝土中后，在混凝土过度挠曲时，它会被撕裂，从而释放出一些化学物质，来填充和黏合混凝土中的裂缝。人们将用灵敏外墙材料代替混凝土表层，装置有能与气候、日照、温度相适应的控制系统，被称为"智能建筑"。光致变色、电致变色和热致变色玻璃智能材料在生活中也是常见的。如随光强调节颜色的变色眼镜和汽车玻璃，这是因为光强导致玻璃中银离子的价态变化引起的。智能房间可根据气候变化自动改变窗户玻璃的颜色，来调节房间中的光和温度。压电陶瓷具有把电能转变为机械能的能力。智能陶瓷可能动地对外动作，发射声波、辐射电磁波和热能，改变颜色，以及促进化学反应，并能对外界做出"智慧反应"。

（3）高分子智能材料　主要包括刺激响应高分子凝胶、智能纤维、智能黏合剂、智能高分子膜材料和高分子基复合材料等。它们可用于制作断裂传感器，通信电缆和高压电线的端部密封、外部包覆，输气、输油管道的防腐，以及机器人的"人造皮肤"等。如水溶性高分子经交联或与疏水单体共聚可形成刺激响应性高分子凝胶，在 pH 值、离子强度、温度、光强、电场等外界条件的刺激下，凝胶就会发生突变，呈现相转变行为，如发生膨胀与收缩，有时能达到几千倍，这种高分子凝胶的膨胀-收缩循环可用于化学阀、吸附分离、传感器和记忆材料。又如将聚乙二醇与各种纤维（如棉、聚酯或聚酰胺、聚氨酯）共混物结合，使其具有热适应性与可逆收缩性，即温度升高时纤维吸热、温度降低时纤维放热，此热记忆特性源于结合在纤维上的相邻多元醇螺旋结构间的氢键相互作用。温度升高时，氢键解离，系统趋于无序状态，线团弛豫过程吸热。当环境温度降低时，氢键使系统变为有序状态，线团被压缩而放热。这种热适应织物可用于服装和保温系统，包括体温调节和烧伤治疗的生物医学制品及农作物防冻系统等领域。

其他高分子智能材料包括形状记忆聚合物、聚合物电致变色材料等。目前开发的形状记忆高分子材料具有两相结构，即固定成品形状的固定相和在某种温度下能可逆地发生软化和固化的可逆相。固定相的作用是记忆初始形状，第二次变形和固定是由可逆相来完成的。固定相可以是高分子化合物的交联结构、部分结晶结构、高分子化合物的玻璃态或分子链的缠绕等；可逆相可以是产生结晶与结晶熔融可逆变化的部分结晶相，或发生玻璃态与橡胶态可逆转变（T_g）的相结构。通常是通过热刺激产生形状记忆的，也有通过光、电或化学物质等方法的刺激而产生形状记忆功能。形状记忆高分子材料已应用在医疗、包装材料、建筑、玩具、运动用品及传感元件等方面。作为医疗材料，可用作固定器具替代石膏。在建筑、施工方面，可作为热收缩管，用于异径管的接合材料。先将管状记忆高分子材料加热软化，插入大于管内径的棒，冷却定型后取走插入棒，得到热收缩管。使用时，将不同直径的金属管插入热收缩管中加热，使管子收缩而紧固在不同直径的金属管子上。已广泛用作管子接头以及包覆或衬里材料、销钉等。形状记忆高分子材料也可使变形物复原，形状记忆材料用于汽车的缓冲器、保护罩等材料时，当汽车受冲击保护装置变形后，只需加热即可恢复原形状。

（4）智能化生物材料 研发的例子有自动服药系统及药物的可控释放，生物医用材料的活性及其与人体环境之间的相容性等。如一种聚合物能根据血液中的葡萄糖浓度而扩张和收缩，葡萄糖浓度低时，聚合物条带会缩成小球，葡萄糖浓度高时，小球会伸展成带。借助于这一特性，血液中的血糖浓度高时，小球释放出胰岛素，血糖浓度低时，胰岛素被密封。这样，患者血糖浓度就会始终保持在正常的水平上。

今后智能材料的开发设计可以从生物化、微细化、多功能化的角度进行。其一是仿生技术，由于生物体具有环境感知性和响应性，因此可以借鉴；其二从智能材料本身的微观结构特色出发，找出智能材料结构的共有规律和特色，从而合成、加工、设计出不同智能特性的材料，尤其要注意纳米级至微米级尺寸的材料结构；另外，开发材料与其他因子的复合（如与酶、细胞、蛋白质等的键合）或具有多种不同功能的集合型智能材料。

6.2.4 敏感材料

某些精密陶瓷对声、光、电、热、磁、力及各种气氛显示了优良的敏感特性和耦合特性，容易制得各种单功能与多功能的传感器，因而受到普遍重视，发展也十分迅速。目前已得到实用的陶瓷传感器材料可分为：利用晶体本身性质的 NTC 热敏电阻、高温热敏电阻和氧气传感器（主要是氧离子导体）；利用晶界性质的 PTC 热敏电阻、半导体电容器和 ZnO 压敏电阻；利用表面性质的半导体电容器、$BaTiO_3$ 系压敏电阻以及各种气体传感器、湿敏传感器等。

(1) 温度传感器　是利用陶瓷材料的电阻、磁性、介电、半导体等物理性质随温度而变化的现象制成的。其中，电阻随温度变化显著的称为热敏电阻。按热敏电阻的温度特性可分为负温度系数热敏电阻（NTC）、正温度系数热敏电阻（PTC）和临界温度电阻（CTR）三类。例如，钛酸钡是常用的 PTC 材料，在低于居里温度（在 120℃ 左右）时呈现低阻抗，而高温时则成为高阻抗材料，利用这种特性可作为自控型加热元件来使用。除无机 PTC 材料外，还有用高分子化合物制成的有机 PTC 材料。PTC 热敏电阻的应用可分为以下几种。

① 电阻-温度特性的应用，如家用电器中的温度控制及火灾探测器等。

② 电流-电压特性的应用，如恒温发热体、过热保护和定电流电源等。

③ 电流-时间特性的应用，如时间继电器等。

CTR 是指电阻在某特定温度区间急剧变化的热敏电阻。其重要特征是：它的电流-电阻特性与温度有依赖关系，在临界温度电压峰值有很大变化，利用此特点可制作以火灾传感器为主的各种温度检测装置。

(2) 湿敏传感器　用于检测湿度，如水分在一般物质表面的吸附量以及潮气在木材、布匹、烟草、粉料等多孔性或微粒状物质中的吸收情况，在生产和生活中一直是很重要的。作为湿度传感器材料的条件是：可靠性高，稳定性好，响应速度快，灵敏度高，在实用的范围内能长时间经受其他气体的侵袭和污染而保持性能不变，以及对温度依赖性小。典型的湿敏元件有 Fe_3O_4、TiO_2、CuO、$ZnO-Li_2O-V_2O_5$、$Si-Na_2O-V_2O_5$、$MgCr_2O_4-SnO_2$ 和 $MnWO_4$ 等。

(3) 气敏传感器　对于气敏材料，半导体陶瓷气体传感器的灵敏度高，体积小，结构简单，20 世纪 70 年代已进入实用阶段。如 ZrO_2 氧分析器在冶金、化工、电子和原子能等工业中，广泛用于控制锅炉燃烧、大气污染、汽车尾气等；SnO_2 陶瓷材料可检测 CO、CH_4、C_3H_8、乙醇、苯等气体；Fe_2O_3 可检测丙烷；V_2O_5 可检测 NO_2 气体；$LaNiO_3$ 和 $(Ln_{0.5}Sr_{0.5})CoO_3$（$Ln=La$，Pr，Sm，Gd）对乙醇有很高的灵敏度。气敏元件在防灾报警、防止公害、检测计量方面的应用前景十分广阔。

(4) 光敏元件　是指利用光电导效应检测光强度的元件。半导体陶瓷受到光照后，由于能带间的跃迁和能带-能级间的跃迁而引起光的吸收现象，在能带内产生自由载流子，而使电导率增加，这种现象称为光电导效应。常用的光敏材料有 CdS 和 CdSe。可见光光敏电阻器可以在各种直流或交流电路中作光电控制用，如自动送料、自动曝光、自动计数、自动报警等。

6.2.5　光功能材料

6.2.5.1　光学纤维材料

光通信已成为现代社会重要的通信方式，光通信采用玻璃纤维作为传输介质（简称光纤）。通常按照折射率剖面分布和通光模式区分为三种类型。

① 阶跃型多模光纤　由低折射率皮玻璃包覆高折射率芯玻璃。

② 梯度型多模光纤　折射率沿纤维径向地由中央向四周连续减小。

③ 单模光纤　直径仅数微米，只通过单模光束。

在实际光通信中，通常把光纤制成光缆。光缆可以纳入几百根光纤，一般 1kg 的光缆可以取代 30～40kg 的电缆。此外，其稳定性好，具有耐温、耐腐蚀、耐辐照、电绝缘和无短路等优点，也是十分宝贵的特点。

玻璃光纤常用掺杂石英玻璃作为原料，要求损耗尽量小。为减少吸收，需去除纤维中的杂质含量，如降低 Fe^{2+}、Cr^{3+}、Ni^{2+}、Co^{2+}、Cu^{2+} 等离子浓度。此外，玻璃中含有的羟基也很有害，必须排除掉。

光纤损耗也取决于使用的光波波长。20 世纪 70 年代末，大多数光纤均集中于 $0.85\mu m$ 波长。随后发现，在 $1.25\mu m$ 处光纤的损耗更低。80 年代中期，光纤损耗的最低值位于 $1.55\mu m$，石英光纤在此波长的损耗已降低到 $0.15dB/km$。80 年代后，开展了卤化物玻璃光纤的研制工作，在中红外线波长（$5\sim10\mu m$）处光纤的光损耗更低，适合于中长距离传输，如跨海的无中继传输。因此，长波段光通信已迅速成为光纤通信的发展方向。

玻璃光纤是目前最常用的光纤。此外，塑料光纤已开始实用化，以往使用聚甲基丙烯酸甲酯（PMMA）制成塑料光纤。比其传输速度快 10 倍的全氟树脂光纤也已试制成功。

6.2.5.2　激光材料

现代激光技术包括激光器、激光传输、激光传感、光记录、光存储和光检测等，涉及各种各样的新材料。其中，最具有决定作用的是作为激光工作物质的激光晶体和对激光束进行调频、调幅、调相、调偏作用的非线性光学晶体以及对传输过程中激光图像畸变进行修正的相共轭晶体（光折变晶体）等。激光晶体一般由基质和掺杂的激活离子组成，性能取决于晶体的组成、结构以及基质与激活离子的相互作用。基质包括了各种氧化物、复合氧化物、卤化物、复合卤化物的单晶体和混合晶体。激活中心涉及镧系、铁族离子和 F 类型色心等。发射激光波长遍及真空紫外线（约 $0.172\mu m$）到中红外线（约 $5.15\mu m$）的宽广区域。

迄今为止，应用最广、研究最深入的激光材料是红宝石（Cr^{3+}：Al_2O_3）、掺钕的钇铝石榴石（Nd^{3+}：YAG）和铝酸钇（Nd^{3+}：YAP）。这些晶体特别是 YAG，具有高功率、窄线宽、有利的波长、能生长出大的透明单晶、硬度高、加工成器件可靠性高、寿命长等良好的性能，已在固体激光器中发挥出优势。另外，五磷酸钕（NdPP）、四磷酸锂钕（CNP）、钨酸钠钕和硼酸铝钕（NAB）是一类低阈值、高增益的自激活激光晶体，对固体激光器的小型化有所贡献。

可调谐激光晶体的典型代表有 Ni^{2+}：MgF_2 晶体和掺铬的金绿宝石（Cr^{3+}：$BeAl_2O_4$）。前者具有很大的储能能力，调谐范围是 $1560\sim1920nm$；后者的性能与红宝石相近，而发射截面大于红宝石，调谐范围是 $700\sim815nm$，应用前景更好。而钛宝石（Ti^{3+}：Al_2O_3）不仅调谐范围宽（$660\sim1200nm$），而且有可能实现二次谐波振荡，制成一种在整个可见光区域进行任意波长选择的新激光器。

6.2.5.3　非线性光学材料

非线性光学材料主要以无机非线性光学晶体为主，特点是：若高能量的光波（如激光）射入这类晶体时，会在晶体中引起非线性效应，例如谐波发生、电光效应、光混频、参量振荡等。这类材料对光学均匀性要求很高。非线性光学效应的广泛应用，取决于能否生长出质量良好的大晶体。引人注目的晶体材料有偏硼酸钡（BBO）、三硼酸锂（LBO）、磷酸氧钛钾（KTP）和掺 Mg 的铌酸锂等。

非线性光学材料已广泛应用于激光技术和光谱技术，在高功率激光器中获得倍频光；用作光学参量振荡器，制成宽范围的可调谐单色光源；实现将红外线变为可见光的频率转换，可以将低频率的远红外线辐射（$\lambda>8\mu m$）变频到可见光或近红外线波长（$\lambda<1\mu m$），解决了在远红外线波段缺少有效红外线灵敏探测器的困难，为各种远红外线激光器的应用提供了更有利的条件；此外，可望用作开发光计算机的关键材料。

6.2.5.4　光电转换材料

光电转换材料是指通过光生伏特效应（简称光伏效应）将光能（如太阳能）转换为电能的材料。光伏效应是指半导体在受到光照射时产生电动势的现象。在 19 世纪即被发现，早期用来制造硒光电池，直到晶体管发明后半导体特性及相关技术才逐渐成熟，使太阳光电池的制造变为可能。

光电池是一类重要的光电转换材料。太阳能光电转换装置是其中较为关注的热点之一，工作原理是：将相同的材料或两种不同的半导体材料做成 PN 结电池结构，当太阳光照射到 PN 结电池结构材料表面时，通过 PN 结将太阳能转换为电能。太阳光电池对光电转换材料的要求是转换效率高、能制成大面积的器件，以便更好地吸收太阳光。在众多太阳光电池中较普遍且较实用的光电转换材料以单晶硅、多晶硅和非晶硅为主（具体的特点详见后面的"太阳能用材料"）。

非晶态硫系半导体易于形成薄膜，光电性能好，并且分辨率很高，现已用于制备静电复印机中的复印鼓、激光打印鼓、摄像靶面、固体显像器件等。复印鼓上的 Se 基玻璃薄膜厚约 $50\mu m$（如 As_2Se_3 薄膜），蒸镀在 Al 基体上，表面电晕充电形成一层静电荷。光照射后 Se 基玻璃薄膜内产生电子-空穴对。通常表面充正电位，薄膜中的电子向表面漂移，将正电位中和。静电复印技术即是将文字或图像用白光发射至 Se 基薄膜上，有文字或图像部分无发射光。受光部分的表面电位被光生载流子中和，因而薄膜表面形成电位潜像。这时将带有负电位的油墨粉吸附在静电膜上，经过转移、清洁等程序即完成静电复印。

光电转换材料的应用除主要作为太阳能电池、电子照相用感光材料外，还可用来制作光学信号探测器（光敏电阻）、光开关、光导摄像管、PN 光二极管等。随着科学技术的发展，应用将越来越广泛。

6.2.5.5　红外材料和光存储材料

近年来随着红外技术的飞速发展，涌现出许多新型红外材料和器件。这些材料除了滤光材料外，主要是各类红外接收材料或称红外探测材料。红外滤光材料要求在光谱的红外区域内具有最大的积分透射系数，而在可见光范围内具有最小的积分透射系数。此外，光谱透射曲线的前部越陡越好。从这点出发，薄膜滤光材料比玻璃好。但玻璃也有它的优点，即比较稳定，耐热、耐潮、坚固，加工工艺简单。

比较经典的红外材料有溴化钾、碘化钾、氟化锂、氯化锂和溴化铯等晶体材料。但这些材料均具有吸湿性，在做成器材时，必须用有机薄膜将它们保护起来。对于红外仪器上的保护玻璃和头罩部分，要求材料不但有很高的透明系数，而且还要坚固、耐热、耐湿和性能稳定。氯化银是一种很好的材料，透明系数在 $18\mu m$ 内可达 80%，而通过表面透光处理还可以进一步提高透明度。缺点是不够稳定，白天不能用。为了预防氯化银发黑，在它的表面上可镀一层锑和硒。人造蓝宝石对波长 $4\mu m$ 内的辐射能透过 90%，对 $6\mu m$ 内的辐射能透过 50%。它和水晶一样，质地硬，耐高温，也是较好的红外滤光材料之一。硅和锗在很宽的光谱范围内透光性好，其表面又可做透光处理，其力学性能也较理想。

在玻璃材料方面，含氧化碲的黑玻璃在 $0.8\sim5.0\mu m$ 波长范围内的辐射能可透过 70%。以铝酸钙为基的玻璃也有类似的透射曲线，它们在 $2\sim5\mu m$ 波长范围内透过率高达 90%。硫化砷玻璃具有更好的性能，它能透过波长在 $14\mu m$ 内的红外辐射。当含硫量为 20% 时，能透过 50% 的辐射通量。当含硫量为 60% 时，在波长 $1\sim21\mu m$ 内具有高达 60%～65% 的透过率。As-Te-Ge、Se-As-Ge 或 As-S 等系统玻璃及其薄膜均是非常优异的红外透过材料，在

$20\mu m$ 内具有很高的透过率。除用于红外摄影镜头、红外窗口外，硫系玻璃半导体薄膜可制成电开关和存储开关器件。当光照射硫系玻璃薄膜时，可使玻璃薄膜产生微晶，晶粒很小，仅 10nm。如用高强度、短脉冲照射，又可将微晶擦除，返回非晶态。利用该现象可研制高密度、可擦除光存储器。Ge-Te 系统含 Sn 的玻璃薄膜，掺入过渡金属，可加快析晶速率，并改善非晶态的稳定性。

6.2.6 梯度功能材料

梯度功能材料是一种新概念意义上的材料，即选择两种不同性质的材料，如金属和陶瓷，不是通过通常复合的方式，而是通过连续地改变这两种材料的组成和结构，可使其内部界面消失，得到连续、平稳变化的非均质材料。由于在厚度方向上组成和结构逐渐变化，从而使功能性质也发生梯度变化，造成梯度功能材料既不同于均质材料，也不同于一般的复合材料。其制备方法主要有化学气相沉积法、物理气相沉积法、等离子体喷涂法、颗粒梯度排列法和自蔓延高温合成法等。

梯度功能材料的出现是现代高技术需求的结果。如航空、航天等高技术领域的发展，对材料的要求更加苛刻，当飞行器的速度超过 25 马赫❶时，其表面温度高达 2000℃，燃烧室温度更高。采用作燃料的液氢为制冷剂，此时燃烧室壁内外温差高达 1000℃，该温差将产生巨大的热应力，陶瓷和耐热金属等单一材料均难以承受极端条件，而梯度功能材料可以有效地解决此类耐热问题。例如，日本开发出 TiB_2/Cu 系梯度功能材料，最高耐热温度达 1500℃，表里温差约 800℃。除热应力缓和作用用于飞行器外，梯度功能材料还具有电磁特性、生物相容性以及光学功能等，可应用于生物材料、核反应堆材料、压电元件、多模光纤等领域。如用作人造牙齿，为增强生物相容性，可采用多孔磷灰石为牙根，内部为高强度致密结构，牙齿的外露部分使用高硬度陶瓷，中心部位使用高韧性陶瓷。梯度材料的其他用途还在不断开发之中。

6.3 生物材料

一般认为，与生物体相联系的、移植入生物体起某种生体功能的材料称为生物材料。由于生物材料是作为人工脏器及药物等直接进入人体，所以除了具有一般材料应有的力学性能、加工性、耐药品性等条件外，还必须满足一些特殊要求，如生物相容性、血液适应性等。即当生物材料作为外物与人体接触或植入人体内时，与人体的反应要小，经过体内协调后可被人体接受、相容。

按材料组成的不同可分为无机非金属材料、高分子材料、金属材料、复合材料四大类生物材料，天然生物材料也有许多种类。一些能满足医用要求的材料已成为推动现代医学进步的必不可少的物质基础。生物医用材料学科是一门新兴的边缘性学科，涉及材料工艺学、化学、物理学、生物科学、病理学、药物学、解剖学等多门学科，它的发展是各学科进步的结晶。作为一个正在迅速崛起的新兴高科技产业，高性能生物材料的研究开发具有很重要的科学意义和非常巨大的经济效益和社会效益。目前生物材料的一些研究热点有：材料与人体的相互作用机理，材料使用的安全性，可降解材料的结构与性能控制，新型复合材料的结构设计与各种独特加工处理工艺的应用，仿生材料的合成，组织工程用材料，纳米多孔载体材

---

❶ 1 马赫＝1225km/h。

料，功能性生物涂层的研究等。

6.3.1　生物无机非金属材料

生物无机非金属材料是指生物玻璃、生物陶瓷、生物水泥及生物玻璃陶瓷等。其特点是在人体内化学稳定性好，组织相容性好，抗压强度高，易于高温消毒等。因此是牙、骨、关节等硬组织良好的置换修复材料。它的缺点是脆性大，抗冲击性差，加工成型困难等。目前已用于临床的生物无机非金属材料可分为两大类：惰性生物材料和活性生物材料。

（1）惰性生物陶瓷材料　是一类能长期使用的生物材料。如氧化铝，生物相容性好，在体内稳定性高，品种有单晶氧化铝、多晶氧化铝和多孔质氧化铝，可用作人工骨、人工牙根、人工关节等。氧化锆与氧化铝一样，但其断裂韧性高于氧化铝，耐磨性更好，目前已用作新一代的人工关节材料和齿冠材料。碳也是生物惰性材料，与人体相容性好，无排异反应，可允许人体软硬组织慢慢长入碳的空隙中，而且它还具有优良的力学性能。将碳纤维植入人体后，不但能替代损坏了的韧带，而且能促使新的韧带形成和成长。碳材料由于具有优良的耐疲劳性和耐磨损性，因此可以用作人工心脏瓣膜。据报道，LTI-Si 碳瓣膜在金属支撑上经 4 亿次循环后，磨损深度仅为 $2\mu m$ 左右，这表明磨损并不会影响瓣膜寿命，即使用在年轻的患者身上也是可行的。

（2）活性生物无机非金属材料　如生物活性玻璃、羟基磷灰石$[Ca_{10}(PO_4)_6(OH)_2]$、磷酸三钙陶瓷等。这类材料的组成中含有能够通过人体正常的新陈代谢途径进行置换的钙（Ca）、磷（P）等元素，或含有能与人体组织发生键合的羟基（—OH）等基团，使材料在人体内能与组织表面发生化学键合，表现出极好的生物相容性。羟基磷灰石和磷酸钙在人体组织液及酶的作用下可在体内完全被吸收降解，并诱发新生骨的生长。但磷酸钙陶瓷强度不高，植入人体后需经较长时期的代谢方能与自体骨长合在一起，因此不能直接用作承受载荷大的种植体。磷酸钙系生物活性水泥作为填补和临时黏结材料已在临床上有大量应用。

1971 年，美国 Hench 教授发明了 Na_2O-CaO-P_2O_5-SiO_2 系统的生物活性玻璃，与人体相容性好，可与骨骼牢固地结合在一起。经多年临床试验，现由美国 Biomaterials 公司正式批量生产，商标为 Bioglass。1997 年，该公司用溶胶-凝胶法制备了多孔玻璃材料，以提高原材料的生物活性。德国 Vogel 教授研制出了 CaO-K_2O-MgO-Na_2O-P_2O_5-SiO_2 系统的生物微晶玻璃，商品名为 Bioverit。柏林自由大学的 Gross 教授研究出的微晶玻璃可具有不同的表面活性，商品名为 Ceravital。芬兰 Turku 大学的 Yli-Urpo 教授制备了具有生物活性的玻璃纤维，以用作复合材料的增强介质。Na_2O-K_2O-CaO-MgO-P_2O_5-Al_2O_3-SiO_2-F 系统的玻璃含有金云母相，可发展为可加工的生物活性微晶玻璃。由日本京都大学小久保正教授发明的 A-W 微晶玻璃具有很高的抗折强度和优异的生物活性，成分的系统为 CaO-MgO-P_2O_5-SiO_2-F，是迄今为止最好的生物微晶玻璃材料，可用于脊椎、胸骨等部位。1992 年，日本厚生省批准了 A-W 生物活性微晶玻璃的临床应用许可。日本电气玻璃公司已批量生产，商品名为 Cerabone。

6.3.2　医用高分子材料

普通分类可分为合成高分子材料（如聚氨酯、聚酯、聚乳酸、聚乙醇酸、乳酸-乙醇酸共聚物、其他医用合成塑料和橡胶）和天然高分子材料（如胶原、丝蛋白、纤维素、壳聚糖等）。也可按医用功能做如下分类。

6.3.2.1　用作人工脏器的医用高分子材料

人工脏器的研究目标是替代人体原有脏器的生理功能。以高分子材料制作的人工脏器主要有人工心脏、人工肾、人工肺、人工肝脏、人工气管、人工输尿管和尿道、人工眼、人工耳、人工舌、人工乳房、人工子宫和人工喉等。表 6-5 为以高分子材料制作的部分人工脏器。

表 6-5　以高分子材料制作的部分人工脏器

用途	材料
人工心脏	聚氨酯橡胶、聚四氟乙烯、硅橡胶、尼龙等
人工肾	赛珞玢(玻璃纸)、聚丙烯、硅橡胶、乙酸纤维素、聚碳酸酯、尼龙-66
人工肺	硅橡胶、聚硅氧烷-聚碳酸酯共聚物、聚烷基砜
人工肝脏	赛珞玢(玻璃纸)膜、聚苯乙烯型离子交换树脂
人工气管	聚乙烯、聚乙烯醇、聚四氟乙烯、硅橡胶、聚氯乙烯
人工输尿管和尿道	硅橡胶、聚四氟乙烯、聚乙烯、聚氯乙烯
人工眼球和角膜	硅橡胶、聚甲基丙烯酸甲酯
人工耳	硅橡胶、聚乙烯
人工乳房	聚乙烯醇缩甲醛海绵、硅橡胶海绵、涤纶
人工喉	涤纶、聚四氟乙烯、硅橡胶、聚氨酯、聚乙烯、尼龙

以人工心脏材料的开发为例，自 1957 年美国的 W. J. Kolff 和 T. Akutsu 开始进行人工心脏的实验研究以来，人们一直在为制作高性能的人工心脏材料而艰苦努力。近年来，各国学者从生物膜的组成和结构得到启发，认为具有亲水-疏水微相分离结构的高分子材料，最有可能用作血液相容性材料。至今用作人工心脏的材料有两大类：一类是具有微相分离结构的聚氨酯嵌段共聚物；另一类是具有微相分离结构的亲疏水型嵌段共聚物。前者是由软、硬段交替组成的多嵌段共聚物。软段通常由聚醚、聚丁二烯、聚二甲基硅氧烷等连续相构成；硬段包括脲基和氨基甲酸酯基，高键能的氢键使硬段聚集成微区，形成分散相。后者可以作为亲水性材料的有聚丙烯酰胺、聚乙烯醇、聚丙烯酸羟乙酯、聚甲基丙烯酸羟乙酯、聚氧化乙烯等，可作为疏水性材料的有聚氨酯、聚四氟乙烯、硅橡胶、聚乙烯、聚酯、聚丙烯腈、尼龙（聚酰胺）等。若人工心脏的使用寿命为 10 年，则须经过 3 亿多次的往复搏动。故作为永久性人工心脏的泵体材料要具备极高的弹性和机械强度，与血液、体液长期接触而不被腐蚀和老化，因此理想人工心脏材料的研制任重而道远。

6.3.2.2　用作人工组织的医用高分子材料

以高分子材料制作的人工组织可包括人工皮肤、人工血管、人工骨、人工关节、人工细胞、人工血液、人工神经、人工肌腱、人工软骨、人工齿、人工晶状体、人工玻璃体等材料。表 6-6 列出了以高分子材料制作的部分人工组织。这方面材料的发展可谓日新月异，如高分子材料制作人工血管已有 40 多年的历史，材料也由初期使用的聚氯乙烯、尼龙及聚丙烯腈发展到现在的聚酯、聚四氟乙烯及聚氨酯等。生产厂商主要有美国的杜邦、日本的旭化成和东洋人造丝、德国的 IG 等公司。日本 Tovay 公司所研制的由聚酯纤维编织成的人工血管，其最细直径仅为头发的 1/20，水能透过管壁而血液则不能。植入不久即有活组织覆盖形成血栓层，其性能类似天然血管，临床应用效果很好。

表 6-6　以高分子材料制作的部分人工组织

用途	材料
人工皮肤	聚乙烯醇缩甲醛、胶原纤维、聚丙烯织物、聚氨酯、尼龙等
人工血管	聚酯纤维、聚四氟乙烯、聚乙烯醇缩甲醛海绵、硅橡胶、尼龙等
人工骨和人工关节	聚甲基丙烯酸甲酯、聚四氟乙烯、超高分子量聚乙烯、聚酯
人工软骨	软骨膜细胞＋海绵状骨胶原
人工血细胞	氟碳化合物乳剂、人或动物的血红蛋白＋聚乙二醇
人工血液	葡聚糖(右旋糖酐)、聚乙烯醇、聚乙烯吡咯烷酮
人工神经	明胶、骨胶原、聚羟基乙酸
人工肌腱	尼龙、聚氯乙烯、涤纶、聚四氟乙烯、硅橡胶
人工齿	聚甲基丙烯酸甲酯、聚碳酸酯、聚苯乙烯、环氧树脂
人工晶状体/人工玻璃体	液状有机硅、骨胶原、聚乙烯醇水凝胶

人工皮肤应柔软，与创面有良好的相容性，具有透气性和吸水性。初期使用的替代材料为涤纶、尼龙及丙纶等合成纤维；为增加透气性，宜采用聚四氟乙烯膜，但这种膜材料的强度较差。为此将聚氨酯泡沫层黏附在多孔聚四氟乙烯表面上，或将尼龙粘贴在硅橡胶膜的表面上，制成复合型人工皮肤。目前一种体内培养法正在临床应用。即将患者的表皮细胞移植到含有硫酸软骨素的骨胶原海绵纱布上，再把此纱布直接与患者接触，使纱布内的表皮细胞在体内培养，在与生物体的表皮层大致同样分裂形成多层结构的同时，纤维芽细胞、毛细血管侵入骨胶原海绵纱布中，形成真皮层。

6.3.2.3　体外使用的医用高分子材料

体外使用的医用高分子材料主要用于临床检查、诊断和治疗等医疗器具，很多产品已大量生产，如塑料输血袋、高分子缝合线、一次性塑料注射器、医用黏合剂、高分子夹板绷托、高吸水性树脂等。

高分子夹板绷托可采用乙酸纤维素及聚氯乙烯作为材料，在加热后可按需求定型，冷却后变硬起固定作用。另一种尼龙纤维织物可在光照下定型，它的密度小、强度高、耐水性好。反式聚异戊二烯也是一种合适的固定材料。聚氨酯硬质泡沫塑料是一种较新颖的夹板材料，将异氰酸酯、聚醚或聚酯多元醇等组成的反应物料涂布在患部，5～10min 即会发泡固化，其质量仅为石膏的 17%。这些高分子材料正替代笨重、闷气、易脆断和怕水的石膏绷带，为骨折患者带来福音。

高分子医用黏合剂主要采用 α-氰基丙烯酸酯，它能在微量水分下迅速进行阴离子聚合，这种单体还可与蛋白质结合，因此可与机体组织有机地结合在一起。研究发现，在生物体中其长链化合物的聚合速率比短链化合物要快得多，即高级酯的止血效果较好。但从体内分解速率、抗菌性、组织反应来看，低级酯较好。因此可将不同碳链的酯结合起来以取长补短，折中方法可采用 α-氰基丙烯酸丁酯。α-氰基丙烯酸丁酯在临床上运用广泛，对用通常方法无法止血的病例具有迅速和持久的止血效果，可作为对肝、肾、肺部、食道、肠管等脏器手术中的黏合剂和止血剂。

6.3.2.4　药用高分子

药用高分子包括药物的载体、带有高分子链的药物、具有药效的高分子、药品包装材料等。天然高分子作为载体，如明胶、胶原、环糊精、纤维素、壳聚糖等；改性天然高分子，如甲醛交联明胶，进行化学和酶改性。天然高分子材料的生物相容性好，无毒副作用，但力学性能较差，药物释放速度难以调控。而合成高分子用于药物是从 20 世纪 50 年代初发展起来的，如聚酯、聚酸酐、聚酰胺、藻酸盐、聚氰基丙烯酸烷基酯、聚硅氧烷橡胶、聚氨酯、聚苯乙烯等。高分子药物具有长效、能降低毒副作用、增加药效、缓释和控释药性等特点。通过设计新的生物活性分子进行表面改性，可以有效选择特定的受体，制成能将药物直接送达需药目标部位的靶向药物制剂。

一般的低分子药物在血液中停留时间短，很快排泄到体外，药效持续的时间不长。而合成高分子不易被分解，提高了药物的长效性，如将乙烯醇-乙烯胺共聚物与青霉素相连接，其药理活性比低分子青霉素大 30～40 倍，同时显著改善抗青霉素水解酶的能力，提高了稳定性。某些低分子物本来可能是无药理活性或低药理活性的，高分子化后，其药理活性就大为提高。例如，L-赖氨酸无药理活性，但聚 L-赖氨酸在 2.5mg/mL 的浓度下即可抑制 *E.coli* 菌。又如，水杨酸及其酯有抗紫外线作用，但毒性较大。当和乙烯基化合物作用并形成高分子化合物后，作为抗射线药其毒性就降低了很多。

高分子载体药物如微胶囊包裹的药物，具有缓释作用，可减少用药次数和延长药效。合成高分子如聚葡萄糖酸、聚乳酸、乳酸-氨基酸共聚物、聚羟基乙酸、聚己内酯及 β-羟基丁酸酯等，可作为药物的微胶囊材料。不同溶解性的包膜可根据不同的 pH 值在胃（pH＝1～2.5）或肠（pH＝5～8）内释放出药物。胃溶性高分子应采用在酸性条件下溶解的聚合物，如聚乙烯吡啶、聚乙烯胺类、聚甲基丙烯酸氨基酯及聚氨基甲基苯乙烯等。肠溶性高分子有甲基丙烯酸-丙烯酸甲酯共聚物、苯乙烯-马来酸酐共聚物、邻苯二甲酸乙酸纤维素。

6.3.2.5　天然医用高分子

一些天然纤维都具有很高的生物功能和很好的生物相容性，在保护伤口、加速创面愈合方面具有一定的优势，如从各种甲壳类、昆虫类动物体中提取的甲壳素壳聚糖纤维，从海藻植物中提取的海藻酸盐，从桑蚕体内分泌的蚕丝经再生制得的丝素纤维与丝素膜，以及由牛屈肌腱重新组构而成的骨胶原纤维等。胶原是哺乳动物体内结缔组织的主要成分，丰富且性质优良，因此被广泛用作生物医用材料。胶原-硫酸软骨素多孔交联的支架已可制得人工皮肤。

甲壳素主要存在于甲壳类、昆虫类的外壳和霉菌类的细胞壁中。脱酰后的甲壳素（即壳聚糖）具有相容性、黏合性、降解性。取向的壳聚糖纤维具有很强的湿拉力（120 MPa），由壳聚糖纤维制得的手术缝合线有一定的强度和柔软性，并具有消炎止痛、促进伤口愈合、能被人体吸收的效果，是最为理想的手术缝合线。壳聚糖纤维制造的人造皮肤，通过血清蛋白对甲壳素微细纤维进行处理，可提高对创面浸出的血清蛋白的吸附性，有利于创口愈合，实用效果不错。此外，家蚕丝脱胶后得到的丝素蛋白是一种优质的医用材料，无毒，无刺激性，具有良好的生物相容性。可用于创面覆盖材料、人工皮肤和药物缓释材料等方面，尤其是各种再生丝素膜在修复烧伤感染的皮肤方面具有很好的临床效果。

6.3.3　医用金属材料

6.3.3.1　常用的医用金属材料

医用金属材料具有许多优越的性能，如较高的强度、良好的断裂韧性等，在整形外科中起着重要作用。但其缺点是耐腐蚀性和生物相容性差。医用金属材料早在 16 世纪就有人用于治疗颚开裂，但直到 1886 年 Hansman 用薄钢板和镀镍钢螺钉进行骨折治疗之后，整形外科领域中金属植入材料的研究才真正取得了飞跃发展。经过近几十年的医学临床实践以及随着金属材料科学的发展，金属材料工作者不断和临床医生合作筛选而发展了许多耐腐蚀性和力学性能优异的金属材料。

常用的医用金属材料包括钛金属、钛合金、钽及其合金、钴铬合金等，钴合金中添加钼，已用于生物体中。例如 Co-Cr-Ni-Fe-Mo 合金用在牙科和整形外科。这种高钴铬钼合金的耐腐蚀性，比一般不锈钢强 40 倍。牙科常用的金属还有金合金和镍铬合金。金合金的主要组成是 86％Au-8％Pd-4％Pt；镍铬合金的主要组成是 80％Ni-13％Cr 及微量 Co、Mo 等。应用较多的医用钛合金是 Ti6Al4V 合金和 Ti5Al2.5Sn 合金。与其他医用金属材料相比，医用钛合金的主要性能特点是密度较低、弹性模量小（约为其他医用金属材料的一半），与人体硬组织的弹性模量比较匹配。纯钛与钛合金表面能形成一层稳定的氧化膜，具有很强的耐腐蚀性。在生理环境下，钛与钛合金的均匀腐蚀甚微，也不会发生点蚀、缝隙腐蚀与晶间腐蚀，对人体毒性相对较小，有利于其临床应用。

在临床应用上，这些常用金属在骨科可用来制作各种人工关节和骨折内固定器，如人工髋关节、膝关节、肩关节、肘关节、腕关节、踝关节与指关节，各种规格的截骨连接器、加压板、鹅头骨螺钉，各种规格的皮质骨与松质骨加压螺钉、脊椎钉、哈氏棒、鲁氏棒、人工椎体和颅骨板等，也用于骨折修复、关节置换、脊椎矫形等。在口腔科中广泛应用于镶牙、矫形和牙根种植等各种器件的制造，如各种牙冠、牙桥、固定支架、卡环、基托、正畸丝、义齿、颌面修复件等。在心血管系统，可应用于制作各种植入电极、传感器的外壳与导线、人工心脏瓣膜、介入性治疗导丝与血管内支架等。此外，还用于制作各种宫内避孕环、眼科缝线、固定环、人工眼导线等。用钛合金制作的牙根种植体已广泛用于临床，用纯钛网作为骨头托架已用于颌骨再造手术，用微孔钛网可修复损坏的头盖骨和硬膜，能有效地保护脑髓液系统。用纯钛制作的人工心脏瓣膜与瓣笼已成功地得到应用，临床效果良好。

6.3.3.2 医用形状记忆合金

形状记忆是指具有初始形状的制品变形后，通过加热等手段又回复到初始的功能。目前比较成熟的形状记忆合金有 Ti-Ni 合金和 Cu-Zn-Al 合金。用于医学领域的记忆合金除了具备所需要的形状记忆或超弹性特性外，还必须满足化学和生物学等方面可靠性的要求。只有那种与生物体接触后会形成稳定性很强的钝化膜的合金才可以植入生物体内。在现有的实用记忆合金中，经过大量实验证实，仅 Ti-Ni 合金满足上述条件。医用形状记忆合金在临床上有多种应用，在整形外科主要用于制作脊椎侧弯症矫形器械、人工颈椎间关节、加压骑缝钉、人工关节、髌骨整复器、颅骨板、颅骨铆钉、接骨板、髓内钉、髓内鞘、接骨超弹性丝、关节接头等；在口腔科用于制作齿列矫正用唇弓丝、齿冠、托环、颌骨铆钉等；在心血管系统用于制作血栓过滤器、人工心脏用的人工肌肉和血管扩张支架、脑动脉瘤夹、血管栓塞器等；在介入性治疗中用于制作各种食道、气道、胆道和前列腺扩张支架；在计划生育中用于制作节育环、输卵管绝育夹等。另外，医用形状记忆合金还用于制作耳鼓膜振动放大器、人工脏器用微泵、人工肾用瓣等。

牙齿矫正丝是利用 Ti-Ni 合金相变伪弹性特点，将合金丝处理成超弹性丝。由于应力诱发马氏体相变使弹性模量呈非线性变化，当应变增大时，矫正力却增加不多。因此佩戴矫正丝时，即使产生很大的变形也能保持适宜的矫正力，不仅操作方便，疗效好，而且可减轻患者的不适感。Ti-Ni 合金的超弹性功能使应变高达 10％仍不会发生塑性变形。

脊柱侧弯矫形用哈氏棒通常是用不锈钢制成，但由于植入人体后以及在随后使用中，矫正力明显下降，甚至在半个月后下降 55％，故通常必须进行再次手术以调整矫正力，使患者在精神上、肉体上承受较大痛苦。改用形状记忆合金棒，只需一次安放固定手术。即将 Ti-Ni 合金棒记忆处理成直棒，然后在 M_s 以下温度（通常在冰水中）弯成与人体畸形脊柱相似的形状（弯曲应变小于 8%），立即安放于人体内并加以固定。手术后通过体外加热使温度高于体温 5～10℃，这时 Ti-Ni 合金棒逐渐回复到高温相状态，产生足够的矫正力。

其他如骨折、骨裂等所需要的固定钉或固定板都是将 Ti-Ni 合金的 A_f 温度设定在体温以下。先将合金板（或合金钉等）按所需形状记忆处理定型，在手术时，将定型板在冰水中（$<M_s$）变形成便于手术安装的形状，植入所需部位固定，靠体温回复固定板形状。用记忆合金固定骨折等患处，患者痛苦少，功能恢复快，是非常行之有效的方法。

6.3.3.3 医用金属材料表面改性

近期为改善金属材料的生物相容性和耐腐蚀性，已发展了许多表面处理方法。如对金属表面进行等离子体喷涂，在金属表面形成羟基磷灰石晶相层；或将生物活性玻璃粉末在 400～600℃ 下软化，摊薄于金属表面上；或通过电解法、浸涂法和化学处理法在金属表面形成生物活性陶瓷层。这些工艺方法均可赋予金属材料一定的生物活性，使之能与人骨牢固结合。将生物活性陶瓷或玻璃用各种工艺涂层到钛合金表面形成梯度结构，由于生物玻璃涂层能与骨组织发生化学结合，这样金属材料的生物相容性可以大大得到改善，制备的涂层钛合金人工骨、人工齿根等目前已成功地应用于临床。

6.3.4 生物复合材料

6.3.4.1 概述

生物医用复合材料是由两种或两种以上不同材料复合而成的生物医学材料。由于人体功能的复杂性，随着生物材料在人体具体应用形式和场合的不同，对材料各项性能指标的要求也不尽相同。然而在很多应用场合下，单一组分或单一结构的材料都无法很好地满足机体对材料性能多样性的要求。这时就需要综合多种组分或结构的性能优势，形成生物复合材料，更好地实现对人体受损组织的修复作用。医用高分子材料、医用金属和合金以及生物陶瓷均既可作为生物医用复合材料的基材，又可作为其增强体或填料，它们相互搭配或组合形成了大量性质各异的生物医用复合材料。生物复合材料的性能优势可体现在以下几个方面。

① 降解模式和降解速率的可调性。

② 力学性能的增强和改善。

③ 改变单一材料的表面特性，使生物细胞能更有效地吸附在基材上。

这类生物材料包括无机纤维与高分子材料复合、生物活性玻璃纤维与陶瓷材料复合、陶瓷微粒与高分子材料复合、生物陶瓷涂层材料、石墨纤维与铝复合等。通过多相材料的组合，使复合材料具有原有组成材料所不具备的优良性能。用高强度、低模量的塑性纤维增强玻璃、陶瓷、合金钢等脆性基体，可提高这些材料的强度和断裂韧性。高弹性模量、高刚性的陶瓷材料与低弹性模量、柔软的高分子材料相组合，可制得力学性能与人骨特性近似的骨修复材料。如高分子量聚乙烯（UHMWPE）/羟基磷灰石（HA）、甲基丙烯酸甲酯-苯乙烯共聚物增强羟基磷灰石或磷酸三钙等。英国 Bonfield 教授课题组得出，在 HDPE 和 HA 复合材料中，增加 HA 含量，可使材料的弹性模量从 1GPa 提高到 9GPa，使材料从柔性向脆性转变，并提高材料的生物活性，因此可通过控制 HA 的含量调整和改变复合材料的性能。而胶原与多孔羟基磷灰石陶瓷复合，其强度比 HA 陶瓷提高 2～3 倍，胶原膜还有利于孔隙内新生骨的长入，植入狗的股骨后仅 4 周，新骨即已充满孔隙。此外，羟基磷灰石作为金属材料的表面涂层，能大大提高人体骨长入孔洞的速度。聚甲基丙烯酸甲酯（PMMA）粉末与甲基丙烯酸酯单体的混合物与磷酸钙粉末或 MgO-CaO-SiO$_2$-P$_2$O$_5$-CaF$_2$ 体系生物活性玻璃颗粒复合制备出的生物活性骨水泥可具有较好的相容性和力学性能。另一种生物活性骨水泥（BABC），是由 A-W 微晶玻璃颗粒和 SiO$_2$ 颗粒作为填料加入双酚 A 双甲基丙烯缩水甘油酯（Bis-GMA）而形成的一种生物复合材料。在动物试验中，在一定时间内 BABC 与骨结合强度达到 3.7MPa，而 PMMA 只到 2.0MPa，比 PMMA 骨水泥的效果更显著。

6.3.4.2　有机/无机复合生物材料

人骨和牙齿就是由天然有机高分子构成的连续相和弥散于其基质中的羟基磷灰石晶粒复合而成的。有机/无机复合生物材料主要用途在于修复和重建人体的软硬组织。例如对于缺损的硬组织来说，修补材料要承受一定的载荷，因此必须有一定的起始强度和韧性，而且其强度随降解过程的衰减要与新组织的形成速度相匹配。而对于受到损害的软组织来说，修复材料也需在一定的降解周期内保持适当的强度，从而可以将生物力学的刺激传递给活细胞，引导新组织在基体材料内定向生长。有机/无机复合生物材料结合了有机组分的韧性和无机组分的刚性，充分利用了无机组分或部分有机组分的生物活性或降解性能，形成了具有综合使用性能的骨修补复合材料或为组织工程提供性能更为优越的支架材料。目前所研究的有机/无机复合材料主要有以下几类：基于磷酸钙的有机/无机复合材料；基于生物活性玻璃的有机/无机复合材料；基于硅或钛酸盐的有机/无机生物活性杂化材料。

（1）磷酸钙　主要包括羟基磷灰石（HAP）和磷酸三钙（TCP），它们具有良好的生物相容性及骨引导性，并已广泛用于临床。

①　磷酸钙与人工合成的可生物降解高分子材料的复合　在这类复合材料中，经高温烧结并碾细的 HAP 或 TCP 微粒，以分散相的形式存在于聚合物形成的基体材料中。与有机组分相比，无机组分的存在能显著提高材料的弹性模量，而材料的拉伸强度或弯曲强度则有不同程度的下降。人工合成高分子的降解速率可有较大范围的变化。短的在 1 个月左右，长的可以达到几年；降解模式和特性也有着更为丰富的内容。人工合成高分子主要有脂肪族聚酯包括聚乳酸（PLA）、聚乙醇酸（PGA）、聚己内酯（PCL）、聚酸酐以及它们之间的共聚物等。在降解速率方面，聚酸酐的降解速率普遍高于聚酯；在聚酯中，材料的降解速率随其亲水性的增加而增快，其中聚乙醇酸降解速率最快，约为 1 个月，聚乳酸次之，需要 3～6 个月，聚己内酯最慢，需要几年左右。在降解模式方面，聚酯与聚酸酐也有较大差异。

在 TCP 和 CPLA（L-乳酸和脂肪族聚酯的共聚物）形成的复合材料中，材料最大的弯曲强度可以达到 54MPa，相当于人体骨强度的 1/2，而最大的弹性模量则可达到 8.2GPa，与人体骨的硬度相当。表面经聚丙烯酸或乙烯和马来酸酐的共聚物修饰的 HAP 粒子与 Polyactive（乙二醇和对苯二甲酸丁二醇酯的共聚物）形成的复合材料，比未经修饰的粒子形成的材料的机械强度要高。这说明磷酸钙粒子的表面性质以及与机体材料的界面黏结性对复合材料的力学性能至关重要。

②　磷酸钙材料与天然生物材料的复合　磷酸钙与某些具有活性或特殊性能的蛋白质［如胶原、骨生长因子（BMP）、纤维蛋白黏合剂、明胶、甲壳素、纤维素、透明质酸等］复合。明胶分子在人体内降解-溶解的速率很快，几天内就可被人体完全吸收，而甲壳素的降解速率就要慢得多。BMP 具有骨诱导活性，对促进骨缺损的修复具有重要作用，但 BMP 无法单独制成骨的形状，需要其他支撑材料成型方能使用。另外，单独的 BMP 在体内吸收较快，需要将其固定在载体上，才能缓慢释放充分发挥其作用。因此将 BMP 与多孔块状磷酸钙陶瓷复合，就可以充分发挥两者的优势，得到骨诱导性能优于两种纯组分的复合材料。

胶原也是一种广泛用于与 HAP 复合的天然材料。胶原具有较好的黏结性，可用来粘接或固定 HAP 颗粒，克服其单独使用所引发的颗粒游走、移位、压迫神经等并发症。HAP 颗粒起到中心支架作用，胶原则促使肉芽组织长入并对成纤细胞和成骨细胞起营养作用。

③ 磷酸钙材料和人工合成的非降解高分子材料的复合　人体内某些器官或组织如关节和心脏瓣膜等损害后，需要永久性替换，这时就要用到非降解的生物材料。人体内常用的非降解高分子材料有聚乙烯、聚甲基丙烯酸甲酯、聚氨酯、聚酯等，它们都具有较好的生物相容性。

（2）基于生物活性玻璃的有机/无机复合材料　构建一种用于组织工程的、强度和降解性合适的多孔生物基材。活性玻璃（BG）与可生物降解高分子材料进行复合，可制成具有连续孔洞结构的三维支架材料或生物活性水泥。BG 的降解是含硅和钠的离子逐渐被溶解，而含磷和钙的离子重新沉积的过程。BG 与乳酸-乙醇酸共聚物（PLAGA）所形成的三维复合支架材料，其弹性模量要高于纯聚合物形成的支架材料（51.3MPa、26.5MPa）。另外，对材料的体外细胞实验表明，复合支架材料能够促使 I 型胶原的形成和破骨细胞的繁殖，并且其 I 型胶原的含量要高于纯聚合物支架材料，此外，复合支架材料的表面还发现有纯聚合物支架材料不具有的矿化物质沉积，这表明 BG/PLAGA 复合支架材料是一种比纯聚合物支架材料更优越的材料。

（3）基于硅或钛酸盐的有机/无机生物活性杂化材料（bioactive hybrid）　为使有机相和无机相能在分子级水平上均匀复合，有必要发展生物活性杂化材料。Osaka 等用 TEOS 和 VTMS 在乙酸钙存在的情况下发生共聚，得到的 ORMOSIL 材料在 SBF 中释放出钙离子，一天内在表面形成 HAP 层。此外，$PDMS-CaO-SiO_2$、$PDMS-CaO-SiO_2-TiO_2$、$PTMO-CaO-SiO_2$ 等系统也尝试制备了生物活性杂化材料，可获得与人的海绵骨相当的力学性能。

6.3.5　用于组织工程的相关材料

组织工程是应用生命科学与工程的原理和方法构建一个生物装置，来维护、增进人体细胞和组织的生长，以恢复或再建受损组织或器官的功能。即将特定组织细胞"种植"于一种生物相容性良好、可被人体逐步降解吸收的生物材料上，形成细胞-生物材料复合物；生物材料为细胞的增长繁殖提供三维空间和营养代谢环境；随着材料的降解和细胞的繁殖，形成新的与自身功能和形态相适应组织或器官。在这一多学科交叉的新领域中，使细胞能在按照预制设计的三维形状支架上适宜地生长是个关键。研制各种各样的三维多孔材料以适应各种各样的细胞和不同的人体环境是材料工作者的重大任务。组织工程用的材料一般要求为：毒性小；容易加工成三维多孔支架并能批量复制；材料的孔径大小适合细胞的黏附，适合细胞之间能够流通，并较多地获取营养物、生长因子和活性药物分子；材料孔体积和表面特性对于组织的反应速率有一定的促进或抑制作用；能够释放药物或活性物质如生长激素等；多孔材料要有一定机械强度并支持新生组织的生长，并有一定的降解速率。控制好支架材料的降解速率一直是个研究难点，不同的生物活性因子、不同的人体和部位，应匹配不同的降解速率。材料的结晶度、分子量和链规整度都会对降解性有一定的影响。

三维多孔支架可以是纯高分子材料（天然或合成的）或纯无机非金属材料或有机/无机复合材料（参见前面内容）。壳聚糖、I 型胶原、氨基葡聚糖、聚羟基烷基酸酯等均是常用的天然生物降解材料。合成的生物降解材料主要有聚乳酸（PLA）、聚乙醇酸（PGA）及其共聚物、聚 ε-己内酯、聚羟基丁酸酯（PHB）及其共聚物、聚原酸酯（POE）、聚酐、聚磷腈、聚氨基酸等多种。无机的材料主要是羟基磷灰石或磷酸三钙之类的磷酸盐产品。这些材料的表面改性也是很值得研究的课题。材料表面的改性可以改良细胞的黏附性与迁移性、控制细胞与材料界面的反应等，如聚合物表面嫁接亲水基团有利于细胞的贴附和生长。

6.3.6 其他相关的生物材料

前面几小节主要介绍了各种材料应用于软、硬组织的修复与置换，或用作药物和基因的受控释放的载体，虽然这些年来相关科研已取得了很大的进步，但在基础理论和应用开发的各个方面还有许多工作尚待进行，期待着人们不断地探索。下面再介绍几种生物材料。

（1）治癌用材料 美国的 Day 教授在 20 世纪 80 年代末发明了以 Y_2O_3-Al_2O_3-SiO_2 玻璃微珠为载体、用中子线照射杀死癌细胞的方法，从 1992 年起在美国和加拿大开始临床用于治疗肝癌。但[90]Y 的放射线的半衰期只有 64h，对治疗效果有影响。1997 年日本京都大学研制出了以磷硅酸盐玻璃为载体、用中子线照射杀死癌细胞的方法。[31]P 的放射线的半衰期可延长至 14 天，提高了治疗效果。近期，用强磁性微晶玻璃 ZnO-Fe_2O_3-SiO_2 为介质，对癌变部位进行局部加热，以杀死癌细胞的研究，也取得了积极的成效。

（2）磁性微球 选用生物相容性良好的磁性材料加工成磁性药物制剂，既可外用治病，又可内服用于靶向给药和磁性造影。国内外开展的磁性控释技术的研究，方法是将磁性铁粉与药物共同包裹于医用高分子载体中形成核-壳结构的磁性微球（核为 Fe_2O_3 纳米粒子，壳为有机层），再在病灶区外磁场作用下，让磁性微球在较短时间内定向运动并富集在病灶靶区，所含药物可以定向释放作用于靶细胞，这种通过磁场物理因素把药物导向到靶位的给药方法称为物理靶向给药。所用的药剂形式有磁性微球注射剂、磁性微球胶囊剂和片剂。这类先进的导弹疗法可用于恶性肿瘤的治疗。在疾病诊断中，还可以磁性微球作为造影剂。

（3）生物芯片 生物芯片借用了计算机芯片的集成化的特点，是把生物活性大分子（目前主要是核酸和蛋白质）或细胞等密集排列在固相载体上所形成的微型检测器件。其实质就是在基片表面上有序地点阵排列一系列已知的识别分子，使之与被测物质结合或反应，再以一定的方法进行显示和分析，最后得出被测物质的化学分子结构等信息。生物芯片应用十分广泛，可以应用于分子生物学、生物医学、药物的研究和开发等领域。近年来，以 DNA 芯片为代表的生物芯片技术得到了迅猛发展。为了提高生物芯片的性能，各方面的研究也逐步开展起来，如信号检测方法、基片表面修饰的研究、标记物的选择、芯片制作过程参数优化、芯片表面化学，还有探针的固定等。高质量的芯片要求其表面能够成功地嫁接合适的基团，这就需要对表面修饰工艺进行优化。如在硼硅酸盐玻璃基片上，采用常见的 3-氨基丙基三乙氧基硅烷作为表面氨基修饰试剂，用无水乙醇和乙酸作为反应溶剂和催化剂，采用浸泡法制得了表面氨基修饰的基因芯片。通过对羟基化、酸处理和浸泡三步中的实验工艺参数进行优化，可获得性能优异的表面氨基修饰的生物芯片。

在生物、医学和材料学科的交叉点上开发新材料是现今研究的一个热点，但由于受到各学科各自的局限性，目前生物芯片的研制仍存在许多问题，主要包括表面修饰基团嫁接困难、样品制备和待测定靶标探针标记方法复杂、重复性差、没有统一的标准、信号检测的灵敏度不够等。目前市场上的生物芯片价格一直居高不下，也对生物芯片的推广使用造成了极大的阻碍。

（4）生物酶载体多孔材料 酶作为高效生物催化剂在很多领域都有非常广泛的应用，但在生产过程中缺乏长期稳定性，在溶液中易失活，使用后无法回收，有的酶在溶液中还存在自水解，解决问题的关键是进行酶固定，酶固定化对于提高实际生产效率是非常重要的。在固定化酶中应用无机质多孔材料作为载体有以下优点。

①热稳定性高，使用温度一般可达300℃以上。

②化学稳定性好，耐酸碱。

③抗压强度大，适用于高压条件。

④无机物的组成一般无毒，不会产生二次污染，清洗和再生容易。

⑤一般不与微生物发生生物化学反应，耐微生物的降解作用，耐有机溶剂的溶解作用。

⑥材料的疲劳老化极其缓慢，使用寿命长。

⑦孔分布窄。已有研究发现，介孔孔径较大的 MCF（Meso-Cellular Foams，15.3nm）在酶固定方面比孔径小的 MCM-41（2.6nm）和 SBA-15（6.4nm）效果好。这是由于酶只固定在其外表面，活性很低，而 MCF 具有较大的介孔孔径，使得酶更易固定在孔内，提高了酶的活性。

生物酶的固定需要介孔，而更大的孔道将便于酶的流通，因此开发介孔和大孔共存的独特孔结构的载体材料作为新型酶载体材料很值得探索。采用溶胶-凝胶工艺，以正硅酸乙酯、无水乙醇、N,N-二甲基甲酰胺、氨水和去离子水为初始原料，用聚乙二醇（PEG，相对分子质量为 2000）作为介孔造孔剂，淀粉或炭粉作为大孔造孔剂，在 600℃下热处理 2h 后能制得双孔块状 SiO_2 材料，其大孔主要分布在 $8\sim11\mu m$，介孔在 10nm 左右，而且孔径分布相对集中。大孔孔洞之间是相互连通的，大孔中贯穿着小孔，这样有利于物质的流通。比较在 80℃水中浸泡 7 天前后固定糖化酶的酶活力，显示多孔样品具有好的水热稳定性，在作为酶载体方面可以多次长时间地使用；而且引入形成双孔结构后有利于增加酶的吸附量，提高酶活力。该类材料用作固定其他生物酶方面的良好前景也是可以期待的，酶载体材料的孔径结构和酶活力的相互关系值得进一步深入研究。

6.4 纳米材料

纳米材料是指在三维空间中至少有一维处于纳米尺度范围（1~100nm）或由它们作为基本单元构成的材料，这相当于 10~100 个原子紧密排列在一起的尺度。纳米材料与常规结构材料相比具有高强度、高韧性、高比热容、高热膨胀系数、异常电导率、大的扩散率、高磁化率等主要特点。可用于高密度磁记录材料、吸波隐身材料、磁流体材料、防辐射材料、单晶硅和精密光学器件抛光材料、微芯片导热基片与布线材料、微电子封装材料、光电子材料、先进的电池电极材料、太阳能电池材料、高效催化剂、高效助燃剂、敏感元件、高韧性陶瓷材料（摔不裂的陶瓷，用于陶瓷发动机等）、人体修复材料和抗癌制剂等。目前纳米材料科学已成为材料科学的一个新分支。

6.4.1 纳米材料的种类与制备

按照纳米材料不同的组织结构形态特征，大致可分为纳米粉末、纳米纤维（纳米丝、纳米线、纳米棒）、纳米薄膜、纳米块体四类。其中纳米粉末的开发时间最长、技术最为成熟，是生产其他三类产品的基础。

（1）纳米粉末　又称超微粉或超细粉，一般是指粒度在 100nm 以下的粉末或颗粒，是一种介于原子、分子与宏观物体之间处于中间物态的固体颗粒材料。超微纳米粒子表面原子数比例高，具有独特的体积效应、表面效应、量子尺寸效应，不仅可在较低的温度下进行固相反应、固相烧结，还使其熔点下降，相变温度也下降，对材料的电学、热学、磁学、光学等性能会产生重要的影响。

纳米粉体难以用传统的机械方法制得，现在常用的方法主要是化学制备方法。即在气相或液相（湿化学法）条件下，首先形成离子或原子，然后逐步长大，形成所需要的粉体，容易得到粒径小、粒度分布均匀、纯度高的超细粉体。目前常用的制备方法有以下两种。

① 气相法

a. 激光诱导气相沉积法（LICVD）　利用反应气体对特定波长激光束的吸收而产生热解或化学反应，经过核生长形成超细粉末。

b. 等离子体气相沉积法（PCVD）　又可分为直流电弧等离子体法、高频等离子体法以及复合等离子体法，可制得 Si_3N_4、AlN、TiN、ZrN 等非氧化物纳米粉体以及 Si_3N_4/SiC 复合粉体、$\gamma\text{-}Al_2O_3$ 和 $\delta\text{-}Al_2O_3$ 等氧化物纳米粉体。

c. 物理气相沉积法（PVD）　主要是采用蒸发冷凝法。

② 液相法　具有无须苛刻的物理条件、易中试放大、产物组分含量可精确控制、可实现分子/原子尺度水平上的混合等特点，可制得粒度分布窄、形貌规则的各种纳米粉体，主要包括沉淀法、溶胶-凝胶法、喷雾热分解法和水热法（适宜制备纳米氧化物）等。

（2）纳米纤维　是指直径为纳米尺度而长度较大的线状材料，包括纳米丝、纳米线、纳米棒。可用于微导线、微光纤（未来量子计算机与光子计算机的重要元件）材料，新型激光或发光二极管材料等。

静电纺丝法是制备无机物纳米纤维的一种简单易行的方法。其他的制备方法还有：电沉积法制备金属纳米线，金属有机化合物气相外延与晶体的气-液-固生长法相结合生长Ⅲ-Ⅴ化合物半导体纳米线，物理蒸发制备硅纳米线，高温气相反应合成纳米单晶丝，溶胶-凝胶法与碳热还原法合成碳化硅和氮化硅纳米线等。自 1991 年发现碳纳米管以来，准一维纳米材料的制备和应用引起科学家的极大关注。其制备方法很多，如用炭棒作为电极进行直流电弧放电、碳氢化合物的热解法等，制备中可引入 Fe 或 Co 作为催化剂。以碳纳米管作为模板可以合成多种碳化物和氮化物的纳米丝和纳米棒。在空气中将碳纳米管加热到 700℃ 左右，使管子顶部封口处的碳原子因被氧化而破坏，成了开口的碳纳米管。然后用电子束将低熔点金属（如铅）蒸发后凝聚在开口的碳纳米管上，由于虹吸作用，金属便进入碳纳米管中空的芯部。由于碳纳米管的直径极小，因此管内形成的金属丝也特别细，被称为纳米丝，它产生的尺寸效应是具有超导性，因此，碳纳米管加上纳米丝可能成为新型的超导体。

（3）纳米薄膜

① 颗粒膜　是指纳米颗粒黏结在一起，中间有极为细小的间隙的薄膜。

② 致密膜　是指膜层致密但晶粒尺寸为纳米级的薄膜。可用于气体催化（如汽车尾气处理）材料、过滤器材料、高密度磁记录材料、光敏材料、平面显示器材料和超导材料等。

纳米薄膜的制备方法包括真空蒸镀法、磁控溅射法、离子镀法、化学气相沉积法、热解喷涂法、分子自组装法和溶胶-凝胶法等。例如，溶胶-凝胶法可在不同形状、不同材料的基板上制备大面积薄膜，如 PZT 纳米晶铁电薄膜和多孔 WO_3 薄膜等，具有工艺设备简单、能够有效地控制薄膜成分和结构、制备温度低等特点。又如，可将带有羧基基团的无机前驱体和水骨架的导电聚苯胺杂化，制得有机-无机杂化透明导电材料。用等离子体化学气相沉积法可在衬底上形成纳米 Si 薄膜。用射频共溅射法可在 SiO_2 基片上制得 Ge 纳米发光薄膜。

分子自组装是指分子在氢键、静电、疏水亲脂作用、范德华力等弱力推动下，自发地构筑具有特殊结构和形状集合体的过程，优点是成膜速度快，膜面质量较好，能在任何材料和形状的基板上成膜，工艺过程简单，适应性强等。在化学上实现自组装的方法多种多样，有缓慢溶剂法、LB 膜法、双功能分子架桥法、电场诱导法等。Prevo 等采用对流组装法，将 SiO_2 纳米颗粒沉积在玻璃基板上，通过控制薄膜结构和厚度，可以得到 $94.5\% \sim 94.8\%$ 的透过率，该技术能够用来制备大面积的低反射薄膜。Koo 等采用 LB 膜法，将玻璃基板交替浸入聚阳离子 PAH 和聚阴离子 PSS 的水溶液中，将 PAH 排在最外层，使表面形成雪人形结构的减反射薄膜，该薄膜与玻璃表面结合性很好，可以通过调整膜厚度来改变透过率。

（4）纳米块体　纳米块体是将纳米粉末高压成型或控制金属液体结晶而得到的纳米晶粒材料。

① 纳米陶瓷材料　利用纳米粉体对现有陶瓷进行改性，通过往陶瓷中加入或生成纳米级颗粒、晶须、晶片纤维等，使晶粒、晶界以及它们之间的结合都达到纳米水平。传统陶瓷材料中晶粒不易滑动，材料质脆，烧结温度高。纳米陶瓷的晶粒尺寸小，晶粒容易在其他晶粒上运动，因此，具有极高的强度和高韧性以及良好的延展性，这些特性使纳米陶瓷材料可在常温或次高温下进行冷加工，克服了工程陶瓷的许多不足，并对其力学、电学、热学、磁学、光学等性能产生重要影响，为代替工程陶瓷的应用开拓了新领域。由于纳米粉体具有巨大的比表面积，使作为粉体烧结驱动力的表面能剧增，扩散速率增大（增加 $6 \sim 8$ 个数量级），扩散路径变短，烧结活化能降低，因而能降低材料的烧结温度和缩短烧结时间。近年来除常规的常压烧结外，还采用真空烧结、热等静压烧结、微波烧结、等离子体烧结等新的快速烧结技术。如真空烧结技术可使纳米 ZrO_2 在 $975℃$ 下致密化，得到 $<100nm$ 的晶粒尺寸。快速微波烧结法，在 $950℃$ 下可使 TiO_2 致密度达到理论密度的 98%。

② 高聚物/纳米粒子复合材料　随着纳米粒子粒径的减小，表面原子所占比例急剧增加，原子配位不足及高的表面能，使这些表面原子具有高的活性，极不稳定，很容易与其他原子结合。将纳米粒子添加到高聚物中，这些具有不饱和性质的表面原子就很容易同高聚物分子链段发生物理化学作用。这样两者之间不但可以通过范德华作用力结合在一起，而且那些具有较高化学反应活性的纳米粒子还可以同聚合物分子链段上的活性点发生化学反应而结合在一起。

a. 高聚物/层状硅酸盐纳米复合材料　由于层状硅酸盐（黏土、云母等）、层状无机物（V_2O_5、MoO_3）、层状金属盐等在一定驱动力作用下能碎裂成纳米尺寸的结构微区，其片层间距一般为纳米级，可容纳单体和聚合物分子。它们不仅可以让聚合物嵌入夹层制成"嵌入纳米复合材料"，即采用插层法，预先对黏土片层间进行插层处理；而且可以采用一些手段对黏土片层直接进行剥离，使片层均匀分散于聚合物中形成"层离纳米复合材料"，即剥离法。其中黏土易与有机阳离子发生离子交换反应，具有亲油性，甚至可引入与聚合物发生反应的官能团来提高两相黏结，因而研究较多。相对而言，插层法研究工作比较成熟，应用也较多。

b. 高聚物/刚性纳米粒子复合材料　随着无机粒子微细化技术和表面处理技术的发展，用刚性纳米粒子对有一定脆性的聚合物进行增韧是改善其力学性能的另一种可行方法。采用刚性纳米粒子填充高聚物树脂，不仅会使材料韧性、强度方面得到提高，而且其性价比也将是其他材料无法比拟的。另外，由于某些工程塑料价格较高，人们希望尽量利用加工及生产过程中的二次料，但热塑性树脂经二次加工后各种性能均会有不同程度的下降，利用刚性纳米粒子对废料进行一定的改性后可有效提高热塑性工程塑料的废料利用率和降低成本，从而可缓解资源短缺以及环境污染等问题。以 $CaCO_3$、SiO_2 等为代表的高聚物/刚性纳米粒子复合材料已经获得了广泛的生产和应用。

③ 高聚物/碳纳米管复合材料　碳纳米管的力学性能相当突出，用其增强工程塑料将可大幅度提高材料的力学性能。加入少量碳纳米管还可大幅度提高材料的导电性，由于碳纳米管的本身长度极短，而且柔曲性好，它们填入聚合物基体时不会断裂，因而能保持其高长径比。研究表明，在塑料中含 2‰～3‰的多壁碳纳米管使电导率提高了 14 个数量级。

（5）碳纳米材料　是指分散相尺度至少有一维小于 100nm 的碳材料，分散相既可以由碳原子组成，也可以由非碳异种原子组成，甚至可以是纳米孔，主要包括碳纳米球（巴基球）、碳纳米管（巴基管）、碳纳米纤维、石墨烯和纳米多孔碳等。自从 1985 年发现 C_{60} 之后，不断有新结构的富勒烯被预言或发现，并超越了单个团簇本身，2004 年又成功地分离出单层碳原子结构的石墨烯。碳纳米材料独特的化学和物理性质以及在技术方面的潜在应用，引起了科学家们强烈的兴趣，尤其是在材料科学、电子科学和纳米技术方面。近年来，碳纳米技术的研究相当活跃，多种多样的纳米碳结晶、针状、棒状、桶状等层出不穷。目前较为成熟的富勒烯制备方法主要有石墨电弧法、激光烧蚀法、热蒸发法、辉光放电法和化学气相沉积法（碳氢气体热解法）等。

① 碳纳米球　根据尺寸大小将碳球分为以下几种。

a. 富勒烯族系 C_n 和洋葱碳（具有封闭的石墨层结构，直径在 2～20nm 之间），如 C_{60}、C_{70} 等。

b. 未完全石墨化的碳球，直径在 50nm～1μm 之间。

c. 碳微珠，直径在 11μm 以上。

另外，根据碳球的结构形貌可分为空心碳球、实心硬碳球、多孔碳球、核壳结构碳球和胶状碳球等。

② 碳纳米管　是一种具有特殊结构（径向尺寸为纳米级，轴向尺寸为微米级，管子两端基本上都封口）的一维量子材料。可以看成是单层或多层石墨烯片层绕中心按一定角度卷曲而成的无缝、中空纳米管，有单壁和多壁之分，质量轻，六边形结构连接完美。

碳纳米管具有许多异常的力学、电学（电导率远比铜高）和化学性能，近年来随着碳纳米管及纳米材料研究的深入，其广阔的应用前景也不断地展现出来。

a. 力学性能，具有高强度（抗拉强度是钢的 100 倍），低密度（只有钢的 1/6），弹性模量（约为钢的 5 倍）和硬度均与金刚石相当，是目前可制备出的具有最高比强度的材料，却拥有良好的柔韧性，可以拉伸，虽然结构与高分子材料相似，但却比高分子材料稳定得多，因而被称为"超级纤维"，被认为是理想的聚合物复合材料的增强材料。

b. 具有非常大的长径比，热交换性能沿着长度方向很高，而相对其垂直方向较低，通过合适的取向，碳纳米管可以合成各向异性的热传导材料。另外，利用其较高的热导率，只要在复合材料中掺杂微量的碳纳米管，就能使该材料的热导率得到很大的改善。此外，碳纳米管还具有良好的光学和储氢性能，隐身性优越，红外线吸收性好，疏水性强等。可应用于如下领域：作为超强纤维可以与普通纤维混纺来制成防弹保暖隐身的军用装备，作为金属、陶瓷和有机材料等增强材料；结合其导热、导电特性，能够制备自愈合材料；隐身材料；用作储氢材料、锂电池；纳米导线；场致发射材料、新型电子探针材料、超级电容器；做成气敏元件，在管内填充光敏、湿敏、压敏等材料以后，还可以制成纳米级的各种功能传感器；催化等。

③ 碳纳米纤维　分为丙烯腈碳纤维和沥青碳纤维两种。碳纤维密度小于铝，而强度高

于钢，密度是铁的 1/4，强度是铁的 10 倍。此外，其化学性能非常稳定，耐腐蚀性高，同时耐高温和低温，耐辐射，消臭。碳纤维可以使用在各种不同的领域，由于制造成本高，大量用于航空器材、运动器械、建筑工程的结构材料。美国伊利诺伊大学发明了一种廉价碳纤维，有高韧性，同时有很强劲的吸附能力，能过滤有毒的气体和有害的生物，可用于制造防毒衣、面罩、手套和防护性服装等。

④ 石墨烯　是已知的世界上最薄、最坚硬的纳米材料，它几乎是完全透明的，只吸收 2.3% 的光；热导率高达 5300W/(m·K)，高于碳纳米管和金刚石，是迄今为止世界上强度最大、导电性最好的材料。根据石墨烯超薄、强度超大的特性，石墨烯可被广泛应用于各领域，如超轻防弹衣、超薄超轻型飞机材料等。根据其优异的导电性，使它在微电子领域也具有巨大的应用潜力。石墨烯有可能会成为硅的替代品，制造超微型晶体管，用来生产未来的超级计算机，碳元素更高的电子迁移率可以使未来的计算机获得更高的速度。另外，石墨烯材料还是一种优良的改性剂，在新能源领域，如超级电容器、锂离子电池方面，由于其具有高传导性、高比表面积，可适用于作为电极材料助剂。

⑤ 纳米多孔碳　根据孔径大小，可分为微孔材料（<2nm）、介孔材料（2～50nm）、大孔材料（>50nm）。具有高比表面积、高热导率、高电导率、高稳定性、高化学惰性、低密度等优点。其应用前景主要包括电化学双层电容器、催化载体、有机生物分子吸附载体、高灵敏生物传感器电极、太阳能电池等，也是环境治理（气体和水净化）的关键材料。

6.4.2　纳米材料的特性与应用

纳米材料的结构及原子排列的特殊性，使其内部原子输运出现异常现象，其自扩散速率是传统晶体的 10^{14}～10^{19} 倍。高扩散速率使复相纳米固体的固态反应能在室温和低温下进行。纳米固体中的量子隧道效应使电子输运表现出反常现象。纳米硅氢合金中氢的含量大于 5% 时，电导率下降 2 个数量级。纳米固体的电导温度系数随颗粒尺寸的减小而下降，甚至出现负值。这些特异性能成为超大规模集成电路器件的设计基础。

由于纳米材料中晶粒的细化，晶界数量大幅度增加，可使材料的强度、韧性和超塑性大为提高。晶粒大小降到纳米级，材料就显示出类似于金属的超塑性（多晶材料受拉伸时产生较大的拉伸形变），纳米 Si_3N_4 陶瓷在 1300℃ 下可产生 200% 以上的形变，纳米 TiO_2 陶瓷在室温下就可发生形变，在 180℃ 下塑性形变可达 100%。不少纳米陶瓷材料的硬度和强度比普通陶瓷材料高 4～5 倍。如在 100℃ 下，纳米 TiO_2 陶瓷的显微硬度为 13000MPa，而普通 TiO_2 陶瓷的显微硬度低于 2000MPa。在陶瓷基体中引入纳米分散相并进行复合，不仅可大幅度提高断裂强度和断裂韧性，明显改善其耐高温性能，而且也能提高材料的硬度、弹性模量和抗热振、抗高温蠕变等性能。如引入 5% 纳米金属 W 的 Al_2O_3 陶瓷材料的断裂强度可达 1100MPa。现已成功地制备出多种体系的微米-纳米复合陶瓷，如 Al_2O_3/Si_3N_4、Al_2O_3/SiC、MgO/SiC、Si_3N_4/SiC、莫来石/SiC 等（微米基质/纳米分散相）。

纳米固体的特殊性质还表现为：纳米磁性金属的磁化率是普通金属的 20 倍，而饱和磁矩是普通金属的 1/2；纳米固体在较宽光谱范围内都具有均匀的光吸收特性；纳米复合多层膜在频率为 7～17GHz 的吸收高达 14dB，在 10dB 水平的吸收频宽为 2GHz，几十纳米的膜相当于几十微米厚的现有吸波材料的效果，可望提高战略导弹的突防能力；纳米金属的熔点降低，如银常规熔点为 961℃，而超微银颗粒的熔点可降低至 100℃；纳米金属的比热容是传统金属的 2 倍，热膨胀系数提高 2 倍。纳米 Ag 晶体作为稀释制冷剂的热交换效率较传统材料提高 30%；含有超细微粒 Al_2O_3、ThO_2、Y_2O_3 等的合金材料可显著地增进耐高温性。

（1）纳米催化材料　纳米粒子的量子尺寸效应和表面效应，使其表面的化学键状态和电子态与颗粒内部不同，表面原子配位不全，导致表面活性中心多，为用作催化剂提供了必要条件。利用很高的比表面积与表面活性可以显著地增进催化效果，大大提高反应的催化效率，甚至使原来不能进行的反应也能进行。如纳米镍、铜、锌混合制成的加氢反应催化剂可使选择性提高 $5\sim10$ 倍。纳米 TiO_2 不仅可以在水相中利用自身光催化特性降解有机污染物，而且还可以利用固-气异相催化反应去降解有害气体，如在紫外线的照射下可以将 NO 分解为 N_2 和 O_2。纳米 $TiO_{2-x}C_x$ （$x\approx0.15$）在波长 414nm 处有强的吸收，可以提高光催化降解水生成氢气的效率。纳米铂黑催化剂可使乙烯的氧化反应温度从 600℃ 降至室温。

另外，将纳米微粒作为引发剂也很有应用前景，如火箭发射用的固体燃料推进剂中，如添加约 1% 的超细铝或镍，每克燃料的燃烧热可增加一倍。超细的硼粉、高铬酸铵粉可以作为炸药的有效引发剂。超细的铂粉、碳化钨等是高效的氢化引发剂。超细的铁、镍与 $\gamma\text{-}Al_2O_3$ 混合轻烧结体可以代替贵金属而作为汽车尾气净化引发剂。超细的银粉可以作为乙烯氧化的引发剂。超细的镍粉、银粉的轻烧结体作为化学电池、燃料电池和光化学电池中的电极，可以增大与液相或气体之间的接触面积，增加电池效率，有利于小型化。

（2）纳米传感器　是超微粒最有前途的应用领域之一。超微粒具有大比表面积、高活性、特异物性、极微小性等特点，与传感器所要求的多功能、微型化、高速化相互对应。纳米 ZrO_2、NiO、TiO_2 等陶瓷对温度变化、红外线以及汽车尾气都十分敏感，可用它们制作温度传感器、红外线检测仪和汽车尾气检测仪，检测灵敏度比普通的同类陶瓷传感器高得多。目前传感器使用的材料主要是陶瓷，如温度传感器有 VO_2，气体传感器有 SnO_2，湿度传感器有 LiCl 等。

（3）纳米光学材料　小尺寸效应使纳米材料具有常规大块材料不具备的光学特性，如出现宽频带强吸收、吸收带蓝移和特殊的发光现象等。如把几纳米的 Al_2O_3 粉掺入稀土荧光粉中，可利用其紫外线吸收的蓝移现象吸收掉有害的紫外线，而不降低荧光粉的发光效率。纳米金属粒子吸收红外线的能力强，已用于红外线检测器和红外线传感器上。纳米金属粒子也已应用在高性能毫米波形隐形材料上。

（4）医疗上的应用　在医学上，纳米微粒的尺寸一般比生物体内的细胞、红细胞（$6\sim9\mu m$）小得多，直径小于 10nm 的粒子可以在血管中自由流动。如果将对人体无害又有治疗作用的纳米粒子注入血液中，颗粒随血液流到人体的各个部位，既可用来探测病端，又可用于疾病的治疗。纳米 SiO_2 微粒可以进行细胞分离，用金的纳米粒子可进行定位病变治疗。此外，纳米多孔材料可以作为药物和细胞的载体。

碳材料的血液相容性非常好，21 世纪的人工心脏瓣膜都是在材料基底上沉积一层热解碳或类金刚石碳。但是这种沉积工艺比较复杂，而且一般只适用于制备硬材料。

介入性气囊和导管一般是用高弹性的聚氨酯材料制备，通过把具有高长径比和纯碳原子组成的碳纳米管材料引入高弹性的聚氨酯中，可以使这种聚合物材料一方面保持其优异的力学性能和容易加工成型的特性，另一方面获得更好的血液相容性。

使用纳米技术能使药品生产过程越来越精细，并在纳米尺度上直接利用原子、分子的排布制造具有特定功能的药品。纳米粒子将使药物在人体内的传输更为方便，用数层纳米粒子包裹的智能药物进入人体后可主动搜索并攻击癌细胞或修补损伤组织。使用纳米技术的新型诊断仪器只需检测少量血液，就能通过其中的蛋白质和 DNA 诊断出各种疾病。通过纳米粒子的特殊性能在纳米粒子表面进行修饰形成一些具有靶向，可控释放，便于检测的药物传输载体，为身体的局部病变的治疗提供新的方法，为药物开发开辟了新的方向。

（5）纳米半导体材料　将硅、砷化镓等半导体材料制成纳米材料，具有许多优异性能。例如，纳米半导体中的量子隧道效应使某些半导体材料的电子输运反常、电导率降低，热导率也随颗粒尺寸的减小而下降，甚至出现负值。这些特性在大规模集成电路器件、光电器件等领域发挥重要的作用。

利用纳米半导体粒子可以制备出光电转化效率高的，即使在阴雨天也能正常工作的新型太阳能电池。由于纳米半导体粒子受光照射时产生的电子和空穴具有较强的还原和氧化能力，因而它能氧化有毒的无机物，降解大多数有机物，最终生成无毒、无味的二氧化碳、水等，所以，可以借助纳米半导体利用太阳能催化分解无机物和有机物。

（6）纳米梯度功能材料　在航天用的氢氧发动机中，燃烧室的内表面需要耐高温，其外表面要与冷却剂接触。因此，内表面要用陶瓷制作，外表面则要用导热性良好的金属制作。但块状陶瓷和金属很难结合在一起。如果制作时在金属和陶瓷之间使其成分逐渐地连续变化，让金属和陶瓷"你中有我、我中有你"，最终便能结合在一起形成梯度功能材料。当用金属和陶瓷纳米颗粒按其含量逐渐变化的要求混合后烧结成型时，就能达到燃烧室内侧耐高温、外侧有良好导热性的要求。

（7）纳米磁性材料　具有十分特别的磁学性质，纳米粒子尺寸小，具有单磁畴结构和矫顽力很高的特性，用它制成的磁记录材料不仅音质、图像和信噪比好，而且记录密度比$\gamma\text{-}Fe_2O_3$高几十倍。超顺磁的强磁性纳米颗粒还可制成磁性液体，用于电声器件、阻尼器件、旋转密封及润滑和选矿等领域。

（8）其他应用　机械工业采用纳米材料技术对机械关键零部件进行金属表面纳米涂层处理，可以提高机械设备的耐磨性、硬度和使用寿命。纳米材料多功能塑料，具有抗菌、除味、防腐、抗老化、抗紫外线等作用，可用作电冰箱、空调外壳里的抗菌除味塑料。超细微粒的烧结体还可以生成微孔过滤器，作为吸附氢气等气体的储藏材料；还可作为陶瓷的着色剂，用于工艺美术中；与橡胶或塑料一起可制成导电复合体，或导电复合纤维。将纳米颗粒添加到化纤和纺织品中，可具有杀菌除味或保暖功能。

纳米材料具有特异的光、电、磁、热、声、力、化学和生物性能，纳米科学与技术日新月异的发展，已为现代材料的开发带来了一场新的革命。今后的科研将不断完善高质量的纳米粉体和薄膜的制备工作，合成出各种新型纳米有机-无机杂化材料并推广应用于生物医疗、新能源、环保、新型光电材料开发中，研制出具有实用价值的纳米器件、纳米机器等，纳米材料的未来一定将是灿烂辉煌的。

6.5　复合材料

20世纪上半叶，钢铁工业成为现代工业的重要支柱，但随着现代科学技术及工业的发展，特别是随着航空航天、核能等现代技术的飞速发展，在设计导弹、人造卫星、火箭等的承载构件时，理想的结构材料应具有质量轻、强度和模量高的特点，即比强度和比模量要高。显然现有金属材料无法满足要求，而绝大部分高分子材料尽管比金属材料轻，但由于强度低、耐热性差，也无法满足比强度和比模量高的要求。对材料所应具备的性能要求和材料本身所能提供的性能之间的矛盾，构成了材料科学的基本矛盾。正是这一矛盾直接导致了复合材料的迅猛发展。

自然界中有不少天然的复合材料存在。木材就是纤维素和木质素的复合物；动物的骨骼是由硬而脆的无机磷酸盐和韧而软的蛋白质骨胶原复合而成的。人类制造和使用复合材料由来已久，早在 6000 多年前我国陕西的半坡人就懂得将草梗和泥筑墙；而世界闻名的我国的传统工艺品——漆器就是由麻纤维和土漆复合而成的，至今已有 4000 多年的历史。现代复合材料在第二次世界大战中得到迅速发展，1942 年美国空军首先采用玻璃纤维增强聚酯树脂复合材料用于制造飞机构件。此后，碳纤维增强树脂复合材料、纤维增强金属基复合材料、多功能复合材料等新型复合材料的不断涌现，使其不仅能满足导弹、火箭、人造卫星等尖端工业的需要，而且在航空、汽车、造船、建筑、电子、桥梁、机械、医疗和体育等各个领域都得到应用。

复合材料是由高分子材料、无机非金属材料或金属材料等几类不同材料通过复合工艺组合而成的新型材料。它既能保留原组成材料的主要特色，通过复合效应，还可获得原组分所不具备的性能。因此，可以通过设计使各组分的性能互相补充并彼此关联，从而获得新的优越性能，从本质上有别于一般材料的简单混合。

一般材料的简单混合与复合材料的本质区别主要体现在两个方面：其一是复合材料不仅保留了原组成材料的特色，而且通过各组分性能的互相补充和关联可以获得原组分所没有的新的优越性能；其二是复合材料的可设计性，如结构复合材料不仅可根据材料在使用中受力的要求进行组元选材设计，更重要的是还可进行复合结构设计，即增强体的比例、分布、排列、编织和取向等的设计。

6.5.1　复合材料组成、分类和特点

复合材料中至少包括基体相和增强相两大类。基体相起黏结、保护增强相并把外加载荷造成的应力传递到增强相上去的作用，基体相可以由金属、树脂、陶瓷等构成，在承载中，基体相承受应力作用的比例不大；增强相是主要承载相，并起着提高强度（或韧性）的作用，增强相的形态各异，有纤维状、细粒状、片状等。工程上开发应用较多的是纤维增强复合材料。通常有如下几种分类方法。

按基体材料类型可分为树脂基复合材料、无机非金属基复合材料和金属基复合材料三大类，如图 6-4 所示。

按增强体类型可分为颗粒增强型复合材料、纤维增强型复合材料和板状复合材料三大类。

按用途可分为结构复合材料与功能复合材料两大类。结构复合材料是指以承受载荷为主要目的，作为承力结构使用的复合材料。功能复合材料是指具有除力学性能以外其他物理性能的复合材料，即具有各种电学性能、磁学性能、光学性能、热学性能、声学性能、摩擦性能、阻尼性能以及化学分离性能等的复合材料。

按增强纤维类型可分为碳纤维复合材料、玻璃纤维复合材料、有机纤维复合材料、复合纤维复合材料、混杂纤维复合材料等。

与普通材料相比，复合材料具有许多特性。可改善或克服单一材料的弱点，充分发挥它们的优点，并赋予材料新的性能；可按照构件的结构和受力要求，给出预定的、分布合理的配套性能，进行材料的最佳设计等。具体表现在以下几个方面。

（1）高比强度和高比模量　复合材料的突出优点是比强度和比模量（即强度、模量与密度之比）高。比强度和比模量是度量材料承载能力的一个指标，比强度越高，同一零件的自重越小；比模量越高，零件的刚性越大。例如，碳纤维增强树脂复合材料的比模量比钢和铝

合金高 5 倍，其比强度也高 3 倍以上，钢、铝、钛与几种复合材料性能的比较示于表 6-7。

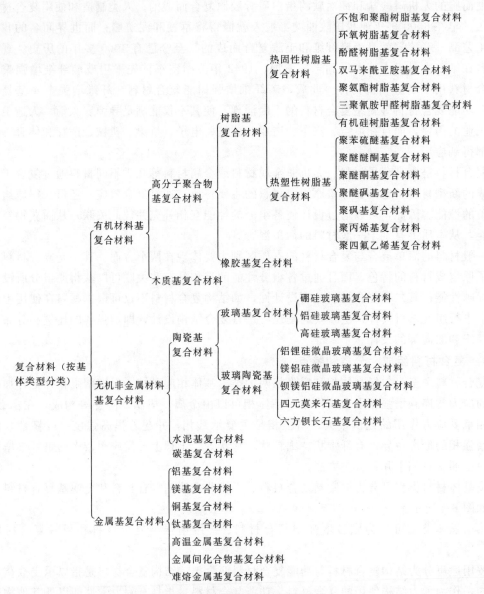

图 6-4 复合材料按基体类型分类

表 6-7 钢、铝、钛与几种复合材料性能的比较

材料名称	密度 /(g/cm³)	拉伸强度 /MPa	弹性模量 /MPa	比强度 /(MN/kg)	比模量 /(MN/kg)
钢	7.80	1030	210000	0.13	27
铝	2.80	470	75000	0.17	27
钛	4.50	960	114000	0.21	25
玻璃钢	2.00	1060	40000	0.53	20
碳纤维 I /环氧	1.45	1500	140000	1.03	97
碳纤维 II /环氧	1.60	1070	240000	0.67	150
有机玻璃 PRD/环氧	1.40	1400	80000	1.0	57
硼纤维/环氧	2.10	1380	210000	0.66	100
硼纤维/铝	2.65	1000	200000	0.38	75

（2）耐疲劳性高 疲劳破坏是材料在变载荷作用下，由于裂缝的形成和扩展而形成的低应力破坏。纤维复合材料，特别是树脂基复合材料对缺口、应力集中敏感性小，而且纤维和基体的界面可以使扩展裂纹尖端变钝或改变方向（图6-5），即阻止了裂纹的迅速扩展，因而疲劳强度较高（图6-6）。碳纤维聚酯树脂复合材料疲劳极限可达其拉伸强度的70%～80%，而金属材料只有40%～50%。

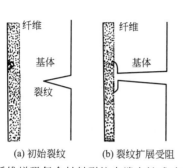

图 6-5 纤维增强复合材料裂纹尖端变钝或改向示意图

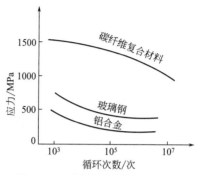

图 6-6 三种材料的疲劳强度比较

（3）抗断裂能力强 纤维复合材料中有大量独立存在的纤维，一般每平方厘米上有几千根到几万根，由具有韧性的基体把它们结合成整体，当纤维复合材料构件由于超载或其他原因使少数纤维断裂时，载荷就会重新分配到其他未破断的纤维上，使构件不至于在短时间内发生突然破坏。另外，纤维受力断裂时，断口不可能都出现在一个平面上，欲使材料整体断裂，必定有许多根纤维要从基体中被拔出来，因而必须克服基体对纤维的粘接力。这样的断裂过程需要的能量是非常大的，因此复合材料都具有比较高的断裂韧性。

（4）减振性能好 结构的自振频率与结构本身的质量、形状有关，并与材料比模量的平方根成正比。如果材料的自振频率高，就可避免在工作状态下产生共振及由此引起的早期破坏。此外，由于纤维与基体界面吸振能力大、阻尼特性好，即使结构中有振动产生，也会很快衰减。图6-7所示为两类材料的阻尼特性。

（5）高温性能好，抗蠕变能力强 由于纤维材料在高温下仍能保持较高的强度，所以纤维增强复合材料，如碳纤维增强树脂复合材料的耐热性比树脂基体有明显提高。而金属基复合材料在耐热性方面更显示出其优越性。例如，铝合金的强度随温度的增加下降得很快，而用石英玻璃增强铝基复合材料，在500℃下能保持室温强度的40%。碳化硅纤维、氧化铝纤维与陶瓷复合，在空气中能耐1200～1400℃高温，要比所有超高温合金的耐热性高出100℃以上。将其用于柴油发动机，可取消原来的散热

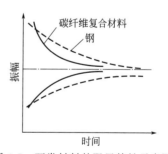

图 6-7 两类材料的阻尼特性示意图

器、水泵等冷却系统，使质量减轻约100kg；而用于汽车发动机，使用温度可高达1370℃。

（6）耐腐蚀性好 很多种复合材料都能耐酸碱腐蚀。如玻璃纤维增强酚醛树脂复合材料，在含氯离子的酸性介质中能长期使用，可用来制造耐强酸、盐、酯和某些溶剂的化工管道、泵、阀、容器、搅拌器等设备。

（7）其他 除上述一些特性外，复合材料还具有较优良的减摩性、耐磨性、自润滑性、

耐腐蚀性等特点，而且复合材料构件制造工艺简单，表现出良好的工艺性能，适合整体成型。在制造复合材料的同时，也就获得了制件，从而减少了零部件、紧固件和接头的数目，并可节省原材料和工时。但应该指出，纤维增强复合材料为各向异性材料，对复杂受力件显然不适应，因为它的横向拉伸强度和层间剪切强度都很低。此外，复合材料抗冲击能力还不是很好，且成本太高，使其应用受到限制。

6.5.2 复合材料增强体

6.5.2.1 纤维增强体

复合材料中的纤维增强体，是广义的概念，即不单指纤维丝束，还包括纺织布、带、毡等纤维制品。纤维增强体按其组成可以分为无机纤维增强体和有机纤维增强体两大类。无机纤维包括玻璃纤维、碳纤维、硼纤维及碳化硅纤维等；有机纤维包括芳纶、尼龙纤维及聚烯烃纤维等。按其性能可以分为高性能纤维增强体和一般纤维增强体两种。高性能纤维增强体是指具有超高强度和超高模量的各种纤维增强体，包括碳纤维、芳纶、全芳香族聚酯纤维、超高分子量聚乙烯纤维以及其他具有伸直链结晶结构的纤维。一般纤维增强体是指强度不很高、产量比较大、来源比较丰富的纤维，主要有玻璃纤维、石棉纤维、矿物纤维、棉纤维、亚麻纤维、合成纤维等。

在纤维增强体中，玻璃纤维是应用最为广泛的增强体。可作为树脂基或无机非金属基复合材料的增强材料，玻璃纤维具有成本低、不燃烧、耐热、耐化学腐蚀性好、拉伸强度和冲击强度高、断裂延伸率小、绝热性及绝缘性好等特点。

除上述纤维增强体外，金属纤维增强体、晶须增强体也被用作增强体。陶瓷晶须可大致分为非氧化物类和氧化物类。

复合材料所用各种纤维材料与钢材性能的比较见表6-8。由表6-8可见，玻璃纤维的比强度、比模量分别是30CrMnSi钢的9倍与1.25倍，碳纤维则更为显著，T1000的比强度、比模量分别D406A钢的19倍与6倍。

表 6-8　各种纤维材料与钢材性能的比较

材料	拉伸强度/MPa	拉伸模量/GPa	密度/(g/cm³)	比强度/(MPa/cm)	比模量/(GPa/cm)	产地
30CrMnSi 钢	1100	205	7.8	141	27	—
D406A 钢	1560	205	7.8	200	27	—
S-玻璃纤维	3200	85	2.5	1280	34	—
F12 有机纤维	4300	145	1.44	2986	101	俄罗斯
IM6 碳纤维	5200	276	1.7	3059	162	美国
IM8 碳纤维	5447	303	1.7	3204	178	美国
IM9 碳纤维	6343	290	2.0	3172	145	美国
T300 碳纤维	3530	230	1.77	1994	130	日本
T800 碳纤维	5490	294	1.8	3050	163	日本
T1000 碳纤维	7060	294	1.82	3879	162	日本

6.5.2.2 颗粒增强体

复合材料中的颗粒增强体按颗粒尺寸的大小可以分为两类：一类是颗粒尺寸在 0.1~

$1\mu m$ 以上的颗粒增强体，它们与金属基体或陶瓷基体复合的材料在耐磨性能、耐热性能及超硬性能方面都有很好的应用前景；另一类是颗粒尺寸在 $0.01\sim0.1\mu m$ 范围内的微粒增强体，其强化机理与第一类不同，由于微粒对基体位错运动的阻碍而产生强化，属于弥散强化。

6.5.2.3　其他增强体

（1）片状增强体　片状增强体通常为长与宽尺度相近的薄片。片状增强体有天然、人造和在复合工艺过程中自身生长出来的三种类型。天然片状增强体的典型代表是云母；人造片状增强体有玻璃、铝、铱、银等；复合工艺过程中自身生长出来的为二元共晶合金，如 $CuAl_2$-Al 中的 $CuAl_2$ 片状晶。

（2）天然增强体　天然增强体是指存在于自然界中的各种增强材料，可分为无机和有机两类。天然无机增强体是从灼热熔融状态冷却固化时，经受高温、高压而生成的，如石棉，可用作热固性树脂和层压制件的增强材料。有机增强体如以天然高分子纤维为主要成分的各种植物纤维，如亚麻、大麻、黄麻、苎麻、棉花等。

6.5.3　复合材料基体

6.5.3.1　树脂基复合材料

树脂基复合材料是复合材料中最主要的一类，通常称为增强塑料。树脂基复合材料出现于 20 世纪 40 年代，在第二次世界大战中对特殊结构性能材料的需要导致树脂基复合材料的发展。早在 1941 年，棉纤维增强酚醛树脂复合材料被用于次结构材料，到战争结束时玻璃纤维增强复合材料开辟了用作结构材料的领域。随后发现聚合物基复合材料在航空、舰船和工业机械结构上的应用，其需求也逐年增长。因此，树脂基复合材料已作为最实用的轻质结构材料，在复合材料工业中占有重要地位。

根据加工方法的不同，树脂可以分为热固性树脂和热塑性树脂两大类。

（1）热固性树脂基体　是发展较早、应用最广的树脂基体。常用的热固性树脂基体有不饱和聚酯树脂（以其室温低压成型的突出优点，使其成为玻璃纤维增强塑料用的主要树脂）、环氧树脂（广泛用作碳纤维复合材料及绝缘复合材料）和酚醛树脂（大量用作摩擦复合材料）。

（2）热塑性树脂基体　主要有通用型树脂和工程型树脂两类。前者仅能作为非结构材料使用，产量大、价格低，但性能一般，主要品种有聚氯乙烯、聚乙烯、聚丙烯和聚苯乙烯等；后者则可作为结构材料使用，通常在特殊的环境中使用，一般具有优良的力学性能、耐磨性、尺寸稳定性、电性能、耐热性和耐腐蚀性，主要品种有聚酰胺、聚甲醛、聚苯醚、聚酯和聚碳酸酯等。

（3）共混树脂基体　两种或两种以上热塑性树脂经适当的共混改性，可获得具有优良综合性能的高分子共混物，所以热塑性树脂可通过共混改性和增强填充改性的手段以提高其性能，这比开发新的品种费用省、效果显著，是目前主要的发展动向。两种树脂混合的主要方法有机械共混、接枝共聚、嵌段共聚以及两种聚合物网络互相贯穿等。

6.5.3.2　金属基复合材料

金属基复合材料主要有三类：颗粒增强、短纤维或晶须增强、连续纤维或薄片增强。多种金属及其合金可用作基体材料。主要有以下几种。

（1）铝合金　铝合金由于具有低的密度、优异的强度、韧性和抗腐蚀性，在航空、航天领域得到了大量的应用。

含过渡金属的快速凝固铝合金，用过渡金属的金属间化合物强化的方法可以得到在低于375℃能在比强度上与钛合金竞争的铝合金。

（2）钛合金　钛的密度为 $4.5g/cm^3$，具有高比强度和高比模量及优良的抗氧化性和抗腐蚀性，使其成为一种理想的航空、宇航应用材料，钛合金用于喷气发动机（涡轮机和压气机叶片）、机身部件等。

（3）镁合金　镁和镁合金是另一类非常轻的材料，镁是最轻的金属之一，它的密度为 $1.74g/cm^3$，镁合金，尤其是铸造镁合金，用于飞机齿轮箱壳体、链锯壳体、电子设备等。

（4）铜　铜具有面心立方结构，它普遍用作电导体，它的导热性能优良，容易铸造和加工，铜在复合材料中的主要用途之一是作为铌基超导体的基体材料。

除此之外，还有金属间化合物，如镍铝化合物等。用金属间化合物作为基体材料制造复合材料提高韧性是一种有效的方法。

6.5.3.3　陶瓷基复合材料

制作陶瓷基复合材料的主要目的是增加韧性。适用于陶瓷基复合材料的基体材料主要有氧化物陶瓷基体（氧化铝陶瓷基体、氧化锆陶瓷基体等）、非氧化物陶瓷基体（氮化硅陶瓷基体、氮化铝陶瓷基体和碳化硅陶瓷基体及石英玻璃）。

6.5.4　复合材料应用

玻璃钢是指用玻璃纤维增强塑料得到的复合材料，它是近代意义上复合材料的先驱。美国于 1940 年制造出世界上第一艘玻璃钢船，将复合材料真正引入工程实际应用，引起了全世界的极大关注。随后发达国家纷纷投入大量人力、物力和财力来研究和开发复合材料，引发了一场材料的革命。玻璃钢的出现，使机器构件不用金属成为可能，由于它具有很多金属无法比拟的优良特性，因而发展极为迅速，其产量每年以近30％的速度增长，已成为一种重要的工程结构材料。

玻璃纤维增强尼龙的刚度、强度和减摩性好，可代替非铁金属制造轴承、轴承架、齿轮等精密机械零件，还可以制造电工部件和汽车上的仪表盘、前后灯等。玻璃纤维增强苯乙烯类树脂（HIPS 树脂、AS 树脂、ABS 树脂等），广泛应用于汽车内装制品、收音机壳体、磁带录音机底盘、照相机壳、空气调节器叶片等部件。玻璃纤维增强聚丙烯的强度、耐热性和抗蠕变性好，耐水性优良，可用来制造转矩变换器、干燥器壳体等。

碳纤维增强酚醛树脂、聚四氟乙烯复合材料，常用作宇宙飞行器的外层材料，如人造卫星和火箭的机架、壳体、天线构架，以及用作各种机器中的齿轮、轴承等受载磨损零件，活塞、密封圈等受摩擦件，也用作化工零件和容器等。碳纤维碳复合材料还可用于高温技术领域、化工和热核反应装置中，在航空、航天中用于制造导弹鼻锥、飞船的前缘、超声速飞机的制动装置等。

石墨纤维增强铝基复合材料，可用于结构材料，制作飞机蒙皮、直升机旋翼桨叶以及重返大气层运载工具的防护罩和涡轮发动机的压气机叶片等。

硼纤维增强铝合金的性能高于普通铝合金，甚至优于钛合金，此外，增强后的复合材料疲劳性能非常优越，比强度也高，且有良好的抗腐蚀性，可用来制造航空发动机叶片（如风扇叶片等）和飞机或航天器蒙皮的大型壁板以及一些长梁和加强肋等。

用钼纤维增强钛合金复合材料的高温强度和弹性模量比未增强的高得多，可用于飞机的许多构件，合金纤维增强的镍基合金，用于制造涡轮叶片，在可承受较高工作温度的同时，还可大大提高承载能力。

金属基复合材料的主要优点是工作温度可以较高（350～400℃），使其在航空、航天领域里占有重要的一席。

颗粒增强的铝基复合材料已在民用工业中得到应用。它的主要优点是生产工艺简单，可以像生产一般的金属零件那样，运用各种常用的冷热加工工艺，从而使其生产成本大大降低。用颗粒增强的铝基材料制造的发动机活塞，使用寿命大大提高。

6.6　能源材料

6.6.1　概述

材料是人类文明的里程碑，是人类赖以生存和得以发展的重要物质基础。而能源是人类文明、社会与经济发展的驱动力。纵观人类的发展历史，石器时代燧石（俗称火石）的发现与利用，使人类学会了人工取火，控制与驾驭了火，这是人类第一次有意识对能源的开发与利用，也是人类文明的一个重要里程碑，结束了人类茹毛饮血的生活。陶器的烧成、青铜的冶炼、铁器的制造，使人类对能源的开发与利用得到了进一步的发展。在铁器时代，人类开始利用除植物能源以外的其他能源，如化石矿物能源。并对能源的转换方式有了进一步深刻认识与发展。随着蒸汽机的发明、利用和铁器时代工业革命，人类实现了将热能转化为机械能，这意味着人类历史上的又一次重大革命。人类在不断同大自然的斗争中开拓新的能源领域，推动着人类文明不断前进，也正是能源的利用、发现和发明，使人类社会进入了高速发展的现在。

21世纪，在化石矿物能源不断枯竭与人类重视生态环境、可持续发展的双重影响下，风能、太阳能、生物质能等新能源不断开发利用，使能源的发展进入到一个更环保、更健康、更可持续的多样化能源时代。

因此，从能源的发展看，主要经历了三个阶段历程：植物能源阶段、化石矿物能源阶段（目前的主要能源来源）、多样性新能源阶段（未来的发展方向）。而能源的转变方式从最初的含能材料转变为热能用于取暖、熟食、驱兽，到含能材料转化为机械能、电能为现代工业与人类日常生活所用。本节将重点介绍多样性新能源与材料。

6.6.2　能源与材料

（1）能源定义　两次石油危机使"能源"成了人们议论的热点。物理学中将能量定义为做功的能力，能源亦称能量资源或能源资源，关于能源的定义，有多种不同的表述。《科学技术百科全书》说："能源是可从其获得热、光和动力之类能量的资源。"《大英百科全书》说："能源是一个包括着所有燃料、流水、阳光和风的术语，人类用适当的转换手段便可让它为自己提供所需的能量。"我国的《能源百科全书》说："能源是可以直接或经转换提供人类所需的光、热、动力等任一形式能量的载能体资源。"能源形式多样，且可以相互转换，是自然界中能为人类提供某种形式能量的物质资源。尽管能源定义表述有所差异，但其主要特性（特征）包括三个方面。

① 可产生能量或可做功，包括热能、光能、电能、机械能等。

② 能源形式多样，包括煤炭、石油、天然气、太阳能、水能、风能等一次能源，也包括电能、热能、成品油等二次能源。

③ 能源可以直接或经转换提供光、热、动力等。

能源的利用在人类早期生活中就已存在，在各种生产活动中，我们利用热能、机械能、光能、电能等来做功。铁器时代技术革命开始，对能源的需求得到快速发展。

例如，薪柴和煤炭燃烧时放出大量的热能，用于取暖、做饭。最经典的能量转换形式是蒸汽机的利用。蒸汽机的发明，是人类文明史上又一重要里程碑。1712 年，卡利制造了第一台蒸汽机。1777 年，瓦特对蒸汽机做了重大改进，使热量利用效率大大改善。人类可以用热来产生蒸汽，用蒸汽推动蒸汽机，使热能变成机械能，使人类从手工工艺时期跃进到机器工业时代，从此引发了铁器时代的第一次技术革命，开创了工业社会的文明。

也可以用蒸汽机带动发电机，使机械能变成电能，而始于 19 世纪末的以电的发明和广泛应用为标志，远距离送电材料以及通信、照明用的各种材料的工业化，实现了电气化。实现了第二次技术革命，使人类跨进了一个新的时代，实现了向现代社会的转变，促进了国际关系的最终形成。

1942 年，意大利物理学家费米在美国建立了第一个核反应堆，实现了控制核裂变，使核能利用有了可能，以原子能应用为主要标志，引发了第三次技术革命，把工业文明推到顶点，开启了通向信息社会文明的大门。伴随着第四次技术革命，新型材料、新能源、生物工程、航天工业、海洋开发等新兴技术成为主攻方向。因此，现代社会对能源的依赖已经到了不可或缺、休戚与共的地步。在某种意义上，人类社会的发展离不开能源的出现和先进能源技术的使用。在当今世界，能源的发展、能源和环境，是全世界、全人类共同关心的问题，也是我国社会经济发展的重要问题。国际能源安全已上升到了国家的高度，各国都制定了以能源供应安全为核心的能源政策。未来国家的命运取决于对能源的掌控。能源的开发和有效利用程度以及人均消费量是衡量生产技术和生活水平的重要标志。

（2）材料作用　材料是能源发现、发明、开发、转化、利用、储存、输送的载体，它涵盖了整个能源领域。广义的能源材料应包括所有的含能材料（煤炭、石油、天然气、植物、阳光、风等）、储能材料（相变储能和储氢材料等）、能量转换材料（电热材料、光电材料、光热材料、热电材料和热机械能材料等）、能量传输材料（导电材料、导热材料和导光材料）。能源和材料是人类文明和社会发展最重要的物质基础。

随着世界经济的快速发展，21 世纪人类面临的三大威胁是：资源严重匮乏，尤其是不可再生的有限资源，如传统能源（化石燃料）的匮乏已引起全球的关注；全球环境状况的持续恶化，传统能源工业严重影响人类社会的生存环境；人口暴涨进一步加剧了对能源的需求与生存环境的挑战。人类时刻面临着能源危机的威胁，开发、利用新能源，尤其是对无限绿色资源的开发利用，如太阳能、风能等，是解决能源危机的重要途径，而其关键是新能源材料的突破。

6.6.3　能源分类与能源结构

（1）能源分类　能源种类繁多，全球目前主要使用化石矿物能源，随着科学技术水平的发展与人类的环保意识不断提高，各种新型能源正被不断地研究与开发利用，更多新型能源已经开始满足人类需求。根据分类方式的不同，能源主要分为以下几种。

①　按能源来源分　主要有太阳能、风能、水能、生物能和矿物能（煤炭、石油、天然气等化石燃料）、原子核能、地热能、潮汐能等。

②　按能源产生的方式分　有一次能源和二次能源。一次能源是指可以从自然界直接获取的能源。如煤炭、石油和天然气等，又称化石矿物能源，它们是当今世界中一次能源的三大支柱，构成了全球能源家族结构的基本框架。一次能源中还包括水能、太阳能、风能、地热能、海洋能、生物质能以及核能等。二次能源是指无法从自然界直接获取，必须经过一次

能源的消耗才能得到的能源。电能是最主要的二次能源。除此之外，还有煤气、汽油、柴油、焦炭、洁净煤、激光和沼气等能源，都属于二次能源。

③ 按能源性质分　有燃料型能源（如煤炭、石油、天然气、泥炭、木材等）和非燃料型能源（如水能、风能、地热能、海洋能等）。

④ 按使用类型分　有常规能源和新型能源。技术成熟，使用普遍的能源叫做常规能源。如水能、煤炭、石油、天然气等资源。最近开始利用或还处于研究、发展阶段或正在着手开发未来可能利用的能源叫做新型能源。就目前相对于常规能源而言的，新型能源主要包括太阳能、风能、地热能、海洋能、生物能、氢能以及用于核能发电的核燃料等能源。

⑤ 按能源再生性分　有可再生能源和不可再生能源。可再生能源是指消耗之后可以从自然界比较容易不断得到补充，或能在较短周期内再产生的能源，如风能、水能、海洋能、潮汐能、太阳能和生物质能等是可再生能源。不可再生能源是指人类开发利用后在现阶段不能再生的能源物质，如煤、石油和天然气等是非再生能源。

除上述分类外，还可按能源和环境的关系分为清洁能源和非清洁能源。非清洁能源包括煤炭、石油等。清洁能源包括水力、电力、太阳能、风能以及核能等。

人们通常按能源的形态特征或转换与应用的层次对它进行分类。世界能源委员会推荐的能源类型分为固体燃料、液体燃料、气体燃料、水能、电能、太阳能、生物质能、风能、核能、海洋能和地热能。其中，前三个类型统称化石矿物燃料或化石矿物能源。

能源的分类见表 6-9。一次能源的分类见表 6-10。

表 6-9　能源的分类

能源分类		一次能源	二次能源
常规能源	燃料能源	煤炭、石油、天然气、煤层气、油砂、油页岩、生物质能	煤气、焦炭、洁净煤、汽油、柴油、甲烷、乙醇、沼气
	非燃料能源	水能	电力、热水、蒸汽
新型能源	燃料能源	煤层气、核燃料	氢气
	非燃料能源	风能、太阳能、地热能、海洋能	风电、核电、太阳能电池等

表 6-10　一次能源的分类

可再生能源	不可再生能源
水能、风能、太阳能、生物质能、海洋能、地热能	煤炭、石油、天然气、油页岩、油砂、核燃料

（2）能源结构　能源结构是指能源总生产量或总消费量中各类能源的构成及其比例关系，能源结构是能源系统工程研究的重要内容，它直接影响国民经济各部门的最终用能方式，并反映人民的生活水平。能源结构通常由生产结构和消费结构组成，能源的消费结构相对于生产结构更具有现实的指导意义。

能源消费是指生产和生活所消耗的能源。能源消费按人平均的占有量是衡量一个国家经济发展和人民生活水平的重要标志。人均能耗越多，国民生产总值就越大，社会也就越富裕。在发达国家里，能源消费强度变化与工业化进程密切相关。随着经济的增长，工业化阶段初期和中期能源消费一般呈缓慢上升趋势，当经济发展进入后工业化阶段后，经济增长方式发生重大改变，能源消费强度开始下降。

① 世界能源消费结构　随着社会生产力发展与经济结构的变化，世界能源结构一直处

在不断变化的过程中。最近几十年，煤炭、石油资源的大量开采和消费，使能源环境问题日益突出，比较而言，天然气是清洁能源，因此最近几年各国正大力发展天然气的开发应用，天然气也就成为继煤炭和石油之后的第三大常规能源品种。另外，水能、风能、核能等新兴能源的开发和利用也得到了快速发展。据 2009 年最新统计数据显示，在世界一次能源消费结构中，石油占 34.8%，天然气占 23.8%，煤炭占 29.4%，水电占 5.8%，核电占 5.5%，地热能、太阳能和风能占 0.7%，形成了以化石燃料为主导、新能源为补充、可再生能源快速发展的能源结构格局。

当今世界能源消费结构主要有以下几个特点。

a. 消费总量不断增加，仍以化石能源为主，20 世纪 70 年代初，世界一次能源消费量仅为 57.3 亿吨油当量，随着世界经济规模的不断扩大，世界能源消费量持续增长，到 2012 年这个数字已经达到 124.77 亿吨油当量。

b. 增长模式不同，发达国家增长速度明显低于发展中国家，在过去的 30 多年中，亚太、北美洲、欧洲、中南美洲、中东及非洲六大地区的能源消费总量均有所增加，但是经济水平比较发达的北美洲和欧洲两大地区的增长速度比较缓慢，其消费量占世界总消费量的比重也逐年下降。

c. 结构趋向优质化，但地区差异仍然很大，形成了目前以化石燃料为主，新能源、可再生能源并存的能源结构格局。图 6-8 是 1965～2011 年世界能源消费结构图。

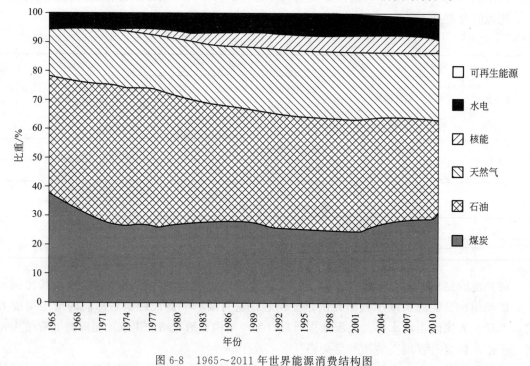

图 6-8　1965～2011 年世界能源消费结构图

[资料来源：BP 世界能源统计年鉴（2012）]

② 中国能源消费结构　20 世纪 80 年代前，中国的能源需求主要依靠自给自足，能源消费量也很低。改革开放以来，中国的经济特别是重工业的飞速发展刺激了能源的大量消费，在 30 年的时间后，中国已成为世界第一大能源消费国，在全球能源市场中扮演着举足轻重的角色。煤炭在中国能源体系中一直居主导地位，需要满足中国 70% 左右的一次能源需求，

中国近 80％的发电量来自燃煤发电。石油消耗占总量的 20％左右，而清洁能源天然气消费尽管最近几年快速增长，但到 2012 年仅占总量的不到 5％（与全球能源消费结构中天然气占 24％相差甚远），而核能、水能、再生能源总计只占不到 10％。表 6-11 为我国历年来一次能源消费结构。尽管其他清洁能源的增长十分迅速，但其所占的比重仍然较小。大比例化石燃料消费加剧了环境的污染，加速了化石能源的枯竭，并导致温室气体排放量上升，这极其不利于我国能源发展模式与经济发展的可持续性。

表 6-11　我国历年来一次能源消费结构

年份	总量 /百万吨油当量	比重/%					
		原油	煤炭	天然气	核能	水能	再生能源
2003	1204.2	22.1	69.3	2.4	0.8	5.3	—
2004	1423.5	22.4	68.7	2.5	0.8	5.6	—
2005	1566.7	20.9	69.9	2.6	0.8	5.7	—
2006	1729.8	20.4	70.2	2.9	0.7	5.7	—
2007	1862.8	19.5	70.5	3.4	0.8	5.9	—
2008	2002.5	18.8	70.2	3.6	0.8	6.6	—
2009	2187.7	17.7	71.2	3.7	0.7	6.4	0.3
2010	2432.2	17.6	70.5	4.0	0.7	6.7	0.5
2011	2613.2	17.7	70.4	4.5	0.7	6.0	0.7
2012	2735.2	17.7	68.5	4.7	0.8	7.1	1.2

注：数据来源：根据历年 BP 公司《Statistical Review of World Energy》数据汇总整理。

中国能源结构现状存在的主要问题表现为以下几种情况。

a. 能源结构不合理。一次能源结构长期得不到优化，煤炭在一次能源中的比例保持在 70％左右，天然气、水电等清洁能源的比重很低，结构性问题突出。而以煤炭为主的一次能源消费结构特点，造成了环境污染严重、生态破坏、运输压力大和能源利用效率低、效益差等多方面的问题。

b. 石油对外依赖程度加深。中国海关总署发布数据显示，2012 年我国消耗石油 4.93 亿吨，其中进口量约为 2.71 亿吨，同比增长 6.8％，石油对外依存度为 56.42％，进口量金额为 2206.7 亿美元，为历史最高值。2013 年我国石油进口量达到 2.85 亿吨左右，进口依存度突破 60％。到 2020 年中国石油需求总量可能超过 7 亿吨，其中 2/3 都需要依靠进口。随着经济快速发展，中国能源需求维持高速增长，石油进口量不断刷新历史纪录。资源瓶颈已成为制约我国经济发展的主要问题，保障石油安全是我国面临的一项重大挑战。石油资源储量严重不足，我国对进口石油的依赖程度加深，这种趋势要求我国必须高度重视国内石油供给保障的安全性。

c. 能源效率低、能源技术落后。与国际先进水平相比，我国能源技术还有很大差距，技术的落后，导致能源利用效率低下，西方发达国家的效率远高于我国。《世界经济论坛》与埃森哲咨询管理公司共同推出了《2013——全球能源工业效率研究》报告。该研究报告对世界不同国家的能源强项和弱项从经济、生态和能源安全观点进行了评估。在评估中，中国仅位列第 74 位，挪威、瑞典、法国、瑞士、拉脱维亚等 8 个欧盟国家名列前茅。目前我国煤炭消费多数是原煤直接燃烧，洁净煤技术的开发和推广应用还很落后。技术的落后，制约了效率的提高。

d. 可再生能源利用不充分。人类的能源结构变化趋势最终必然朝着可再生能源的方向发展，尽管近年来我国加大对再生能源的开发、利用力度，但在能源消费结构中总体占比较少，需进一步加大对太阳能、热能、水能、风能、生物能和海洋能等可再生能源充分有效的开发和利用。另外，在可再生能源产业的技术、规模、水平和发展速度上，我国与发达国家相比仍存在很大差距，核心技术落后，大部分技术处于示范或研发阶段。

因此，能源结构调整是中国能源发展面临的重要任务之一，也是保证中国能源安全的重要组成部分，调整中国能源结构主要是要减少对石化能源资源的需求与消费，降低对国际石油的依赖。还要降低煤电的比重，发展环保洁净煤技术，提升煤炭清洁化水平。我国能源利用效率低，环境污染问题严重，应大力发展洁净煤技术，有效缓解石油、天然气供应的不足。大力发展新兴的高科技产业和现代服务业，提高科技含量高、能耗低、污染少的行业在国民经济部门中的比重，降低经济增长的能耗和环境污染。加大可再生能源和新能源的开发利用，大力发展核电、水电、太阳能、风能、生物质能等可再生能源不仅有利于环境和生态保护，更是实现可持续发展的重要保证，提高优质能源在能源消费中的比例。

6.6.4 能源危机

能源与人类的生存密切相关，是整个世界发展和经济增长的最基本的驱动力，发展社会经济和征服自然与人类赖以生存的物质基础。世界经济的现代化，得益于化石能源，如石油、天然气、煤炭与核裂变能的广泛的投入应用。

石油供应主要由一些拥有大量石油储藏的国家所控制，其中包括沙特阿拉伯、加拿大、伊朗、伊拉克、科威特、阿拉伯联合酋长国、委内瑞拉、俄罗斯、利比亚、尼日利亚等。

主要的产油国成立了石油输出国组织欧佩克（Organization of Petroleum Exporting Countries，OPEC）。欧佩克控制了全球石油出口的大部分产量，对世界油价具有强大的杠杆作用。

能源危机是指因为能源供应短缺或是价格上涨而影响经济。这通常涉及石油、电力或其他自然资源的短缺。自工业革命以来，能源安全问题就开始出现。1913 年，英国海军开始用石油取代煤炭作为动力时，时任海军上将的丘吉尔就提出了"绝不能仅仅依赖一种石油、一种工艺、一个国家和一个油田"这一迄今仍未过时的能源多样化原则。能源危机通常会造成经济巨大衰退，美国作为现代石油工业的发源地，自 20 世纪 40 年代成为全球最大的石油消费国和进口国以来，海外石油供应状况及价格波动一直与其能源安全乃至国家安全密切相关。20 世纪 70 年代接踵而至的两次石油危机使美国如坠深渊。

（1）第一次石油危机　1973～1974 年的第一次石油危机产生于第四次中东战争，为打击以色列与西方国家，阿拉伯国家使出狠招：10 月 16 日提高石油价格，第二天减少生产，并实施对西方国家的禁运，使油价从 3.01 美元/桶增加到 11.651 美元/桶。随着阿拉伯国家 1100 亿美元的巨额收益，伴随着的是西方国家的经济衰退，保守估计，此次石油危机至少使全球经济倒退 2 年。第一次石油危机期间，全球石油供给减少了 7.1%，美国不仅面临更大的供应缺口，还面临第二次世界大战以来最为严峻的经济形势：其工业生产总量下降 14%，GDP 出现了 6% 的负增长，失业率达到 9%，社会经济发生巨大衰退，大量社会财富烟消云散，老百姓怨声载道。

（2）第二次石油危机　1979～1980 年的第二次石油危机则由两伊战争引起，两大产油国的战争造成国际油价飙涨，再次使西方国家遭受打击。以美国为例，GDP 增长率由 1978 年的 5.6% 下降到 1980 年的 3.2%，直至 1981 年 0.2% 的负增长。这里值得一提的是日本，日本由第一次石油危机吸取经验，进行了大规模的产业调整，增加了节能设备的利用，提升核电发电量，在第二次石油危机中保持了 33.5% 的增长率，一举取代美国成为世界上最大的债权国。

1990 年的海湾战争是一场彻彻底底的石油战争，当时美国总统老布什曾表示：如果世界上最大油田的所有权落到萨达姆手中，那么美国人的就业机会、生活方式都会遭受毁灭性的灾难。于是美国联合西方国家发动海湾战争，期间油价曾飙升至 40 美元/桶。不过由于美国国家能源机构的及时运作，再加上沙特阿拉伯的支持，很快便度过了这次石油危机。

在 1990～1991 年海湾危机期间，国际原油市场出现了每天近 400 万桶的原油供应缺口，原油价格一度从 1990 年 7 月的 16 美元/桶上涨到当年 9 月的 26 美元/桶。

总的来说，这几次石油危机都具有共同的特征，那就是都对处于上升循环末期，即将盛极而衰的全球经济造成严重冲击，历史上的几次石油价格大幅度攀升都是因为欧佩克供给骤减，使市场陷入供需失调的危机中。

尽管地质勘探技术有了惊人的进步，但所探明的新的石油储量明显减少，不论是发达国家还是发展中国家，最终都会面临石油危机。近年来，世界石油价格大幅度上涨，尽管市场因素和人为炒作是这次油价攀升的主要原因，但开发替代能源已经是当务之急。当前世界所面临的能源安全问题呈现出与历次石油危机明显不同的新特点和新变化，它不仅仅是能源供应安全问题，而是包括能源供应、能源需求、能源价格、能源运输、能源使用等安全问题在内的综合性风险与威胁。我国当前对外石油依存度高达 60.0%，超过了石油安全的极限。国务院发展研究中心最近所作的一份研究报告表明：我国人均储量低、能耗高，未来 20 年能源领域将面临一系列挑战。面对即将到来的能源危机，要节约能源，提高能源利用率，大力开发"生态可再生能源"。

6.6.5　新能源与新能源材料

能源是与人类社会的生存与发展休戚相关的。在 20 世纪，世界能源格局完成了从以煤炭为主向以石油为主的转换。21 世纪以来，在全球气候变暖的压力下，世界能源发展格局正逐渐发生改变，其主要特征是：全球气候变化推动能源利用低碳化，世界能源格局向清洁低碳方向发展；新兴经济体能源安全问题日趋突出；中国能源需求迅猛扩张，能源安全面临严峻挑战；全球能源创新推动世界能源结构向多元化方向快速发展。

我们所处的时代堪称"能源时代"。高新技术成果在能源工业迅速推广应用，能源工业正在由低技术向高技术过渡，新技术已迅速地渗透到能源勘探、开发、加工、转换、输送、利用的各个环节。化石燃料正在向高效节能、洁净环保的方向发展。各种新能源正大力发展，太阳能、风能、生物质能、海洋能、地热能等可再生能源的研发迅速展开，随着能源危机日益临近，新能源即将成为今后世界上的主要能源之一，人类有望进入"新能源时代"。

国际能源署（IEA）对 2000～2030 年国际电力需求的研究表明：可再生能源的发电总量年平均增长速度将最快；在未来 30 年内，非水利的可再生能源发电将快速增长（年增长速度近 6%）；在 2000～2030 年间，其总发电量将增加 5 倍；到 2030 年，它将提供世界总电力的 4.4%，其中生物质能将占其中的 80%。

中国国务院新闻办公室 2012 年 10 月 24 日发表《中国的能源政策（2012）》白皮书。白皮书称，中国将坚定不移地大力发展新能源和可再生能源，到"十二五"末，非化石能源消费在一次能源消费中的占比将达到 11.4%，非化石能源发电装机占比达到 30%。

6.6.5.1　新能源概念

新能源又称非常规能源，是指传统能源之外的各种能源形式。相对而言，新能源是采用新技术和新材料而获得的，是最近开始利用、有待推广或还处于研究、发展阶段或正在着手开发未来可能利用的能源。如太阳能、风能、地热能、海洋能、生物能、氢能以及用于核能发电的核燃料等能源。与常规能源相比，新能源生产规模较小，技术、利用率、使用范围有待进一步拓展。常规能源与新能源的划分是相对的。例如太阳能、风能、植物能早在人类文明前期已被利用，当时利用效率低、使用范围窄，真正被开发用于人们生活、工业生产与社会经济活动才是最近几年时间的事，且需要进一步系统研究和开发，因此称为新能源。

尽管各国对新能源的划分范围、称谓有所不同，但一致认为除常规的化石能源外，其他能源都可称为新能源或可再生能源。由不可再生能源逐渐向新能源和可再生能源过渡，是当代能源利用的一个重要途径与特点。在资源、环境、人口问题面临严重挑战的今天，大力发展新能源和可再生能源是人类社会可持续发展的趋势，也是我国现在与未来经济发展的唯一途径。

6.6.5.2　新能源材料

能源发现、发明、开发、转化、利用、储存、输送需要材料作为载体，能源材料是材料领域的一个重要研究方向，新能源开发利用尤其需要新一代能源材料，新能源材料是指实现新能源的开发、转化、输送和利用以及发展新能源技术中所需的关键材料，是发展新能源技术的核心和其应用的基础。包括新能源技术材料、能量转换与储能材料、节能材料、承载输送材料等。新能源材料覆盖了各种新型电池材料（如镍氢电池材料、锂离子电池材料、燃料电池材料、太阳能电池材料）、发展生物质能所需的材料、反应堆核能材料、各种能量转化材料、新型相变储能和节能材料等，新能源材料要体现资源与能源最充分利用技术和环境最小负担技术等。中国是世界第一大能源消费国，GDP 单位能耗是世界平均值的 2.5 倍，煤炭在中国能源体系中一直居主导地位，近 80% 的发电量来自燃煤发电，环境的污染严重，新能源与新能源材料开发尤为重要。

（1）太阳能及其相关材料　太阳能是地球上一个用之不竭的可再生能源宝库，太阳 40min 内投射到地球表面的能量就相当于全球每年消耗能量的总和。因此，太阳能是人类未来绿色能源的希望。

20 世纪 50 年代，太阳能利用技术出现了两项重大突破：一是 1954 年美国贝尔实验室研制出 6% 的实用型单晶硅电池；二是 1955 年以色列 Tabor 提出选择性吸收表面概念和理论，并研制成功选择性太阳吸收涂层。这两项技术突破，使太阳能大规模利用成为可能，也为太阳能发展奠定了技术基础。

由于常规能源的有限性和对环境污染的影响，20 世纪 70 年代以来，许多国家都开始大力开发利用太阳能和可再生能源。开发利用太阳能和可再生能源成为国际社会的一大主题和共同行动，成为各国制定可持续发展战略的重要内容。

自第六个五年计划以来，中国一直把研究开发太阳能和可再生能源技术列入国家科技攻关计划，大大推动了我国太阳能和可再生能源技术和产业的发展。近年来，太阳能利用技术在研究开发、商业化生产、市场开拓方面都获得了长足发展，成为世界快速、稳定发展的新兴产业之一。

2012 年 7 月，国家能源局发布了《太阳能发电发展"十二五"规划》，明确提出"十二五"期间要大力推广分布式太阳能光伏发电，到 2015 年分布式光伏发电装机容量将达到

1000 万千瓦，相比于 2010 年增长近 23 倍。2013 年建筑光伏并网发电投资规模达到 1140 亿元，其中光伏电池组件市场规模达到 654 亿元，逆变器市场规模达到 120 亿元。在青海、甘肃和宁夏集中了我国一半多的光伏装机容量，装机容量都在 640MW 以上，青海更是达到了 1453MW。

太阳能作为一种可再生能源，其转换利用途径主要有四种方式。

其一，光-热转换，通过转换装置把太阳辐射能转换成热能利用（热利用技术），可进一步利用热能发电（热发电技术）。

其二，光-电转换，通过转换装置把太阳辐射能转换成电能利用，称为太阳能光发电技术，光电转换装置通常是利用半导体器件的光伏效应原理进行光电转换的，因此又称太阳能光伏技术。目前主要通过光伏发电技术来开发利用太阳能。

其三，光-化转换，通过转换装置把太阳辐射能转换成化学能利用，辐射半导体器件与电解液界面，使水电离产生氢，形成光化学电池（也称光氢电池）。

其四，太阳光合能，植物利用太阳光进行光合作用，合成有机物。因此，可以人为模拟植物光合作用，大量合成人类需要的有机物，提高太阳能利用效率。这部分内容将在生物质能材料中介绍。

① 太阳能-热利用　太阳能辐射的吸收、反射、透过是利用的基本原理。太阳能热利用就是利用太阳能集热器将太阳光辐射转化成流体中的热能，并将加热流体输送出去加以利用。按照太阳能集热器的集热方式分为平板型集热器和聚光型集热器。平板型集热器所用的热吸收面积基本上等于太阳光线照射面积，聚光型集热器则是将较大面积的太阳辐射聚集到较小的吸收面积上。

太阳辐射总热能为 Q，吸收热能为 Q_α，反射热能为 Q_ρ，透过热能为 Q_τ。

$$Q = Q_\alpha + Q_\rho + Q_\tau$$

式中　α——材料对太阳能辐射的吸收率，理论上黑体材料 $\alpha = 1$；

ρ——材料对太阳能辐射的反射率，理论上白体材料 $\rho = 1$；

τ——材料对太阳能辐射的透过率，理论上全透明体材料 $\tau = 1$。

太阳热能利用材料的吸收、反射、透过性能在太阳能集热器不同部位，要求不同。如图 6-9 所示，平板型集热器主要由盖板、吸热体、流管、隔热保温材料、壳体组成。

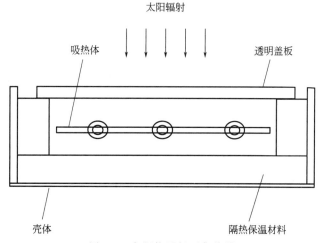

图 6-9　太阳能平板型集热器

盖板要求吸收率、反射率很低，采用透明材料最大限度透过太阳光线，并减少吸热体与外界环境的对流与辐射散热，并保护吸热体不受外部环境影响而损坏。吸热体材料要求最大限度吸收太阳能，并将内部流体加热。吸热体表面要求对太阳的短波具有很高的吸收率，本身发射出的长波辐射的反射率很低，因此其表面一般经特殊处理或涂有选择性涂层，以达到最大吸热率。隔热保温材料要求隔热保温效果好，防止集热器向环境散热而损失热能。

聚光型集热器是将较大面积的太阳辐射经反射或折射聚集到较小面积的吸热体上，以获得较高的集热能。与平板型集热器（集热面积等于散热面积）相比，能更有效地吸收太阳辐射，较少散热损失。

太阳能热利用系统包括太阳能热水装置、太阳能干燥装置、太阳能采暖与温室、制冷空调装置、太阳能热动力、太阳能海水淡化装置等，最常见的就是太阳能热水器。

② 太阳能-光利用　早在 1839 年，法国科学家贝克雷尔（Becqurel）就发现，光照能使半导体材料的不同部位之间产生电位差。这种现象后来被称为"光生伏特效应"，简称"光伏效应"。1954 年，美国科学家恰宾和皮尔松在美国贝尔实验室首次制成了实用的单晶硅太阳能电池，诞生了将太阳光能转换为电能的实用光伏发电技术。

太阳能光利用最成功的是用光-电转换原理制成的太阳能电池（又称光电池）。光-电转换是指太阳的辐射能光子通过半导体物质转变为电能的过程，即光伏效应。

a. 太阳能光伏发电原理　与普通化学电源的干电池、蓄电池不同，太阳能电池实质上是一种物理电源，利用半导体界面的光生伏特效应而将光能直接转变为电能的一种技术。这种技术的关键元件是太阳能电池，将太阳光能直接转化为电能。

光伏发电的主要原理是半导体的光电效应。硅原子有 4 个电子，如果在纯硅中掺入有 5 个电子的原子（如磷原子），就成为带负电的 N 型半导体；若在纯硅中掺入有 3 个电子的原子（如硼原子），形成带正电的 P 型半导体。当 P 型和 N 型结合在一起时，接触面就会形成电势差，成为太阳能电池。制作硅片时，在硅片上掺杂和扩散微量的硼、磷等，就形成 PN 结。

当太阳光照射在太阳能电池上，并且光在界面层被接纳，具有足够能量的光子可以在 P 型硅和 N 型硅中将电子从共价键中激起，形成电子-空穴对。空穴由 N 极区往 P 极区移动，电子由 P 极区向 N 极区移动，形成电流。经由光照在界面层发生作用的电子-空穴对越多，电流越大。界面层接纳的光能越多，界面层即电池面积越大，在太阳能电池中形成的电流也越大。

b. 太阳能光伏发电组件　光伏发电系统由太阳能电池方阵、蓄电池组、充放电控制器、逆变器、交流配电柜、太阳跟踪系统等设备组成。其部分设备的作用如下。

ⅰ. 太阳能电池方阵　电池吸收光能，在光伏效应的作用下，太阳能电池的两端产生电动势，将光能转换成电能，是能量转换的器件。已知的制造太阳能电池的半导体材料有十几种，如晶体硅电池、硫化镉电池、硫化锑电池、非晶硅电池等。常用太阳能电池一般为硅电池，分为单晶硅太阳能电池和多晶硅太阳能电池。

ⅱ. 蓄电池组　储存太阳能电池方阵发出的电能并向负载供电。蓄电池组的基本要求是：自放电率低，工作温度范围宽，使用寿命长，充电效率高，维护简单方便。

ⅲ. 充放电控制器　自动防止蓄电池过充电和过放电的设备。由于蓄电池的循环充放电次数及放电深度是决定蓄电池使用寿命的重要因素，因此必须得以控制。

ⅳ. 逆变器　将直流电转换成交流电的设备。在负载是交流负载时，必须将光伏发电产生的直流电转变成交流电。逆变器可分为独立运行逆变器和并网逆变器。独立运行逆变器用于独立运行的发电系统，为独立负载供电。并网逆变器用于并网运行的发电系统。

ⅴ. 太阳跟踪系统　是一套智能太阳跟踪仪，使太阳能电池板能正对太阳光照。为了避免太阳光照角度影响发电效率，需对太阳光照角度进行跟踪，保证太阳能电池板时刻正对太阳，使发电效率达到最佳状态。智能太阳跟踪仪的太阳能发电系统特别适合安装在移动行驶的交通工具上，如汽车、火车、通信应急车、军舰或轮船上。

c. 太阳能光伏发电系统分类　光伏发电系统分为独立光伏发电系统、并网光伏发电系统及分布式光伏发电系统。

ⅰ. 独立光伏发电系统　又叫离网光伏发电系统。如边远地区的村庄供电系统，太阳能户用电源系统，通信信号电源、阴极保护、太阳能路灯等各种带有蓄电池的可以独立运行的光伏发电系统。

ⅱ. 并网光伏发电系统　光伏发电产生的直流电经过并网逆变器转换成符合电网要求的交流电之后直接接入公共电网。可以分为带蓄电池的并网发电系统和不带蓄电池的并网发电系统。带有蓄电池的并网发电系统具有可调度性，可以根据需要并入或退出电网，还具有备用电源的功能，当电网因故停电时可紧急供电。不带蓄电池的并网发电系统不具备可调度性和备用电源的功能，一般安装在较大型的系统上。

ⅲ. 分布式光伏发电系统　又称分散式发电或分布式供能，现场配置较小的光伏发电供电系统，以满足特定用户的需求。

d. 太阳能光伏发电特点　与常规发电系统相比，光伏发电特点主要体现在以下几个方面。

优点是：可再生的无限资源；绿色环保，无噪声，无污染排放；不受资源分布地域的限制，可利用建筑屋面的优势；能源质量高，无须消耗燃料和架设输电线路即可就地发电供电；建设周期短，获取能源花费的时间短。

缺点是：太阳辐射的能量分布密度小，占用巨大面积；能源获得受气象条件影响；设备成本高，太阳能利用率较低，发电成本高；光伏板制造过程中污染大。

e. 太阳能光伏发电应用领域　理论上讲，光伏发电技术可以用于任何需要电源的场合，上至航天器，下至家用电源，大到兆瓦级电站，小到玩具，光伏电源无处不在。

太阳能光伏发电主要用于三个方面：一是为无电场合提供电源；二是太阳能日用电子产品；三是并网发电。如小型用户电源（生活用电、屋顶并网发电系统等）、交通领域（航标灯、交通信号灯、交通标志灯、路灯、电话亭、道班供电等）、通信领域（微波中继站、光缆维护站、电源系统、小型通信机等）、石油、海洋、气象领域（石油管道和水库闸门阴极保护太阳能电源系统、石油钻井平台生活及应急电源、海洋检测设备、气象水文观测设备等）、航空航天领域（卫星、航天器、空间站太阳能供电等）、光伏电站（10kW～50MW 独立光伏电站、风光互补电站等）、其他领域（太阳能汽车、电池充电设备；太阳能制氢加燃料电池的再生发电系统；海水淡化设备供电；太阳能建筑，使得未来的大型建筑实现电力自给）。

太阳能发电具有布置简便、维护方便、应用面较广等特点，整个光伏产业链包括硅料、硅片、电池片、电池组件及应用系统五个环节。上游为硅料、硅片环节；中游为电池片、电池组件环节；下游为应用系统环节。这五个环节可细分为多晶硅原料生产、硅棒和硅锭生产、太阳能电池制造、组件封装、光伏产品生产及光伏发电系统等。

③ 太阳能-化学能利用 光-化转换，是通过转换装置把太阳辐射能转换成化学能利用，辐射半导体器件与电解液界面，使水电离产生氢，形成光化学电池（也称光氢电池）。氢能是一种高能量密度的清洁能源，通过光解或电解作用制造氢气，是对未来能源发展具有战略意义的一个途径。利用太阳能制氢的方法主要有太阳能光解水制氢、太阳能光化学制氢、太阳能电解水制氢、太阳能热化学制氢、太阳能热水解制氢、光合作用制氢及太阳能光电化学制氢等。

（2）生物质能材料 太阳能利用的途径之一是太阳光合能，植物利用太阳光进行光合作用，合成有机物。生物质能（也称生物质能源）源于生物质，其实质就是太阳能的利用，是太阳能以化学能形式储存于生物中的一种能量形式，它直接或间接地来源于植物的光合作用。

① 生物质 生物质是植物利用太阳能，将二氧化碳与水进行光合作用而产生的有机体（有机碳水化合物），是将太阳能以化学能形式储存于生物中，植物是太阳能的转化器与载体，煤炭、石油和天然气也是植物在地质作用下经历数百万年转化而成的。广义地讲，生物质包括所有植物、微生物以及以植物、微生物为食物的动物及其产生的废弃物。常见的生物质有农作物、农作物废弃物、木材、木材废弃物和动物粪便等。

$$二氧化碳＋水 \xrightarrow{光合作用} 碳水化合物＋氧气$$

② 生物质能 生物质能是储存的太阳能，更是一种唯一可再生的碳源，可转化成常规的固态、液态或气态的燃料。地球上的生物质能资源丰富，形式多样，而且是一种无害的、唯一的可再生碳源。地球每年经光合作用产生的物质有 1730 亿吨，其中蕴含的能量相当于全世界能源消耗总量的 10～20 倍，但目前的利用率不到 3%。生物质燃烧是生物质能传统的利用方式，早在石器时代人类能驾驭火种起，生物质能源就作为生活能源开始被人类利用。通过气体收集、气化、燃烧和消化作用等转换技术生产各种清洁燃料，替代常规能源，如煤炭、石油等污染严重的燃料，使其成为 21 世纪主要的新能源之一，减少对不可再生矿物能源的依赖，减轻环境污染。

a. 生物质能的特点 简单地讲，生物质能具有资源丰富、分布广泛、使用清洁、对环境污染低、可再生等特点。

生物质能是世界上仅次于煤炭、石油和天然气的第四大能源。中国生物质资源主要有农作物秸秆、树木枝丫、畜禽粪便、能源作物（植物）、工业有机废水、城市生活污水和垃圾等。可转换为能源的潜力约 5 亿吨标准煤，今后随着造林面积的扩大和经济社会的发展，生物质资源转换为能源的潜力可达 10 亿吨标准煤。生物质能源是理想的替代能源，可以沼气、压缩成型固体燃料、气化生产燃气、气化发电、生产燃料乙醇、热裂解生产生物柴油等形式存在，应用在国民经济的各个领域。国际自然基金会 2011 年 2 月发布的《能源报告》认为，到 2050 年，将有 60% 的工业燃料和工业供热都采用生物质能源。

生物质能源是通过植物的光合作用将太阳能转化为化学能，其转化过程吸收的二氧化碳与使用过程产生的二氧化碳，形成循环零排放过程，能够有效减少人类二氧化碳的净排放量，降低温室效应。另外，生物质能源中的有害物质含量很低，如含硫量、含氮量低，燃烧过程中生成的氧的硫化物、氮化物较少，是属于清洁能源，对环境影响甚微。

生物质能是储存的太阳能，是太阳能以化学能形式储存于生物中的一种能量形式，与风能、太阳能等同属可再生能源。

缺点是：由于其分布广泛而分散，收集、运输和预处理的成本较高，且其单位质量热值较低，水分含量大（50％～95％），而影响生物质的燃烧和热裂解特性。

b. 生物质能种类

ⅰ. 农作物秸秆　是农业生产的副产品，也是取暖、生活的传统燃料，其转换效率仅为 10％～20％。液化石油气的使用，使得弃于田间地头直接燃烧的秸秆量逐年增大，许多地区废弃秸秆量已占总秸秆量的 60％以上，既危害环境，又浪费资源。

ⅱ. 森林能源　是森林生长和林业生产过程提供的生物质能，主要有木材、木材废弃物。

ⅲ. 动物粪便　也是一种重要的生物质能。除直接燃烧外，动物粪便还是沼气的原料。按每吨动物粪便约折合 90kg 标准煤计算，目前我国动物粪便总量约 8.5 亿吨，折合近 8000 万吨标准煤。

ⅳ. 生活垃圾　城镇生活垃圾中有机物含量接近 1/3 甚至更高，易降解有机物食品类废弃物是有机物的主要组成部分，是生物质能的重要资源。

c. 生物质能转化利用技术　生物质能转化利用技术多种多样，主要有直接燃烧、热化学转换和生物化学转换三种途径。生物质的直接燃烧关键在于提高热效率。生物质的热化学转换是指在一定的温度和压力条件下，使生物质气化、炭化、热解和催化液化，以生产气态燃料、液态燃料和化学物质的技术。生物质的生物化学转换包括生物质-沼气转换和生物质-乙醇转换等。本节介绍几种常用且技术较成熟的利用方法。

ⅰ. 直接燃烧技术　直接燃烧可分为炉灶燃烧、锅炉燃烧、垃圾焚烧和固型燃料燃烧四种情况。炉灶燃烧利用方法原始，热能利用效率低，只有 10％～20％，一般适用于农村或山区分散独立的家庭用炉；锅炉燃烧适用于工业化生产大规模利用生物质，采用现代化的锅炉技术，效率相对较高；由于垃圾的热值低，腐蚀性强，垃圾焚烧技术要求高，投资大，采用锅炉技术处理垃圾；固型燃料燃烧是将生物质固化成型后再进行燃烧，可利用传统的燃煤设备，不必经过特殊的设计或处理，以生物质代替煤，以达到节能的目的，主要缺点是运行成本高。固化成型技术是该方法的重点。现已成功开发的成型技术按成型物形状主要分为三大类：螺旋挤压生产棒状成型技术、活塞式挤压制备圆柱块状成型技术、内压滚筒颗粒状成型技术。生物质直接燃烧技术，主要集中于提高燃烧效率。

ⅱ. 生物质制沼气技术　沼气是各种有机物质在隔绝空气、适宜的温度、湿度条件下，经过微生物的发酵作用产生的一种可燃烧气体。沼气的主要成分甲烷类似于天然气，是一种理想的气体燃料。目前，主要采用厌氧技术处理动物粪便、农作物秸秆、高浓度有机废水原料生产沼气，是发展较早的生物质能利用技术。20 世纪 70～80 年代，我国开始发展沼气池技术，以解决秸秆焚烧和燃料供应不足的问题，充分利用沼气和农林废弃物气化技术提高农村地区生活用能的燃气比例，也是解决农业废弃物和工业有机废弃物环境治理的重要手段。通过沼气发酵综合利用技术，以沼气为纽带，沼气用于生活用能和农副产品生产加工，沼液用于饲料、生物农药生产，沼渣用于肥料生产，建立生物质多层次利用、能量合理流动，是我国农村地区生物质能综合利用、建立高效农业发展、促进可持续发展的有效方法。沼气还可以用于发电、制备沼气燃料电池等。

ⅲ. 生物质发电技术　生物质发电包括农林生物质发电、垃圾发电和沼气发电，是将生物质能转化为电能的一种技术。作为一种可再生能源，生物质能发电在国际上越来越受到重视。农林生物质发电是以秸秆、稻壳、灌木林和木材加工剩余物为燃料，将废弃的农林剩余物收集、加工整理，直接燃烧将热能转化为蒸汽进行发电的技术，在原理上，与燃煤火力发电差别不大，可以借鉴火力发电成熟技术。影响发电效率的关键因素是生物质燃烧效率，而燃烧设备是影响燃烧效率的关键因素。生物质发电既节约资源，又防止秸秆等在田间焚烧造成的环境污染，是实现可持续发展的能源战略选择之一。垃圾焚烧发电是经济发达城市节约资源、减少填埋、解决对土地占用问题、防止垃圾中有害物质扩散的有效途径。生活垃圾的焚烧发电是利用焚烧炉对生活垃圾中可燃物进行焚烧处理的。通过高温焚烧后消除垃圾中大量的有害物质，达到无害化、减量化，同时，利用回收到的热能进行供热、供电，达到资源化。沼气发电以建设规模化畜禽养殖场沼气及工业有机废水沼气工程为基础，合理配套安装沼气发电设施，其基本原理是把生物质转化为可燃气，再利用可燃气推动燃气发电设备进行发电。沼气发电过程中经历由化学能—热能—机械能—电能的转化过程，沼气发电的技术灵活，可以采用内燃机、燃气轮机或结合余热锅炉的蒸汽发电系统进行发电；清洁，可有效利用可再生能源，减少有害气体的排放；发电过程简单，经济性好。沼气是生物质可再生能源。以沼气发电获得高品位电能是沼气综合利用的有效方式之一。除上述发电技术外，还可进行生物质混合燃烧发电，将生物质原料应用于燃煤电厂中，使用生物质和煤两种原料进行发电。

ⅳ. 生物质制燃料乙醇技术　是生物质制液体燃料技术，由生物质制成的液体燃料称为生物燃料。生物燃料主要有生物乙醇、生物丁醇、生物柴油、生物甲醇等。受世界石油资源、价格、环保和全球气候变化的影响，世界各国越来越重视生物燃料的发展，并取得了显著的成效。以粮食与经济农作物为原材料制备生物燃料技术，承压于与人争粮、与粮争地的关注焦点，受到各国的限制或不提倡，非粮生物燃料已成为主要生产技术。

非粮生物质及其废弃物作为富含淀粉的粮食的替代物，已成为生物质制备燃料乙醇的主要原料。用含纤维素较高的农林废弃物（如农业废弃秸秆）生产乙醇是理想的工艺路线之一，在催化剂作用下，将木质纤维素水解制取葡萄糖，再将葡萄糖发酵生成燃料乙醇。常用的催化剂是无机酸和纤维素酶，主要工艺有酸水解工艺和酶水解工艺。将燃料乙醇按一定比例加到汽油中作为汽车燃料，能够使发动机处于良好的技术状态，改善污染物排放，特别是对减少 PM2.5 排放，具有显著作用。纤维素乙醇技术既解决废弃物浪费现象，提供优质清洁液体生物燃料，直接代替汽油等石油燃料，又能减少污染物排放，促进生态良性循环，在未来将有很好的发展前景，预计到 2020 年，我国生物燃料乙醇年利用量将达到 1000 万吨，生物柴油年利用量将达到 200 万吨，总计年替代约 1000 万吨成品油。巴西是燃料乙醇开发应用最成功的国家，20 世纪 70 年代中期，为了摆脱对进口石油的过度依赖，实施了世界上规模最大的乙醇开发计划，到 1991 年，燃料乙醇产量达 130 亿升，在 980 万辆汽车中，近 400 万辆为纯乙醇汽车，其余大部分用 20% 的乙醇-汽油混合燃料，乙醇燃料占巴西汽车燃料消费量的 50% 以上。还可以木薯、甘薯、甜高粱等为原料制备燃料乙醇。

ⅴ. 生物质制生物柴油技术　生物柴油是以动植物油脂（脂肪酸甘油三酯）与甲醇或乙醇经酯交换反应得到的脂肪酸单烷基酯，最典型的是脂肪酸甲酯。生物柴油的硫及芳烃含量低，闪点高，十六烷值高，具有良好的润滑性，可部分添加到石化柴油中。

生物柴油生产技术始于 20 世纪 70 年代末，花生、棉、棕榈、油菜籽等油料作物和动物油脂、废弃油渣、餐饮垃圾油等以及工程微藻等水生植物油脂都可以用来炼制生物柴油。生物柴油是生物质能的一种，它是生物质利用热裂解等技术得到的一种长链脂肪酸的单烷基酯。

生物柴油的制备方法主要有化学法、生物酶合成法、工程微藻法。化学法是采用生物油脂与甲醇或乙醇，以氢氧化钠或甲醇钠为催化剂，在高温（230～250℃）下发生酯交换反应，生成相应的脂肪酸甲酯或脂肪酸乙酯，再经洗涤、干燥即得生物柴油。甲醇或乙醇可循环使用，生产设备与一般制油设备相同。生物酶合成法是用动物油脂和低碳醇通过脂肪酶进行转酯化反应，制备相应的脂肪酸甲酯及脂肪酸乙酯。生物酶合成法合成生物柴油具有条件温和、醇用量小、无污染物排放等优点，日益受到重视。工程微藻法生产柴油，为柴油生产开辟了一条新的技术途径。美国通过现代生物技术制成硅藻类的一种"工程小环藻"。在一般自然状态下，微藻的脂质含量为 5%～20%，而工程微藻可达到 40% 以上，实验室条件下脂质含量更是达到 60% 以上。因此，发展富含油质的微藻或者工程微藻是生产生物柴油的趋势之一。

与石化柴油相比，生物柴油具有明显的优势。主要表现在具有优良的环保特性，生物柴油含硫量低，使用后可使二氧化硫和硫化物排放大大减少。且汽车尾气中有毒有机物排放量仅为石化柴油的 10%，颗粒物为 20%，二氧化碳和一氧化碳的排放量仅为 10%，排放尾气指标可达到欧洲Ⅱ号和Ⅲ号排放标准。还具有可再生性，生物柴油是一种可再生能源，而石油、煤炭日益匮乏。也具有低温启动性能，冷滤点达到－20℃。生物柴油还有润滑性、安全性好（闪点高于石化柴油）、燃烧性能良好等优点。其缺点是：生物柴油工艺复杂，设备投入大，色泽深，酯化产物难以回收，回收成本高，及生产过程有废碱液排放。

我国的生物柴油生产相对发展缓慢，2010 年生物柴油产能约 300 万吨/年，产量约 20 万吨，2006 年《可再生能源法》的生效在一定程度上促进了生物柴油的发展。2007 年 9 月，国家发改委发布的《可再生能源中长期发展规划》提出要"重点发展以小桐子、黄连木、油桐、棉籽等油料作物为原料的生物柴油生产技术，逐步建立餐饮等行业的废油回收体系"，并提出到 2020 年达到 200 万吨。

ⅵ. 生物质制氢技术　氢气是一种清洁、高效的能源，有着广泛的工业用途，潜力巨大。Lewis 在 1966 年提出生物制氢，20 世纪 70 年代能源危机引起了人们对生物制氢的广泛关注，并开始进行研究。生物质可通过气化和微生物催化脱氢方法制氢，是在生理代谢过程中产生分子氢过程的统称。

厌氧发酵制氢是指在隔绝氧气的情况下，通过细菌作用进行生物质的分解。将有机废水（如制药厂废水、人畜粪便等）置于厌氧发酵罐内，先由厌氧发酵细菌将复杂的有机物水解并发酵为有机酸、醇、氢气和二氧化碳等产物，然后由特种菌将有机酸和醇类代谢为乙酸和氢气，最后由产甲烷菌利用乙酸、氢气、二氧化碳等形成甲烷。

光解水制氢是微藻及蓝细菌以太阳能为能源，以水为原料，通过光合作用及其特有的产氢酶系，将水分解为氢气和氧气。蓝细菌和绿藻均可光裂解水产生氢气，但产氢机理不相同。

总体上，生物制氢技术尚未完全成熟，在大规模应用之前尚需深入研究。主要需解决问题有：如何筛选产氢率相对较高的菌株，设计合理的产氢工艺来提高产氢效率；高效制氢过程的开发；发酵细菌产氢的稳定性和连续性；混合细菌发酵产氢过程中彼此之间的抑制，发酵末端产物对细菌的反馈抑制等。

（3）风力发电与复合材料　风是一种由太阳辐射热引起的自然现象，地球表面因受太阳辐射不同，产生温差，引起大气对流运动而形成风。风所蕴含的动能为风能，风能是太阳能的一种转化形式。风能是取之不尽、用之不竭、洁净无污染的可再生能源。全球的风能约为

$2.74 \times 10^9 \, \mathrm{MW}$，其中可利用的风能为 $2 \times 10^7 \, \mathrm{MW}$，比地球上可开发利用的水能总量还要大 10 倍。

风能是当前最有发展前景的一种新型能源，它是取之不尽、用之不竭的能源，是一种洁净、无污染、可再生的绿色能源。

古代利用风车将风能转化为机械能用来磨碎谷物和抽水，中国是世界上最早利用风能的国家之一。公元前，就利用风力提水、灌溉、磨面、舂米，用风帆推动船舶前进。到宋代，风车的应用进入全盛时代，当时流行的垂直轴风车，一直沿用至今。

现代利用涡轮叶片将风能转化为电能称为风力发电。最早的风力发电起源于 19 世纪末，丹麦研制出风力发电机。规模化风力发电源于 20 世纪 70 年代，1977 年，联邦德国在著名的风谷——石勒苏益格-荷尔斯泰因州的布隆坡特尔建造了一个世界上最大的发电风车。该风车高 150m，每个桨叶长 40m，重 18t，用玻璃钢制成。20 世纪 80 年代后风力发电技术日趋成熟，到 20 世纪 90 年代风力发电进入了大发展阶段。

风力发电是可再生能源领域中除水能外，技术最成熟、最具规模开发条件和商业化发展前景的发电方式之一。我国风能资源十分丰富，具有良好的开发前景，发展潜力巨大。2012 年 8 月 15 日，国家电网公司宣布：截至当年 6 月，我国并网风电达到 5258 万千瓦，首次超越美国，达到世界第一。而在 5 年前，我国的并网风电还仅仅是 200 万千瓦。从 200 万千瓦到 5000 万千瓦，我国风电只用了 5 年就走过了欧美国家 15 年走完的历程。发展风力发电对于调整能源结构、减轻环境污染、解决能源危机等方面有着非常重要的意义。国家能源局发布的《风电发展"十二五"规划》提出，我国到 2015 年风电并网装机容量达到 1 亿千瓦，2020 年达到 2 亿千瓦。国家电网公司已经开始全盘规划电网输送能力。我国首部《中国风电发展路线图 2050》设定的发展目标是：到 2020 年、2030 年和 2050 年，中国风电装机容量将分别达到 2 亿千瓦、4 亿千瓦和 10 亿千瓦，成为中国主要电力能源之一，到 2050 年，风电将满足国内 17% 的电力需求。如果风力资源开发率达到 60%，仅风能发电一项就可支撑我国目前的全部电力需求。

风力发电的优点是：风能是可再生无限资源；风能清洁安全，无污染物排放，对环境友好；与其他新能源相比，具有成本优势。其缺点是：风速不稳定，产生的能量大小不稳定，且为间隙式；风能利用受地理位置限制严重；风能的转换效率低，垂直轴式（打蛋器式）为 15%～25%，水平轴式（螺旋桨式）为 25%～30%。

风能利用形式主要是将大气运动时所具有的动能转化为其他形式的能量。风就是水平运动的空气，空气产生运动，风能最常见的利用形式为风力发电，主要方式是垂直轴风力发电与水平轴风力发电。

由于水平轴风力发电具有风能转换效率高、转轴较短、在大型风电机组上经济性好等优点，因此，水平轴风力发电的市场占有率高达 95% 以上，是风电发展的主流机型。垂直轴风力发电具有风能转换效率不高、转轴过长及启动、停机与变桨困难等问题，应用较少。不过，垂直轴风力发电具有全风向对风和变速装置及发电机可以置于风轮下方（或地面）等优点，近年来，相关研究和开发取得一定进展。

以水平轴风力发电为例，风力发电机一般由风轮（螺旋桨）、发电机、调向器（尾翼）、塔架、限速安全机构和储能装置等构件组成。风力发电机的工作原理比较简单，风轮在风力的作用下旋转，它把风的动能转变为风轮轴的机械能。发电机在风轮轴的带动下旋转发电。水平轴螺旋桨风轮是集风装置，把流动空气具有的动能转变为风轮旋转的机械能。一般风力发电机的风轮由 2～3 个叶片构成。风力发电如图 6-10 所示。

　　风轮叶片是风力发电技术进步的关键核心，其良好的设计、可靠的质量和优越的性能是保证机组正常稳定运行的决定因素。我国风机叶片行业的发展是伴随着风电产业及风电设备行业的发展而发展起来的。

　　由于风力发电在全球范围内迅速发展，在风电中应用成为复合材料最主要、最旺盛的市场之一，同时也驱动着先进技术和先进材料的研发和应用。

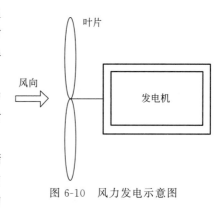

图 6-10　风力发电示意图

　　风力发电机组是由叶片、传动系统、发电机、储能设备、塔架及电气系统等组成的发电装置。叶片占风力发电整个系统成本的 20%～30%，要获得较大的风力发电功率，关键在于叶片需具有质量轻、强度大、抗疲劳性优良、旋转阻力小、抗腐蚀、耐高温及运行安全可靠、安装维修方便等特点。因此，风力发电机叶片技术是风力发电机组的核心技术，叶片的设计及其采用的材料决定着风力发电机组的性能、功率、电力成本。

　　复合材料叶片的优点是：复合材料具有设计性，可根据受力特点设计叶片强度与刚度。叶片主要是纵向受力，即气动弯曲和离心力，气动弯曲载荷比离心力大得多，由剪切与扭转产生的剪应力不大。因此，可将纤维主要设计在叶片的纵向，这样就既可减轻叶片质量，降低叶片离心力及重力引起的交变载荷，又能满足叶片力学性能要求。比强度高和比模量高，复合材料的突出优点是比强度和比模量（即强度、模量与密度之比）高。耐疲劳性高，叶片一般使用 20 年，要经受 10^8 次以上疲劳交变，因此材料的疲劳性能要好。复合材料，特别是树脂基复合材料对缺口、应力集中敏感性小，而且纤维和基体的界面可以使扩展裂纹尖端变钝或改变方向，即阻止了裂纹的迅速扩展，因而疲劳强度较高。抗断裂能力强，当纤维复合材料构件由于超载或其他原因使少数纤维断裂时，载荷就会重新分配到其他未破断的纤维上，使构件不至于在短时间内发生突然破坏。减振性能好，由于纤维与基体界面吸振能力大、阻尼特性好，即使结构中有振动产生，也会很快衰减。除此之外，复合材料还具有高温性能好、抗蠕变能力强、耐腐蚀性好及减摩性、耐磨性、自润滑性较优良等特点，而且复合材料构件制造工艺简单，表现出良好的工艺性能，适合整体成型。但纤维增强复合材料为各向异性材料，对复杂受力件显然不适应，因为它的横向拉伸强度和层间剪切强度都很低。此外，复合材料的抗冲击能力还不是很好，且成本太高，使其应用受到限制。

　　水平式风力发电叶片结构主要由壳体、主梁、根部、叶尖、蒙皮表面等组成，风电叶片中采用的复合材料为树脂基复合材料。作为叶片材料应满足：材料应有足够的强度、刚度和使用寿命；具有良好的可成型加工性；来源丰富和成本低。复合材料具有高比强度、高比模量，是满足上述叶片性能的最有竞争力的材料，复合材料在风力发电上的应用，实际上主要是在风电叶片上的应用。复合材料叶片制造工艺主要有湿法手糊成型、预浸料成型及真空导入成型。

　　叶片主要原材料有以下几种。

　　① 树脂　叶片用树脂主要有热固性树脂和热塑性树脂两大类，目前商业化的叶片以热固性树脂为主。热固性树脂基体是复合材料发展较早、应用最广的树脂基体。不饱和聚酯树脂以其室温低压成型的突出优点，价格低廉，在中小型叶片的生产中占有绝对优势，使其成

为玻璃纤维增强塑料用的主要树脂。其缺点是：固化收缩率大，放热剧烈，有一定的毒性。环氧树脂具有良好的力学性能、耐化学腐蚀性和尺寸稳定性，广泛用作碳纤维复合材料及绝缘复合材料，是大型叶片的首选树脂，成本略高。乙烯基树脂性能介于两者之间。酚醛树脂一般不作叶片基体树脂用。

② 增强材料　复合材料增强体有纤维增强体、颗粒增强体及其他增强体（如片状增强体、天然增强体），叶片用增强体为纤维增强体，包括纤维丝束、纺织布、带、毡等纤维制品。主要以玻璃纤维、碳纤维为主，其他高性能纤维如芳纶、全芳香族聚酯纤维、超高分子量聚乙烯纤维也是目前研究和应用的方向之一。

玻璃纤维是应用最为广泛的增强体，具有成本低、不燃烧、耐热、耐化学腐蚀性好、拉伸强度和冲击强度高、断裂延伸率小、绝热性及绝缘性好等特点。E 玻璃（无碱玻璃）含有 5%～8.5% 的氧化硼，是应用最广泛的一种玻璃纤维用玻璃成分，占玻璃纤维总量的 75%。玻璃纤维是大多数叶片生产厂家最常用、最成熟的首选材料。常用的玻璃纤维增强体有单向布、平纹布、玻璃纤维双轴向/多轴向织物、复合毡等。

单座风机产生的电能和叶片长度的平方成正比，为了提高电能就增加叶片长度；而叶片长度的增加，需要更高的强度和刚度等性能，且玻璃纤维制品与碳纤维相比质量较大，因此玻璃纤维在大型叶片中显现出性能的不足，高性能的碳纤维就应运而生，由于碳纤维价格贵，一般认为当风机超过 3MW、叶片长度超过 40m 时，在关键部位（如横梁、横梁盖等）必须采用碳纤维作为叶片增强体。

碳纤维是由有机纤维经炭化及石墨化处理而得到的微晶石墨材料。不仅具有碳材料的固有本征特性，又兼具纺织纤维的柔软可加工性，是新一代高性能增强纤维。碳纤维的轴向强度和模量高，密度低，比强度高，无蠕变，在非氧化环境下耐超高温，耐疲劳性好，比热容及导电性介于非金属和金属之间，热膨胀系数小且具有各向异性，耐腐蚀性好。其缺点是：耐冲击性较差，容易损伤，在强酸作用下发生氧化等。一般碳纤维在使用前须进行表面处理。

碳纤维比玻璃纤维杨氏模量高 3 倍多，力学性能优异（详见 6.5 节），碳纤维增强树脂复合材料的比模量比钢和铝合金高 5 倍，其比强度也高 3 倍以上，碳纤维树脂复合材料拉伸强度一般都在 3500MPa 以上。碳纤维树脂复合材料主要应用在航空航天领域，及其他高性能要求场所，也是大型风电叶片理想的增强材料。

③ 涂料　风力发电场所在一般情况下自然条件都比较恶劣，风机叶片经常受到空气介质、紫外线、沙尘、雷电、暴雨、冰雪的侵袭，且时常遭受寒流与高温的频繁变化影响。沿海风电设备还会受到盐雾腐蚀。风电机组一般设计寿命为 20 年，运行 10 年以上维护一次，叶片的材料（如不饱和聚酯树脂、环氧树脂）耐紫外线性差，很难在恶劣的环境中长时间保持完好。因此，必须对叶片表面进行有效持久的保护，主要方法是在叶片表面涂装高性能（耐磨、耐腐蚀、耐高温等）防护涂料，此外，涂料还可提供光滑的空气动力学表面。而涂层性能影响叶片的使用寿命及风电设备的正常运转。

叶片涂料的一般要求有以下几点。

a. 耐磨性好　叶片在高速转动时中经常受到风沙、雨雪剧烈冲刷，耐磨性必须很高。

b. 耐高温性好　风机叶片涂料需要能够适应高温环境，以保证不因曝晒而损伤。

c. 耐腐蚀性好　雨水长期滞留在风机叶片表面上会引起慢性腐蚀，特别是沿海风机叶片还会受到盐雾腐蚀。因此，叶片涂料具有很强的耐腐蚀性。

d. 耐候性（耐老化性）好　太阳光长期辐照使叶片老化，严重时会出现叶片断裂现象，因此，叶片涂料必须具备良好的抗紫外线照射性能。

e. 柔韧性好　在温度剧烈变化时保持良好的弹性。

此外，叶片涂料还应具有优良的附着力、施工性能。

风机叶片涂料种类很多，目前国内外使用最多的防护层涂料是聚氨酯涂料，除此之外，还有氟涂层、聚丙烯酸酯涂层等。聚氨酯涂料具有良好的耐油性、耐磨性、耐腐蚀性和较强的附着力，已被广泛应用于风力发电机组叶片上。

（4）核能材料　核能（也称原子能）是通过转化其质量从原子核释放的能量，符合阿尔伯特·爱因斯坦方程 $E = mc^2$，其中，E 为能量，m 为质量，c 为光速常量。核能的释放主要有核裂变、核聚变、核衰变三种形式。

① 核裂变　打开原子核的结合力，通过一些重原子核（如铀 235、铀 238、钚 239 等）的裂变释放出的能量。

② 核聚变　原子熔合，由两个或两个以上轻原子核（如氢的同位素——氘和氚）结合成一个较重的原子核（氦），同时发生质量亏损释放出巨大能量的反应叫做核聚变反应，其释放出的能量称为核聚变能。

③ 核衰变　是一种自然的慢得多的裂变形式，因其能量释放缓慢而难以加以利用。

人类对核能的利用始于战争，目前的开发利用主要是核电。相对于其他能源，核能具有明显的优势。从第一座核电站建成至今已有 60 年的历史，20 世纪 60 年代末至 80 年代中期核电得到大发展，前苏联、美国、法国、德国、日本等发达国家建造了大量的核电站。尽管核电的发展经历了 1979 年美国三里岛事故和 1986 年前苏联切尔诺贝利事故的影响而受到严重的挫折，但由于核电具有巨大的发展潜能和广阔的利用前景，和平发展利用核能将成为未来较长一段时期内能源产业的发展方向。

第一代核电技术，即核电发展早期的原型反应堆。前苏联在 1954 年建成 5MW 试验性石墨沸水堆型核电站；英国在 1956 年建成 45MW 原型天然铀石墨气冷堆型核电站；美国在 1957 年建成 60MW 原型压水堆型核电站；法国在 1962 年建成 60MW 天然铀石墨气冷堆型核电站；加拿大在 1962 年建成 25MW 天然铀重水堆型核电站。第一代核电技术是研究探索的试验原型堆，缺乏规范、科学的安全标准，设计粗糙，结构松散，发电量不大，成本较高等，因此，存在较多安全隐患。

第二代核电技术以商业化、标准化建设压水堆、沸水堆和重水堆等，单机功率达到千兆瓦级。在第二代核电技术高速发展期，西方各国均制定了庞大的核电规划。美国大量建造了 $500 \sim 1100MW$ 的压水堆、沸水堆，并出口到其他国家；前苏联建造了 1000MW 石墨堆和 440MW、1000MW 压水堆。第二代改进型核电站的起因是美国三里岛核电站事故和前苏联切尔诺贝利核电站事故，其主要特点是增设了氢气控制系统、安全壳泄压装置等，安全性能得到显著提升。我国运行的核电站大多为第二代改进型。

第三代核电技术是指满足美国"先进轻水堆型用户要求"（URD）和"欧洲用户对轻水堆型核电站的要求"（EUR）的压水堆型技术核电机组，是具有更高安全性、更高功率的新一代先进核电站。典型代表是美国的 AP1000 型和法国的 EPR 型。

第四代核电技术是由美国能源部发起，并联合法国、英国、日本等 9 个国家共同研究出的下一代核电技术。仍处于开发阶段，预计可在 2030 年左右投入应用。第四代核电系统将满足安全、经济、可持续发展及防止核扩散等要求。

目前化石燃料在能源消耗中所占的比重仍处于绝对优势，化石燃料燃烧利用率低，有害气体排放与污染环境严重。虽然核电站的投资高于燃煤电厂，但由于其原料丰富、能源清洁、无有害物质排放、总发电成本低于燃煤电厂等优势，和平发展利用核能将具有广阔前景。

截至 2011 年底，我国已有 7 个核电站投入运营，总装机容量达到 1257 万千瓦，为 2002 年装机容量 447 万千瓦的 2.8 倍。中国在建（含扩建）核电站有 13 个，在建装机容量达到 3397 万千瓦，在建规模居世界第一。2012 年 7 月《"十二五"国家战略性新兴产业发展规划》提出，到 2015 年，掌握先进核电技术，提高成套装备制造能力，实现核电发展自主化；核电运行装机容量达到 4000 万千瓦，到 2020 年，形成具有国际竞争力的百万千瓦级核电先进技术开发、设计、装备制造能力。

核电优点是：核资源丰富，核燃料有铀、钍、氘、锂、硼等，全球铀的储量约为 490 万吨，可供开发的核燃料资源提供的能量是矿石燃料的十多万倍，钍的储量约为 275 万吨；环保性好，能源清洁，无二氧化硫、氧化氮等污染物质排放，也不产生二氧化碳；能量密度高，能量密度是化石燃料的几百万倍，1000g 铀释放的能量相当于 2400t 标准煤释放的能量；总核电成本低，每千瓦核电燃料成本约为 0.1 元人民币，运行成本是火电的 1/3 左右。

核电缺点是：投资成本大，核电站的基本建设投资一般是同等火电站的 1～2 倍；核裂变链式反应必须能由人通过一定装置进行控制，失去控制的裂变能将酿成灾害；核电厂反应后产生的核废料具有放射性，成为危害生物圈的潜在因素，必须慎重处理；核电反应器内有大量的放射性物质，一旦发生事故泄漏到外界环境，将对生态及民众造成灾难。

核电关键材料包括核裂变材料、核聚变材料、减速剂材料、冷却剂材料、控制材料、反射层材料、屏蔽材料、反应堆容器、蒸汽发生器、管道等材料。

① 核电用核裂变材料　主要有裂变铀（铀 235、铀 233）、钍，自然界存在的可裂变元素只有铀 235，钍一般作为制备铀 233 的原料，也就是说，核电用核裂变材料主要是铀。核聚变材料主要是氘和氚，在氢的同位素中，氘和氚之间的聚变最容易，所以人们将氘和氚称为聚变核燃料。

② 减速剂材料　有轻水、重水、石墨、铍，除快速增殖反应堆外，其余热中子堆都需要减速剂。

③ 冷却剂材料　最常用的冷却剂有轻水、重水、二氧化碳和氦。

④ 控制材料　也常称控制棒，一般有硼化合物（如 B_4C）或含 4％镉的银铟合金。

⑤ 反射层材料　设置的目的是为防止堆芯裂变中子泄漏到堆芯外，常用的反射层材料有铍、石墨。

⑥ 屏蔽材料　根据核辐射性质的不同，选择不同屏蔽材料。屏蔽 γ 射线，一般选高密度的固体，如铁、铅、重混凝土。屏蔽热中子，一般选硼钢、B_4C/Al 复合材料等热中子吸收材料。

⑦ 核电反应堆容器、蒸汽发生器、管道等材料　一般选用金属合金，如核电大型锻件用 508-3 钢、蒸汽发生器传热用 690 管材、核电站反应堆驱动机构控制杆用 1Cr13 管材、核电 718 管材及抗氢脆合金等，在整个核电机组中，反应堆和蒸发器是重要的部件，这两个部件将核燃料和高温水蒸气密封起来，在核电运行安全上发挥着至关重要的作用。压力容器是核电站最重要的安全屏障，在核电站整个寿命周期内不可更换。核电用钢材品种齐全、范围广泛，涵盖碳素钢、合金钢、不锈钢及镍基材料等；核电用钢生产难度大，接近先进轧机的

极限水平；化学成分要求严格，常规用设备用钢一般要求 P、S 含量在 0.015% 以下，核电用设备用钢则要求 P、S 含量小于 0.010%、0.005%；以及严格的力学性能与良好的抗辐照脆化敏感性。

高分子材料在核电中也应用广泛，但一般只用作各种内衬、密封及电线电缆等，如一次冷却剂泵橡胶 O 形圈、电线电缆绝缘材料、橡胶膜片隔膜阀、低压涡轮机排水泵橡胶伸缩接头、海水管线橡胶或聚乙烯内衬等。

（5）新型储能材料　储能材料是二次能源中重要新能源材料之一，能量的有效储存是节能的重要途径，也是技术难点。本小节将介绍一些新型的储能材料，包括镍氢电池材料、锂离子电池材料、燃料电池材料、太阳能电池材料、相变储能材料等。

① 新型二次电池材料　电池有化学电池和物理电池之分。化学电池是一种利用电化学的氧化还原反应，进行化学能-电能之间转换的储能装置。电池由电解液与电极组成，电极是可以接受电子或放出电子成为中介的导电物质。分为正极与负极，电势高的一极称为正极，电势低的一极称为负极。电解池电极进行氧化反应和还原反应，进行氧化反应的电极称为阳极，进行还原反应的电极称为阴极。

与普通不可充电池（一次电池，只能放电一次）相比，二次电池充放电反应是可逆的，工作时放电，将电能转化成机械能驱动仪器设备等。当连接反向电流时（充电），可使电池恢复到原来状态，将电能以化学能形式重新储存起来。一次电池正逐步淘汰向二次电池发展，二次电池可反复运行，主要品种有铅酸电池、镍镉电池、锌镍电池、金属氢化物镍电池（镍氢电池）、锂离子电池等。其中以镍氢电池与锂离子电池最为绿色环保，成为世界研究重点。

a. 镍氢电池材料　镍氢电池是由氢离子和金属镍合成的，又称储氢电池。镍氢电池的能量密度高，为镍镉电池的 1.5 倍左右，铅酸电池的 2.5 倍，有良好的充放电性能，无记忆效应，使用寿命也更长，不含镉、铅、汞等有害物质，对环境无污染，被称为绿色电池。镍氢电池的缺点是价格比镍镉电池要贵得多，性能比锂离子电池要差。

储氢材料的发现与应用使镍氢电池开发与应用成为可能。储氢材料是一种能与氢反应生成金属氢化物的物质，与一般金属氢化物有明显的差异，储氢材料能够在适当条件下大量可逆吸收和释放氢，可逆反应的次数一般超过 5000 次。用于镍氢电池负极储氢材料的主要是金属（或合金）储氢材料，氢几乎可以同周期表中的各种元素反应，生成各种氢化物或氢化合物。但并不是所有金属氢化物都能作为储氢材料，只有那些能在温和条件下大量可逆吸收和释放氢的金属或合金氢化物才能作为储氢材料用。

镍氢电池的正极材料为氢氧化镍，负极用储氢合金，理论电压为 1.32V。

i. 正极材料　高密度球形 $Ni(OH)_2$ 因能提高电极材料的填充量和放电容量，已在镍氢电池中广泛应用。近年来的研究重点主要集中在：改善球形 $Ni(OH)_2$ 的形状、化学组成、粒度分布、结构缺陷和表面活性等，用以进一步提高材料的振实密度、放电容量及循环稳定性等。

ⅱ. 负极材料　储氢材料主要有 AB_5 型混合稀土系合金、AB_2 型 Laves 相合金、AB 型钛镍系合金、A_2B 型 Mg-Ni 系合金和钒基固溶体系合金等，

ⅲ. 电解质　主要以 KOH 为电解液。

充电时：

正极反应　　　$Ni(OH)_2 + OH^- \longrightarrow NiOOH + H_2O + e^-$

负极反应　　　$M + H_2O + e^- \longrightarrow MH + OH^-$

总反应　　　　$M + Ni(OH)_2 \longrightarrow MH + NiOOH$

放电时：

正极反应 $\qquad$ $NiOOH + H_2O + e^- \longrightarrow Ni(OH)_2 + OH^-$

负极反应 $\qquad$ $MH + OH^- \longrightarrow M + H_2O + e^-$

总反应 $\qquad$ $MH + NiOOH \longrightarrow M + Ni(OH)_2$

其中，M 为储氢合金；MH 为吸附了氢原子的储氢合金。

b. 锂离子电池材料　锂离子电池是继镍氢电池后的新一代的二次电池。由于其工作电压、重量、能量密度优于常用的镍镉电池与镍氢电池，无记忆效应，绿色环保，薄形化形状，高度可塑性等，称为"绿色环保能源"，目前成为商业开发二次电池的主流产品，备受世界各国的重视，发展极快。

锂系电池分为锂电池和锂离子电池。锂电池（或锂原电池）不可循环充放电，属于一次电池。锂电池以金属锂为负极。而锂离子电池则采用嵌锂碳材料为负极，过渡金属氧化物为正极，溶有锂盐的有机电解质溶液为电解液。通过锂离子在两极间的嵌入—脱出循环以储存和释放电能。和所有化学电池一样，锂离子电池也由三个部分组成：正极、负极和电解质。

ⅰ. 正极材料　正极材料的嵌锂化合物是锂离子的储存库。为了获得较高的单体电池电压，应选择高电势的嵌锂化合物。应满足：相对锂的电极电位高，材料组成不随电位变化，粒子电导率和电子电导率高；锂离子嵌入和脱嵌可逆性好，伴随反应的体积变化小，锂离子扩散速率快，以便获得良好的循环特性和大电流特性；与有机电解质和黏结剂接触性好，热稳定性好。

目前，正极材料主要集中于三种富锂的金属氧化物，为钴酸锂（$LiCoO_2$）、镍酸锂（$LiNiO_2$）、锰酸锂（$LiMn_2O_4$），及磷酸铁锂、镍钴酸锂、镍钴锰三元材料。商品化锂离子电池所采用的正极材料主要是钴酸锂（$LiCoO_2$），具有层状结构稳定、放电电压高、电压平台平稳等优点。

ⅱ. 负极材料　在锂离子的反应中自由能变化小；锂离子在负极的固态结构中有高的扩散速率；可逆性高；有良好的离子电导率，热力学性质稳定，同时与电解质不发生反应。

商品化锂离子电池的负极材料仍以碳基材料为主，应用较多的为石墨化材料中间相碳微球（MCMB）及石墨。近年来的研究主要集中于石墨化材料、无定形碳材料、氮化物、硅基负极材料、锡基材料和新型合金等材料。

ⅲ. 电解质　根据所用电解质材料的不同，锂离子电池分为液态锂离子电池和聚合物锂离子电池。以聚合物固体电解质代替液体电解质是锂离子电池的一个重大进步，其主要优点是具有高的可靠性和加工性，可以做成全塑结构，制造超薄及自由度大的电池。1999 年，聚合物锂离子蓄电池进入市场。它标志着锂离子蓄电池发展的一个新高潮的到来。

锂离子电池工作原理是：锂离子电池是一种充电电池，它主要依靠锂离子在正极和负极之间移动来工作，在充放电过程中，Li^+ 在两个电极之间往返嵌入和脱嵌。

正极反应 $\qquad$ $LiCoO_2 \longrightarrow CoO_2 + Li^+ + e^-$

负极反应 $\qquad$ $Li^+ + e^- + C_6 \longrightarrow LiC_6$

电池反应 $\qquad$ $LiCoO_2 + C_6 \longrightarrow CoO_2 + LiC_6$

充电时，Li^+ 从正极脱嵌，经过电解质嵌入负极，负极处于富锂状态。

放电时，锂离子由负极中脱嵌，通过电解质重新嵌入正极中。

锂电池的正负极反应是一种典型的嵌入反应，因此锂电池又称摇椅电池，是指电池工作时锂离子在正、负极之间可以摇来摇去。由于锂离子在正、负极中有相对固定的空间和位置，因此电池充放电反应的可逆性很好，从而可保证电池的长循环寿命和工作的安全性。

锂离子电池具有工作电压高、比能量大、循环寿命长、安全性能好（无公害、无记忆效应）、自放电小、快速充电等优点。其主要缺点是不耐受过充放电。几种二次电池性能比较见表 6-12。

表 6-12 几种二次电池性能比较

技术参数	镍镉电池	镍氢电池	锂离子电池
工作电压/V	1.2	1.2	3.6
质量比能量/(W·h/kg)	40～50	80	100～160
体积比能量/(W·h/L)	150	200	270～300
使用寿命（充放电次数）/次	500	500	1000
充电速率	$1C$	$1C$	$1C$
自放电率/(%/月)	25～30	20	6～8
记忆效应	有	无	无
环保性	有公害	无公害	无公害

② 太阳能电池材料　太阳能是人类取之不尽、用之不竭的可再生清洁能源，是最理想的新型能源之一。专家预测，到 2050 年，全世界消耗电量的 1/4 将是太阳能电，到 21 世纪末，可能会达到 50％以上。太阳能作为一种最具潜力、清洁的巨大能源，必将是人类社会今后发展最为持久、最为现实的能源。

太阳能电池是通过光电效应或者光化学效应直接把光能转化成电能的装置。影响太阳能电池发展的瓶颈主要有转化效率、制备技术、电池材料制备过程中环保问题等因素。太阳能电池材料和器件的研究，是开发太阳能资源的新技术，是发展最快、最具活力的研究领域之一。

太阳能电池材料的发展经历了以下几个过程。

第一代太阳能电池采用硅晶片技术制备，占太阳能电池产品市场的 89.9％。主要采用单晶硅、多晶硅为材料。其中，单晶硅电池转化效率高，达到 18％～20％，性能稳定，但生产成本高。多晶硅薄膜技术制备电池转化效率低，达到 14％～16％，由于生产成本低而成为目前的主流。

第二代太阳能电池是基于薄膜技术基础之上，主要采用非晶硅及氧化物等为材料。效率比第一代太阳能电池低，转化效率约为 13％，但生产成本为单晶硅的 1/5 左右，占太阳能电池产品市场的 9.9％。

第三代太阳能电池现在还处于实验室开发状态。转化效率为 17％，成本仅有单晶硅的 1/3 左右，技术还未成熟，因此产量很少。

根据所用材料的不同，太阳能电池可分为四大类：硅基太阳能电池、无机化合物薄膜太阳能电池、纳米晶薄膜材料太阳能电池和有机高分子薄膜太阳能电池。

太阳能电池材料主要有以下几类。

a. 无机半导体太阳能电池材料　单晶硅材料是开发最早、使用最广泛的太阳能电池材料，技术成熟，产品广泛应用于空间技术方面。除此之外，还有多晶硅、非晶硅、纳米二氧化钛等半导体材料。

b. 有机太阳能电池材料　与无机半导体材料相比，有机材料制备的太阳能电池具有制造面积大、制作简单、成本低、软性等优点。主要有小分子太阳能电池材料、聚合物太阳能电池材料、D-A 体系材料和有机-无机杂化体系材料。有机小分子太阳能电池材料都具有一定的平面结构，能形成自组装的多晶膜。常见的有机小分子太阳能电池材料有并五苯、酞菁、卟啉、C_{60} 等。聚合物太阳能电池材料主要有富勒烯衍生物、聚对亚苯基亚乙烯及其衍生物、聚噻吩及其衍生物、含氮共轭聚合物、聚芴及其衍生物等。D-A 体系，混合异质结薄膜是互渗双连续网络结构，将给体和受体通过共价键连接，可以获得微相分离的互渗双连续网络结构，形成 D-A 体系材料，是目前有机太阳能电池材料研究的热点之一。有机-无机杂化体系，将无机材料与有机材料复合形成杂化体系，可充分利用有机材料和无机材料的优点，即无机材料高的载流子迁移率和有机材料大的光吸收系数，从而提高器件性能。

c. 金属配合物太阳能电池材料　过渡金属配合物是一类新型光电材料化合物，既有过渡金属离子的变价特性，又有有机分子结构的多样性。主要有菁类化合物与具有共轭结构的聚吡啶过渡金属配合物。

d. 染料敏化太阳能电池材料　是一种新型太阳能电池材料，以半导体 TiO_2 薄膜为阳极，引入染料敏化剂，使电池转化效率达 7% 左右。提高转化效率、延长使用寿命是染料敏化太阳能电池的主要研究方向。

由于各种不同材料制成的太阳能电池所吸收的太阳光谱是不同的，因此将不同材料的电池串联起来，就可以充分利用太阳光谱的能量，大大提高太阳能电池的效率，因此叠层串联电池的研究有可能成为最有前途的太阳能电池。

③ 燃料电池材料　燃料电池是一种通过氧化剂与燃料进行氧化还原反应，把化学能转换成电能的化学装置。最常见的燃料为 H_2、CH_4、CH_3OH、CO 等，氧化剂一般是氧气或空气，电解质可为水溶液（H_2SO_4、H_3PO_4、KOH 等）、熔盐（Na_2CO_3、K_2CO_3）、固体聚合物、固体氧化物等。燃料电池整个系统十分复杂，涉及化学热力学、电化学、电催化、材料科学、电力系统及自动控制等学科的有关理论，具有发电效率高、环境污染少等优点。

1839 年，英国物理学家威廉·葛洛夫（William Robert Grove）制作了首个燃料电池。20 世纪 60 年代，美国国家航空航天局首次在太空任务当中应用燃料电池，为探测器、人造卫星和太空舱提供电力。目前，燃料电池在工业、建筑、交通等方面被广泛应用。

燃料电池依据其电解质的性质不同分为五类：质子交换膜燃料电池（proton exchange membrane fuel cell，PEMFC）、碱性燃料电池（alkaline fuel cell，AFC）、磷酸燃料电池（phosphoric acid fuel cell，PAFC）、熔融碳酸盐燃料电池（molten carbonate fuel cell，MCFC）、固态氧化物燃料电池（solid oxide fuel cell，SOFC）。也可将 PAFC 称为第一代燃料电池，把 MCFC 称为第二代燃料电池，把 SOFC 称为第三代燃料电池。几种常见燃料电池性能比较见表 6-13。

表 6-13　几种常见燃料电池性能比较

类型	简称	电解质	工作温度 /℃	电化学 效率/%	燃料、氧化剂	功率输出
碱性燃料电池	AFC	氢氧化钾溶液	室温～90	60～70	氢气、氧气	300～5000W
质子交换膜燃料电池	PEMFC	质子交换膜	室温～80	40～60	氢气、氧气或空气	1kW
磷酸燃料电池	PAFC	磷酸	160～220	55	天然气、沼气、双氧水、空气	200kW
熔融碳酸盐燃料电池	MCFC	碱金属碳酸盐熔融混合物	620～660	65	天然气、沼气、煤气、双氧水、空气	2～10MW
固体氧化物燃料电池	SOFC	氧离子导电陶瓷	800～1000	60～65	天然气、沼气、煤气、双氧水、空气	100kW

燃料电池简单工作原理是：燃料电池是一种电化学装置，其组成与一般电池相同。电池是由阳极、阴极以及电解质组成的。发电时，燃料和氧化剂由电池外部分别供给电池的阳极和阴极，阳极发生燃料的氧化反应，阴极发生氧化剂的还原反应，电解质将两电极隔开，导电离子在电解质内移动，电子通过外电路做功并构成电的回路。以固体氧化物燃料电池（SOFC）为例，其工作原理如下：

阴极反应　　　　　　　　　　$O_2 + 4e^- \longrightarrow 2O^{2-}$

阳极反应　　　　　　　　$2O^{2-} + 2H_2 - 4e^- \longrightarrow 2H_2O$

或　　　　　　　　$4O^{2-} + CH_4 - 8e^- \longrightarrow 2H_2O + CO_2$

电池的总反应　　　　　　　　$2H_2 + O_2 \longrightarrow 2H_2O$

$$CH_4 + 2O_2 \longrightarrow 2H_2O + CO_2$$

固体氧化物燃料电池工作原理如图 6-11 所示。

与其他电池不同，燃料电池的电极本身不包含活性物质，只是个催化转换元件，燃料电池的燃料和氧化剂储存在电池外的储罐中。因此，燃料电池除电池组外，还必须和燃料供给与循环系统、氧化剂供给系统、水与热管理系统和一个能使上述各系统协调工作的控制系统组成燃料电池发电系统。燃料电池工作时，需要连续不断地向电池内输送氧化剂和燃料，反应产物不断排出，同时排除余热，以保证电池工作温度的恒定。只要能保证氧化剂和燃料的供给，燃料电池可以连续不断地产生电能。

燃料电池直接将燃料的化学能转化为电能，排放的有害气体（SO_x、NO_x）极少，且无噪声污染，是一种绿色能源。由于其不受卡诺循环效应的限制，能量转化效率高，通常为 40%～60%，火力发电和核电的效率为30%～40%。负荷响应快，运行质量高，燃料电池在数秒钟内就可以从最低功率变换

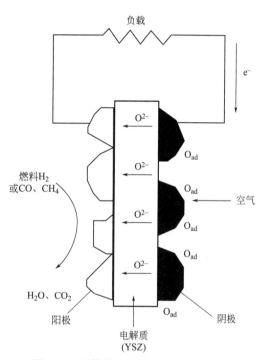

图 6-11　固体氧化物燃料电池工作原理

到额定功率。另外，还具有电站占地面积小、建设周期短、安装灵活、电站功率可根据需要由电池堆组装等优点，是最有发展前途的发电技术之一。特别是第三代燃料电池固体氧化物燃料电池（SOFC），除上述优点外，还具备无电解液腐蚀和流失问题；无须采用贵金属电极，成本大大降低；燃料适用范围广等。

④ 相变储能材料　物质通常以三种形态存在，物质从一种状态变到另一种状态称为相变，物质相变过程一般是等温过程，相变过程中伴随有大量的能量吸收或释放，这部分能量称为相变潜热。利用某些物质在相变过程中，吸收环境的热量，并在需要时向环境放出热量，而达到热能储存、温度调控和节能的目的，这类物质称为相变材料（PCMS）或潜热储能材料（LTES）。相变储能是利用相变材料的相变热进行能量储存的一项新型环保节能技术，已在太阳能利用、建筑节能、航空航天等领域获得广泛的应用。

　　相变储能材料按照其化学组成可以分为无机相变储能材料、有机相变储能材料和复合相变储能材料。根据相变的方式不同，又可分为固-固相变、固-液相变、固-气相变、液-气相变。由于后两种相变方式在相变过程中伴随有大量气体存在，使材料体积变化较大，因此尽管它们有很大的相变热，但实际应用较少。固-固相变由于体积变化小，对容器要求低，加工方便，是理想的相变类型。但是固-固相变的潜热较小，相变温度一般也较高，对中低温的应用不理想，所以，大多数传统的相变材料是通过固-液相变来储存和释放能量。

　　选择相变材料时应考虑：热力学性能，合适的相变温度，较高的相变潜热，较高的比热容和导热性能，在相变过程中体积变化较小，产生的蒸汽压较低；动力学性能，较高的结晶成核能力，以避免过冷现象，较快的晶体成长速率，使得所需的能量能够从储存体系中快速返回；化学性能，较好的化学稳定性，完全可逆的凝固-溶解循环，稳定性好，相变循环次数足够多，无毒，无腐蚀等；经济性能，成本低，材料来源丰富。

　　a. 无机相变储能材料　　典型的是无机盐结晶水合盐类，如 $Na_2SO_4 \cdot 10H_2O$、$CaCl_2 \cdot 6H_2O$、$Na_2HPO_4 \cdot 12H_2O$ 等。它广泛地应用于中、低温相变储能中，具有使用范围广、热导率大、溶解热较大、储热密度大、相变体积变化小、毒性小、价格便宜等优点。以水合盐为例，其相变机理为：材料受热时，脱去结合水，吸收热量；反之，吸收水分，放出热量。分为固-液和固-固两种。

　　无机固-液相变储能材料有高温熔盐（氟化物、氯化物、硝酸盐、硫酸盐等）、部分碱、混合盐。这种相变材料具有较高的相变温度（100～1000℃），相变潜热较大。无机固-固相变储能材料有 NH_4SCN、KHF_2 等物质。近年来，无机盐高温相变复合储能材料已成为储能材料领域的热点研究课题之一，其既能有效克服单一的无机物或有机物相变储能材料存在的缺点，又可以改善相变材料的应用效果以及拓展其应用范围。如金属基/无机盐、无机盐/陶瓷基和多孔石墨基/无机盐相变复合材料。

　　b. 有机相变储能材料　　有机相变储能材料具有相变潜热大、固体成型好、不易发生相分离和过冷、无腐蚀等优点。分为固-液和固-固两种。

　　ⅰ. 有机固-液相变储能材料　　有机固-液相变储能材料主要包括脂肪烃类、脂肪酸类、醇类和聚烯醇类等。其优点是不易发生相分离及过冷，腐蚀性较小，相变潜热大。缺点是易泄漏。目前应用较多的主要是脂肪烃类与聚多元醇类化合物。

　　ⅱ. 有机固-固相变储能材料　　通过材料晶型的转换来储能与释能，在其相变过程中具有体积变化小、无泄漏、无腐蚀和使用寿命长等优点，目前已经开发出的具有经济潜力的固-固相变材料主要有多元醇类（季戊四醇、三羟甲基乙烷、新戊二醇等）、高分子类（纤维素接枝共聚物、聚酯类接枝共聚物、聚苯乙烯接枝共聚物、硅烷接枝共聚物等）和层状钙钛矿。

　　c. 复合相变储能材料　　复合相变储能材料克服了普通有机相变材料易泄漏、热导率低等缺点。主要包括导热增强型复合相变材料、共混型复合相变材料、微胶囊型复合相变材料、纳米复合型复合相变材料四类。

　　相变储能材料已在太阳能利用、家电节能、日常生活用品温度调节、建筑节能、工业余热利用、航空航天等领域获得广泛的应用。特别是在建筑材料领域，开发出多种相变材料用于混凝土、砂浆、天花板、墙体、窗户和地板中，如潜热蓄热加温器、蓄热天花板、相变蓄热墙、相变蓄热辐射式地板等。建筑相变材料所储存的能量来自太阳能、工业余热、热空气渗透、迁移所带来的能量，以及人类活动所产生的热能。将白天多余的热能储存起来，在夜间释放，使建筑物室内和室外之间的热流波动幅度减弱、作用时间被延迟，调节室内温度，提高舒适度，并降低建筑物制冷或制热设备的负荷，节约能耗。另外，相变储能材料还可降低混凝土水化反应温度。混凝土水化反应时释放出大量的反应热，导致混凝土内温度升高，使混凝土开裂、强度降低，尤其是在大体积混凝土中更为明显，甚至可能造成结构破坏等严重的工程事故。加入适当的相变储能材料，可以吸收水化反应释放的热量，发生相变，使混凝土内部温度稳定在某一范围内，在反应结束时热量才逐渐传递出来，不会造成混凝土内部温度过高，达到降低混凝土水化反应温度的目的。

⑤ 储氢材料　氢是人类最早发现的化学元素之一，氢能是指氢气所含有的能量，氢能是二次能源。氢能作为一种清洁、高效和安全的新能源，由于氢能在进行能量转换时其产物是水，可实现真正的零排放，因此，被公认为人类未来的理想能源。1960 年，液氢首次用作航天动力燃料，氢已是火箭领域的常用燃料。目前，科学家们正在研究一种"固态氢"的宇宙飞船。固态氢既作为飞船的结构材料，又作为飞船的动力燃料。

氢能的优点是：资源丰富，氢是自然界中存在最普遍的元素，地球上除了空气中含有少量氢气之外，它主要以化合物的形式存在于水中；热值高，除核燃料外，氢的燃烧值是所有化石燃料、化工燃料和生物燃料中最高的，是汽油燃烧值的 3 倍，是焦炭燃烧值的 4.5 倍；绿色环保，燃烧时除生成水，不会产生大量烟尘、CO、CO_2、碳氢化合物、铅化物等有害物质；燃烧性能好，与空气混合时有广泛的可燃范围，燃点高，热能集中，氢氧焰火焰挺直，热损失小，利用效率高；再生性好，氢能来源于水，燃烧后又还原成水；用途广泛，可直接用作发动机燃料、化工原料、燃料电池等。氢能可应用于航空航天、汽车的燃料等高热行业，将成为 21 世纪最理想的新能源之一。近年来，已实现高效氢燃料电池动力源用于燃料电池汽车。

氢能的缺点是：制取成本高，需要大量的电力；生产、储存难，氢气密度小，很难液化，高压储存不安全。

自然界中不存在纯氢，制氢方法主要有天然气制氢、煤制氢、水电解制氢、生物质制氢、太阳能制氢、核能制氢等。

氢在常态下以气态形式存在，密度小，易燃易爆，易扩散，储存和运输困难。

氢能储存技术有气态储存、液态储存和固态储存三种。气态储存是指，对氢气加压，减小体积，以气体形式储存于特定容器中，有低压储存和高压储存。液化储存是指，将氢气冷却到液化温度以下，以液体形式储存，液化储存是一种极为理想的储氢方式。但液氢生产成本高昂，液化所消耗的能量可以达到氢气能量的 30%～50%，且对设备要求非常高。固态储存是利用固体对氢气的物理吸附或化学反应等作用，将氢储存于固体材料中。固态储存可以做到安全、高效、高密度，是理想的储存方法。

储氢技术是氢能利用走向实用化、规模化的关键，而储氢材料则是储氢技术发展的基础。固态储存需要储氢材料，氢能作为一种储量丰富、来源广泛、能量密度高的绿色能源，储氢材料是氢的储存和输送过程中的重要载体。

储氢材料是一种能储存氢的材料，是一类对氢具有良好的吸附性能或可以与氢发生可逆反应，实现氢的储存和释放的材料。具有氢能的储存、转化和输送功能。最早发现的是金属钯，1 体积钯能溶解几百体积的氢气，但钯很贵，缺少实用价值。

储氢材料按氢的结合方式可分为化学键合储氢（如储氢合金、配位氢化物、氨基化合物、有机液体碳氢化合物等）和物理吸附储氢（如碳纳米管、多孔碳基材料、金属有机框架材料、纳米储氢材料、多孔聚合物等）。金属储氢材料可分为两类：一类是合金氢化物材料；

另一类是金属配位氢化物材料。其中储氢合金是最常见的，储氢合金主要用于 Ni-H 电池的负极材料。

金属储氢原理是：氢可以和很多金属反应，生成金属氢化物。总反应式如下所示：

$$M + \frac{x}{2}H_2 \rightleftharpoons MH_x$$

其中，M 为金属。该反应是一个可逆过程，正向反应，吸氢、放热；逆向反应，释氢、吸热；改变温度与压力条件可使反应按正向、逆向反复进行，实现材料的吸氢、释氢功能。

a. 储氢合金　储氢合金可以按其化学式形式分类，如 AB$_5$ 型、AB$_2$ 型、AB$_3$ 型、AB型、A$_2$B 型，A 是能与 H 形成稳定氢化物的放热型金属，如 Re、Ti、Zr、Ca、Mg、Nb、La 等，能大量吸氢，并大量放热，而 B 为与氢亲和力小，通常不形成氢化物，但氢在其中容易移动，具有催化活性作用的金属，如 Fe、Co、Mn、Cr、Ni、Cu、Al 等，为吸热型金属。由前者形成的氢化物稳定，不易放氢，氢扩散困难，为强键氢化物，控制储氢量；后者控制放氢的可逆性，起调节生成热与分解压力的作用。

ⅰ. 镁系　镁基储氢材料典型的代表是 Mg$_2$Ni。是最有潜力的金属氢化物储氢材料，镁基复合储氢材料是近年来镁系储氢合金一个新的发展方向，镁系储氢合金复合的材料主要有碳质储氢材料（如石墨、碳纳米管、碳纳米纤维等）、金属单质（如 Ni、Pd 等）、化合物（如 CoB、FeB 等）。

ⅱ. 稀土系　典型的稀土储氢合金是 La$_2$Ni$_5$，该合金具有吸氢快、易活化、平衡压力适中等优点。LaNi$_5$ 型稀土储氢合金已经作为商用的 Ni$_2$MH 电池的负极材料。

ⅲ. 钛系　TiFe 合金是钛系储氢合金的代表，理论储氢密度为 1.86%（质量分数）。

ⅳ. 锆系　以 ZrMn$_2$ 为代表。该合金的吸放氢量大，在碱性电解中可形成致密氧化膜，从而有效阻止电极的进一步氧化。

ⅴ. 钒系　典型的代表是钒基固溶体储氢合金。钒与氢反应可生成 VH 及 VH$_2$ 两种类型氢化物，VH$_2$ 的理论储氢密度为 3.8%，钒系固溶体的储氢密度仍高于现有稀土系和钛系储氢合金。

b. 配位氢化物储氢材料　是现有储氢材料中体积和质量储氢密度最高的储氢材料。配位氢化物主要是指碱金属（如 Li、Na、K）或碱土金属（如 Mg、Ca）与第三主族元素（如 B、Al）与氢配位形成的氢化物，如 NaBH$_4$、KBH$_4$、LiBH$_4$ 等。

除金属储氢材料外，还有碳基储氢材料、有机液体氢化物。

碳基吸附储氢是近年来出现的利用吸附理论的物理储氢方法。主要有超级活性炭、碳纤维和碳纳米管三种。活性炭储氢是典型的超临界气体吸附，是利用超高比表面积的活性炭作为吸附剂的储氢技术。碳纳米纤维表面是分子级细孔，而内部是直径约 10nm 的中空管，比表面积大，氢可以在这些碳纳米纤维中凝聚，因此具有超级储氢能力。碳纳米管储氢的研究已取得了一些进展，但仍处于探索阶段。

有机液体氢化物储氢技术是 20 世纪 80 年代国外开发的一种储氢技术，其原理是液体有机物与氢的可逆反应，即利用催化加氢和脱氢的可逆反应来实现。加氢反应实现氢的储存，脱氢反应实现氢的释放，有机液体化合物（不饱和有机物）作为氢载体，可循环使用。烯烃、炔烃和芳烃等不饱和有机物均可作为储氢材料，芳烃特别是单环芳烃是比较理想的有机储氢材料。

（6）其他新能源材料　除太阳能、生物质能、风能、新型核能等外，在现在或未来新能源开发利用中还有很多其他新型能源。

① 地热能　这是来自地球内部的热源，可来自重力分异、潮汐摩擦、化学反应和放射性元素衰变释放的能量等。

② 海洋能　是指蕴藏于海水中的各种可再生能源，包括潮汐能、波浪能、海流能、海水温差能、海水盐度差能等。这些能源都具有可再生性和不污染环境等优点，是一项亟待开发利用的具有战略意义的新能源。据科学家推算，地球上波浪蕴藏的电能高达 90 万亿千瓦时。目前，海上导航浮标和灯塔已经用上了波浪发电机发出的电来照明，大型波浪发电机组也已问世。

③ 可燃冰　是"天然气水合物"，是天然气在 0℃和 30atm❶ 的作用下结晶而成的"冰块"。通常储存于近极区陆地永冻土中，以及 400～3000m 深海底的沉积物当中。可燃冰中甲烷占 80%～99.9%，可直接点燃，燃烧后几乎不产生任何残渣，污染比煤、石油、天然气都要小得多。1m³ 可燃冰可转化为 164m³ 的天然气和 0.8m³ 的水。科学家估计，海底可燃冰分布的范围约为 4000 万平方公里，占海洋总面积的 10%，海底可燃冰的储量够人类使用 1000 年。

④ 煤层气　煤在形成过程中由于温度及压力增加，在产生变质作用的同时也释放出可燃性气体。从泥炭到褐煤，每吨煤产生 68m³ 气；从泥炭到肥煤，每吨煤产生 130m³ 气；从泥炭到无烟煤，每吨煤产生 400m³ 气。科学家估计，地球上煤层气可达 2×10^{15} m³。

材料是新能源开发利用的基础，新材料不但能提高已经应用的能源转化、利用效率，提高能源应用的安全性，减少对环境的影响，将其变成新能源，而且在未来新能源的开发中，新材料将起决定性作用。

6.7　航空航天材料

材料是社会发展的基础，是一个国家综合实力的表现，尤其是高科技领域中材料更是如此。航空航天材料是制造航空航天产品（航空器、航天器、发动机和机载设备等）所用各类材料的总称，航空航天材料是一个国家技术力量强弱表现的典型代表。航空航天材料在航空技术发展中具有极其重要的地位和作用，是研制和生产航空航天产品的物质保障，推动航空航天产品更新换代的技术基础，是航空航天工程技术发展的决定性因素之一。航空航天新产品的设计需要各种更高性能材料，不断地向材料科学提出新的课题，推动航空航天材料科学发展；各种高性能新材料、制造工艺及成型技术与设备的出现同样给航空航天产品的设计提供新的物质与技术保障，积极有效促进了航空航天技术的发展，航空航天技术的突破很大程度上取决于新材料的突破，"一代材料，一代飞行器"是航空航天技术的发展的生动写照。

6.7.1　航空航天材料发展、分类与性能

6.7.1.1　航空航天材料发展

1903 年 12 月 17 日，美国的莱特兄弟成功驾驶他们自己设计并制造的"飞行者 1 号"飞向天空，首次完成完全受控、装有机载动力系统、机体密度大于空气、持续滞空不落地的飞行，标志着人类从这一刻起涉足天空。飞机是人类 20 世纪所取得的最重大的科技成就

---

❶　1atm＝101325Pa。

之一。中国古代神话中的"嫦娥奔月"与"顺风飞车，日行万里"之说是人类最初的飞天梦想，反映古人的飞天理想和愿望。正是这些梦想让飞行器诞生，并且推动了今后的航空及航天科学的发展。

19世纪末至20世纪初，随着科学技术的进步，近代火箭技术和航天飞行发展起来，航天事业先驱者前苏联的齐奥尔科夫斯基、美国的戈达德和德国的奥伯特奠定了火箭在航天事业中的地位，指出火箭必须具有7.9km/s的速度才能克服地球的引力，确立了火箭在宇宙空间真空中工作的基本原理。1942年10月，德国成功发射V-2火箭，把航天先驱者的理论变成现实，是现代火箭技术发展史的重要一页。1957年10月4日，前苏联用"卫星号"运载火箭把世界上第一颗人造地球卫星送入太空，把人类几千年的梦想变成现实，为人类开创了航天新纪元。

航空器是指在地球大气层中飞行的飞行器，包括飞机、飞艇、气球及其他任何借空气的反作用力，得以飞行于大气中的器物。航天器是指地球大气层外宇宙空间的航行活动飞行器，包括火箭、卫星、飞船、航天飞机、太空站、探测登陆器等。

航空航天技术是现代科学技术的结晶，以基础科学和技术科学为基础，汇集了几十个不同学科众多工程技术的成就，如力学、热力学、材料学、电子技术等，而航空航天技术的发展，始终离不开航空航天材料的发展，材料在航空航天技术发展中起了重要作用，是整个航空工业的主要基础与保障。

以飞机为例，军用飞机包括机体、发动机、机载电子设备和火力控制四大部分。机体材料和发动机材料是航空材料中最重要的结构材料，从最初以木材、布为结构发展至今，大致分为五个阶段。

第一阶段，20世纪初，为木材、布结构。这一阶段飞机结构很简单，所用的材料主要是木材、蒙布、金属丝、钢索等，后期制造出木材、金属的混合结构。莱特兄弟制造的"飞行者1号"飞机的材料中，木材占47%，钢占35%，布占18%，飞机的飞行速度只有16km/h。直到20世纪30年代，全金属承力蒙皮才逐渐成为飞机普遍的结构形式。

第二阶段，20世纪30～40年代，主要为铝、钢结构。后期，质轻且性优的镁合金开始成为航空结构材料。20世纪40年代出现的全金属结构飞机的承载能力已大大增加，飞行速度超过了600km/h。

第三阶段，20世纪50～60年代，主要为铝、钢、钛结构。20世纪40～50年代，不锈钢成为航空结构材料，到20世纪50年代中期，钛合金作为航空结构材料被用于飞机的高温部位，钛合金的研制成功和应用对克服机翼蒙皮的"热障"问题起了重大作用，飞机的性能大幅度提高，最大飞行速度达到了3倍声速。至20世纪60年代末期，飞机结构材料开始使用各种高性能复合材料，尤其是碳纤维、硼纤维增强的树脂基复合材料，并出现了金属基复合材料。

第四阶段，20世纪70年代至21世纪初，主要为铝、钛、钢、复合材料结构，以铝为主，并逐渐提升了钛合金与复合材料的用量。如美国的1969年设计的F-14A，其复合材料主要用于水平尾翼的蒙皮、抗扭盒，用量仅为0.8%；1976年设计的F-16A，复合材料用量为3.4%，并开始在方向舵中使用；而到1978年设计的F-18A/E，复合材料用量达12.1%；1989年设计的F-22，复合材料用量更是达到了26%，并在机翼、机身上使用。飞机发展到20世纪80年代已成为机械加电子的高度一体化的产品，使用品种繁多的、具有先进性能的结构材料和具有电、光、热和磁等多种性能的功能材料。

第五阶段，21 世纪初以后，主要为复合材料、铝、钛、钢结构，以复合材料为主。由于复合材料的优异比强度、比模量及可设计性，使复合材料在飞机上的用量进一步提高。如 2000 年设计的 JSF（X-35），复合材料的用量达到 40%，未来飞机的结构材料必将是以复合材料为主。

同样，航天材料的研究发展也在不断深化中。1942 年，德国 V-2 火箭使用的材料仅为一般的航空材料。20 世纪 50 年代以后，材料烧蚀防热理论的出现以及烧蚀材料的研制成功，解决了弹道导弹弹头的再入防热问题。20 世纪 60 年代以来，高性能碳纤维增强树脂基复合材料、金属基复合材料、抗氧化性能更好的碳/碳复合材料、陶瓷隔热瓦等材料出现，不仅减轻了航天器结构质量，更重要的是，解决了航天器再入大气层时防热问题。

6.7.1.2　航空航天材料分类

航空航天材料按材料成分结构，分为金属材料、无机非金属材料、高分子材料和复合材料四大类。金属材料包括铝合金、钛合金、镁合金等轻合金，超高强度钢，高温钛合金、镍基高温合金等高温合金金属结构材料。无机非金属材料包括高性能玻璃、陶瓷材料。高分子材料包括透明材料、黏合剂、橡胶密封材料、涂料、工程塑料等。复合材料包括各种纤维增强树脂基复合材料、金属基复合材料、无机非金属基复合材料及碳/碳复合材料等。

航空航天材料按使用功能，分为结构材料和功能材料两大类。结构材料主要用于制造飞行器各种结构部件，如飞机的机体、航天器的承力筒、发动机壳体等，其作用主要是承受各种载荷，对于结构材料而言，最关键的要求是质轻高强和高温耐蚀。功能材料主要是指在光、声、电、磁、热等方面具有特殊功能的材料，如飞行器测控系统所涉及的电子信息材料（包括微电子、光电子和传感器件的功能材料）、隐身技术用透波和吸波材料、航天飞机表面的热防护功能陶瓷材料等。

航空航天材料按材料的使用对象，分为航空材料与航天材料两大类。航空材料包括飞机机体材料、航空发动机材料、机载设备材料。航天材料包括火箭箭体材料、火箭发动机材料、航天飞行器材料、航天功能材料等。其实航空材料与航天材料之间没有明显的分界线，但一般来说，航天材料比航空材料具有更高的性能要求。

总的来说，航空航天材料种类广，规格繁多，材料要求性能高，涉及学科广等。

6.7.1.3　航空航天材料一般性能要求

由于航空航天产品具备高科技密集性，系统庞大复杂，所涉及的零部件以数十万计，元器件以数百万计，要用到上千种材料。除设计、制造、使用和维护维修要有极其严格的质量控制要求外，材料的可靠性显得尤为关键。由于航空航天产品特殊的使用环境与使用性能要求，作为航空航天材料，其基本性能一般有如下要求。

（1）高的比强度和比模量　对航空航天材料的基本要求是：质量轻，强度高，刚度好。航空航天器质量轻意味着，在同样油耗情况下，运载能力提升，机动性能提高，飞行距离、作战半径或射程增加。比强度和比模量（即强度、模量与密度之比，比强度 $= \sigma/\rho$，比刚度 $= E/\rho$）是度量材料承载能力的一个指标，也是衡量航空航天材料力学性能优劣的重要参数。

（2）优良的耐高低温性能　航空航天材料的工作温度变化大，有时要承受极端高温或低温，因此要求材料耐高低温性能好。如对机身材料，空气动力加热效应使表面温度升高超过 300℃。发动机是飞机的"心脏"，发动机性能与所使用的耐高温结构材料密切相关。衡量发动机性能的一个重要参数是发动机推重比（发动机推力与重量之比），而推重比的提高取决于发动机涡轮前进口温度的提高，对于推重比在 20 左右的发动机，其涡轮前进口温度超过 2000℃，因此，其性能很大程度上依赖于高温材料的发展。飞机在同温层以亚声速飞行时，表面温度会降到−50℃左右，寒冬机场环境，温度下降到−40℃以下，在这种环境下要求金属构件或橡胶轮胎不产生脆化现象。火箭发动机燃气温度可达 3000℃以上，液体火箭使用液氧（沸点为−183℃）和液氢（沸点为−253℃）推进剂，这为材料提出了更严峻的环境条件。而弹道导弹头部在再入大气层时，速度高达 20 马赫以上，温度高达上万摄氏度。"嫦娥三号"月球探测器在月球承受很大温差考验，白天，在阳光垂直照射的地方，温度高达 127℃；夜晚，温度可降低到−183℃。随着人类向外太空不断探索，对材料的耐温性能要求也越来越高。因此，对于航空航天材料来说，耐温材料极其重要。

（3）优良的耐疲劳与耐环境老化性能　飞行器在使用过程中，经常会起飞和降落，在运转过程中，发动机振动、转动件高速旋转、机动飞行，有时还遭遇外部环境（如暴雪、暴风、暴雨等）影响，材料不但要承受静载荷，更要承受交变载荷。大量的事实说明，在飞机、发动机所发生的失效事件中，约 80％以上是各种形式的疲劳损伤所引起，因此航空航天材料的耐疲劳性能也极其重要。

另外，任何在室外使用的材料均要受外部环境老化影响，航空航天材料更是如此，如太阳的辐射、风雨的侵蚀、高温差影响、潮湿环境、海边盐雾等恶劣环境。因此，耐环境老化性能也是航空航天材料必须具备的特性。

（4）优良的耐腐蚀性能　航空航天材料接触的介质大多数具有腐蚀性，如飞机用燃料（汽油、煤油）、火箭用推进剂（浓硝酸、四氧化二氮、肼类）及各种润滑剂、液压油等。这些介质对金属材料和非金属材料有腐蚀作用或溶胀作用，而外太空探测器更有可能受探测环境介质腐蚀影响。因此，要求航空航天材料具有优良的耐腐蚀性能。

除了上述性能外，作为航空航天材料还应具备强抗断裂能力，航空航天器经常受外力影响，由于自身速度，小质量的物体（如飞鸟）冲击都会产生巨大冲击力，造成灾难性事故。减振性能好，吸振能力大，阻尼特性好，避免在工作状态下产生共振及由此引起的早期破坏。安全性高，如飞行器是一种载人反复运行的产品，在规定的使用寿命周期内，对使用可靠性、安全性有着极其严格的要求。使用寿命内安全可靠，为了减轻飞行器的结构质量，选取尽可能小的安全余量而达到绝对可靠的安全寿命，被认为是飞行器设计的奋斗目标。成本低，"买得起"，也是航空航天器应用应有的要求之一，材料在航空航天产品的成本和价格构成中占有相当份额，所以科学地选材和努力发展低成本材料技术是航空航天材料发展的重要方向。

总体来说，高比强度、高比模量、质量轻、高强度、耐高低温、耐腐蚀、耐环境与疲劳老化、使用寿命长、成本低等是航空航天材料的发展方向。

6.7.2　航空航天用金属材料

航空航天用金属材料主要有铝合金、镁合金、钛合金、超高强度钢等，用作飞行器的结构材料，其特点是比强度高、综合性能优。

6.7.2.1　铝合金

自铝合金作为结构材料用在航空航天器机体以来，一直是最主要的材料。铝合金应用得益于两个方面：一是其突出的优点；二是铝强化理论的发展与应用。

铝合金具有密度小、耐腐蚀、延展性好、易加工、价格低等优点。纯铝（Al）密度只有 $2.72 g/cm^3$，是理想的轻质材料；铝为面心立方结构，可塑性好，延展性高，极易加工成型；铝在空气中容易氧化，使其表面形成一层致密的氧化铝膜，能阻止内部进一步氧化，在浓硝酸、有机酸中化学稳定性好；但纯铝强度低，仅 45～50MPa，不适合结构材料使用。

1906 年，德国冶金学家发明了可以时效强化的硬铝，铝合金的时效强化理论推动硬铝合金的发展，使铝合金作为结构材料成为可能。到了 20 世纪 30 年代，随着铝合金材料的发展，全金属承力蒙皮逐渐成为普遍的结构形式。

能提高铝合金性能的强化机理主要是沉淀强化，沉淀强化是将高温下溶解度大、常温下溶解度小的其他元素掺杂到铝晶格中，在常温下形成各种均匀、弥散的共晶格或半共晶格亚稳沉淀相，在铝基体中形成强烈的应变场，阻止位错运动的进行，从而提高合金强度。

时效强化或时效处理，是利用沉淀强化机理，对铝合金进行热强化处理。其方法是：将固溶处理后得到的过饱和铝合金固溶体在一定温度下保持一段时间，加速合金元素的沉淀强化相从过饱和固溶体中的析出、长大。时效处理过程中，铝合金的强度会随时效时间变化。除此之外，铝合金强化还有固溶强化、过剩相强化、形变强化和细晶强化等方式。

在铝中掺入某些合金元素时，能大大提高其力学性能，其抗拉强度可达 400～700MPa，相当于钢的强度。常用的强化合金元素有 Cu、Zn、Mg、Mn、Si 和 Li 等。Cu 能提高铝合金的强度与耐热性，Mg 既能提高铝合金的强度，又能降低铝合金的密度，且具有良好的抗腐蚀性，可作为防锈合金使用。Al-Mn 合金具有优良的抗腐蚀性，Al-Si 合金共晶点低，易于铸造成型。用 Al-Li 合金，可降低合金密度，提高弹性模量。采用带卷轧制法生产出了 Al-Li 合金板材，其厚度可小于 0.5mm 的薄板。

另外，铝基层状复合材料具有裂纹扩展速度低（仅为传统材料的 1/20～1/10）、强度高（提高 50%～100%）、密度较小（减轻 10%～15%）等特点，作为机身蒙皮材料，可大幅度提高飞机蒙皮的可靠性、使用寿命及有效载荷。

飞机机身结构材料应用构成比例表明，当前占主导地位的材料仍是铝合金（民用飞机占 70%～80%，军用飞机占 40%～60%）。开发具有良好焊接性能，并用于制造整体焊接结构的高强铝合金，是今后的发展方向。

6.7.2.2 超高强度钢

超高强度钢具有刚度高、疲劳寿命高、中温强度良好、耐腐蚀性好等特点，与普通结构钢相比，一般抗拉强度≥1400MPa、屈服强度≥1200MPa 的为超高强度钢。目前，在保持同样断裂韧性指标的条件下，已开发出抗拉强度≥1950MPa 的超高强度钢，正开发抗拉强度为 2100～2200MPa 的高可靠性结构钢。

超高强度钢主要用于结构材料中的重要承力件，如飞机上的大梁、起落架、导弹发动机外壳等。无论是在半成品生产中，还是在复杂结构件的制造中，尤其是在以焊接作为最终工序的焊接结构件生产中，钢材都是不可替代的材料。目前，在飞机机身结构中，钢材用量为 5%～10%，而在某些飞机上，例如超声速歼击机上，钢材是一种特定用途的材料。

超高强度钢分为低合金超高强度钢（合金元素质量分数≤5%）、中合金超高强度钢（合金元素质量分数为 5%～10%）、高合金超高强度钢（合金元素质量分数≥10%）。Cr、Mn、Ni、V、Si 等元素是超高强度钢常用的合金元素，而 C 含量一般为 0.3%～0.5%。

超高强度钢除具有高的抗拉强度外，还应具有一定塑性和韧性、尽可能小的缺口敏感性、高的疲劳强度、一定的抗腐蚀性、良好的工艺性能等。

6.7.2.3 钛合金

钛合金是 20 世纪 50 年代发展起来的一类新型结构材料，用于飞机的高温部位。铝合金在 400～500℃时，性能急剧下降，不适合用作高速飞机蒙皮，而钛合金的研制成功和应用解决了飞机蒙皮的"热障"问题。钛合金具有比强度高、耐腐蚀性好、耐热性强等特点，被广泛应用于航空航天结构材料。

钛（Ti）分为紧密六方晶格（α-Ti）与体心立方晶格（β-Ti）两种，晶格转变温度为 882.5℃，熔点为 1667℃，密度为 $4.5g/cm^3$。纯钛强度低（350～700MPa），无磁性，可塑性好，易于冷加工。钛合金强度高（1200MPa），比强度高，耐高低温性能好，可在－250～600℃都能保持良好的力学性能，耐腐蚀性能更是优秀，耐盐蚀，耐氧化性酸及大多数有机酸。但钛合金硬度低，耐磨性差，加工性能差。

采用高强钛合金可减轻结构质量 30%～35%。20 世纪 50 年代，美国首次将钛合金用在 F-84 轰炸机上，作后机身隔热板、导风罩、机尾罩等非承力构件。目前，钛合金在军用飞机中的用量占到飞机结构质量的 20%～25%，可用作制造发动机风扇、压气机盘和叶片、压气机机匣、中介机匣、轴承壳体等，也可用于制造隔框、主翼梁、襟翼滑轨、后梁等重要承力构件。美国 F-22 战机的钛合金用量超过 40%，SR-71 高空高速侦察机的钛合金用量占飞机结构质量的 93%，号称"全钛"飞机。民用飞机也大量使用钛合金，如波音 B787 客机的钛合金用量达 15%。在航天器上钛合金也得到广泛应用，如制造各种压力容器、燃料储箱、紧固件、构架和火箭壳体及钛合金板材焊接件。

钛合金有 α-钛合金、β-钛合金及 α+β 钛合金。α-钛合金热强度高，可焊性好，但热加工困难；β-钛合金常温强度高，易于成型，可热处理强化；α+β 钛合金性能介于两者之间。钛合金常用合金元素有 Al、C、Mo、Fe、V、Nb、Cr、Ni、Cu 等。开发具有更高强度及可靠性、更高使用温度，并有良好的工艺性能及良好的可焊接性的钛合金材料是重要方向。

6.7.2.4　镁合金

镁（Mg）密度为 $1.74g/cm^3$，约为铝的 2/3，钢的 1/5，熔点为 651℃，为密排六方晶体结构。

镁合金是以镁为基体加入其他合金元素，常用合金元素有 Al、Zn、Mn、铈（Ce）、锆（Zr）、钍（Ph）、镉（Cd）等。镁合金是最轻的结构材料之一，具有高比强度、比模量，减振性好，散热性好，无磁性，电磁屏蔽性能优异，加工工艺性好。但耐腐蚀性差，易于氧化燃烧，耐热性差。

纯镁的抗拉强度很低，只有 115MPa，不适合作为结构材料使用。通过合金化或其他手段能提高其强度。镁经过合金化及热处理后，抗拉强度一般为 250～350MPa，有的甚至能达到 600MPa，屈服强度、延伸率与铝合金也相差不大。

镁合金主要采用固溶强化，最常用镁合金是镁铝合金，其次是镁锰合金和镁锌锆合金。镁合金的韧性好，减振性强，在弹性范围内，镁合金受到冲击载荷时，吸收的能量是铝合金的 1.5 倍，所以镁合金具有良好的抗振减噪性能。在相同载荷下，减振性是铝的 100 倍，钛合金的 300～500 倍。

镁合金的密度小，是最轻的金属结构材料，与铝、钢相比，具有明显的减重效果。镁合金的比强度明显高于铝合金和钢，比模量与铝合金和钢相当。

镁合金的缺点是：具有可燃性，由于金属镁属于一级易燃品，在高温环境下极易燃烧；耐腐蚀性差，镁具有很高的化学活泼性，在空气中易氧化反应，形成氧化镁薄膜，也易腐蚀，因此零件使用前，表面需要经过化学处理或涂漆。

正是由于镁合金承受冲击载荷能力比铝合金大，且具有明显的减重效果，因而应用于航空航天领域。由于抗拉强度较低，因此主要用于制造低承力的零件。如发动机齿轮机匣、油泵和油管、飞机蒙皮、壁板、汽油和润滑油系统零件、油箱隔板、副油箱挂架、舱体隔框、操作系统摇臂和支座、卫星支架、飞机起落架外筒、油泵壳体、仪表壳体及导弹的仪表舱、尾舱等。

德国首先生产，并在飞机上使用含铝的镁合金。随着高强镁合金的开发，民用飞机和军用飞机，尤其是轰炸机，广泛使用镁合金制品。例如，B-52 轰炸机的机身部分使用镁合金板材 635kg，挤压件 90kg，铸件超过 200kg。

6.7.2.5　镍合金

镍（Ni）具有良好的力学、物理和化学性能，添加适宜的元素可提高它的抗氧化性、耐腐蚀性、高温强度和改善某些物理性能。镍常用合金元素有 Cu、Fe、Mn、Si、Mg、Cr 等，Ni-Cu 合金是著名的蒙乃尔合金，强度高，塑性好，在低于 750℃ 的大气中，化学性能稳定。

镍基合金有镍高温合金、镍耐蚀合金、镍耐磨合金、镍精密合金、镍形状记忆合金。镍高温合金，在高温下有较高的强度和抗氧化、抗燃气腐蚀能力，是高温合金中应用最广、高温强度最高的一类合金，用于制造航空发动机的叶片和火箭发动机的高温零部件。

航空发动机要在高温、高压、高转速、高负荷的苛刻条件下长时间地反复工作。镍合金具有更高的工作温度与更高的持久强度特性，用于发动机单晶涡轮叶片，可使涡轮入口温度提高到 1700℃，使冷却空气的消耗量减少 30%～50%，叶片使用寿命延长 1～3 倍。

6.7.2.6　金属间化合物合金

对于推重比为 20 的发动机涡轮，进口温度超过 2000℃，即使是镍合金也难以胜任，而金属间化合物合金由于其超强的耐高温特点得以应用。

金属间化合物，是指金属和金属之间，类金属和金属原子之间，以共价键形式结合生成的化合物，由两个或多个的金属组元按比例组成，其原子的排列遵循某种高度有序化的规律。一般由原子半径小的一种原子构成密堆层，镶嵌原子半径大的另一种原子，这是一种高度密堆的结构。金属间化合物的存在使金属合金的整体强度得到提高，特别是在一定温度范围内，合金的强度随温度升高而增强，这就使金属间化合物材料在高温结构应用方面具有极大的潜在优势。

金属间化合物具有高硬度、高熔点、高的抗蠕变性、良好的抗氧化性等优点。一般金属在高温下会失去原有的高强度，而对大多数金属间化合物来说只会更硬，这种特殊的性能与其内部原子结构有关。金属间化合物的强度特点按屈服强度与温度的关系可分为三类：一是金属间化合物的屈服强度随温度升高而提高（如单晶 TiAl、Ni_3Al）；二是屈服强度随温度升高无明显下降，但在低温区却随温度降低有明显硬化（如单晶 NiAl）；三是金属间化合物的屈服强度随温度升高而降低。

金属间化合物的主要缺点是低塑性和室温脆性。20 世纪 30 年代，金属间化合物刚被发现时，其室温延伸率大多数为零，无实用价值。20 世纪 80 年代中期，金属间化合物在室温脆性研究上取得了突破性进展，通过加入少量硼，室温延伸率提高到 50%，与纯铝的延性相当。目前已有约 300 种金属间化合物可用，除了作为高温结构材料以外，也可用作稀土化合物永磁材料、储氢材料、超磁致伸缩材料、功能敏感材料等。目前，金属间化合物品种有 Ti-Al 类、Ni-Al 类、钼硅（$MoSi_2$）类，近十几年来在韧性方面的巨大进展，使金属间化合物作为高温结构材料在航空航天领域具有广阔的前景。

6.7.3 航空航天用无机非金属材料

无机非金属材料，特别是各种功能陶瓷，在航空航天领域应用广泛，陶瓷是无机非金属材料的主体，高性能陶瓷，如高强度陶瓷、高温陶瓷、高韧性陶瓷、光学陶瓷等，具有金属材料和高分子材料所没有的高强度、高硬度、耐腐蚀、导电、绝缘、磁性、透光、半导体以及压电、铁电、光电、电光、超导、生物相容性等特殊性能。

氧化物陶瓷，如高熔点 Al_2O_3 陶瓷，熔点为 2050℃，是以 α-Al_2O_3 为主晶相的陶瓷材料。具有高温强度大、耐热性好、耐腐蚀性强等特点。氧化镁陶瓷，主晶相 MgO 的熔点高达 2800℃，能耐高温，一般在 2200℃ 以下使用。氧化铍陶瓷，熔点为 2530℃，在真空中 1800℃ 下和惰性气氛中 2000℃ 下可长期使用。

非氧化物陶瓷是由金属的碳化物、氮化物、硫化物、硅化物和硼化物等制造的陶瓷的总称，使用温度可达 1200～1400℃，并且具有比以往氧化物陶瓷低得多的热膨胀系数、较高的热导率和较好的冲击韧性，成为超高温技术领域中的重要材料。碳化物具有稳定、熔点高、硬度高的特性，比耐高温金属和碳的抗氧化性强，高温下力学性能的降低也不大。硼化物的高熔点特性也是非常突出的。TiB_2、CrB_2 等在高温下的强度很高，高温抗腐蚀性、抗氧化性也很好，是高温 2000～3000℃ 附近使用的少有材料。氮化物具有优良的耐高温性能，对化学药品的抗腐蚀性强，机械强度高。

航空航天用无机非金属材料主要是某些特种陶瓷，常作为功能材料或部分结构材料，应用主要集中在火箭喷嘴的耐热材料、航天飞机表面的热防护材料、太空飞船的隔热瓦，复合工程陶瓷材料、宇宙飞船的观察窗涂层、各种航天器的太阳能帆板，航空发动机耐高温材料以及光、声、电、磁、热等方面具有特殊功能的材料，如飞行器测控系统所涉及的电子信息材料（包括微电子、光电子和传感器件的功能材料）、耐高温透波材料、超高速飞机的耐温保护材料等。举例如下。

智能陶瓷是电流变流体，具有瞬间响应和可调节强度的特性，可用于航天器、飞机、舰船、潜艇等高性能伺服机构，直升机自动加固水平旋翼叶片，以及没有转动部件的极端快速作用阀门等。智能陶瓷能对外界"智慧反应"，发射声波，辐射电磁波和热能等，制作的智能机翼可根据外界条件的变化自动改变其形状，以有利于飞行平稳和节约燃料。

以氮化硅（Si_3N_4）制成的陶瓷轴承具有耐高温、耐寒、耐磨、耐腐蚀、抗磁电绝缘、高转速等特性。特别适合航空航天工业中恶劣环境下的调整、重载、低温、无润滑工况。

碳化硅陶瓷具有高热导率、高比刚度、高强度、高韧性、抗高能量子辐射等一系列优点，是新一代空间遥感高分辨光学系统的反射镜材料。

以 ZrB_2、ZrC、HfB_2、TiB_2、TaB_2、TiC、TaC、HfC、NbC 为基体的超高温陶瓷，熔点高，强度高，抗氧化烧蚀性能好，抗热振性好，能耐室温至 2200℃ 温差变化，可作为高超声速飞机的鼻锥和机翼边缘用材料等。

SiC、Si_3N 等为基体的增韧增强陶瓷具有较小的密度、良好的高温强度，在高温下材料表面会形成氧化硅保护层，能满足 1600℃ 以下高温抗氧化要求，是理想的高温结构材料。

Al_2O_3、B_4C 是两种典型的防弹陶瓷，是军机装备先进的防弹装甲材料，提高其抗弹生存能力。也是武装直升机座椅和直升机的关键部位轻质装甲材料。

大推力运载火箭使用的发动机对低温液氧环境下的密封材料要求严格，而各向同性热解石墨材料为单相的纯炭材料，具有极低的开口气孔率和优异的力学性能，在低温环境中不仅能保持其力学性能，而且还能避免因液氧浸入材料而引起的气化膨胀等问题，是低温极限环境下机械密封材料。

多孔陶瓷具有化学性质稳定、比表面积大、耐热能力强、密度较低、刚度高、热导率低等优点，并且在力学、化学、热学、光学、电学等方面具有独特的性能。多孔陶瓷热障材料，在飞行器外壳隔热、发汗冷却构件、燃气轮机高温合金部件表面热防护等方面，可起到降低金属表面温度、提高燃气工作温度、改善燃气效率、延长热端部件使用寿命的重要作用。

超高温陶瓷材料是"哥伦比亚号"航天飞机机翼上使用的阻热材料，也可作为超声速飞机的耐热保护材料、火箭和各种高速飞行器的燃料喷嘴材料。能够适应高超声速长时飞行、大气层再入、跨大气层飞行和火箭推进系统等极端环境。

多孔氮化硅材料、氮化硼材料具有防热、透波、抗冲击等优点，可作为耐高温宽频透波材料，吸波结构陶瓷材料比一般金属密度小，刚度和强度高，具有吸波的性能，是飞行器重要的隐身材料。

红外功能陶瓷材料具有红外伪装隐身功能，通过采用红外功能陶瓷材料来降低或改变目标的红外辐射特征，使目标具有红外低可探测性，并与环境融合，最大限度地减少目标红外特征信号，特别有利于对抗红外成像制导武器。

陶瓷隔膜能耐强酸、强碱，在铬酸槽液中不溶解，是长寿命卫星电池的必备隔膜材料。

超高速飞机热障涂层采用一种氧化物陶瓷保护层，通过涂覆工艺沉积在受热部件表面，对底材进行防热保护，提高底材的使用温度，是高超声速飞行器表面蒙皮、发动机燃烧室等重要的涂层防护材料。

石英陶瓷具有突出的抗热冲击性能、低介电常数和低介电损耗角正切、低膨胀系数，介电常数对频率与温度十分稳定，是制造高速大过载导弹天线罩的重要材料。

6.7.4 航空航天用高分子材料

尽管高分子材料具有众多优点，如高韧性、高弹性、良好的绝缘性、低密度、柔软性、透明性、成本低、来源丰富、易成型加工等。但耐温性差，常见的高分子材料使用温度低，一般低于 $100℃$。

多芳基的工程塑料，如聚醚砜（PES）、聚砜（PSF）、聚醚醚酮（PEEK）、聚醚酮（PEK）、聚苯硫醚（PPS）及聚酰亚胺等，是高分子材料中的耐高温树脂，耐磨性、抗疲劳性、化学性能好，可作为航空航天领域的非受力结构件使用。

高分子材料在航空航天领域主要以树脂基复合材料的形式应用，但对于耐温性要求不高的非结构件，高分子材料具有较好的性能优势，如航空航天器上用的黏合剂、涂料、润滑剂、绝缘漆、温度控制的包层材料、线路板等。

隐形涂料、吸波涂料在飞机隐形功能上起到的作用仅次于飞机的外形结构。导电高分子吸波涂料的涂层薄且易维护，吸收频带宽。红外吸波涂料的主体树脂是聚合物，其与过氯乙烯涂料、环氧铁红底漆、聚氨酯涂料具有良好的配套性。

聚磷腈材料含有磷、氮两种阻燃元素，能形成协同作用，具有良好的阻燃性能，广泛用作防火阻燃材料和自熄性材料，甚至在火箭发动机绝热层和航天器头部耐高温、阻燃涂层也有应用，由磷腈化合物组成的多环状聚磷腈高聚物，具有极高的热稳定性，是耐高温、阻燃高分子材料。这种材料在 $700\sim800℃$ 时成炭率在 80% 左右，可用作导弹或其他航天器头部的耐高温、阻燃涂层防护材料。聚烷氧基磷腈、聚芳氧基磷腈、聚氟代芳氧基磷腈等材料的使用温度范围在 $-70\sim300℃$，可以作为高温飞行和航天用的弹性材料、塑料和密封材料。

6.7.5　航空航天用复合材料

据报道，航天飞行器的质量每减少1kg，就可使运载火箭减轻500kg，航空航天器的轻质化推动了复合材料的发展，使材料复合化成为新材料的重要发展趋势之一。而复合材料的研究、开发与应用也进一步促进了航空航天技术的进步。

1940年，美国制造出世界上第一艘玻璃钢船，将复合材料真正引入工程实际应用，随着航空航天技术的发展，在设计飞机、导弹、人造卫星、火箭、飞船、太空探测器等的承载构件时，理想的结构材料应具有质量轻、强度和模量高的特点，即比强度和比模量要高。正是这种需求直接推动了复合材料的迅猛发展。1942年，美国首先采用玻璃纤维增强聚酯树脂复合材料用于制造飞机构件，此后，树脂基复合材料、陶瓷基复合材料、金属基复合材料、碳/碳复合材料等高性能复合材料在航空航天领域得到广泛应用。

以高性能树脂、金属与陶瓷为基体，碳纤维、硼纤维、芳纶等高性能纤维或其他高性能材料为增强材料，制成的复合材料称为先进复合材料（advanced composite materials, ACM）。ACM具有高比强度、高比模量、可设计性强、抗疲劳性好、耐腐蚀性优越等性能，具有比玻璃纤维复合材料、传统钢、铝合金结构材料更优越的综合性能，在飞机上已获得大量应用，使飞机结构质量减重25%～30%，是用于飞机、火箭、卫星、飞船等航空航天飞行器的理想材料。表6-14为复合材料在军用飞机上的应用。

表 6-14　复合材料在军用飞机上的应用

编号	机种	国家	总用量/%	应用部位
1	Rafal	法国	40	机翼、垂尾、机身、副翼、方向舵等
2	JAS-39	瑞士	30	机翼、垂尾、前机身、副翼、方向舵、各种口盖等
3	F-22	美国	25	机翼壁板、垂尾、机身蒙皮、方向舵、各种口盖等
4	V-22	美国	50	机翼、机身、发动机悬挂接头、叶片紧固装置等
5	EF-2000	欧洲四国	45	机翼、垂尾、机身、副翼、方向舵等
6	S-37	俄罗斯	50	机翼、进气道、机身、保形外挂架等
7	F-35	美国	35	机翼、垂尾、机身蒙皮、方向舵、各种口盖等
8	RAH-66	美国	51	机身蒙皮、舱门、中央龙骨大梁、整流罩、旋翼等
9	Z-9	中国	25	旋翼、涵道垂尾、尾桨叶、机身等
10	J20	中国	27	前机身、垂尾、机翼、外翼等
11	J11B	中国	9	机翼、垂直尾翼、水平尾翼、进气道等

6.7.5.1　树脂基复合材料

先进树脂基复合材料是以高性能树脂为基体、高性能连续纤维等为增强材料制成的复合材料，密度约为钢的1/5，铝合金的1/2，比强度、比模量远高于钢、铝合金。航空航天用先进树脂基复合材料主要是碳纤维增强热固性树脂复合材料，其中环氧树脂占统治地位。高性能纤维增强的树脂基复合材料具有突出的优势。碳纤维含碳量在90%以上，T1000纤维强度达到7000MPa，与其他高性能纤维相比，具有最高比强度和最高比模量。以碳纤维增强的树脂基复合材料（CFRP），具有轻质高强、耐高温、抗腐蚀、热力学性能优良等特点，作为结构材料广泛应用于航空航天器，如军机机身、主翼、垂尾翼、平尾翼及蒙皮等部位，占四代军机结构质量的30%左右，F-22复合材料用量占飞机结构质量的25%，包括外部蒙皮和某些框、梁和骨架结构等，一些轻型飞机和无人驾驶飞机，已实现了结构的复合材料化。

树脂基复合材料在军机上应用大致经历四个阶段。

第一阶段，20 世纪 40 年代，以玻璃纤维增强为主，树脂以环氧树脂、酚醛树脂为主，应用于非受力构件，如各类操纵面、舵面、副翼、口盖、阻力板、发动机罩等。

第二阶段，20 世纪 60 年代，开始使用碳纤维、硼纤维作为增强材料，应用于受力结构件上，如蒙皮、安定面、全动平尾和主受力结构机翼等。1971 年，硼纤维增强环氧树脂复合材料应用于美国 F-14 战机的平尾上，是复合材料史上的一个里程碑。

第三阶段，20 世纪 80 年代，以高性能碳纤维为代表，硼纤维、芳纶、全芳香族聚酯纤维等得以大量应用，树脂品种也由原来的环氧树脂拓展到改性环氧树脂、改性酚醛树脂、双马来酰亚胺树脂、聚酰亚胺树脂、氰酸酯树脂等。应用于复杂受力结构，如机身、中央翼盒等。一般可减重 20%～30%。

第四阶段，21 世纪后，碳纤维由 T300、T700 发展到 T800、T1000，开发应用高韧性的树脂基体，如氰酸酯改性环氧树脂、双马来酰亚胺树脂改性环氧树脂等，高透波率的树脂基体、吸波树脂及耐热 300℃ 以上的树脂等，并对聚苯并咪唑、聚喹噁啉、聚苯并噁唑、聚苯并噻唑、聚芳基乙炔等高性能树脂进行应用研究。

用碳纤维复合材料制造的飞机结构，减重效果可达 20%～40%。目前军机上复合材料用量已达结构质量的 25% 左右，占到机体表面积的 80%。

如美国鱼鹰 V-22 飞机结构的 50% 由复合材料制成，包括机身、机翼、尾翼、旋转机构等，科曼奇（RAH-66）更是超过 50%，欧洲最新的"虎"式武装直升机用量高达 80%，而美国 X-45 系列飞机复合材料用量达 90%，X-47 系列飞机基本上为全复合材料飞机。

民用飞机大量使用了复合材料，波音 777 机体结构中，铝合金占到 70%，钢占到 11%，钛占到 7%，复合材料仅占到 11%。波音 787 开始在飞机受力件上使用复合材料，其复合材料用量占到结构质量的 50%。A380 大量使用了 CFRP，占飞机质量的 22%，用于减速板、垂直和水平稳定器、方向舵、襟翼扰流板、起落架舱门、整流罩、垂尾翼盒、后密封隔框、后压力舱、水平尾翼和副翼等。

碳纤维等增强复合材料作为结构材料、功能材料，广泛应用于导弹、运载火箭和卫星飞行器。如导弹弹头、弹体箭体和发动机壳体的结构部件和卫星主体结构承力件及防热材料。卫星展开式太阳能电池板、天线、国际空间站的桁架结构、美国战斧式巡航导弹固体发动机壳体主要采用碳纤维复合材料。运载火箭的排气锥体，发动机的盖、燃烧室壳体、喷管、喉衬、扩散段，以及整流罩等部位采用 CFRP，与铝合金相比，质量可减轻 10%～25%。另外，新型隐身材料除涂层外，复合材料作为结构隐身材料也在大力开发应用中。

6.7.5.2　陶瓷基复合材料

陶瓷基复合材料（ceramic matrix composite，CMC）是以陶瓷为基体，各种纤维、颗粒、晶须、片状材料为增强体制成的一类复合材料。陶瓷基体有氮化硅、碳化硅等高温结构陶瓷。增强体以纤维为主，如氧化铝系列（包括莫来石）纤维、碳化硅系列纤维、氮化硅系列纤维和碳纤维等。尽管陶瓷具有耐高温、高强度、高模量、抗腐蚀等优点，但其致命的缺点是脆性，易断裂导致材料失效。采用高强度、高弹性的纤维增强是提高陶瓷韧性和可靠性的一个有效的方法。

陶瓷基复合材料质量轻，硬度高，耐高温，高温抗腐蚀性能好，抗磨损，并具有很好的力学性能和化学稳定性。陶瓷基复合材料的最高使用温度为 1650℃，耐温性超过金属材料，工作温度比高温合金高 500℃，而密度仅为高温合金的 1/4～1/3，是目前最好的耐高温与减重效果材料。

陶瓷基复合材料在航空工业领域是一种非常有发展前途的新型结构材料，由于其突出的耐高温性能，是高性能涡轮发动机理想的高温结构材料，被认为是推重比在 10 以上航空发动机的理想耐高温结构材料。如美国验证机的 F120 型发动机，其高压涡轮密封装置、燃烧室的部分高温零件均采用陶瓷基复合材料，法国阵风战斗机 M88-2 型发动机的燃烧室和喷管等采用了 SiC/C_f 陶瓷基复合材料。SiC/SiC_f 陶瓷基复合材料则用于幻影 2000 战斗机涡轮风扇发动机的喷管内调节片，日本先进材料航空发动机燃烧室的衬里、喷嘴挡板、叶盘等均采用 SiC_f/SiC 陶瓷基复合材料，法国 "Rafale" 战斗机的喷气发动机、"Hermes" 航天飞机的部件和内燃机的部件采用了连续纤维增强陶瓷基复合材料，而 SiO_2 纤维增强 SiO_2 复合材料已用作 "哥伦比亚号" 和 "挑战者号" 航天飞机的隔热瓦。美国碳化硅公司用 Si_3N_4/SiC_w 制造导弹发动机燃气喷管，杜邦公司研制出能承受 1200～1300℃、使用寿命达 2000h 的陶瓷基复合材料发动机部件等，未来航空发动机高压压气机叶片和机匣、高压与低压涡轮盘及叶片、燃烧室、加力燃烧室、火焰稳定器及排气喷管等都将采用陶瓷基复合材料。

6.7.5.3　金属基复合材料

金属基复合材料（metal matrix composite，MMC），主要是以 Al、Mg、Ti 等轻金属为基体，以纤维、晶须、颗粒等为增强体（如 SiC、B、Al_2O_3、Ti 及 C 纤维，SiC 晶须、SiC 颗粒、Si_3N_4 颗粒、ZrO_2 颗粒、ZrB_2 颗粒、Al_2O_3 颗粒、碳纳米管和石墨等）制成的复合材料。

金属基复合材料是 20 世纪 50 年代末发展起来的一类复合材料，具有高强度、高模量、耐高温、不燃、不吸潮、膨胀系数小、导热性和导电性好、抗辐射、耐磨性好等优点。与传统的金属材料相比，金属基复合材料具有较高的比强度、比模量；与树脂基复合材料相比，具有优良的导电性、耐热性；与陶瓷材料相比，具有较高的韧性、抗冲击性。尤其是纤维增强钛基复合材料，性能突出，碳化硅纤维增强的钛基复合材料在压气机叶片、整体叶环、盘、轴、机匣、传动杆等部件上已经得到了广泛应用。碳化硅颗粒增强铝合金是金属基复合材料中发展成熟的一种，其密度为钢的 1/3，钛合金的 2/3，与铝合金相近，强度与钛合金相近，耐磨性比钛合金、铝合金好。

金属基复合材料使用温度范围为 350～1200℃，主要用于航空航天用高温材料，可用作飞机涡轮发动机和火箭发动机热区和超声速飞机的表面材料。如 SiC 晶须增强的铝基复合材料薄板可用于先进战斗机的蒙皮和机尾的加强筋，钨纤维增强高温合金基复合材料可用于飞机发动机部件，石墨/铝、石墨/镁复合材料是卫星和宇宙飞行器用的良好的结构材料。

美国将 SiC/Al 复合材料用于航天激光系统及超轻量太空望远镜，有助于提高跟踪和命中率。制造液压制动器缸体用于 F-18 "大黄蜂" 战斗机，与替代材料铝青铜相比，不仅质量减轻、热膨胀系数降低，而且疲劳极限还提高一倍以上。还将 SiC/Al 复合材料作为新型轻质电子封装及热控元件应用于 F-22 "猛禽" 战斗机的遥控自动驾驶仪、发电单元、飞行员头部上方显示器、电子计数测量阵列等关键电子系统上，替代包铜的钼、钢，减轻质量70%。火星 "探路者" 深空探测器也有应用。

俄罗斯航空材料研究所将 B/Al 复合材料用于安-28 飞机的机体结构上，零件质量减轻 25% 左右。普惠公司将碳化硅颗粒增强变形铝合金基复合材料用于发动机风扇出口导流叶片。

总的来说，金属基复合材料已在航空航天领域崭露头角，但还存在不少问题，如金属基复合材料制造工艺技术复杂，材料价格昂贵，增强体与金属的浸润性差，性能有待进一步改善等。

6.7.5.4　碳/碳复合材料

碳/碳复合材料（carbon-carbon composite material）是碳纤维及其织物增强的碳基复合材料，碳基体主要从树脂碳和热解碳获得。碳/碳复合材料是将碳的难熔性与碳纤维的高强度及高刚性结合于一体，通过加工处理和炭化处理制成的全碳质复合材料，碳/碳复合材料在高温热处理之后碳元素含量高于99%，具有密度低（理论上$<2.2g/cm^3$）、高强度、高比模量、一定的化学惰性、优越的热稳定性和极好的热传导性、尺寸稳定性高、良好的耐摩擦磨损性能以及抗热冲击性能好等优点。是当今最理想的耐高温材料，特别是在1000～1300℃高温环境下，强度反而有所提高，在1650℃能保持着室温环境下的强度与刚度，最高理论使用温度高达2600℃，因此被认为是最有发展前途的高温材料之一，就目前而言，是唯一可作为推重比在20以上的发动机进口温度可达1930～2227℃的涡轮转子叶片材料。

尽管碳/碳复合材料高温性能突出，但在有氧环境中温度高于400℃，会发生氧化反应，导致材料的性能急剧下降。因此，在高温有氧环境下，必须有氧化防护措施。碳/碳复合材料的氧化防护主要有基体改性和表面活性点的钝化、采用防护涂层的方法来隔绝与氧的直接接触。制备碳/碳复合材料最关键的技术是坯体致密化，一般采用化学气相渗透或者液态树脂沥青浸渍、炭化的方法。并对致密化的碳/碳复合材料在1650～2800℃进行高温热处理，形成进一步增密的结构。

碳/碳复合材料的研究开发始于20世纪50年代，当时在美国的航空实验室里，由于测定碳纤维/酚醛树脂复合材料中的纤维含量时，工作人员的失误造成酚醛基体热解成碳而发现。20世纪70年代后，得到快速发展，并在材料制备过程当中，逐渐引入了各种具有优异性能的碳纤维。

碳/碳复合材料由于具有独特的性能，已广泛应用于航空航天领域的飞船、卫星、航天飞机、导弹等。如火箭的发动机喷管及其喉衬、航天飞机的鼻锥帽和机翼前缘的热防护系统、喷气式飞机的发动机、喷油杆、隔热屏、尾部喷嘴、飞机刹车盘等高温抗烧蚀零部件。

1966年，碳/碳复合材料用于"阿波罗"宇宙飞船控制舱光学仪器的热防护罩和X-20飞行器的鼻锥。

1974年，英国Dunlop公司的航空分公司首次研制出了碳/碳复合材料飞机刹车盘，并在"协和号"超声速飞机上试飞成功，使每架飞机质量可以减轻544kg，刹车盘的使用寿命提高了5～6倍。

1981年，带有抗氧化涂层的碳/碳复合材料正式用于航天飞机鼻锥帽和机翼前缘。美国的F120验证机发动机燃烧室的部分零件采用碳/碳复合材料。法国的M88-2型发动机、幻影2000型发动机的加力燃烧室喷油杆、隔热屏、喷管等也采用该材料。

碳/碳复合材料发展主要存在的问题是制造工艺复杂，技术难度大，价格昂贵。

总的来说，航空航天材料的高性能、多功能、复合化、智能化、整体化、多维化和低成本化是未来发展方向。

6.8　海洋工程材料

地球是一颗蓝色星球，地球表面积的71%被海洋覆盖，其水量约占地球上总水量的97%，海洋是地球生命的摇篮，蕴藏的丰富资源，具有重要的战略价值。21世纪全球面临人口膨胀、资源枯竭、环境恶化三大问题，而海洋是少数未被深入开发利用的资源之一，且海洋具有极其重要的军事战略意义。因此，开发海洋、发展海洋经济和海洋产业是 21 世纪各国的重要战略举措。

我国幅员辽阔，大陆海岸线长达 1.8 万多公里，岛屿岸线 1.4 万公里，海岸线总长居世界第四，大陆架面积 130 万平方公里，居世界第五，200n mile 水域面积 200 万～300 万平方公里，居世界第十。开发海洋、发展海洋经济、开发利用海洋资源对国民经济建设具有重要战略意义。

目前人类开发海洋包括油气资源、空间资源、矿产资源、生物资源、绿色能源等。海洋资源的开发利用、海洋经济与产业体系的建设离不开海洋工程装备，如船舶、采油平台、深海工程装备、海洋风力发电装备、海水淡化装备、潮汐能与波浪能利用设备、运输装备及港口设施等，而这些工程装备，离不开高性能的各种金属材料、无机非金属材料、高分子材料及复合材料，没有相应的材料及制备应用技术，研制不出能满足要求的装备，海洋工程材料发挥关键性的作用。

6.8.1　海洋环境的一般特征

海洋是指地球上连成一片的海和洋的总水域。包括海水、溶解和悬浮于海水中的物质、海底沉积物和海洋生物。海洋环境是一个非常复杂的系统，也是人类消费和生产所不可缺少的物质和能量的源泉。根据海洋形态和水文特征等，可把海洋分成主要部分和附属部分。前者称为洋，后者称为海、海湾或海峡。洋一般远离大陆，面积广阔，水深在 3000m 以上，海一般邻靠陆地，水深在 3000m 以内。海底地形分为四种地形区域：大陆架、大陆坡、大洋盆地和海沟。

对于海洋工程材料而言，影响其使用性能、使用寿命的除材料本身结构、性质外，主要受海水性质、海洋生物、海水运动方式等影响，其中最关键的是海水性质（如盐度、pH 值、温度等）与海洋微生物对工程材料的影响，材料在海洋环境中主要发生电化学腐蚀与微生物腐蚀。

（1）海水温度　海水的温度取决于辐射过程、大气与海水之间的热量交换和蒸发等因素。大洋中水温为 $-2～30℃$；深层水温低，为 $-1～4℃$。太平洋、印度洋、大西洋三大洋平均表层水温为 17.4℃，比近地面年平均气温 14.4℃高 3℃。北冰洋和南极海域最冷，表层水温为 $-3～-1.7℃$。海洋水温在垂直方向上，上层和下层截然不同。上部在 1000～2000m 的水层内，水温从表层向下层降低很快，而 2000m 以下，则水温几乎没有变化。一般而言，海水温度升高能促使腐蚀过程进行。

（2）海水盐度　海水是一种多组分的电解质溶液，含有很多种盐类，在海水中已发现的元素近 80 种，绝大部分呈离子状态，主要有氯、钠、镁、硫、钙、钾、溴、碳、锶、硼、氟 11 种，氯化物为主，如氯化钠、氯化镁等，硫酸盐其次。

海水所含盐量通常以盐度表示，是指在 1000g 海水中，所含溶解固体的总克数。大洋盐度一般在 35‰左右，其中约占盐度的 78%为氯化钠。也正是由于海水盐度高，含电解质种类多，使海水具有良好的导电性，不易结冰，且影响海水含氧量与海洋微生物生长。

（3）海水 pH 值　海水一般呈弱碱性，pH 值一般为 7.5～8.4。大洋水的 pH 值变化主要是由 CO_2 的增加或减少引起的，增温和强烈的光合作用，使上层海水中二氧化碳含量和氢离子浓度下降，pH 值上升，即碱性增强。在溶解氧高的海区，pH 值也高。pH 值增大有利于形成钙沉积层，影响海水腐蚀性。

（4）海水中氧、二氧化碳　海水中氧的含量与压力、水温及含盐量等因素有关。海水中氧的含量是影响海水腐蚀性的重要因素，含氧量高，对于表面能形成氧化层的金属而言有利于防腐，如铝、不锈钢等；而对于碳钢、低合金钢、铸铁等表面难氧化成膜的金属，将加剧腐蚀。

海水中二氧化碳的溶解度随温度、盐度升高而降低。二氧化碳以碳酸盐形式影响金属腐蚀过程，碳酸盐主要以碳酸钙形式沉积在材料表面形成不溶的保护层，能抑制腐蚀进行。

（5）海水电导率　海水是多组分电解质溶液，具有很高的电导率，并随海水盐度、温度的增加而增加。电导率越大，金属的电偶腐蚀越快。

另外，海洋环境中生物种类很多，据统计，海洋微生物超过 1500 种，金属材料浸入海水中，几分钟内就会有细菌附着，数小时内就会出现硅藻、菌类、原生动物及其他微生物附着，形成微型生物黏膜，成为各种海洋附着生物活动的温床，形成一个群体生物层，这些生物附着本身以及它的新陈代谢产物不仅会影响金属腐蚀过程，也在很大程度上影响了设备的使用性能、使用寿命。海水中材料表面附着的微生物有细菌、真菌、硅藻等。

在各种力的作用下，海水的质点和水团不停运动着，波浪、潮汐和海流等都是海水的运动形式。海水流速和波浪也会对船舶及海洋工程材料的效能产生一定影响。

6.8.2　海洋工程材料一般要求

海洋工程材料，是指用于海洋开发的各类特殊材料，有金属材料、无机非金属材料、高分子材料与复合材料，用于制造各种海上运输工具、各种类型的舰船、海上采油平台、开采和水上输送及储存设备、海岸设施等。由于海洋环境的特殊性，对海洋工程设施从设计理论到材料选用都提出了更高的要求，海洋工程材料设计与选用一般要满足以下要求。

（1）耐腐蚀性好　材料抵抗周围介质对其腐蚀破坏的能力称为材料的耐腐蚀性，耐腐蚀性不是材料的一个固定不变的特性，而且随材料的工作条件而改变。海水是多组分电解液，对海洋工程材料具有很强的腐蚀性，海洋微生物生长繁殖时会产生带腐蚀性的代谢物。因此，在设计时，材料的耐腐蚀性对选择结构材料常起决定性作用。

（2）力学性能好　材料力学性能好主要表现在耐压力、有足够的强度（特别是在深海高压条件下），这是设计和制造各种工程装备时选用材料的主要依据，材料力学性能具体表现在以下几个方面。

① 机械强度　这是材料抵抗外力作用，避免引起破坏的能力，是设计中决定许用应力数值的依据，常用的有强度极限（σ_b）与屈服极限（σ_s），高温时还应考虑蠕变极限（σ_n）与持久极限（σ_D）。

② 塑性　是指材料破坏前塑性变形的能力，反映材料塑性的指标有延伸率（δ）和断面收缩率（ψ）。承压设备应选用塑性较好的材料制造，以便于加工，并使工作安全。

③ 硬度　反映弹性、强度与塑性的综合性能指标。一般来说，硬度较高的材料，其耐磨性也较好，强度也较高，而塑性与切削性能较差。

④ 冲击韧性　是指材料抵抗冲击载荷而不致破坏的能力，用 α_k 表示。α_k 低的材料称为脆性材料，破坏时无明显变形，而 α_k 高的韧性材料，破坏前有明显的变形。制造海洋工程设施的材料，需要有一定的冲击韧性。

⑤ 断裂韧性　这是材料对裂纹扩展的抵抗能力，对于中低强度的压力设备用钢和低温用钢，目前较普遍采用临界裂纹张开位移（COD）值（δ_c）来评定。构件的 δ 值超过 δ_c，则认为裂纹将会扩展。必须指出，以上的力学性能是相互联系的，选材时应综合考虑。

（3）制造加工性能好　材料总是要经过各种加工以后，才能制成设备或机器的零件，材料在加工方面的物理、化学和力学性能的综合表现构成了材料的加工性能（或工艺性能）。设备的制造工艺性能十分重要，不然，所设计的设备很难或根本无法加工制造。海洋工程装备应考虑的主要制造工艺性能有：金属材料的可焊接性、可锻造性、可铸造性、可切削性、可热处理性、可冲压性等；无机非金属材料的可注浆性、可挤压性、可浇铸性、可压制性等；高分子材料的可压制性、可压延性、可焊接性、可切削性等。

（4）物理性能　根据不同的使用要求，海洋工程装备设计时对材料要求不同的物理性能，材料的主要物理性能指标有密度、熔点、电、磁、光、热性能等。

（5）特殊性能要求　对于如军用舰艇、科学调查船等特殊用途的装备，对材料提出了许多特殊的使用要求，如要求材料具有绝热隔声、静音、无磁、不反射雷达波等性能。

（6）其他要求　材料在制造装备时除满足上述性能要求外，还应考虑价格、来源、设备或零件装拆、清理、修理方便等方面的因素。

总之，设计和建造海洋工程装备与设施的材料应具有耐腐蚀性好、力学性能优良、使用可靠、制造加工方便、成本低、维修方便等特点。

6.8.3　海洋工程中金属材料

金属材料具有良好的综合使用性能和加工性能，金属材料作为结构材料在海洋工程装备与设施上应用最早，用量也最多，如舰船、海洋平台、桥梁等方面有广泛的应用。

主要材料有以下几种。

（1）碳钢　碳钢即碳素结构钢，可分为普通碳素钢与优质碳素钢两种。普通碳素钢可分为甲类、乙类和特类三种。甲类钢在供货时保证力学性能，乙类钢保证化学成分，特类钢保证力学性能与化学成分。

一般海洋工程装备与设施用钢，首先要求保证足够的机械强度，因此高等级碳素结构钢、优质碳素结构钢及低合金钢应用较多。

此外，压力设备用钢和锅炉用钢还要求有良好的塑性，且要求钢的质地均匀，无时效倾向，因此一般都选用杂质和有害气体含量较低的低碳镇静钢。

碳钢虽然应用很广，但存在着不少缺点。首先碳钢综合力学性能不是很高，如强度高的碳钢，往往韧性较低；韧性好的碳钢，则强度较差。其次，碳钢在热处理淬火的过程中容易变形、开裂。此外，碳钢耐腐蚀性、耐磨性、耐热性较差。

（2）合金钢　常用合金钢主要有普通低合金钢、合金结构钢和特殊性能钢等。

① 普通低合金钢　普通低合金钢是在普通低碳钢中加入总含量不超过3%的合金元素制造的钢种。由于含有少量合金元素，所以它与碳钢相比，机械强度大大提高，且耐热性、耐腐蚀性及低温性能也有所改善，因而在海洋工程装备与设施中得到广泛使用。

普通低合金钢按特性可分为强度钢、耐蚀钢、高温用钢及低温用钢几种（表6-15）。

表6-15　普通低合金钢

分类		钢号	分类	钢号
强度钢	35kg级①	16Mn	高温用钢	350～450℃	16MnR
	40kg级	15MnV		350～540℃	12CrMo
	45kg级	15MnVNiCu		350～560℃	15CrMo
	50kg级	18MnMoNb		350～580℃	12CrMoV

续表

分类		钢号	分类	钢号
耐蚀钢	化工石油用钢	15MoVAlTiRe	低温用钢	16MnDR②
	耐 H_2S 腐蚀用钢	08AlMoV	$\geqslant -40℃$	
	耐海水腐蚀用钢	10MnPNbRe	$\geqslant -70℃$	09Mn2VDR
	耐大气腐蚀用钢	09MnCuPTi	$\geqslant -70℃$	09MnTiCuXtDR
			$\geqslant -90℃$	16MnNbDR

① 35kg 级，是指屈服强度为 350MPa，其余类推。

② 符号 D 为低温用钢，R 为压力容器用钢。

由于普通低合金钢中添加合金元素不多，因而价格提高不大，而性能有很大改善，所以得到广泛应用，尤其在高压设备的制造中。但是，普通低合金钢在强度提高的同时，其塑性和焊接性有所下降，对缺口更为敏感，因而对焊缝的要求更为严格。为此，除焊接工艺选择恰当外，结构设计也十分重要。

② 合金结构钢　合金结构钢的淬透性好，淬火、回火以后可在较大截面上得到较好的性能，强度高，热处理变形小。因此，应用于机械制造中的重要零件。合金结构钢有合金渗碳钢、合金调质钢等。

③ 特殊性能钢　特殊性能钢是指具有特殊的物理性能、化学性能的钢。属于这种类型的钢主要有不锈钢、耐热钢等。

对大气或腐蚀介质具有抗蚀能力的钢称为不锈钢。不锈钢按其化学成分可分为铬不锈钢及铬镍不锈钢两大类。其中，Cr13 型（如 1Cr13）为最常用的铬不锈钢，18-8 型（如 1Cr18Ni9）为最常用的铬镍不锈钢。海洋工程装备与设施中广泛使用着不锈钢，除了它具有良好的力学性能外，主要是利用其耐腐蚀性。

（3）超高强度钢　超高强度钢具有高刚度、高疲劳寿命、良好的中温强度、耐腐蚀性等特点，与普通结构钢相比，一般抗拉强度≥1400MPa、屈服强度≥1200MPa 的为超高强度钢。目前，在保持同样断裂韧性指标的条件下，已开发出抗拉强度≥1950MPa 的超高强度钢，正开发抗拉强度为 2100～2200MPa 的高可靠性结构钢。

超高强度钢主要用于结构材料中的重要承力件，如舰载机上的大梁、起落架，舰船的主要承重件，潜水艇、深海探测器的外壳、大梁等。

（4）有色金属及其合金　海洋工程装备与设施中应用的有色金属主要有铜、铝、钛以及它们的合金。

铜与铜合金的最大特点是：电导率、热导率高，常用于制造导电材料、换热表面；在低温下强度有所提高，且保持较高的塑性，冲击韧性也有所增加，常用于制造深冷设备，如空分装置等；有一定耐腐蚀性（如对有机酸和苛性碱）。

铝与铝合金的特点是：密度小，质量轻，塑性好；导热性、导电性好。铝的另一特点是耐氧化性很强的酸的腐蚀，但不耐碱及盐水。铝合金是海上飞行器（如舰载机）的主要结构材料。

钛及其合金具有比强度高、耐腐蚀性好、耐热性强等特点，以及优良的力学性能，在海洋工程材料中占据重要地位，尤其在舰载机上是不可或缺的材料，但价格较贵。

6.8.4　海洋工程中无机非金属材料

海洋工程装备与设施用无机非金属材料主要有水泥、玻璃、陶瓷等。

（1）水泥　水泥是一种粉状水硬性无机胶凝材料。加水搅拌后成为浆体，能在空气中硬化或者在水中更好地硬化，并能把砂、石、钢材等材料牢固地胶结在一起，形成混凝土。水泥的相对密度较小，抗压强度高，刚度和硬度较好，生产工艺简单，成本低等，且有一定的耐温、耐水、耐海水腐蚀能力，常用于港口、桥梁等基础设施。

（2）玻璃　玻璃是一种无规则结构的非晶态固体，其原子不像晶体那样在空间具有长程有序的排列，而近似于液体那样具有短程有序。玻璃具有相对密度低、透明、化学稳定性好、不易变形、硬度高、热导率低、机械强度好及良好的水密性及气密性等优点。普通玻璃的主要成分是二氧化硅，海洋工程装备与设施中常用的有钢化玻璃、夹丝玻璃、夹层玻璃、灯具玻璃等，用于舷窗、风窗、驾驶室视窗等。

钢化玻璃的机械强度高，弹性好，热稳定性好，碎后不易伤人，可发生自爆。夹丝玻璃受冲击或温度骤变后碎片不会飞散，可短时防止火焰蔓延。夹层玻璃的透明度好，抗冲击性高，夹层 PVB 胶片起黏合作用保证碎片不散落伤人，耐久性、耐热性、耐湿性、耐寒性高。

（3）陶瓷　陶瓷是陶器和瓷器的总称，陶瓷材料大多是氧化物、氮化物、硼化物和碳化物等。常见的陶瓷材料有黏土、氧化铝、高岭土等。具有金属材料和高分子材料所没有的高强度、高硬度、耐腐蚀、导电、绝缘、磁性、透光、半导体以及压电、铁电、光电、电光、超导、生物相容性等特殊性能，但可塑性较差。

高性能结构陶瓷和功能陶瓷在海洋工程装备与设施中常用于电子信息方面。如半导体材料、压电陶瓷、导电陶瓷、金属陶瓷等，用于各种滤波器、谐振器及其他精密探测仪；电路安全保护装置、集成电路、发声器、微电机、温度传感器；电话机、卫星接收器、通信设备等各类电子仪器产品。

6.8.5　海洋工程中高分子材料

高分子材料在海洋工程装备与设施上得到了广泛的应用，具有极高的使用价值。1t 化工防腐蚀用的通用塑料，可代替 5～7t 钢材；1t 玻璃纤维增强塑料（玻璃钢），可代替 3.5t 不锈钢；1t 工程塑料，可节省 4～5t 有色金属。特别是在防腐蚀方面，高分子材料更是起着其他材料无法替代的独特作用。

由于大多数高分子材料具有良好的化学稳定性，使它们在耐腐蚀方面比金属、陶瓷等材料优越得多。高分子材料还具有良好的成型加工性、成本低。但高分子材料强度低、耐高温性差、易燃烧等缺点也影响了在海洋工程中的应用。高分子材料在海洋工程装备与设施中主要用于非承重结构件，如各种管道、橡胶密封件、仪器设备上塑料零部件、日用塑料件、内外饰件、电气绝缘材料、防护涂料等方面，特别是在防腐蚀方面的应用，弥补了金属材料与无机非金属材料在这方面的不足，有关防腐涂料内容在 6.8.7 节中展开。

6.8.6　海洋工程中复合材料

有关复合材料的内容在复合材料章节与航空航天材料章节中均有讲述，这里不再另行展开，其在海洋工程装备与设施中主要用于减量、耐温、耐腐蚀、增强等有特殊要求部件或整体。

6.8.7　海洋工程材料的腐蚀与防腐

腐蚀是材料表面和周围环境发生化学或电化学反应而被破坏的现象，材料因受到应力的作用及环境中腐蚀介质的共同作用时所引起的腐蚀。据统计，每年因腐蚀带来的经济损失占各国本年度国民经济总产值的 3%～5%，腐蚀问题遍及国民经济和国防建设的各个部门，造成的危害触目惊心，海水的腐蚀约占金属材料总腐蚀损失的 1/3。

（1）海洋工程材料腐蚀　金属材料的腐蚀主要有三类。

① 化学腐蚀　是指化学物质和金属表面接触，发生化学反应导致的腐蚀。

② 生物腐蚀　是指由各种微生物的生命活动引起的腐蚀。

③ 电化学腐蚀　是指金属发生电化学反应导致的腐蚀。

对于海洋环境中金属材料主要发生电化学腐蚀与微生物腐蚀。

无机非金属材料在海洋工程中以混凝土腐蚀为主，混凝土在承受应力荷载与海水作用下发生腐蚀，海水中对混凝土发生侵蚀的有害成分主要是硫酸镁和氯化钠，其腐蚀主要包括溶出性腐蚀、阳离子交换型腐蚀与膨胀性腐蚀。溶出性腐蚀是由于海水与水泥相互作用，使水泥成分溶解，形成海水对混凝土的腐蚀。阳离子交换型腐蚀主要是由于海水中 $MgCl_2$ 和 $MgSO_4$ 与混凝土中的 Ca^{2+} 产生阳离子交换作用，形成可溶性 $CaCl_2$，导致混凝土孔隙率和渗透性提高，形成腐蚀。膨胀性腐蚀是混凝土与外界硫酸盐离子相接触时，生成膨胀性盐，引起膨胀，使表层开裂或软化，加速了混凝土的毁坏，造成腐蚀。在承受应力荷载情况下，混凝土腐蚀更加强烈，并进一步促使混凝土中钢筋腐蚀。

高分子材料的化学稳定性好，耐腐蚀能力强，一般比较难以发生海水腐蚀，当然在其他因素作用与极端条件下，容易发生老化与劣化。

（2）海洋工程材料防腐　海洋工程材料，特别是金属材料，其防腐作用途径主要有两个：一是隔绝腐蚀介质与材料之间通道，如屏蔽作用，在金属表面涂覆防腐涂料，阻止腐蚀介质和金属表面直接接触；二是阴极保护，使被保护金属处于阴极，并得到极化，免受腐蚀。阴极保护主要有牺牲阳极保护和外加电流保护两种。以钢材在海水中的防腐为例，介绍几种常用的防腐涂料。

钢材防腐涂料的一般要求如下：良好的附着力；力学性能优良，如耐海水冲刷性、耐磨性、耐碰撞性；耐介质性优异，如耐盐水性、耐盐雾性、耐化学品性。除此之外，应具有优异的耐候性、耐紫外线照射性，安全性、环保性及经济性好等。

涂料可分为油基漆（成膜物质为干性油类）和树脂基漆（成膜物质为合成树脂）两大类。通过一定的涂覆方法涂在装备表面，经过固化形成薄涂层，从而保护装备免受海洋大气、海水、微生物等的腐蚀作用。涂料的种类极多，用于海洋工程的有以下几种。

① 环氧树脂类涂料　由环氧树脂、有机溶剂、增韧剂、固化剂和填料等配制而成。环氧树脂在防腐涂料中应用最广，环氧树脂涂料具有优异的附着力、良好的耐腐蚀性，特别是耐碱性，优良的耐水性、耐化学品性（耐酸、耐碱和耐有机溶剂），并有较好的耐磨性，涂层有良好的弹性，使用温度为 90～100℃，储存稳定，已广泛用于海洋防腐领域。

通常将环氧树脂防腐涂料分为环氧酯防腐涂料、胺固化环氧防腐涂料、树脂改性环氧防腐涂料、新型环氧防腐涂料（环氧粉末防腐涂料、线型环氧防腐涂料）及其他改性环氧防腐涂料。但环氧树脂中含有醚键，不耐户外日晒，不宜作为面漆，在加入能遮蔽紫外线的颜料（如铝粉、云母氧化铁、石墨等）后，可作为面漆。

② 酚醛树脂类涂料　将酚醛树脂溶于有机溶剂中并加入适量的填料和增韧剂配制而成。可耐盐酸、浓度低于 60％的硫酸、磷酸、乙酸、各种盐类及大多数有机溶剂，不耐碱和强氧化剂。环氧改性的酚醛环氧涂料具有更好的附着力和耐磨性，可作为阀门、管道防腐涂料。

③ 聚氨酯防腐涂料　聚氨酯涂料是一种以聚氨酯树脂为基料，以颜料、填料等为辅料的涂料。聚氨酯涂料施工适应性很强，可以在潮湿环境和底材上施工，也可低温下固化。

聚氨酯防腐涂料品种多样，有聚醚、聚酯、环氧树脂改性以及丙烯酸树脂改性单组分或双组分聚氨酯涂料。

在常温下，聚氨酯涂料对海水、盐酸、磷酸、硫酸、苛性碱、汽油等具有优良的耐腐蚀性能和物理机械性能，具有突出的耐候性和耐油性，还具有良好的耐磨性。

④ 富锌树脂防腐涂料　含有大量锌粉的涂料称为富锌涂料。富锌涂料包括无机和有机两种类型。无机类富锌涂料使用硅酸烷基酯、碱性硅酸盐为基料；有机类富锌涂料主要使用环氧树脂为基料。特别是无机类富锌涂料对金属有极好的防锈和附着作用，且具有良好的耐热性、导电性、耐溶剂性，作为单一涂层，无机类比有机类具有更好的耐久性和防腐蚀性，有机类成膜性、施工性好。

富锌涂料防腐通过锌粉的溶解牺牲对钢铁起阴极保护作用，并随着锌粉的腐蚀，在呈球形锌粉颗粒中间沉积了许多腐蚀产物，形成不导电的致密微碱性腐蚀产物层，起到屏蔽作用，达到防腐效果。

⑤ 橡胶类涂料　橡胶涂料是以橡胶为主要成膜物的涂料。橡胶涂料具有快干、耐碱、耐化学腐蚀、柔韧、耐水、耐磨、抗老化等优点。主要用于船舶、水闸、化工防腐等。常用的有氯磺化聚乙烯防腐涂料和氯化橡胶防腐涂料。

氯磺化聚乙烯防腐涂料是以氯磺化聚乙烯橡胶为成膜物，加入改性树脂、颜料、填料、溶剂、硫化剂、促进剂等添加剂配制而成的。具有抗油性、阻燃性、耐候性优异、耐化学品性极好、耐水性好等特点。大量应用于船舶、港湾结构等。

氯化橡胶防腐涂料由于其分子结构饱和，无活性化学基团，耐候性及化学稳定性好，对酸、碱有一定的耐腐蚀性，耐水性、耐盐水性、耐盐雾性好，与富锌涂料配合，具有长效防腐蚀性能。

另外，还有高固体分防腐涂料，质量固含量在 80% 以上，其防腐蚀性能优越。水性防腐涂料，包括环氧、醇酸、丙烯酸、聚氨酯以及无机硅酸锌涂料等。鳞片玻璃防腐涂料含厚度为 $3 \sim 4\mu m$ 的鳞片玻璃，配合使用的底层树脂有环氧类和聚酯类等树脂。氟树脂防腐涂料具有超长的耐候性和耐温性、优良的耐化学介质腐蚀性、卓越的防污染性、良好的力学性能。乙烯基树脂系列包括乙烯类、氯磺化聚乙烯类和高氯化聚乙烯类涂料、沥青及改性沥青类防腐涂料、呋喃树脂防腐涂料、有机硅耐高温防腐涂料、水性无机防腐涂料等。

第7章

材料与环境

人类生存的自然环境是环绕人群空间，可以直接或间接影响人类生产、生活的一切自然形成的物质和能量的总体，主要有空气、水、土壤、生物、矿物、太阳辐射等，是人类赖以生存的物质基础。自人类存在以来，就不断地通过所掌握的技术和手段从自然环境中获取生存和发展所需的一切资源。人类在不断利用和向自然索取、创造新的生活条件的同时，也给自然环境造成了严重破坏。特别是 18 世纪 60 年代工业革命以来，科学技术迅猛发展，生产力水平迅速提高，人类对自然的开发能力达到了空前的水平。然而由于人类受认知能力和科技水平的局限和滞后，人类活动也给自然环境造成不可恢复的污染和破坏，使自然环境衰退并造成水体污染、大气污染、土壤污染、生物污染、放射性污染、噪声污染和微波干扰等严重环境问题。环境问题日益突出，迫使人类重新审视发展历程。

材料与环境的关系主要涉及三个方面。

① 材料在提取、制备、生产、使用及废弃过程中排放大量的污染物（即"三废"），造成环境污染和破坏。

② 材料的环境劣化，如金属材料的腐蚀、无机非金属材料的侵蚀、高分子材料的老化等。

③ 在深刻认识与了解材料与环境的关系、材料环境劣化与对环境破坏作用后，接下来的是如何防止、解决这些问题或在问题发生时减轻、减少其影响后果。

7.1　材料的环境污染

自人类诞生以来，人类祖先为了抵御猛兽袭击和猎取食物，为了生存与发展，开始从周围环境中不断获取各种生活资料和生产资料。而材料的发现、发明和使用是人类活动的保证，从最原始的石器、青铜器、铁器，到当今世界涉及范围广泛的各种高性能材料，如电子、信息、航天、生物、能源、环境等。追溯人类文明的历史，材料是人类文明的里程碑，是人类赖以生存和得以发展的重要物质基础。正是由于材料的使用、发现和发明，才使得人类在与自然界的斗争中，走出混沌蒙昧的时代，发展到科学技术高度发达的今天。

人类社会的进步，总是离不开材料的。材料是社会发展的基础和先导，是社会文明的重要标志，是现代高科技的重要支柱之一。从人类社会科技发展史看，相关新材料的发明与应用往往是重大技术突破与创新的起点。新材料的研制、开发与应用不仅构成对高技术发展的推动力，而且也是衡量一个国家科学技术水平高低的标志。20 世纪 50 年代出现的镍基高温合金，将材料使用温度由原来的 700℃ 提高到 900℃，从而导致了超声速飞机的问世；光导纤维材料的出现，使人类传递信息的数量与质量获得大幅度提升，与铜质材料相比，传递频带宽为 4 万兆赫的信息，材料质量减轻至原来的 1/30000，价格便宜至原来的 1/2000；单晶硅生长技术和晶片加工技术的进步，使计算机的运算速度由第一台计算机每秒 5000 次提高到目前已超过每秒 5 万亿次，整整提高了 10 万亿倍。在某种意义上，人类的文明进程在某种程度上是由材料所决定的，当人类文明进展面临瓶颈时，新材料的发明就带动了文明的又一次突破。

然而，材料在提取、制备、生产、使用及废弃过程中，往往消耗大量的资源和能源，造成能源短缺，资源过度消耗甚至枯竭；并排放大量的污染物，造成环境污染和破坏，如全球温室效应，臭氧层破坏，光、电、磁、噪声及放射性污染等。这种对自然环境的污染与破坏在 18 世纪后期第一次技术革命开始后进入飞快加速并难以弥补的地步。20 世纪的世界十大公害事件从一个侧面反映了自然环境被污染与破坏的严重性，同时也造成对人类本身的伤害。

过去半个世纪以来，人类在最大限度地获得各种资源的同时，也以前所未有的速度和范围猛烈改变了全球的生态环境，一些生态系统所遭受的破坏已经无法得到逆转，牺牲环境发展生产的恶果正在越来越清楚地表现出来。《千年生态环境评估报告》指出，过去 40 年中人类对河流湖泊水资源的开采翻了一倍，1/4 的海洋鱼类遭过度捕捞，约 90% 的大型海洋食肉动物消失，25% 的哺乳类动物、12% 的鸟类和 1/3 以上的两栖类动物面临灭绝的厄运。20 世纪的最后几十年，世界煤炭资源损失了 20%，另外 20% 的煤炭资源正在退化。也是在同一时期，滥伐森林使热带雨林锐减，35% 的世界森林资源消失并导致干旱发生。人类的活动，特别是现代农业的扩展，对自然世界带来了无法逆转的改变。如果目前的情况继续恶化下去的话，生态环境就有可能发生突然变化，将导致水资源质量发生突变，诱发并蔓延新的疾病，增加疟疾和霍乱传播的风险，海洋生物大量死亡，海洋中出现"无生命区"，地球气候出现异常变化。总之，全球生态环境恶化将危及人类健康与长久发展，生态系统的破坏将直接影响到联合国千年目标中有关消除贫困、提高人类健康水平的实现，其中全球最贫穷的一些国家将首先受害。

20 世纪以来，在传统资源观的影响下，竭泽而渔式的发展造成了严重的环境污染和资源浪费，因此而造成的环境危机必将导致人类的生存危机，制约人类社会的和谐发展。保护生态环境，落实科学发展观是 21 世纪的必然选择。

20 世纪 70 年代开始，人类进入了一个科学技术快速发展的阶段，微电子技术、生物工程技术和空间技术、新型材料、新能源、航天工业、海洋开发等新兴技术的出现与发展，使人类实现了 DNA 的人工合成和"克隆"羊，登上了月球、火星，实现了遨游太空。然而人类在获得快速发展的同时，也对我们赖以生存的地球造成严重破坏，特别是进入 21 世纪，人类将面临 3 个威胁生存的问题：自然环境遭到严重污染，生态破坏加剧；各类人类赖以生存和延续发展的自然资源即将枯竭；人口恶性膨胀，已达到地球承受极限。

7.1.1 环境污染

我国的《环境保护法》把"环境"定义为：是指影响人类生存和发展的各种天然的和经过人工改造的自然因素的总体。并且还列举了"包括大气、水、海洋、土地、矿藏、森林、草原、野生生物、自然足迹、人文遗迹、自然保护区、风景名胜区、城市和乡村等"。

环境污染是指被人们利用的物质或者能量直接或间接地进入环境，导致对自然的有害影响，以至于危及人类健康、危害生命资源和生态系统，以及损害或者妨害舒适性和环境的其他合法用途的现象。环境污染的实质是人类生产、活动所索取资源的速度超过了资源本身的再生速度以及向环境排放废弃物的数量超过了环境本身的自净能力。

　　材料在采矿、提取、制备、生产、使用及废弃过程中，不可避免地要向环境排放大量的各种污染物。这些污染物主要包括废气、废水和固体污染物，它们加速了环境恶化和生态失衡，污染着人类生存的环境。

　　目前，全球环境状况已经到了非常严峻的时候。全球每年有 30 亿吨各类工业废渣、5000 亿吨各种污水排入环境。这些污染物进入环境后，将以公害的形式给人类带来严重的灾难。人类焚烧城市垃圾、医疗废弃物及工业废弃物等固体废物，燃烧各种燃料，制造和施用含氯农药以及冶金、造纸、化工、饮水消毒等产业都无意识地向环境中排放二噁英及类二噁英。由于它们在环境中极其稳定，无论在原野、在大气还是在水域，到处都有它们的踪迹。同时，由于有着良好的脂溶性，它们很容易通过食物链传递而生物累积到动物和人体中。因而，人类的二噁英污染是非常普遍且相当严重的，它们往往出现在人体的血液、脂肪、肝脏和母乳中。表 7-1 为一些国家二噁英来源与排放量。

表 7-1　一些国家二噁英来源与排放量

来源	排放量/(g/a)					
	英国	日本	俄罗斯	荷兰	瑞典	美国
城市垃圾焚烧	460～580	3100～7450	5.4～432	382	50～100	60～200
医疗废弃物焚烧	18～88	80～240	5.4	2.1	10	500～5100
有害废弃物焚烧	1.5～8.7	460	0.5～7.2	16	2～6	2.4～8.4
下水污泥焚烧	0.7～6	5	0.01～1.13	0.3	—	1～26
冶金工业	8～76	250	39～399	30	50～150	230～310
造纸、农药等其他行业	31.5～693	45	—	25.5	5	—
汽车排放	1～45	0.07	12.6	7	5～15	8～870
燃料燃烧	31～130	—	6.9	17	—	70～1600
火灾	0.4～12	—	—	—	—	300～3000
其他	7.7～15	—	—	4	1	8.6
总计	560～1100	3940～8450	68.5～928.5	480	122～288	1174～11123

　　地球环境破坏，对于地球及生活在地球上的任何物种威胁是残酷的。自 20 世纪 30 年代以来，全球发生了十大严重破坏自然环境的污染事件，见表 7-2。

表 7-2　20 世纪 30 年代以来全球发生的十大严重破坏自然环境的污染事件

污染事件	发生时间	发生地点	伤害情况	伤害原因	事件原因
马斯河谷烟雾事件	1930 年 12 月	比利时马斯河谷	几千人发病，一周内 60 人死亡	SO_x 和金属氧化物（MnO）微粒进入大气	山谷中重型工厂多；逆温天气；工业污染物积聚
洛杉矶光化学烟雾事件	1943 年、1955 年、1970 年三度发生	美国洛杉矶	65 岁以上老人死亡 400 人，该市 3/4 的人患病	石油工业和汽车废气在紫外线作用下生成光化学烟雾	汽车燃烧汽油，产生大量碳氢化合物，进入大气
多诺拉烟雾事件	1948 年 10 月 26 日	美国多诺拉	约 6000 人患病，17 人死亡	SO_2 同烟发生作用，生成硫酸盐，吸入肺部	工厂；雾天；逆温天气
伦敦烟雾事件	1952 年 12 月以后又发生 12 次	英国伦敦	5 天内约 4000 人死亡。2 个月内又死亡 8000 人	燃煤粉尘与 SO_2	居民用烟煤取暖，排出大量粉尘与含硫物；逆温天气

污染事件	发生时间	发生地点	伤害情况	伤害原因	事件原因
水俣事件	1953～1956 年	日本熊本县水俣镇	死亡 1004 人	甲基汞被鱼吃后,人吃中毒的鱼而生病死亡	氮肥厂排放至水体的污水中含汞化合物
富山事件(骨痛病)	1955～1972 年	日本富山县	患者超过 280 人,死亡 34 人	食用含镉的米、水	铅锌矿开采和冶炼中排放含镉废水
米糠油事件	1968 年	日本九州爱知县等 23 个府县	死亡 16 人,受害者达 13000 人	食用含多氯联苯的米糠油	米糠油生产过程中用多氯联苯作为载体,因管理不善,毒物进入米糠油
印度博帕尔事件	1984 年 12 月 3 日	印度博帕尔市	死亡近 2 万人,受害 20 多万人,受害面积 40 平方公里.数千头牲畜被毒死	由于剧毒的甲基异氰酸酯而中毒	美国联合碳化物公司的农药厂储罐内剧毒的甲基异氰酸酯爆炸外泄,45t 毒气形成一股浓密的烟雾,以 5000m/h 的速度袭击了博帕尔市区
切尔诺贝利核泄漏事件	1986 年 4 月 26 日	乌克兰基辅市郊的切尔诺贝利核电站	31 人死亡,237 人受到严重放射性伤害。而且在 20 年内,还将有 3 万人可能因此患上癌症	放射性物质泄漏,这是世界上最严重的一次核污染	由于管理不善和操作失误,4 号反应堆爆炸起火,致使大量放射性物质泄漏
剧毒物污染莱茵河事件	1986 年 11 月 1 日	瑞士巴塞尔市	150km 内,60 多万条鱼被毒死,500km 以内河岸两侧的井水不能饮用,有毒物沉积在河底,将使莱茵河因此而"死亡"20 年	30t 剧毒的硫化物、磷化物与含有水银的化合物进入水体	桑多兹化工厂仓库失火,近 30t 剧毒的硫化物、磷化物与含有水银的化工产品随灭火剂和水流入莱茵河

7.1.2 金属材料的环境污染

材料在提取、制备、生产、使用及废弃过程中排放大量的污染物（即"三废"），造成环境污染和破坏。对于金属材料、无机非金属材料、高分子材料三大材料而言，金属材料再循环利用（回收）已很成熟，其对环境的破坏主要集中在提取、制备、生产过程中；而无机非金属材料在再循环利用方面起步晚、难度大，且提取、制备、生产过程污染严重，其对环境破坏作用可以说是全过程的；高分子材料尽管很多品种能再循环利用，但回收难度也很大，其废弃物的环境破坏时效长、影响大。

金属材料的环境破坏主要来自于冶金工业的"三废"（废气、废水、固体废弃物）对环境的破坏。

（1）废气 金属在生产过程中，能源、资源的转换过程中产生的大气污染物，主要包括钢铁工业废气、有色金属工业废气。其来源包括：矿山原料、燃料运输、装卸及加工等过程产生的含尘废气；冶炼厂的各种设备在金属冶炼过程中产生的含尘有害气体，包括燃料燃烧与生产工艺过程化学反应排放的废气。冶金工业废气的特点是：排放量大，冶金窑炉排放的废气温度高，废气中含烟尘粒径小且吸附力强，废气成分复杂，具有一定的腐蚀性。主要有含二氧化硫烟气、含氟和沥青烟气、含铅烟气、含汞烟气、煤气、氮氧化物烟气等。

（2）废水　采选矿废水，冶炼废水（包括冷却水），酸洗废水，除尘、煤气与烟气洗涤废水，冲渣废水，以及由生产工艺中凝结、分离或溢出的废水等。特点是：排放量大，含重金属离子较多，水质复杂多变，且具有酸、碱性。

废水成分中有重金属（如汞、镉、铬、铅、镍、铜、锌等）和非金属（如砷、硒、含氰废水、含氟废水、亚硝酸盐废水及有机废水、酸碱废水、放射性废水、营养废水、热废水等）。

（3）固体废弃物（废渣）　冶金工业生产过程中产生的各种固体废弃物，有以下几种。

① 矿业固体废弃物，包括采矿时各种围岩废石、尾矿。

② 冶炼过程固体废弃物，如高炉渣、钢渣、铜渣、铅渣、锌渣、镍渣等。固体废弃物不但侵占土地、污染土壤、污染水体、污染大气，还浪费资源。钢铁工业每炼 1t 生铁产生 0.3～0.9t 钢渣，每炼 1t 钢产生 0.1～0.3t 钢渣。

7.1.3　无机非金属材料的环境污染

传统的无机非金属材料有水泥、玻璃、陶瓷、耐火材料等。其产业特点是：原料来源广泛，生产过程需粉磨、高温烧结或熔融，能耗高，废气排放量大，且难以再生利用（除玻璃外），很难为环境所消纳、降解等。面临的主要生态环境问题如下。

（1）使用性能与环境协调性的矛盾突出　材料使用性能与环境协调性是一对矛盾，使用性能好的材料环境协调性往往较差，反之亦然。无机非金属材料的品种繁多，原料来源广泛，制造工艺多样，因此其结构与性能变化差别很大。如先进新型陶瓷比普通陶瓷使用性能优越很多，能作为结构材料在工程领域使用，但其与环境协调性的矛盾也更加突出。陶瓷生产过程包括陶瓷原料制作、产品成型、施釉、干燥、烧成等环节。在陶瓷生产过程中会产生大量工业粉尘、工业废水和高温有害烟气。普通陶瓷以黏土、石英砂等天然矿物为原料，这些原料只经过简单处理，烧结温度也较低，因此相对而言其与环境协调性较好，但其性能差，强度一般低于 100MPa，只能适合日用及一般要求的使用领域。而先进新型陶瓷采用超细、高纯的人工合成原料及化学合成原料，成型、烧结、加工工艺复杂，其性能优越，强度能够高于 1000MPa，可广泛用于机械、化工、冶金等领域。但在制造过程中排出有害物质也很多，环境协调性较差。因此，使用性能和环境协调性一直影响着无机非金属材料的发展，无机非金属材料生态化设计必须首先考虑与环境协调性问题。

（2）制备过程中能耗高　无机非金属材料生产中都要经过高温煅烧（烧结）过程，能耗高。如传统的建材工业是典型的资源、能源消耗型产业，我国建材行业万元产值耗煤 2.7t 标准煤，消耗矿山资源达 100t，排放二氧化碳 20t，是发达国家平均水平的 1.5～2 倍；年能源消耗总量为 2.4 亿吨标准煤，居全国各行业前列。就总量平均而言，水泥、平板玻璃等主要建材产品单位能耗高于世界先进水平 50%、68%。其他无机非金属材料产业单位能耗一般也是西方先进国家的 2 倍左右。而且是污染物高排放的最直接原因。因此，节能、低排放是无机非金属材料生态化设计的关键。

（3）很难再循环利用　金属材料再循环利用已很成熟，高分子材料很多也可以回收再生，或可以回收能源（燃烧、炼油），但是，无机非金属材料在再循环利用方面起步晚、难度大。这主要是由于无机非金属材料的自身特点，其废弃物很难破碎，即使能够粉碎再利用，其能耗也要比直接使用矿物原料高得多，且带来更大的二次污染。

另外，无机非金属材料还存在固体废弃物难处理、很多固体废弃物堆积如山、占用大量耕地、有毒有害添加剂和排放物污染严重等问题。

下面以陶瓷、水泥生产为例，阐述无机非金属材料对环境的污染严重性。

据国家统计局数据，2012 年全国建筑卫生陶瓷总量达 899260 万平方米，增速为 3.35％，2013 年全国水泥产量达 24.1 亿吨，增速为 9.6％。陶瓷、水泥行业是高能耗的行业，高能耗必然带来高污染，陶瓷、水泥行业对我国的环境造成很大的污染。据工信部统计，2012 年我国产生建筑垃圾 15 亿吨，其中进行资源化利用的仅为几千万吨，利用率不到 5％，而欧美发达国家的利用率在 95％以上。

陶瓷的"三废"问题有以下几个。

① 废气污染　一类是含生产性粉尘为主的工艺废气，主要来源于坯料、釉料及色料制备中的破碎、筛分、造粒及喷雾干燥等；另一类为窑炉烧成及部分干燥阶段的高温烟气。废气中一般含有 CO、CO_2、SO_2、NO_x、氟化物和烟尘等。

② 废水污染　陶瓷生产中的废水主要来自原料制备、釉料制备工序及设备和地面冲洗水。废水的污染物成分复杂，主要含硅质悬浮颗粒、矿物悬浮颗粒、化工原料悬浮颗粒、油脂、铅、镉、锌、铁等有毒污染物废水。

③ 固体废弃物污染　全国陶瓷废料的年产量估计在 1000 万吨以上，陶瓷废料的堆积挤占土地，增加空气中粉尘的含量，同时耗费大量的原料，固体废弃物包括各工序产生的废品、废水的净化过程中产生出的废渣、陶瓷抛光产生的废渣以及成型使用的石膏模型等。陶瓷工业在消耗大量资源、能源的同时，产生大量粉尘、有害气体、废水等污染物，对环境造成严重污染。

同样，水泥的生产过程在消耗大量的矿物资源和能源的同时，还排出大量的粉尘和 CO_2、SO_2 和 NO_x 等对环境有害的气体，以及对水造成污染的六价铬等有害重金属。水泥工业粉尘、废气主要来源于烘干物料产生的烟气、粉磨产生的废气、立窑的烟气及干法旋窑窑头、窑尾的烟等。这些废气中粉尘粒径范围宽且有一定的腐蚀性。

SO_2 主要来源于水泥原料或燃料中的含硫化合物，及在高温氧化条件下生成的硫氧化物。NO_x 主要来源于燃料高温燃烧时，燃烧空气中的 N_2 在高温状态下与氧化合生成。CO_2 来源于水泥原料中碳酸盐分解释放（$CaCO_3 \longrightarrow CaO + CO_2$）和燃料燃烧。$CO_2$ 是水泥废气中排放量最大的，根据中国建筑材料科学研究总院的研究，传统窑生产过程中，生产水泥 CO_2 总排放量约为 728kg/t。

7.1.4　高分子材料的环境污染

高分子材料的大量生产和大量消费，必然会带来大量废弃。这种废弃表现在三个方面：一是废弃物品种繁多，涉及飞机内装材料、汽车部件、橡胶轮胎、计算机、光盘、各种家用电器、农膜、包装材料、服装、鞋、帽、门、窗、地板、各种管道等废旧制品以及生产部门的边角料；二是废弃物数量巨大；三是绝大部分废弃物几乎不能自然降解、水解和风化，即使是淀粉/聚合物共混物的降解制品要降解到对生态环境无害化的程度，至少也需要 50 年。

人们过去对高分子材料废弃物缺乏足够的认识和充分的重视，任意抛弃，致使以包装塑料、农膜、一次性餐具为主的白色废弃物，以各种废橡胶轮胎为主的黑色废弃物，以家用电器、电缆、光盘等为主的彩色废弃物，污染着城市和乡村。特别是年复一年残留于耕地的农膜和地膜，不仅造成土地板结、妨碍作物根系呼吸和吸收养分而使作物减产，而且残膜中的某些有毒添加剂和增塑剂会先通过土壤富集于蔬菜和粮食及动物体，人食用后直接影响健康。此外，一般高分子材料废弃物在紫外线作用或液体中溶解或燃烧时，排放出的 CO、氯乙烯单体（VCM）、HCl、甲烷、NO_x、SO_2、烃类、芳烃、碱性及含油污泥、粉尘等污染着河流和空气，严重威胁着人类的生存环境。所以，人们把高分子材料废弃物称为"白色污染或白色公害或白灾"，或称"黑色污染或黑色公害或黑灾"，或称"彩色污染或视觉污染"，并已成为各国政府和科学界共同关心的重大问题之一。

(1)"白色污染"　"白色污染"一词最早来自对残留在农田土壤中的地膜对农田和生态环境造成的影响的比喻。我们都知道，我国是世界上地膜产量和覆盖量最大的国家，地膜的广泛应用成为农业增产的重要农业资材，曾一度被喻为"白色革命"，但由于塑料地膜用后不易回收利用且又较难降解，日久残留积累在农田土壤中形成土壤板结，影响作物扎根、通气通水，甚至减产，又被称为"白色灾害"或"白色污染"。而近年来随着经济发展、科技进步和人民生活水平的不断提高，一次性塑料包装膜袋、快餐餐具应用迅速增长，其废弃物一部分被随意丢弃散落在自然环境中，一部分随同生活垃圾进入城市固体废弃物处理系统，由于我国大部分城市垃圾处理不是卫生填埋或焚烧回收热能，而是垃圾搬家，由市内运到郊外露天堆置或浅埋，一遇大风，质量轻、体积大的塑料废弃物，特别是超薄塑料袋，则随风四处流散，漫天飞扬（被戏称为"群魔乱舞"）或悬挂在树木枝头或电线杆上（被戏称为"万国旗"），加上被随意丢弃在铁道两旁的聚苯乙烯泡沫餐具（被戏称为"白色长廊"）以及散落在江河湖泊、排灌沟渠的塑料残膜、残片等，又被形象地比喻为"白色污染"而备受社会的责难。

近几年来，人们的生活方式由"节俭型"向"消费型"转变，一次性商品的使用量大幅度增加，但市民回收废弃物的积极性远不如 20 世纪 50～60 年代，同时由于人们对塑料废弃物带来的环境问题缺乏认识，因此一次性塑料制品用后被随意、随地抛弃的现象比较严重，从而引发了新的环境问题。

"白色污染"主要是指对环境造成的"视觉污染"和"潜在危害"两种负面效应。视觉污染是指散落在环境中的塑料废弃物对市容、景观的破坏，如散落在自然环境、铁道两旁、江河湖泊的聚苯乙烯发泡塑料餐具和（或）漫天飞舞或悬挂枝头的超薄塑料袋，这些给人们的视觉带来不良刺激，被称为"视觉污染"。人民群众对此反应强烈。潜在危害是指塑料废弃物进入自然环境后难以降解而带来的长期的深层次环境问题。其危害包括以下几个方面。

① 塑料地膜废弃物在土壤中大面积残留且长期积累，造成土壤板结，影响农作物吸收养分和水分，导致农作物减产。

② 抛弃在陆地上或水体中的塑料废弃物，被动物当作食物吞食导致死亡。

③ 进入生活垃圾中的塑料废弃物质量轻、体积大而很难处理。如果将其填埋会占用大量土地，且长时间不易降解。混有塑料的生活垃圾也不适于堆肥化处理。

现在社会上反映最强烈的是"视觉污染"，而对于塑料废弃物对环境的"潜在危害"，大多数人还缺乏足够的认识。

(2)"白色污染"现状　塑料制品作为一种新型材料，具有质量轻、坚实耐用、价格低廉的优点，在全世界被广泛应用且呈不断增长趋势。

2011 年，世界塑料总产量已超过 2.8 亿吨。2012 年，我国塑料制品规模以上企业总产量达 5781 万吨，年塑料消费总量约 8000 万吨。塑料自诞生之日以来，极大地推动了社会的发展和人类文明的进步，但随着其产量的不断增长和用途的不断扩大，它在给人们带来极大便利的同时也给社会环境带来严重的污染，各种塑料废弃物对人类赖以生存的地球造成极大的破坏。按照国际惯例，每年待处理的废弃塑料量一般按塑料制品年消费量 15% 的标准计算。我国年废弃塑料已超过 1200 万吨。而目前，全国最多年回收塑料 100 多万吨，不足年消费量的 1/10。因此，大量的废弃塑料仍然是遍地堆放、四处飘荡。美国研究人员在 2012 年的报告中说，他们的研究显示，北太平洋海域的塑料垃圾密度在过去近 40 年增长了 100

倍，大量细小的塑料垃圾随环流系统在北太平洋亚热带海域汇集，以塑料垃圾为主要成分的"太平洋大垃圾带"面积如今已与美国得克萨斯州相当。

城市生活垃圾中的塑料废弃物也迅速增加。按质量计算，占 3%～10%，按体积计算，占 20%～30%（图 7-1）。

图 7-1　塑料废弃物占有率

据有关部门调查，北京市生活垃圾日产量为 1.2 万吨，其中塑料废弃物含量约为 3%，每年总量约为 14 万吨；上海市生活垃圾日产量为 1.1 万吨，其中塑料废弃物含量约为 7%，每年总量约为 29 万吨；天津市生活垃圾日产量为 0.58 万吨，其中塑料废弃物含量约为 5%，每年总量约为 10.6 万吨。

目前，塑料废弃物处置办法主要是随同城市固体废弃物采用填埋和焚烧方法处理，但由于受垃圾填埋场地、环境及焚烧处理时二噁英排放等影响而使其受限。相当一部分一次性塑料废弃物回收利用难度又极大。如何把塑料废弃物的环境负荷降至最低点，已成为全球关注和急切要求解决的热点问题。

7.2　材料在环境中的劣化

材料都有一定使用寿命，在使用一段时间后会失效，这种引起材料失效的原因之一是材料在环境中的性能劣化，主要表现为金属材料的腐蚀、无机非金属材料的侵蚀、高分子材料的老化。

材料在环境中的性能劣化现象日常生活中到处可见。如钢铁生锈、铜器表面产生铜绿等；海港工程混凝土开裂、剥落，搪瓷的穿孔、脱落，陶瓷表面拱起、开裂、粉化；塑料遮阳板变黄、脆化、开裂，橡胶雨披出现斑点、发黏、裂纹、变硬，电线电缆绝缘层变色、喷霜、变硬、粉化泛白、龟裂等。

7.2.1　金属材料的腐蚀

金属腐蚀是指金属材料在自然环境中或在工况条件下，与其所处环境介质发生化学或者电化学作用而引起材料的退化和破坏，也即材料性能的劣化。

金属腐蚀给人类造成的损失是惊人的。数据显示，全球每 1min 就有 1t 钢腐蚀成铁锈，每年钢铁腐蚀的经济损失占各国国民生产总值的 2%～4%，是地震、水灾、台风等自然灾害造成损失总和的 6 倍，每年因腐蚀而报废的金属设备和材料，相当于金属年产量的 1/3。设备腐蚀损坏还引起停工减产、污染环境，甚至危害人体健康，造成严重事故。

钢铁的锈蚀（生锈）是最常见的腐蚀形态。腐蚀时，在金属的界面上发生了化学或电化学多相反应，使金属转入氧化（离子）状态。金属腐蚀过程是金属回归到矿石的化合物状态过程，也可以说金属腐蚀是冶炼过程的逆过程。其实，从广义来讲，无机非金属材料、高分子材料的环境劣化也是一种回归自然现象。

金属腐蚀破坏的形式种类很多，在不同环境条件下引起金属腐蚀的原因不尽相同，且影响因素非常复杂。腐蚀一旦发生，材料或制品性能显著下降，造成材料失效，严重时引发灾难性事故。为了防止和减缓腐蚀破坏及其损伤，通过改变某些作用条件和影响因素而阻断和控制腐蚀过程，由此所发展的方法、技术及相应的工程实施称为防腐蚀工程技术。

金属腐蚀分类方式很多，按腐蚀环境不同可分为：干腐蚀、湿腐蚀；高温腐蚀、常温腐蚀；自然环境腐蚀、工业环境腐蚀。

干腐蚀是指在无液态水存在下的干气体中的腐蚀，一般是在高温气体中发生的腐蚀，如高温氧化。在高温气体中，金属表面产生一层氧化膜，膜的性质和生长规律决定金属的耐腐蚀性。湿腐蚀是指金属在水溶液中的腐蚀，是一种电化学反应。由于自然环境中普遍含有水，工业生产中也经常处理各种水溶液，因此湿腐蚀是最常见的，但高温操作时干腐蚀造成的危害也不容忽视。

自然环境腐蚀又分为大气腐蚀、土壤腐蚀、淡水腐蚀、海水腐蚀、微生物腐蚀等。工业环境腐蚀分为酸性溶液腐蚀、碱性溶液腐蚀、盐类溶液腐蚀、工业水中腐蚀、液态金属腐蚀等。

依据腐蚀形态不同分为全面腐蚀、局部腐蚀、力与环境因素共同作用下的腐蚀。局部腐蚀有电偶腐蚀、小孔腐蚀（点蚀）、缝隙腐蚀、晶间腐蚀、选择性腐蚀等。全面腐蚀有均匀腐蚀、不均匀腐蚀。力与环境因素共同作用下的腐蚀有氢致开裂、应力腐蚀、腐蚀疲劳、腐蚀磨损等。

按腐蚀机理分有化学腐蚀与电化学腐蚀，不管是化学腐蚀还是电化学腐蚀，其本质都是铁等金属原子失去电子变成阳离子的过程，金属的腐蚀过程也是氧化还原反应过程。

$$金属原子 \xrightarrow[氧化反应]{失电子（e^-）} 金属阳离子$$

金属腐蚀机理阐述如下。

7.2.1.1　化学腐蚀

金属化学腐蚀是指金属与环境介质（非电解质）直接发生化学作用引起的破坏。腐蚀过程中不产生电流，是纯氧化还原过程，金属被氧化，腐蚀介质被还原，主要有气体腐蚀、非电解质溶液腐蚀（或有机介质腐蚀）。

气体腐蚀是指金属在干燥气体中或高温气体中的腐蚀。如钢铁与接触到的氧化剂，如 O_2、Cl_2、SO_2、H_2S 等，直接发生氧化还原反应，在金属表面生成相应的氧化物、硫化物、氯化物等，而引起的腐蚀。在腐蚀过程中，金属越活泼，越易被腐蚀；金属所处的环境温度越高，腐蚀速率越快；氧化剂浓度越大，腐蚀速率越快。

非电解质溶液腐蚀是指金属在非电解质溶液（如有机酸、卤代化合物和含硫的化合物等）中发生化学反应的腐蚀行为。实际生产中纯化学腐蚀的现象较少，如铝在四氯化碳、三氯甲烷或乙醇中的化学腐蚀。但实际上这些介质中由于含有少量水分，使化学腐蚀变为电化学腐蚀。

常见的金属化学腐蚀有以下几种。

(1) 钢铁的高温氧化　钢铁在高温空气中（钢铁铸造、热轧等），铁与空气中的 O_2 发生化学反应，在 570℃ 以下，生成的氧化物为 Fe_3O_4 和 Fe_2O_3。其反应如下：

$$3Fe + 2O_2 \longrightarrow Fe_3O_4$$

或
$$4Fe+3O_2\longrightarrow 2Fe_2O_3$$

Fe_3O_4 和 Fe_2O_3 结构致密，与基体结合牢固，是一层致密膜，阻止 O_2 与 Fe 的继续反应，保护金属不再被氧化，起到保护膜的作用。

在高于 570℃时，以生成 FeO 为主，其结构疏松、与基体结合不牢，氧原子易于穿过使金属继续氧化，膜的厚度增加，当达到一定厚度时脱落。其反应如下：

$$2Fe+O_2\longrightarrow 2FeO$$

超过 800℃时，钢铁表面就开始形成多孔、疏松的氧化皮渣。

除氧气外，CO_2、H_2O、SO_2、H_2S 也引起高温氧化，其中水蒸气具有特别强的作用。其反应如下：

$$Fe+H_2O\longrightarrow FeO+H_2$$
$$3FeO+H_2O\longrightarrow Fe_3O_4+H_2$$

温度越高，钢铁腐蚀速率越快。

金属化学腐蚀除钢铁高温氧化外，还有钢的脱碳，钢在高温氧化性介质中加热时，表面的 C 或渗碳体 Fe_3C 极易与介质中 O_2、CO_2、水蒸气、H_2 等发生脱碳反应，使钢铁表面含碳量降低，钢铁表面脱碳后硬度和强度显著下降，严重时，使材料失效。

（2）钢铁氢蚀（氢脆）　含氢化合物在钢铁表面发生化学反应，产生氢沿晶界向内部扩散，使晶格变形，降低韧性，造成钢铁脆化。合成氨、合成甲醇、石油加氢等含氢化合物参与的工艺中，钢铁设备都存在着氢脆的危害。

（3）高温硫化　金属在高温下与含硫介质（如 H_2S、SO_2、Na_2SO_4、有机硫化物等）作用，生成硫化物的过程。

（4）铸铁肿胀　腐蚀性气体沿晶界、细微裂缝渗入铸铁内部，发生氧化作用，生成的氧化物使铸铁体积变大，产生肿胀，造成强度大幅度降低。

7.2.1.2　电化学腐蚀

不纯的金属或合金与电解质溶液接触时，会发生原电池反应，比较活泼的金属失去电子而被氧化，这种腐蚀叫做电化学腐蚀。绝大多数金属腐蚀是电化学腐蚀，如在自然条件下，大气、海水、土壤、酸雨等对金属的腐蚀通常是电化学腐蚀。

电化学腐蚀反应是一种氧化还原反应。腐蚀原电池由阳极、阴极、电解质溶液和电回路四个部分组成，如图 7-2 所示。按照电化学的定义，电极电位较低的电极称为负极，电极电位较高的电极称为正极；发生氧化反应的电极称为阳极，发生还原反应的电极称为阴极。在金属腐蚀研究中，习惯上对电池的电极用阳极与阴极命名。即负极为阳极（氧化反应），正极为阴极（还原反应）。

金属或活泼金属原子（阳极，金属 A）失去电子，被氧化，成为离子，其反应过程称为阳极反应过程，反应产物是进入电解质中的金属离子或覆盖在金属表面上的金属氧化物（或金属难溶盐）；电解质中的物质从阴极（金属 B）表面获得电子而被还原，其反应过程称为阴极反应过程。其过程如下。

① 阳极反应过程（或阳极过程）　金属失去电子（氧化），进行阳极溶解，以金属离子或水化离子形式转入溶液，即 $M\longrightarrow M^{n+}+ne^-$。

② 阴极反应过程（或阴极过程）　电子通过外电路流向阴极，被吸附在阴极表面的电解质溶液中能够接受电子的物质（氧化性物质）所吸收（还原），即 $D+ne^-\longrightarrow[D\cdot ne^-]$。

③ 电流的流动　电流的流动在金属中是依靠电子从阳极经导线流向阴极，在电解质溶

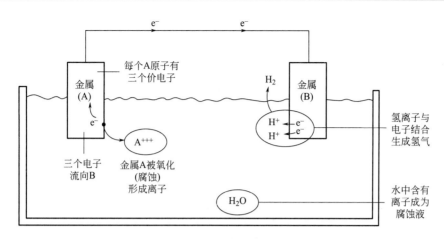

图 7-2 金属的电化学腐蚀原电池

液中则是依靠离子的迁移。

腐蚀电池的三个环节彼此独立，又紧密联系，只要其中一个环节受阻而停止工作，整个腐蚀过程就停止。

以钢在盐酸中腐蚀为例，其化学反应为：

$$Fe+2HCl \longrightarrow FeCl_2+H_2 \uparrow$$

如果要表示离子与电子的变化，反应式应写作：

$$Fe+2H^++2Cl^- \longrightarrow (Fe^{2+}+2Cl^-)FeCl_2+(2H^++2e^-)H_2 \uparrow$$

铁原子先在溶液中解离为二价离子 Fe^{2+}，再与两个氯离子结合形成氯化铁。从铁中解离出的电子沿导线流到阴极，在阴极上将氢离子还原，形成双原子的氢气释放出。

电腐蚀反应一部分发生在阳极，一部分发生在阴极。在纯金属中，晶界可以作为阴极，晶粒则成为阳极，阴极与阳极之间必须存在电位，腐蚀才能发生，电解质与电回路是电化学腐蚀的基本条件之一。因此，阳极、阴极、电解质、电回路是金属电化学腐蚀的必备条件，缺一不可，否则电化学腐蚀就不会发生，这与化学腐蚀方式不同，具体见表 7-3。这些条件也为我们指明了防止腐蚀的途径。

表 7-3　化学腐蚀和电化学腐蚀的比较

项目	化学腐蚀	电化学腐蚀
腐蚀条件	金属与接触的物质反应	不纯金属或合金与电解质溶液接触
腐蚀现象	不产生电流	有微弱的电流产生
腐蚀反应	金属被氧化	较活泼的金属被氧化
影响因素	随温度升高而加快	与形成的腐蚀原电池组成有关
腐蚀快慢	相同条件下较电化学腐蚀慢	相同条件下较化学腐蚀快
相互关系	化学腐蚀和电化学腐蚀同时发生，但电化学腐蚀更普遍	

钢铁在潮湿的空气中所发生的腐蚀是电化学腐蚀最突出的例子。钢铁长时间处在干燥的空气中不易腐蚀，但在潮湿的空气中却很快就会腐蚀。在潮湿的空气里，钢铁的表面吸附了一层薄薄的水膜，水膜中含有少量的氢离子与氢氧根离子，及溶解有氧气等气体。这样在钢铁表面形成了一层电解质溶液，电解质溶液与钢铁里的铁和少量的碳恰好形成无数微小的原

电池。在这些原电池里，铁是阳极，碳是阴极。铁失去电子而被氧化，钢铁生锈就是电化学腐蚀造成的。如图 7-3 所示，一般（pH＞4.5）发生的是吸氧腐蚀，其反应过程如下：

$$2Fe+O_2+2H_2O \longrightarrow 2Fe(OH)_2$$

暴露在空气中，$Fe(OH)_2$ 边生成边被空气中的氧气氧化，所以生成的是 $Fe(OH)_3$：

$$4Fe(OH)_2+2H_2O+O_2 \longrightarrow 4Fe(OH)_3$$

氢氧化铁进一步转化为常见的疏松红褐色铁锈：

$$2Fe(OH)_3 \longrightarrow Fe_2O_3 \cdot 3H_2O$$

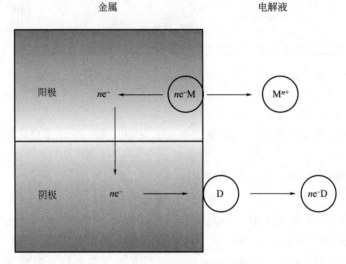

图 7-3　金属电化学腐蚀

实际上在金属的电化学腐蚀过程中，腐蚀存在析氢腐蚀与吸氧腐蚀两种方式，如图 7-4 所示。析氢腐蚀常发生在酸洗或用酸侵蚀某种较活泼金属的加工过程，即在强酸性介质中。吸氧腐蚀一般发生在 pH＞4.5 的介质中，以钢铁为例，在潮湿的空气中一般发生的是吸氧腐蚀，即阴极发生吸氧腐蚀。表 7-4 为钢铁析氢腐蚀与吸氧腐蚀的比较。

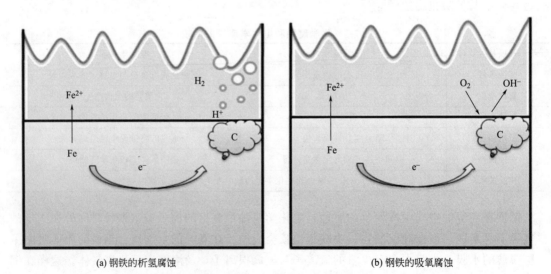

(a) 钢铁的析氢腐蚀　　　　　　　　　　　　　(b) 钢铁的吸氧腐蚀

图 7-4　钢铁的析氢腐蚀与吸氧腐蚀

表 7-4 钢铁析氢腐蚀与吸氧腐蚀的比较

项目	析氢腐蚀	吸氧腐蚀
电解质 pH 值	呈较强酸性	呈弱酸性或中性
阳极 Fe	$Fe-2e^- \longrightarrow Fe^{2+}$	$2Fe-4e^- \longrightarrow 2Fe^{2+}$
阴极 C	$2H^+ + 2e^- \longrightarrow H_2 \uparrow$	$O_2 + 2H_2O + 4e^- \longrightarrow 4OH^-$
总反应	$Fe + 2H^+ \longrightarrow Fe^{2+} + H_2 \uparrow$	$2Fe + 2H_2O + O_2 \longrightarrow 2Fe(OH)_2 \downarrow$
进一步反应		$4Fe(OH)_2 + 2H_2O + O_2 \longrightarrow 4Fe(OH)_3$ $Fe(OH)_3 \longrightarrow Fe_2O_3 \cdot nH_2O$

在阳极，铁失去电子而被氧化成 Fe^{2+}：

$$Fe-2e^- \longrightarrow Fe^{2+}$$

在阴极，有以下两种情况：

吸氧腐蚀 $\qquad\qquad 2H_2O + O_2 + 4e^- \longrightarrow 4OH^-$

析氢腐蚀 $\qquad\qquad 2H^+ + 2e^- \longrightarrow H_2 \uparrow$

通常两种腐蚀同时存在，但以吸氧腐蚀为主。

7.2.1.3 影响腐蚀的因素

腐蚀不是材料固有的性质。它是特定环境下材料相互作用的结果。影响金属电化学腐蚀的因素很多，首先是金属的性质，金属越活泼，其标准电极电势越低，就越易腐蚀。其根本原因在于热力学驱动力，以氧化还原电位解释这种驱动力。

$$\Delta G = -nFE$$

式中，ΔG 为自由能，就是热力学驱动力；n 为原子的价位；F 为 Faraday 常数，即在电极上解离或结合 1mol 物质所消耗的电量，等于 96501C；E 为电池电位或氧化还原电位。

如果某一腐蚀过程的自由能为负值，该过程就是自发的；如果为正值，就不会自发发生，而必须在得到能量的情况下才会发生。各种电极反应过程的标准电位列于表 7-5 中。由标准电位差就能得到一个过程的氧化还原电位。例如，将铁放在酸中，腐蚀过程为铁在阳极氧化（$Fe \longrightarrow Fe^{2+} + 2e^-$），阴极的反应为氢还原（$2H^+ + 2e^- \longrightarrow H_2$）。两个半电极电位差为 $0-(-0.44) = 0.44V$。代入自由能方程后得到负值，表明这一过程是自发的。这样，热力学驱动力提供了材料本质与腐蚀倾向之间的联系。

表 7-5 金属的标准电位

电极反应	25℃标准电位/V	电极反应	25℃标准电位/V
$Au^{3+} + 3e^- \longrightarrow Au$	1.50	$Ga^{3+} + 3e^- \longrightarrow Ga$	−0.530
$Pd^{2+} + 2e^- \longrightarrow Pd$	0.987	$Cr^{3+} + 3e^- \longrightarrow Cr$	−0.740
$Hg^{2+} + 2e^- \longrightarrow Hg$	0.854	$Cr^{2+} + 2e^- \longrightarrow Cr$	−0.910
$Ag^+ + e^- \longrightarrow Ag$	0.800	$Zn^{2+} + 2e^- \longrightarrow Zn$	−0.763
$Hg_2^{2+} + 2e^- \longrightarrow 2Hg$	0.789	$Mn^{2+} + 2e^- \longrightarrow Mn$	−1.18
$Cu^+ + e^- \longrightarrow Cu$	0.521	$Zr^{4+} + 4e^- \longrightarrow Zr$	−1.53
$Cu^{2+} + 2e^- \longrightarrow Cu$	0.337	$Ti^{2+} + 2e^- \longrightarrow Ti$	−1.63
$2H^+ + 2e^- \longrightarrow H_2$	0.000(参比)	$Al^{3+} + 3e^- \longrightarrow Al$	−1.66
$Pb^{2+} + 2e^- \longrightarrow Pb$	−0.126	$Hf^{4+} + 4e^- \longrightarrow Hf$	−1.70
$Sn^{2+} + 2e^- \longrightarrow Sn$	−0.136	$U^{3+} + 3e^- \longrightarrow U$	−1.80
$Ni^{2+} + 2e^- \longrightarrow Ni$	−0.250	$Be^{2+} + 2e^- \longrightarrow Be$	−1.85
$Co^{2+} + 2e^- \longrightarrow Co$	−0.277	$Mg^{2+} + 2e^- \longrightarrow Mg$	−2.37
$Tl^+ + e^- \longrightarrow Tl$	−0.336	$Na^+ + e^- \longrightarrow Na$	−2.71
$In^{3+} + 3e^- \longrightarrow In$	−0.342	$Ca^{2+} + 2e^- \longrightarrow Ca$	−2.87
$Cd^{2+} + 2e^- \longrightarrow Cd$	−0.403	$K^+ + e^- \longrightarrow K$	−2.93
$Fe^{2+} + 2e^- \longrightarrow Fe$	−0.440	$Li^+ + e^- \longrightarrow Li$	−3.05

有些金属，如 Al、Cr 等，虽然电极电势很低，但可生成一层致密氧化物薄膜覆盖在金属表面，阻止了腐蚀继续进行。如果氧化膜被破坏，则很快被腐蚀。

（1）结构因素　电化学腐蚀必须要有一个阴极与一个阳极。在纯金属中，晶界或更小的不均匀物种可以构成阴极。在合金中，化学组成的差别、相的差别、杂质、冷加工、不均匀应力都会对腐蚀造成影响。

影响很多，但影响的原理是一样的，凡是物理上或化学上的不均匀因素都会构成阴极。例如在浇铸过程中，如果某一部位冷却比其他部位快，其纯度就会较高，这样就造成了化学组成的不均匀。浸没在电解液中时，高纯度区与低纯度区就会构成一个电池。多相合金中也是如此，合金中的两相耐腐蚀能力不同，耐腐蚀能力较低的一相就构成阴极，另一相构成阳极。金属中混入杂质的情况应做具体分析。如果杂质也是金属，就会形成电池；如果杂质是惰性的，就会抑制腐蚀。例如熟铁中含有 3％惰性的硅酸盐，就使熟铁在水中的耐腐蚀性优于普通的钢。

金属中局部的晶粒尺寸差也会加剧电池腐蚀作用。局部的晶粒缩小会造成挤压效应，这一效应会造成腐蚀问题。应力也会引发腐蚀问题。只要应力是不均匀的，受力部分对电解质（腐蚀剂）的反应与非受力部分不同，这样就形成了电池的两极。

（2）钝性　特定的金属表面状态可以抑制电化学作用的发生，这种表面状态就称为钝态，使金属表面具有钝性的过程称为钝化，钝态金属所具有的性质称为钝性。钝化现象是一种界面现象，在一定条件下，是在金属与介质相互接触的界面上发生的。钝性可简单解释为金属不受环境攻击的能力。一个经典示例是钢在硝酸中的状态。稀硝酸对钢有强烈腐蚀作用，而浓硝酸却几乎无腐蚀作用。这是由于钢在浓硝酸中会形成一层表面膜，这层膜保护了内部的钢不受攻击，即赋予了钢的钝性。

关于钝化膜的形成有很多理论。一种理论认为，金属表面与电解质中的氧作用生成氧化物膜。另一种理论认为，所谓保护膜不过是表面吸收气体，形成了对金属离子扩散的屏障。

电化学钝化是阳极极化时，金属的电位发生变化而在电极表面上形成金属氧化物或盐类，这些物质紧密地覆盖在金属表面上成为钝化膜而导致金属钝化，阻隔与电解液的接触。钝化膜在空气中能够自发生成，只需清理掉妨碍膜生成的污渍即可。

（3）极化　在受控条件下和特定装置中研究腐蚀过程时，往往要测量发生腐蚀的金属与参比电极之间的电压与电流。所测定的电压称为腐蚀电位，电流称为腐蚀电流。因电流增加或减少引起电位变化的现象称为极化。极化现象可分为活化极化、浓度极化与 IR 降三类。

电极反应的某一步骤需要活化而被迟滞的现象称为活化极化。最常见的极化是阴极上的氢还原：

$$2H^+ + 2e^- \longrightarrow H_2 \uparrow$$

氢离子先被吸附在金属表面，从金属取得电子，结合为双原子氢，以气泡形式逸出。这一系列步骤中吸附一步常常延滞后续步骤的发生。因为阴极表面的氢气泡会阻碍氢离子的吸附。这样便会降低腐蚀速率。

浓度极化是指电极表面反应物种数量不足的现象。仍以氢在阴极的还原为例。当溶液中氢离子浓度太低时，不能及时结合阴极上的电子，从而使腐蚀速率降低。

IR 降是指由于电解质内部的阻力导致的电位下降。在蚀刻过程中腐蚀产物的积聚就是一例。表面膜的生成会阻碍腐蚀液在金属表面的流动，从而降低腐蚀速率。总而言之，极化影响阳极或阴极的反应速率而降低腐蚀速率。极化对降低腐蚀是有益的，但对电镀过程是不利的。

7.2.1.4　常见的局部腐蚀

局部腐蚀是指金属局部区域的腐蚀破坏比其他地方大得多，从而形成坑洼、穿孔、分层、剥落、破裂等破坏形态。材料及设备是一个协同运作的整体，某一区域的局部破坏将导致整个设备发生故障、破坏、报废，甚至发生灾难性事故。下面介绍几种常见的局部腐蚀。

（1）小孔腐蚀　在金属表面的局部区域，出现向纵深发展的腐蚀小孔，其余地区不腐蚀或腐蚀很轻微，这种腐蚀形态称为小孔腐蚀，也称孔蚀或点蚀（图 7-5）。容器或管道只要发生一个穿孔，在修复之前就不能使用。在许多情况下，小孔腐蚀直接由腐蚀剂（电解液）引起。含氯的溶液、碱水、盐水、漂白剂、还原性无机酸都会引起穿孔。如不锈钢、碳钢、铝与铝合金等，在含氯离子的介质中，经常发生小孔腐蚀的情况。小孔腐蚀是一种破坏性和隐患大的腐蚀形态之一，它使失重很小的情况下，设备就会发生穿孔破坏，造成介质流失，设备报废。

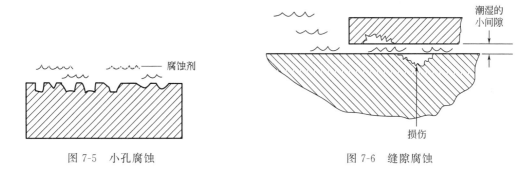

图 7-5　小孔腐蚀　　　　　　　　　　　　图 7-6　缝隙腐蚀

（2）缝隙腐蚀　缝隙腐蚀是金属与金属或其他材料之间形成小的缝隙（0.025～0.1mm），缝隙内存在腐蚀液，且处于滞流状态，形成浓差电池，造成缝内金属的腐蚀，称为缝隙腐蚀（图 7-6）。缝隙腐蚀发生在垫圈不合适的管道法兰之间、螺钉、铆接的接缝处、板材之间的搭接处及阀座间等。

（3）电偶腐蚀　两种金属在同一电解质中接触，由于金属各自的电势不同，一个成为阴极，另一个成为阳极，构成腐蚀电池，使电势较低的金属首先被腐蚀破坏的过程，称为电偶腐蚀（图 7-7），也称接触腐蚀或双金属腐蚀。图 7-8 所示为金属材料在海水中的电偶序，金属相距越远，在电解质中发生的腐蚀越严重，活性大的金属承受几乎全部腐蚀。避免电偶腐蚀的办法是在电解质中不混用金属，必须混用时，将两者隔离不发生电接触。

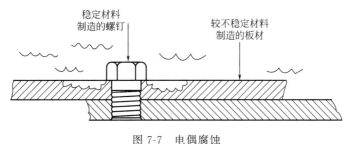

图 7-7　电偶腐蚀

（4）应力腐蚀　当金属在内应力或在固定外应力的作用下时，这些应力集中区域极易发

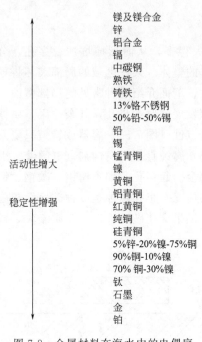

镁及镁合金
锌
铝合金
镉
中碳钢
熟铁
铸铁
13%铬不锈钢
50%铅-50%锡
铅
锡
锰青铜
镍
黄铜
铝青铜
红黄铜
纯铜
硅青铜
5%锌-20%镍-75%铜
90%铜-10%镍
70%铜-30%镍
钛
石墨
金
铂

活动性增大

稳定性增强

图 7-8　金属材料在海水中的电偶序

生腐蚀，诱导材料开裂损坏，这种腐蚀称为应力腐蚀（图 7-9）。铝合金、铜合金、镁合金、碳钢、不锈钢、钛等金属以及塑料都会发生腐蚀应力开裂。应力腐蚀是腐蚀和拉应力同时作用下使金属产生破裂，如长期处于拉应力作用下的紧固钢丝绳索，在腐蚀过程中，拉应力作用进一步促使腐蚀沿着与拉应力垂直的方向前进，造成裂缝，严重时发生断裂。消除应力能防止产生应力腐蚀而引起的破坏。

（5）晶界腐蚀　晶界腐蚀是金属晶粒间界发生和发展的局部腐蚀破坏形态，由表及里引发晶粒在晶界上发生分离（图 7-10），使晶粒间的结合力显著减弱，造成局部破坏的腐蚀现象。金属合金容易发生晶界腐蚀，产生晶界腐蚀的根本原因是，晶粒间界及其附近区域与晶粒内部存在电化学腐蚀的不均匀性，这种不均匀性是金属材料在熔炼、焊接和热处理等过程中造成的。如不锈钢的敏化，将奥氏体不锈钢加热到 $400\sim850℃$，就会在晶界生成碳化铬。当铬从基体中扩散出来形成碳化物时，其所脱离的部分就成了贫铬的低合金钢。这种低合金钢就成了许多环境攻击的对象。造成不锈钢敏化的原因之一是焊接。焊接时金属熔融，温度可达 $1649℃$，相邻区域温度就处于敏化范围。镍合金、铝合金以及铜合金等，也较易发生晶界腐蚀。

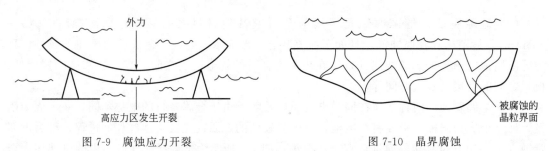

外力

高应力区发生开裂

图 7-9　腐蚀应力开裂

被腐蚀的晶粒界面

图 7-10　晶界腐蚀

（6）选择性腐蚀　合金在腐蚀过程中，电势较低、活性较强的合金成分易发生腐蚀，使合金的组织和性能恶化，这种腐蚀称为选择性腐蚀（图 7-11），也称脱合金化。腐蚀过程中合金中的某一组分脱离材料，使微组织发生了变化。最典型的例子是黄铜的脱锌（铜锌比为7：3），黄铜的脱锌化会造成力学性能的下降甚至丧失，脱锌后材料变成海绵状物质。铜锡合金脱锡、铜镍合金脱镍以及铸铁脱铁（石墨化）也是选择性腐蚀。选择性腐蚀发生的根本原因在于，多元合金在电解质溶液中由于组元之间化学性质的不均匀，构成腐蚀电池，从而使腐蚀发生。

7.2.2　无机非金属材料的侵蚀

无机非金属材料使用时，或多或少会受环境介质影响，发生界面反应，随着反应的进行，表面逐渐被侵蚀，性能随之下降。这种现象称为侵蚀（或腐蚀），也可以用无机非金属材料的化学稳定性来表示材料在环境中的被侵蚀能力，即材料抵抗各种环境介质作用的能

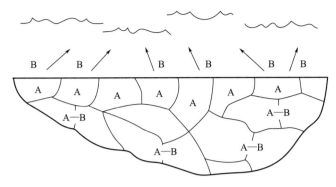

图 7-11　选择性腐蚀

力。材料的化学稳定性依材料的组成、结构等而不同。金属材料主要是易电化学腐蚀，而硅酸盐类的材料由于受环境介质、湿气、光、氧、热等环境因素影响，发生氧化、溶蚀、冻结融化、热应力等作用而被损坏。

无机非金属材料的侵蚀包括高温侵蚀、液体侵蚀、气体侵蚀、固体侵蚀等，并在侵蚀发生时可能形成了反应产物。侵蚀程度与无机非金属材料的化学成分和矿物组成、密度、表面自由能、孔隙率和结构有关。侵蚀过程发生化学作用（如化学反应）、物理作用（如溶解）或化学、物理作用同时进行。

一般而言，具有酸性特征的无机非金属材料容易被具有碱性特征的环境所侵蚀，反之亦然；共价键材料的蒸气压通常要比离子键材料的蒸气压大，所以前者往往更快地蒸发或升华；离子键材料易于溶入极性溶剂中，而共价键材料易于溶入非极性溶剂中；固体在液体中的溶解度通常随温度的升高而增加；材料的孔隙会降低材料的耐侵蚀性。

气体侵蚀是气体渗透进材料孔隙中与材料进行反应导致腐蚀的现象。气体侵蚀现象比液体或固体腐蚀严重，取决于孔隙度或渗透性，其关键因素是，材料的孔隙体积和孔隙尺寸分布。

液体侵蚀是液体对固体晶体材料的腐蚀，是通过在固态晶体材料和溶剂之间形成一层界面或反应产物而进行的。

（1）间接溶解　反应产物的溶解度比整个固体的低，有可能形成或不形成附着表面层。

（2）直接溶解　固体晶体材料通过分解或通过与溶剂反应而直接溶解到液体中。

固体侵蚀是指两个彼此接触的不同类的固体材料间相互发生反应所引起的腐蚀，其结果是在界面形成固体、液体或气体的第三相。由于物质迁移速率较慢限制了反应速率，以固体状态进行的化学反应比含有气体或液体的反应少。

气体和液体侵蚀可产生联合而持续的效应，如气体在热梯度作用下，会渗透入材料并凝结成液体溶液来溶解材料。液体溶液能进一步沿着温度梯度渗透，直到完全凝结。若材料热梯度改变，固体反应产物有可能熔化，在熔点附近引起腐蚀和剥落。侵蚀可以单一进行，也可以联合进行，侵蚀所形成的界面层常常是多孔易碎。

7.2.2.1　陶瓷的侵蚀

陶瓷是环境稳定性最高的材料，但在使用中也常遇到气体侵蚀的问题。如 CO 和 H_2 等还原性气体、O_2 等氧化性气体、Cl_2 和 SO_2 等反应性气体都会对陶瓷进行腐蚀，侵蚀机理由气相-固相反应的热力学和动力学所决定。陶瓷还可能发生液体侵蚀，如氢氟酸常用来蚀刻玻璃和陶瓷，许多陶瓷会在高温下分解。

在陶瓷中会发生一种"解离腐蚀"，原理类似金属中的晶界腐蚀、应力腐蚀或电偶腐蚀。陶瓷中成分复杂，许多成分可以提供电子运动的路径。腐蚀常由此类少量组分引起。热压、反应烧结、化学蒸气沉积等加工工艺都不要求原料的纯度，发生腐蚀的可能性就更大些。表7-6列出了各种陶瓷材料的耐侵蚀性。

表 7-6　各种陶瓷材料的耐侵蚀性

种类	酸及酸性气体	碱及碱性气体	熔融金属
Al_2O_3	良好	尚可	良好
MgO	差	良好	良好
BeO	可	差	良好
ZrO_2	尚可	良好	良好
ThO_2	差	良好	良好
TiO_2	良好	差	可
Cr_2O_3	差	差	差
SnO_2	可	差	差
SiO_2	良好	差	可
SiC	良好	可	可
Si_3N_4	良好	可	良好
BN	可	良好	良好
B_4C	良好	可	—
TiC	差	差	—
TiN	可	可	—

7.2.2.2　水泥混凝土的侵蚀

水泥混凝土，特别是在海洋环境中使用的混凝土，其侵蚀的破坏作用特别严重。混凝土在承受应力荷载与海水作用下发生腐蚀，海水中对混凝土侵蚀的有害成分主要是硫酸镁和氯化钠，其腐蚀主要包括溶出性腐蚀、阳离子交换型腐蚀与膨胀性腐蚀。溶出性腐蚀是由于海水与水泥相互作用，使水泥成分溶解，形成海水对混凝土的腐蚀。阳离子交换型腐蚀主要是由于海水中 $MgCl_2$ 和 $MgSO_4$ 与混凝土中的 Ca^{2+} 产生阳离子交换作用，形成可溶性 $CaCl_2$，导致混凝土孔隙率和渗透性提高，形成腐蚀。膨胀性腐蚀是混凝土与外界硫酸盐离子相接触时，生成膨胀性盐，引起膨胀，使表层开裂或软化，加速了混凝土的毁坏，造成腐蚀。在承受应力荷载情况下，混凝土腐蚀更加强烈，并进一步促使混凝土中钢筋腐蚀。

玻璃、耐火材料同样也发生侵蚀。玻璃在大气中会发生一种应力腐蚀，玻璃纤维由于比表面极大，受侵蚀的程度远远大于玻璃器件。

7.2.3　高分子材料老化

高分子材料分子链是共价键结合，键能较高，结合很牢；大分子链上能够参加化学反应的基团在与化学反应介质的接触上比较困难；且高分子材料大都是绝缘体，不会产生电化学腐蚀。因此，高分子材料具有良好的化学稳定性、良好的抗腐蚀能力。但高分子材料在加工、储存和使用过程中，受化学结构影响，在光、热、氧、高能辐射、气候、生物等因素的综合作用下，使其失去原有性能，这种现象称为老化。老化发生时，会出现两种情况：一是由于大分子链之间产生交联，使其从线型结构或支链型结构转变为体型结构，性能变僵、变脆，丧失弹性等；二是由于大分子链的降解，使其链长度缩短，分子量降低，即聚合度减少，性能变劣，材料发黏，脱色，丧失机械强度等。

7.2.3.1 高分子材料热氧老化机理

高分子材料的老化通常在热、氧条件下发生，其性能变劣是高分子结构变化的结果。高分子材料热氧老化是按自由基反应机理进行，其简单过程如下：

链引发 $RH \xrightarrow[\text{氧（或臭氧）}]{\text{热（包括光、高能辐射等）}} R\cdot \text{ 或 } RO_2\cdot$

链增长 $R\cdot + O_2 \longrightarrow RO_2\cdot$

 $RO_2\cdot + RH \longrightarrow ROOH + R\cdot$

链终止 $2R\cdot \longrightarrow R—R$

 $RO_2\cdot + R\cdot \longrightarrow ROOR$

 $2RO_2\cdot \longrightarrow ROOR + O_2$

其中，RH 为高分子化合物。

7.2.3.2 影响高分子材料老化的因素

高分子材料的老化影响因素众多，不仅要受其化学组成与结构的影响，还要受来自于环境的光、热、氧等因素的影响。

（1）化学组成与结构 高分子材料主要由非金属元素组成，如 C、H、O、Si、F、Cl、N 等元素，各元素以共价键方式键合。其化学反应活性与元素键合键能有关，理论上键能越高越稳定（表 7-7），且化学键之间会相互影响。但其他因素如基团大小等也影响其化学稳定性。聚乙烯结构只含有 C—C 与 C—H 键，是比较稳定的，但也能发生化学反应，如氯化取代反应生成氯化聚乙烯。聚四氟乙烯与聚乙烯结构极为相似，只含 C—C 与 C—F 键，是极为稳定的，且 F 原子尺寸大小适中，紧密排列，屏蔽了受攻击的可能，因此得到"塑料王"的美称。而 H 原子尺寸较小，其 C—H 键相对容易受到攻击，因此聚乙烯稳定性较聚四氟乙烯差。聚丙烯也只有 C—C 与 C—H 键，比较稳定，但与聚乙烯相比，分子链上有—CH$_3$，构成氧化的活性点，其热氧稳定性没有聚乙烯好。当然，就如第 5 章所言，乙烯聚合时不可避免会产生少量支链，支化聚乙烯含有叔碳原子，影响其热氧稳定性。聚氯乙烯分子中含 C—Cl 键，键能较低，在热氧条件下，易受自由基攻击，脱氯后，形成自催化连锁反应，使反应更剧烈，因此，聚氯乙烯热加工稳定性差，必须添加稳定剂。主链上含双键的高分子材料如二烯烃橡胶，容易受氧气、臭氧、卤化氢和卤素的作用。尤其是臭氧，能够造成断链，使大分子的分子量迅速降低。酯基、酰氨基等对水敏感，易发生水解反应，破坏材料性能。

表 7-7 一些化学键的键长与键能

化学键	键长/nm	键能/(kcal/mol)[①]
O—O	0.132	35
Si—Si	0.235	42.5
S—S	0.19～0.21	64
C—N	0.147	73
C—Cl	0.177	81
C—C	0.154	83
C—O	0.146	86

续表

化学键	键长/nm	键能/(kcal/mol)[1]
N—H	0.101	93
C—H	0.110	99
C—F	0.132~0.139	103~123
O—H	0.096	111
C=C	0.134	146
C=O	0.121	179
C≡O	0.115	213

[1] 1kcal/mol=4.18kJ/mol。

高分子材料的反应特点如下：一是反应主要发生在分子链的活性点上；二是很多情况下反应是连锁反应。

高分子材料的这种某些条件下不稳定性反应一旦发生，会造成其化学组成、结构及性质、性能改变，严重时会造成材料失效或引发灾难性事故。

端基、支链的长度、个数、链取向、结晶、结晶度大小也是影响高分子材料的化学活性因素，一般而言，取向度、结晶度高，支链短、个数少、端基活性小的材料，其稳定性高。

（2）光　太阳辐射能（波长为150~4300nm）包含紫外线、可见光、红外线等各种波长的光，光对高分子材料能起到破坏作用是高分子材料老化的主要影响因素之一。光是一种能量，如波长350nm相对应的光能是342kJ/mol。光对高分子材料的破坏作用主要是能引发高分子材料的链自由基反应，造成高分子链的交联或断裂。表7-8为辐射作用下高分子材料的反应。光波长越短，能量越高，其活性也越大，对高分子材料的破坏作用越强。在有氧的情况下，光会加速高分子材料的老化，称为"光氧老化"。如在户外，塑料遮阳板经一段时间使用后会变黄、脆化、开裂。

表7-8　辐射作用下高分子材料的反应

发生交联的高分子材料	发生降解的高分子材料	发生交联的高分子材料	发生降解的高分子材料
聚乙烯	聚异丁烯	氯丁橡胶	聚三氟氯乙烯
聚丙烯酸	聚α-甲基苯乙烯	聚二甲基硅氧烷	纤维素
聚丙烯酸甲酯	聚甲基丙烯酸甲酯	苯乙烯-丙烯腈共聚物	聚四氟乙烯
聚丙烯酰胺	聚甲基丙烯酸	聚氯乙烯	聚丙烯
天然橡胶	聚偏氯乙烯		聚氯乙烯

（3）热　高分子材料抵抗高温的能力为热稳定性。热会提高反应速率，从而加速高分子材料老化。高温下，高分子材料会发生降解、交联行为或同时进行两种行为；真空下，高分子材料的热稳定性只与键能有关。表7-9所列为一些高分子材料的热降解参数：T_h（真空中30min内失重50%的温度）和K_{350}（350℃下的失重速率常数）。

表7-9　一些高分子材料的热降解参数

高分子材料	T_h/℃	K_{350}/(%/min)	高分子材料	T_h/℃	K_{350}/(%/min)
聚四氟乙烯	509	0.0000052	聚丙烯	387	0.069
聚苯	432	0.002	聚甲基丙烯酸甲酯	327	5.2
聚乙烯	414	0.004	聚氯乙烯	260	170

在氧等可成为自由基物质的存在下，会加速降解、交联的速率，也称"热氧老化"，其作用机理与"光氧老化"类似。如高分子材料在高温成型加工过程中（挤出、注塑等），会发生降解、交联，造成材料或制品变色、脆化、性能变劣等。

（4）氧、臭氧　氧、臭氧具有高活性，对高分子材料有氧化作用，引发分子链降解或交联，造成老化。特别是臭氧，活性更高，对橡胶等含不饱和键化合物具有强烈的反应活性，引发高分子链断裂、支化或交联，造成老化，使橡胶制品发生软化、发黏、硬化、变脆、龟裂等劣化行为。在光、热条件下，会加速高分子材料老化。

除上述因素外，水分、杂质与添加剂、外力及生物等也是造成高分子材料老化的因素，如含酯基、氰基的高分子化合物易水解，水解后使原来的分子结构与组成发生改变，从而影响材料性能。高分子化合物制备（聚合）时，一般都需加引发剂，引发剂经常残留在化合物中（灰分）。为使材料具备某些性能，成型加工时还添加某些助剂，如颜料、染料、加工助剂、改性剂等。这些物质是组成高分子材料的一部分，在光、热、氧、水分等作用下，这些杂质和添加剂有可能引发或加速高分子材料降解或交联反应，造成材料性能劣化，这也是高分子材料老化的影响因素。

另外，外力作用会加快高分子材料的老化，如橡胶的疲劳老化，橡胶在往复循环力作用下，使大分子链断裂，引起或加速老化。

细菌、霉菌、蚁、鼠等对某些高分子材料和制品具有破坏作用，引起材料老化失效，称为生物老化。如电线电缆的高分子材料绝缘层经常遭到蚁、鼠破坏，涂料、黏合剂等常受到细菌、霉菌的破坏。

7.3　材料的去污染与防护

在深刻认识与了解材料与环境的关系，材料环境劣化与材料对环境破坏作用后，接下来的是如何防止、解决这些问题或在问题发生时减轻、减少其影响后果。

7.3.1　材料的去污染

材料的去污染，就是材料在提取、制备、生产、使用及废弃过程中，减少污染物排放，减轻对环境的污染，或不污染环境。这涉及实现"自然资源—产品—无公害废弃物—资源重组—自然资源"的物质自然循环过程，达到减量化、再资源化、无害化的生态平衡。详细内容将在第 8 章中介绍。

7.3.2　材料的防护

材料在环境中由于受介质、气候、温度、辐射、生物、外力等众多复杂因素影响，其性能劣化时间、实际使用寿命比理论值时要短得多，有时材料一点小小的失效，可能引起小到管道、阀门、零部件、仪器设备，大到各种运输工具、飞行器、港口设施、桥梁、大楼或其他基础设施的破坏，严重时引起灾难性事故。作为一个材料工程师，要综合考虑环境影响，并合理设计与选用材料，必要时对材料实施有效的防护措施，以改善其使用效果。本小节将介绍三大材料一些常用的环境防护措施。

7.3.2.1　金属腐蚀的防护

（1）改善金属的内部组织结构　在金属中添加合金元素，能提高其耐腐蚀性，可以防止或减缓金属的腐蚀。如通常在钢铁中加入 17%～30% 的金属铬（Cr），能改变钢铁原有的组成，从而改善性能，不易腐蚀，称为不锈钢。添加镍（Ni），能进一步增强不锈钢的防腐蚀能力。添加钼，可有效改善大气腐蚀性，特别是耐含氯化物大气的腐蚀。不锈钢中还可添加 Ti、Mn、N、Nb、Mo、Si、Cu 等元素，以满足不同使用环境与要求。一般而言，提高金属材料的耐腐蚀性可通过合金化，合金化有降低合金中阳极相的活性与降低合金中阴极相的活性两种方法。

（2）有效表面保护层　一个光滑的耐腐蚀的表面防护层，能有效防止内层材料的腐蚀行为。在金属表面覆盖各种防护层，把被保护金属与腐蚀性介质隔开，阻滞腐蚀过程的产生和发展，达到减轻或防止腐蚀。

防护层应是一层分布均匀，具有优良耐磨性与高硬度、表面光滑、结构紧密、完整无孔、不透过介质，且与被防护金属黏结力强的覆盖层。工业上普遍应用的防护层有金属与非金属两大类。

金属防护层是以一种金属覆盖在被保护的另一种金属制品表面上所形成的防护镀层。可通过电镀、化学镀、热浸镀、热喷镀、渗镀、真空镀等方法形成防护涂层。如涂锌、涂镍、涂铜、涂金、涂银等。

非金属防护层主要有金属的磷化处理（形成磷化膜，有较好的耐大气腐蚀性）、金属的氧化处理（形成氧化膜，如钢铁防腐蚀）、非金属涂层。其中非金属涂层品种最多、应用最广，有防腐涂料（高分子材料涂料、陶瓷涂料）、塑料、橡胶、搪瓷、矿物性油脂等涂覆或覆盖在金属表面上形成防护层，可达到防腐蚀目的。如船身、汽车外壳防腐涂层，管道、容器橡胶内衬，反应器搪瓷防护层等。

（3）电化学保护法　电化学保护是金属腐蚀防护的重要方法之一，广泛地应用于船舶、海洋工程、石油、化工等领域。

化学腐蚀反应是一种氧化还原反应，腐蚀原电池由阳极、阴极、电解质溶液和电回路四个部分组成，阳极反应过程（或阳极过程）、阴极反应过程（或阴极过程）、电流的流动是腐蚀电池的三个环节，只要其中一个环节受阻而停止工作，整个腐蚀过程就停止。

电化学保护法就是利用外部电流使被腐蚀金属电位发生变化，从而减缓或抑制金属腐蚀，分为阳极保护和阴极保护两种方法。

① 阴极保护法　将被保护金属物件施加阴极电流，使其发生阴极极化，以减少或防止金属腐蚀的方法。也就是说，将金属置于阴极，即阴极保护法。阴极保护法分为外加电流法与牺牲阳极法。外加电流法是将被保护金属与另一附加电极作为电解池的两个极，使被保护金属作为阴极，在外加直流电的作用下使阴极得到保护，常用于防止土壤、海水及河水中金属设备的腐蚀。牺牲阳极法是用电极电势比被保护金属更低的金属或合金作为阳极，固定在被保护金属上，形成腐蚀电池，被保护金属作为阴极而得到保护。牺牲阳极一般常用的材料有铝、锌、镁及其合金，常用于保护海轮外壳、海水中的各种金属设备、构件以及石油管路等。

② 阳极保护法　将被保护的金属设备与外加直流电源的正极相接，向金属表面通入足够的阳极电流，在腐蚀介质中使其阳极极化至稳定的钝化区，处于钝化状态，金属设备得到保护。实施阳极保护时应注意：在 Cl^- 浓度高的介质中不能采用阳极保护，因 Cl^- 能局部破坏钝化膜造成腐蚀；在酸性介质中或金属对氢脆敏感的情况下宜采用阳极保护。

除上述三种防护措施外，还可通过介质处理，改变介质的腐蚀性，以降低介质对金属的腐蚀作用。常用的方法有除去介质中的有害成分、调节介质的 pH 值、降低气体介质中的水汽。

另外，在腐蚀介质中加入少量的缓蚀剂，能有效地阻止或减缓金属腐蚀。缓蚀剂是一类能够防止或减缓金属腐蚀的无机物或有机物。目前应用范围较广，具有用量少、保护效能高、不改变金属制品性能、使用方便等优点。常用的缓蚀剂有阳极型缓蚀剂（如中性介质中铬酸盐及亚硝酸盐、苯甲酸盐等，能增加阳极极化，从而使腐蚀电位向正移）、阴极型缓蚀剂（如酸式碳酸钙、聚磷酸盐等，能使阴极过程减慢、增大酸性溶液中氢过电位，使腐蚀电位向负移）及混合型缓蚀剂（对阴极、阳极过程同时起抑制作用，如胺类、有机胺的亚硝酸盐、硫醇、硫醚等）。

7.3.2.2　无机非金属材料的防护

影响无机非金属材料侵蚀的因素主要有化学成分和矿物组成、密度、孔隙率和结构等，侵蚀过程发生化学作用（如化学反应）、物理作用（如溶解）或化学、物理作用同时进行。

陶瓷的环境稳定性高，主要受气体侵蚀，气体侵蚀与陶瓷的孔隙率或渗透性密切相关。因此，陶瓷的防护主要通过成分、结构优化提高陶瓷密实度，降低孔隙率或渗透性，阻止气体渗透进材料，降低侵蚀程度。另外，涂层技术的发展为提高陶瓷的抗侵蚀性、抗磨蚀性和强度提供了一个途径。

水泥混凝土的侵蚀破坏作用特别严重，主要有软水侵蚀、硫酸盐侵蚀、镁盐侵蚀、酸和碱侵蚀。侵蚀不但与混凝土中存在着易受侵蚀的氢氧化钙和水化铝酸钙、孔隙率有关，还受侵蚀介质、温度、湿度、介质浓度影响。其防护措施主要有以下几种。

（1）选用与侵蚀类型相适应的水泥品种　混凝土的应力侵蚀性能主要取决于水泥品种，正确地选择水泥品种并优化混凝土组分配比对任何一种侵蚀类型都非常重要。

混凝土中存在的氢氧化钙、水化铝酸钙是导致混凝土侵蚀的主要原因，特别是在海洋环境中尤为严重，减少这两种物质在混凝土中所占的比例可以降低海水对混凝土侵蚀的程度。如添加粉煤灰等活性的矿物质，能有效降低水化铝酸钙含量，提高混凝土抗侵蚀能力。另外，粉煤灰掺入还能够有效地降低混凝土组分系统中早期的水化温升，降低混凝土内部的早期温度应力，有效地防止出现温度裂缝。

（2）提高混凝土密实性和抗渗透性　没有渗透，就不存在侵蚀。各种侵蚀介质都是通过混凝土的各种孔隙、毛细孔而进入混凝土内部的。因此，提高混凝土密实性和抗渗透性，是防止或减少任何一种类型的混凝土应力侵蚀的行之有效的办法。

添加专门的防腐抗渗物质，也是提高混凝土防侵蚀能力的有效办法之一。专门的防腐抗渗物质，可以与对混凝土存在损害的物质结合，形成不溶性的盐类或者是螯合物，扩散到混凝土的内部，增加混凝土的致密程度，提高混凝土抗渗透的能力。

对于那些渗透性非常高的混凝土结构，即便采用提高混凝土耐侵蚀能力的胶凝材料，也难以长期地抵抗海水的侵蚀作用。而缩小水灰的比例，能增强混凝土的致密程度，有效地阻拦海水渗透到混凝土的内部中去，有效提高混凝土防侵蚀能力。

（3）混凝土表面防护涂层　将混凝土与侵蚀介质隔离起来，对混凝土的表面进行涂装，使之在混凝土的外表面形成一层隔水膜，防止海水渗透到混凝土的内部，是提高混凝土抗侵蚀能力最直接的方法。

常用的涂层材料可有效地阻止氯离子侵入混凝土内部，延长混凝土的耐久性，因此涂料涂层防护是常用的混凝土防侵蚀措施之一，尤其对于新建工程，涂料装修较为方便，且成本相对较低。

有机硅类涂层能有效保护混凝土，提高防侵蚀能力。混凝土表面喷涂无溶剂聚脲弹性体（SPUA）技术是一种新型绿色材料技术，采用专业设备，现场喷涂施工，形成具有优异的防侵蚀、防水、耐磨等多种功能的聚脲材料。

7.3.2.3 高分子材料的防护

防老化就是采取一定的措施，阻止或延缓致老化的化学反应。从高分子材料发生老化的原因来看，主要有化学组成与结构、光、热、氧等因素。因此，高分子材料的防老化主要措施有以下几种。

（1）改进聚合与加工工艺 高分子材料中的不稳定结构、引发剂残留物等是材料老化的诱发因素，如乳液聚合制备聚氯乙烯时，会不可避免产生双键、含氧基（如羰基等）和支链，这些不稳定结构会加快聚氯乙烯老化速率。而采用本体法制备聚氯乙烯会大大降低上述不稳定结构含量，有效减缓老化速率。聚合温度、转化率等也是不稳定结构含量影响因素。引发剂活性很高，若聚合时用量过多，将残留在材料中，而高活性的引发剂将剧烈加速高分子材料老化速率，因此，必须严格控制用量，减少老化弱点。

（2）聚合物改性 很多高分子材料具有活性端基，如缩合聚合高分子化合物往往有氨基、羧基、羟基等活性基团，这些活性基团在受到热、氧、光作用与接触化学介质时，能发生化学反应，引发材料老化。有效方法是对活性端基进行封端处理，消除活性。

另外，通过接枝、共聚等方法，在高分子化合物分子链上引进耐老化结构，也是防老化的有效方法。如采用含有抗氧剂的乙烯基基团单体进行共聚性改性。

橡胶一般都含有不饱和双键，即使硫化后，也有部分残留双键存在，不饱和双键是橡胶臭氧老化的主要因素。采用乙烯和丙烯单体共聚合成二元乙丙橡胶，其结构上的一大特点就是主链中不含双键，完全饱和，二元乙丙橡胶具有良好的耐臭氧性、耐化学品性、耐高温性、耐老化性。

（3）添加稳定剂 添加稳定剂是高分子材料最通用的防老化方法，具有简单、有效、灵活等特点，在聚合和加工时均能添加，且添加量少，一般为 $0.1\%\sim1\%$，能起到防护作用，抑制光、氧、热等对高分子材料的破坏。常用添加剂有主抗氧剂、辅助抗氧剂、热稳定剂、抗紫外线剂等。

添加剂种类繁多，按抑制对象分为以下几种。

① 热氧化稳定剂 一种是链式反应终止剂（主抗氧剂），可分为：自由基捕获剂，能与自由基反应生成稳定的物质，如苯醌；电子给予体，叔胺与自由基 RO· 相遇时，发生电子转移，使活性链反应终止；氢原子给予体，含有 NH 和 OH 活性反应基团，与活性自由基相遇时，发生氢原子的转移，使反应终止，同时生成一个稳定自由基，又可以捕获自由基，终止第二个活性链，常用的有仲胺类、受阻酚类。另一种是抑制性稳定剂（辅助抗氧剂），可分为：过氧化物分解剂，能使活性物质分解为稳定物质，常用长链脂肪族含硫脂、亚磷酸酯等；金属离子钝化剂，当金属离子与 ROOH 相遇时，形成一个不稳定的配位化合物，并发生电子转移得到 RO· 和 ROO· 自由基，加快了 ROOH 分解为自由基的速率，加速老化过程，所以必须钝化金属离子，芳香胺和酰胺类化合物是比较有效的金属离子钝化剂。

② 光老化稳定剂 可分为：紫外线屏蔽剂，能阻止紫外线进入高分子材料内部，限制光氧化反应停留在材料的表面，从而保护材料，如颜料、炭黑、氧化锌、钛白粉等；紫外线吸收剂，能吸收紫外线，主要用邻羟二苯甲酮衍生物等；受阻胺，具有空间位阻的四甲基或

五甲基的哌啶衍生物，是有效的光氧化老化稳定剂。

在使用稳定剂时，常采用多种稳定剂并用的方式，来抑制多种老化。并用时有加和效应、协同效应与对抗效应，一定要防止两种稳定剂的对抗效应。如受阻酚与炭黑并用在聚乙烯中时，由于炭黑表面对酚类抗氧剂有催化氧化的作用，使受阻酚的抗老化能力下降。

（4）物理防护　在高分子材料表面进行涂装，如涂漆、镀金属等防护层，也是高分子材料防老化的办法。如橡胶表面涂蜡，塑料镀铬、镀金等。另外，通过拉伸取向、结晶等也能提高高分子材料防老化能力。

第8章
材料生态设计与材料再生

1972 年，由各领域一些学者组成的"罗马俱乐部"出版的《增长的极限》一书，提出环境污染和资源枯竭将是影响世界未来发展的两个重要因素。在以资源消耗为主要特征的资源社会形态中，随着人类经济增长所依存的各种资源不断地枯竭，人类正面临着危机。

近 200 年来，人类对自然资源的开发利用达到了前所未有的水平，在创造巨大社会财富的同时，由于对自然资源无限索取，使得自然资源的动态平衡遭到严重破坏，从而造成全球性的资源危机，特别是有限非再生资源迅速消耗，使得整个地球众多资源面临短缺或枯竭，如淡水资源日益缺乏、森林资源严重破坏、生物物种濒临灭绝、各类矿物资源日渐枯竭，特别是能源和资源枯竭不但严重影响现代经济发展，也将给未来造成难以持续发展的局面，我们留给子孙后代的将是一个资源贫化和枯竭的家园。

人类同环境的关系有两个方面：人类是环境的产物，是自然的组成部分，人类要依赖自然环境才能生存和发展；人类又是环境的改造者，通过社会生产活动来利用和改造环境，使其更适合人类的生存和发展。为了维持人类环境系统的动态平衡，人类的经济活动和改造自然的活动必须不超过两个界限：从自然界取出的各种资源，不能超过自然界的再生增殖能力；排放到环境里的废弃物不能超过环境的纳污量，即环境的自净能力。

就如第 7 章所言，材料在提取、制备、生产、使用及废弃过程中，往往消耗大量的资源和能源，造成能源短缺、资源过度消耗甚至枯竭；并排放大量的污染物，造成环境污染和破坏。

随着社会经济的快速发展和人类生活水平的提高，对材料及其产品的需求日益增长，对新材料的发展和应用提出了更高、更迫切的要求。如何既能很好地使用材料，又不会给环境带来灾难，这就需要充分利用环境材料，使人类社会实现可持续发展。

在资源枯竭、环境遭受严重污染与破坏的今天，世界各国都将可持续发展作为 21 世纪的发展战略。可持续发展是指，既可满足当代人的需要，又不损害后代人需求的发展。也就是说，经济建设与人口、资源和环境要协调发展，既能达到发展经济的目的，又能保护人类赖以生存的自然资源和环境，使人类能够连续不断地发展。而材料和能源的不合理开发和利用，直接导致了资源短缺和环境恶化。因此，材料与可持续发展之间的问题已引起世界各国的高度重视。

实施可持续发展的主要措施就是发展循环经济。循环经济是 20 世纪 90 年代后期在工业化国家正在逐渐兴起的概念与实践，它是相对于传统的"自然资源—产品—废物排放"单向流动的线性经济模式而言的，代表了新的发展方向和发展趋势。它要求运用生态学规律来引导人们的经济活动，就是把清洁生产和废弃物的综合利用融为一体的经济，其含义可理解为，在物质的循环利用基础之上，按照自然生态系统中物质循环共生的原理来设计经济体系，通过废弃物交换和使用将不同企业联系在一起，形成"自然资源—产品—废弃物—回收再生—再生资源"的物质循环过程，所有的物质和能源要能在这个不断进行的经济循环中得到合理和持久的利用，废弃物被收集后，重新处理回收再生及再资源化，作为另一种新产品原料，实现资源的循环再利用。从而使生产和消费过程中投入的自然资源最少，将人类活动对环境的危害降低到最小程度，即实现低投入、高效率和低排放的经济发展。因此，循环经济可以看作是对物质闭环流动型经济的简称，它以物质、能量梯次使用为特征，在环境方面表现为低排放，甚至零排放。

更理想、更广义的循环经济不但包括"自然资源—产品—废弃物—回收再生—再生资源"的物质循环过程，还应实现"自然资源—产品—无公害废弃物—资源重组—自然资源"的物质自然循环过程，达到减量化、再资源化、无害化的生态平衡。如图 8-1 所示，上循环解决材料制备过程中资源短缺与匮乏问题，大循环解决材料使用废弃后的环境污染与破坏问题，达到生态平衡。

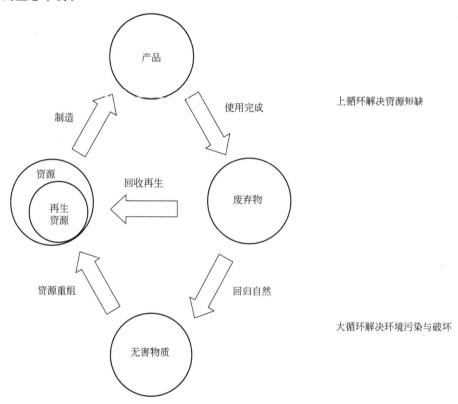

图 8-1　解决资源匮乏与环境污染的两个循环

生态平衡是指在一个正常的生态系统中，其结构和功能包括生物种类的组成和各种种群的比例以及不断进行着的物质循环和能量流动都处于相对稳定的状态。

8.1　材料生态设计

材料作为人类生产与生活的物质基础，对人类社会的发展起到巨大推动作用，同时也为人类生产与生活带来前所未有的益处，但由于材料在生产与使用及废弃过程中受当时科技水平的制约，使人类赖以生存的环境遭受不断破坏，资源消耗严重，这种局面已到了人类社会生死攸关的时候,资源枯竭与环境污染已严重威胁到人类的生存状态。

20世纪90年代初,日本科学家山本良一教授在"未来科学技术学会"上提出了环境材料(environment conscious materials,Ecomaterials)的概念,受到世界各国材料工作者的积极响应。此后,又进一步提出了生态环境材料、环境协调性产品、环境协调性设计的概念。新概念从理论上反思和总结了人类在其发展过程中所开发的材料的合理性和科学性,将地球生态环境引入了材料科学,逐渐形成了环境材料学。从而将材料的开采、制备、加工、使用和再生过程与生态环境问题统一于一体,力求两者相互协调、相互促进。环境材料的概念指出,应该从科学的高度审视材料的环境负担性、研究材料与环境的相互作用和定量评价材料生命周期对环境的影响,并以此为指导进行具有环境协调性的新型材料的设计、研究和开发。

环境材料所追求的不仅仅是材料具有的优异的使用性能,而且要求材料在制造、使用、废弃直到再生的整个寿命周期中必须具备优良的环境协调性以及具有环境净化和治理污染功能,是在传统材料追求的功能性、舒适性的基础上,强调材料在其整个生命周期中环境协调性的新一代材料。环境材料必须采用性能评价和环境协调性评价的双指标体系进行评价,要求材料同时具有优良的使用性能和环境协调性,缺一不可。材料的环境协调性强调,材料从设计、制造、使用到废弃的全过程都要考虑到与环境的友好性。

环境材料的特征如下:首先是具有良好的使用性能,保证材料使用功能满足设计要求;其次是具有较高的资源利用率,减少资源和能源消耗;再次是对环境影响越小越好,减少环境负荷,减少环境污染,避免温室效应、臭氧层破坏等;最后是容易回收和循环再生利用,既减少资源消耗,又减小环境影响。这种特征不仅包括按环境材料的基本思想和设计原则开发的新一代材料,同时也包括对传统材料的生态环境化改造。环境材料是人与自然和谐发展的基本要求,是人与自然协调发展的理性选择,也是材料产业可持续发展的必由之路。因此,循环经济的环境材料研究不仅能从源头治理或减轻环境污染,而且是新时代材料研制与生产的发展方向,是实现社会经济可持续发展的现实选择。

新型材料的环境协调性设计与开发是未来环境材料发展的重要方向,也是材料工业可持续发展的根本出路。环境材料是为了保持社会可持续发展而提出的一种新的重要的材料研究理念。研究人类发展和生存所必需的材料及其工程技术与生态环境之间的关系已引起材料科学工作者的重视。环境材料的研究已成为国际环境与材料研究的热点。近几年来,全世界在环境材料的研究方面已取得了较大的进展。

我国是人口众多、人均资源相对贫乏的国家,特别是最近20多年的经济高速增长所采取的是高投入、高消耗、高排放、低效益的粗放型经济增长方式,经济的高速增长是以资源浪费、生态退化和环境污染为代价,目前环境、资源问题已严重到刻不容缓的地步。据报道,中科院中国现代化研究中心中国现代化战略研究课题组研究表明:中国自然资源消耗比例约是日本、法国和韩国的100多倍;中国工业废弃物密度约是德国的20倍、意大利的18倍、韩国和英国的12倍;中国城市空气污染程度约是法国、加拿大和瑞典的7倍多,是美国、法国和澳大利亚的4倍多。因此,要保持我国社会经济的可持续发展,环境材料的研究、开发与应用尤为重要。

生态环境材料通过对环境协调性评价来衡量,即通常所说的LCA(life cycle assessment)方法,主要考察产品在整个寿命周期中对环境造成的影响,这种方法已经广泛地为国际上的研究机构、企业和政府部门所接受,并得到了大量应用和推广,成为一种重要的产品环境协调性的评价方法和企业环境的管理工具，并在 ISO 1400 系列国际环境认证标准中得到规范化。1969 年，美国可口可乐公司对不同饮料容器的资源消耗和环境释放做了特征分析。日本于 1995 年开始对一些典型材料进行了环境协调性评估，指导和推进日本材料及其制品产业的环境协调化发展。德国利用物质流分析的方法研究典型材料和产品如铝、建材、包装材料等的物质流动和由此产生的环境负荷，用于指导工业经济材料及产品生产的环境协调发展。加拿大、法国、荷兰、美国等许多国家和欧盟、世界经济与合作组织、国际标准化组织等国际组织都将环境协调评价作为制定标志或标准的方法。评价交通运输材料（如汽车材料）、包装材料、建筑材料、自行车材料以及其他工程材料和功能材料对环境的影响。我国在 1998 年通过国家"863 计划"的支持，进行了首项"材料的环境协调性评价研究"。

8.1.1　金属材料生态设计

金属材料是人类材料发展史上最悠久的材料之一，我国春秋战国时期的《周礼·考工记》就有关于青铜的科学论述，当时人们已认识到铜合金的成分与性能的关系，而为人类文明带来新曙光的七种金属材料（金、银、铜、铁、锡、铅、汞）至今仍广泛应用。金属材料的出现对人类文明具有巨大的推动作用，也是工业时代社会经济活动中最重要的材料，乃至将来也是重要的基础材料。自 20 世纪中叶以来，世界钢产量增加了 4 倍，20 世纪末全球钢产量维持在 7.8 亿吨左右，比塑料和其他金属产量之和仍高 4 倍以上。其他金属材料的冶炼产品总的产量都呈增加趋势，如镍、铝、镁和钛的产量增长率最高，其中镍的需求增长有赖于高合金钢和超合金的研究开发及生产，而轻金属（铝、镁、钛）的日益增长主要是基于它们的特性，铝已成为最重要的非铁金属。

金属材料特别是钢铁大量应用的原因很简单，材料的应用必须以低的价格、多种用途为目的，世界上大量储存的金属矿石比较容易被还原成金属，尤其是金属材料还有循环再利用性。

钢铁乃至其他金属材料历史悠久，其冶金原理、制造工艺、强化理论、性能表征、应用领域、废金属的回收、分离和分类等方法已形成了较完备的理论体系。然而钢铁材料在生产过程中既大量消耗了能源、资源，又排放了大量废弃物，对地球生态环境造成严重破坏。从铁矿石开采到钢铁材料产品产出，几乎每一环节都会对环境造成不同程度的污染，且消耗大量的资源和能源。开采铁矿石会破坏山体植被、污染河流；焦化过程中会产生大量的二氧化硫和二氧化碳，导致酸雨和温室效应；高炉炼铁和炼钢过程中会产生煤气、烟尘和金属粉尘等。况且，很多钢铁企业由于错误导向的管理，片面追求产量，不计资源耗费和环境破坏。尤其是我国钢铁企业总体上是高资源依赖度的产业结构。与工业发达国家相比，我国从新中国成立以来，钢铁工业走的是一条超常规、高度压缩型建设道路，虽在短期内具有了相对完整的钢铁产业结构，但也付出了沉重的代价，环境污染，资源枯竭，致使在低发展阶段出现了"复合型"环境问题。

随着环境材料概念的提出，从生态环境材料观点出发，将生态平衡理论与经济学结合，强调环境协调性，针对金属材料特性逐步形成具有生态协调性的新的理论与技术体系，丰富和完善金属材料的发展。

因此，金属材料生态设计方向是提高金属材料矿石开采、冶炼、生产、应用全过程中与环境的协调性，追求低环境负荷性、安全性、功能性和经济性。金属材料节省资源、能源，降低环境负荷最有效的途径是可循环再生性及低耗资源、低耗能源性，所以目前研究的重点是可循环金属材料设计，设计的要求是不使用循环再生过程中难以除去的元素，尽可能不使用枯竭性元素，不使用有毒元素，不采用在循环再生过程中难以分离的生产方法。钢铁材料是人类社会应用最广、产量最大的金属材料，因此我们主要以钢铁材料为主，阐述金属材料的环境协调化与循环再利用。

8.1.1.1　钢铁工业生态化思路

工业生态化的基本思路源于自然生态系统，其核心是物质与能量的循环利用。从产品的生产之前、生产过程中和废弃的整个生命周期着手，使工业废弃物得以避免、减少和再利用则是工业生态学的基本思想。

针对钢铁材料的铁矿石开采、冶炼、制造、废弃等全生命周期过程中，其设计要求有别于传统金属材料，优先考虑对环境造成负荷，从生态环境材料的基本观念出发，提高钢铁企业的生态效率，实现钢铁材料全生命周期中资源和能源消耗少、可再生循环、高效率使用等要求。

(1) 钢铁工业生态化的内涵　钢铁工业的生态化是以可持续发展为目标，体现了人与自然相协调的发展观。以产业组织及其活动为重点研究对象，以物质和能量的高效利用为重点研究内容。强调了技术创新对于解决产业生态学问题的重要性。根据钢铁工业物质/能量流的输入/输出特点，运用生态学原理，在规划生产过程中参照自然界生态过程中的物质循环方式，通过资源和能源的总体优化配置，提高物质和能量利用效率，从而使钢铁工业向可持续发展的工业模式转变，建设以钢铁工业为主要环节的，高效、生态的工业网络，达到社会资源、能源使用效率最大化，污染物排放量最小化，同时获得最好的经济效益、社会效益和环境效益。

(2) 钢铁工业生态化模式与实现途径　由于实现生态化目标的路径不同，钢铁工业生态化模式一般可分为两种类型："种群进化"模式与"产业群落"模式。"种群进化"模式是当前钢铁行业生态化的主要模式，其特点是，重点依靠钢铁行业内部的技术创新和管理创新实现生态化目标。创新的主要内容包括工艺流程创新、原材料替代技术创新、技术装备创新、节能技术创新等。"产业群落"模式是未来钢铁工业生态化的发展主导模式，其特点是，通过产品、废弃物和能量的关联，钢铁工业和其他工业行业共同组成产业共生体，以最优化的方式，实现资源和能源的多级高效利用和充分增值，尽量减少和生态环境的物质和能量交换。和"种群进化"模式相比较，由于"产业群落"模式更有利于形成专业化分工、更有利于实现价值链的增值、更有利于形成技术创新系统，因此"产业群落"模式具有更高的经济效益和更高的资源、能源利用效率。需要指出的是，"产业群落"的自然形成需要时间长、付出代价大，并且需要政府部门协调规划、产业引导等措施来加快实现与完善。

钢铁工业生态化主要体现在钢铁生产流程与工艺优化、绿色制造、绿色产品和废弃物循环利用、生态工业链接等方面。其实现途径为：提高资源、能源利用效率，优化钢铁制造流程，从源头入手减少消耗、减少污染；控制钢铁制造过程的排放，使污染物消除在制造过程中；对排放物进行再利用和无害化处理，协调经济效益和环境效益；开发和研制绿色产品；与相关行业形成工业生态链，达到资源、能源的多级高效利用及污染物的"零"排放体系，实现社会工业生态化；并制定生态化的规划和评价与管理体系。

(3) 钢铁工业绿色化、生态化技术　钢铁工业的生态化技术是指实现自身生产中的废弃物排放减量，同时大量消纳工业废弃物，使钢铁生产与环境生态相结合。生态化技术是钢铁工业生态化的重要依托，只有采用有效的生态化技术，才能最终实现生态工业的战略目标。

在具体实施过程中，清洁生产、绿色化是实现钢铁工业生态化的前提和基础，而生态化技术则是清洁生产和绿色化技术的延伸、扩展和更高层次上的体现。具体而言，绿色化重点技术主要包括以下几个层次：普及与推广节能环保技术，废气、废水、废渣的可循环利用，投资开发有效的生态化技术，探索研究未来的生态化技术。由传统钢铁工业模式向生态化钢铁工业模式转化，开展钢铁产品的生态设计，建立钢铁 LCA 体系，建立统一数据库，遵循国际钢铁工业科技进步的发展趋势，逐步过渡到省资源、低能耗、低污染的生态效益型产业结构。

8.1.1.2　钢铁工业生态化具体方法

（1）从元素角度实施

① 添加元素无毒无害化　钢铁材料尤其是合金在冶炼与制备过程中往往要添加其他元素，在选择添加元素时，要从生态环境材料基本思路出发，添加无毒无害元素，以保证在生产、使用、废弃全过程中减少有害物质对环境及人类本身的影响。目前已知的对人体和环境有毒害的元素有许多种，其中包括铅、汞、镉、铬等。无铅焊料、无铅机械加工合金、无铬表面处理钢等是添加元素无毒无害化研究的典型示例。

据统计，目前全世界每年约有 5 万吨铅通过电子废弃物进入人类生活环境，废弃产品中的铅通过雨水，尤其是酸雨，形成可溶性铅化合物而进入地下水中，导致水源污染，逐步破坏生态环境，威胁生物安全。对于人类而言，铅及其化合物被人体器官摄取后，将危害人体中枢神经，特别是直接损害儿童的脑中枢神经和正常发育。含铅产品废弃物对人类自身和生态环境构成的威胁已受到国际社会高度重视，铅及其化合物已被国际环境保护机构列入前 17 种对人体和环境有毒有害元素之首。许多国家已通过法律或行业自律逐渐禁止使用含铅材料。

② 合金元素的选择　钢铁材料废弃物一般都参加再循环流程，因此在选择合金元素时，应充分考虑到钢铁材料在再生循环时残留元素的影响，选择再循环性好、对环境影响微弱的合金元素，有利于钢铁工业生态化。

绝大多数传统合金钢为改善其性能都添加一些辅助元素，这些辅助元素通常会妨碍合金的再生性。传统的材料技术主要是针对用自然资源生产合金而设计的，因此不能很好地处理合金中的人为杂质，以至于影响材料的再生性。解决材料再生性的办法有两种：一是，选择的合金元素再生性好，就目前而言，该方法的成熟技术还有待于进一步研究；二是，就材料的本身而言，不用辅助元素来控制合金的性能，而是通过改善材料的组织结构来控制。马氏体和铁氧体的两相合金在不需要加入辅助元素的情况下，改善了合金的强度和刚度。通过微观结构控制可生成超细微粒的铁氧体钢。用小于 $5\mu m$ 的超细微粒＋均匀分布的碳纤维可生产出低 C-Si-Mn 的、高强度和延伸率好的可再生钢。

从有利于再生循环出发，双相钢（铁素体加马氏体 F＋M）是钢铁材料环境协调发展的方向之一。双相钢的金属成分相对简单，易于再生利用，这种 F＋M 双相钢通过工艺控制使 F 和 M 交替去存，改善性能。目前主要应用于新型冲压用钢、Fe-Fe 复合金属材料等。

受到金属冶炼和提纯工艺的限制，在废弃金属材料再生过程中，某些合金元素很难去除。一般来讲，在金属精炼过程中，杂质金属是靠形成氧化物的形式去除，由于各种元素形成氧化物的能力受热力学和动力学条件限制，其被去除的难易程度差别比较大，这主要取决于杂质元素与氧的亲和力强弱，如果杂质元素与氧的亲和力大于基体金属，易形成氧化物，容易被去除，若杂质元素与氧的亲和力弱于基体金属，难以氧化，也难以被去除。例如，钢熔体中的铝杂质几乎能全部被去除，而铝熔体中的铁杂质则很难去除干净。当然去除的杂质还与沸点、蒸气压等诸多因素有关。

对于钢铁材料而言，可将杂质元素分成四类。

a. 钢熔体中很难去除的元素，有 Cu、Ni、Co、Mo、W、Sn、As。

b. 能部分完全去除的元素，有 Cr、Mn、P、S、C、H、N。

c. 与沸点和蒸气压等无关的元素，有 Zn、Cd、Pb、Sb。

d. 钢熔体中几乎能全部去除的元素，有 Si、Al、V、Ti、Zr、B、Mg、Ca、Nb、Re 等。

从上可知，废合金钢经过多次再生循环后，Cu、Ni、Mo、Sn、Sb 等残留元素的浓度会发生富集增高，接近极限，影响材料的性能。有些残留元素除溶解在基体中外，还可能存在于夹杂物中，可能是简单氧化物、复杂氧化物、硅酸盐夹杂物、氮化物和硫化物等，夹杂物对金属性能的影响一直是金属材料中的一个重要研究领域。

③ 采用资源丰富、价廉易得的元素代替昂贵稀缺的合金元素，研究开发具有高性能、低环境负荷的新钢种。金属矿石资源属于不可再生或很难再生资源，1994 年，权威机构曾对全球 100 多个国家与地区的 200 多种矿产储量及产量进行统计，发现按当时采掘速度，工业用主要 40 多种非能源矿产的静态储量有 10 多种将在 50 年内枯竭，如铅、锌、锡、汞、钒、金、银、硫、金刚石、石墨、石膏、重晶石、滑石等。

我国尽管矿产资源种类及储量比较丰富，但据 2004 年数据显示，近年来中国矿产资源紧缺矛盾日益突出，石油、煤炭、铜、铁、锰、铬储量持续下降，缺口及短缺进一步加大，中国 45 种主要矿产的现有储量，能保证 2020 年需求的只有 6 种。金属元素矿石是以氧化物、碳化物等化合物形式存在，矿石中金属元素含量各不相同，从经济和技术高度考虑，一般以采掘和提取比较容易的高品质矿石来保障资源供给，在高品质矿藏枯竭后，即使提取技术进步，也难以避免生产效率低下、尾矿增多、开采量过大等一系列问题。采取提高含碳量（比平均含碳量约高 0.1%）来产生二次硬化效应可降低高速钢合金含量（1%），节约 W 和 Mo 资源，同时还减少了环境污染，因为冶炼过程中含碳量高可减少 CO_2 的排放量。

地球上大量存在的 Si 是含量最丰富的元素之一，常以氧化物的形式存在，其制取方便。以往在钢中 Si 属于受限制使用的元素，最近的研究表明，钢中加入 Si 后（1.0%～2.0%），可提高钢的二次硬化效应，并使二次硬化的峰值浓度向低浓度方向移动，抗氧强度提高，还降低对材料的韧-脆转变温度，可替代部分贵重金属 W 和 Mo 等资源，对环境协调发展具有重要作用。

（2）采用环境友好的工艺技术　钢铁工业能源消耗大、污染较严重，其发展受能源、环境的制约越来越明显。2013 年我国粗钢产量达 7.79 亿吨，同比增长 7.54%，2013 年全年能源消费总量达 37.5 亿吨标准煤，比 2012 年增长 3.7%。其中钢铁工业消耗 6 亿吨标准煤，占我国能源消费量的 16%，约占全国工业能源消费总量的 23%。经过近几年的高速发展，通过采用先进工艺和改进设备等措施，我国吨钢综合能耗如下：1995 年为 1158kg 标准煤/t，2004 年减少到 761kg 标准煤/t，2013 年重点大中型钢铁企业再减少到 592kg 标准煤/t，但仍比国外先进水平高 15% 左右。

发展循环经济是转变经济增长方式、实现钢铁工业可持续发展的必由之路。循环经济是一种以资源高效利用和循环利用为核心，以"减量化、再利用、资源化"为原则，以低消耗、低排放、高效率为基本特征，符合可持续发展理念的经济增长模式，是对"大量生产、大量消费、大量废弃"的传统增长模式的根本变革。

对于金属冶炼及加工工艺环境协调性改进而言，就是要"节能降耗、优化流程、降低排放、改善环境"的清洁生产，推广先进技术，实施高效利用，如采用干熄焦和小球烧结等技术、非回收型炼焦技术、固体废弃物的循环利用技术；发展高效率使用的金属材料；炼铁工业大力推进以高炉喷煤为中心的节焦措施，炼钢工业发展以连铸为中心，三位一体（炼钢、精炼、连铸）的炼钢技术；轧钢采用热衔接，特别是一火成材的优化流程等，非铁都是尽量使用原材料的加工过程消耗较低的资源和能源，排放较少的"三废"，并且在废弃之后易于分解、回收与再生。由于金属材料的冶炼生产和加工过程造成的环境影响极大，工艺流程的技术改造对于降低金属材料的环境负荷具有极其重要的意义。

冶金短流程是目前发展的一个重要方向，其核心在于不断优化生产流程，达到紧凑化和连续化，以实现金属收得率最大化、生产过程能量输入和资源输入的最小化、过程的废弃物排放减少的目的。

淘汰落后工艺装备，提高废钢铁炼钢利用率，推广高效节能电炉炼钢技术，电炉中采用辅助能源和余热回收利用技术，提高连续铸造、连续退火、直接轧钢等连续化比例是降低吨钢能耗的有效方法。

① 干熄焦和低水熄焦技术　传统的熄焦方法采用水熄灭法，即用水将炼焦炉中推出的赤热焦炭熄灭，这种方法将产生大量废气和废水，严重污染环境，同时浪费大量的能源。干熄焦用氮气取代水，能够显著改善焦炭的质量（M_{40} 提高 $3\sim8$ 个百分点，M_{10} 降低 $0.3\sim0.8$ 个百分点），回收红焦显热（1.25MJ/t 焦），还可大大减轻对环境的污染。长期以来，我国干熄焦的主体设备主要依赖进口，价格昂贵，干熄焦技术推广缓慢。随着装备的国产化，这项技术将在我国迅速得到推广。

低水熄焦可以大大减少熄焦的用水量和污染物的排放，而且技术难度和投资都比干熄焦小，因此在欧美等国家也得到了发展。

② 非回收型炼焦技术　为了减少焦炭生产对环境的污染，美国 Sesa 炼焦公司开发了非回收型焦炉技术。这种炼焦工艺不回收化工副产品，而是将其燃烧回收热能。采用这种技术工艺进行生产时，其污染物排放明显减少，而且产量提高 30%，焦炭质量改善。非回收型焦炉的投资少于传统焦炉，操作也比较容易。这种技术在美国、德国、印度等国家已经被采用，我国山西省也采用类似的非回收型炼焦技术。

③ 固体废弃物的循环利用技术　充分利用钢铁工业中的固体废弃物，减少排放及废弃，提高资源、能源利用率，实行冶金废渣资源化。如高炉尘、转炉渣、轧钢皮等含铁废弃物，可作为烧结原料得到利用。高炉尘还可随煤粉喷入高炉代替一部分焦炭。炼钢渣可用来生产铁水处理渣。转炉尘中含有铁、锌等有价元素，美国 Midrex 公司与日本神户公司联合开发的 Fastmet 流程能够有效地利用转炉尘等冶金粉尘。该技术的核心设备为转底炉。首先将粉尘配加煤粉制成含碳球团或压块，然后送入转底炉进行预还原。由于反应温度高，料层仅铺一层球团矿，因此还原速率很快，在 $6\sim10$min 内金属化率即可达 85%～95%。1996 年，在日本加川市建成的示范工厂，转底炉的炉床直径为 28m，年处理 21 万吨转炉尘，产品为热态直接还原铁和氧化锌粉，还原铁直接装入转炉冶炼铁水，也大大降低了产品成本。

2002 年，我国山西翼城和河南巩义先后建成了 $100m^2$ 的转底炉。与 Fastmet 流程不同的是，其原料不是冶金粉尘，而是一般的铁矿石和煤粉。

冶金废渣资源化的途径还有很多，例如将转炉渣用来修路、堆建海洋生物养殖基地、制砖等。

④ 发展环境友好高效率使用的金属材料　提高钢铁材料的性能，减少用量，延长使用寿命，降低车辆等以钢铁为原料的机电产品的动力消耗，是生态钢铁冶金的又一项重要内容。

从绝大多数（90％以上）钢铁结构材料强度来看，目前生产的最高强度只有理论强度的$1/7\sim1/6$，铝合金的实际强度也只达到理论强度的$1/20\sim1/10$。而各个行业对金属结构材料提出了越来越高的使用效率要求。如汽车用钢，汽车的质量减轻100kg，可达到每公里省油0.7L的效果；高层建筑、大跨度重载桥梁等都希望结构用钢具有高的强度，以减少材料的使用量，达到节约能源和资源的目的。

欧洲自2004年开始进行的COST科研项目，集中了来自13个国家的科研力量，开发含铬量为10％～11.5％、较高含硼量的铁素体-马氏体钢，以适应在高温和高压下使用的要求。从日本开发"超级钢"开始，新一代钢铁材料的发展目标是强度、韧性同时提高1倍，并保持使用寿命延长1倍，其技术途径是通过"高洁净、均匀化、超细晶"来实现，通过微观结构控制技术的发展来生产"超细颗粒的结构钢"，从而大大改善其机械强度和各种功能，探索纯铁可达到的最优的潜在性能。

（3）钢铁冶金清洁生产的环境协调性　就钢铁工业生产全过程而言，从采矿、选矿、烧结、炼铁、炼钢到轧钢，每一工序都消耗大量的能源和辅助原料，环境污染实质上是宝贵的自然资源未得到有效合理利用的一种表现形式，是资源和能源的浪费。我国钢铁工业与发达工业国家相比，其生产工艺、技术装备水平落后，产品结构不合理，造成资源、能源大量消耗，有害物质排放严重，废弃物利用率低，管理水平落后，环境破坏严重。积极实施清洁生产是提高钢铁冶金工业环境协调性的有力措施。

① 清洁生产的概念和内容　20世纪70年代末，联合国环境规划署（UNEP）提出清洁生产。清洁生产是指从原料、生产工艺到产品使用全过程的广义的污染防治途径。清洁生产是合理使用自然资源和能源，并保护环境的实用生产方法和措施，其实质是一种物料和能源最少的人类生产活动的规划和管理。将废弃物减量化、资源化、无害化或消灭于生产过程之中，同时对人体和环境无害的绿色产品的生产，也将随着可持续发展进程的深入而日益成为今后产品生产的主导方向。清洁生产是将综合预防的环境策略持续地应用于生产过程和产品之中。清洁生产包括节约原材料和能源，淘汰有毒原材料，并在全部排放物和废弃物离开生产过程以前减少它的数量和毒性。对产品而言，清洁生产策略旨在减少产品在整个生产周期过程（包括从原料提炼到产品最终处置）中对人类和环境的影响，清洁生产通过应用专门技术改进工艺技术和改变管理来实现。

因此，清洁生产是以最大限度地提高资源的利用率和减少环境的不利影响为目的。清洁生产强调的是对已有的生产工艺和产品进行创新，以技术和管理相集成的手段，实现生产全过程的污染控制。

清洁生产最大限度地利用资源和能源，使原材料最大限度地转化为产品，它是将污染物从源头削减，使投入和运行费用降低，避免了末端治理的不彻底而造成二次污染，是钢铁工业生态化的最有效途径。

清洁生产包括以下几个方面的内容。

a. 原材料和能源的清洁化与无毒无害化。

b. 实现资源循环利用，推行新工艺、新技术，采用高效生产技术。

c. 实现能源循环利用，强化生产技术管理和技术改造，提高能源综合利用率。

d. 废弃物的再资源化，减少生产废弃物，实现废弃物再资源化。

近 30 年来，我国钢铁工业取得了举世瞩目的成就，钢产量从 1996 年起跃居世界第一位。尽管钢铁工业资源消耗、能源消耗和废弃物的排放总量是不断上升的，但吨钢资源消耗、能源消耗和废弃物的排放量总的趋势是逐年下降，从系统优化的观点出发，开展钢铁企业各生产工序环境协调性评价的研究工作，找出某一污染和总的污染程度大的重点排放工序，以利于提高钢铁企业对环境污染的治理效果，更好地实现钢铁企业的清洁生产。

2005 年 7 月国务院审议并原则通过的"钢铁产业发展政策"，指导钢铁工业通过技术进步、结构调整、合理布局、体制创新、转变增长方式，最终实现钢铁大国向钢铁强国的转变。实现钢铁工业可持续发展，最大限度地提高废气、废水、废物的综合利用水平，力争实现"零"排放，建立循环型钢铁工厂。

② 钢铁工业清洁生产技术与生态化　钢铁工业是典型的高能耗、重污染行业，在消耗大量资源、能源的同时，还大量排放各种有害物质。如高炉渣、转炉渣、电炉渣、铁水预处理渣、钢包渣等达 222kg/t 钢，粉尘、污泥及铁、磷量达 70kg/t 钢，废耐火材料量达 7kg/t 钢，固体废弃物总量约为 300kg/t 钢。钢铁厂排放的废水中含有油、酚、汞、铅、镉等有害物质，我国的废水排放量高达 7t/t 钢。钢铁厂排放的废气中有 CO_2、SO_2、NO_x、二噁英等。2002 年，全世界的粗钢产量为 9.02 亿吨，钢铁工业的 CO_2 排放量达 9.40 亿吨。1996 年，中国钢铁工业的 SO_2 排放量为 97.8 万吨，占全国工业 SO_2 总排放量的 7.5%。NO_x 的排放量与 SO_2 大致相当。

因此，钢铁工业清洁生产刻不容缓，其清洁生产是包括整个产品技术、工艺技术、装备技术、环保技术、管理技术在内的全社会资源的协调与整合。

就具体而言，钢铁工业的清洁生产主要改善能耗、优化工艺。如烧结工序清洁生产，控制烧结工序烟尘、粉尘污染及 SO_2 排放。炼铁工序是耗能最多的工序，占钢铁联合企业总能耗的 40% 左右。我国炼铁工序能耗比国外先进水平高 20% 左右。因此，改进工艺，降低炼铁工序能耗，大力发展精炼技术，对于改善环境是至关重要的。炼钢工序是钢铁生产的主要工序，不仅消耗大量的燃料和动力，而且消耗大量耗能高的生铁、铁合金、石灰和耐火材料，同时回收余热的潜力也很大。轧钢工序能耗约占综合能耗的 17% 左右，轧钢工序能耗主要包括加热的燃料消耗和轧钢用的电耗，其中燃料消耗占 70% 左右。铸造方法、铸造产品的几何形状，对于钢铁厂的能耗和效率具有全局性的影响。与模铸工艺相比，连铸工艺可节能 6.3~8.4GJ/t 坯，提高成材率 10%~15%。其节能的效果不仅表现在减少中间加热和能耗及提高成材率上，而且还表现在从高炉开始一直到最终成品工序的工艺优化、输送优化所带来的综合节能上。由于我国大多数加热炉效率较低，提高加热炉热效率、降低加热炉燃料消耗是降低轧钢工序能耗、减少对环境影响的关键。综合利用技术是清洁生产的重要环节。自然资源和再生资源是工业生产的基础，生产排泄物再资源化过程，是一项重大的技术政策。最大限度地把废弃物再生利用。钢铁工业综合利用项目主要有：回收可燃气体和余压、余热资源；回收含铁尘泥；钢铁渣资源化；循环和重复利用水资源；废酸、废油再生。

（4）钢铁工业废渣（钢渣）的综合利用　钢铁工业及有色冶金工业的发展产生了大量炉渣等固体废弃物，并且利用率低，冶金工业的废渣中钢渣和赤泥是量大面广的主要品种。

钢渣是炼钢过程中排出的废渣。根据炼钢所用炉型的不同，钢渣分为转炉渣、平炉渣和电炉渣。钢渣是炼钢过程中的必然副产物，炼钢过程是除去生铁中的碳、硅、磷和硫等杂质，使钢具有特定性能的过程，也是造渣材料和冶炼反应物以及熔融的炉衬材料生成融合物的过程。钢渣的排出量约为粗钢产量的 15％～20％。

钢渣成分复杂，各种成分含量的变化存在不确定性，化学成分中氧化钙在 40％以上，氧化铝在 5％以下，氧化硅在 20％以下，氧化铁（FeO 和 Fe_2O_3）在 20％左右，其矿物组成主要为硅酸二钙和硅酸三钙，两者的含量在 50％以上。因此，钢渣也被称为"过烧"硅酸盐水泥熟料。钢渣的利用率一直不高。各国都有大量钢渣弃置堆积，占用土地，影响环境。但随着炼钢和综合利用技术的发展以及矿源、能源的紧张，20 世纪 70 年代以来，不少国家钢渣的利用率迅速提高。据不完全统计，我国累计生产了近 5000 万吨钢渣水泥，用在工业与民用建筑、水利工程、机场道面工程、道桥工程中，效果良好。

钢渣是固体废弃物中性能最好、利用价值最高的工业渣。2011 年，我国高炉渣的产生量约为 21420 万吨，综合利用率为 76％。其中，除钒钛高炉渣和含放射性的高炉渣未能利用外，普通成分高炉渣的利用率也提高了 10 个百分点。经过几十年探索，我国钢渣的利用途径有：作为烧结矿的原料，作为路基材料、回填材料和水泥原料。此外，一些企业用钢渣作为原料生产地面砖、多孔砖等新型墙体材料。

① 用作冶金原料

a. 用作烧结熔剂　钢渣中因含有大量的 CaO、FeO、MgO、MnO、SiO_2 等，配入烧结矿，可以节省不少的熔剂原料（石灰、云石等）和铁矿。烧结矿中配入粒度小于 5mm 的钢渣代替熔剂，不仅可回收利用钢渣中精矿粉、氧化铁（FeO）、氧化钙（CaO）、氧化镁（MgO）、氧化锰（MnO）、稀有元素（V、Nb 等）等有益成分，而且可作为烧结矿的"增强剂"，显著提高烧结矿的质量和产量；转炉钢渣配入烧结混合料中后，在水分保持相近的情况下，混合料的平均粒径有变小的趋势，静态料层阻力随转炉钢渣配比的增加而加大。再加上由于水淬钢渣疏松，粒度均匀，料层透气性好，有利于烧结造球及提高烧结速度。高炉使用配入钢渣的烧结矿，由于烧结矿强度高，粒度组成改善，尽管铁品位略有降低，炼铁渣量增加，但高炉操作顺利，对其产量提高、焦比降低是有利的。

b. 用作高炉或化铁炉熔剂　钢渣直接返回高炉作为熔剂，其主要优点是利用渣中氧化钙（CaO）代替石灰石，同时利用了渣中有益成分，节省了熔剂消耗（石灰石、白云石、萤石），改善了高炉渣流动性，增加了炼铁产量。其缺点是钢渣成分波动大。美国有 50％以上的钢渣用作高炉的替代熔剂。实践证明，钢渣作为高炉熔剂，高炉冶炼配入的钢渣量主要取决于钢渣中有害成分磷的含量以及高炉需要加入的石灰石用量。

钢渣也可以作为化铁炉熔剂代替石灰石及部分萤石。使用证明，其对铁水温度、铁水含硫量、熔化率、炉渣碱度及流动性均无明显影响，在技术上是可行的。使用化铁炉的钢厂及相当一部分生产铸件的机械厂都可应用。

c. 钢渣作为炼钢返回渣　钢渣配合使用白云石返回炼钢再用，可以使炼钢成渣早，减少初期渣对炉衬的侵蚀，有利于提高炉龄，降低耐火材料消耗，同时可取代（或减少）萤石。一般转炉炼钢每吨钢使用高碱度的返回钢渣 25kg 左右。

d. 从钢渣中回收废钢铁　钢渣中含有 20％左右的 FeO，并夹杂有金属 Fe，钢渣破碎的粒度越细，回收的金属 Fe 越多。国外较早开展从钢渣中回收废钢铁，例如，1970～1972 年美国从钢渣中回收近 350 万吨废钢铁。我国已有不少厂家建立了处理钢渣生产线，例如，鞍钢采用无介质自磨及磁选的方法回收钢渣中的废钢铁量达 8.0％，武钢达 8.5％。

② 用于建筑材料　可用于生产水泥，生产出的水泥碱度高、有很好的水硬性，如果熔

融钢渣的碱度及其各氧化物之间的分子配比和冷却速度合理，常温下与水作用的主要矿物组成硅酸三钙（C_3S）、硅酸二钙（C_2S）和铁铝酸四钙（C_4AF）能产生一定的强度。早在 20 世纪 70 年代就已开始利用钢渣来生产水泥，由于钢渣的后期强度较高，配加部分水泥熟料，利用熟料早期强度高的优势，制成的钢渣水泥具有各龄期强度好、耐磨、抗渗等优点。目前在豫北地区水泥厂采用，但钢渣掺量一般在 15％左右。钢渣水泥品种有无熟料钢渣矿渣水泥、少熟料钢渣矿渣水泥、钢渣沸石水泥、钢渣矿渣硅酸盐水泥、钢渣矿渣高温型石膏白水泥和钢渣硅酸盐水泥等。

　　③ 制备微晶玻璃等　以高炉渣为主要原料可制备高性能工业用玻璃陶瓷材料。利用钢渣制备性能优良的微晶玻璃，对于提高钢渣的利用率和附加值、减轻环境污染具有重要的意义。国外很早就有有关钢渣制备微晶玻璃的报道，如美国 Alfred 大学的 Agrwal G. 等利用钢渣制造富 CaO 的微晶玻璃，具有比普通玻璃高 2 倍的耐磨性及较好的耐化学腐蚀性。西欧曾报道，用钢渣制造出透明玻璃和彩色玻璃陶瓷，用作墙面装饰块及地面瓷砖等。我国在这方面的研究较晚，但已经取得了较大的进展。据报道，湖南大学肖汉宁等通过对材料组成和结构的设计，获得了高炉渣和钢渣用量为 55％～60％、抗弯强度＞300MPa、显微硬度达 12GPa、耐磨性比 GCr 钢高 26 倍的微晶玻璃；武汉理工大学程金树等以还原钢渣为原料制备了以 β-硅灰石为主晶相的钢渣微晶玻璃。

　　④ 用于筑路材料　钢渣碎石具有密度大、强度高、磨损率小、耐磨等特点。国外 40％的钢渣用来修筑公路，国内目前也正大力向筑路发展。钢渣可用于公路底基层、基层及面层凝结形成坚硬的水泥石。钢渣路具有路面平整度好、无塌陷、耐磨性好、抗冻融能力强、公路稳定性好、长时间使用可免除人工维护等性能，均优于碎石路。因此，将现有钢渣磁选生产线产生的钢尾渣分级后用于生产筑路渣，是开发钢尾渣的方向。钢渣作为回填材料近年来得到越来越广泛的应用，作为 2008 年北京奥运会三大主要比赛场馆之一的北京国家体育馆，在工程施工过程中就大量使用了钢渣作为回填材料。

　　⑤ 用于农业肥料和酸性土壤改良剂　钢渣含 Ca、Mg、Si、P 等元素，可根据不同元素的含量作不同的应用，我国用钢渣改良土壤始于 20 世纪 50 年代末至 60 年代初。钢渣中的钙、硅、磷等在冶炼过程中经过高温煅烧，其溶解度大大改善，容易被植物吸收，可用作具有速效又有后劲的复合矿质肥料。目前，我国用钢渣生产的磷肥品种有钢渣磷肥和钙镁磷肥。衡量用作磷肥的钢渣质量，取决于有效 P_2O_5 含量，因此，在钢冶炼过程中，提高有效 P_2O_5 的含量是提高钢渣磷肥质量的关键。另外，钢渣粉可直接作为肥料施用，结果表明，钢渣可使每亩水稻增产 20～72kg，每亩棉花增产籽棉 23～45kg。

　　另外，钢渣还可用于脱除烟气中的 SO_2，可制作废水处理吸附剂，生产钢渣微粉，生产钢渣砖、彩色砂料、干粉砂浆、炉渣矿棉，及制备聚铁混凝剂、硫酸亚铁等化工产品等。

8.1.2　无机非金属材料生态设计

　　无机非金属材料的许多特点与金属材料和高分子材料差异很大，因此，研究开发无机非金属类生态环境材料，首先应对它的特点和与其他材料的差异性加以说明和比较。本节结合无机非金属材料的原料来源、工艺方法和独特的材料设计思想，概要介绍研究开发无机非金属生态环境材料的基本理论和生态化改造对策。

　　无机非金属材料种类很多，用途各异，通常可以把它们分为普通的（传统的）和先进的（新型的）两大类。

　　传统的无机非金属材料是人类社会生产活动与生活活动所必需的基础材料。主要有水泥、陶瓷、玻璃、耐火材料、耐磨材料等，其他如搪瓷、碳素材料、非金属矿物材料也都属于传统的无机非金属材料，它们是人类最早使用的材料，其生产历史较长，发展速度快，产量大，用途广。

先进无机非金属材料是指那些新近开发的、具有优异性能的材料，主要指 20 世纪中期以后发展起来的、具有特殊性能和用途的材料，是固体物理、固体化学、有机化学、冶金学、陶瓷学乃至生物学及微电子学等多学科交叉的结果。它们是现代新技术、新兴产业和传统工业技术改造的物质基础，也是发展现代国防和生物医学所不可缺少的。主要包括先进陶瓷、非晶态材料、人工晶体、无机涂层、无机纤维等。先进无机非金属材料是属于高投入（一般占纯收入的 1/3）、高风险、高回报的产品，往往利用极端条件作为必要的手段，如超高压、超高温、超高真空、极低温、超高速冷却及超高纯等。

8.1.2.1　传统无机非金属材料面临的主要生态环境问题

无机非金属材料是以某些元素的氧化物、碳化物、氮化物、卤素化合物、硼化物以及硅酸盐、铝酸盐、磷酸盐、硼酸盐等物质组成的材料，是除高分子材料和金属材料以外的所有材料的统称。无机非金属材料是 20 世纪 40 年代后，随着现代科学技术的发展从传统的硅酸盐材料演变而来的，已与高分子材料和金属材料并列为经济建设中的三大材料。其面临的主要生态环境问题如下：使用性能与环境协调性的矛盾突出；制备过程中能耗高；很难再循环利用。

8.1.2.2　无机非金属材料的生态化设计

无机非金属材料的生态化设计从总体来讲主要有以下几种。

① 原材料高纯化与复合化　原料的高纯化是先进无机非金属材料的一个重要发展方向。另外，传统无机非金属材料多使用天然矿物原料，由于成分范围宽，常含有有害杂质，因此，使用性能较差。先进无机非金属材料为实现原料的高纯化和复合化，多采用合成原料，使用性能优异。随着纯度的提高，晶界玻璃相和有害杂质减少，材料的力学性能，特别是耐高温性能显著提高。

② 减少有毒有害辅助原料的添加　有利于减少制造与使用过程中有毒有害物质的排放。

③ 制造工艺的生态化设计　无机非金属材料工业在生产过程中会产生大量工业粉尘、工业废水和高温有害烟气、废水等排放物。如玻璃工业和一些先进陶瓷工业，采用大量氟、镉、铅、砷等有毒化合物，以废水、废气形式污染环境，对人体健康也造成危害。因此，应加强制造过程的生态化设计，减少有害物质排放。

④ 长寿命化性能设计的原则　超长寿命化设计，尽量提高材料的使用寿命，减少使用后废弃物总量。

⑤ 循环再利用　尽管无机非金属材料固体废弃物数量巨大，再循环利用困难，但一些发达国家都在提高再循环利用率。如根据英国陶瓷研究协会（Ceram Research）的报道，在英国的一些瓷砖工厂一直使用高达 40% 的再循环废瓷料，它们是通过添加陶器、日用陶瓷以及卫生陶瓷的废瓷到瓷砖中，包括素坯、没烧成的釉料、加工的釉料和装饰产品的废料。

下面以陶瓷工业、水泥工业为例，阐述无机非金属材料生态化设计要点。

（1）生态陶瓷　在陶瓷产品的生产中，陶瓷原料的采掘会造成土地和植被的破坏；陶瓷原料的精制与产品的成型过程要排放大量污水、粉尘；陶瓷产品的烧成过程要消耗大量能源，并排放出有害气体。陶瓷生产过程对生态环境的影响不容忽视。传统陶瓷工业的陶瓷制品以天然矿物原料为原料，使用粉碎—成型—高温烧成的工艺制作陶器、炻器、瓷器，生产美术瓷、陶瓷墙地砖、陶瓷洁具、电瓷等。高新陶瓷工业的制品以化工原料为原料，使用传统陶瓷生产工艺技术，制作柱塞、辊棒、各种耐磨耐腐蚀器件，以及用于当代的能源工程、环保工程、生物工程等众多现代科技领域所需的材料。

① 陶瓷工业最急迫要解决的主要问题

a. 资源、能源消耗严峻　据统计，2012 年全国陶瓷砖年产量为 92 亿平方米，约占世界总产量的 65%，消耗能源超过 5000 万吨标准煤和消耗约 2.1 亿吨陶瓷原料。陶瓷行业是一个高能耗行业，从原料的制备到制品的烧成等各工序，燃料、电力等能源成本占整个陶瓷生产成本的 23%～40%，因此，实现节能减排可促进企业良性发展，也是陶瓷工业的内在要求。

b. 有害物质排放、污染严重　陶瓷工业在消耗大量资源、能源的同时产生大量粉尘、有害气体、废水等污染物，对环境造成严重污染，因此，除尘、除硫（和其他有害气体）、除污水和废渣，最大限度地减少对自然环境的破坏与损害是陶瓷工业今后发展的重点。

② 陶瓷的生态化设计　优先发展特种陶瓷工业，并在设计中融入绿色环保的设计理念。特种陶瓷是以高纯度人工合成的无机化合物为原料，采用现代工艺制造并具有独特和优异性能的功能陶瓷与结构陶瓷。特种陶瓷因其消耗资源少，对环境污染小，具有较高的经济价值，因而是陶瓷生态工业发展的主要方向。如特种陶瓷中的多孔陶瓷、纳米陶瓷等。

在陶瓷产品生产过程中，采用先进的生态陶瓷生产技术和生产工艺，实施清洁化生产，减少对环境产生污染。陶瓷工业污染包括生产环境污染和自然环境污染。生产环境污染有粉尘污染、有害气体污染和高温环境污染。自然环境污染有废水、废气、废渣等污染。陶瓷生产环境和自然环境的污染程度和陶瓷生产技术、生产工艺、生产管理水平有很大关系，如果在陶瓷生产中采用先进的节料、节能、节水生产技术，推行干法生产工艺等，可以实现陶瓷清洁生产。如在陶瓷产品烧成过程中，应通过改造陶瓷燃烧系统，采用先进的节能技术，对引起大气严重污染的窑炉燃烧系统进行技术改造，改进窑炉设计，推广使用洁净气体燃料，减少或降低有毒、有害物质的排放等措施来保护自然环境。禁止使用一段式煤气发生炉和直接燃煤式窑炉。对于生产过程中产生的一切工业废水，都要使用回收装置给予循环利用。全面推广陶瓷喷雾干燥塔烟气深化治理技术，以达到消烟、除尘、脱硫的目的，从源头上削减污染物的产生量，从而改善大气环境质量。

在对陶瓷实行工业生产的同时，抓好废弃物的回收和综合利用是社会实现可持续发展的现实需要。

具体实施措施有以下几种。

a. 实施再循环利用，减少废弃物排放　陶瓷生产过程中所产生的废料有废坯泥和废瓷。前者从原料处理、混料、球磨到坯料制备、成型、干燥的全过程都会产生。废坯泥大部分可以回收再利用，又称回坯泥。废瓷通常被陶瓷工厂称为真正意义上的废料。废料很难回收再利用，大部分弃之不用，或运走或在附近堆积起来，既占空地又污染环境。我国是世界上最大的陶瓷生产国，陶瓷废料的数量之大和对环境的污染必须加以高度重视，要迅速加以解决。但根据英国陶瓷生产厂家的实践，在英国的一些瓷砖工厂一直使用高达 40% 的再循环废瓷料。

b. 节能减耗　陶瓷行业是一个高能耗行业，窑炉的能耗已从 20 世纪 80 年代的占生产成本的 40%～45%，降低到现在的 30% 左右，不但降低了生产成本，也提升了产品的市场竞争力。但和先进国家相比，还有很大的差距，节能有巨大的潜力。

ⅰ．原料加工过程中的节能　　选用标准化、系列化生产的原料进厂，以保证产品质量的稳定性和减少粉尘、噪声污染。采用细磨设备，应大力推广使用连续式、大吨位球磨机进行球磨，与小吨位球磨机相比，大吨位球磨机可以节省电耗 10％～30％。使用大型喷雾干燥塔，单位电耗省。

ⅱ．陶瓷成型过程中的节能　　如采用大吨位压砖机，压制的砖坯质量好，产量大，合格率高，产品档次也高，这样投资和电耗可减少 30％以上；改进压砖机模具，提高使用寿命，减少换模具次数。

ⅲ．采用压釉一体化　　在压砖过程中，瓷砖的施釉或表层装饰与整体的成型同时进行，采用干釉粉的优点是：可以取消传统的施釉线，增加釉的稠度，提高釉的磨损性，同时，也为一次烧成瓷砖打好基础。

ⅳ．采用等静压成型　　从效率、节能和成熟程度来考虑，日用陶瓷成型工艺应该采用等静压成型，它具有瓷质结构均匀致密、质量好、工序简单、无杂质、抗弯强度高，以及可成型复杂型、尺寸精确、生产周期短、耗能低等优点。等静压成型的最大特点是：产量大，质量好，坯体规整度好，品质规格一致，取消了石膏模和干燥工序，能适应于多种产品的生产等。

ⅴ．干燥消耗的节能　　近年来，微波干燥技术得到较快发展。微波干燥中微波可以穿透物料内部，使内外同时受热，蒸发时间比常规大大缩短，可以最大限度地加快干燥速度，极大地提高生产效率。

ⅵ．烧成过程中的节能　　正确选择先进和节能型的陶瓷窑炉，对节能至关重要；实施低温快烧，在配方中适当增加熔剂成分，实现低温快烧是烧成节能的有效途径；实现了一次烧成新工艺，减少了素烧工序，使燃耗和电耗下降；采用先进的燃烧设备、提高气体流速是强化气体与制品之间传热的有效措施；采用耐高温轻质耐火材料和新型涂料，使用耐高温、热导率小、规格尺寸准确的高质量耐火和保温材料，对于延长窑炉的使用寿命、减少散热损失至关重要；改善窑体结构，从节能角度讲，窑内高越低越好，使用液化石油气和天然气的窑炉内高可适当降低；窑车、窑具材料轻型化，采用轻质耐火材料制作窑车和窑具对节能具有重大的意义，产品与窑具的质量比越小，其热耗越低；微波辅助烧结技术，热效率高，烧结时间短，因此可以大大降低能耗，达到节能效果；窑炉的余热利用。还应开发和利用新能源，如太阳能、潮汐能、风能、水能、氢气能源等。

（2）生态水泥　　从 1824 年诞生至今，国外水泥工业发展已有 180 多年历史，我国水泥工业已有 120 年的发展历程。

水泥是国民经济建设和发展的基础原材料之一，也是建筑材料最重要的组成部分之一，关系到国计民生，为社会进步和经济发展做出了巨大贡献，水泥工业已经成为我国产量最大的制造业。在 21 世纪，水泥工业将继续在全球范围内发挥其不可替代的重要作用。

从 1986 年起，我国一直是世界第一水泥产业大国，水泥产量由 2000 年的 5.97 亿吨增长到 2013 年的 24.1 亿吨，平均年增长速度超过 11％，占世界水泥产量的 50％以上。然而，我国水泥工业还存在着产业结构问题，占总量 70％的水泥产量是由落后的水泥工艺生产的，污染严重，资源不能得到有效利用。因此，在加强产业结构调整、发展新型干法水泥的同时，与资源、环境、经济和社会协调发展。

水泥工业是能源、矿石资源消耗大的资源密集型产业，同时又受到资源不足、环境污染的严重制约。水泥工业发展过程可大体上分为"索取型—质量效益型—环境材料型"三个阶段。索取型是指水泥工业诞生初期到回转窑产生后，为了获得有用的水泥产品，无节制地向大自然索取资源、能源和排放废弃物，对生产中导致的环境污染采用被动的末端治理措施。质量效益型是指 20 世纪 50 年代初期及 70 年代初期，水泥工业开发了悬浮预热和预分解技术，并广泛应用当代科学技术及工业生产最新成果。环境材料型是指，产品真正实行全面环境保护的保证体系，环境材料型水泥工业不仅要保证产品具有优越的使用性能，同时要尽最大可能降低自然资源和能源消耗，大量消纳其他工业的废渣及生活垃圾，甚至是可燃性危险废弃物，即最大限度地改善环境。目前，发达国家已进入环境材料型发展阶段，而我国则仍处于质量效益型向环境材料型过渡的阶段。

因此，发展循环经济，建设资源节约型、环境友好型社会，已成为水泥工业与资源、能源密集型产业转变经济增长方式的发展目标。

同陶瓷工业相同，水泥工业也同样面临着资源消耗严重、能耗大与有害物质排放三大问题。

由于水泥在生产过程中，消耗大量的矿物资源和能源，排出大量的粉尘及 CO_2、SO_2 和 NO_x 等对环境有害的气体，在快速发展的同时，面临着资源、能源的过度消耗和环境的严重污染，上述情况必将影响水泥工业的进一步发展，水泥工业必须走一条科技含量高、经济效益好、资源和能源消耗低、环境污染少、工业废弃物得到大量利用的新型工业化道路，也就是发展循环经济，实现水泥工业的可持续发展。

资源和能源消耗为：水泥生产主要消耗的资源是石灰石，主要消耗的能源是燃料和电能。

水泥工业是严重的资源依赖型工业，主要原料以天然原料为主，传统窑生产过程中，生产 1t 的水泥制品需要 0.75～0.9t 熟料矿物和 0.1～0.25t 混合材料，及其他辅助材料。1t 熟料耗用约 1.3t 石灰石、0.2t 黏土或者 0.12t 砂页岩，以及铝质和铁质原料。

水泥生产的能耗由三部分组成，即生产水泥中所用熟料在其煅烧（烧成）时所消耗的热能、水泥生产过程所消耗的电能、水泥生产中所用的原料、燃料及矿渣等混合材料烘干时需消耗的热能。

在水泥生产中，主要消耗的能源为热能和电能，热能用于烘干原料和煅烧水泥熟料，而电能在整个水泥制造过程中都在消耗，水泥工业的能耗量占全国能源产量的 7％～8％。电耗与水泥制造的工艺装备有关，也与原料的易碎、易磨性能、熟料和混合材料的易磨性能，以及水泥品种、细度等因素有关，各条生产线的单位熟料和水泥的电耗差别较大，预分解窑生产线的电耗为 90～120kW·h/t 水泥。

有害物的排放为：水泥生产过程中，产生大量的粉尘和 CO_2、SO_2、NO_x 等对环境有害的气体，以及对水造成污染的六价铬的镁铬砖残砖和其他有害重金属。庞大的水泥工业，不仅资源和能源消耗巨大，而且对环境也造成了严重污染。

水泥的生态化设计主要从以下几个方面考虑。

生态水泥是针对"生态型"水泥工业而言的，也称绿色水泥、健康水泥和环保水泥。生态水泥就是利用各种固体废弃物（包括各种工业废料、废渣以及生活垃圾）作为原料和燃料制造的水泥。这种水泥能降低废弃物处理的负荷，节省资源、能源，达到与环境共生的目标，是 21 世纪水泥工业生产技术发展的方向。

以节能化、资源化、环境保护为中心，实现清洁生产和高效集约化生产，在保证高质量水泥的同时加强水泥生态化技术研究与开发，逐步减少天然资源和天然能源的消耗，提高废弃物的再循环利用率，最大限度地减少环境污染和最大限度地接收消纳工业废弃物及城市垃圾，达到与生态环境完全相容、和谐共存。

水泥生产生态化是水泥工业的可持续发展的基础，在水泥生产过程中，采用先进的生态水泥生产技术和生产工艺，实施清洁化生产，减少对环境产生污染。在生产中采用先进的节料、节能、减排生产技术，推行新型干法水泥生产工艺等，可以实现水泥清洁生产。

因此，在水泥生态化设计过程中，应注意以下几点。

① 工艺技术方法的先进性、符合生态化要求的原料和燃料、生产规模与产品质量要求、生产与环保设备选型、生产过程控制及计算机网络系统的应用等。

② 利用水泥工业可有效消纳和降解废弃物的独特优势，加大对各种固体废弃物的资源化利用，使水泥工业在生产过程中最大限度地将人类活动中排放的工业和生活废弃物加以有效利用。

③ 发展与替代资源、能源或低品位原料和燃料相适应的水泥生态化制备技术与装备，包括优化矿山资源开采与均化以及生料在线质量前馈控制技术，开发新型高效节能粉磨系统，完善新型干法烧成系统，包括窑炉、燃烧器和冷却系统，提升自动化与网络信息水平，加大环保技术与装备的升级改造。

④ 研究开发低资源和能源消耗、低污染物排放及各具性能特色的低环境负荷型水泥，最终推进水泥工业成为与资源、环境及人类社会协调持续发展的循环经济产业体系。

⑤ 加强对水泥产品生命周期的评价。

传统水泥工业向生态化转变，即从不可持续发展的传统工业转向可持续发展的生态工业，意味着水泥工业正在努力实现与资源、环境、经济和社会的全面协调发展。

生态水泥生产的具体实施措施有以下几种。

① 大力发展新型干法水泥技术，现代化的新型干法水泥生产工艺已成为我国水泥界的共识，大型化的新型干法水泥生产技术已成为水泥生产方式的主流。新型干法水泥技术的内容有原料矿山计算机控制开采、原料预均化、生料均化、新型节能粉磨、高效预热器和分解炉、新型算式冷却机、高耐热耐磨及隔热材料、计算机与网络化信息技术等。使用该技术进行水泥生产的优点是：高效、优质、节能，节约资源，符合环保和可持续发展的要求。新型干法水泥技术的特点是：生产大型化、完全自动化，能实现废弃物再利用，是发展循环经济的切入点。

② 推广清洁生产技术，水泥工业的清洁生产是指合理而有限地利用自然资源和能源，使用先进的生产技术和装备，生产全过程控制污染，有效利用废弃物，生产符合工业标准的、无毒无害的水泥产品。清洁生产是控制环境污染的有效措施，它彻底改变了过去被动的、滞后的污染控制手段，强调在污染产生之前就进行有效控制和削减。

③ 大力推进废弃物综合利用。水泥工业中，大量利用其他工业废渣用于水泥原料、水泥混合材料、水泥燃料和水泥混凝土改性材料等方面，起到环保和循环利用工业废渣的双重目的。我国工业废渣的综合利用率不到 50%，大部分被暂时性储存和处置，还有一部分被直接排放至自然环境。水泥工业大量使用工业废渣，前景广阔。

水泥工厂同时可作为处理固体废弃物综合利用的企业。一些行业的废渣废物，恰恰是水泥行业可综合利用的资源——钢铁厂的废渣、发电厂的粉煤灰等均可以成为水泥企业的极好原料，从而达到节约能源的目标，实现资源的循环利用。如煤矸石、粉煤灰、高炉炉渣、各种金属冶炼的矿渣、电石渣、赤泥，以及含 CaO、SiO_2、Al_2O_3 等成分的污泥，均可作为制造水泥的原料。

④ 废弃物作水泥工业燃料。新型干法水泥窑内高温气体在 1100℃以上，各种可燃废弃物和危险废弃物均可在水泥窑内得到安全处置，可燃废弃物在水泥生产过程中得到无害化、资源化处置。如废轮胎、木柴、废塑料、城市可燃生活垃圾、容器密闭的有毒有害工业废料等，可直接投入系统合适部位煅烧，一些可以磨制成粉状或液体的工业废料，如石油焦、废机油、废溶剂等，均能通过特殊设计的燃烧器喷入系统装置内煅烧。

用于水泥燃料的工业废渣，主要是可燃废料。由于利用可燃废料回收二次能源，烧制水泥熟料，比其他的能源回收方法在基建投资、操作费用、回收率等方面都经济得多，尤其是在环境质量、净化废气和废渣的排渣方面颇具优势，特别是利用城市垃圾、燃烧熟料方面更显出独特优势。国际上一些著名的水泥装备公司已竞相开展这方面的研究开发工作。

另外，水泥工业本身的废弃物也可综合利用，如水泥回转窑烧成系统在煅烧熟料的过程中，含有一些热量的工业废料，可作为代用燃料入窑煅烧。

⑤ 工业废弃物作水泥混合材。水泥是由水泥熟料、石膏和混合材在水泥磨内磨制而成的，混合材的掺加量除了自身性质外，更与水泥品种、熟料标号和水泥细度等有关，其范围为 5%~50%。20 世纪 70 年代以来，国内立窑发展迅速，采用矿渣等活性混合材是改善立窑水泥性能的重要手段，矿渣等工业废弃物作为混合材随着立窑熟料水泥数量的增长而相应增长，工业废弃物作为混合材的品种有高炉炉渣、铬铁渣、赤泥、增钙液态渣以及粉煤灰、沸腾炉渣、钢渣等。水泥粉磨使用混合材取代熟料的另一优点是减少熟料生产过程中所产生的 CO_2 废气排放量，随着技术的发展，工业废弃物的使用品种越来越多，性能越来越好，数量将越来越大。

⑥ 加强废热综合利用，实施能源开发与节约并举。水泥工业是一个高能耗行业，水泥熟料在煅烧过程中，所产生的废气含有一定的热量，可以转换为蒸汽用来发电，同时也减少了高温废气排放。如传统的干法回转窑，其废气温度高达 900℃，而预分解窑的预热器和箅冷机的废气温度一般在 350℃以下，也可用来发电，其发电量可以超过 35kW·h/t 熟料。充分利用水泥生产过程中产生的大量废气余热进行动力回收，在新型干法水泥窑的基础上配套余热发电装置也成为先进水泥企业发展循环经济的重要举措之一。针对水泥工艺中的用电主要设备，生料粉磨、水泥粉磨等过程，需要积极实施变频技术改造，促进设备耗电量大幅度降低；针对生产过程中的回转窑系统，实施喷煤控制系统和冷却系统改造，积极采用新技术，可以促进煤耗的不断降低，在生产各环节实施能源节约，促进产业升级。

因此，大量利用工业废渣，可节约原材料和能耗，降低有害气体和粉尘的排放，生料系统利用工业废渣可节约原料。水泥制备系统利用工业废渣可节约水泥熟料，每生产 1t 水泥熟料，可节约标准煤 120kg，节约原料 1.6t，可少排出 CO_2 1000kg，SO_2 2kg，NO_x 4kg。

通过资源的综合利用、天然资源的高效利用或代用、二次资源的利用以及节能、降耗、节水，减缓石灰石、黏土、煤炭、水资源的耗竭；实施再循环利用，废弃物资源化，减少资源消耗，减少废弃物排放或实现"零排放"；能源消耗的"减量化"和代用能源的"最大化"，是生态水泥的发展方向。

8.1.3　高分子材料生态设计

8.1.3.1　高分子材料生态设计的主要内容

（1）高分子合成工业的绿色化　在高分子材料的合成与制备过程中，使用洁净技术，减少"三废"的排放；生产过程中应用原子经济性反应途径，达到零废物、零排放；替代单体生产中的剧毒原料（如光气、氢氰酸等）；减少有机溶剂的使用；利用生物资源等。在生产过程中实施绿色化工技术，是提高资源效率、改善环境污染的有效措施。

（2）高分子废弃物的再生循环技术　高分子产品使用周期不很长，其废弃物特别是一次性塑料制品，成为城市垃圾的重要来源。所以，再生循环技术不仅是解决高分子"白色污染"的有效途径之一，而且有利于充分利用原料，提高资源利用率，保护环境。应大力发展高分子材料的多级利用技术，实现材料的多次循环。

（3）可降解高分子材料　高分子材料的降解技术，也可称为高分子材料的零排放，是指制品完成其使用价值后，通过高效溶剂或能吞噬高分子材料废弃物的物质就地或异地转变，无毒地回归大自然或进入人类生态环境的系统工程。

降解技术的根本问题是，要发现传统高分子材料废弃物的降解方法和开发新型可降解合成高分子材料新品种。天然高分子材料的开发与应用被认为是实现高分子材料零排放的最理想途径，但需要解决强度低、寿命短、成本高等问题。

（4）长寿命材料　发展超长寿命的高分子材料，是降低资源开发速度、有效利用资源、减少高分子材料废弃物的有效途径之一。尤其对于用量大、影响深远的农用地膜、棚膜、建筑用高分子材料等应考虑长寿命问题。可通过优化配方和工艺设计、开发功能优异的塑料合金体系等方法来实现。需要指出的是，无论材料是短寿命还是长寿命，都应以维持生态环境和节约资源及提高利用率为最基本目标。

（5）环境友好的新型高分子功能材料　发展高分子功能材料，生产具有高附加值的精细化工产品，是实现资源利用率最大化的有效途径之一。

我们对材料特性的认识往往具有时代的局限性，随着科技不断进步，在过去被认为是生态友好的材料，现今可能被禁止在某方面应用，如聚碳酸酯婴儿奶瓶由于可能存在残余苯酚被禁用，应用于玩具的聚氯乙烯制品，过去常用的某些增塑剂、稳定剂，如邻苯二甲酸二辛酯、铅盐、有机锡等已被市场禁入。因此，作为高分子材料工作者，应与时俱进，不断研究开发更环保、更生态的材料。

8.1.3.2　高分子材料的生态设计

环境友好材料是指在原料采集、产品制造、使用或者再生循环利用以及废料处理等环节中，对地球环境负荷最小和对人类身体健康无害的材料。具有资源和能源消耗少、对生态和环境污染小、再生利用率高的特点，而且从材料制造、使用、废弃直到再生循环利用的整个寿命过程，都与生态环境相协调。近期产业化的重点是：多功能材料，可循环回收材料，低毒少害材料（如废弃物再资源化制造新材料），环保型可降解塑料，建筑与海洋防护用环保涂料等。

环境友好材料是指对环境不产生危害，甚至对环境有保护或改善作用的材料，至今尚没有十分明确的定义。但其主要功能是环境友好材料在光、水或其他条件的作用下，会产生分子量下降、物理性能降低等现象，并逐渐被环境消纳，因此被称为环境友好材料。

与之密切相关的是"绿色材料"，1992年，国际学术界对绿色材料给予了明确的定义：绿色材料是指在原料采用、产品制造、产品使用或再循环和废弃物处理等各环节中对地球环境负荷为最小和有利于人类健康的材料，也称"环境调和材料"。

国外对绿色材料的发展十分重视，从20世纪70年代开始，欧洲与美国、日本等国家相继规定了绿色建材的标准，取得良好社会效益和经济效益，受到公众的高度评价和欢迎。其中较为成功的有德国1977年开始实施的环境标志计划（蓝色天使）、加拿大1988年开始实施的"环境选择"标志计划（Ecologo 标志计划）以及韩国和新加坡 1992 年开始实施的"环境标志"计划。此外，还有北欧的"北欧天鹅"、美国的"绿色徽章"、日本的生态标志环境计划等。

我国从 1993 年 8 月开始实施"环境标志"认定，标志为由青山、绿水、太阳及十个环组成的图案，环境标志的中心结构表示人类赖以生存的环境；外围的十个环紧密结合，环环紧扣，表示公众参与，共同保护环境；同时十个环的"环"与环境的"环"同字，其寓意为"全民联合起来，共同保护人类赖以生存的环境"。

因此，高分子材料生态设计主要包括：环境负荷小的高分子合金设计；可再生循环高分子材料设计；热熔加工性好的增强高分子材料设计；完全降解高分子材料设计；超长寿命高分子材料设计；功能高分子材料设计；高分子材料加工及使用过程中所产生的有害物质无害化处理技术；高分子材料再生循环工艺技术研究；高分子材料和产品的环境协调性评估及其软件数据库的建立。

（1）高分子材料零排放技术　高分子材料零排放是指其制品完成使用价值之后，通过高效溶剂或能吞噬高分子材料废弃物的物质就地或异地转变，无毒地回归大自然或进入人类生态环境的系统工程。零排放技术的实质是降解技术、天然高分子开发应用技术、低负荷设计技术及减少金属-高分子材料复合构件等。

天然高分子材料是指棉秆、芦苇或稻草、麦秸秆等。利用这些植物原料，可开发不含任何合成高分子成分的"草纤维"易降解农膜，即无塑可降解薄膜、一次性餐具等。天然高分子材料的开发与应用被认为是实现有机高分子材料零排放的最理想途径，但存在湿态强度太低、寿命太短等问题，故而成本高。

"降解"就是使高分子链断裂，转化为低分子化合物。降解技术的根本问题是，要发现传统高分子材料废弃物的降解方法和开发新型可降解合成高分子材料新品种。也就是说，以光降解、生物降解、光-生物降解原理为基础，一方面寻找如水、氧、微生物以及促进降解的溶剂，有针对性地处理传统高分子材料废弃物；另一方面，利用共混或共聚法制备可降解高分子材料。共混使可生物降解的高分子如淀粉或者可诱导光降解的光敏剂等混入聚乙烯醇（PVA）、聚乙烯（PE）、聚氯乙烯（PVC）中，诱导生物降解或紫外线降解，使制品或薄膜丧失强度和力学性能。

（2）可降解塑料

① 可降解塑料的发展、分类及定义　可降解塑料的发展历程颇具戏剧性。20 世纪 60 年代，环境问题引发了人们对可降解塑料的研究兴趣，但 20 世纪 70 年代初的石油危机使多数研究者转移到石油制品的回收利用研究上，致使有关降解塑料研究一度中断；20 世纪 80 年代，由于城市固体废弃物的处理费用高和全球对环境问题的重视，降解研究又再次成为热点。而今环保的迫切需要和各国政府的大力倡导，尤其是巨大的市场需要刺激了降解塑料的快速发展，日本贸易工业部已将降解塑料列为位于金属材料、无机非金属材料和高分子材料之后的"第四种新材料"。

② 聚合物的降解方式

a. 微生物降解，在有氧（或无氧）条件下，通过微生物使高聚物转变成二氧化碳、甲烷及各种副产品。

b. 大型生物降解，聚合物被昆虫、动物或其他生物摄取，在它们的咀嚼和消化活动中降解。

c. 光降解，通过加入诱导光降解的光敏剂，促使聚合物加快降解。

d. 化学降解，通过化学作用导致聚合物降解。

此外，聚合物的降解还包括水解和氧化降解。塑料以何种方式降解，或者何种方式在降解中起主导作用，主要取决于塑料的性质、加工条件、使用性能要求以及废弃后的处理方法。由于塑料降解机理的多样性，对降解塑料的定义难以统一。依据美国材料试验学会（ASTM）的技术标准，降解塑料是在特定的环境中化学结构发生重大改变并导致在确定的时间内出现特定性能损失的塑料。根据降解塑料化学结构发生改变的机制不同，可将降解塑料分为光降解塑料、光/生物降解塑料、生物降解塑料以及化学降解塑料四大类。具体分类如图 8-2 所示。

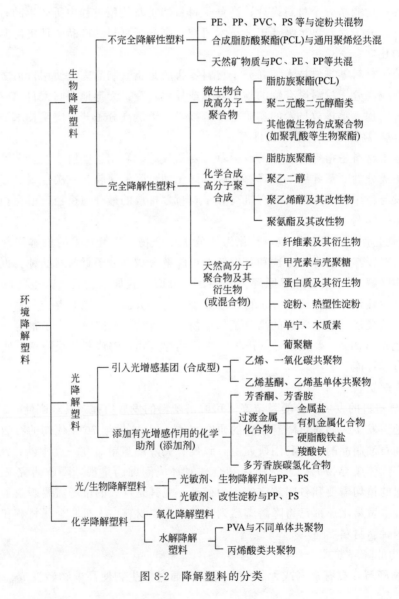

图 8-2　降解塑料的分类

（3）生物降解塑料　众多环境友好材料中最主要的材料是环保型可生物降解塑料。

所谓生物降解塑料，是指在自然界微生物（如细菌、霉菌和藻类）的作用下，完全分解为低分子化合物的塑料（包括高分子化合物及其配合物）。一般来说，生物降解塑料在有水存在的条件下，能被天然产生的微生物或酶作用，促进其水解降解，化学结构发生明显变化而导致高分子链断裂，分子量逐渐变小，直至最后被代谢为 CO_2 和 H_2O 等（图 8-3）。

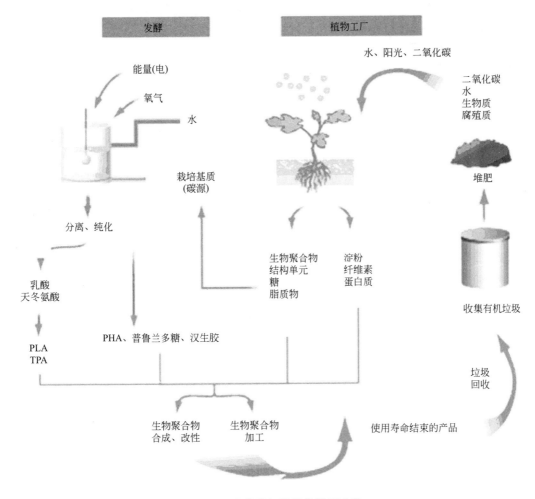

图 8-3　生物降解塑料的循环过程

塑料是否具有生物降解性取决于塑料分子链的大小和结构、微生物的种类和各种环境因素（如温度、pH 值、湿度）及营养物的可作用性等。实际上，生物降解不只是微生物的作用，而是多种生物参加的综合过程。塑料的生物降解包括两个过程。

① 由白蚁、昆虫以及啮齿类动物的活动所引起的塑料力学破坏过程，虽然塑料本身并不是这些动物的食物。

② 生物把塑料成分作为营养源的化学作用，以及生物产生或分泌的腐蚀性物质对塑料造成的破坏过程。

要使塑料在生物降解后回归生态圈，最终必须依靠酶的作用。因此，在设计生物降解材料时，必须考虑材料的组分以及结构是否有利于大型生物或微生物的侵袭，最重要的是遗留物质是否能被自然界中已知存在的酶所同化。

根据生产方法的不同，生物降解材料可以分为以下几种。

① 微生物合成型生物降解高分子材料　微生物能够合成聚酯和多糖，并能分解它们。目前对于微生物合成聚酯方面的研究较多。代表性产品是英国 ICI 公司开发的 3-羟基丁酸和 3-羟基戊酸酯的共聚物（PHBV）及其衍生物（商品名为 Biopol），另外，还有日本东京工业大学资源研究所开发的聚羟基丁酸酯（PHB）。这类产品虽然生物分解性很高，但是价格昂贵，很难推广。

② 化学合成型生物降解高分子材料　该类生物降解高分子材料多为在分子结构中引入酯基结构的聚酯。例如聚乙烯醇和在医用领域广泛应用的聚乳酸（PLA）等。目前这两类都是研究开发的热门。另外，还有美国 Union Carbide 公司以聚己内酯（PCL）为原料开发的商品名为 Tone 的产品。

③ 天然高分子材料　天然高分子生物降解塑料是利用生物可降解的天然高分子（如植物来源的物质和动物来源的甲壳素等）为基材制造的塑料。美国、日本、奥地利等国家都在积极研究此类材料。它们可以完全生物降解，透气性很好，其他性能还有待改进。

④ 淀粉掺混型塑料　例如在 PE、PP、PS 中添加淀粉或淀粉衍生物制成的降解塑料。

（4）降解塑料的前景　"环境友好材料"前景看好，近几年，我国可降解材料的研制水平和生产能力都有了显著提高。目前，可降解材料已经深入到农业、包装、医药等众多领域。目前在国内的可降解材料制品当中，可降解塑料制品占据着重要的地位。而可降解塑料制品降解性能的好坏，将对环境产生重大的影响。据统计，目前中国从事降解塑料生产的企业有 100 多家。目前，降解塑料地膜处于示范应用阶段，一次性包装材料及日用杂品正有序地推向市场，并有部分母料和产品已进军国际市场。完全生物降解塑料处于中试阶段，其产品在医用材料、高档包装材料、涂覆料方面正在积极开拓市场。

2011 年世界塑料总产量已超过 2.8 亿吨，2012 年我国塑料制品规模以上企业总产量达 5781 万吨，年塑料消费总量约 8000 万吨。按照国际惯例，每年待处理的废弃塑料量一般按塑料制品年消费量 15％的标准计算。我国年废弃塑料已超过 1200 万吨。而目前，全国最多年回收塑料 100 多万吨，不足年消费量的 1/10。因此，大量的废弃塑料仍然是遍地堆放、四处飘荡。美国研究人员在 2012 年的报告中说，他们的研究显示，北太平洋海域的塑料垃圾密度在过去近 40 年增长了上百倍，大量细小的塑料垃圾随环流系统在北太平洋亚热带海域汇集，以塑料垃圾为主要成分的"太平洋大垃圾带"面积如今已与美国得克萨斯州相当。若采用降解塑料替代一次性难以回收的普通塑料，降解塑料市场潜力巨大。

8.2　材料再生

在资源走向枯竭的今天，充分利用废弃物进行回收再生与再资源化具有重要意义，目前，世界各国正投入巨资从技术、政策、法律法规等方面研究资源再生与再资源化。

近年来，随着我国可持续发展战略的实施，发展循环经济提出明确要求后，再生资源产业受到各级政府部门的高度重视。大力发展资源再生产业，是解决我国资源短缺问题的有效途径，也是发展循环经济、建立节约型社会的必然选择。因此，总结和借鉴发达国家的经验，对于加快发展我国再生资源产业，实现经济与社会的可持续发展有着重要的现实意义。

20 世纪 80 年代以来，世界许多发达国家从可持续发展理念出发，提出了许多新思想，特别是 1992 年联合国环发大会提出可持续发展道路之后，德国等欧洲国家首先提出了循环经济发展战略，并得到其他发达国家的积极响应，同时再生资源产业受到各国政府的高度重视，并被许多国家作为发展循环经济的关键产业而得到迅速发展。

发达国家再生资源发展起步早、法律法规完善、技术支持力度强、水平高。欧盟国家废弃物的回收一直处于世界领先水平，如德国的居民生活垃圾和企业生产垃圾的利用率分别达到 57% 与 58%，95% 的矿渣、70% 以上的粉尘和矿泥都被重新利用；瑞士塑料瓶的回收率已经达到 90% 以上；美国再生资源回收行业规模巨大，年再生资源回收产值达 2400 亿美元，已成为美国产值最大、解决就业最多的行业，超过汽车行业，成为美国最大的支柱产业；日本的废塑料、废橡胶的回收率已达 90%，再生铝已经占金属铝总产量的 98% 以上。

我国再生资源产业经过几十年的发展，也取得了很大进步，2010 年再生资源回收总值更是达到了 5600 亿元，全国各类回收企业 10 万多家，从业人员约 1800 万人。

2012 年我国废钢铁、废有色金属等八大品种再生资源回收总量约 1.6 亿吨，2012 年我国主要再生有色金属产量突破 1000 万吨，同比增长 3.67%，已接近原生有色金属产量的 1/3，成为我国有色金属工业的重要组成部分，有色金属四大品种（铝、铜、锌、铅）废料的回收总量已达 660 多万吨，同比增长 5.09%。比直接用矿石生产这些金属节能 1.7 亿吨标准煤，减少废水排放 112.7 亿吨、二氧化硫排放 374.6 万吨、固体废弃物排放 33.9 亿吨。

资源再生能有效实施最根本的保障是相应的法律法规建立与完善。发达国家都十分重视建立和完善各项与循环经济相关的法律法规，为发展循环经济提供法律依据，尤以德国和日本最为典型。德国拥有一套严格而完善的垃圾回收及处理的法规和制度，循环经济立法层次分明，体系完备。在《循环经济和垃圾处理法》的框架下，德国根据各个行业的不同情况，制定了促进各行业垃圾再利用的法规条例，如《废旧汽车处理条例》、《关于处理电子废物和电力设备的条例》、《关于市政垃圾的填埋条例》和《关于废木材的处理条例》。国家通过立法规定垃圾处理和回收业的具体细节，乡镇、县市是负责清除垃圾的最基层的国家机构，近一半的地方当局利用自己的员工清运垃圾，其余的则委托私人废物处理企业收集和运输民用生活垃圾，这些企业是德国废物处理工业协会的法定会员。市政当局向这些负责收集居民生活垃圾的私人废物处理企业支付费用，并向居民征收垃圾费。法律规定所有居民必须参加市政当局的垃圾清运体系，原则上任何人无权以其他方式清除自己的垃圾。

在日本，人们形象地把转换废弃物为再生资源的产业归为"静脉产业"。日本建立了最完善的循环经济法律体系，以最大限度地减少对进口资源的依赖，变垃圾为可利用的再生资源，进而建设资源—产品—再生资源的循环型社会。日本的循环经济法律体系以《推进建立循环型社会基本法》为第一层次，以《固体废弃物管理和公共清洁法》和《促进资源有效利用法》为第二层次，以《促进容器与包装分类回收法》、《家用电器回收法》、《绿色采购法》、《建筑材料回收法》等为第三层次，从根本上促进了循环经济的快速发展。这三个层次的法律集中体现了循环经济的"3R"原则，即废物减量化（reduce）、再利用（reuse）、再循环（recycle）。据统计，通过实施《家电循环法》，有 60 万吨垃圾将变废为宝；《汽车循环法案》可使几百万吨的垃圾变成再生资源。

美国一些社区有明确的垃圾和再循环的契约安排，典型的社区有：安阿伯（密歇根州），贝尔维尤、西雅图（华盛顿州），费奇伯格（马萨诸塞州），波特兰（俄勒冈州），圣保罗（明尼苏达州），圣何塞（加利福尼亚州）。承包商在收集什么垃圾原料、怎样收集、收集后作何用途等方面几乎没有选择，能够预料激励合同需要包含很高的风险升水酬劳。可能因为这个原因，除了圣保罗和圣何塞之外，地方政府没有在其合同中直接使用再循环激励酬劳。

发达国家在推进再生资源产业发展中注重按照废物回收、拆解利用和无害化处置三大系统，建立起社会化的产业发展体系。例如，德国的 DSD 双元回收系统是按照社会化的产业发展体系建立起来的一个专门组织对包装废弃物进行回收利用的非政府组织。它由产品生产厂家、包装物生产厂家、商业企业以及垃圾回收部门联合组成。它接受企业的委托，组织回收者对废弃物进行分类，然后送往相应的再生资源加工利用厂家。社会化产业发展体系的构建，促使德国循环经济走在世界的前列。

发挥社会中介服务组织和行业组织的作用如下。

① 建立专门的情报机构，促进废旧物资的回收。例如，日本大阪有关部门专门建立了废旧物品回收情报服务机构。该机构出版的《大阪资源信息循环月刊》，定期发布各类废旧物品方面的信息。

② 发挥社区服务组织在废弃物回收网络体系建设中的作用。例如，加拿大蒙特利尔市政府定期与社区服务组织签订环境维护与废弃物回收合同，要求该组织协助政府贯彻落实相关政策。

③ 发挥社团和地方公共团体在产业政策实施中的作用。例如，1975 年日本成立的清洁中心就是由日本经济界资助的财团组织，该组织专门负责再生资源利用技术的开发和推广，以及产业政策的宣传和产业技术人才的培训等。

④ 发挥行业组织在推进产业发展中的作用。例如，美国电子工业联合会（EIA），在促进电子企业承担责任、开展消费者教育以及建立电子垃圾回收机制方面起到非常重要的作用。

调整产业布局和规模结构，发挥产业聚集经济效应和规模效益调整产业空间布局，对产业发展进行规范管理，一方面有利于减少废旧物资拆解加工对环境造成的污染，另一方面有利于降低企业的交易成本，发挥产业的聚集经济效应。发达国家的再生资源产业大多采取了专业和综合产业园区以及生态工业园的空间发展模式，取得了较好的效果。

建立产业技术研发体系，为产业发展提供技术支撑，再生资源加工利用业的专业性技术非常强，产业发展需要强大的技术支撑。例如，美国为促进再生资源产业的发展，对产业技术的研究与开发进行了大量的资金投入，已经建立起较完善的产业技术研究与开发体系。目前已经拥有多层次、多门类的环境技术研发机构和综合性的环境科学研究与管理机构，有规模庞大的技术人员队伍，其环境科学与再生资源利用技术的创新水平居于世界的领先地位。同时美国政府还特别注意，根据国内外产业发展的变化及时调整国家环保与资源利用技术战略，为技术研究的创新和产业化创造更加有利的条件。

应对再生资源产业发展进行战略规划和定位，我国政府有关部门对再生资源产业的发展要引起高度重视，将其作为推进循环经济和实现可持续发展的战略性产业。要根据国家不同时期的经济与社会发展规划，制定产业发展战略规划，确定产业发展的战略目标、重点和实施策略。各地区应依据国家的产业发展战略规划，组织制定区域产业发展战略规划和实施措施。国家已经制定了《再生金属产业"十一五"规划》，明确了再生金属产业的发展方向和目标，其他行业的规划应抓紧制定。

8.2.1　金属材料再生

世界上的自然矿物资源被称为第一资源，自然资源可分为有限资源和无限资源两大类。

无限资源取之不尽，如空气、风、太阳能等；有限资源又可分为可再生资源和非再生资源。可再生资源是可以用自然力保持或增加蕴藏量的自然资源。非再生资源是不能运用自然力增加蕴藏量的自然资源。用一点少一点。某一时点的任何使用，都会减少以后时点可供使用的资源，如煤、铁等矿藏是非再生资源的典型。在以资源消耗为主要特征的资源社会形态中，随着人类经济增长所依存的各种资源不断地枯竭，人类正面临着危机。近年来，人类对自然资源的开发利用达到了前所未有的水平，在创造巨大社会财富的同时，由于对自然资源无限索取，使得自然资源动态平衡遭到严重破坏，从而造成全球性的资源危机，特别是有限非再生资源迅速消耗，使得整个地球众多资源面临短缺或枯竭，如淡水资源日益缺乏、森林资源严重破坏、生物物种濒临灭绝、各类矿物资源日渐枯竭，特别是能源、资源枯竭不但严重影响现代经济发展，也将给未来造成难以持续发展的局面，我们留给子孙后代的将是一个资源贫化和枯竭的家园。因此，回收再利用各种资源，对缓解资源的耗竭和连续使用资源有着十分重要的意义。

8.2.1.1　废钢铁的再生

铁矿石资源是不可再生的自然资源，最近几十年，随着社会经济的发展，钢铁需求大幅度快速增长，钢铁产量也快速增长，铁矿石价格也不断攀升，在保护环境、节约资源、降低成本等可持续增长方面，都要求回收再利用废钢铁。特别是 1971 年、1994 年的两次石油危机以来，钢铁生产出现了转炉淘汰平炉、电炉炼钢等重大技术创新成就。

钢铁生产过程本身具有发展循环经济的潜力，废钢铁存量大，易于回收废钢铁以循环利用，并且更具经济效益。根据统计，用废钢铁代替铁矿石炼钢，1t 废钢铁可炼出 900kg 钢，节约矿石 3t，还可以减少 86％的大气污染，减少 76％的水污染，耗水量可减少 40％，同时减少 97％的采矿废弃物，所需的能量仅为矿石炼钢的 1/3 左右的能耗。

(1) 废钢铁回收再利用　目前使用的金属材料中，钢铁所占的比例在 90％以上，而钢铁中又以普通钢材的用量最大，约占整个钢材生产总量的 80％～90％。随着资源的日益枯竭和环境问题的日益严重，逐步建立以废钢铁为原料基础的钢铁冶金体系，是社会可持续发展的重要组成部分。

2010 年，欧盟粗钢产量为 17265 万吨，而炼钢耗用的废钢铁数量达 9634 万吨，占钢产量的 55.8％，废钢铁再次成为钢铁工业消费者使用的新产品。我国近几年废钢铁回收利用总量见表 8-1。

表 8-1　我国近几年废钢铁回收利用总量

年　份	废钢铁消耗总量/万吨	钢企自产/万吨	社会回收/万吨	进口/万吨
2008	8150	2540	5260	350
2009	8300	3230	4700	370
2010	8310	3300	4570	440
2011	9100	3560	5080	460
2012	8250	3650	4100	500

Bill Heenan，SRI 的主席说："钢铁工业最重要的原料就是废钢，认识到这一点非常重要。"实际上，整个北美的回收们在回收钢铁的过程中，无论是钢罐、设备、建筑和毁坏的废钢铁，还是汽车，其收入不断增加。SRI 主张：作为美国最可回收的材料，钢铁就像一台发动机，产生废气，然后将废气转化为循环蒸气，最终无论是在环境上还是在财政上，均

得到无数的利益。Heenan 补充说："越来越多的企业及消费者认识到可持续发展的重要性，为了保护未来的需求，没有比通过现在的回收措施更好的办法了，这一点很重要。要持续发展必须通过消费者达到，而这只有当他们都积极投身于回收中才能达到。"

因此，作为"第二矿业"的废钢铁回收再利用，可以使钢铁企业多用废钢铁，少用铁矿石，不仅有利于保存自然资源，而且有利于节约能源，减少污染。提高转炉炉料的废钢铁比，同时，发展电炉炼钢是废钢铁回收再利用的技术保证。

（2）电炉炼钢　20 世纪中期，电炉专门用来冶炼质量要求高的钢种，而现在电炉作为短流程的组成部分，也用来生产普通品种的钢。美国电炉钢比例较高，达 40％～50％，我国电炉钢所占比例约 20％。

电炉炼钢是以废钢铁为主要原料的，用原矿石少，投资低，产品质量好。按照循环经济三原则，即资源投入减量化、资源利用循环化、废弃物资源化的要求，钢铁生产过程要求做到三个最大化：一是最大限度地减少资源投入；二是最大限度地实现生产过程资源循环利用，提高资源有效利用率；三是最大限度地减少废弃物排放和实现废弃物回收利用。因此，电炉炼钢不仅节约资源、节约能源，也有利于环境保护，或者是提高资源利用率。实现效益的最大化包括经济效益、环保效益、社会效益三个方面。

（3）废钢铁的回收再生　在 20 世纪最后 10 年内，世界钢铁生产朝着能源利用率更高、更加经济、更加安全，并且更能适应环保要求的方向发展；钢铁原料也正是顺着这种趋势发展，所以对废钢铁的需求更加强烈。目前，世界粗钢生产的原料有约 40％来源于废钢铁的回收利用。

废钢铁和铁矿石是钢铁工业的两种主要原料，由于废钢铁是通过回收渠道获得的可再生资源，因此，在性质上与地下开采出来的自然资源铁矿石有很大差异。主要差异集中表现在三个方面：首先，废钢铁原料的物理形态有板状、块状、带状、丝状、粉状等各种类型，不像铁矿石经粉碎后，规格一致；其次，废钢铁表面经常黏附或涂有油脂类物质，使废钢铁熔炼不利，而矿石原料没有这类问题；再次，废钢铁化学成分复杂，杂质种类多、含量高，还可能含有铜、锌、镍、锡、铅、锑等。因此，冶炼前必须进行严格的预处理，包括收集、分类、破碎、分选、冶炼，才能使再生金属材料的性能达到最优。

废钢铁的主要来源有以下几种。

① 内部废钢铁　钢铁企业在生产过程中，经历了选矿、烧结、炼铁、炼钢、轧钢等工序，最终生产出钢材等钢铁产品。在这一阶段产生的废钢铁，称为内部废钢铁。如金属锭冒口、返回料等。

② 短期废钢铁　是在加工制造过程中产生的，钢铁产品在机械加工时，产生边角料和碎屑等废钢铁，这种废钢铁是不久前生产出来的钢铁产品演变而成的。这些废钢铁经回收后返回钢铁工业，进行重新处理。

③ 废旧钢铁　是钢铁制品使用后产生的废钢铁。这些钢铁制品包括汽车、船舶、机器设备、金属构件、机车和车辆、武器装备等。这些金属制品经若干年使用后报废成为废钢铁，这部分废钢铁经回收后，重新进入钢铁生产流程中，是钢铁工业的重要原料之一。

（4）废钢铁处理　为了使废钢铁顺利进入重新冶炼，必须对废钢铁进行必要处理，以去除杂质和有害物质。为了从源头上减少废弃物，提高废钢铁利用率，改善产品性能，以求达到最佳化性能，对产品设计也提出了更高要求，不但要考虑产品经济效益和使用性能，还要考虑社会效益及产品的回收再利用，有利于环境保护。

目前，在我国钢铁工业中，钢锭生产主要通过转炉、电炉和平炉实现。钢材种类十分繁杂，含有多种合金元素（如 Si、Cr、Mo、Mn、Cu、V 等）。大量金属制品还含有金属涂层（如 Sn、Zr 等）和非金属涂层（如涂料、塑料等），在回收过程中也不可避免地混入其他材料，使得回收废钢铁化学成分复杂、品质低劣，用来生产新材料必然导致材料性能的劣化。

种类繁多、成分复杂的材料混杂在一起，使废钢铁的回收处理和再生循环利用变得非常困难。由钢铁冶炼工艺所具有的性质决定，废钢铁在再生过程中，除元素 Si、Al、V、Ti、Zr、B 几乎能全部从钢水中除去外，元素 Cr、Mn、P、S 不能完全除去，元素 Cu、Ni、Co、Mo、W、Sn、As 几乎全部残留在钢水中。废钢铁经多次循环再生后，Cu、Ni、Mo、Sn、Sb 等残留元素的浓度会发生富集增高，对材料的性能产生不利的影响（人们常常利用 Cu、Ni、Mo 有益的一面）。Ni、Sb、As 等残留在钢中，对强度和韧性都是有害的。由于废钢铁的化学成分变化较大，杂质含量高、种类多，表面常黏附或涂有油脂类物质，因此，必须根据不同的原料和特点，采用不同的再生工艺流程。从管理角度考虑，控制浓度的途径主要是对废料进行严格的分类回收或回收分类。

在废钢铁循坏再利用的过程中，影响材料性能的主要原因是材料的化学成分和加工工艺。当材料中含有一些不需要的杂质时，往往会影响材料的性能。特别是利用回收的废钢铁为原料，循环利用中生产出的钢材性能就会退化。因此，废钢铁的炼钢技术和精炼技术、杂质无害化技术、可再循环设计技术及废钢铁再利用过程中的分离与分选技术对废钢铁的回收再利用、获得优质钢材起到决定作用。

8.2.1.2　废铝的再生

在人类使用的金属材料中，铝的消费量仅次于钢铁，已成为第二大金属，广泛应用于国民经济的各个领域。在有色金属材料中，铝的生产量和销售量均居世界第一位，表 8-2 是 2009～2011 年世界原生铝产量和消费量，表 8-3 是 2009～2011 年世界主要国家铝消费量，表 8-4 是 2008～2010 年我国四大再生有色金属利用量。尤其是铝在航空航天和军工行业不可替代的作用，使铝成为涉及国家安全的战略性资源。我国 2013 年原生铝产量达到 2200 万吨，增长 9.7%，而 2012 年增幅为 13%。

表 8-2　2009～2011 年世界原生铝产量和消费量

年份	氧化铝产量/万吨	原生铝产量/万吨	铝消费量/万吨	消费增幅/%
2009	7746.8	3601.5	3476.5	−5.8
2010	8542.0	4080.0	4017.3	15.6
2011	9210.8	4410.0	4239.9	5.5

表 8-3　2009～2011 年世界主要国家铝消费量

国别	2009 年消费量/万吨	2010 年消费量/万吨	2011 年消费量/万吨
中国	1430.0	1585.5	1762.9
美国	385.4	424.3	406.0
德国	127.7	191.2	210.3
日本	152.3	202.5	194.6
印度	145.8	147.5	158.4

表 8-4　2008～2010 年我国四大再生有色金属利用量

年份	再生铝产量/万吨	再生铜产量/万吨	再生铅产量/万吨	再生锌产量/万吨	总产量/万吨
2008	270	198	44	8	520
2009	310	200	98	30	633
2010	400	240	102	33	775
2011	440	260	105	30	835
2012	480	275	140	150	1045

现代铝工业由原生铝工业和再生铝工业组成。原生铝工业依靠不可再生的矿产资源和能源，采用传统的矿物加工处理方法来提取金属铝。使用铝及铝合金代替钢铁和铜合金、不锈钢等，可以减少材料工业对枯竭性矿物资源铜、铬、镍等的消耗。但原生铝是生产过程中对环境负荷最大的金属材料之一。除废水排放量较小外，其他污染物的排放量均大大超过钢材。再生铝的初始资源形态非常接近于原生铝工业的最终产品，为了达到再生铝的目标产品，其生产与矿物加工处理方法有本质上的差异，污染物排放量也相应减少。因此，从可持续发展的角度出发，制铝工业应逐步转移到以废铝再生循环利用为基础上来，在设计铝合金时，也要以材料的易于再生循环利用为主要原则。

(1) 铝回收再利用符合循环经济　从物质流动的方向看，原生铝工业是一种单向流动的线性生产模式，即"资源—生产—消费—废弃物排放"，依靠的是高强度地开采和消耗资源（能源），同时高强度地破坏生态环境。而再生铝工业却把生产活动组织成一个"资源—生产—消费—再生资源"的反馈式流程，最大限度地反复利用进入系统的物质和能量，实现"低开采、高利用、低排放"，以提高生产运行的质量和效益。

① 节约资源　金属铝于 1808 年被发现，直到 1854 年人们通过钠还原法才获得几克金属铝。1886 年，霍尔-埃鲁法炼铝方法的发明，使原生铝工艺有了突破性进展，100 多年以来，原生铝工业通过工艺、设备、效能以及规模的渐进式的改进和发展，工业体系日趋完善、现代。铝行业的产业链条分为铝矿采选业、氧化铝工业、铝冶炼业及铝压延工业、铝产品深加工业。无论是氧化铝生产工艺还是电解铝生产工艺，其核心技术仍然没有突破历经百年的技术原型，其生产过程仍然不能摆脱对一次资源的高度依赖。

随着全球铝消费量的增加，社会上积累的废铝日益增多，为铝再生利用提供了丰富的资源，再生铝的应用，减少了自然资源的开采量，相对延长了矿物开采年限，节约了矿物资源。

② 节约能源　以废铝为原料生产再生铝，其冶炼加工可以节省大量的能源消耗。废铝回收再生能耗仅相当于从铝土矿开采—氧化铝提取—原生铝电解—铸成锭块所需总能源的 5%。即与原生铝相比，每生产 1t 再生铝可以节约 95% 的能源。同时可节水 10.05t，少用固体材料 11t。再生铝产业是一项效益巨大的节能工程。另外，废铝冶炼再生铝的设备成本只是通常炼铝设备的 1/10，节约了大量的制造材料和矿产原料，降低了投资成本，也节约了设备制造过程中的能耗。铝由于其回收节能效果甚佳，和钢铁等金属材料相比，是最具有回收再生利用价值的工程金属，可以多次回收再生、反复使用、多次节约能源。

③ 减少污染　以废铝为原料，生产再生铝可大大减少 CO_2、SO_2 气体排放量，与原生铝相比，每生产 1t 再生铝可少排放二氧化碳 0.8t、二氧化硫 0.6t。另外，铝的废弃物如果不回收利用，既浪费资源，又污染环境。

（2）废铝的杂质危害及处理技术　铝合金品种繁多，废铝中可能存在 20 多种其他的元素（如 Cu、Mg、Mn、Si、Ag、Ti、Zn、Sn、Ni、Cr、Pb、Bi、Fe、Co 等）。这些杂质元素对材料的性能产生不同程度的影响，其中尤以铁的影响最为明显。由于再生铝生产本身的复杂性，铁不可避免地会被带入，并不断累积。再生铝合金中铁主要由以下几个方面带入。

① 废铝中含有一定量的铁　如金属型铸造活塞铝合金中的铁能产生热强相，提高活塞的高温抗拉强度，增强铝合金的抗蠕变性等；压铸铝合金中的含铁量低于 1.2％时，不仅不会影响合金的力学性能，而且还会提高合金的硬度、增强合金的耐磨性，防止粘模。

② 预处理不当带入铁　预处理时没有完全清除废铝中的铁嵌件，尤其是碎废铝中所含的粉状铁和氧化铁。

③ 熔炼处理时渗铁　主要是指熔体与铁件（如没有涂层的铁制操作工具）相接触，高温下铁熔入铝熔体，导致熔体增铁。由于室温下铁在铝中的固溶度很小，因此在 Al-Si 系铸造合金中，Fe 元素几乎都以第二相的形式存在。在正常的凝固条件下，铁相更易以针状 β-Al_5FeSi 相的形式出现，既硬又脆，割裂铝基体，严重损害合金的塑性、耐腐蚀性和抗疲劳性，并对切削性能产生不利影响。例如，在 Al-Si 二元合金中，当含铁量高于 0.8％时，伸长率开始大幅度降低；当合金中的含铁量从 0.4％增加到 1.2％时，伸长率从 4％降到 1％。而且，由于生成的杂质相往往具有较高的电位，破坏了铝合金表面氧化膜的连续性，从而人大降低了铝合金的耐腐蚀性。因此，再生铝合金的使用价值与其中的含铁量成反比。当含铁量过高时，不仅严重影响铝合金的内在质量，甚至会造成再生成品铝锭出现"粗大晶面"脆性断口。

再生铝生产工艺过程大体为：废料的预处理，即对铝及铝合金废料采用人工分拣和机械分拣相结合的方式，对铝废料进行分类和分选，除去其中的黑色金属和非金属、危险品及油污；废料熔炼、铸造，即将预处理后的废料投入熔炼炉经过熔炼、精炼、铸造等生产过程，生产出铝合金锭及圆棒锭；渣回收，为提高金属回收率，减少金属损失，最后对生产后的渣进行有效回收。

在再生铝生产过程中废料必须进行预处理，不经预处理废铝直接入炉熔炼，会使熔体局部过热，金属烧损增加，产品质量下降。完善的预处理工艺包括破碎分选、火法脱漆、永磁滚筒分选等。

杂质尤其是铁元素的去除及无害化是废铝再生的关键，目前对铁元素控制及去除的技术手段主要有以下两种。

① 重力沉降法　重力沉降去除铁相的关键是提高铁相的熔点和密度，通常通过添加锰促使熔体中形成初生 α 富铁相。当合金中锰铁比达到 1 左右时，初生 α 富铁相的形成温度区间为 680～740℃，高于 β 铁相的熔点和铝硅合金的共晶温度，而且初生富铁相的形成温度随锰铁比的增加而增加。重力沉降常出现在压铸工业中，因为其保温温度和浇铸温度较低，压铸铝中的铁、铬、锰含量较高，易形成 Al(FeMnCr)Si 形式的中间相，沉降到炉子底部。

② 离心去除法　离心去除的原理与重力去除相似，利用富铁相与铝液之间存在的密度差，通过离心力的作用，使密度较大的富铁相在离心力的作用下集中到分离器外壁而除去。富铁相如果只靠重力的自由沉降，所需时间较长，效率很低。而采用离心去除法，可以通过调节转速，对富铁相加以不同的离心力，使之偏移速度比重力沉降更快。除上述两种方法外，还有过滤法、电磁分离法、熔剂法等。

8.2.1.3　废铜的再生

铜是人类最早发现和使用的金属。具有优良的导电性和导热性，较好的耐腐蚀性和化学稳定性，并能与其他金属（锌、铅、镍、铝和钛等金属）组成合金，在国民经济中占有非常重要的地位，被广泛应用于电气、电子、轻工、机械、交通、邮电等行业和民用方面。目前铜的消费量仅次于铝，在有色金属中居第二位，是现代工业、农业、国防和科学技术不可缺少的有色金属。如制作电线、导电铜带、电缆、电机，无氧铜制造超高频电子管，电解铜制造电路板，黄铜（铜锌合金）制造枪弹和炮弹，白铜（铜锌镍合金）用来制造航空仪的弹性元件，锡青铜用以制造轴承、轴套等，铜的化合物在农业上用作杀虫剂和除草剂，铜还是制造防腐涂料的主要原料。

铜的广泛应用，使铜的废弃产品在社会上有一定的积累，各国都把它作为资源来回收利用，节约了大量矿产资源和能源。由于废铜回收利用具有重要意义，各国政府对废旧金属的回收利用都很重视，制定了优惠的回收政策，鼓励回收；建立了回收网络，组织回收；建立了专门的废旧金属市场，进行国内外贸易活动；对专业再生铜厂，也不断改进，以提高金属回收率，减少环境污染。

尽管我国铜储量居世界第七，但储量分散、大型矿床少、含铜品位低，可利用高品位铜资源数量相对较少，从源头上制约了我国铜行业发展。近 30 年来，特别是近 10 年来，随着我国经济的快速增长，铜的需求呈现阶段性的急剧增加，我国已成为世界精铜产量、消耗量最大国，2013 年精炼铜产量为 684 万吨，增长率为 13.6％，增幅略高于 2012 年的 11％。也是世界再生铜产量最大的国家。

随着铜资源的供需矛盾日益突出，社会废铜不断积累使得废铜再生工业快速发展。铜工业是资金投入高、环境影响大、资源依赖性强的行业。废旧铜的回收利用不仅缓解了铜资源的供应紧张，也有利于环境保护与可持续发展。因此，世界各国都把废旧铜作为发展铜工业的第二资源来开发。废旧铜具有良好的回收再生性能，回收利用废旧铜投资少，成本低，经济效益好，又有利于改善环境。因此，发展再生铜工业具有重要的社会意义。

（1）缓解矿产资源供应紧张　以电解铜为例，要得到 1t 电解铜，需要大量的铜矿资源。按硫化铜矿含铜品位 0.5％计算，选冶回收率以 96％计算，约需要铜矿石 208t。目前铜矿资源日益减少，矿石品位越来越低，有的矿山已降至 0.3％以下。再生铜回收利用废杂铜，大量节约铜矿资源，相对延长矿产资源的使用期限。

（2）能量消耗少　精铜生产过程中消耗大量能量，而发达国家每吨再生铜的消耗能量只相当于精铜能耗的 16％左右。

（3）投资成本少　精铜（原生铜）生产流程长，工序多，工艺复杂，投资多。而再生铜生产流程短，工艺简单得多，可以大量节省设备投资，降低生产成本。

（4）缓解环境污染　精铜生产中有害物质排放多，再生铜有害物质排放相对较少，对环境污染也少。因此，发展再生铜工业具有很大的优越性。

原生铜生产及废铜再生技术如下。

（1）原生铜生产　铜的冶炼有火法和湿法两种。火法炼铜是以铜精矿为原料，经过焙烧、熔炼、吹炼、火法精炼和电解精炼而得到精铜和电解铜。铜的湿法冶炼是用溶剂浸出铜矿石或精矿，再从浸出液中提取铜的方法。主要过程包括浸出、萃取和电解等工序。湿法炼铜的主要处理对象是氧化矿和硫化矿精矿经硫酸化焙烧后的产物。其技术关键点是浸出剂和萃取剂的选择。

（2）废铜的再生　废铜的再生是对废弃的铜通过机械或化学预处理，火法冶炼使其再变成精铜而返回应用领域的过程。

再生铜资源主要有两类：一类是新资源，主要是工业生产中的废料，多以边角料、机加工碎屑为主，我国每年约有超过 100 万吨此类再生铜资源；另一类是旧资源，随着使用铜的设备、器材、物资使用期满、报废和停止使用，而成为含铜废料，这些废料就是铜再生的原料。这类原料来源复杂，加之各工业品寿命不一，只有拆解工业品才能获得再生铜，还是多种铜合金混在一起。

废铜再生要先把废铜进行分拣，再按两步法处理：第一步是干燥并烧掉机油、润滑脂等有机物；第二步是熔炼金属，去除金属中杂质。未受污染废铜或成分相近铜合金，回炉熔化后直接利用；被严重污染的废铜需进一步精炼以去除杂质；相互混杂的铜合金，则需熔化后进行成分调整。倾动炉火法精炼加 ISA 电解废杂铜处理工艺是目前较先进的，德国精炼公司胡藤维克凯撒工厂是目前最大、最先进的废杂铜精炼厂，采用一台倾动炉和一台反射炉处理废杂铜，采用 ISA 工艺生产阴极铜，年产能为 17 万吨。

8.2.2　无机非金属材料再生

无机非金属材料是以某些元素的氧化物、碳化物、氮化物、卤素化合物、硼化物以及硅酸盐、铝酸盐、磷酸盐、硼酸盐等物质组成的材料，其品种主要包括水泥、耐火材料、玻璃、陶瓷等。无机非金属材料的原料、产品品种、生产过程决定了其固体废弃物主要是建筑废料（废旧混凝土）、废陶瓷、废玻璃以及粉煤灰、各种工业废渣、尾矿等，数量特别巨大。废弃物不仅占用大量土地，还对土壤和水系造成污染危害。由于很多传统无机非金属材料产品附加值较低，长期以来其回收的力度不大。近年来，随着国民经济的发展，对各种矿产资源需求日益增长，供需矛盾日益突出，资源供应日益紧张。另外，人类社会的环境保护意识逐渐增强，因此，无机非金属材料固体废弃物的回收再利用也变得越来越重要。

无机非金属材料固体废弃物中废玻璃的回收利用较早，和金属相同，可以作为原料重新熔融再利用。而陶瓷不能溶解和熔融再回收，必须经过粉碎再利用。废建筑材料，特别是废旧混凝土，回收再利用较晚，目前还刚刚起步。

8.2.2.1　废玻璃再生

在现代科学技术和日常生活中，玻璃发挥着越来越重要的作用。现在玻璃已从日用生活的广阔天地走进尖端科学的各个领域，玻璃的品种，已由几千年前单调的、只供极少数人享用的奢侈品，发展到现在的千百个不同的品种，玻璃的制造已有 5000 年以上的历史。玻璃主要有平板玻璃、日用玻璃、仪器玻璃和普通的光学玻璃等。玻璃的组成中各种氧化物主要有二氧化硅（SiO_2）、三氧化二铝（Al_2O_3）、氧化钙（CaO）、氧化镁（MgO）、氧化钠（Na_2O）、氧化钾（K_2O）、氧化铁（Fe_2O_3 和 FeO）等。因其回收成本较低，附加值较高，回收工艺相对简单，因此，废玻璃回收再利用比较成熟。

废玻璃主要来源有两种：一种是生产性废玻璃，在玻璃生产过程中产生的，如各种边角料、定期停产、非正常性生产，这种玻璃废料约占玻璃生产总量的 15%；另一种是使用后产生的各种废玻璃。

废玻璃的再生不仅能提高社会效益和企业经济效益，缓解资源消耗，如果玻璃厂能充分利用来自各方面的废玻璃，可节约能源及纯碱消耗量，而且也将对改善环境起到一定的作用，经专业部门的计算，当所用碎玻璃含量占配合料总量的 60% 时，可减少 6%～22% 的空气污染和节约 6% 的能源。

国内外废玻璃回收再利用主要应用于以下几个方面。

（1）应用于玻璃生产

① 在生产玻璃时添加废玻璃，以减少矿产资源用量　俄罗斯在配合料中添加废玻璃的比例达 80%～90%，甚至 100%。利用工厂中回收的瓶罐、平板和显像管废玻璃以及普通石英砂生产硅酸盐玻璃、硅粉和多孔玻璃砖获得成功。

② 生产微晶玻璃　东京都立产业技术研究所开发出用碎玻璃瓶等城市废弃物生产微晶玻璃的再生技术。微晶玻璃的组成中碎玻璃瓶和混凝土渣占 95% 以上，再混以控制结晶的硫化铁、硫酸钠、石墨。这种微晶玻璃的主晶相为硅灰石，抗弯强度约为 28MPa，是大理石的 1.65 倍，耐酸性约为大理石的 8 倍。

③ 生产玻璃微珠　日本最近还开发出一种遇光色变的玻璃微珠。将回收的废玻璃瓶破碎成颗粒状，利用着色黏结剂着色，并采用荧光发色、蓄光性夜光技术制成马赛克或造型物。当制品遇到光后，随着光照射角度、照射明亮度的变化，色彩会发生梦幻般变化。

④ 生产泡沫玻璃　泡沫玻璃是一种具有轻质、保温、吸声及防火性能的优质建筑和包装材料，可用于高层建筑、远洋货轮、冷冻库、干燥室的天花板、侧墙和间壁，起保温及隔声作用。

⑤ 其他　还可用于制造浮法玻璃等。

（2）应用于建筑材料

① 用废玻璃代替岩石骨料　美国把大量废玻璃应用在建筑工业中，如在水泥块制品中用废玻璃代替岩石骨料，用玻璃粉代替黏土砖里的黏土矿物组分，它可取代昂贵的长石助熔剂，玻璃能增加黏土砖耐风化程度和黏土砖的强度，降低烧成温度，节省能量，减少成本。

② 废玻璃应用于混凝土　把废玻璃应用于混凝土中，许多研究表明，含 35% 玻璃的混凝土，已达到或超出美国材料试验协会颁布的抗压强度、线收缩率、吸水性和含水量的最低标准。已有许多方法可解决高碱水泥侵蚀玻璃骨料问题。

③ 用碎玻璃制造玻璃塑料污水管　美国研制用碎玻璃制造玻璃塑料管道，把液态聚丙烯或聚苯乙烯树脂注入模具，填充到碎玻璃形成的孔隙中，凝聚后管子从模具中取出再加工。用各种树脂和碎玻璃制造的大量管道、管材已在美国工业和水处理工厂成功投入应用。

④ 用废玻璃和石料制造"玻璃沥青"　用 60%～85% 的废玻璃和 15%～40% 的石料代替沥青，由于其热导率低，可在冬季用于路面维修和施工。

⑤ 用废玻璃生产吸声板　日本的新日铁化学公司最近利用废玻璃生产出硬质吸声板。与陶瓷硬质吸声板相比，不仅价格降低一半，质量减轻（5～10kg/m），而且强度得到提高，吸声性能却相同。

⑥ 用废弃玻璃生产建筑涂料　日本的常总木质纤维板公司开发出一种混有碎玻璃的廉价涂料，已应用于道路、建筑物、居室墙壁、门用涂料等方面。使用这种混有碎玻璃涂料的物体，如受到汽车灯或阳光照射就能产生漫反射，具有防止事故和装饰的双重效果。

⑦ 用废玻璃粉制造人工彩色釉砂　用废玻璃粉制造人工彩色釉砂的新用途，使彩色釉砂具有玻璃质的色泽，质地柔和，耐候性好。可生产出 30 多种彩色釉砂，并可根据要求配色，粒度规格也可根据要求生产。南京玻璃纤维研究设计院利用废丝制造彩色釉砂，粒径与颜色可任意选择。可直接用作建筑物的外墙装饰，也可用作外墙涂料的着色骨料，预制成图案装饰板材或彩色沥青油毡的防火装饰材料。

⑧ 其他　还可以用碎玻璃生产建筑物装饰贴面材料、生产玻璃微珠路标反射材料、生

产玻璃棉等。

(3) 应用于农业生产　碎玻璃还可用来改进排水系统和水分分布,从而改善土壤条件。将碎玻璃加工成为 1.4~2.8mm 的小颗粒,用有机物处理,使其表面附上一层极薄的有机物质。如与亲水物质按一定比例混合,施于干旱的农田后保持土壤中的水分;与憎水物质按一定比例混合,施于雨水多的农田可起到渗水作用,减少水分在植物根部的浸泡时间。

8.2.2.2　陶瓷再生

陶瓷是人类生产和生活中不可缺少的一种重要材料。从陶瓷的发明至今已有数千年的历史。一般将那些以黏土为主要原料,加上其他天然矿物原料,经过拣选、粉碎、混练、成型、煅烧等工序制作的各类产品称为陶瓷。随着近代科学技术的发展,近百年出现了许多新的陶瓷品种,如氧化物陶瓷、压电陶瓷、金属陶瓷等各种结构和功能陶瓷,虽然它们的生产过程基本上还是原料处理—成型—煅烧这种传统的陶瓷生产方法,但所采用的原料已很少使用或不再使用黏土、长石、石英等天然原料,而是已扩大到化工原料和合成矿物,甚至是非硅酸盐、非氧化物原料,如碳化物、氮化物、硼化物、砷化物等,这样组成范围就扩展到整个无机材料的范围中去了,并且还出现了许多新工艺。陶瓷包括普通陶瓷和特种陶瓷两大类制品。

长期以来,陶瓷废弃物再利用率低,且实际利用也存在困难,粉碎要消耗能源,以再生原料生产产品质量低,只能降级利用,制取低级产品,经济效益较低,所以再利用率很低。

陶瓷生产过程中所产生的废料可分成两大类:废泥和废瓷。前者从原料处理、混料、球磨到坯料制备、成型、干燥的全过程都会产生,这种废泥大部分可以回收再利用。废瓷通常被陶瓷厂称为真正意义上的废料。大部分作为废料弃之不用,或运走或在附近堆积起来,既占空地,又污染环境。我国是世界最大的陶瓷生产国,陶瓷废料的数量之大和对环境的污染必须加以高度重视。

陶瓷固体废料的再利用有以下几个方面。

(1) 陶瓷废料在陶瓷自身生产中的再利用　废料的泥水经回收、拣去杂物、除铁外,又可以添加到瓷砖的配料中。没有上釉的生坯可以全部化浆回用。对上釉的生坯废品,粗陶厂可适当按比例混入泥料重复使用。对于废品、废匣与废窑具之类经高温烧成的废料,则采用重新粉碎加工的方法,粉碎后可作为硬质料利用。将其磨碎成粒径在 0.5mm 以下,然后按照一定的比例添加到瓷砖或其他产品的配料中。

(2) 陶瓷废料在透水砖中的应用　陶瓷废料生产透水砖来取代沥青或花岗岩来铺设路面,保持了地下水位的提升。而生产透水砖通常要用到陶瓷废料,以 50%~70% 的陶瓷废料与 50%~30% 的瓷石、滑石等基础物料,加入一定比例的黏结剂,通常还要加入一些发泡剂,如煤粉、木屑等,采用干压法成型,烧成温度为 1150~1200℃,采用合适的工艺条件,调节好颗粒级配、基础配料的粒度和配比、成型压力以及烧成制度等,可制得透水系数为 $3.2×10^{-4}$cm/s、抗折强度为 18.4MPa、抗压强度为 19.7MPa 的环保型渗水砖。

(3) 陶瓷废料在劈开砖中的应用　劈开砖一般采用天然陶瓷原料为主要原料,不使用球磨料,生产工艺简单,成本较低,如果能把陶瓷废料作为生产劈开砖的原料,就更能大大降低原料成本,使其有了更大的市场竞争能力。现在在劈开砖的生产过程中,通常把陶瓷废料磨细到一定粒度后作为生产劈开砖的原料,较粗颗粒(8~30 目)用作生产劈开砖的原料,可增加劈开砖表面装饰效果,含量可在 15% 左右,细度大于 30 目可以作为生产劈开砖的一种原料直接掺入,然后经与别的原料混料、练泥、挤压成型、干燥、烧结等工序制成劈开砖。

（4）陶瓷废料在水泥混合材料和混凝土中的应用　陶瓷废料具有一定的活性，经粗碎、表面处理和磨细，能够符合作为活性混合材料的标准要求，破碎后的颗粒级配用砂调整，具备作为水泥混合材料使用条件。

陶瓷废料的加工成本不高，所以与原来的混合料相比，用陶瓷废料作为水泥混合料对水泥企业而言，经济效益是非常显著的。它不仅处理了陶瓷厂的废料，而且节约资源，符合国家环保的要求，是一种有发展前途的绿色建材产品。陶瓷废料还可以用在固体废弃物混凝土材料中作为骨料。

陶瓷废料还可以用来制造陶粒新型建材制品，如吸声材料、减振材料、蓄水材料，以及作为轻质陶粒混凝土骨料、吸附材料、过滤材料，用作助熔剂及农药载体等。

8.2.2.3　建筑材料再生

自 20 世纪 80 年代以来，我国建筑垃圾的排放量快速增长，组成也发生了质的变化。可循环利用的组分比例不断提高。据统计，我国每年仅施工建设所产生的排出的建筑垃圾就超过 1 亿吨，全国建筑垃圾总排放量达数亿吨。除少量金属被回收外，大部分成为城市垃圾。建筑垃圾由建筑施工垃圾和建筑物拆除垃圾两类组成，它占有一定的土地和空间，不燃烧、不腐烂，往往是结合体的大块料、混杂料，34％是废弃混凝土，难以拆卸、分类，回收附加值低。建筑垃圾数量巨大，对环境影响日益严重，已经引起国内外广泛的重视。

据统计，日本各产业界所有废弃物中混凝土废弃物约为 37％；美国每年废弃混凝土约 6000 万吨；欧盟国家每年废混凝土的排放量已从 1980 年的 5500 万吨增加到目前的 16200 多万吨。而废砖排放量基本稳定在 5200 万吨左右。旧建筑拆除废弃混凝土是不容忽视的，每平方米旧建筑拆除废料 0.3～0.5t。显然，废混凝土与砌筑废弃物的比例已经向废混凝土转移。我国建筑垃圾中的可再生硬质无机组分比例在不断提高，其中废混凝土的比例增幅最大。为减轻环境压力，建筑再循环利用越来越受到重视，发达国家从 20 世纪 90 年代就开始推进建筑废弃物的再利用，并取得了较大的进展。

可将废弃混凝土作为再生骨料生产再生骨料混凝土。将废弃混凝土块经破碎、清洗、分级后，按一定比例混合形成再生骨料，利用再生骨料作为部分或全部骨料配制的混凝土被称为再生骨料混凝土，再生骨料混凝土的性能在很大程度上取决于再生骨料的性质。

再生骨料一般用来配制中、低强度的再生混凝土，以 30％以下的再生骨料等量取代混凝土中的天然骨料时，其性能与基准混凝土相似。在大多数情况下，完全拆解的混凝土和砌体基本能作为拌制新混凝土的骨料。现在存在的主要问题是，混凝土的使用范围和再生骨料对天然骨料的替代率。因为混凝土的静态弹性模量很大程度依赖于骨料的特性。由拆解混凝土获得的骨料的平均密度一般都大于 $2000kg/m^3$，而天然砂石和回用骨料组成的混合骨料，最小平均密度约为 $2350kg/m^3$，由此对于同一组分的混凝土，采用混合骨料的混凝土比天然骨料的混凝土的弹性模量的减少量最大可达 25％。另外，由于天然骨料的密度和弹性模量也有很大的变动，因此不同区域的砂石配制同一组分的混凝土，弹性模量变化幅度可达 30％。由于混凝土存在碳化效应和使用特性的要求，两方面因素导致回用骨料掺量受到限制。

韩国利福姆系统装修公司成功开发了从废弃混凝土中分离水泥的技术。他们首先把废弃混凝土中的水泥与石子、钢筋等分离开，然后在 700℃的高温下对水泥进行热处理，并添加特殊物质，生产出了再生水泥。该再生水泥的强度及其他性能与普通水泥几乎相同，生产成本仅为普通水泥的一半，且在生产过程中不产生二氧化碳，有利于环保。该公司声称，每 100t 废弃混凝土可获得 30t 左右的再生水泥。

再生骨料可经强化处理再利用。采用几种不同性质的化学浆液对再生骨料进行浸渍、淋洗、干燥等处理，用以改善骨料空隙结构来提高骨料强度。用聚合物乳液可以改善废弃混凝土作为集料的砂浆强度，用破碎混凝土细集料制作的砂浆强度与天然河砂制作的砂浆强度相比，有明显降低。用 SBR、EVA 乳液处理的破碎混凝土细集料砂浆可大幅度提高抗弯强度，用低浓度 EVA 乳液处理的废旧混凝土细集料砂浆抗弯强度与未处理的相比，提高幅度最大。

日本的东北大学、太平洋水泥子公司、建材技术研究所等单位合作，采用 CO_2 固化法开发出废弃混凝土和废弃玻璃的建材再利用技术。该项目研究小组，在蒸压轻质混凝土（ALC）的碎片中，掺混 10%～30%（质量分数）的碎玻璃，再加入与混合粉末相同质量的水，经混合后，制成瓷砖坯块，将这种坯块在温度为 60℃ 的 CO_2 气体中，保持 24～74h，随后，在 105℃ 下进行干燥。在 CO_2 气体中，溶于水中的 CO_2 同来自水泥成分的游离钙进行混合，产生的 $CaCO_3$ 填充微小缝隙，起到废材粒子黏合剂的作用，使其整体强度提高。CO_2 被固化的质量为瓷砖坯块质量的 12%。另外，在试验中得知，将玻璃粒子加工得越细碎，强度越高，黏结强度越高。这种瓷砖是在 1000℃ 以上的高温下烧结而成的，要比一般瓷砖的烧结温度低，可节省能源，还可以通过采用掺混碎玻璃的颜色，改变瓷砖的色调。

8.2.3　高分子材料再生

三大材料（金属材料、无机非金属材料、高分子材料）中，高分子材料起步最晚，但发展迅猛，产量大。一般来说，高分子材料的产品使用周期短，因此，其废弃物特别是一次性塑料制品，已成为城市垃圾的重要来源。高分子材料在制备、加工和使用过程中，受到热、氧、气候（日晒雨淋和大气环境）、微生物、机械力等的作用，不可避免地将发生老化（降解或交联），会部分甚至全部失去其原有的使用性能和使用价值，退出生产领域或使用领域，成为各种废弃物。

高分子材料的基本原料绝大部分来自于石油资源，面对日益严重的石油资源的枯竭，废弃物回收再利用是高分子材料实现“省资源化、减量化、无害化”的重要手段，既缓解对石油资源的急剧增长的需求，又减少对环境的污染压力，具有重大的社会效益与经济效益。

高分子材料废弃物主要为废旧塑料与废旧橡胶，对于不同来源的废弃物，其再生技术差异很大，一般来说分为三类：通过物理手段生产再生塑料、橡胶胶粉或通过化学手段生产再生橡胶；通过化学手段（如水解或裂解反应）使高分子材料废弃物分解为初始单体或还原为类似石油的物质；对难以进行再生的高分子材料废弃物进行焚烧，利用其热能。

8.2.3.1　废旧塑料再生

我国废旧塑料主要来源有以下几个：塑料薄膜（包括塑料包装袋和农膜）、塑料丝及编织品、泡沫塑料制品、塑料包装箱及容器、电缆包覆料以及各种日用杂品、文体娱乐、卫生保健等日用塑料制品；家用电器用塑料，如电视机、洗衣机、电冰箱、电脑、家用空调等，这些家用电器的更新换代也是废旧塑料重要来源，由于我国尚未建立规范的废旧家用电器回收利用体系，大量家用电器超期服役和废旧家用电器任意处置的现象较为普遍，由此产生的安全隐患、能源浪费和环境污染问题越来越突出，已引起社会各界的关注；电子电气配套用塑料配件，在工业配套、信息、交通、航空航天等领域应用广泛，产品更新换代很快，随着这类产品逐渐进入报废期，成为废旧塑料的一个重要来源；汽车用塑料，采用塑料制造汽车部件的最大好处是减轻了汽车重量，节省了成本和工序，提高了汽车某些性能，发达国家汽车用塑料平均已超过 100kg，汽车报废将带来大量车用废旧塑料。随着产品逐渐进入报废期，成为废旧塑料的一个重要来源。总体来讲，废旧塑料品种杂，混料多，产生量大。

为方便再生，回收的废旧塑料要进行集中、运输、分类、洗涤、干燥等处理，必要时进行粉碎。

目前，我国塑料再生企业数量有 1 万多家，回收网点遍布全国各地，已形成一批较大规模的再生塑料回收交易市场和加工集散地。

（1）废旧塑料再生技术

① 分离技术　废旧塑料回收利用的关键是废旧塑料的收集和成功有效的分离。其分离技术主要有静电筛选法、流动式风力筛选法、湿式比重筛选法。在废旧塑料的分离方面较为令人瞩目的是美国凯洛格公司和 Rensselaser 工学院联合开发的一种用溶剂将塑料废品分类、回收的方法。此法无须人工分拣，将混杂的废旧塑料碎片加到溶剂中，溶剂在不同温度下有选择地溶解不同的聚合物。目前已能成功分离 PVC、PS、LDPE、HDPE、PP 及 PET 6 种聚合物，回收过程几乎无溶剂损失。

② 直接利用　废旧塑料的直接利用是指不需进行各类改性，将废旧塑料经过清洗、破碎、塑化直接加工成型或通过造粒后加工成型制品。这种直接利用的主要优点是：工艺简单，再生制品的成本低廉。其缺点是：再生料的制品力学性能下降较大，不宜制作高档次的制品。

③ 改性再生技术　物理改性是将废旧塑料与其他塑料或物质共混，来提高废旧塑料的力学性能，制成有用的制品。化学改性是用化学改性的方法把废旧塑料转化成高附加值的其他有用的材料，是当前废旧塑料回收技术研究的热门领域。

④ 裂解油化技术　把废旧塑料通过高温催化裂解成低分子量的单体或烯烃类燃油，使废旧塑料再资源化。这方面的技术研究工作日本、美国等进行得比较多。美国列克星敦肯塔基大学的研究者们用沸石作为催化剂，将各种塑料放在砂浴器中搅和，然后将这种浆料倒入反应器里，加入氢气再加压，然后再加热到 420℃，保持 1h，高分子塑料分解成与石油相似的化合物。

⑤ 高炉喷吹废旧塑料技术　其实质是将废旧塑料作为原料制成适宜粒度喷入高炉，来取代焦炭或煤粉的一项处理废旧塑料的新方法。国外高炉喷吹废旧塑料应用表明，废旧塑料的利用率达 80%，仅产生较少的有害气体，处理费用较低。高炉喷吹废旧塑料技术为废旧塑料的综合利用和治理"白色污染"开辟了一条新途径，也为冶金企业节约能源、增加效益提供了一种新手段。

⑥ 焚烧利用热能　将废旧塑料直接焚烧，利用热能发电等，由于不需要对废旧塑料进行前期的鉴别和分离，可大批量回收废旧塑料，是一种较好的回收方法。但是，废旧塑料焚烧过程中会放出许多有害气体，如何消除这些有害气体，使它们不对大气层造成污染，是今后需研究解决的问题。

（2）其他化学处理法　将废旧塑料加入各种化学试剂，使其转化成胶黏剂、涂饰剂或其他高分子试剂。如制造防水涂料。

前述方法主要应用于热塑性塑料再生，热固性塑料约占塑料总量的 10%。热固性塑料由于其在成型加工过程中，发生了化学交联，无法再加热熔融，因此主要采用粉碎作填料、作活性炭的原料、裂解回收小分子单体、燃烧回收热能等。

8.2.3.2　废旧橡胶再生

废旧橡胶是高分子材料废弃物的另一种，主要来源为废旧橡胶制品及橡胶制品生产过程中的边角料，其数量在废旧高分子材料中居第二位（仅次于废旧塑料）。废旧橡胶中最主要的品种是废旧轮胎，此外，还有各种胶管、胶鞋、鞋底、胶带、密封件、垫板、电线包皮以及橡胶杂品等。我国是世界第二大橡胶消耗国，同时也是一个橡胶资源短缺的国家。近年来，我国的废旧橡胶回收利用行业有了较大发展，废旧轮胎综合利用率已达到 70%，再生胶年产量达到 120 万吨，胶粉年产量超过 10 万吨，常温粉碎和冷冻粉碎处理废旧轮胎的技术与设备处于世界领先水平，废旧橡胶的回收利用有直接利用和间接利用两种方式，间接利用又包括胶粉、再生胶、热分解和燃料利用等几种方式。

（1）直接利用法　主要用于废旧轮胎，如轮胎翻新、人工鱼礁、护船、道路铺垫、救生圈、轨道缓冲垫、鞋底、体育设施等，特别是轮胎翻新用量大，经济效益高。轮胎翻修便是其直接利用中最有效、最直接而且经济的利用方式。经过一次翻修的轮胎寿命一般为新胎的 60%～90%，平均行驶里程可达新胎的 75%～100%。在使用保养良好的情况下，一条轮胎可多次翻修，这样总的翻胎寿命往往可达新胎的 1～2 倍，而所耗原材料仅为新胎的 15%～30%，所以世界各国都普遍重视轮胎翻修工作。

目前世界上最先进的翻胎技术为预硫化翻胎法，又称冷翻法，即把已经硫化成型的胎面胶黏合到经过打磨处理的胎体上，装上充气内胎和包封套，送入大型硫化罐，在较低温度和压力下硫化，一次可生产多条翻新轮胎。冷翻法主要有两种工艺路线：条形硫化翻胎技术与环形硫化翻胎技术。

（2）间接利用法　间接利用是将废旧橡胶通过物理或化学方法加工制成一系列产品加以利用，主要有生产胶粉、再生胶、热分解回收化学品和燃烧利用等方式。

① 制备胶粉　将废旧橡胶加工成胶粉加以利用是很早以来就采用的方式，目前生产精细胶粉已成为废旧橡胶再利用的主导方向。胶粉的主要生产方法有常温粉碎法、低温粉碎法、湿法或溶液法三种。在粉碎前先要进行非橡胶成分的去除与分离，大型制品还要进行切胶、洗涤等处理。在生产胶粉的同时，对制品中的纤维、钢丝等非橡胶成分也要进行回收。胶粉可替代部分生胶，活化胶粉或改性胶粉可用于制造各种橡胶制品；也可与沥青混合，用于公路建设和房屋建筑；与塑料共混改性，可制作防水卷材、农用节水渗灌管、消声板和地板等；还可制作涂料、黏合剂、活性炭等。

② 再生胶　再生胶是指把硫化过程中形成的交联键切断，但仍保留其原有成分的橡胶。用传统方法（油法和水油法）生产再生胶存在着生产能耗大、"三废"治理难等缺点，无法适应环境提出的要求。目前，国际上采用微波脱硫、超声波脱硫、De-link 工艺、可再生资源（renewable resource material，RRM）技术、生物脱硫等新型工艺，这些新方法很有可能成为再生胶生产技术的转折点。由于再生胶工艺性能优于胶粉，故在橡胶制品中掺入适量再生胶有利于橡胶的混炼加工。

③ 热裂解为原料　废旧橡胶的热分解主要是指废旧轮胎的热分解，通过热分解可以回收液体燃料和化学品（炭黑）。废旧轮胎的热分解主要包括热解和催化降解。已有的热解技术主要包括常压惰性气体热解、真空热解和熔融盐热解，但无论采用哪种方法，都存在处理温度高、加热时间长、产品杂质多等缺陷。催化降解则采用路易斯酸熔融盐作为催化剂，反应速率快，产品质量较热解好。不过总的来说，热分解工艺的设备投资较高，所得燃料和化学品质量还有待提高，尚需进一步研究开发。除了上述两种热分解工艺，近年来还有将废旧

橡胶与固体燃料（如油页岩）共同处理的方法。该方法不仅适用于橡胶，也适用于塑料等其他高分子材料。

④ 燃烧利用热能　废旧轮胎是一种高热值材料，其燃烧热约为 33MJ/kg，与优质煤相当，可以代替煤作为燃料使用。将废旧轮胎作为燃料，燃烧方法有：直接燃烧的方式，会造成大气污染；废旧轮胎与其他杂品混合燃烧；焙烧水泥、火力发电以及参与制成固体垃圾燃料（RDF）。其中，焙烧水泥是对废旧轮胎利用率较高的回收方式，一般可直接利用燃煤设备，在水泥焙烧过程中，钢丝变成氧化铁，硫黄变成石膏，所有燃料残渣都成了水泥的组成原料，既不影响水泥质量，又在燃烧过程中不产生新的污染。此方法在日本、德国应用较多。

高分子材料废弃物除废旧塑料、废旧橡胶外，还有高分子废纤维，废纤维来源主要有纤维生产厂和纺织厂的边角料、废轮胎和废胶带及塑料中的增强纤维、化纤衣物类废弃物等。废纤维主要用于制作塑料、橡胶制品增强材料；制备粉末用于填充其他高分子材料；填充于混凝土中作为建筑材料；也可用于回收单体和制作黏合剂。

第9章

材料选用

9.1 概　述

我们的生活中有一个成语"大材小用"（出自晋·石崇《许巢论》），是指把大的材料当成小的材料用，比喻使用不当，浪费人才，也指材料使用不当造成的浪费。举一个简单的例子，我们的生活中喝水杯子可以用塑料制成，也可以用玻璃、陶瓷制成，当然还可以用不锈钢制成。但有没有用钛合金材料制成的？钛合金具有强度高、耐腐蚀性好、耐热性高等特点，是航空航天工业中使用的一种新的重要结构材料，钛合金主要用于制作飞机发动机压气机部件，其次为火箭、导弹和高速飞机的结构件。如何"物尽其用"就是我们每一个材料工作者所追求的其中一个方面，这就涉及材料选用，选择合适的材料、合适的工艺，制造合适结构的制品。

材料成千上万，品种繁多。据统计，人类已经发现的材料达 800 万余种，每年还以 25 万种的速度增长着，具有实际工业价值的也有 8 万余种。材料性能千差万别，如何选用，既是一个复杂、烦琐，同时又是一个非常有趣、有意义的事情。

首先，我们来考虑一个问题，在使用某个物品或某种材料时，你最担心的是什么？小到玻璃水杯遇急热破裂，物流过程中塑料包装破损，大到桥梁、大楼坍塌，飞行器失事等各种事故。这些事故除一些人为因素外，很大程度上与材料超出其使用承受程度而遭破坏有关。

材料超出其承受程度而破坏现象，称为材料失效，确切说失效是指材料（或零部件）在使用过程中，由于尺寸、形状、材料的性能或组织发生变化而引起的机械或机械零部件不能完满地完成指定的功能，或者机械构件丧失了原设计功能的现象。材料（或零部件）失效主要有三种情况：材料（或零部件）完全破坏，不能继续工作；材料（或零部件）严重损伤，不能保证工作安全；材料（或零部件）虽能安全工作，但工作低效。由于材料（或零部件）的失效，会使输气管道发生泄漏、桥梁坍塌、船只沉没、飞机出现故障等，严重地威胁人身生命和生产的安全，造成巨大的经济损失。材料失效的常见类型有变形失效、断裂失效、表面损伤失效。材料失效分析是一个综合复杂的课题，需要应用机械、力学、物理、化学、数学等多方面知识，并借助现代分析测试技术进行综合系统分析。

分析和判断出材料失效性质、分析材料失效原因、研究材料失效的预防措施，防止类似的失效重复发生，是工程实际中经常遇到的难题。材料（或零部件）失效的原因主要有设计缺陷、材料选用不当或材质存在缺陷、制造工艺问题、装配调试不当、运转保养维修不当等因素。本章只介绍材料选用。

理想材料应具备下列特征。

（1）具有良好的工作环境适应性（如化学稳定性、耐温性等）。

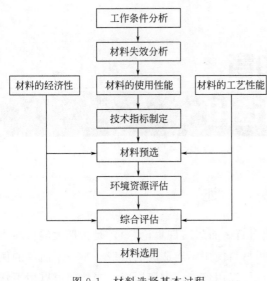

图 9-1　材料选择基本过程

（2）具有足够的强度、刚度等力学性能。

（3）具有良好的成型加工性能，制造方便、加工简单。

（4）具有良好的经济性，货源充足，供应、运输方便简单。

（5）具有生态环保，对环境、人体无不利影响，并且要具有循环利用、节省资源特性。

当只有一种材料能胜任设计要求时，选择就变得容易了，可供选择的材料太多时，选择是困难的。特别为一个具体产品找到一种理想材料是几乎不可能的事情，往往满足了这条要求却又不符合另一条要求，在多数情况下理想材料只能是个理想，所以材料选择的原则是折中。

合理选择和使用材料是一项十分重要和严谨的工作，不仅要考虑材料的性能能够适应的使用工作条件，使材料（或零部件）具有较长的使用寿命，而且还要求材料有较好的成型加工工艺性能，及良好的经济性，以提高机械零件的生产率，降低成本等。一般材料选择的基本原则有以下几个。

（1）材料的使用性能原则。

（2）材料的工艺性能原则。

（3）材料的经济性原则。

（4）材料的资源环境原则。

材料选择基本过程如图 9-1 所示。

9.2　材料的使用性能

我们在第 1 章中已明确阐述过，任何种类材料都包括了四大要素，即性质和现象、使用性能、结构与成分、合成和加工。材料的使用性能是材料在使用条件（工作条件）下应用性能的度量，通常是指材料在最终使用状态时的行为，是材料固有性质与产品设计、工程能力和人类需要相融合在一起的一个要素。简单而言，材料使用性能主要是指材料（或零部件）在工作条件下应具有的力学性能、物理性能和化学性能等，材料是通过使用性能来体现材料的价值，使用性能是材料选用的主要依据或决定因素，也是材料可靠性的保障。因此，在选用材料前必须确定材料（零部件）的使用性能。

材料使用性能的确定主要通过以下几种方式。

（1）工作环境分析　工作环境包括温度、介质等，特殊的工作环境性质往往能淘汰一大批材料的使用，如强酸介质中的使用要求，可使材料选用的范围缩小在一个相对狭窄的范围内。超过 300℃ 使用高温，一般不会考虑去选择塑料。

（2）工作受力分析　判断材料在工作中所受载荷的性质和大小，计算载荷引起的应力分布。载荷的性质是决定材料使用性能的主要依据之一，应力大小是确定材料使用性能的数量依据。载荷类型是静载荷、动载荷、循环载荷还是单调载荷等，载荷的作用形式是拉伸载荷、压缩载荷、弯曲载荷还是扭转载荷，以及载荷的大小和分布特点是均布载荷还是集中载荷等。

（3）特殊性能分析　包括材料的电性能、磁性能、光性能、其他热性能（如导热性、热膨胀性），甚至包括密度、外观形状、颜色等。

（4）使用性能的指标化　将材料对使用性能的要求转化为具体指标，使用温度、力学性能指标（如强度、韧性、塑性、硬度等）。再根据工作应力、使用寿命或安全性确定性能指标的具体数值。

应该指出的是，材料失效影响因素众多，选用时还必须考虑到各种使用性能之间的相互作用，如高温下的材料力学性能与常温差别很大，应综合考虑工作环境下的材料强度、塑性、韧性、电性能等，加以合理地配合，并适当加上安全系数。只有这样才能使材料的性质在零部件或设备中实现其预期的使用性能。使材料的可靠性、有效寿命、速度（器件或车辆的）、能量利用率（机器或常用运载工具的）、安全性和寿命期费用等得到最大限度体现。

9.2.1　工作环境

工作环境使材料的力学性能、物理性能、化学性能变得复杂化，在常温、中性介质中具有优良综合性能的材料，在高温或酸性、碱性介质中可能失效。

9.2.1.1　工作温度

如第 6 章所说的航空航天材料，工作温度变化大，有时要承受极端高温或低温，因此要求材料耐高低温性能好。高性能航空航天发动机有大的推重比，而推重比的提高取决于发动机涡轮前进口温度的提高。涡轮叶片是整机中工作环境最恶劣的零件，涡轮叶片要求材料能够耐高温、抗腐蚀，并且有高的耐蠕变性和耐疲劳性，以及在高温下的机械强度等。镍（Ni）基合金在高温下有较高的强度和抗氧化、抗燃气腐蚀能力，是高温合金中应用最广、高温强度最高的一类合金，用于制造航空发动机叶片和火箭发动机的高温零部件。镍基合金用于发动机单晶涡轮叶片，可使涡轮入口温度提高到 $1700℃$，使冷却空气的消耗量减少 $30\% \sim 50\%$，叶片使用寿命延长 $1 \sim 3$ 倍。

陶瓷基复合材料的最高使用温度为 $1650℃$，SiC/SiC_f 陶瓷基复合材料常用于涡轮风扇发动机的喷管内调节片，发动机燃烧室的衬里、喷嘴挡板、叶盘等。

但对于推重比在 20 的发动机，其涡轮前进口温度超过 $2000℃$，即使是镍合金也难以胜任，而金属间化合物合金由于其超强的耐高温特点得以应用。金属间化合物具有高硬度、高熔点、高的抗蠕变性、良好的抗氧化性等优点。一般金属在高温下会失去原有的高强度，而对大多数金属间化合物来说只会更硬，这种性能使金属间化合物作为高温结构材料在航空航天领域具有广阔的前景。

非氧化物陶瓷如 TiB_2、CrB_2 等在高温下的强度很高，高温抗腐蚀性、抗氧化性也很好，是高温 $2000 \sim 3000℃$ 附近使用的少有材料。

如果使用温度是室温，高分子材料就是优先考虑的材料，不同使用温度下所考虑的力学性能也是不相同的。在室温下重点考虑的是屈服强度、延伸率、韧性等；而在高温下主要考虑的是蠕变与断裂应力等。

材料的熔点能从一个侧面反映材料的耐热性。表 9-1 所列为各种材料的熔点。

表 9-1　各种材料的熔点　　　　　　　　　　单位：℃

元素	单质	氧化物	氮化物	碳化物	高分子材料	熔点	热变形温度
Al	659	2050	约 2400（分解）	2800	PMMA	160	65～100
B	约 2000	450	3000（分解）	2450	PS	240	70～100
Si	1412	1710	约 2000（分解）	约 2830（分解）	PA6	215	66
Ti	1667	1840	2950	3140	PE	137	40～70
Zr	1885	2700	2980	3530	PP	176	85～110
Hf	>2130	2810	约 3300	3890	PET	265	165
Ta	2996	1470（分解）	约 3090	3880	PES	300～350	200～220
W	3377	1473	—	2870	PPS	290～310	260

9.2.1.2　工作介质

材料工作环境介质也是材料选用重点考虑的因素之一，有些材料具有耐酸性，有些具有耐碱性，有些既耐酸又耐碱，而有些材料只能在中性介质中使用。就如第 7 章所说，材料在环境中会劣化，金属腐蚀、陶瓷侵蚀、塑料老化，这种情况在极端的工作介质中尤为严重。如航空航天材料接触的介质大多数具有腐蚀性，如飞机用燃料（汽油、煤油）、火箭用推进剂（浓硝酸、四氧化二氮、肼类）及各种润滑剂、液压油等。这些介质对金属材料和非金属材料有腐蚀作用或溶胀作用，而外太空探测器更有可能受探测环境介质腐蚀影响。因此，要求航空航天材料具有优良的耐腐蚀性能。

化学工业设备广泛使用着各种金属材料、无机非金属材料及高分子材料，有些化工产品生产腐蚀性很大，如氨的合成既要在高压又要在 500℃ 高温下进行，还要防止高温、高压下氮、氢气体对设备的腐蚀。而有些是在强酸或强碱介质中进行的。由于生产工艺条件的复杂性，不同性质的化工设备对所需材料要求不同，根据设备使用场合不同，介质、温度、压力等不同，对材料的要求是不同的。化工设备材料的选用一般优先考虑材料具有耐介质的腐蚀性好。

大部分金属材料不耐腐蚀，而钛及其合金具有高的耐热性、耐许多介质性及优良的力学性能，常用于制造高温下耐腐蚀设备。

无机非金属材料具有优良的耐腐蚀性，用其制造的化工设备，特别是化工反应器，可在有酸、碱介质存在的场合使用，且耐高温。缺点是强度不高，只能在常压或低压场合使用。如化工陶瓷具有良好的耐腐蚀性，除氢氟酸、热磷酸外，在各种有机酸、无机酸、氯化物及溴化物等强氧化性介质中均耐腐蚀。足够的不透性、耐热性和一定的机械强度。常用于塔、储槽、容器、泵、阀门、旋塞、反应器、搅拌器和管道、管件等。

大多数高分子材料具有良好的化学稳定性，特别是由于对那些酸、碱和盐等腐蚀性介质也具有稳定性，使它们在耐腐蚀性上比金属、陶瓷等材料优越得多。且具有良好的成型加工性，成本低，经济效益显著。但高分子材料具有强度低、耐高温性差、易燃烧等缺点。如聚四氟乙烯塑料（简称氟塑料）具有极好的耐腐蚀性、优异的化学稳定性和很高的耐热性、耐寒性，俗称塑料王。对强腐蚀性介质如浓硝酸、浓硫酸、王水、过氧化氢、盐酸和苛性碱等均耐腐蚀，多数有机溶剂都不能使它溶解，只有熔融的苛性碱对它有腐蚀作用。且比较耐高温，其使用温度为 -195～250℃。常用在高温（或低温）防腐蚀要求高的场合。多用以制作垫片、填料、密封圈、隔膜、无油润滑活塞环、机械密封环以及小型容器、热交换器的内衬和管道等。

材料复杂的工作环境对材料的力学性能提出更为严格的要求。

9.2.2　力学性能

材料在使用过程中，经常要经受载荷的作用。选择材料和应用材料时，要使材料的性能与部件所需的工作条件相匹配。力学性能是指材料受外力作用时的变形行为及其抵抗破坏的能力，通常包括强度、塑性、硬度、弹性与刚性、韧性、耐疲劳性等。

9.2.2.1　强度

材料在载荷作用下抵抗明显的塑性变形或破坏的最大能力。按作用力方式不同，材料的机械强度可分为拉伸强度（抗张强度或抗拉强度）、压缩强度（抗压强度）、弯曲强度（抗弯强度）、冲击强度（抗冲强度）、疲劳强度等。

如拉伸强度是材料在静态拉伸载荷作用下，抵抗其破坏的能力。拉伸强度越大，说明材料越不易断裂。弯曲强度是材料抵抗集中载荷的能力，也是材料韧性、脆性的度量。弯曲屈服强度是指某些非脆性材料，当载荷达到某一值时，其变形继续增加而载荷不增加时的强度。

压缩强度是材料抵抗压缩均布载荷的能力，冲击强度则是材料在高速冲击状态下（动态）抵抗集中载荷的能力。

因此，判断材料在工作中所受载荷的性质和大小，是静载荷、动载荷、循环载荷还是单调载荷等，是拉伸载荷、压缩载荷、弯曲载荷还是扭转载荷，以及载荷的大小和分布特点是均布载荷还是集中载荷等，是决定材料使用性能的主要依据之一。图 9-2 是四类材料的极限

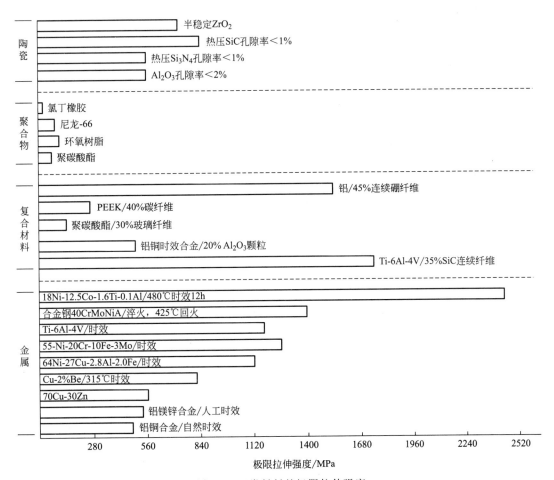

图 9-2　四类材料的极限拉伸强度

拉伸强度。

9.2.2.2 塑性

塑性（延展性）是材料在载荷作用下，应力超过屈服点后能产生显著的残余变形而不立即断裂的性质。屈服强度是指材料在外力作用下发生塑性变形的最小应力。材料拉伸时延伸率越大，代表材料的塑性越好，塑性一般是与强度同时考虑的。

一般而言，陶瓷材料的塑性最差，金属材料与高分子材料塑性较好。金属材料中铸铁塑性较差，软钢、铝、镁及其合金塑性较好。高分子材料中热固性塑料塑性较差，而热塑性塑料塑性较好；热塑性塑料中一些耐高温的工程塑料如聚醚砜、聚苯硫醚塑性较差，而通用塑料如聚乙烯及热塑性弹性体塑性很好。材料的塑性可以通过改变其组织结构及改性得到改善，如金属降低晶粒尺度能够显著提高强度而使塑性降低不大；复合材料通过改变纤维的体积分数与排列，可以提高塑性而使强度降低不大。图 9-3 为四种材料的塑性。

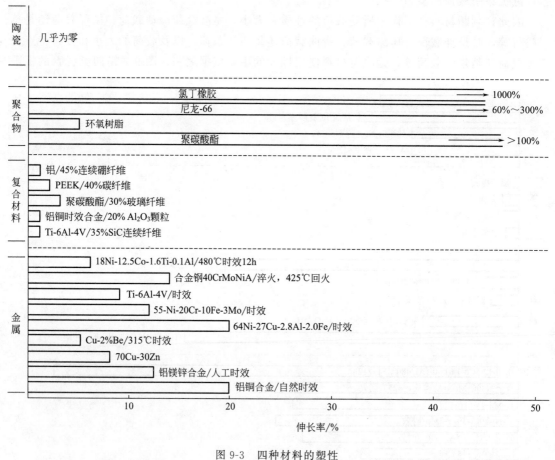

图 9-3　四种材料的塑性

材料塑性除用延伸率（或伸长率）大小来表达外，应力-应变曲线也能很好展现材料的塑性，从应力-应变曲线可以发现材料在载荷的作用下所引起的变形可分为以下三个阶段。

（1）弹性变形阶段　即在载荷作用下材料产生变形，当载荷除去后，材料仍然恢复原来的形状和尺寸。

（2）塑性变形阶段　即在载荷超过弹性范围时，当载荷除去后，变形不能完全消失而有残留变形存在，这部分残留变形即为塑性变形。

（3）断裂阶段　当载荷继续增大，材料在大量的塑性变形之后即发生断裂。脆性材料在断裂前往往没有明显的塑性变形现象，这种断裂称为脆性断裂，如岩石、混凝土、玻璃、铸铁等。如果在载荷作用下经过大量的塑性变形后断裂，则称为韧性断裂，如软钢、铝、镁、聚乙烯及热塑性弹性体等。

9.2.2.3　韧性

韧性是指材料抵抗裂纹萌生与扩展的能力。韧性与脆性是两个意义上完全相反的概念。材料的韧性高，意味着其脆性低；反之亦然。度量韧性的指标有冲击韧性和断裂韧性。冲击韧性是用材料受冲击而断裂的过程所吸收的冲击功的大小来表征材料的韧性。断裂韧性是衡量韧性较常用的指标，它表示材料阻抗断裂的能力。常用材料裂纹尖端应力强度因子的临界值 K_{1C} 来表征材料的韧性。当达到极限值 K_{1C} 时，即使不加外力，裂纹也会自行扩展而造成断裂。K_{1C} 称为断裂韧性，K_{1C} 与微裂纹形状、尺寸及应力大小有关。陶瓷材料的 K_{1C} 值为 $3\sim10\mathrm{MN/m^{3/2}}$，铝合金的 K_{1C} 为 $34\mathrm{MN/m^{3/2}}$，钛合金的 K_{1C} 为 $\mathrm{MN/m^{3/2}}$，碳钢的 K_{1C} 可达 $200\mathrm{MN/m^{3/2}}$。材料使用过程中经常会发生震动或冲击，就必须考虑韧性。图 9-4 是四种材料的断裂韧性。

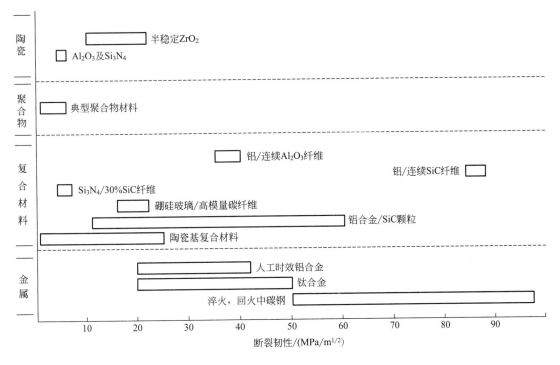

图 9-4　四种材料的断裂韧性

9.2.2.4　弹性模量与刚度

材料在载荷作用下产生变形，当载荷除去后能恢复原状的能力称为弹性；而刚度则是指材料在载荷作用下抵抗弹性变形的能力。反映材料刚度的指标是弹性模量。弹性模量是指材料在弹性极限范围内，应力与应变（即与应力相对应的单位变形量）的比值，用 E 表示，E 的大小表征物体变形的难易程度。材料拉伸时弹性模量一般也称杨氏模量。表 9-2 为各种材料的杨氏模量。

表 9-2　各种材料的杨氏模量

陶瓷材料的杨氏模量/Pa		金属材料的杨氏模量/Pa		高分子材料的杨氏模量/Pa	
金刚石	1.21×10^{12}	W	3.6×10^{11}	聚乙烯	$(0.12 \sim 1.05) \times 10^9$
Al_2O_3	4.6×10^{11}	Sn	5.5×10^{10}	PMMA	$(2.5 \sim 3.5) \times 10^9$
MgO	2.45×10^{11}	Cu	1.25×10^{11}	橡胶	2×10^5
NaCl	4.4×10^{10}	Zn	3.5×10^{10}	聚苯乙烯	$(2.2 \sim 2.8) \times 10^9$
Si_3N_4(多晶)	3.72×10^{11}	Ag	8.1×10^{10}	尼龙-6	2.84×10^9
SiC(多晶)	5.6×10^{11}	Al	7.2×10^{10}	硬塑料	5×10^{15}

　　比模量（模量与密度之比，比模量＝E/ρ）是度量材料承载能力的一个指标，也是衡量材料力学性能优劣的重要参数。以高性能树脂、金属与陶瓷为基体，碳纤维、硼纤维、芳纶纤维等高性能纤维或其他高性能材料为增强材料，制成的复合材料称为先进复合材料，具有高比模量。

　　先进树脂基复合材料的密度约为钢的 1/5，铝合金的 1/2，比模量远高于钢、铝合金。用碳纤维复合材料制造的飞机结构，减重效果可达 20%～40%。

　　碳化硅颗粒增强铝合金，其密度为钢的 1/3，钛合金的 2/3，与铝合金相近，强度与钛合金相近，耐磨性比钛合金、铝合金好。图 9-5 为四种材料的拉伸模量。

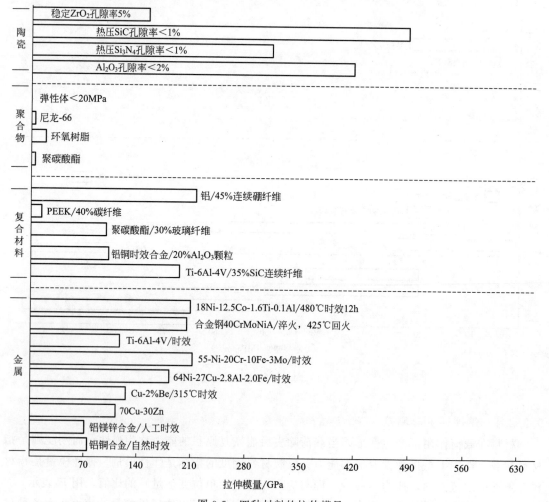

图 9-5　四种材料的拉伸模量

9.2.2.5　硬度

硬度是材料能抵抗其他较硬物体压入表面的能力。常用的硬度有布氏硬度、维氏硬度、洛氏硬度与邵氏硬度。材料硬度越高，则弹性模量越大。表 9-3 为几种常用材料的硬度和弹性模量。

表 9-3　几种常用材料的硬度和弹性模量

材料	弹性模量/MPa	维氏硬度/(kgf/mm^2)
橡胶	6.9	很低
塑料	1380	17
镁合金	41300	30～40
铝合金	72300	170
钢	207000	300～800
氧化铝	400000	1500
碳化钛	390000	3000
金刚石	1210000	6000～10000

9.2.2.6　其他力学性能

材料经常受动态循环载荷作用，载荷超过某一限度会导致材料的断裂，这一限度称为疲劳极限。如金属材料的疲劳失效。因此，在受循环载荷影响材料选用时，首先应考虑疲劳特性。

材料对磨损的抵抗能力为材料的耐磨性，对于齿轮类零部件，虽然受载荷不大，工作平稳，无强烈冲击，但受载荷是循环载荷作用，且磨损较大。因此，齿轮类零部件材料必须具有良好的耐磨性和疲劳强度。

9.2.3　物理性能

材料的物理性能包括电性能、磁性能、光性能、其他热性能（如导热性、热膨胀性），甚至包括密度、外观形状、颜色等。

金属材料具有良好的导电性，是当仁不让的导电材料。如电线电缆中金属导电体、低压或高压电器中导电体、各种电子线路板中导电体等。

高分子材料的电阻率大，是不良导体，常用于电子电气绝缘件、电子元件封装等。

部分陶瓷材料和少数高分子材料是半导体，普通陶瓷材料与大部分高分子材料是绝缘体。无机非金属材料作为各种半导体材料、介电材料、压电材料、铁电材料与绝缘材料用于电子信息、电器领域，如微电子、光电子和传感器件的功能材料。

金属具有不透明性和高反射率，大多数非晶态高分子材料是透明的。如聚甲基丙烯酸甲酯、聚苯乙烯、聚碳酸酯、聚氯乙烯、纤维素酯、聚乙烯醇缩丁醛等的透光率都在 90% 左右。而结晶高分子材料当晶体尺寸足够小时也是透明的。无机非金属材料有些透明性非常好，如大多数玻璃；而大部分陶瓷材料呈不透明。

材料的导热性能在热能工程、制冷技术、工业炉设计、工件加热和冷却、房屋采暖与空调等方面非常重要。金属材料是热的良导体，常用于制作导热材料，如散热片、热交换器等。绝大多数无机非金属材料、高分子材料是热的不良导体，用于绝热保温材料，如航天飞行器重返回大气层的隔热陶瓷材料具有优良的绝热性能，而碳化硅陶瓷具有高热导率。

9.3　材料的工艺性能

材料的使用性能是材料首要选用原则，材料的工艺性能是实施与体现材料使用性能的手段。材料总是要经过各种加工以后，才能制成设备或机器的零件，材料在加工方面的物理、化学和力学性能的综合表现构成了材料的工艺性能（或加工性能）。设备的制造工艺性能十分重要，不然，所设计的设备很难或根本无法加工制造。

工艺性能不但是材料走向具有使用价值产品的桥梁，也能改变材料的使用性能。材料对成型加工工艺条件具有一定的依赖性，同样品种的材料，同样的成型加工设备与方法，由于成型加工工艺条件的不同，生产出的制品性能不完全相同，有时甚至差别很大。造成这种差异的主要原因，是由于成型加工过程中，发生物理、化学变化，使材料的物理结构与化学结构发生改变，因而，材料的使用性能与成型加工的工艺过程紧密联系在一起。

如通过控制和改变钢的组织，来改善钢板的塑性与韧性。钢板一般采用轧制工艺，热轧使原来铸坯疏松的组织结构得到压实，材料的致密度增加。且经轧制后，晶粒变细，钢的力学性能，尤其是塑性、韧性得以较大提高。钢对加工技术，包括成分、机械变形、热处理变化的依赖性很强，可以利用加工工艺技术的不同获得所需的使用性能。

橡胶的硫化对加工温度的依赖性更强，橡胶只有通过硫化（交联），才能体现出其丰富的弹性。不同橡胶其工艺性能不同，即使同一种橡胶，加工工艺的改变对性能的影响也很大，提高硫化温度能加快橡胶硫化速率，节省时间，提高生产效率，降低成本，但温度的提高也带来橡胶过硫化的危险，使性能变劣。

因此，在满足使用性能选材的同时，必须兼顾材料的工艺性能。工艺性能的好坏，直接影响零部件的质量、生产效率和成本。

材料的制造工艺性能有：金属材料的可焊接性、可锻造性、可铸造性、可切削性、可热处理性、可冲压性等；无机非金属材料的可注浆性、可挤压性、可浇铸性、可压制性等；高分子材料的可压制性、可注塑性、可挤出性、可压延性、可焊接性、可切削性等。

9.4　材料的经济性

对于普通零部件、仪器设备、机器的材料选用来说，材料的经济性是最原始的驱动力，也是根本原则。零部件的总成本包括材料成本、成型加工成本、物流成本、维护成本等，甚至包括研究试制、管理、销售费用。每一个环节一点细小的成本增加，往往使企业经济效益由好变坏，甚至亏损。

在满足材料使用性能要求的前提下，采用便宜的材料，把总成本降到最低，得到的经济效益最大。当然价格再便宜，使用性能不合格的材料其他方面再好也不能用。价格的重要性是明显的，价格是制约使用高性能材料的主要因素。

材料的工艺性能也是重要的影响因素，同样零部件可以采用不同的材料生产，不同材料其工艺性能不同，其加工成本也不同。一般而言，高分子材料的加工费用要低于金属材料与无机非金属材料。如塑料水杯采用注塑法生产，其生产过程简单，工艺稳定，自动化程度高，生产效率高，适合大规模生产，单个塑料水杯的加工费用远低于不锈钢水杯或陶瓷水杯、玻璃水杯。同样材料采用不同成型方法，其加工费用也相差很大。就拿塑料水杯来说，可以采用压制法生产，也可以采用注塑法生产，压制法尽管设备简单、投资少，但存在自动化程度低、生产效率低、产品废品率高、工人劳动强度大、后加工多的问题，其生产成本远高于注塑法。零部件的生产成本还包含设备的维护费用等，高昂的设备维护费用、折旧费用也是不可取的。因此，材料选用时必须要充分考虑材料的加工工艺路线。

当然，材料选用的经济性原则并不仅是指选择价格最便宜的材料，或是生产成本最低的产品，还要充分考虑使用寿命，如汽车轮胎，采用尼龙帘子布生产的同规格轮胎（斜交胎），价格是钢丝子午线轮胎（子午胎）的一半，但子午胎不仅使用寿命比斜交胎延长一倍多（约高出 1.25 倍），而且降低油耗，提高安全性，其总成本反而要低不少。

物流成本也是重要的影响因素，材料选用应充分利用资源优势，尽可能采用标准化、通用化的材料，货源充足，就地取材，以降低物流成本。

合理的设计不仅能减少零部件的自重，降低材料成本，还能方便维修与保养，减少维护成本。

总之，从材料选用的经济性考虑，在满足材料使用性能的前提下，应尽可能选用价格低廉、货源充足、加工方便、总成本低的材料，而且尽量减少材料的品种、规格，以简化供应、保管。并运用价值分析、成本分析等方法，综合考虑材料对产品功能和成本的影响，从而获得最好的经济效益。

9.5　环境与资源原则

环境、资源问题越来越成为材料选用的重要考虑因素。有关这方面的观点已在第 7 章、第 8 章中做了详细的讲述，这里不再赘述，总的原则是要减少对环境、资源的破坏，实行循环经济，要做到资源的减量化、再资源化及对环境的无害化。

参 考 文 献

[1] 王章忠主编. 材料科学基础. 北京：机械工业出版社，2005.

[2] 厉杭泉主编. 材料导论. 北京：中国轻工业出版社，2013.

[3] 潘金生，仝健民，田民波. 材料科学基础（修订版）. 北京：清华大学出版社，2011.

[4] 顾宜主编. 材料科学与工程基础. 北京：化学工业出版社，2011.

[5] 顾家琳主编. 材料科学与工程概论. 北京：清华大学出版社，2005.

[6] 国家自然科学基金委员会. 有机高分子材料科学（学科发展战略研究报告）（2006—2010 年），北京：科学出版社，2006.

[7] 戴金辉，葛姚明. 无机非金属材料概论. 黑龙江：哈尔滨工业大学出版社，2010.

[8] 宋晓岚，黄学辉. 无机材料科学基础. 北京：化学工业出版社，2010.

[9] 张留成，瞿雄伟，丁会利. 高分子材料基础. 第 3 版. 北京：化学工业出版社，2013.

[10] 戴起勋主编. 金属材料学. 第 2 版. 北京：化学工业出版社，2012.

[11] 赵莉萍主编. 金属材料学. 北京：北京大学出版社，2012.

[12] 艾德生，高喆. 新能源材料-基础与应用. 北京：化学工业出版社，2009.

[13] 王革华主编. 新能源概论. 第 2 版. 北京：化学工业出版社，2011.

[14] 黄素逸，杜一庆，明廷臻. 新能源技术. 北京：中国电力出版社，2011.

[15] 徐吉林. 航空材料概论. 黑龙江：哈尔滨工业大学出版社，2013.

[16] 康进兴，马康民主编. 航空材料学. 北京：国防工业出版社，2013.

[17] 王昕等编著. 海洋材料工程. 北京：科学出版社，2011.

[18] 王培铭，许乾慰主编. 材料研究方法. 北京：科学出版社，2005.

[19] 唐颂超主编. 高分子材料成型加工. 第 3 版. 北京：中国轻工业出版社，2014.

[20] 师昌绪，李恒德，周廉主编. 材料科学与工程手册. 北京：化学工业出版社，2004.

[21] 冯奇，马放，冯玉杰等编. 环境材料概论. 北京：化学工业出版社，2007.

[22] 钱晓良，刘石明编著. 环境材料. 武汉：华中科技大学出版社，2006.

[23] 张梓太主编. 环境与资源保护法学. 北京：北京大学出版社，2007.

[24] 史玉成主编. 环境与资源法学. 兰州：兰州大学出版社，2006.

[25] 金瑞林主编. 环境与资源保护法学. 北京：高等教育出版社，2006.

[26] 张帆，李东著. 环境与自然资源经济学. 上海：上海人民出版社，2007.

[27] 马中主编. 环境与自然资源经济学概论. 北京：高等教育出版社，2006.

[28] 陈立佳编著. 材料科学基础. 北京：冶金工业出版社，2007.

[29] 陶杰，姚正军，薛烽主编. 材料科学基础. 北京：化学工业出版社，2006.

[30] 国家自然科学基金委员会工程与材料科学部. 无机非金属材料科学. 北京：科学出版社，2006.

[31] 李爱贞编著. 生态环境保护概论. 北京：气象出版社，2005.